AF509043

FLORE

DES JARDINS

ET

DES GRANDES CULTURES.

LYON. — IMPRIMERIE DE DUMOULIN ET RONET,
Quai Saint-Antoine, 33.

FLORE
DES JARDINS

ET

DES GRANDES CULTURES

OU

DESCRIPTION DES PLANTES
DE JARDINS, D'ORANGERIES ET DES GRANDES CULTURES.
LEUR MULTIPLICATION,
L'ÉPOQUE DE LEUR FLEURAISON ET DE LEUR FRUCTIFICATION,
ET LEUR EMPLOI,

Avec planches gravées,

Par N. C. SERINGE,

Professeur de botanique à la Faculté des sciences,
Directeur du Jardin-des-Plantes,
Membre de l'Académie royale des sciences et arts de Lyon,
de la Société royale d'agricult. de la même ville,
etc., etc.

TOME SECOND.

LYON.

CHARLES SAVY JEUNE, LIBRAIRE-ÉDITEUR,
Place Louis-le-Grand, 14.

1847.

TABLEAU

DES

FAMILLES, GENRES ET ESPÈCES

DU SECOND VOLUME.

TABLEAU MÉTHODIQUE (1)

DES

FAMILLES CONTENUES DANS LES DEUX PREMIERS VOLUMES.

Volume 1er.

CLASSES.	ORDRES.	SOUS-ORDRES.	FAMILLES.	
Classe 1. DICOTYLÉDONÉS. — Sous-classe 1. ABLAMELLAIRES, à filets (2)	1. libres. Fleurs	1. pétalées . .	1. Violacées . . .	393
			2. Cistacées . . .	412
			3. Résédacées. . .	436
			4. Capparisacées . .	443
			5. Cruciacées . . .	455
			6. Papavéracées . .	465

Volume 2e.

CLASSES.	ORDRES.	SOUS-ORDRES.	FAMILLES.	
		2. apétalées. .	7. Salicacées . . .	1
	2. unis.		8. Hypéricacées . .	67
			9. Corydalisacées . .	85
	3. Sépals		10. Tamaricacées . .	99
			11. Eschscholtziacées .	106
			12. Passilloracées. . .	111
	4. Carpo-sépals . , ...		13. Grossulacées . .	161
			14. Opontiacées. . .	188
			15. Loasacées . . .	474
	5. Pétalo-carpo-sépals		16. Cucurbitacées . .	481
	6. Pétals		17. Gentianacées . .	546
			18. Orobanchacées. .	561

(1) Ce tableau servira à quelques rectifications :
1° d'indications d'ordres, lesquels ont quelquefois été omis ;
2° de chiffres devant les familles.

(2) On comprendra facilement les noms des ordres :
1. Filets libres (ni unis entre eux, ni adhérents aux organes extérieurs).
2. Filets unis (entre eux).
3. Filets sépals (filets adhérents ou collés aux sépals).
4. Filets carpo-sépals (Filets adhérents aux carpels et aux sépals).
5. Filets pétalo-carpo-sépals (filets adhérents aux pétals (unis eux-mêmes), et
    adhérents aux carpels et aux pétals).
6. Filets pétals (filets adhérents aux pétals, qui sont unis entre eux, et sépals
    unis, mais non adhérents.

FLORE DES JARDINS

ET DES

GRANDES CULTURES.

Fleurs incomplètes, privées de pétals et souvent de sépals, ne présentant que des Étamines ou des Carpels sur des individus séparés, et disposées en grappes (chatons) plus ou moins allongées, dressées ou pendantes.

FAMILLE 7. SALICACÉES. — SALICACEÆ.

Flor. jard., pl. I.

Plantes toujours ligneuses, de hauteur très-variable d'une espèce à l'autre. — Feuilles alternes, simples, entières ou dentées, à fibres pennées, tombant en automne, munies de stipules visibles seulement sur les rameaux vigoureux. — **Fleurs** disposées en grappes (chatons) courtes, ovoïdes ou cylindriques (pl. I), sur deux arbres différents, l'un ne produisant que des étamines, l'autre que des carpels (1). Chaque fleur anthé-

(1) On voit cependant accidentellement des fleurs carpellées et d'autres fleurs qui sont anthérées sur la même grappe. Ordinairement alors l'individu a une tendance générale à la transformation. On trouve aussi dans ce cas des fleurs presque méconnaissables.

réc accompagnée d'une bractéole entière (pl. I, fig. 2 br.), ou bien frangée (pl. I, fig. 17 et 20 br.) et plus ou moins longtemps persistante, portant à son aisselle de 2 à 12 étamines, à filets plus ou moins libres, sans sépals ni pétals dans les SAULES (pl. I, fig. 2 et 9), ou entourées de sépals unis, très-courts dans les PEUPLIERS (pl. I, fig. de 21 à 24), ordinairement à filets libres, ou bien plus ou moins unis, à anthères ouvrant par deux fentes longitudinales parallèles (pl. I, fig. 12 et 13) — Fleurs carpellées portées sur un prolongement latéral de l'axe plus court que la bractéole, à l'aisselle de laquelle naît chacune d'elles; accompagnées, dans les SAULES, d'une ou de plusieurs glandes (pl. I, fig. 2 et 9) qui probablement sont des rudiments de sépals, ou bien de sépals unis en soucoupe (pl. I, fig. 20 à 24 PEUPLIERS). — Capitels (fruits) formés de 2 carpes ablamellaires unis (pl. I, fig. 4) prolongés en un style commun plus ou moins long et se divisant en 2 ou 4 stigmates distincts (pl. I, fig. 2 et 21). A la maturité, les carpels se désunissent du sommet à la base et se courbent en dehors (pl. I, fig. 4). — Graines naissant très-bas des bords carpellaires; derme membraneux; hile comme tronqué; funicule très-court, épais, se divisant en poils laineux, ascendants, qui forment une aigrette (pl. I, fig. 5 et 25) au moyen de laquelle les graines sont transportées au loin. — Embryon droit; cotylédons demi-elliptiques longitudinalement. — Racine très-petite, dirigée vers le hile (pl. I, fig. 6, 7, 8, 26, 27).

Les deux genres, qui constituent seuls cette famille, sont si naturels qu'aucun botaniste n'a pu les diviser. Mais si leurs limites sont bien arrêtées, il n'en est pas de même de leurs espèces, qui sont très-difficiles à bien caractériser. Les **Salicacées** sont très-voisines, des **Tama-**ricacées ; par l'organisation des carpels, elles ont aussi des rapports avec les **Protéacées**.

SYNON. — *Salicacées*. Lindl. nat. syst. éd. 2, p. 186. — *Amentacées*, sect. 2. A. L. de Juss. gen. p. 408 (1789). Lamk. et Decand. flor. franç. 4, p. 281 (1805), et 5, p. 337 (1815). Decand. et Dub. bot. gall. 1, p. 425 (1828). — *Salicinées*. C. L. Rich. selon A. Rich. élém. bot. p. 228 (1833), p. 317 (1837). Bartl. ord. nat. p. 118 (1830). Endl. gen. p. 290 (1836).

Genre 1. **Saule.** — **Salix.** (TOURNEF.)

Pl. 1, fig. A.

Arbres de grandeur très-variable. — **Bourgeons** enveloppés d'une écaille sèche, inodore, formée par la base endurcie de la feuille et peut-être de ses stipules unies. — **Feuilles** ordinairement plusieurs fois plus longues que larges, stipulées sur les longs rameaux feuillés ; *pétioles courts*, presque *cylindriques*, canaliculés en dessus. — **Fleurs** disposées en grappes (chatons) simples, ovoïdes ou cylindriques, d'abord très-serrées et entuilées et plus tard souvent étalées. — **Fleurs anthérées** de 2 à 8 étamines, à longs filets, ordinairement libres et dépassant toujours la bractéole à l'aisselle de laquelle elles naissent (pl. 1, fig. 9) ; anthères ouvrant longitudinalement en dehors, sans sépals, qui cependant paraissent être représentés par une ou plusieurs glandes placées, l'une toujours à l'aisselle des étamines (pl. I, fig. 9), et parfois une seconde entre les étamines et la bractéole, ou bien dans quelques *Saules* américains offrant un anneau glanduleux circulaire qui rappelle encore bien mieux les sépals. — **Fleurs carpellées** pédicellées (pl. 1, fig. 2), présentant la ou les mêmes glandes, ainsi

que la bractéole, et en outre deux **Carpels** courbés d'un bord
à l'autre, ablamellaires, unis, se présentant comme un seul
carpel, terminés par un style commun et deux stigmates distincts, et parfois divisés (pl. I, fig. 2, C''') (1). — **Graines** ovales, couvertes de longs poils (pl. I, fig. 5). == Les *Saules* habitent
les lieux tempérés et froids de l'hémisphère boréal, le long des
fleuves et des ruisseaux, l'Afrique méditerranéenne, tropicale
et australe, l'Inde orientale et l'Amérique tropicale et extra-tropi-
cale australe. Les espèces de ce genre sont difficiles à caractériser,
surtout celles dont les grappes se développent avant les feuilles.
Les diverses apparences sous lesquelles celles-ci se présentent
varient beaucoup d'un âge à l'autre. Nous croyons ne pas
devoir entrer dans de minutieux détails relativement aux variétés, nous n'indiquerons que les plus saillantes et les plus
fréquentes dans les jardins. Il est aussi à remarquer ici que les
divisions établies dans ce genre sont en rapport avec la succession du développement. Ainsi les Cinérelles, ou à grappes
précoces, se développent les premières. Les Viminelles, dont
les grappes sont presque contemporaines avec la foliation, les
suivent; les Albelles, dont les fleurs sont disposées en longues
grappes cylindriques, s'épanouissent après l'apparition des
feuilles; enfin la dernière, ou Arbuscelles, présente des
grappes contemporaines, ovales, beaucoup plus courtes que
dans la section précédente, et les espèces sont généralement
basses et à feuilles ordinairement ovales.

Synon. — *Salix*. Tournef. inst. 590, tab. 364 (1719).
Linn. gen. n° 1097 et n° 1493 (éd. de 1791). Gaertn. fruct. 2,
p. 56, tad. 90, fig. 3 (1791). Lamk. et Decand. flor. franç. 4,
p. 281 (1805), et 5, p. 337 (1815). Sering. ess. saul. (1815).
Decand. et Dub. bot. gall. 1, p. 425 (1828). Endl. gen. p. 290
(1836). Koch, salic. europ. (1829). Synop. flor. germ. ed. 2,
2, p. 739 (1844).

(1) La fleur-anthérée est épanouie lorsque les anthères s'ouvrent, la fleur-
carpellée lorsque les stigmates sont très-frais et humides.

Salicacées 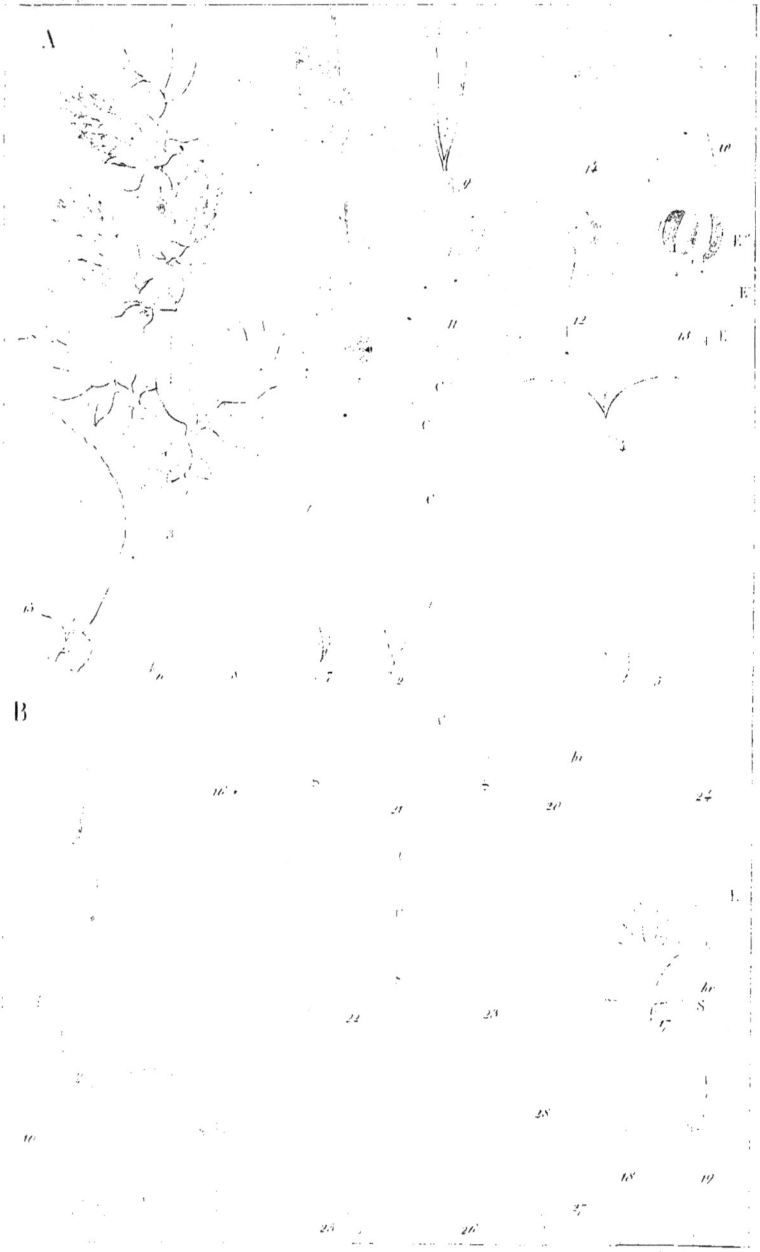
Tom. 2 pag. 5.
Flor. Jard. Pl. 1.
A
B
A. Saule. B. Peuplier.
rameau carpellé

Explication de la planche I.

Genre SAULE et genre PEUPLIER.

A. Organisation des fleurs du SAULE (*Salix*).

1. Rameau de fleurs à carpels, au moment de la fleuraison.
2. Une fleur carpellée grossie montrant en arrière la bractéole, en devant la glande jaunâtre qui est près de l'axe, lorsque la fleur est en position. Entre deux se trouve le capitel formé de deux carpels unis par leur carpe (C') et porté par un pédicelle cylindrique et pointu, presque aussi long que la bractéole ; en C" sont les 2 styles, terminant chacun un carpel, et en C'" se voient 4 stigmates, qui sont la terminaison des deux styles.
3. Rameau de *fleurs à carpels* du *Saule bleuâtre*.
4. Capitel grossi dont les 2 carpels se désunissent à la maturité.
5. Graine grossie ainsi que son aigrette.
6. Graine grossie, privée de son aigrette.
7. Graine grossie, privée de son derme et montrant son embryon entier.
8. Le même embryon, dont les cotylédons sont coupés en travers.
9. *Fleur anthérée* grandie ; en arrière la bractéole ; à droite la glande qui est entre les étamines et l'axe des fleurs, et entre la bractéole et cette glande sont les deux étamines.
10. Deux étamines unies par leurs filets et dont les 4 loges des 2 anthères sont adossées et se montrent comme une seule (*Saule à une étamine*.
11. Une étamine grossie vue par derrière.
12. La même vue en devant.
13. La même dont les loges sont ouvertes longitudinalement. E' filets, E" anthère, E'" pollen tombant de l'anthère.
14. Trois étamines unies par une partie de leurs filets.
15. Une feuille accompagnée de ses stipules.

B. Organisation des fleurs du PEUPLIER (*Populus*).

16. Portion de rameau de PEUPLIER, présentant une grappe de *fleurs anthérées* avant leur épanouissement, et au-dessus 3 bourgeons à feuilles.
17. Fleur grossie, présentant en Br. une bractéole caduque, étroite en bas (en onglet), s'élargissant ensuite et frangée au sommet; en S sont les sépals unis en espèce de soucoupe; E. un grand nombre d'étamines.
18. Étamine vue en dedans ou en arrière.
19. La même vue en dehors, du côté ou elle s'ouvre.
20. FLEUR CARPELLÉE grossie, vue par sa face externe (opposée à l'axe des fleurs), en avant est sa bractéole frangée, presque transparente et caduque avant l'épanouissement des anthères. S. sépals en tube très-court et très-évasé en soucoupe. C'" stigmates.
21. La même fleur privée de sa bractéole, pour montrer en S le large tube des sépals, et en C'" les stigmates.
22 et 23. La même FLEUR CARPELLÉE plus avancée en âge. S. tube des sépals ; C' carpes unis; (les styles sont si courts qu'ils ne peuvent s'apercevoir): C" stigmates.
24. Tube très-évasé des sépals unis.
25. Graine couronnée d'une aigrette.
26. La même grossie, sans aigrette.
27. Embryon privé de son derme.
28. Le même dont les cotylédons sont coupés en travers.

TABLEAU DES ESPÉCES DE *SAULES*.

*1. **Cinérelle.** — Feuilles ovales, lancéolées ou oblongues, d'un vert ordinairement terne et grisâtre. — Grappes naissaut avant les feuilles. — Bractéoles persistantes pendant la maturatiou. — Style commun le plus souvent très-court.

1. **Saule Marceau.** Arbre à rameaux chauves. Feuilles très-larges, épaisses, cotonneuses en dessous. Style commun court.

2. **S. cendré.** Arbre moyen, à rameaux veloutés. Feuilles ovales, épaisses, cotonneuses et grisâtres sur les deux faces. Style commun court.

3. **S. à oreillettes.** Arbuste bas, à rameaux chauves, effilés. Feuilles crépues, à la manière de la Sauge. Style commun court.

4. **S. Daphné.** Grand arbre à rameaux glaucescents. Style commun presque aussi long que le capitel.

5. **S. de Seringe.** Arbre de moyenne grandeur, à rameaux un peu poilus. Grappes arquées en dessous, 2 étamines unies par leur base et un peu poilues.

6. **S. à grandes feuilles.** Grand arbre. Grappes ovoïdes petites (de la grandeur de celles du *S. à oreillettes*), mais à grandes feuilles oblongues, à réticulation très-prononcée au dessous.

7. **A feuilles de Sauge.** Arbrisseau à feuilles oblongues-lancéolées, finement réticulées en dessous, à grappes arquées, à capitels cachés par les bractéoles.

8. **A feuilles de Laurier.** Arbre de moyenne grandeur, à rameaux noirs, à grappes très-allongées à leur maturité, par l'agrandissement des pédicelles et des capitels.

*2. **Viminelle.** — Feuilles ovales, lancéolées ou oblongues, souvent poilues en dessous ; Grappes naissaut en même temps qu'elles. — Bractéoles persistantes pendant la maturation. — Style commun souvent distinct.

9. **S. rampant.** Feuilles elliptiques, roulées en dessous par leurs bords ; fibres saillantes sur les 2 faces à la dessiccation.

10. **S. ambigu.** Feuilles ovales-lancéolées, à fibres saillantes en-dessous, terminées par une pointé courbée. Stipules à lamelles inégales.

11. **S. osier-vert.** Rameaux très-longs, veloutés. Feuilles linéaires-oblongues, soyeuses et à bords roulés en dessous. Stipules linéaires. 2 étamines libres. Carpels veloutés. Style allongé, chauve.

12. **S. rouge.** Rameaux à peine poilus. [Feuilles oblongues-lancéolées, grisâtres en dessous, plus ou moins poilues, mais non argentées. Etamines 2, unies par la moitié des filets. Style commun assez court.

13. **S. à une étamine.** Rameaux minces, chauves. Feuilles oblongues, noircissant à la dessiccation. Étamines 2, unies jusqu'au sommet. Capitel presque sphérique d'abord, surmonté d'un style commun très-court et d'un stigmate à 4 tubercules.

14. **S. à feuilles molles.** Rameaux presque chauves. Feuilles oblongues-lancéolées, un peu veloutées en dessous. Grappes à carpels laineuses. Bractéoles jaunes, demi-transparentes. Style commun chauve, de la longueur des stigmates rayonnants.

15. **S. ondulé.** Rameaux jaunes, plus foncés que dans l'*Osier jaune*. Grappes carpellées cylindriques. Bractéoles oblongues, demi-transparentes, garnies de longs poils parallèles. Style commun de moyenne longueur, terminé par 4 stigmates.

16. **S. à grandes stipules.** Rameaux forts et veloutés. Feuilles oblongues-lancéolées, grisâtres et presque argentées en dessous. Stipules lancéolées, aiguës. Deux grands stigmates linéaires, plus longs que le style commun.

17. **S. incane.** Arbuste à rameaux rougeâtres. Feuilles linéaires-oblongues, roulées et cotonneuses en dessous. Étamines 2, unies par les filets. Capitels chauves, terminés par 2 stigmates fendus et réfléchis.

18. **S. noircissant.** Rameaux brunâtres, souvent poilus. Feuilles ovales ou lancéolées, noircissant par la dessiccation. Étamines 2, libres. Capitels coniques, laineux, à styles très-longs et stigmates rayonnants.

*3. **Albelle** (Sering.). — FEUILLES linéaires-lancéolées. — FLEURS naissant après les feuilles. Bractéoles tombant pendant la maturation.

19. **S. blanc.** Feuilles oblongues-linéaires, pointues aux extrémités, finement et régulièrement dentées, à dents ascendantes; soyeuses à leur face inférieure. Étamines 2.

20. **S. fragile.** Feuilles oblongues-lancéolées, acuminées, bordées de dents infléchies. 2 étamines; 2 glandes, une vers l'axe des fleurs et l'autre à l'aisselle des bractéoles.

21. **S. cuspidé.** Feuilles elliptiques, ovales, acuminées; 4 étamines, une glande florale.

22. **S. noir.** Feuilles longuement linéaires-lancéolées, poilues, bordées de nombreuses dents petites et ascendantes, et un peu plus en dedans d'une ligne en relief, où viennent se confondre toutes les fibres latérales. Étaminés 4-6, libres, à filets poilus presque jusqu'au sommet.

23. **S. pleureur.** Rameaux minces et pendants. Feuilles linéaires-oblongues, aiguës aux extrémités, surtout au sommet. 2 étamines. Capitels oblongs-coniques, chauves, surmontés d'un style très-court et de 4 stigmates courts et dépassant à peine la bractéole.

24. **S. à trois étamines.** Écorce des vieilles tiges s'exfoliant comme celle des *Platanes*. Feuilles lancéolées-oblongues, à fibres peu saillantes. Bractéoles courtes, laissant à découvert presque tout le capitel. Étamines 3. Capitel chauve, conique, surmonté de style commun et stigmates très-petits.

25. **S. du Japon.** Rameaux dressés, cendrés. Feuilles lancéolées, acuminées, dentées en scie, glaucescentes en dessous, chauves dans l'état adulte. Pétioles courts. Fleurs.....

26. **S. à 5 étamines.** Feuilles grandes, très-luisantes, à dents terminées chacune par une glande odorante, à réticulation saillante sur les deux faces à la dessiccation. 5 à 8 étamines.

    *4. **Arbuscelle** (Sering.). — Feuilles ovales ou elliptiques. — Grappes ovoïdes ou elliptiques, naissant avec les feuilles ou après elles. — Fleurs carpellées à style commun allongé.

27. **S. myrsinite.** Feuilles elliptiques ou lancéolées, luisantes, de même couleur sur les deux faces, et à fibres saillantes en dessus comme en dessous. Stipules lancéolées, réticulées, dentées,

28. **S. bleuâtre.** Feuilles ovales-lancéolées, chauves, très-entières, d'un vert bleuâtre, ternes. Grappes ovoïdes, courtes. Capitels ovoïdes-oblongs, poilus. Style commun un peu plus long que les stigmates courts et épais.

29. **S. hasté.** Feuilles ovales-acuminées, fermes, un peu échancrées à leur base, luisantes. Grappes ovoïdes-cylindriques. Bractéoles ovales, obtuses, couvertes de très-longs poils laineux. Capitels presque sessiles, longuement coniques. Style commun plus long que les stigmates un peu renflés.

30. **S. glauque.** Feuilles oblongues-lancéolées, très-entières, couvertes sur leurs faces de longs poils gris, appliqués, presque soyeux. Grappes courtement elliptiques, laineuses. Capitels oblongs-coniques, laineux. Style commun terminé par 4 stigmates linéaires, rayonnants, plus longs que lui.

31. **S. de Laponie.** Feuilles lancéolées, à peine dentées au sommet, grisâtres en dessus et garnies en dessous de poils cotonneux entrelacés. Grappes oblongues-cylindriques, laineuses. Capitels ovoïdes-oblongs, sessiles, cotonneux. Stigmates 4, linéaires, rayonnants, plus longs que le style commun.

32. **S. arbrisseau.** Feuilles ovales ou lancéolées, d'un vert jaunâtre, finement dentées par des glandes, glaucescentes en dessous. Grappes courtes, ovoïdes. Capitels ovoïdes oblongs, cachés à moitié par la bractéole. Stigmates renflés, non fendus, plus courts que le style.

33. **S. bicolor.** Feuilles ovales, obtuses, glaucescentes en dessous, accompagnées à leur base de deux protubérances en forme de glandes remplaçant les stipules. Grappes ovoïdes une fois plus grosses que celles du *S. arbrisseau*, et bractéoles garnies de longs poils droits et laineux.

34. **S. réticulé.** Arbrisseau très-petit appliqué sur terre. Feuilles ovales, très-obtuses, comme bullées, un peu roulées en dessous par leur bord, glaucescentes. Capitels ovoïdes, cotonneux, presque sessiles, une fois plus longs que la bractéole. Stigmates courts, étalés, de la longueur du style commun.

35. **S. rétus.** Très-petit arbrisseau à rameaux gros et appliqués sur le sol. Feuilles planes, le plus souvent légèrement échancrées au sommet, et à fibres arquées et presque parallèles. Bractéoles ovales, légèrement échancrées au sommet, très-minces, ridées transversalement. Capitels ovales, chauves, surmonté d'un style commun très-court et de 4 petits stigmates rayonnants.

*1. **Cinérelle** (Sering.). — FEUILLES *ovales* ou *lancéolées, poilues, ternes* et *grisâtres* (rarement luisantes). — GRAPPES (chatons) *ovales, naissant avant les feuilles.* — BRACTÉOLES *persistantes pendant la maturation.* — FLEURS-ANTHÉRÉES *à deux étamines* libres ou à peine unies par leurs filets. — FLEURS-CARPELLÉES poilues, *à style commun court.* = SYNON. *Cinerella.* Sering. rév. saul. 1824. Decand. et Dub. bot. gall. 1, p. 423 (1828), et *Daphnelle,* Sering. rév. saul· (1824). Decand. et Dub. bot. gall. 1, p. 424 (1828).

1. Saule Marceau ou des chèvres. — *Salix caprea.* (Linn.)

Rameaux ordinairement chauves, épais. — **Bourgeons à fleurs** ovoïdes, brunâtres, obtus, déjà très-distincts à la chute des feuilles, chauves. — **Feuilles** tardives, *largement ovales,* plus rarement lancéolées, ou presque circulaires, *les plus larges du genre,* épaisses, *laineuses en dessous,* d'un vert sombre, à peine luisantes en dessus, à fibres déprimées, *festonnées et ondulées sur les bords,* courtement acuminées, pétiolées; stipules réniformes sur les jets foliacés vigoureux, et ondulées. — **Grappes** (chatons) ovoïdes d'abord, sessiles, accompagnées de 1 à 4 bractées, très-poilues; bractéoles oblongues, presque pointues, persistantes, noirâtres dans leur moitié supérieure, garnies de très-longs poils gris. — **Fleurs-anthérées** à 2 étamines libres. — **Fleurs-carpellées** portées sur des pédicelles d'abord plus courts que la bractéole et l'atteignant presque ensuite. — **Capitel** oblong-conique, laineux, renflé à sa base, terminé par un style commun plus court que les stigmates, qui sont presque unis et presque parallèles. = Cette espèce, très-commune le long des bois et dans les haies de l'Europe, s'élève en arbres de moyenne grandeur. Elle est reconnaissable à ses larges feuilles un peu semblables à celles de quelques espèces de *Pommier,* et à ses grappes courtes, ovoïdes, paraissant avant les feuilles. Il est fréquemment dans nos bosquets d'ornement. — Cette espèce varie beaucoup dans la grandeur de ses tiges, de ses feuilles et de ses grappes de fleurs. Dans les lieux arides et chauds, il a ses branches courtes et très-rameuses ; dans les endroits frais, tous les organes prennent un accroissement double. La quantité de poils dont ils sont couverts varie aussi beaucoup. — Deux états de déformations assez rares s'offrent dans cette espèce : c'est de présenter *sur la même grappe*, à l'aisselle des bractéoles, tantôt deux étamines, tantôt un capitel ou fruit (Sering. saul. dess. n° 76. *S. tomentosa androgyna*). Ces modifications organiques s'observent aussi dans d'autres espèces. La deuxième est indiquée dans les mêmes cahiers de *Saules desséchés*, n° 38 (*S. des chèvres à fruits doubles*) ; au lieu de 2 étamines, ce sont 2 capitels ou fruits naissant à l'aisselle de chaque bractéole. ═ On pourrait faire des plantations de ce saule qu'on exploiterait utilement en coupe réglée, pour la confection d'excellents cercles. Ses fleurs à étamines sont très-recherchées des abeilles. — Fleurit en mars et avril.

Synon. — *Salix caprea*. Linn. spec. 1448 (1764). Hoffm. hist. sal. p. 25, pl. 3 et pl. 5, fig. 4 (1785), et pl. 21, fig. *a. b. c. d.* (1787) (pl. excellentes). — Mill. dict. jard. éd. franç. de 1785, vol. 6, p. 433 et 435. — Willd. spec. 4, p. 703 (1805). Sering. saul. dess. n°s 6, 78, 79, 80, 98, 99, 100. Koch, syn. flor. germ. 2, p. 50 (1844). — *S. caprea*. Thuil. flor. par. éd. 2, p. 517 ! — *S. ulmifolia*. Thuil. l. c. p. 518 ! et *S. cinerea*, Thuil. l. c. p. 518 (1799) (1) ! — *S. tomentosa*. Sering. ess. mon. saul. p. 14 (1815).

2. **Saule cendré**. — *Salix cinerea*. (Linn.)

Rameaux toujours veloutés. — **Bourgeons à fleurs** *ovoïdes, un peu pointus*, presque chauves, déjà très-distincts à la chute des feuilles. — **Feuilles** *lancéolées, ovales* ou obovales, épaisses, *laineuses plus particulièrement en dessous*, acuminées, finement dentées et presque planes sur les bords, d'un vert terne et grisâtre, à fibres déprimées en dessus, courtement pétiolées ; stipules réniformes, beaucoup *plus petites que dans le S. Marceau* et accompagnant les feuilles des jets vigoureux et stériles. — **Grappes** *oblongues*, sessiles, munies à leur base de 2 à 4 bractées très-poilues ; *bractéoles oblongues, obtuses*, très-poilues, noirâtres dans leur moitié supérieure. — **Fleurs-anthérées** à 2 étamines libres. — **Fleurs-carpellées** portées sur un pédicelle *presque aussi long que la bractéole* au moment de l'épa-

(1) Ces deux dernières citations sont faites d'après des échantillons provenant directement de Thuillier et déposés dans le Conservatoire botanique de Lyon.

nouissement. — **Capitel** *oblong-conique, velu, non manifestement renflé à sa base.* Colonne des styles plus courte que les stigmates, *écartés en forme de* V *et souvent lobés eux-mêmes.* = Se trouve le long des fossés, dans les marais, les haies, mais réussit dans presque tous les terrains. — Il ressemble assez, pour l'époque de sa fleuraison et la forme de ses grappes, au *S. Marceau*, mais ses feuilles sont beaucoup moins larges, ses rameaux cendrés moins forts, ses capitels plus allongés, et il s'élève toujours beaucoup moins que lui. — Fleurit en mars et avril, en même temps que le précédent.

Synon. — *Salix cinerea.* Linn. spec. 1449 (1764). Koch, syn. flor. germ. 2, p. 744 (1844). Sering. saul. dess. n°ˢ 95, 96, 97, rév. saul. n° 2 (1824). — *S. acuminata.* Mill. dict. jard. éd. franç. 6, p. 433 et 435 (1785). Hoffm. hist. sal. p. 39, tab. 6 (1785), et 22, fig. 2, *a. b. c. d.* (1787 (non Smith). Willd. spec. 4, p. 704 (1805). Sering. ess. mon. saul. p. 12 (1815). saul. dess. n°ˢ 3, 4, 26, 27. — *S. aquatica.* Willd. spec. 4, p. 701 (1805).

Var. 1. **vert.** — **S. cinerea viridis.**

Rameaux fermes, épais. — **Feuilles** fermes, épaisses, lancéolées ou obovées, plus ou moins courtes et d'une seule couleur. = Plusieurs variations de cette variété se trouvent dans nos jardins paysagers.

Synon. — Toutes les citations ci-dessus prises collectivement appartiennent à cette variété.

Var. 2. **panaché.** — **S. cinerea variegata.** (Baum.)

Rameaux minces, effilés. — **Feuilles** minces, lancéolées, panachées de taches jaunâtres. — **Étamines** à longs filets blanchâtres ; glande de l'aisselle courte et tronquée. = On n'a encore dans nos jardins, mais fréquemment, que l'individu à étamines, dont les feuilles produisent un joli effet de contraste.

Synon. — *Salix cinerea variegata.* Baum. cat. (1814), et Sering. revis. saul. n° 2 (1824). — *S. acuminata variegata.* Ser. saul. dess. n° 54 (1809). ess. mon. saul. p. 13 (1815).

3. **Saule à oreillettes.** — *Salix aurita*. (Linn.)

Rameaux minces, chauves, brunâtres. — **Bourgeons** petits, chauves. — **Feuilles** ovales ou obovales, courtement acuminées, comme crispées, à la manière de la *Sauge officinale*, ondulées-dentées, un peu poilues en dessus, laineuses en dessous, à fibres très-nombreuses, déprimées. — **Grappes** ovales, beaucoup plus petites que celles du *S. cendré*, accompagnées à leur base de quelques bractées poilues, brunâtres, persistantes pendant la maturation. — **Fleurs-anthérées** à 2 étamines, à peine unies par leur base. — **Fleurs-carpellées** portées sur un pédicelle presque de la longueur de la bractéole. — **Capitel** ovale, assez court, terminé par 2 *stigmates très-courts, gros et sessiles.* ≍ Cette espèce est beaucoup plus petite, plus mince dans toutes ses parties que le *S. cendré* avec lequel elle a le plus de rapports ; elle est un peu moins printannière que lui. Elle ne varie pas moins que les autres espèces dans toutes ses dimensions. Cette plante présente, comme les deux précédentes, les mêmes modifications dans les organes floraux qui, au lieu d'anthères, portent des rudiments de capitels. M. Koch en cite une dont chaque bractéole porte à son aisselle 2, 3 ou 4 capitels unis dans leur moitié inférieure (*S. cladostema*, Hayn. dendr. flor. p. 191, avec figure). Elle habite les tourbières, les lisières des bois de l'Europe. Elle produit un assez joli effet dans le bord des massifs d'arbres.

Synon.—*Salix aurita*. Linn. spec. p. 1446 (1763). Hoffm. hist. sal. 1, p. 4, tab. 4, fig. 1, 2, et tab. 5, fig. 3 (1785). Willd. spec. 4, p. 701 (1805). Koch, syn. flor. germ. 2, p. 750 (1844). Sering. saul. dess. nº 5 (1805), et nᵒˢ 101, 102, 103 (1816). rév. saul. nº 5 (1824). — *S. rugosa*. Sering. ess. mon. saul. 18 (1815). — *S. sphacelata*. Willd. spec. 4, p. 702 (1805). — *S. ambigua*. Willd. spec. 4, p. 700 (1805). — *S. heterophylla*. Host, sal. 2, p. 650, selon Koch.

4. **Saule daphné.** — *Salix daphnoïdes*. (Vill.)

Arbre élevé et élégant. — **Écorce** de l'année précédente rouge-brun, très-souvent couverte de glauque et jamais de poils (excepté sur les pousses de l'année). — **Feuilles** jeunes souvent un peu poilues, finement dentées, d'un vert olivâtre à leur surface supérieure, glaucescentes en dessous, elliptiques ou oblongues-linéaires, devenant très-coriaces, à fibres saillantes sur les 2 faces à leur maturité, et à réticulation fine à peine visible par transparence vu l'opacité de leurs lames. Stipules inégalement lancéolées, à lamelles dissemblables et denticulées, adhérentes à la base du pétiole élargi, et portant dans l'arrière saison de très-gros bourgeons ovoïdes applatis en forme de languette. — **Grappes** ovoïdes, sessiles, très-soyeuses, dressées d'abord et très-courtes, puis devenant oblongues et alors arquées, surtout celles des fleurs anthérées, naissant avant les feuilles et accompagnées à leur base de 3 à 4 bractées très-poilues et très-courtes. — **Bractéoles** obovales, noirâtres, couvertes de poils nombreux et presque soyeux. — **Fleurs-anthérées** à 2 étamines libres, dépassant beaucoup les bractéoles. — **Fleurs-carpellées** en grappes plus minces, cylindriques, dressées. — **Capitels** ovales-coniques, chauves, oblongs, surmontés d'un long style commun, filiforme, une fois plus long que la bractéole, et terminés par 2 stigmates oblongs-linéaires fendus. ⹑ Cette espèce est remarquable, au printemps, par ses grappes serrées, couvertes de longs poils droits et soyeux, pendant la foliation, par ses feuilles luisantes, coriaces, et son écorce couverte d'une abondante poussière glauque. — Habite les rives des grands fleuves et au pied des Alpes. — Fleurit en mars et avril.

Synon. — *S. daphnoïdes.* Vill. hist. dauph. 3, p. 765, pl. 50, n° 7 (mauvaise) (1789) (1). Koch, syn. flor. germ. 2, p. 743 (1844). (V. V. et S. S. et C.)

Var. 1. à larges feuilles. — S. daphnoïdes latifolia.

Tige et Rameaux fermes. — **Feuilles** elliptiques-lancéolées, presque de la grandeur de celles du *Laurier commun*, courtement acuminées. — **Grappes** ovoïdes, extrêmement poilues. ⹑ Assez fréquente sur les rives des fleuves, surtout dans le

(1) Voir le reste de la synonymie aux variétés.

voisinage des Alpes, en Suisse, près Berne, Genève ; à Villard d'Arène, etc. Les madones dispersées çà et là sur les routes de quelques parties de l'Allemagne sont souvent ornées de rameaux de cette plante un peu avant l'épanouissement de ses fleurs.

Synon. — *S. daphnoïdes latifolia.* Sering. herb. — *S. daphnoïdes.* Vill. l. c. Sering. saul. dess. n° 20. Kock, syn. flor. germ. 2, p. 743 (1844). — *S. cinerea.* Willd. spec. 4, p. 690 (1805) (non Linn.) — *S. præcox.* Hopp. dans Sturm, deutschl. flor. fasc. 25. Willd. spec. 4, p. 670 (1805). Sering. ess. saul. p. 55 ! (1815), et saul. dess. n°s 82 et 83. — *S. bigemmis.* Hoffm. flor. germ. 260 (1804). Roth, flor. germ. 2, p. 506 (1793). —Vulg. *Saule Daphné, Saule noir* (1), *S. à bois glauque.*

Var. 2. de Poméranie. — S. daphnoïdes pomeranica.

Rameaux plus minces que dans la première variété, moins glaucescents et souvent un peu poilus. — **Bourgeons** velus. — **Feuilles** oblongues, acuminées, plus minces que dans la précédente ; stipules plus étroites et très-aiguës. — **Grappes** plus minces, plus allongées, moins poilues.

Synon. — *S. daphnoïdes pomeranica.* Sering. herb. — *S. pomeranica.* Willd. enum. hort. ber. suppl. p. 66 (1813). (V.V.C. du jardin de Berlin.)

Var. 3. à feuilles aiguës. — S. daphnoïdes acutifolia.

Rameaux très-minces. — **Bourgeons** minces, à bec plus étroit et plus allongé, moins poilus que ceux de la deuxième variété. — **Feuilles** linéaires-oblongues, semblables à celles du *S. de Babylone,* insensiblement terminées en une longue pointe, plus obscurément denticulées que dans les précédentes variétés : stipules extrêmement étroites. — **Grappes** encore plus petites et plus courtes que dans les autres variétés.

Synon. — *S. daphnoïdes acutifolia.* Sering. herb. — *S. acutifolia.* Willd. spec. 4, p. 668 (1805). — *S. pruinosa.* Besser, cat. hort. crem. p. 121 ! (1816). — *S. violacea.* Andrews, bot. rep.

______

(1) L'écorce est parfois extrêmement foncée.

(envoyé du jardin de Paris par Desfontaine) (V S. communiqué par M. Besseu.)

5. Saule de Seringe. — *Salix Seringeana*. (Gaud.)

Arbre de moyenne grandeur, à rameaux un peu poilus. — **Feuilles** lancéolées-oblongues, acuminées, finement dentées et un peu ondulées sur les bords, *d'un vert sombre* et un peu grisâtre en dessus, *cotonneuses en dessous ;* dorsale jaune *; fibres latérales très-rapprochées.* — **Stipules** en demi-cœur, se développant rarement. — **Grappes** *ovales-cylindriques, arquées en dessous,* comme dans le *S. incane ;* bractées obovales, oblongues, jaunâtres, peu poilues. — **Fleurs-anthérées** à 2 *étamines à peine unies à leur base,* poilues, dépassant beaucoup les bractéoles. — **Fleurs-carpellées** en grappes moins grandes et plus minces que celles à étamines. — **Capitel** conique, cotonneux, dépassant de beaucoup les bractéoles. — **Style** aussi long que les *stigmates linéaires et au nombre de 4.* = Arbre élégant, rare dans les ravins du pied des Alpes suisses, et aussi facile à cultiver que les autres espèces. L'individu à étamines vient du pont du Kander, dans l'Oberland bernois ; celui à carpels a été trouvé près de Vevey, par M. Tardent.

Synon. — *S. Seringeana.* Gaudin, ess. (1824), flor. helv. 6, p. 251 (1830). Koch, syn. flor. germ. 2, p. 747 (1844). — *S. lanceolata.* Sering. ess. saul. p. 37, pl. 1 (1815). — *S. Kanderiana* Sering. saul. dess. n° 42 (1808). — *S. holosericea.* Sering. saul. dess. n° 70 (1814), et n°s 71, 72, 104 et 105 (1816). (V. V. et S. S. et C.)

6. Saule à grandes feuilles. — *S. grandifolia*. (Sering.)

Arbre acquérant une assez grande élévation. — **Feuilles** oblongues-lancéolées, glaucescentes en dessous, aiguës aux deux extrémités, acuminées, coriaces, à réticulation très-prononcée par dessous, obscurément dentées, mais ondulées sur leur bord, atteignant souvent jusqu'à 18 centimètres de long ; stipules grandes, demi-cordiformes, dentées sur leur partie convexe, et souvent aussi longues que les pétioles. — **Grappes** serrées, ovales, presque contemporaines avec les très-jeunes feuilles, d'abord de la grandeur de celles du *Saule à oreillette,* mais s'allongeant beaucoup pendant la maturation. — **Bractéoles** ovales, obtuses, couleur de brique, portant à leur aisselle 2 étamines libres. — **Carpel** d'abord presque sessile, puis porté à la maturité par un pédicelle de la longueur de la bractéole, et formant alors une grappe souvent aussi grosse et aussi longue que celle du *S. Marceau.* Style commun très-court, portant 4 stigmates peu développés. = Cet arbre est fréquent au pied des Alpes suisses, dans les ravins profonds, il prend de grandes dimensions. Il est aussi facile à cultiver que les autres espèces, pourvu qu'il ne soit pas placé dans des expositions trop chaudes. Les jeunes pousses vigoureuses ont des stipules très-grandes et des feuilles très-ondulées.

SYNON. — *S. grandifolia.* Sering. saul. dess. n° 55 (1809). ess. saul. p. 20 (1815). Koch, syn. flor. germ. 2, p. 750 (1844). — *S. acuminata grandifolia.* Sering. saul. dess. n° 41 (1803). — *S. stipularis.* Sering. saul. dess. n° 2 (1805). — *S. cinerascens.* Willd. spec. 4, p. 706 ? (1805). (V. V. et S. S. et C.)

7. Saule à feuilles de Sauge. — *S. salviæfolia.* (Link.)

Arbrisseau ressemblant un peu au *S. à oreillette.* — **Feuilles** *oblongues-lancéolées,* aiguës aux deux extrémités, d'un vert grisâtre et légèrement poilues en dessus, presque entières, finement réticulées, blanchâtres et un peu cotonneuses en dessous; dorsale jaunâtre. — **Fleurs-anthérées** inconnues. — **Fleurs-carpellées** en grappes cylindriques, arquées en dessous, assez serrées. — **Bractéoles** ovales, obtuses, appliquées, jaunâtres, persistantes, ne laissant paraître, au moment de la fleuraison, que 2 stigmates courts, portés par des styles peu visibles. — **Capitels** coniques, cotonneux, une fois plus longs que les bractéoles à la maturité. = Cet arbuste est encore rare, il a été trouvé dans l'*Eymatte,* près Berne, et dans le Tyrol; il a vécu plusieurs années dans le jardin botanique de Lyon.

SYNON. — *S. salviæfolia.* Link, dans Willd spec. 4, p. 688 (1805). Koch, syn. flor. germ. 2, p. 747 (1844). — *S. oleæfolia.* Vill. hist. dauph. 3, p. 784 ? (1789). — *S. oleifolia,* Sering. saul. dess. n° 1 (1805). — *S. patula.* Sering. ess. saul. p. 11 (1815). (V. V. S. et C.)

8. **Saule laurier.** — *Salix laurina*. (Smith.)

Arbre moyen, à longs rameaux, un peu poilus la première
année, et devenant ensuite noirâtres et chauves. — **Fenilles** de
la grandeur de celles du *Laurier commun*, elliptiques, courtement acuminées, coriaces, presque entières, à peine roulées
en dessous par leurs bords, d'un vert olivâtre, chauves et luisantes en dessus, grisâtres en dessous, peu poilues et à fibres
largement réticulées. — **Stipules** très-petites, en croissant. —
Fleurs-anthérées en grappes courtes, à 2 étamines jaunâtres.
— **Grappes** de fleurs carpellées ovales-oblongues, laineuses,
s'allongeant beaucoup ensuite. — **Bractéoles** ovales-spatulées,
jaunâtres, de la longueur des pédicelles, qui s'allongent
ensuite, de manière que la grappe devient très-lâche. —
Capitels longuement coniques, laineux, surmontés d'un style
chauve, lequel est de la longueur des 4 stigmates linéaires. =
Cette belle espèce, spontanée en Angleterre, est assez répandue
dans les jardins et mérite bien de l'être. Elle se distingue par
ses grandes feuilles un peu luisantes et écartées et par ses
grappes, les plus longues parmi les espèces de cette section. Il
existe dans l'herbier de M. Benj. de Lessert un exemplaire de
cette plante où une seconde fleuraison a eu lieu en automne,
comme cela se rencontre souvent dans les saules.

Synon. — *S. laurina*. Smith! act. soc. linn. lond. 6, p. 122.
Willd. spec. 4, p. 662 (1805). — *S. bicolor*. Smith, flor. brit.
p. 1048 (1805), et engl. bot. tab. 1806, non Ehrh. (V. V. et
S. C., communiqué en 1818 par M. Borrer.)

*2. **Viminelle** (Sering.). — Feuilles *lancéolées, oblongues*, souvent velues.
— Grappes *cylindriques-oblongues, se développant avec les feuilles.* — Bractéoles
persistantes. — Fleurs-anthérées à 2 étamines libres ou plus rarement unies.
— Fleurs-carpellées ordinairement poilues, terminées par un long style commun. = Synon. *Viminella*. Sering. rev. (1824). Decand. et Dub. bot. gall. 1,
p. 424 (1828).

9. **Saule rampant.** — *Salix repens*. (Linn.)

Petit arbuste très-étalé sous terre. — **Rameaux** très-minces,
effilés, velus ou chauves et jaunes en automne. — **Bourgeons**

elliptiques, obtus, rougeâtres, chauves. — **Feuilles** *oblongues,*
plus ou moins obtuses, *entières, un peu roulées en dessous par
leurs bords,* souvent soyeuses en dessous et parfois en dessus.
Fibres saillantes en dessus et en dessous (sur le sec). Stipules lancéolées, aiguës. — **Grappes** ovales, très-petites. — **Fleurs-
anthérées** à 2 étamines libres, dépassant beaucoup la bractéole,
obovales-circulaires, courtes, rougeâtres, persistantes et un
peu poilues. — **Fleurs-carpellées** portées sur un pédicelle plus
court que la bractéole large et très-obtuse. — **Capitel** oblong,
couvert de poils soyeux et appliqués. Colonne des styles très-
courte. Stigmates écartés et un peu fendus eux-mêmes, de manière à paraître au nombre de 4. = Cette jolie espèce, des
tourbières de l'Europe et des marais, réussit très-bien dans les
parties fraîches et ombragées de nos jardins, surtout si on entoure ses racines d'un peu de terre de bruyère ou qu'on les
plante dans la tourbe. Elle fleurit en avril et reste feuillée très-
tard. — Voir la synonymie aux variétés.

Var. 1. **commun.** — **Salix repens vulgaris.** (Koch.)

Feuilles elliptiques, *un peu roulées en dessous par leurs bords,*
terminées par une pointe *à peine visible et droite, à réticulation
saillante sur les deux faces* (sur le sec), glaucescentes ou soyeuses
en dessous, chauves en dessus.

Synon. — *S. repens elliptica.* Sering. herb. — *S. repens.* Linn.
spec. 1447 (1764). Willd. spec. 4, p. 693 (1805). Koch, comm.
sal. p. 47 (1828). Pursh, flor. amer. sept. 2. p. 610, n° 6. Sering.
saul. dess. n° 92 (1816). — *S. repens vulgaris.* Koch, syn. flor.
germ. 2, p. 754 (1844). — *S. fusca.* Linn. sp. 1447? (1764).
Linné cite pour son *S. repens* et son *S. fusca* la figure de Clau-
sius et celle de Bauhin ; cette dernière n'est qu'une copie.
Willd. spec. 4, p. 694 (1805)? Smith! flor. brit. 3, p. 1060 (1805),
selon M. Borrer. — *S. depressa.* Hoffm. hist. sal. p. 63, tab. 15 et
16 (1786), très-bonne. Thuill ! flor. par. p. 516 (1799). —
S. polymorpha. Ehrh. arb. dec. 5, n° 49 ! beitr. 6, p. 103 (1791).
Sering.! saul. dess. n° 11 (1805). — *S. polymorpha elatior.* Sering.
saul. dess. n° 36 (1803). — *S. repens gemmifera.* Sering. saul.
dess. n° 92 (1816). — *S. repens lanceolata.* Sering. saul. dess.

n° 93 (1816). — *S. incubacea.* Sering.! saul. dess. n° 35 (1805). Thuill! flor. par. p. 616 (1799). — *S. pumila latifolia.* Clus. hist. 1, p. 85 (1601). — *S. pumila folio utrinque glabro.* J. Bauh. 1, p. 217 (1650). répétition de la fig. de Clusius. — *S. parvifolia.* Smith! in Rees cyclop. n° 102.

Var. 2 argenté. — S. repens argentea. (Koch.)

Feuilles *ovales*, soyeuses, *courtes et larges, planes,* terminées par une *pointe déjetée de côté, réticulation peu apparente* par les poils argentés qui la couvrent.

Synon. — *S. repens argentea.* Koch, syn. flor. germ. 2, p. 754 (1844). — *S. argentea.* Smith! flor. brit. 3, p. 1059 (1805), selon M. Borrer (1806). Willd. spec. 4, p. 693 (1805). Sering. ess. p. 23 (1805). saul. dess. n° 62 (1814). — *S. lanata.* Roth, flor. germ. 1, p. 418 (1788), et 3, p. 513. Thuill! flor. par. p. 516 (1799). — *S. depressa nitida.* Sering. saul. dess. n° 62 (1814), et ess. saul. p. 10 (1815). Quoique ses feuilles soient de même forme que celles du *S. rampant elliptique,* elles sont extrêmement soyeuses. — *S. arenaria.* Schult, flor. siarg. et *S. argentea* du même auteur, lieu cité, d'après les exemplaires communiqués par M. Thevenaus (1816). — *S. incubacea?* Sering.! saul. dess n° 35 (1808).

Var. 3. à feuilles de Romarin. — S. repens rosmarinifolia. (Ser.)

Feuilles *oblongues-linéaires, pointues aux deux extrémités,* dressées, presque chauves, *bords finement denticulés* et peu réfléchis, un peu moins épaisses que dans les variétés 1 et 2. — **Grappes** grosses et courtes. ═ Plus fréquente dans les tourbières d'Allemagne et d'Angleterre qu'en Suisse. Aussi facile à cultiver que les autres variétés.

Synon. — *S. repens rosmarinifolia.* Sering. herb. — *S. rosmarinifolia.* Linn. spec. 1448 (1764). Ehrh. arb. 119. Smith! flor. brit. 3, p. 1062 (1805), d'après des exemplaires communiqués par M. Borrer (1816). Willd. spec. 4, p. 697 (1805). Koch, comm. sal. eur. p. 48, en excluant les var. 2 et 3 (1828). syn. flor. germ. 2, p. 755 (1844). — *S. pumila angustifolia I.* Clus. hist. 1, p. 86 (1601), très-bonne fig. — *S. incubacea.* Willd. spec. 4, p. 696

(1805). — *S. tenuis*, *S. parviflora* et *littoralis*. Host, sal. p. 642 et 643. — *S. arenaria* et *S. repens*. Thuill.! flor. par. p. 516 et 517 (1799).

Var. **4. à petites feuilles. — S. repens microphylla.** (Sering.)

Feuilles elliptiques, très-nombreuses et très-petites, un peu argentées.

Synon. — *S. repens microphylla*. Sering. herb. — *S. prostrata*. Thuill.! flor. par. p. 517 (1799), non Ehrh. — *S. depressa microphylla*. Sering.! saul. dess. n° 61 (1814). — *S. pumila angustifolia*. Clus. II, hist. p. 86, bonne fig. (1601). = Dans quelques marais de la Suisse et des environs de Paris. Très-jolie petite variété (V. V. et S. S. et C.)

10. **Saule ambigu. — S. ambigua.** (Ehrh.)

Arbrisseau un peu plus élevé que le *S. rampant*, auquel il ressemble beaucoup, mais dont les rameaux sont un peu plus forts et les feuilles également plus grandes, mais plus manifestement fibrées. — **Feuilles** ovales-lancéolées, les plus grandes garnies de quelques petites dents, épaisses, fermes, cotonneuses et même un peu soyeuses en dessous, où les fibres sont très-saillantes, tandis qu'elles sont *déprimées à la face supérieure* et terminées par une *pointe ferme et déjetée de côté*. — **Stipules** ovales-lancéolées, à lamelles inégales. — **Fleurs-anthérées.....** — **Fleurs-carpellées** un peu plus grosses que dans le *S. rampant*, mais à style bien prononcé. = Habite les prés tourbeux de la Suisse (Berne!) et dans la Dombes, au marais des Echets! — Se cultive aussi facilement que l'espèce précédente.

Synon. — *Salix ambigua*. Ehrh. beitr. 6, p. 103, arb. n° 109. Koch, syn. flor. germ. 2, p. 753 (1844). — *S. plicata*. Fries, ed. 2, p. 284. — *S. uliginosa*. Sering. saul. dess. n° 60 (1809). — *S. versifolia*. Sering. ess. saul. p. 40 (1815). saul. dess. n° 66 (1814), 106, 107 (1816). Wahl. flor. lap.? — *S. fusca*. Linn. spec. 1447 (1764)? Willd. spec. 4, p. 694 (1805)? — *S. prostrata*. Smith, flor. brit. 3, p. 1060 (1805). Willd. spec. 4, p. 695 (1805), selon Koch. (V. V. et S. S. et C.)

11. **Saule Osier-vert. — S. viminalis.** (Linn.)

Arbuste à très-longs rameaux verdâtres, veloutés sur toutes

leurs parties, très-droits et flexibles. — **Feuilles** très-longuement linéaires, pointues, soyeuses en dessous, à bords roulés
dans leur jeunesse sur leur face inférieure, qui ne devient jamais chauve. — **Stipules** linéaires, à peu près de la longueur
du pétiole. — **Grappes de fleurs** oblongues, serrées, dressées,
se développant en même temps que les feuilles. — **Fleurs-
anthérées** à 2 *étamines libres*, bractéoles *obovales, très-obtuses*,
noirâtres dans leur moitié supérieure et poilues; glande de leur
aisselle dépassant la moitié de la longueur de la bractéole. —
Fleurs-carpellées à bractéole très-obtuse et noirâtre. Capitel
conique, velu, porté sur un pédicelle filiforme, surmonté d'un
long style commun, chauve et terminé par deux stigmates linéaires non divisés. = Cette espèce, commune le long des rivages des fleuves de l'Europe, a été transportée dans toutes nos
cultures pour en obtenir de très-longs jets non rameux, qui servent à former de longs osiers très-flexibles. Il sert très-avanta-
geusement aux vanniers pour former le squelette de leurs
paniers et de leurs corbeilles, à cause de ses longs jets simples
et très-droits. Ses longues feuilles étroites, pointues et très-
soyeuses en dessous, ainsi que ses jets mollement veloutés, le
font facilement distinguer du *Saule incane*, qui a longtemps été
confondu avec lui. D'ailleurs il diffère beaucoup d'un autre
Saule aussi cultivé fréquemment dans les vignes , et dont
l'écorce est jaune et chauve. — Voir la synonymie aux variétés.

Var. 1. **Commun.— S. viminalis vulgaris.** (Sering.)

Feuilles linéaires très-allongées.

Synon.—*S. viminalis vulgaris.* Sering. herb.—*S. viminalis.* Linn.
spec. 1448 (1764). Willd. spec. 4, p. 706 (1805). Lamk. et Dec.
flor. franç. 3, p. 297* (1805), en excluant la 2ᵉ variété, qui
appartient au *S. rouge.* Hoffm. hist. sal. p. 22*, et tab. 2, tab. 5,
fig. 2, et tab. 21, fig. *e, f, g* (1787). Vill. hist. dauph. 3, p. 285
(1789). Koch, syn. flor. germ. 2, p. 746 (1844). Sering. ess.
saul. p. 35* (1815), saul. dess. n° 43 (1803), et n° 74 (1814). —
S. longifolia. Lamk. flor. franç. 2, p. 232 (1793). — Vulg. *Saule
à feuilles longues, Saule Osier vert, O. noir, O. blanc.* — Fleurit
en mars et avril. (V. V. et S. S. et C.)

Var. 2. de Smith, — S. viminalis Smithiana. (Sering.)

Feuilles oblongues-lancéolées, aiguës.

Synon. — *Salix viminalis Smithiana.* Sering. herb. — *S. mollissima.* Smith, flor. brit. p. 1070 (1805, d'après l'exemplaire envoyé du jardin de Smith par M. Borrer! 1818), non Ehrhart. — *S. Smithiana.* Willd. enum. berol. 2, p. 1008 (1809). Koch, syn. flor. germ. 2, p. 746 (1844). — *S. lanceolata.* Fries, éd. 2, p. 283, mant. 1, p. 61 (non Smith, ni Seringe). — Vulg. *Saule osier-vert de Smith* (V. S. C., envoyé du jardin de Smith par M. Borrer, 1818).

12. Saule rouge. — *Salix rubra.* (Huds.)

Arbuste à jets d'une longueur moyenne, rougeâtres, un peu poilus. — **Bourgeons à fleurs** oblongs, terminés en bec plat et plus longs que le pétiole. — **Feuilles** linéaires-oblongues, pointues, grisâtres en dessous ou presque chauves, mais non d'un aspect satiné, planes, bordées de petites dents distantes, à réticulation très-distincte, surtout en automne. — **Grappes de fleurs** oblongues, serrées, dressées, apparaissant avec les feuilles. — **Bractéoles** très-obtuses au sommet, noirâtres, garnies de longs poils fins. — **Fleurs-anthérées** à 2 étamines unies par la moitié inférieure de leurs filets. Anthères rouges avant leur épanouissement. — **Capitels** *ovales, sessiles,* cotonneux, surmontés d'un style commun chauve, de longueur médiocre, et de deux stigmates *fendus et écartés.*

Synon. — *Salix rubra.* Huds. flor. angl. p. 423 (1778). Willd. spec. 4. p. 674 (1805). — *S. fissa.* Ehrh! arb. dec. 3, n° 29 (1798). — *S. virescens.* Vill. hist. dauph. 3, p. 785 (1789). — — *S. concolor.* Host, sal. 2, p. 639, selon Koch, syn. flor. germ. 2, p. 745 (1844). — Vulg. *Saule rouge, S. fendu, S. noir, Houssine;* en allemand, *Gespaltene weide.* ═ Fleurit en avril et mai. (V. S. S. et C.)

Var. 1. olivâtre, — S. rubra olivacea. (Sering.)

Feuilles lancéolées, oblongues, presque chauves, denticulées, surtout vers le sommet.

Synon. — *S. rubra olivacea.* Sering. herb. — *S. olivacea.*

Thuill.! flor. par. 514 (1799). — *S. membranacea.* Thuill.! flor.
par. 516 (1799). — *S. forbyana.* Crowe, dans Smith, flor. brit.
p. 1041 (1805), d'après un échantillon de M. Borrer (1816). —
S. Croweana. Smith, flor. brit p. 1045 ? (1805). (V. S. S. et C.)

Var. 2. **soyeux.** — **S. rubra sericea.** (Koch.)

Feuilles oblongues, pointues, presque chauves en dessus
grisâtres et un peu soyeuses en dessous, très-obscurément denticulées.

SYNON. — *S. rubra.* Koch, syn. flor. germ. 2, p. 745 (1844).
Sering. saul. dess. n° 30. — *S. fissa.* Hoffm. hist. sal. 61, tabl.
13 et 14 (1787). Koch, syn. flor. germ. 2, p. 745 (1844). Sering.
saul. dess. n° 75 (1814), ess. p. 32 (1815). (V. V. et S. S. et C.)

Var. 3. **allongé.** — **S. rubra elongata.** (Sering.)

Feuilles linéaires, très-pointues, presque chauves ; stipules
linéaires, très-courtes ; pétiole presque une fois plus long que
les bourgeons à fleurs de l'année suivante. — **Grappes** manifestement pédonculées.

SYNON. — *S. rubra.* Borrer ! exemplaire communiqué, 1818.
(V. S. C.)

13. **Saule à une étamine** (1). — **S. monandra.** (Hoffm.) (2)

Arbrisseau à longs jets lisses et minces, écorce brune ou olivâtre, portant beaucoup de lenticelles. — **Feuilles** oblongues,

---

(1) Il en existe réellement deux, mais leurs filets sont unis presque toujours
jusqu'au sommet ; leurs deux anthères adossées et presque unies, ont été prises
pour une seule (qui aurait quatre loges).

(2) LINNÉ a fait deux espèces de deux très-légères modifications de la même
plante. G. F. HOFFMANN a reconnu l'erreur, et il a réuni les *Salix purpurea* et
S. helix (Linn.), sous le nom de *S. monandra.* L'auteur allemand aurait mieux
fait de prendre l'un des deux noms et de reporter l'autre dans les synonymes.
Mais comme il ne l'a pas fait, je crois devoir adopter le nom donné par l'auteur
de l'excellente *Histoire des Saules,* parce qu'il a bien compris et bien décrit la
plante, qui est actuellement très-connue sous le nom de *S. à une étamine (Salix
monandra),* et que ce nom, quoique ne présentant qu'une apparence, est admis
par presque tout le monde. C'est d'ailleurs une justice rendue à la mémoire de
ce savant.

parfois oblongues-spatulées, obtuses, ou aiguës, très-rarement denticulées seulement vers le sommet, d'un vert souvent terne, glaucescentes en dessous et noircissant par la dessiccation ; fibrilles à réticulation allongée, saillantes sur les deux faces à la chute des feuilles. — **Stipules** linéaires, rarement développés. — **Grappes** allongées, cylindriques, cotonneuses, souvent arquées, à fleurs presque sessiles, entassées les unes près des autres. — **Étamines** 2, complètement unies par leur filet sous chaque bractéole, à anthères pourpres avant leur épanouissement. — **Capitels** sessiles, presque sphériques d'abord et cotonneux, surmontés d'un **Style** commun très-court et terminé par 4 stigmates presque globuleux, dépassant à peine la bractéole. = Cette espèce, extrêmement abondante dans les lieux humides, depuis le pied des Alpes jusqu'à la mer, se multiplie non seulement par des marcottes qui se font naturellement en abondance, sur les bords du Rhône, par exemple, mais en outre de graines qui lèvent abondamment dans les lieux plats et inondés des bords du fleuve, et qui sont à sec au printemps. Elle sert particulièrement à la vannerie commune et à consolider les digues. Ses rameaux sont très-flexibles. — Cette espèce, très-tranchée, a un port qui contraste parfaitement avec les *Saules* et les autres arbres de nos jardins paysagers. Elle s'accommode de tous les terrains. Comme toutes les autres, elle offre de nombreuses variétés. Elle a ses feuilles souvent exposées à de grosses boursoufflures rouges qui renferment des insectes dont les œufs ont été déposés dans leur tissu lorsqu'elles étaient jeunes. La piqûre et la déposition d'œufs d'autres insectes au sommet des rameaux empêchent parfois leur développement, et ces rameaux donnent lieu à une agglomération de feuilles formant une espèce de tête semblable à celle de nos *Choux pommés*. — Les deux espèces proposées par Linné sont si peu distinctes qu'elles ne peuvent servir même à établir deux variétés. Il est à remarquer cependant que quelques individus ont un style commun plus allongé que d'autres, mais, en général, les stigmates sont presque sessiles. Les feuilles, qui ne varient guère moins que celles des autres espèces, sont quelquefois comme opposées, et même, dans des jets vigoureux, presque verticillées 3 à 3. Les organes foliacés portent moins fréquemment des poils. — Le volume et l'allongement des grappes varient beaucoup. Lorsque les capitels sont fructifiés ils deviennent assez volumineux, tandis qu'ils restent minces en se raccornissant, pour ainsi dire, si les graines ne sont pas développées. — Voir la synonymie aux variétés.

Var. 1. commun. — S. monandra vulgaris. (Sering.)

Rameaux d'une longueur médiocre. — **Feuilles** ordinairement chauves ou à peine poilues. — **Grappes** minces, allongées.

SYNON. — *S. monandra vulgaris.* Sering. herb. — *S. monandra.* Hoffm. hist. sal. p. 18, tab. 2 et 23, fig. 1. Lamk. et Decand. flor. franç. 3, p. 297 (1805), et 6, p. 350 (1815). Sering. ess. saul. p. 5 (1815), saul. dess. nos 24, 85, 91. — *S. purpurea* et *S. helix,* Linn. spec. p. 1444. Smith, flor. brit. 3, p. 1039 et 1040 (1805). Thuill.! flor. par. p. 514 (1799). Hollandr. flor. mos. p. 643 (1842). — *S. purpurea.* Koch, syn. flor. germ. 2, p. 744, var. 1 et 3 (1844). — Vulgair. *Saule à une étamine, S. pourpre. S. noir, Osier noir, Vourgine* (à Lyon). (V. V. et S. S. et C.)

Var. 2. soyeux. — S. monandra sericea. (Sering.)

Rameaux et **Feuilles** garnis de poils soyeux, appliqués, qui tombent parfois vers la fin de la végétation.

SYNON. — *S. monandra sericea.* Sering. saul. dess. n° 32 (1808), et ess. saul. p. 8 (1815). (V. V. et S. S.)

Var. 3. de Lambert. — S. monandra Lambertiana. (Koch.) (1)

Rameaux très-longs, garnis aussi de feuilles et de grappes plus développées.

SYNON. — *S. monandra Lambertiana.* Koch, syn. flor. germ. 2,

---

(1) M. Koch, syn. flor. germ., indique deux états particuliers que je n'ai pas eu l'occasion d'observer : l'un est sa variété 4 (*monadelpha*), où les deux filets des étamines de l'aisselle d'une bractéole ne sont unis que dans leur moitié inférieure ; l'autre, variété 6, présente des fleurs anthérées et d'autres fleurs carpellées sur le même arbre. C'est une modification organique intéressante pour l'organographie, mais que l'on a déjà remarquée dans un certain nombre d'autres espèces.

p. 745 (1844). — *S. Lambertiana.* Smith, flor. brit. 3, p. 1041 (1805), et envoyé de chez M. Lewes par M. Borrer (1818). (V. V. et S. C.)

14. Saule à feuilles molles. — *S. mollissima.* (Ehrh.)

Rameaux presque chauves, d'un jaune plus foncé que l'*Osier jaune.* — **Feuilles** *oblongues-lancéolées,* très-pointues, à peine denticulées, presque chauves en dessus, *blanchâtres et un peu veloutées en dessous.* Pétiole court, de la longueur des bourgeons. Stipules..... — **Grappes** *cylindriques, droites, laineuses, jaunâtres,* se développant avec les feuilles. Bractées ovales, très-obtuses, *jaunâtres, demi-transparentes,* couvertes de *longs poils serrés et presque parallèles.* — **Fleurs-anthérées.....** — **Fleurs-carpellées** à capitels ovoïdes, obtus, laineux, terminés par un long style commun et par quatre stigmates linéaires de la longueur du style, et cachés parmi les longs poils des bractéoles. == Cette espèce, des fleuves de l'Allemagne septentrionale, se distingue certainement d'avec le *S. osier-vert* en ce que ses feuilles sont plus courtes et lancéolées (non linéaires); leur face inférieure est grisâtre, mais sans lustre, la dorsale est jaunâtre, mais les grappes surtout sont garnies de longs poils nombreux, les capitels sont très-courts, et les stigmates grands, linéaires et écartés, sont cachés dans les longs poils des bractéoles jaunes et oblongues (et non très-larges, obtuses au sommet et noires). — Fleurit au milieu d'avril.

Synon. — *S. mollissima.* Ehrh. beitr. 6, p. 101 (1791), arb.! n° 79. Sering. ess. saul. p. 34 (1815), saul. dess. n° 59 (1809). Koch, syn. flor. germ. 2, p. 745 (1844). Willd. spec. 4, p. 707 (1805), non Smith. Sering. saul. dess. n° 59. — Vulg. *Saule à longs poils, S. à feuilles molles.* (V. V. et S. C.)

15. Saule ondulé. — *S. undulata.* (Ehrh!)

Rameaux chauves, d'un jaune plus foncé que ceux de l'*Osier jaune.* — **Feuilles** oblongues-linéaires, très-pointues, denticulées et un peu ondulées, presque chauves en automne, un peu luisantes, aiguëment denticulées, à réticulation fine, à dorsale jaune-canelle. — **Grappes** cylindriques-allongées, pédonculées.

— **Bractéoles** oblongues, persistantes, obtuses, demi-transparentes, d'un jaune un peu briqueté, garnies de longs poils parallèles. — **Fleurs-anthérées** à 3 étamines (ou 2?). — **Fleurs-carpellées** à capitels ovés, coniques, presque chauves, surmontés d'un style commun de moyenne longueur et de 4 stigmates linéaires presque cachés dans les poils des bractéoles. = Cette espèce, qui se trouve sur les rivages de quelques-uns des fleuves de l'Europe, est certainement distincte du *S. rouge* par ses grappes plus longues et plus étroites, ses bractéoles oblongues (et non obovales, très-obtuses et noires), et par ses capitels jaunâtres, à peine poilus. Elle est spontanée dans les environs de Paris (Thuill.!), de Troyes (des Étangs! 1840). Ses stipules sont aussi un peu plus larges et demi-cordiformes. — Fleurit en avril et mai.

Synon. — *S. undulata*. Ehrh! beitr. 6, p. 101, et arb. Koch, syn. flor. germ. 2, p. 742 (1844). — *S. hippophaefolia*. Thuill.! flor. par. 514 (1799). Koch, syn. flor. germ. 2, p. 742. Sering. saul. dess. n° 44. Holland. flor. mos. éd. 2, p. 642 (1842). — *S. rubra*. Sieb. (échantillon des environs de Prague. — *S. olivacea*. Holland. flor. mos. éd. 1, p. 521, selon Hollander. (V. S. S. provenant de diverses localités).

16. **S. à grandes stipules. — *S. stipularis*.** (Smith.)

Rameaux forts et veloutés, comme l'*Osier vert*. — **Feuilles** oblongues-lancéolées, grandes, entières, un peu ondulées, chauves et olivâtres en dessus, grisâtres et presque argentées en dessous. — **Stipules** lancéolées, aiguës, denticulées, presque une fois plus longues que les pétioles. — **Grappes** cylindriques, droites, laineuses, jaunâtres, demi-transparentes, se développant avec les feuilles, couvertes de très-longs poils serrés et presque parallèles. — **Fleurs-anthérées......** — **Fleurs-carpellées** à bractéoles oblongues, jaunâtres, demi-transparentes. — **Carpels** ovoïdes-coniques, laineux, terminés par un style commun, surmontés de deux très-grands stigmates linéaires, beaucoup plus longs que le style velu. = Assez grande espèce, spontanée sur les rivages de quelques fleuves d'Allemagne et en Angleterre. Elle a des rapports avec le *Saule* *osier-vert,* mais elle s'en distingue facilement à ses feuilles beaucoup plus grandes, à ses grandes stipules, et surtout à la longueur de ses stigmates.

SYNON. — *S. stipularis.* Smith, engl. bot. tab. 1214, flor. brit. 3, p. 1069 (1805). Koch, syn. flor. germ. 2, p. 746 (1844), non Sering. saul. dess. — *S. longifolia.* Host, 2, p. 645. — *S. holosericea.* Willd. spec. 4, p. 708? (1805). (V. V. et S. C.)

17. **Saule incane.** — *S. incana.* (Schrank.)

Arbre atteignant 8 à 10 mètres quand il est abandonné à lui-même, mais se présentant ordinairement comme un arbuste à rameaux verdâtres ou rougeâtres, plus ou moins chauves. — **Feuilles** *linéaires-oblongues, obtuses,* terminées par une très-courte pointe, *roulées en dessous par leurs ¦bords, cotonneuses et non soyeuses* en dessous et même quelquefois en dessus, plus fermes et beaucoup moins longues que celles de l'*Osier vert.* — **Stipules.....** — **Grappes** serrées, minces, *arquées en dessous pendant la fleuraison,* d'un aspect peu agréable, à **Bractéoles** jaunâtres, *membraneuses, ridées en travers.* — **Fleurs-anthérées** à 2 *étamines unies,* plus ou moins haut, par les filets, ce qui donne à la grappe un aspect assez désagréable, poilues à leur base. — **Fleurs-carpellées** *sessiles, chauves,* terminées par 2 stigmates fendus et réfléchis. = Cette espèce, très-commune sur tous les rivages de nos grands fleuves européens, s'observe déjà à peu de distance des glaciers. Quoique souvent confondue par les auteurs avec le *Saule osier-vert* (*S. viminalis*), elle en est extrêmement distincte par ses feuilles cotonneuses, plus petites, et ses grappes à bractéoles ridées, à capitels chauves et à étamines unies. Ses grappes présentent parfois un mélange de fleurs anthérées et carpellées, et on trouve souvent sur les feuilles une espèce de galle toute cotonneuse, causée par la piqûre et la déposition d'œufs d'insectes (Sering. saul. dess. n° 81 (1844). — Elle n'est utilisée que pour la grosse vannerie ; mais son feuillage et la couleur de son écorce contrastent agréablement, dans nos jardins paysagers, avec des feuillages extrêmement différents.

SYNON. — *S. incana.* Schrank. bair. flor. p. 230 (1793). Sering.

saul. dess. n° 8 (1805). Koch, syn. flor. germ. 2, p. 747 (1844).
— *S. riparia*. Willd. spec. 4, p. 698 (1805). Sturm, flor. germ.
fasc. 25, tab. 4. — *S. lavandulæfolia*. Lapeyr. abr. p. 601 (1813).
Sering. ess. saul. p. 70 (1815), saul. dess. n° 81. — *S. angusti-*
folia. Poir. dans Duh. arbor. ed. 3, tab. 29 (non Willd. selon
Koch). — *S. rosmarinifolia*. Gouan, hort. 501 (non Linn.).

18. **Saule noircissant.** — *S. nigricans*. (Hall. fil.)

Arbre parvenant à la hauteur du *Lilas commun*. — **Rameaux**
noirâtres, poilus. — **Feuilles** noircissant facilement par la
dessiccation et tachant le papier, très-variables dans leur forme,
depuis l'ovale, l'ellipse et le lancéolé, jusqu'au cordiforme,
d'un vert sombre en dessus, grisâtres et souvent velues en dessous, dentées et ondulées sur leurs bords. — **Stipules** demi-
cordiformes, pointues. — **Grappes** ovales-oblongues, *presque*
sessiles. — **Etamines** 2 à l'aisselle de chaque bractéole ovale
obtuse, brunâtre. — **Capitels** *coniques-allongés*, poilus ou plus
ou moins chauves, terminés par un *style* commun effilé, chauve,
plus long que les stigmates à 4 branches. ⹀ Cette espèce, commune au pied des Alpes et dans les vallées qui les avoisinent,
est probablement celle qui varie le plus par la forme de ses
feuilles et la quantité de poils qu'elles portent ; c'est conséquemment celle qui a la synonymie la plus considérable et la
plus embarrassée ; mais la forme de ses capitels allongés, terminés par un style bien marqué et 4 stigmates rayonnants,
chauves ou le plus souvent plus ou moins poilus, la fait toujours reconnaître. Ses feuilles, qui noircissent beaucoup en
séchant, offrent aussi un caractère tranché qu'aucune autre ne
présente à ce point. — Voir la synonymie aux variétés, qui
elles-mêmes présentent de très-nombreuses variations, mais qu'il
ne peut entrer dans notre but de signaler dans cet ouvrage et
dont un collecteur suisse avait fait 80 espèces.

Var. 1. à carpels velus. — **S. nigricans eriocarpa.** (Koch.)

Fruits couverts de poils laineux.

Synon. — *S. nigricans eriocarpa*. Koch, syn. flor. germ. 2,
p. 749 (1844). — *S. nigricans*. Hall. fil,! dans Rœmer, arch. 2,

n° 47. Sering. ess. saul. p. 43 (1815), avec ses 7 variétés, sous les n°ˢ 22, A. B. C. D. 73. Wahlenb. flor. lapp. n° 485, tab. 17, fig. 3 (1812). Smith. flor. brit. 3, p. 1047 (1805), engl. bot. tab. 1213. — *S. nigricans subcinerea*, *S. nigricans glauca*, *S. nigricans Linnœana*, *S. nigricans vulgata* et *S. nigricans glauco-nigrescens*. Læstad, d'après l'envoi de plantes de Laponie que m'a fait M. Z. Agardh, en 1839. — *S. Forsteriana*. Smith, engl. bot. tab. 2343 (fruits peu poilus). — *S. Dicksoniana*. Smith, engl. bot. tab. 1390. — *S. hirta*. Smith, engl. bot. tab. 1404. — *S. cotinifolia*. Smith, engl. bot. tab. 1403, et exempl.! envoyé par M. Borrer (1818) et provenant du jard. de Smith. (V. V. et S. S. et C.)

Var. 2. **à carpels chauves. — S. nigricans leiocarpa.** (Sering.)

Fruits chauves ou à peine poilus.

Synon. — *S. myrsinites*. Hoffm. hist. sol. p. 71 * tab. 17, 18, 19 et 24, fig. 2, très-bonne (1787), non Linn. — *S. nigricans*, *var.* 1. Koch, syn. flor. germ. 2, p. 748 (1844). — *S. nigricans Wahlenbergiana*. Læstad. et *S. nigricans submajalis* du même, selon les exempl. que m'a envoyés M. Z. Agard, venant de Karchrando en Laponie (1839). — *S. amaniana*. Willd. spec. 4, p. 663 (1805). Sturm, deutschl. flor. fasc. 22, tab. 2, bonne. — *S. silesiaca*. Willd. spec. 4, p. 660 (1805). Schk. handb. tab. 317. Koch, syn. flor. germ. 2, p. 749 (1844), var. 1. — *S. stylaris*. Sering. ess. saul. p. 62 (1815), et parmi ses *Saules desséchés*, les n°ˢ 21, 86, 87, 88, 113. — *S. stylosa*. Lamk. et Decand. flor. frauç. 6, p. 339 (1815). — *S. phylicifolia*. Wahlenb. flor. lap. n° 482, tab. 17, fig. 2 (1812). Hook. flor. scott. (non Smith), selon l'exempl. que m'a envoyé, en 1829, M. Walker Arnott. — *S. hastata*. Hopp. plant. rar. 4. Sering. saul. dess. n° 21, A. B. C. D. non Linn. — *S. Halleri*. Sering. saul. dess. n° 51. — M. Koch rapporte aussi à cette varité, mais avec quelque incertitude, les *S. menthœfolia*, *rivularis*, *prunifolia*, *parietariæfolia*, *ovata* et *aurita* Host, flor. 2, p. 648 à 649. (V. V. et S. S. et C.)

*3. **Albelle** (Sering.). — Feuilles lancéolées-linéaires. — Grappe *cylindrique, naissant après les feuilles.* — Bractéoles *tombant pendant la maturation ou avant elle.* — Fleurs-anthérées à 2 ou 3 étamines libres. — Fleurs-carpellées *à style commun allongé.* = **Albelle.** Sering. rev. saul. (1824), et dans Decand. et Dub. bot. gall. 1, p. 425 (1828).

19. **Saule Blanc**. — *S. alba*. (Linn.)

Grand arbre. — **Feuilles** *oblongues-linéaires, pointues aux extrémités, finement et régulièrement dentées en scie,* à dents ascendantes, le plus souvent *soyeuses à leur face inférieure* (et même sur la supérieure dans les lieux secs). — **Grappes** *cylindriques, pendantes.* — **Bractéoles** oblongues, demi-membraneuses, un peu poilues. — **Fleurs-anthérées** à 2 étamines libres, presque une fois plus longues que les bractéoles qui sont coudées vers leur milieu. — **Fleurs-carpellées** disposées en grappes allongées, minces et pointues d'abord aux extrémités. — **Capitels** coniques, presque sessiles. — **Styles** courts, à peu près de la longueur des stigmates, à 4 rayons étalés, dépassant à peine les bractéoles au moment de la fleuraison, lesquelles tombent pendant la maturation. = Cette espèce, la plus commune de toutes, me paraît spontanée en Europe. Elle est d'un très-bel embranchement lorsqu'elle est abandonnée à elle-même et que nous ne la mutilons pas en *têtard*, en coupant tous les quatre ans ses longues branches. Celles-ci sont employées pour faire des perches très-légères, dont on se sert soit pour la navigation ou la pêche, soit comme bois de chauffage. L'écorce est utilisée comme fébrifuge et vermifuge, cependant elle est privée de la propriété balsamique dont jouit à un haut degré le *Saule à 5 étamines*. On en retire la *salicine*. La décoction de son écorce, préparée dans un vase de cuivre, teint la laine et la soie couleur de sang, et de canelle lorsqu'on y ajoute de l'alun. Les tailles fréquentes qu'on lui fait subir causent la pourriture de son tronc, et il ne vit, pour ainsi dire, alors qu'au moyen des nouvelles couches d'aubier et d'écorce qu'il forme chaque année. La terre due à cette décomposition est employée utilement dans la culture de quelques plantes délicates. — Voir la synonymie aux variétés.

Var. 1. **commun.** — **Salix alba vulgaris.** (Sering.)

Rameaux *verdâtres, poilus dans leur jeunesse*, médiocrement flexibles. = Comme toutes les autres espèces, celle-ci varie à feuilles presque chauves et un peu glaucescentes (*S. cærulea*, Smith, engl. bot. tab. 2431, médiocre) ; d'autres fois un peu soyeuse (*Saule blanc commun*), et dans des lieux secs ses feuilles sont couvertes de nombreux poils soyeux (Sering. saul. dess. n° 10 (1805).

Synon. — *S. alba*. Linn. spec. 1449 (1764). Hoffm. hist. sal. p. 41, pl. 7, 8, bonne (1787), et pl. 24, fig. 3, médiocre, Smith. engl. bot. tab. 2430, médiocre. Sering. ess. saul. p. 82, var. 1 (1815), saul. dess. n° 10 (1805). Sturm, deutschl. flor. fasc. 22, pl. 2, bonne.

Var. 2. **osier jaune.** — **S. alba vitellina.** (Sering.)

Rameaux d'un jaune quelquefois orangé, à jeune écorce très-lisse et luisante. = Cette très-utile variété est peut-être spontanée en Perse, d'où je tiens un exemplaire envoyé en 1818, par Desfontaines. Elle se multiplie très-bien par bouture ou marcotte, comme la variété commune, dont elle a entièrement le port ; mais lorsqu'on la laisse se développer sans la tailler et qu'elle prend un grand accroissement, son écorce est d'une couleur beaucoup moins tranchée. Ses feuilles sont semblables à celles de la variété commune, quoique parfois elles soient plus soyeuses, mais ses jeunes rameaux sont beaucoup plus flexibles, ce qui la rend particulièrement utile dans les travaux délicats de vannerie et pour la fixation des arbustes aux tuteurs ou aux treillages des espaliers. Cette variété est souvent soumise à une culture et à des coupes réglées, que M. Millet d'Aubenton a parfaitement fait connaître dans sa notice sur la *culture des oseraies* (1837), imprimée parmi les Mémoires de la Société royale d'agriculture, etc., du Rhône.

Synon. — *S. alba vitellina*. Sering. ess. saul. p. 83 (1815), saul. dess. n° 9 et 19. Koch, syn. flor. germ. 2, p. 740 (1844). — *S. vitellina*. Linn. spec. 1442 (1764). Hoffm. hist. sal. p. 57, pl. 9, 10, bonne (1787), et pl. 24, fig. 1, médiocre.

20. **Saule fragile.** — *S. fragilis.* (Linn.)

Grand arbre à rameaux d'un vert gai et souvent pourprés, très-fragiles lorsqu'ils sont bien développés, mais très-flexibles lorsqu'on le taille comme l'*Osier jaune*. — **Bourgeons floraux** coniques, un peu anguleux, pointus, presque chauves. — **Feuilles** *oblongues-lancéolées, longuement acuminées,* bordées de dents infléchies qui sont terminées par autant de renflements glanduleux, glaucescentes et un peu poilues en dessous, d'un vert luisant en dessus et à réticulation serrée. Pétiole muni de quelques glandes à son sommet. Stipules demi-lancéolées, aiguës, dentées. — **Grappes** cylindriques, allongées, poilues, naissant après les feuilles ; fleurs serrées d'abord, mais s'écartant beaucoup ensuite par l'allongement de l'axe, et alors pendantes, munies à leur base de quelques feuilles presque semblables à celles des rameaux à feuilles, mais moins grandes et presque entières. — **Bractéoles** elliptiques, obtuses, poilues, appliquées, tombant (dans les grappes carpellées) longtemps avant la maturité. — **Fleurs-anthérées** *présentant* 2 *glandes,* l'une entre les 2 étamines libres, et l'autre entre celles-ci et la bractéole. — **Capitels** allongés, coniques, presque sessiles d'abord, chauves, terminés par un style commun, fourchu et portant 4 stigmates étalés. = Ce très-bel arbre ressemble au *Saule blanc,* mais ses feuilles sont plus longues, plus pointues, luisantes et non soyeuses. Ses grappes sont aussi plus longues et pendantes ; celles à étamines sont parfois fourchues, et les bractéoles, très-poilues, se détachent très-bien de dessus les capitels chauves et d'un joli vert clair. — Habité les prés humides voisins des montagnes de l'Europe boréale et de l'Amérique. Fleurit en avril. Taillé pour en retirer des osiers, il forme de longs jets verts et très-flexibles. Cultivé dans les lieux frais des jardins paysagers pour la beauté de son vaste embranchement et de son feuillage élégant.

Synon. — *S. fragilis.* Linn. spec. 1443 (1764). Willd. spec. 4, p. 669. Ehrh. arb.! dec. 9, n° 88. Koch, syn. flor. germ. 2, p. 740 * (1844). Smith, engl. bot. tab. 1807. Sturm, deutschl. flor. fasc. 22. Treviran! obs. p. 18 (1812), communiqué en 1816.

Sering. saul. dess. n° 12. — *S. decipiens*. Hoffm. hist. sal. 2, p. 9, tab. 31 *(1791). Pursh, flor. am. sept. 2, p. 617, n° 35. Smith, engl. bot. tab. 1937. — *S. Russeliana*. Smith, flor. brit. p. 1045* (1805), engl. bot. tab. 1808, communiqué par M. Borrer (1818). Treviran! obs. p. 12 (1812), communiqué en 1816. — *S. pendula*. Sering. ess. saul. 79 * (1815). — *S. lanceolata*. Smith, engl. bot. tab. 1436. (V. V. et S. C. et S.)

21. **Saule cuspidé** — *S. cuspidata*. (Schlutz.) (1).

Cette espèce, dont les fleurs sont à 4 ou 5 étamines, se distingue encore du *S. fragile* par ses feuilles plus elliptiques, ovales, plus larges en proportion de leur longueur, et par leur acumination. Les grappes de fleurs anthérées sont plus laineuses. Voici comment M. Koch décrit l'individu à carpels : **Fruit** ové, aminci à sa base ; pédicelle 3 à 4 fois plus long que la glande. — **Style** commun de longueur médiocre. — **Stigmates** un peu épais, échancrés. — **Stipules** demi-lancéolées ; pétiole portant plusieurs glandes. = Ce grand arbre, spontané dans la Poméranie et le Mecklenbourg, quoique très-voisin du *Saule fragile*, en est certainement distinct. Il est confondu dans nos jardins français avec l'espèce dont il est si voisin ; mais, même sans fleurs, on le reconnaîtra, en y faisant bien attention, à ses feuilles proportionnellement plus ovales que lancéolées-allongées, plus courtes et plus arrondies quoique acuminées. D'après la description donnée par Koch, il paraîtrait que les fleurs n'auraient qu'une glande entre les étamines et l'axe des fleurs, et non, comme dans le *S. fragile*, une seconde entre la bractéole et les étamines, caractère qui concourrait encore à différencier ces deux espèces. — Fleurit en avril ou mai, comme le *S. fragile*, dont il se distingue surtout, lorsqu'il est en fleur, au grand nombre d'étamines dont les grappes sont garnies.

Synon. — *S. cuspidata*. Schultz, flor. starg. suppl. p. 47. Koch, sal. comm. p. 14 (1728), syn. flor. germ. 2, p. 740 (1844). (V. V. et S. C. dans le jardin botanique de Lyon, mais seulement l'individu anthéré.

---

(1) Insensiblement terminé en pointe aiguë et ferme. L'auteur de cette espèce aurait bien pu trouver une expression plus heureuse.

22s **Saule noir. — *S. nigra*.** (Mühlenb.)

Arbre à rameaux minces et faibles, presque comme ceux du *Saule de Babylone*, chauves et noirâtres. — **Feuilles** longuement linéaires-lancéolées, très-pointues, presque luisantes, bordées de dents ascendantes très-fines, petites, très-régulières ; près des bords sont deux lignes presque droites, où viennent aboutir toutes celles qui naissent de la dorsale. Fibres saillantes surtout en dessus, et présentant, par transparence, une réticulation à mailles extrêmement petites. — **Fleurs** naissant avec les feuilles ou après elles, disposées en grappes cylindriques peu serrées. — **Bractéoles** oblongues, très-poilues. — **Etamines** 4 à 6, à filets poilus au-delà de leur moitié inférieure et dépassant beaucoup les bractéoles. — **Capitels** oblongs, allongés en pointe, chauves, terminés par un style commun court et deux stigmates. = Cet arbre élégant, qui ressemble un peu pour ses feuilles au *Saule de Babylone*, habite la Pensylvanie, la Caroline et la Géorgie. Il est introduit depuis peu dans nos jardins.

Synon. — *Salix nigra*. Mühlenb. nov. act. soc. scrut. berol. 4, p. 237, tab. 4, fig. 5. Willd. spec. 4, p. 657 (1805). — *S. caroliniana*. Michx, flor. bor. am. 2, p. 226 (1803). — *S. pentandra*. Walt. flor. car. 243 (1788). non Linn. (V. S. C. communiquée par les frères Audibert).

23. **Saule pleureur. — *S. babylonica*.** (Linn.)

Très-grand arbre, à rameaux très-longs, minces et pendants, d'un vert pâle ou rougeâtre, un peu poilus. — **Feuilles** *linéaires oblongues, aiguës aux extrémités*, surtout au sommet, finement et régulièrement bordées de petites dents très-nombreuses et ascendantes, à réticulation très-fine et se continuant sans interruption jusqu'à la base des dents. Stipules linéaires-lancéolées, dentées et très-aiguës, au moins aussi longues que les pétioles ; remplacées quelquefois par de petites saillies, produites par leur développement resté rudimentaire. — **Grappes** oblongues-cylindriques, minces ; axe floral cotonneux. — **Bractéoles** *oblongues-lancéolées, étroites, très-*

allongées, demi-membraneuses, un peu velues. — **Étamines** 2 libres. — **Capitels** oblongs-coniques, chauves, *sessiles*, surmontés d'un *style commun très-court* et de 4 stigmates étalés, *dépassant à peine la bractéole*. == Ce bel arbre paraît être originaire du Levant, d'où l'on croit qu'il a été transporté dans l'Europe, en 1692. Nous n'avons presque toujours que l'individu à carpels, mais accidentellement on rencontre sur la même plante des fleurs anthérées mêlées aux carpellées. J'en tiens de M. BONJEAN un exemplaire qui est dans ce cas, mais qui, en outre, présente à l'aisselle de la même bractéole une étamine et en même temps un fruit bien organisé, ce que je n'avais pas encore observé. MM. AUDIBERT frères ont obtenu, dès 1833, l'individu à étamines par des semis (Mém. soc. hist. nat. de Paris), et nous avions dans le jardin botanique de Lyon un arbre qui avait des rameaux à étamines sur l'individu à carpels. — Cette espèce se propage facilement de bouture, comme toutes les autres. — Voir la synonymie dans les variétés.

Var. 1. commun. — S. babylonica vulgaris. (Sering.)

Feuilles planes. **Rameaux** très-allongés.

SYNON. — *S. babylonica vulgaris*. Sering. herb. — *S. babylonica*. Linn. spec. 1443 (1764). Sering. saul. dess. n° 49 (1809). Willd. spec. 4, p. 671 (1805). — *S. propendens*. Ser. ess. saul. p. 73 (1815).

Var. 2. annulaire. — S. babylonica annularis. (Sering.)

Rameaux un peu moins longs. — **Feuilles** dont une partie des lamelles reste appliquée l'une sur l'autre, et qui est arquée en anneau.

SYNON. — *S. babylonica annularis*. Sering. herb. — *S. annularis*. Hortul. ou *Saule tire-bouchon*. (V. V. et S. cult.)

24. Saule à trois étamines. — S. triandra. (Linn.)

Jeunes Rameaux olivâtres, jaunes ou d'un vert presque noir. — **Écorce** des vieux rameaux s'exfoliant comme celle des *Platanes*. — **Feuilles** lancéolées-oblongues, acuminées, un peu coriaces, chauves, bordées de dents ascendantes, peu prononcées et presque irrégulières; à fibres peu saillantes, même par la dessiccation. — **Stipules** irrégulièrement lancéolées. — **Grappes** cylindriques , ascendantes , velues sur l'axe. — **Bractéoles** obovales, très-obtuses, demi-transparentes, persistantes. — **Étamines** 3. — **Capitels** ovales-coniques, chauves, courtement pédicellés, terminés par un style commun très-court et de la longueur des deux stigmates. = Arbrisseau commun sur les rivages des fleuves et des ruisseaux de l'Europe.

Synon. — *S. triandra* et *S. amygdalina*. Linn. spec. 1442 et 1443 (1764). Voir le reste de la synonymie aux variétés. (V. V. et S. S. et C.)

Var. 1. commun. — S. triandra vulgaris. Sering.)

Feuilles jaunâtres en dessous et non glaucescentes, de moyenne grandeur. = Linné a établi deux espèces sur deux états différents de la même plante , et conséquemment a fait un double emploi. Cela une fois reconnu, et c'est l'opinion la plus vraie, il restait à adopter l'une des deux dénominations. Le nom de *triandra* (3 étamines) me semble devoir être préféré à l'autre, d'abord parce que ce nom est bien plus généralement admis, et que c'est la variété la plus commune; c'est en outre la première des deux espèces de Linné. La seconde variété, qui, à la vérité, mérite mieux que la première le nom de *Amygdalina* (*Amandier*), est beaucoup plus rare, et en rangeant cette dernière dénomination parmi les synonymes, elle contrariera moins les nombreux botanistes qui emploient la dénomination de *triandre* plutôt que celle de *S. amandier*. — Il est fréquent de trouver des grappes à étamines renflées et très-cotonneuses par place. C'est un accident produit par la piqûre et la déposition d'œufs d'insectes.

Synon. — *S. triandra vulgaris*. Sering. revis. (1824). — *S. triandra*. Linn. spec. 1442 (1764). Willd. spec. 4, p. 654 (1805). Hoffm. hist. sal. p. 45, tab. 9, 10, 23, fig. 2. Sering. ess. saul. p. 75, saul. dess. n° 7 et 29. — *S. amygdalina concolor* (1).

---

(1) Cette expression n'est pas juste, car la face supérieure des feuilles est ordinairement d'un vert foncé, tandis que l'inférieure est d'un jaune pâle et terne, mais non glaucescente.

Koch, syn. flor. germ. 2, p. 742 (1844) (qui cite comme synonyme les *Salix ligustrina* Host. et *S. alopecuroïdes* Tausch.). — *S. Hoppeana.* Willd. spec. 4, p 654 (lorsque, comme dans le synonyme suivant, sur la même grappe se trouvent les fleurs anthérées et d'autres fleurs carpellées. — *S. androgyna.* Hopp. selon Willd. l. c.

Var. 2. glauque. — S. triandra glaucophylla. (Sering.)

Feuilles glauques ou glaucescentes en dessous, et généralement plus grandes que celles de la variété précédente, mais un peu plus minces et d'un vert moins intense. = Cette variété, bien plus élégante que la première, est beaucoup moins fréquente ; elle est préférable pour la décoration. D'ailleurs l'une et l'autre varient dans la longueur et la largeur de leurs feuilles, et la seconde dans l'intensité et l'étendue de la couleur glauque de leur face inférieure.

SYNON. — *S. triandra glaucophylla.* Sering. ess. saul. p. 78 (1815). — *S. triandra,* var. 2. Sering. saul. dess. n° 28 (1803). — *S. triandra glauca.* Sering. saul. dess. n° 48 (1809). — *S. amygdalina.* Linn. spec. 1443. Vill. hist. dauph. 4, p. 763 (1789). Willd. spec. 4, p. 656 (1805). — *S. villarsiana.* Flügg. dans Willd. spec. 4, p. 655 (1805). — *S. triandra discolor.* Fries, nov. mant. 1, p. 42. — *S. sempervirens* Host, *S. speciosa* Host, *S. tenuifolia* Host, ne sont que des sous-variétés, et sont, d'après Koch, l. c., à rapporter à cette variété. (V. V. et S. S. et C.)

25. S. du Japon. — S. Japonica. (Thunb.)

Arbre de grandeur médiocre , à **Rameaux** cylindriques flexueux, dressés, cendrés et chauves. — **Feuilles** lancéolées-acuminées, finement dentées en scie, vertes en dessus, glauques en dessous, chauves à l'état de développement complet, mais velues dans leur jeunesse, étalées et de la longueur du doigt. — **Fleurs** naissant en même temps que les feuilles. = Habite le Japon et commence à être introduit dans nos jardins ; ses fleurs ne nous sont pas connues.

SYNON. — *S. Japonica.* Thunb. flor. jap. p. 24 (1784). Willd. spec. 4, p. 668 (1805). — *S. pleureur du Japon.* V. Paq. journ.

hort. prat. 1, p. 108 (1844). = Je n'ai point vu de figure ni de description de cette espèce, qui a besoin d'être étudiée ultérieurement.

26. S. à cinq étamines. — *Salix pentandra*. (Linn.)

Arbre le plus beau du genre par son embranchement et ses feuilles grandes et luisantes, sur lesquelles se dessinent les grappes d'or de ses fleurs anthérées. — **Rameaux** lisses et luisants — **Feuilles** lancéolées, chauves, d'un vert jaune et luisant, bordées de glandes qui, dans l'état spontané, suintent une gomme-résine jaune, odorante, mais qui se présentent dans nos cultures sous l'apparence des feuilles du *Laurier commun*, et d'un beau vert clair. — **Fibres** saillantes sur les 2 faces à la dessiccation. — **Stipules** en forme de rein, dentées. — **Grappes** ovoïdes, oblongues, celles à carpels cylindriques. — **Étamines** 5-8, une fois plus longues que les bractéoles et à anthères dorées. — **Bractéoles** oblongues, un peu velues, tombant pendant la maturation. — **Capitels** coniques, chauves, presque sessiles, surmontés d'un long style commun, à découvert au-dessus de la bractéole au moment de la fleuraison, et qui se termine par deux stigmates fourchus moins longs que lui. = Quoique cet arbre se trouve spontané dans les lieux aquatiques, il supporte cependant aussi les terrains secs.

Synon. — *S. pentandra*. Linn. spec. 1442 (1764). — Willd. spec. 4, p. 658 (1805). flor. dan. t. 943. Mill. dict. jard. 6, p. 431 et 433 (éd. franç. de 1785). Koch, syn. flor. germ. 2, p. 739 (1844). Sering ess. saul. p. 69 (1815). — *S. polyandra*. Schrank, baier. flor. 1, p. 228. — *S. tinctoria*. Smith, in rees cycl. n° 13, selon Koch, l. c. — Vulg. *Saule à 5 étamines, S. pentandre, S. à feuilles de Laurier, S. odorant.*

Var. 1. à petites grappes. — S. pentandra microstachya. (Sering.)

Feuilles lancéolées, acuminées, d'un vert jaunâtre, et bordées de dents très-fines, terminées par autant de glandes très-odorantes. — **Grappes** courtes, grosses, serrées.

Synon. — *S. pentandra microstachya*. Sering. ess. saul. p. 69, var. A (1815). — *S. pentandra*. Linn. spec. 1442 (1764). Sering. saul. dess. n° 49 (1809). (V. V. S. au pied des Alpes suisses.)

Var. 2. à longues grappes. — S. pentandra macrostachya. (Sering).

Feuilles très-grandes, d'un vert gai et luisant, et bordées de glandes sécrétant peu de gomme-résine. — **Grappes** longues, à fleurs carpellées écartées.

SYNON. — *S. pentandra macrostachia.* Sering. ess. saul. p. 70 (1815), saul. dess. n° 114 (1816), et *S. pentandra macrophylla,* Sering. ess. l. c. (V. V. cult. dans les jardins dont elle fait l'un des riches ornements et S.)

4* **Arbuscelle** (Sering.) — FEUILLES ovales ou elliptiques. — GRAPPES ovoïdes ou elliptiques, *naissant avec les feuilles ou après elles.* — FLEURS-ANTHÉRÉES à étamines libres. — FLEURS CARPELLÉES à *Style commun allongé.*—SYNON. *Herbelle* et *Arbucelle.* Sering. rév. saul. (1824). Duby, bot. gall. 1, p. 426 (1828).

27 Saule myrsinite. — *Salix myrsinites*. (Linn.)

Petit arbuste très-rameux, à écorce noirâtre. — **Feuilles** elliptiques ou lancéolées, luisantes et de la même couleur sur leurs faces, qui sont réticulées en relief, portant souvent quelques longs poils, bordées de petites dents aiguës, terminaisons manifestes d'autant de fibres. — **Stipules** lancéolées-réticulées, dentées, dépassant souvent la longueur du pétiole. — **Grappes** ovales oblongues, et plus tard cylindriques, rouges pendant la fleuraison, terminant autant de rameaux garnis de quelques feuilles-bractées. — **Bractéoles** oblongues, noirâtres ou brunes, poilues. — **Étamines** 2 libres, au moins une fois plus longues que la bractéole; filets bleuâtres; anthères violet pourpre. — **Capitels** oblongs, laineux; style commun filiforme, chauve, de la longueur des stigmates, à 4 rayons linéaires (quelquefois seulement 2, le stigmate du même carpel ne se divisant pas. = Cette jolie espèce, des régions froides (Norwège, Laponie, Suisse, Allemagne), se cultive facilement dans les rocailles tufacées, tenues un peu humides et entourées de terre de tourbe mêlée avec de la terre ordinaire. Ses grappes, d'un beau rouge cerise, se détachent élégamment sur son feuillage lustré. Les rameaux qui portent les grappes à fruit s'allongent beaucoup par la culture. — Voir la synonymie aux variétés.

Var. 1. à feuilles d'arbousier. — S. myrsinites arbutifolia. (Sering.)

Feuilles lancéolées ou ovales, ou même obovales, denticulées, garnies de quelques poils épars. = Par la culture, les rameaux foliacés et floraux, les feuilles et leurs stipules, grandissent beaucoup, mais gardent leurs caractères.

SYNON. — *S. myrsinites arbutifolia.* Sering. révis. saul. (1824). Laedstad selon M. Z. Agardh! (exempl. de Laponie, 1839). — *S. arbutifolia.* Willd. spec. 4, p. 682. Sering. ess. saul. p. 44 (1815), saul. dess. n° 10. — *S. myrsinites.* Linn. spec. 1445 (1764). Smith, flor. brit. 3, p. 1055 (1805), engl. bot. tab. 1360. Willd. spec. 4, p. 478 (1805). exempl. de Laponie envoyé par M. Z. Agardh, (1839). Sering. saul. dess. n° 108 (1816). — *S. Jacquiniana.* Sturm, deutschl. flor. fasc. 22, n° 2 (non Willd), (la fibration des feuilles est mal dessinée, le reste est bien). — *S. venulosa.* Sering. saul. dess. n° 18 (1806). (V. V. et S. S. et C.)

Var. 2. poilu. — S. myrsinites pilosa. (Sering.)

Feuilles ovales, denticulées, garnies de longs poils qui leur donnent une teinte grise et laineuse, et cachent en partie la réticulation ordinairement très-prononcée que présente cette espèce.

SYNON. — *S. myrsinites pilosa.* Sering. saul. dess. n° 109 (1816). — *S. arbutifolia pilosa.* Sering. ess. saul. p. 47 (1815). (V. V. et S. S.)

Var. 3. à feuilles rondes. — S. myrsinites rotundifolia. (Sering.)

Feuilles à lame presque circulaire, denticulées, presque chauves.

SYNON. — *S. myrsinites rotundifolia.* Sering herb. — *S. myrsinites.* Borrer! 1818 (échantillon provenant de l'herbier de Smith). (V. V. et S. C.)

Var. 4. de Jacquin. — S. myrsinites Jacquiniana. (Koch.)

Feuilles très-entières. — Il est fort rare que l'on trouve un échantillon avec toutes les feuilles entières; on en rencontre souvent de denticulées sur le même individu.

SYNON. — *S. myrsinites Jacquiniana.* Koch, syn. flor. germ. 2,

p. 758 (1844). — *S. myrsinites minor*. Laestad, selon les exempl.
envoyés par M. Z. Agardh, provenant de la Laponie (1839). —
S. Jacquiniana. Willd. spec. 4, p. 692 (1805). — *S. Jacquini*.
Host, syn. 529. — *S. fusca Jacq.* flor. austr. tab. 409, non Linn.
— *S. alpina*. Scop. flor. carn. 2, p. 255, tab. 64. (V.V. et S. S.)

Var. 3. à fruits chauves. — S. myrsinites leiocarpa. (Lamk. et Dec.)

Arbuste nain, à **Feuilles** petites, obscurément denticulées.
— **Capitels** presque chauves. = Plante spontanée sur la Gemmi
(prononcez *Gaim-mi*), passage des Alpes entre le canton de
Berne et celui du Valais.
SYNON. — *S. myrsinites leiocarpa*. Lamk. et Decand. flor. franç.
6, p. 347 (1815). Koch, syn. flor. germ. 2, p. 738 (1844). —
S. arbutifolia leiocarpa. Sering. ess. saul. p. 47 (1815). — *S. fusca*.
Hoffm. hist. sal. 2, p. 7, tab. 28 et 29 (1791). (V. V. et S. S.)

28. Saule bleuâtre. — *Salix cæsia*. (Vill.)

Arbrisseau d'environ un mètre de haut, très-étalé et même
rampant, à rameaux longs, flexibles, minces et très-bruns. —
Feuilles ovales-lancéolées, *à peine pointues, coriaces, très-entières,
d'un vert bleuâtre*, surtout en dessous, *sans aucun lustre*, à fibres
divergentes, et enfin à réticulations saillantes sur les faces. —
Grappes courtes, ovoïdes, formées de fleurs serrées et accompagnées à leur base de quelques feuilles-bractées elliptiques.
— **Capitels** ovoïdes-oblongs, *poilus*, cachés à moitié par la
bractéole *elliptique*, *obtuse*, rougeâtre; terminés par un style
commun un peu plus long que les stigmates courts et épais. =
Cette espèce, d'une très-facile culture, à feuillage terne et livide, offre un aspect qui lui est propre. Elle se distingue du
S. myrsinite et du *S. arbrisseau* en ce que ses feuilles sont complètement sans denture ; d'ailleurs elle se rapproche du *S. arbrisseau*
par ses fleurs carpellées : leurs styles sont courts, tandis que
dans le *S. myrsinite* les styles et les stigmates sont allongés et
ses feuilles sont luisantes. — Commune le long des ruisseaux
du Lautaret, au Mont-Cenis.
SYNON. — *S. cæsia*. Vill. hist. dauph. 3, p. 768 (1789), tab. 50,
fig. 11 (assez bonne). Koch, syn. flor. germ. 2, p. 758 (1844).

Lamk. et Decand. flor. franç. 3, p. 294 (1805), et 6, p. 347
(1815). — *S. prostrata*. Ehrh. plant. sel. n° 159. beitr. 6, p. 103
(1791). Sering. saul. dess. n° 23 (1806), et n° 57 (1809), ess. saul.
p. 24 (1815). — *S. myrtilloides*. Willd. spec. 4, p. 686 (1805),
non Linn, (1). (Smith ?)

29. Saule hasté. — *Salix hastata*. (Linn.)

Arbuste de 50 centimètres à 1 mètre, à gros **Rameaux** courts,
rouge-brun, chauves à la fin de l'été. — **Bourgeons à fleurs**
gros, chauves, un peu amincis au sommet et obtus, brun clair.
— **Feuilles** ovales-acuminées, un peu échancrées à leur base,
fermes, parfois aussi grandes que celles du *S. Marceau*, chauves
et luisantes en dessus et glauques en dessous, à fibres très-saillantes en dessous, à réticulation un peu irrégulière et interrompue. — **Stipules** irrégulièrement en cœur, souvent très-
larges, fortement fibrées, obscurément dentées et plus longues
que le pétiole. — **Grappes** contemporaines avec les feuilles,
garnies d'une laine épaisse et blanchâtre, ovales-cylindriques,
accompagnées à leur base de quelques feuilles beaucoup plus
petites que celles des bourgeons à feuilles. — **Bractéoles** ovales-
obtuses, couvertes de très-longs poils flexueux et laineux. —
Étamines 2 à l'aisselle de chaque bractéole. — **Capitels** presque sessiles, chauves, longuement coniques, d'un vert gai, atteignant la hauteur des poils laineux des bractéoles. Style commun un peu plus long que les stigmates un peu renflés. = Ce
joli *Saule*, assez commun au pied des glaciers, descend jusque
dans les Basses-Alpes ; il est l'une des espèces naines à plus
larges feuilles qui, par la culture, acquièrent parfois la grandeur
et la forme de celles du *Saule Marceau*. Il a un embranchement

---

(1) Linné a décrit sous ce nom une espèce spontanée en Laponie, qui est bien
différente de celle de Willdenow. Les feuilles du vrai *Saule myrtile* sont ovales,
le plus souvent très-obtuses, glauques, surtout en dessous, comme celles du
S. bleuâtre ; mais la réticulation du premier est plus fine ; les bractéoles et les
capitels chauves (poilus dans le *S. bleuâtre*), les pédicelles sont plus longs que
la bractéole (Elle cache une partie du capitel dans le *S. bleuâtre*). J'en tiens de
M. Z. Acardh, de bons exemplaires qui viennent de Karchrando, en Laponie.

et un feuillage très-agréables et il garnit très-élégamment les rochers artificiels des jardins paysagers.

Synon. — *S. haslata.* Linn. spec. 1448 (1764), non Hoppe. Sering. ess. saul. p. 58 (1815). Koch, syn. flor. germ. 2, p. 752 (1844). — *S. hastata macrophylla* et *angustifolia.* Sering. saul, dess. nᵒˢ 84 et 85 (1814). — *S. tenuifolia.* Smith, flor. brit. 3. p. 1052? (1805). Sering. saul. dess. nᵒ 14 (1805), et nᵒ 50 (1809). — *S. malifolia.* Smith, engl. bot. 3, p. 1053 (1815), engl. bot. tab. 1617, comp. flor. brit. ed. 3, p. 146, nᵒ 21, — *S. pontederæ.* Vill. hist. dauph. 3, p. 766? (1789). Willd. spec. 4, p. 661?(1805).

30. **Saule glauque.** (1). — *Salix glauca.* (Linn.)

Arbrisseau d'un mètre à un mètre et demi. — **Rameaux** de l'année précédente luisants et lisses, ceux de l'année très-poilus. Bourgeons courts et obtus. — **Feuilles** oblongues-lancéolées, très-entières, le plus souvent pointues à leurs extrémités, couvertes sur leurs faces, dans leur jeunesse surtout, de longs poils presque soyeux, appliqués, parallèles et non entrelacés. — **Stipules** ovales aiguës, droites. — **Grappes** laineuses, courtes, elliptiques, s'allongeant beaucoup ensuite, portées sur un pédoncule moitié moins long qu'elles et garni de quelques feuilles plus petites que celles des rameaux à feuill. et plus obtuses.— **Etamines** 2 très-longues, à l'aisselle de chaque bractéole, obtuses, couvertes de longs poils parallèles qui les cachent complètement. — **Capitels** oblongs-coniques, laineux, prolongés en un style commun et terminés par 4 stigmates linéaires, rayonnants, plus longs que lui. = Cette élégante plante des Basses-Alpes et de la Laponie se cultive facilement dans les lieux frais et un peu ombragés de nos jardins, mais ses feuilles deviennent plus grandes et sont un peu moins soyeuses que sur les Alpes ; elles ont vraiment alors un aspect glauque (mais non pruineux). C'est cette espèce qui a passé longtemps en Suisse pour le *Saule*

(1) Ce mot est employé ici non pour indiquer une efflorescence cireuse, comme sur les *Raisins*, les *Prunes*, les tiges du *Ricin commun*, mais une teinte grisâtre que donnent à la plante les poils longs, mous, nombreux et presque soyeux qui la recouvrent.

de Laponie; mais celui-ci n'a point de poils soyeux, la face supérieure de ses feuilles est d'un vert grisâtre, par quelques poils flexueux qui la couvrent, et non soyeux ; mais la face inférieure est d'un aspect cotonneux par les poils entrelacés qui la couvrent et qui ne disparaissent jamais.

Synon. — *S. glauca.* Linn. spec. 1446 (1). Koch, syn. flor. germ. 2, p. 757 (1844).

Var. 1. soyeux. — S. glauca sericea. (Sering.)

Feuilles couvertes sur leurs *deux* faces de longs poils soyeux et nombreux. — Cet état s'observe le plus souvent sur les Hautes-Alpes suisses.

Synon. — *S. glauca.* Sering. ess. saul. p. 90 (1815). — *S. sericea.* Vill. hist. dauph. 3, p. 782, pl. 51, fig. 27 (1789). Sering. saul. dess. n° 58 (1809). Schleich ! cat. 1809. — *S. Laponum.* Schleich ! cat. 1807, non Linn. ni Koch. — *S. glauca minor.* Laestad. par M. Z. Agardh ! Exempl. recueillis à Karchrando, en Laponie (1839), ainsi que nos exempl. suisses, un autre remis de Norwège par M. Augier, et un troisième recueilli par M. Jordan, à Lautaret.

Var. 2. dénudé. = S. grauca denudata. (Sering.)

Feuilles garnies de poils beaucoup plus courts et moins nombreux que dans la variété précédente.

Synon. — *S. glauca.* Z. Agardh, échantillon récolté à Karchrando, en Laponie, 1839. — *S. albida.* Schleich ! cat. 1809.

31. Saule de Laponie. — *Salix laponica.* (Linn.)

Arbrisseau de un à deux mètres. — **Rameaux** luisants, bruns et lisses ; ceux de l'année un peu poilus. — **Feuilles** lancéolées, souvent un peu dentées vers le sommet, d'un vert obscur et blanchâtre en dessus, couvertes en dessous de poils cotonneux et entrelacés. — **Grappes** oblongues-cylindriques, laineuses, portées sur un court pédoncule à peine accompagné

(1) Les échantillons qu'a bien voulu m'envoyer M. Z. Agardh (1859), provenant de la Laponie (Karchrando), sont plus chauves que ceux de la Suisse ; mais ceux étiquetés *S. glauca minor* (Laestad) sont semblables aux nôtres.

d'une ou deux petites feuilles-bractées. — **Étamines** 2 dépassant deux fois la longueur de la bractéole. — **Capitels** ovoïdes-oblongs, sessiles, couverts de poils blancs entrelacés et cotonneux. — **Stigmates** 4 linéaires, rayonnants, plus longs que le style. = Très-jolie espèce du pied des glaciers, qui ne descend pas dans la plaine, mais qu'on cultive facilement dans les jardins, dans les lieux frais, où elle est d'un élégant aspect. Ses feuilles y deviennent plus grandes et beaucoup moins grises. En général, leur face supérieure est d'un vert plus foncé.

Synon. — *S. Laponum.* Linn. spec. 1447, selon Laestad, Fries d'après Koch, syn. flor. germ. 2, p. 757 (1844). Willd. spec. 4, p. 689 (1805). — *S. arenaria.* Linn. spec. p. 1447? Willd. spec. 4, p. 689 (1805). — *S. helvetica.* Vill. hist. dauph. 3, p. 788. Sering. saul. dess. n° 15 (1805). — *S nivea.* Sering. ess. saul. p. 51 (1815), saul. dess. n°ˢ 67, 68 (1814), ce dernier un peu velouté en dessus. — *Salix foliis integerrimis ovato-lanceolatis subtus sericeis, julis tomentosis.* Hall. hist. plant. n° 1642, tab. 14, bonne (1768).

32. **Saule arbrisseau.** — *Salix arbuscula.* (Linn.)

Joli arbrisseau d'environ 1 mètre de hauteur. — **Écorce** d'un jaune rougeâtre. — **Feuilles** ovales ou lancéolées, chauves, d'un vert jaunâtre, *finement dentées* par de petites glandes, non roulées en dessous, *faiblement fibrées, à réticulation carrée* très-peu saillante, d'un vert sombre à peine lustré en dessus, *glaucescentes en dessous,* et à dorsale rougeâtre, courtement pétiolées. — **Grappes** *courtes, ovoïdes,* formées de fleurs serrées et accompagnées à leur base de quelques feuilles-bractées elliptiques. — **Étamines** 2, plus d'une fois plus longues que la bractéole ovale, d'un vert rougeâtre. — **Capitels** ovoïdes-oblongs, poilus, *cachés à moitié par la bractéole* très-obtuse, terminés par *un style très-court* et par *deux stigmates encore plus courts,* pourpres, *non fendus,* mais un peu renflés. = Arbuste élégant des Hautes-Alpes, qui réussit parfaitement dans les rocailles de tuf un peu ombragées. Il a, surtout au printemps, une odeur repoussante qui a quelque rapport avec celle du *Daphné bois-gentil* (*D. Mezereum*). Il se distingue du *S. myrsinite* en ce que ses feuilles sont glauques en dessous (et non luisantes sur les deux faces comme ce dernier); ses fibres sont peu saillantes sur les deux faces de ses feuilles, tandis qu'elles le sont beaucoup dans le *Myrsinite*, qui n'a pas d'odeur désagréable. L'un et l'autre se distinguent aussi facilement du *S. bleuâtre* (*S. casia*) en ce que celui-ci n'a jamais ses feuilles dentées, mais entières et un peu roulées en dessous. — Voir la synonymie aux variétés.

Var. 1. à feuille d'airelle. — S. arbuscula vacciniifolia. (Sering.)

Feuilles ovales lancéolées, pointues, dentées, à fibration saillante, surtout en dessus, par la dessiccation. = Abondant sur la Gemmi, le Lautaret, etc., facile à cultiver.

Synon. — *S. arbuscula vacciniifolia.* Sering. rév. saul. 1824. — *S. alpina.* Suter, flor. helv. 2, p. 283 (1802). — *S. vacciniifolia.* Smith, engl. bot. t. 2341. — *S. arbuscula.* Hopp. cent. 2! dans l'herb. Decandolle. — *S. prunifolia.* Smith, flor. brit. 3, p. 1054 (1805), engl. bot. tab. 1361, en excluant la syn. de Hoffm.! Willd. spec. 4, p. 677 (1805). Sering. ess. saul. p. 49 (1815), saul. dess. n° 17 (1805). — *S. venulosa.* Smith! engl. bot. tab. 1362 (échantillon venant du jardin de Smith et qui m'a été envoyé en 1818, par M. Borrer). — *S. carinata.* Smith! flor. brit. 1055 (communiqué du jardin du docteur Smith par M. Borrer, en 1818). — *S. arbuscula glandulosa.* Sering. saul. dess. n° 65 (1814). — *S. arbuscula obtusa.* Sering. saul. dess. n° 110 (1816). — *S. fœtida.* Schleich! cent. 2, p. 95. — *S. weigeliana.* Willd. spec. 4, p. 678? (1805). — *S. arbuscula fœtida et arbuscula prunifolia.* Koch, syn. flor. germ. 2, p. 756 (1844).

Var. 2. de Waldstein. — S. arbuscula Waldsteiniana, (Koch.)

Feuilles lancéolées-oblongues, plus allongées que dans la variété précédente. — **Grappes et Capitels** aussi plus grands dans toutes leurs parties. = Tous les échantillons envoyés de Laponie par M. Z. Agardh, recueillis à Karchrando, sont assez différents de ceux de la Suisse et de la France pour m'avoir fait penser un moment qu'ils devaient être rapportés à une autre espèce qu'au *S. arbrisseau*, mais ils ne diffèrent réellement que par l'allongement de leurs feuilles, de leurs grappes et de leurs capitels.

Synon. — *S. arbuscula Waldsteiniana*. Koch, syn. flor. germ 2, p. 756 (1844). — *S. Waldsteiniana*. Willd. spec. 4, p. 679 (1885). en excluant le synonyme du *S. ovata*. (V. V. S. de Karchrando.)

Var. 5. à petites feuilles. — S. arbuscula microphylla. (Sering.)

Feuilles oblongues-lancéolées, très-petites.

Synon. — *S. arbuscula microphylla*. Sering. saul. dess. n° 111 (1816). — *S. prunifolia microphylla*. Sering. ess. saul. p. 51.

Var. 4. cordiforme. — S. arbuscula cordifolia. (Sering.)

Feuilles courtes, en cœur. — Cette variété, qui m'a été donnée par l'excellent Balbis (1821), est remarquable par la brièveté de ses feuilles, légèrement échancrées à leur base.

Synon. — *S. arbuscula cordifolia*. Sering. herb.

33. **Saule bicolor. — *Salix bicolor*.** (Ehrh.)

Joli arbrisseau de 1 à 2 mètres, à écorce brune, à peine poilu sur ses jeunes rameaux. — **Feuilles** *ovales obtuses*, à peine mucronées, presque chauves, d'un vert jaunâtre, *entières*, non *roulées en-dessous*, d'un vert jaune en dessus, *glaucescentes en dessous* courtement pétiolées, accompagnées à leur base de deux protubérances en forme de glandes, rappelant les stipules. — **Grappes-anthérées** elliptiques (l'individu carpellé inconnu), se développant avec les feuilles; filets blanchâtres. — **Bractéoles** ovales-lancéolées, roussâtres, *garnies de longs poils droits et laineux.* ═ Ce joli *Saule*, spontané dans la Forêt-Noire, est fort répandu dans les jardins, où il produit un très-bon effet par son port gracieux. Mais nous ne possédons encore que l'individu anthéré; la connaissance de l'individu carpellé nous aiderait à lui assigner des caractères plus tranchés que ceux qui le distinguent du *Saule arbrisseau*, avec lequel il a de grands rapports; mais les grappes-anthérées du *Saule bicolor* sont beaucoup plus grosses que celles du *S. arbuste*, même cultivé. Il réussit dans presque toutes les positions.

Synon. — *S. bicolor*. Ehrh. arb. dess. n° 118. Willd. spec. 4,

p. 691 (1805). Schk. handb. tab. 317, B. n° 10. Sering. saul. dess. n° 52 (1809), et ess. saul. p. 93 (1815). (V. V. et S. C.)

34. Saule réticulé. — *Salix reticulata*. (Linn.)

Arbrisseau très-petit, étalé sur terre, à écorce chauve, d'un brun luisant, à **Bourgeons** ovales très-obtus. — **Feuilles** ovales, très-obtuses, *presque orbiculaires* et comme *bullées en dessus*, entières, *un peu roulées en dessous* par leurs bords, coriaces, un peu crépues, d'un vert jaunâtre en dessus, *glauques* et garnies *en dessous de poils caducs;* fibres très-prononcées, *presque palmées, arquées* et rouges dans leur jeunesse, se *réunissant en mailles allongées, carrées*. — **Pétioles** environ moitié moins longs que la lame. — **Grappes** portées sur des pédoncules minces, *aussi longs qu'elles*, accompagnés de deux à trois feuilles presque aussi grandes que celles des rameaux stériles. — **Bractéoles** *obovales, très-larges* et *très-obtuses*, roussâtres. — **Étamines** 2, une fois plus longues que les bractéoles, libres; anthères presque globuleuses. — **Capitel** ovoïde, cotonneux, presque sessile, une fois plus long que la bractéole. — **Stigmates** *étalés, courts*, de la même longueur que le style commun. — Cette espèce, extrêmement distincte de toutes les autres, habite les Alpes; elle a ses feuilles presque circulaires, appliquées sur le sol, tant ses courtes tiges sont étalées. Elle est encore distincte par sa fibration très-saillante en dessous et déprimée en dessus. Cette face, au moment de la fleuraison, est souvent couverte de longs poils soyeux distants qui tombent bientôt après. Elle fleurit en juillet et août; dans la plaine et en terre de bruyère, ses fleurs s'ouvrent en mai. (V. V. et S. S. et cult.)

Var. 1. ovale. — **S. reticulata ovalis.** (Sering.)

Feuilles ovales, chauves en dessus.

Synon. — *S. reticulata ovalis*. Sering. ess. saul. p. 27 (1815), saul. dess. n° 33 (1803).

Var. 2. presque rond. — **S. reticulata subrotunda.** (Sering.)

Feuilles presque circulaires, quelquefois échancrées au sommet.

Synon. — *S. reticulata subrotunda.* Sering. ess. saul. p. 29 (1815). Hoffm. hist. sal. tab. 25, f. 3 (1787).

Var. 3. soyeux. — S. reticulata sericea. (Sering.)

Feuilles couvertes en dessous de poils longs et un peu soyeux.

Synon. — *S. reticulata.* Linn. spec. 1446 (1764). Hoffm. hist. sal. 1, p. 74, tab. 25, 26 et 27 (1787). Willd. spec. 4, p. 685 (1805). Lamk. et Decand. flor. franç. 3, p. 289 (1805). Sering. ess. saul. p. 27 (1815). Gand. flor. helv. 6, p. 256 (1830). flor. dan. tab. 212, engl. bot. tab. 1908. — *S. pumila folio rotundo.* J. Bauh. hist. vol. 1, liv. 8, p. 217, fig. médiocre (1650)

Var. 4. à grandes feuilles. — S. reticulata macrophylla. (Sering.)

Feuilles très-grandes, de 5 centimètres de long sur 4 de large. — Sering. herbier, (provenant d'Aularet.)

55. Saule rétus. (1). — ***Salix retusa.*** (Linn.)

Petit arbrisseau *rigidement étalé sur le sol,* à rameaux gros et fermes, verdâtres ou pourprés. — **Feuilles** obovales-spatulées, en coin, entières, épaisses ou lancéolées, à *fibres presque parallèles, non réticulées,* saillantes sur les deux faces (à la dessiccation), souvent légèrement échancrées au sommet, d'un joli vert lustré en dessus, un peu plus pâles et ternes en dessous. — **Pétiole** très-court. — **Grappes** naissant avec les feuilles, ovales, formées de peu de fleurs lâches, accompagnées à leur base de quelques bractées semblables aux feuilles. — **Bractéoles** obovales, larges, faiblement échancrées, *très-minces, ridées transversalement,* garnies de quelques poils. — **Fleurs-anthérées** à 2 étamines libres, au moins une fois plus longues que les bractéoles. — **Fleurs-carpellées** très-courtement pédicellées, dépassant à peine la bractéole. — **Pédicelles** s'allongeant pendant la maturation et atteignant presque la bractéole. — **Capitel** chauve, ovale, vert ou rougeâtre, surmonté d'un style commun très-court et de 4 petits stigmates rayonnants = Cette espèce, l'une des plus petites du genre, est commune sur les Alpes, où elle fleurit en juillet. Elle réussit très-bien parmi les rocailles

(1) Ce mot a pour synonyme *échancré légèrement.*

humides, dont elle fait l'ornement. L'époque de la fleuraison a lieu alors en mai ou au commencement de juin. Elle varie moins de forme que les autres espèces, cependant elle en présente trois bien distinctes.

Var. 1. **obovale.** — **S. retusa obovata.** (Sering.)

Feuilles obovales, légèrement échancrées, environ de la grandeur de celles de l'*Airelle des tourbières.*

SYNON. — *S. retusa.* Linn. spec. p. 1442 (1764). Willd. spec. 4, p. 684 (1805). Sturm, deutschl. flor. fasc. 22, fig. Lamk. et Dec. flor. franç. 3, p. 289 (1805). Schkuhr, handb. tab. 317, *a*. Sering. ess. saul. p. 84 (1815). Koch, syn. flor. germ. 2, p. 759 (1844). (V. V. et S. S. et C.)

Var. 2. **à grandes grappes.** — **S. retusa macrostachya.** (Sering.)

Feuilles obovales ou ovales, presque une fois plus grandes, de même que les grappes, que dans la variété précédente; fleurs aussi plus nombreuses, capitels également plus allongés. — Glacier de l'Aar et sur les Carpathes.

SYNON. — *S. kitaibeliana.* Willd. spec 4, p. 683 (1805). (V. V. et S. S.)

Var. 3. **serpolet.** — **S. retusa serpillifolia.** (Sering.)

Feuilles à peine de la grandeur de celles du *Thym Serpolet,* et un peu plus étroites qu'elles, on les trouve aussi deux fois plus longues que larges. — Couvre seul, sur les Hautes-Alpes, de grandes étendues de terrain.

SYNON. — *S. serpyllifolia.* Scop. flor. carn. 2, p. 255, tab. 61, fig. 2, médiocr. (1772). Jacq. flor. aust. — *S. retusa serpillifolia.* Sering. ess. saul. p. 86 (1815). (V. V. et S. S. et C.)

NOUVELLE UTILISATION DES SAULES.

M. SCHEIDWLEILER (1), qui connaissait les propriétés tannantes des *Saules,* a fait couper, le 25 mai, toutes les branches d'un *Saule blanc,* taillé comme le sont tous ceux que nous cultivons; il en fit enlever facilement l'écorce, quoique la saison fût déjà

(1) Feuille hebdomadaire d'agriculture de Francfort et revue horticole de 1843 tom. 7, n° 6, p. 108.

un peu avancée. L'écorce fut mise en bottes et séchée au soleil. Le 2 juin elle était parfaitement sèche et pesait 25 kilogram. D'après les offres d'un tanneur qui s'en sert depuis longtemps, elle fut vendue de 1 f. 20 c. à 2 f. 40 c. les 50 kilogrammes. Les branches avaient six ans d'existence. En adoptant cette taille tous les six ans, le produit d'un arbre serait de 1 f. 20 c. pour l'écorce et 60 c. pour le bois, d'après la valeur que ces deux objets ont en Allemagne. Le bois écorcé ne perd rien de sa valeur. Le temps pour l'enlèvement de l'écorce est compensé par le produit de l'élagage des perches.

Voici le résultat de diverses analyses publiées par Davy, dans les *Philosophical transactions.*

	Quantité de tannin obtenu par 0/0 d'écorce.
Écorce de Saule blanc (*Salix alba*)	non déterminée.
— — fragile (*S. fragilis*)	16,459
— — acuminé (*S. cinerea ?*) . . .	8, 3
— Chêne de 18 à 20 ans	16,
— — vieux	15,
— Aulne commun (*Alnus incana ?*) . .	9, 5
— — même arbre, écorce interne .	12, 8
— Bouleau blanc (*Betula alba*) . . .	5, 9
— Peuplier Tremble	3, 33
— — pyramidal (ou d'Italie). . .	3,125

Des essais qu'un fabricant de cuir de Berlin a faits avec des écorces d'*Aulne* ont eu un résultat défavorable : les peaux n'é-taient point tannées et de plus elles étaient dures et cassantes. L'écorce de *Chêne* et celle de *Saule fragile* sont jusqu'ici les seules propres à l'usage des tanneries. L'auteur de cette *Flore* engage en outre à faire des essais avec le *Saule à une étamine* (*S. monandra*, Hoffm.), avec le *S. noircissant* (*S. nigricans*, Hall. fil.), ainsi qu'avec le *S. incane* (*S. incana*, Schrank), qui sont très-communs et qu'on cultiverait facilement, s'ils étaient riches en tannin, comme leur haute saveur styptique et la teinte noire qu'ils prennent en séchant et qu'ils communiquent au papier dans lequel on les sèche, le font soupçonner. On pourrait aussi utiliser leurs feuilles pour le tannage et chercher aussi à les employer pour la teinture en noir.

Genre 2. **Peuplier. — Populus.** (Tournef.)

Grands arbres à bourgeons formés d'écailles entuilées, chauves (pl. 1, fig. B, 16), exsudant un suc gommo-résineux très-aromatique, ou bien poilus et à peine gluants. — **Rameaux** cylindriques ou anguleux. — **Feuilles** souvent triangulaires, entières ou largement dentées, *roulées en dessus dans le bourgeon, à longs pétioles comprimés latéralement.* — **Stipules** écailleuses, caduques. — **Fleurs** presque sessiles, disposées en grappes simples, dressées ou pendantes (pl. 1, fig. B, 16, 19), les unes à étamines, d'autres à carpels, occupant des individus séparés et paraissant souvent avant les feuilles. — **Bractéoles** *membraneuses, très-caduques,* très-étroites à leur base, à lame élargie et souvent frangée (pl. 1, fig. B, 17 br. et 20 br.), — **Sépals** complètement *unis en un tube court, très-évasé,* un peu plus court du côté de l'axe floral. — **Étamines** 8 à 12. — **Carpels** 2, ablamellaires, unis dans toute leur longueur par leurs bords en un capitel presque sphérique, surmonté d'un style commun très-court et de deux stigmates renflés et presque charnus. — **Graines** couronnées d'une aigrette de poils lymphatiques *naissant près de la base des carpels.* Embryon droit ; racine inférieure. = Les *Peupliers* habitent l'Europe moyenne et australe, ainsi que l'Amérique septentrionale. Leurs feuilles sont remarquables par leur forme triangulaire, ovale ou en cœur, et par la longueur ainsi que la compression latérale de leur long pétiole, ce qui rend le plus souvent leurs feuilles très-mobiles à la moindre agitation de l'air. Ils ont un bois blanc, très-léger, dont le volume s'augmente rapidement. On les propage par boutures ou par éclats. Quelques espèces peuvent servir à la dessiccation des marais, au moyen de la grande évaporation qui s'opère par leurs feuilles. Dans la campagne, ils sont utilisés pour le chauffage.

SYNON. — *Populus.* Tournef. inst. p. 592, tab. 365 (1719). Linn. gen. 1123, et ed. de 1791, n° 1521. Gaertn. fruct. 2,

p. 56 et 90, fig. 5 (1791). Lamk. et Decand. flor. franç. 4, p. 298 (1805). Endl. gen. p. 290 (1836). Schkuhr, handb. tab. 330.

TABLEAU DES ESPÈCES DE *PEUPLIERS*.

* 1. **Trembles.** — Bourgeons non glutineux. — Feuilles le plus souvent cotonneuses en dessous, jamais gluantes.

1. **P. tremble.** Branches étalées. Feuilles arrondies, un peu échancrées à leur base, chauves, festonnées. Pétiole très-comprimé.

2. **P. faux-tremble.** Branches disposées en tête. Rameaux de l'année un peu anguleux. Feuille en cœur.

3. **P. à grandes dents.** Feuilles grandes, largement et fortement dentées, face inférieure garnie de poils floconneux caducs.

4. **P. blanc.** Feuilles des rameaux vigoureux lobées comme celles des *Érables*, toujours cotonneuses et blanches dans leur jeunesse, celles des rameaux courtes, ovales, arrondies, largement dentées, toujours grises en-dessous et satinées lorsqu'elles sont un peu âgées.

5. **P. grisard.** Feuilles peu lobées, très-cotonneuses en-dessous, et plus tard ne portant plus que des poils floconneux caducs.

* 2. **Baumiers.** — Rameaux et Bourgeons glutineux dans leur jeunesse. — Feuilles chauves ou à peine poilues dans leur jeunesse.

6. **P. pyramidal.** Rameaux rapprochés, ascendants, presque parallèles et formant une colonne pyramidale. Feuill. triangul., plus larges que longues.

7. **P. noir.** Rameaux cylindriques. Feuilles ovales , presque circulaires , dentées, velues en dessous dans leur jeunesse.

8. **P. à feuilles dissemblables.** Rameaux cylindriques. Feuilles ovales, presque circulaires, dentées, velues en dessous dans leur jeunesse.

9. **P. de l'Ontario.** Rameaux anguleux. Bourgeons très-longs. Feuilles en cœur, grandes et acuminées. Bractéoles bordées de cils longs et nombreux.

10. **P. en chapelet.** Rameaux anguleux, présentant des renflements latéraux, dus à la chute de ramifications plus petites. Feuilles cordiformes-triangulaires, très-grandes ; pétiole long et très-comprimé. Bractéoles très-obtuses, ciliées.

11. **P. anguleux.** Rameaux anguleux, angles bruns, de la nature du liége, et très-prolongés. Feuilles ovales triangulaires, plus grandes que celles du *P. noir*. Fibres saillantes sur les deux faces.

12. **P. du Canada.** Rameau anguleux. Feuilles triangulaires ou en cœur, acuminées, dentées.

13. **P. Baumeir.** Branches cylindriques. Feuilles cordiformes ou lancéolées, obtusément dentées ; d'un vers gris comme fayencé et un peu ferru-

gineux en dessous. Stipules lancéolées acuminées, appliquées sur le rameau.

14. **P. laurier.** Rameaux très-anguleux. Feuilles ovales ou oblongues, parfois en cœur. Bractéoles obovales, en coin, presque à 5 lobes. Capitel verruqueux.

ESPÈCES MAL CONNUES.

15. **P. Liard.**

16. **P. odorant.**

17. **P. de Hudson.**

*1. **Trembles.** — BOURGEONS souvent cotonneux, non glutineux. —
RAMEAUX cylindroïdes. — FEUILLES souvent cotonneuses en-dessous :

1. Peuplier Tremble. — *Populus Tremula*. (Linn.)

Très grand arbre, à écorce d'un gris cendré. Branches et
rameaux presque horizontaux et en tête dans l'âge avancé,
mais veloutés dans leur jeunesse. — **Bourgeons** coniques
pointus, bruns. — **Feuilles** fermes, arrondies, un peu plus
longues que larges, lisses, fermes, chauves, en cœur, laineuses
dans les jeunes individus, crénelées. Pétiole souvent plus long
que la lame et fortement comprimé. — **Grappes** précoces,
ovales avant l'épanouissement floral, celles à étamines longues
de 7 à 9 centim., celles à carpels moitié moins longues. —
Étamines à anthères pourpres. — **Stigmates** obtus, veloutés
sur les bords. = Fleurit dans les premiers jours du printemps.
— Ce bel arbre habite les parties fraîches et montueuses de
l'Europe et la Sibérie. Sa croissance est rapide, son bois est
blanc, léger et tendre, mais peu durable. Son écorce sert au
tannage, à la teinture et comme anti-scorbutique ; son bois, à
ramer les houblons. Il produit un bon charbon pour la poudre
à canon. Ses cendres contiennent beaucoup de potasse.

SYNON. — *Populus Tremula*. Linn. spec. 1464. Poir. encyc.
bot. 5, p. 233. Duham. arb. 2, p. 178. Smith, engl. bot. tab.
1909. Mill. dict. ed. de 1789, 6, p. 95. Guimp. et Hayn. tab.
203, selon Spach, suit. Buff. Willd. spec. 4. p. 803 (1805), 10,
p. 382 * (1841). Spach, suit. Buff. 10, p. 342 (1841). — *P vil-
losa*. Reichenb. flor. germ. excurs. Blackw. tab. 258. —Vulgair.
Peuplier Tremble, Tremble.

2. P. faux-tremble. — *P. tremuloïdes*. (Michx.)

Arbre de 12 à 15 mètres de haut, tronc gris, de 15 à 20 centimètres de diamètre ; rameaux disposés en tête, ceux de l'année un peu anguleux et chauves. — **Feuilles** en cœur, chauves,
acuminées, dentées-ondulées, ciliées, assez semblables à celles
de *l'Abricotier*, et garnies d'un rebord cartilagineux et cilié ;
fibres un peu saillantes sur les deux faces, dont la supérieure
est d'un vert plus foncé que l'inférieure. — **Pétiole** comprimé
dans presque toute sa longueur. — **Stipules.....** — **Bourgeons**
coniques, pointus, luisants, chauves. — **Grappes** semblables à
celles du P. *Tremble*, pendantes, laineuses et vertes. — **Bractéoles**
moins caduques que celles des autres espèces, brunes, profondément frangées.

SYNON. — *P. tremuloïdes*. Michx, flor. bor. amer. 2, p. 243
(1805). Duham. nouv. éd. 2, tabl. 53. — *P. lœvigata*. Willd.
spec. 4, p. 803 (1805). — *P. Græca*. Ait. hort. kew. 3, p. 407.
Willd. arb. 232, spec. 4, p. 804 (1805). — *P. athenensis* et
P. atheniensis des jardiniers. — Franç. *Peuplier faux-Tremble*,
P. grec, P. d'Athènes, P. pleureur? — Allem. *Griechische Pappel,
Glatte Pappel*. (V. V. et S. C.)

3. P. à grandes dents. — *P. grandidentata*. (Michx.)

Arbre de 10 à 12 mètres de haut, à écorce verdâtre, lisse
dans ses premières années. — **Rameaux** peu nombreux, vaguement disposés. — **Bourgeons** coniques, pointus, brunâtres.
— **Feuilles** assez grandes, ovales ou deltoïdes, pointues,
dentées-sinuées, échancrées à leur base, acuminées au sommet,
un peu cotonneuses dans leur jeunesse, puis chauves ; pétiole
très-mince, comprimé en dessus, souvent pourpre ou violet,
ainsi que les fibres, accompagné de 2 glandes à son sommet.
— **Grappes-anthérées** semblables à celles du *Peuplier Tremble*.
— **Grappes-carpellées** minces, à fleurs lâches (d'après la fig.
citée). = Arbre spontané dans les lieux humides, ainsi que
dans les sols secs du Canada et des États-Unis. On commence à
le cultiver comme arbre d'agrément. M. NUTTALL m'a envoyé de
la Nouvelle-Angleterre, sous le nom de *P. à grandes dents*

(*P. grandidentata*), une échantillon qui me paraît appartenir au
P. faux Tremble. Cette plante est encore mal connue ; peut-être
faudra-t-il la rapporter à l'espèce n° 2. La description
qu'on en connaît est trop incomplète. On le multiplie de bouture, et de greffe sur le *P. canescent*.

Synon. — *P. grandidentata*. Michx. flor. bor. amer. 2, p. 243
(1803). Michx. fil. arbr. 3, avec fig. Spach, suit. Buff. 10, p. 384
(1841).

4. Peuplier blanc. — *Populus alba*. (Linn.)

Très-grand arbre à tronc gris-verdâtre, très-gros et très-
variable dans la grandeur de ses feuilles, suivant son âge. —
Bourgeons ovales ou coniques, cotonneux, ainsi que les jeunes
rameaux. — **Grappes** pendantes, cylindriques, laineuses ; bractéoles obovales, roussâtres, *presque entières*. Tube des **Sépals**
jaune. — **Étamines** à anthères pourpres. — **Fleurs-carpellées**
distantes, presque sessiles ; capitel ovoïde, obtus, d'un jaune
verdâtre ; stigmates petits, jaunâtres, linéaires, presque sessiles.
— **Feuilles** des jets vigoureux semblables à celles des *Érables*,
celles des petits rameaux ovales, à larges dents, cotonneuses en
dessus dans leur jeunesse et d'un vert foncé plus tard, très-
blanches et cotonneuses en dessous, surtout dans les rameaux
vigoureux, mais les petites sont blanchâtres, cotonneuses ou
parfois *grises et satinées en dessous*. = Ce bel arbre, assez répandu dans quelques bois de la France, est cultivé pour former
de belles avenues. Il égale le *Chêne* en hauteur et en volume ;
il s'accommode de tous les terrains, excepté de ceux qui sont
uniquement sablonneux, graveleux ou crayeux. C'est surtout
un arbre précieux pour le midi de la France. Dans les jardins,
il n'a que l'inconvénient de pousser beaucoup de rejets souterrains, inconvénient nul dans des promenades. Il croît avec une
grande rapidité ; son bois est peu solide, mais on pourrait le
durcir au moyen du procédé du docteur Boucherie. On en retire
de très-belles planches. — En général, on multiplie les *Peupliers*
comme les *Saules*, on prend les rejetons qui poussent de leurs
racines et on les met en pépinière ; les racines se développent
dans la même saison. Le *bouturage* des jeunes branches réussit

généralement mal ; elles sont trop tendres et ne peuvent assez
longtemps vivre de la faible quantité de matière nutritive
qu'elles contiennent. Les branches d'un ou de deux ans se bou-
turent beaucoup mieux. On peut aussi coucher en terre une
branche d'une certaine longueur, elle donne des racines sur
ses diverses ramifications, que l'on détache ensuite. Il ne faut
pas étêter les *Peupliers* quand on les plante, on doit se contenter d'en enlever les petites branches latérales. Si l'on est obligé
tôt ou tard d'en supprimer de grosses, il faut recouvrir les
blessures avec de *l'onguent de saint Fiacre* ; sans cela la décomposition d'un bois aussi tendre s'opère facilement à l'air, et
produit à la longue la pourriture et l'excavation des troncs.
D'ailleurs ces arbres, souvent attaqués par de grosses chenilles
(*Cossus ligniperda*), qui les creusent de longues et larges gale-
ries, deviennent très-cassants, et on ne doit s'appuyer sur leur
branches qu'avec une extrême prudence.

SYNON. — *Populus alba.* Linn. spec. 1463 (1764). Willd. spec. 4,
p. 802 (1805). Smith, engl. bot. tab. 1618. cours compl. agric.
17, p. 286 (1837). Guimp. et Hayn. tab. 202. — *P. major.*
Mill. dict. éd. franç. tom. 6, p. 95 et 96 (1785). — *P. nivea.*
Willd. arb. 227. cours compl. agric. 17, p. 287 (1837). —
Franç. *Peuplier blanc, P. blanc de Hollande, Blanc de Hollande,
P. cotonneux, Franc-Picard, Abèle, Ypréau.* — Allem. *Silber
Pappel.* — Angl. *Abele Tree, Snow white.* (V. V. et S. S. et C.)

5. **Peuplier grisard**. — *Populus canescens*. (Smith.)

Grand arbre, à tronc gris-verdâtre, à rameaux cotonneux
dans leur jeunesse. — **Grappes de fleurs carpellées** longues,
lâches. — **Capitels** coniques, terminés par 4 stigmates rayonnants, chacun de la longueur du style commun. — **Bractéoles**
ovales, roussâtres, *presque aussi profondément divisées en lanières
que le S. Tremble.* ═ Quoique cette plante soit regardée par
plusieurs auteurs comme une variété du *P. blanc*, j'ai plus de
tendance à les croire deux espèces, par l'espèce de duvet floconneux des feuilles du *P. grisard* et la division profonde de
ses bractéoles, tandis que l'autre est cotonneux ou satiné. Reste
à savoir si cette forme des bractéoles entières se retrouvera sur

le blanc, à fleurs carpellées, comme je l'ai vu dans l'individu anthéré.

Synon. — *Populus canescens.* Smith, engl. bot. tab. 1619. Willd. spec. 4, p. 202 (1805). Guimp. et Hayn. tab. 251. Spach, suit. Buff. 6, p. 381 (1841). — *P. alba.* Willd. arb. p. 227. — Franç. *Peuplier Grisard, P. canescent, Grisaille.* — Allem. *Weisse Pappel.* — Angl. *Canescent Poplar.*

* 2. **Baumiers.** — Arbres répandant, surtout dans leur jeunesse, une odeur balsamique. — Bourgeons et rameaux plus ou moins glutineux, non poilus. — Rameaux souvent anguleux. — Feuilles lisses, planes (non gaufrées), plus ou moins gluantes, surtout au printemps.

6. Peuplier pyramidal. — *P. pyramidalis.* (Rozier.)

Arbre s'élançant perpendiculairement *en colonne pyramidale* de 30 à 32 mètres de haut sur environ un mètre de diamètre, à écorce d'un gris cendré. — **Rameaux** cylindriques, *rapprochés en faisceaux ascendants,* d'un vert rougeâtre. — **Bourgeons** oblongs, pointus, très-gluants, jaunâtres, à lenticelles *oblongues-linéaires.* — **Feuilles** presque carrées ou triangulaires, ou transversalement ovales et acuminées, chauves, très-lisses, fermes et luisantes, bords supérieurs obtusément dentés et ondulés, l'inférieur moins denté; fibres très-étalées, à peine saillantes sur les deux faces; réticulation fixe et incomplète. — **Pétiole** presque aussi long que la lame, cylindrique à la base, puis comprimé. — **Stipules** lancéolées-acuminées, très-pointues et à bords infléchis et paraissant coniques. — **Grappes** à étamines d'abord ovales et ascendantes, ensuite arquées et réfléchies, chaque fleur présentant 6 à 8 étamines (16 selon Leers). — **Fleurs-carpellées** inconnues. = La patrie de cet arbre, d'un embranchement tout spécial, paraît être l'Orient. Il a été transporté de Lombardie en France, de l'année 1758 à 1760. Il croît avec une grande rapidité et s'accommode de tous les terrains, pourvu qu'ils soient perméables (1); son bois, très-

____

(1) L'impénétrabilité du sol par l'eau et l'air est la seule cause de son peu de réussite dans les terrains argileux. Il en est de même du sol de la Dombes. Celui-ci est formé de sable siliceux impalpable et d'un peu d'argile :

noueux, est plus solide que celui du *Peuplier noir*. On en fait
des planches pour fabriquer les tombereaux, les brouettes. Il
sert aussi au chauffage. On dit son écorce et ses feuilles propres
à la teinture. Il entre, ainsi que le *P. noir*, dans la préparation
de *l'onguent populeum*. Ne connaissant pas l'individu à fleurs
carpellées, on n'a pu le multiplier que par boutures, éclats ou
greffes. — Quand on transplante l'arbre, il faut laisser quelques
rameaux à son sommet, afin de faciliter l'ascension de la sève.

SYNON. — *Populus pyramidalis*. Rozier, dict. agric. 7,
p. 617 (1786). Lamk. encycl. bot. 5, p. 235. — *P. italica*
Duroi, baumz. 2, p. 141 (1772), (1). — *P. pyrami-*
data. Mœnch, meth. p. 339 (1794). — *P. dilatata*. Ait. hort.
kew. ed. 1, tom. 1, p. 804, et ed. 2, tom. 3, p. 405 (1789). Willd.
arb. 229. Cours compl. agric. 17, p. 287 (1837). Poir. encycl.
bot. 5, p. 235. Lamk. et Decand. flor. franç. 3, p. 300 (18 5).
— *P. fastigiata*. Pers. ench. 2, p. 623 (1807). — Franç. *Peuplier*
pyramidal, P. d'Italie, P. de Lombardie, P. turc, P. cyprès,
(V. V. et S. C.)

il devient facilement imperméable aux deux puissants agents atmosphériques.
Nulle part peut-être ou ne pourrait trouver dans un sol siliceux cette fâ-
cheuse imperméabilité à un aussi haut degré, aussi les peupliers et bien d'autres
arbres y réussissent-ils très-mal dans les parties qui n'ont point été ameublies par
des labours fréquents d'une profondeur convenable, des engrais et des chaulages. Il
ne suffit pas pour planter un arbre dans la Dombes, de faire un trou cubique
d'un mètre à un mètre et demi de côté, il faut encore placer dans le fond une
couche de broussailles, de joncs ou de fougères de quelques centimètres d'é-
paisseur, la couvrir de quelques centim. de terre, et continuer à faire quelques stratifications pareilles jusqu'à 25 à 30 centimètres de la surface du sol.
On place alors les racines de l'arbre et on les recouvre de terre ; on ajoute
encore une couche mince de débris de haies, de branches de *Cytise à balais*, etc.,
et on finit par amonceler une vingtaine de centimètres de terre au-dessus du
sol, car il se produit bientôt un grand affaissement. On ne doit donc pas craindre
de placer les racines peu au-dessous du niveau du terrain.

(1) Cette dénomination, étant antérieure à toutes les autres, serait adoptée,
si elle n'indiquait pas faussement la patrie de ce bel arbre, qui paraît venir de
l'Orient, comme son nom de *Peuplier turc* semble l'indiquer. Si l'Italie était sa
patrie quelques botanistes en auraient trouvé dans les bois des individus
spontanés anthérés et carpellés. Ces derniers ne sont mentionnés par personne.

7. Peuplier noir. — *Populus nigra*. (Linn.)

Arbre de 25 à 30 mètres de haut, et dont le tronc a 1 mètre
et plus de diamètre ; branches toujours étalées , formant une grosse tête presque sphérique, à écorce d'un gris
cendré, crevassée dans sa vieillesse, à bois tendre et tenace. —
Rameaux jaunâtres ou bruns, à lenticelles ovales. — **Bourgeons**
ovales-oblongs , acuminés, brunâtres , chauves, gluants. —
Feuilles lancéolées-triangulaires, terminées insensiblement en
pointe, dentées-ondulées, fibres principales ascendantes. —
Stipules *oblongues-aiguës*, appliquées sur le pétiole, tombant
de bonne heure. — **Grappes** précoces, cylindriques, à fleurs
serrées d'abord. — **Bractéoles** jaunâtres, presque pétaloïdes,
bordées de longs cils pourpres, tombant avant l'épanouissement
des étamines au nombre de 6 à 8, et après la fleuraison dans
les fleurs carpellées. — **Capitels** presque globuleux, à 4 sillons
en partie enveloppés par le tube évasé des sépals. — **Stigmates**
comme réfléchis sur les carpels. = Ce bel arbre, dont les grappes
de fruits verts et globuleux atteignent jusqu'à près de 2 décimètres de longueur, est spontané en Europe. Sa croissance est
rapide. Il se multiplie, comme tous les *Peupliers* et les *Saules*,
de bouture et de marcottes. Ses jeunes rameaux sont très-
flexibles et peuvent servir dans la grosse vannerie. Les bourgeons à fleurs surtout sont employés à la préparation de
l'*onguent populeum*.

SYNON. — *Populus nigra*. Linn. spec. 1464 (1764). Willd. spec. 4,
p. 804. Blackw. herb. tab. 248. — Smith, engl. bot, tab. 1910
— Lamk. et Decand. flor. franç. 3, p. 299 (1805). Guimp. et
Heyn. tab. 204. Spach, suit. Buff. 10, p. 386* (1841). — *P. nigra foliis deltoïdibus-acuminatis serratis*. Linn. hort. cliff. 450.
Mill. dict. 6, n° 3, p. 95 et 96. — Franç. *Peuplier noir* et (improprement) *Osier blanc*. (V. V. et S. S. et C.)

8. P. à feuilles dissemblables. — *P. heterophylla*. (Linn.)

Arbre de 20 à 25 mètres de haut, sur un mètre de diamètre.
— **Ecorce** ancienne profondément déchirée, celle des jeunes
rameaux cylindriques d'un vert olivâtre, ponctuée de lenticel-

les oblongues ou ovales et blanches. — **Feuilles** amples, variables dans leur forme, dans la profondeur et la largeur de leurs
dents. Pétioles moitié moins longs que la lame, presque cylindriques à leur base, et devenant ensuite d'autant plus comprimés qu'on les observe près de leur sommet. Lame ovale ou
presque circulaire très-largement dentée, acuminée, rouge en
dessus et un peu velues, blanches et très-poilues en-dessous;
mais ces poils tombent bientôt, elle s'agrandit beaucoup, alors
la face supérieure est d'un vert foncé et l'inférieure pâle, mais
toutes deux sont relevées de fibres rouges très-saillantes sur les
faces, très-ouvertes et qui se terminent, après un grand nombre
d'embranchements successifs en un réseau, dont les sommets
ne sont pas unis à leurs voisins. Base tantôt cordiforme, d'autres fois comme tronquée. — **Fleurs** en grappes de 8 centimètres de long, anthères nombreuses, fleurs anthérées distantes,
chauves, longuement pédicellées. ═ Très-belle espèce spontanée aux États-Unis, d'où elle a été introduite dans nos jardins
d'Europe en 1765.

SYNON. *P. heterophylla*. Linn. spec. 1464 (1764). Rozier, cours
complet d'agr. 7, p. 610 (1786), Michx. flor. bor. amer. 2,
p. 244 (1803). Cours complet agr. 7, p. 288 (1837). Willd. spec.
4, p. 806 (1805). Michx. fil. arb. 3, tab. 9. — *P. cordifolia*.
Burg. — Vulg. *P. hétérophylle, P. à feuilles dissemblables, P. argenté*, (nom qu'il ne mérite que lorsque ses feuilles sont très-
jeunes.) *P. noir à feuilles ondées, P. de Virginie*, et en Allem.
Verschiedenenblättrige Pappel.

9. **Peuplier de l'Ontario. — *Populus candicans*.** (Ait.)

Grand et bel arbre, qui croît avec une grande rapidité, répand une odeur balsamique très-forte. — **Rameaux** anguleux
sans être ailés, bruns-gris, à peine poilus dans leur jeunesse,
garnis de quelques lenticelles linéaires. — **Bourgeons** très-
longs, pointus, d'un brun jaune, à écailles grandes, pointues et
très-gluantes. — **Feuilles** en cœur, grandes, acuminées, bordées de dents obtuses, garnies de quelques poils sur leur
face inférieure, qui est parfois velue et d'un blanc pâle; fibres
roussâtres; pétiole plus court que la lame. — **Fleurs** en grap-

pes très-allongées. — **Bractéoles** membraneuses, obovales, très-larges, bordées de lanières profondes, étroites et nombreuses, qui imitent des cils. — **Étamines.....** — Tube des **Sépals** très-évasé, de la longueur du pédicelle ; stigmates charnus très-gros, en rein et comme festonné. — **Capitel** renfermé dans le tube des sépals, ovale-pyramidal, obtus, assez gros. ⚌ Cet arbre, qui habite le Canada, est connu depuis longtemps (1772), mais il n'a été transporté dans nos jardins que depuis une vingtaine d'années; il fleurit en mars, pousse avec une grande vigueur, même dans les sols secs. Son bois est très-mou et ne peut servir qu'au chauffage. (V. V. et S. C.)

Synon. — *Populus candicans*. Ait. hort. kew. 3, p. 406 Michx. fil. arb. fig. Willd. arb. 234, spec. 4, p. 806 (1805). Spach, Suit. buff. 10, p. 392 * (1841). — *P. nigra*. Catesb. carol. 1, p. et fig. 34. — *P. Ontaricnsis* (des jardins) Bon jard. p. 565. (1845). — Franç. *Peuplier du lac Ontario, P. Siard* ou *Liard* (des Canadiens). *P. noir à feuilles ondulées, P. de Virginie*. — Allem. *Herzblättrige Pappel*. (V. V. et S. C.)

10. **Peuplier en chapelet. — *P. monilifera*.** (Ait.)

Arbre d'une grande dimension dans toutes ses parties, de 35 à 40 mètres d'élévation. — **Rameaux** étalés, dont les angles, ou plutôt les replis de l'écorce, sont de la même teinte brune olivâtre que le reste des branches. La base des feuilles et surtout certains rameaux, qui se désarticulent à leur base, laissent des saillies en bourrelet qui lui auront probablement mérité le nom de *P. en chapelet*, ou *moniliforme*. — **Lenticelles** ovales, obtuses, grisâtres. — **Bourgeons** longs, coniques, pointus, très-gluants, brun marron. — **Grappes** d'abord ovoïdes, puis s'allongeant beaucoup et alors cylindriques. — **Bractéoles** très-obtuses, ciliées vers le sommet ; cils membraneux étroits. — **Étamines** très-nombreuses, entourées d'une ample colerette membraneuse non ciliée, formée par l'union complète des sépals, dépassée par les filets des Étamines. — **Carpels......** — **Feuilles** presque triangulaires, de la même forme que celles du *P. pyramidal* (improprement nommé *P. d'Italie*) mais trois fois plus grandes, à base tronquée ou un peu échancrées en cœur.

Fibres divergentes, saillantes sur les deux faces de la feuille; bords profondément dentés-sinués, finement ciliés Pétiole aussi garni de quelques poils dans leur jeunesse. = Introduit en Europe en 1772, cet arbre majestueux habite le Canada et la Pensylvanie. Il s'accommode des terrains humides comme des sols secs et compactes.

SYNON. — *P. monilifera*. Ait. hort. kew. 3, p. 406 Willd. arb. 232, spec. 4, p. 805 (1805). Wats. dendr. brit. tab. 102 (selon Spach, suit. buff. 10, p. 389 * (1841). — *P. carolinensis*, Borkh. (selon Spach. lieu cit.). — *P. Virginiana*. Desf. cat. hort. par. — Franç. *P. en chapelet*, *P. monilifère*, *P. de Virginie*, et quelquefois, mais très-improprement, *P. suisse*, (car cet arbre n'est nullement spontané en Suisse.) (V. V. et S. cultivé au jard. botaniq. de Lyon, où se trouve un très-grand individu à étamines).

11. P. anguleux (ou de la Caroline). — *P. angulata*. (Ait.)

Grand arbre à rameaux olivâtres, tous anguleux; ailes étroites, brunâtres, de la nature du liége, se prolongeant en lignes continues et droites. Lenticelles linéaires-oblongues, distantes. — **Bourgeons** verts, courts, ovoïdes, pointus, peu ou point gluants. — **Fleurs......** — **Feuilles** ovales-triangulaires, chauves, de la forme de celles du *P. noir*. mais une ou deux fois plus longues qu'elles, dentées; dents inclinées; fibres saillantes sur les deux faces, à dorsale rougeâtre dans leur jeunesse; réseau fibreux extrêmement fin. = Cet arbre, qui habite la Pensylvanie, la Virginie et la Caroline, a été transporté en Europe en 1738. Ses fleurs sont mal connues. Il réussit mieux dans les bas fonds marécageux, et il n'atteint pas le grand développement du *P. en chapelet*.

SYNON. — *Populus angulata*. Ait. hort. kew. 3, p. 407. Willd. arb. 234, spec. 4, p. 805 (1803). Michx. fil. arb. 3, tab. 12, d'après Spach, suit. buff 10, p. 291 (1841). — *P. angulosa*. Michx. flor. bor. amer. 2, p. 243 (1803). — *P. heterophylla* du Roi, harbk. 2, p. 150. — Franç. *P. anguleux*, *P. de la Caroline*. — Angl. *Angulor Poplar*. — Allem. *Eckige Pappel*. (V. V. et S. sans fleurs, ni fruits).

12. **Peuplier du Canada**. — *P. canadensis*. (Desf.)

Arbre de 20 à 25 mètres de hauteur, à embranchement conique. — **Rameaux** anguleux, angles acquérant la consistance du
liége, d'un brun verdâtre. — **Bourgeons** bruns, gluants. —
Feuilles triangulaires ou en cœur, acuminées, dentées, plus
longues que larges, chauves, fermes; pétiole rougeâtre. —
Grappes de fleurs carpellées longues de 19 à 21 centimètres.
= Cette espèce croît au Canada; elle a besoin, comme plusieurs autres, d'être étudiée, car les fleurs ne sont pas décrites.
Synon. -- *Populus canadensis*. Desf. cat. hort. par.; Michx. fils
arbr. fig. selon Spach, suit. Buff. 10, p. 390 (1841). = Franç.
Peuplier du Canada. — Amér. *Cotton-Wood* (arbre à coton).

13. **Peuplier baumier**. — *P. balsamifera*. (Linn.)

Arbre d'environ 22 à 25 mètres de hauteur, à tronc d'un gris
brunâtre dans sa jeunesse. — **Branches** cylindriques, étalées,
disposées en tête lâche, et rameaux presque cylindriques. —
Bourgeons longs, coniques, pointus et d'un beau jaune. —
Grappes longue de 8 à 10 centim., semblables à celles du *P.
noir*. — **Feuilles** en cœur ou ovales, acuminées, fermes, obtusément dentées, à fibres divergentes, saillantes sur les deux
faces, d'un vert olivâtre en dessus, d'un blanc grisâtre, comme
teintées de rouille par place en-dessous , et relevées d'une
réticulation interrompue et olivâtre, garnies de quelques poils
fins et épars sur les fibres et sur les bords. — **Stipules** lancéolées, acuminées, glutineuses, très-aiguës, appliquées sur le
rameau. — Cet arbre, introduit du Canada, vers 1692, est d'un
bel effet par ses grandes feuilles blanches et comme fayencées
en-dessous, et par son embranchement. Il réussit dans tous les
terrains, mais surtout dans ceux qui sont frais et sablonneux ;
il a une végétation rapide et ses rameaux sont allongés et
flexibles, de manière à pouvoir être utilisés, comme ceux des
Saules. Ses bourgeons et ses jeunes feuilles, qui exsudent un
suc gommo-résineux, répandent une forte odeur balsamique.
Les habitants du Canada les emploient comme vulnéraires, sous
la dénomination de *Baume Focot*.

Synon.—*Populus balsamifera.* Linn. spec. p. 1464 (1764); Willd. spec. 4, p. 805 (1805); Duham. ed. nouv. 2, tab. 50. Michx. fil. arb. 3, tabl. 13, fig. 1, et Spach, suit. buff. 10, p. 393 (1841). — *P. Tacamahaca.* Mill. dict. éd. franç. de 1785, tom. 6, p. 97. — *P. viminalis.* hort. par. — *P. Canadensis.* Fourger.—*P. candicans* des jardiniers, non Ait. — *P. viminca?* des jardiniers. — Franç. *Peuplier baumier, Baumier, Tacamahaca.* — Angl. *Balsam-bearing Poplar.* — Allem. *Balsam Pappel.*

14. **Peuplier laurier.** — *P. laurifolia.* (Ledeb.)

Grand arbre, à **Rameaux** fortement anguleux, les jeunes un peu poilus. — **Bourgeons** allongés, coniques , pointus. — **Feuilles** ovales ou oblongues, quelquefois en cœur, chauves ou un peu poilues, blanches en-dessous; stipules linéaires-lancéolées, ou linéaires, et très-aiguës. — **Grappes carpellées** minces, courtement pédonculées; axe un peu poilu. — **Bractéoles** obovales en coin, presque à trois lobes, frangées, et dépassant les fleurs. — **Fleurs** presque sessiles. — **Capitel** verruqueux à 4 styles (?); stigmates en fer de flèche et trilobés. = Il croît en Sibérie, où l'on emploie ses bourgeons pour aromatiser l'eau-de-vie.

Synon. — *Populus laurifolia.* Ledeb. ic. flor. alt. tab. 479; Spach, suit. Buff. 10, p. 394 (1841). — *P. balsamifera.* Pall. flor. ross. 1, p. 41, non Linn.

ESPÈCES MAL CONNUES.

15. **Peuplier liard.** - *P. viminea.* (Hortul.)

Arbre droit, de 8 mètres de haut — **Feuilles** ovales-oblongues, inégalement dentées, vert terne et foncé en dessus, blanches en dessous. — **Bourgeons** jaunâtres, résineux, odorants, bois très-tendre. = Habite le Canada.

Synon. — *Peuplier Liard,* bon jard. de 1845, p. 565.

16. **Peuplier odorant.** - *P. suaveolens.* (Fisch.)

Petit arbre à rameaux réunis en faisceaux. — **Feuilles** ovales-lancéolées, denticulées, blanches et réticulées en-dessous, comme dans le *P. baumier.* = Habite la Sibérie. Peu répandu dans les jardins.

Synon. — *P. odorant.* Bon jard. de 1845, p. 565.

17. Peuplier de Hudson. — *P. Hudsoniana.* (Michx)

Arbre voisin du *P. noir,* mais ses **Feuilles** sont plus grandes, légèrement velues, ainsi que ses jeunes rameaux, les **Bourgeons** plus longs, et les stipules sont linéaires aiguës. = Se trouve spontané dans le nord des États-Unis et au Canada.

Synon. — *Populus hudsoniana.* Michx. fil. arbr. 3, tab. 10, fig. 1 ; Spach, suit. Buff. 10, p. 389 (1841); Bon jard. de 1845, p. 564. — *P. betulæfolia.* Pursh, flor. amer. sept.

ORDRE 2. — **FILETS UNIS.** (Sering.)

Filets unis plus ou moins haut entre eux (1), mais non adhérents aux organes qui les avoisinent. — *Feuilles* simples, entières ou profondément lobées, opposées ou alternes, à fibres pennées.

fam. 8. HYPÉRICACÉES. — HYPÉRICACEÆ. (Lindl.)

Flor. jard., pl. 2.

Plantes le plus souvent herbacées, ou en arbrisseaux, rarement annuelles, à suc résino-gommeux. — **Feuilles** opposées ou rarement verticillées, simples, très-souvent sessiles, entières, portant dans leur tissu, ainsi que les autres organes de la nature de la feuille, des glandes le plus souvent transparentes, rondes, ovales ou linéaires, qui les font paraître percées, et garnies parfois sur les bords de glandes noirâtres. — **Fleurs** carpanthérées

(1) Quelques Saules (*S. de Seringe,* n⁰ 5 ; *S. rouge,* n⁰ 12 ; *S. à une étamine,* n⁰ 13 ; *S. incane,* n⁰ 17) ont aussi des filets d'étamines plus ou moins longuement unis, mais ils ont dû cependant rentrer dans l'ordre des Dicotylédonées ablamellaires à filets libres, la grande majorité des espèces s'y rapportant.

régulières, complètes, ordinairement jaunes, disposées en faisceaux, dont la centrale s'ouvre la première, courtement pédicellées et sans bractéoles. — **Sépals** 5, rarement 4, irrégulièrement bord sur bord, ordinairement persistants et à peine unis par leur base. — **Pétals** 5, rarement 4, régulièrement bord sur bord, alternes avec les pétals, à onglet assez court, munis quelquefois à leur base d'une appendice peu visible. — **Étamines** ordinairement nombreuses ; filets minces, filiformes, à peine unis par leur base et tombant par faisceaux. Anthères quelquefois terminées par une glande, fixées au filet par le milieu du dos, et s'ouvrant en dedans. — **Carpels** 3 à 5, unis par leur carpe, mais à styles et stigmates libres (styles rarement unis dans leur moitié inférieure). — **Carpes ablamellaires** à bords quelquefois tellement prolongés vers le centre du capitel, qu'ils paraissent d'abord collamellaires, unis entre eux par leurs bords, mais chaque carpe a réellement ses deux bords écartés l'un de l'autre. — **Graines** ordinairement nombreuses, très-petites, de forme variée. Derme sec, souvent creusé de petites dépressions. Albumen nul. — **Embryon** droit, ou rarement arqué ; cotylédons le plus souvent foliacés et libres ; racine souvent plus longue que les cotylédons, dirigée vers le hile. = Les espèces de cette famille sont dispersées sur tout le globe terrestre ; celles des régions chaudes produisent un suc jaune analogue à la *gomme-gutte*, retiré des **Guttiféracées.** Ces dernières, toutes exotiques, se distinguent des **Hypéricacées** en ce qu'elles ont leurs étamines libres, un suc laiteux, nommé *Gomme-gutte* (1),

(1) Cette substance, connue aussi sous les noms de *Gomme-gutte de Siam* ou

et que leurs organes foliacés ne présentent pas les points glanduleux qui s'observent dans les **Hypéricacées**. Ces glandes varient beaucoup dans leur nombre, leur volume et leur forme. Le plus souvent elles sont sphériques et égales dans le *Millepertuis du Mont-Olympe;* grosses et saillantes sur les deux faces, dans le *M. prolifique;* oblongues et inégales dans le *M. à grand calice;* les unes oblongues et d'autres circulaires dans le *M. de Sibérie.* Elles sont fort petites et peu transparentes dans le *M. frangé,* de sorte qu'à une forte loupe on n'aperçoit qu'une ponctuation nébuleuse ; elles sont très-grosses dans le *M. des Baléares,* noires et opaques dans le *M. frangé.* — Il n'y a guère que deux espèces qui soient employées en médecine : le *Millepertuis commun (Hypericum perforatum)* et l'*Androsème officinal.* Un petit nombre d'espèces est cultivé dans nos jardins.

Synon. — *Hypéricacées.* Lindl. intr. éd. **2,** p. **77.** Spach, suit. Buff. 5, p. 335 (1836). — *Hyperica* ou *Millepertuis.* A. L. Juss. gen. 254 (1789). — *Hypéricinées.* Lamk et Decand. flor. franç. 4, p. 860 (1805); Chois. prodr. hyp. dans mém. soc. gen. p. 33, et dans A. P. Decand. prodr. 1, p. 541 (1824) ; Bartl. ord. 291 (1830); Meisn. gen. 44 ; Endl. gen. p. 1031 (1840).

suc de Gambier, est retiré du *Xanthochymus ovalifolius.* Boxb., dont voici les synonymes ; *Cambogia gutta* Burm., *Garcinia cambogia* Desv., *Stalagmites cambogia* Pers., *S. Cambogioïdes* Murr., *S. ovatifolia* Don. — Ce suc récent est employé dans l'Inde comme vulnéraire ; en médecine comme purgatif violent, et en peinture (Selon F, A. Duchesne répert. pl. util. p. 200 (1836) il fournit de beaux vernis au moyen de l'essence de térébenthine ; on en fait des *laques fines.* On tache par son moyen le marbre chaud en un beau jaune citron.

Explication de la planche II.

HYPÉRICACÉES (A). — NORYSCA DE LA CHINE.

1. Plante de grandeur naturelle. — S. Sépals. C'' styles unis. P. Pétals.
2. Feuille isolée, pour montrer sa fibration.
3. Pétal d'un obovale irrégulier.
4. Faisceau d'étamines.
5. Etamine grossie, dont la dorsale est prolongée au-dessus de l'anthère.
6. Coupe transversale d'une fleur, pour montrer, en S, les Sépals irréguliérement bord sur bord ; en P, les Pétals régulièrement bord sur bord, c'est-à-dire un bord recouvert et l'autre recouvrant ; en E, les Etamines unies par leur base en 3 ou 5 faisceaux ; en C, Carpels 3, dont les 2 bords du même carpe sont écartés l'un de l'autre, mais unis avec les carpes voisins, de sorte que le capitel n'est réellement qu'à une seule loge, et conséquemment les carpels sont ablameilaires.
7. Deux demi-carpels unis.

(B). MILLEPERTUIS DE SIBÉRIE.

8. Capitel de grandeur naturelle, entouré de ses sépals persistants et encore frais, et des restes de quelques pétals, et de faisceaux d'étamines desséchés.
9. Graine grossie, entière, avec son enveloppe.
10, 11. La même privée de son derme, pour montrer son embryon.

12. Glandes diverses réunies dans le même fragment de feuille grossi.

Genre 1. **Millepertuis. — Hypericum.** (Tournef.)

Sépals inégaux, dressés après la fleuraison. — **Pétals** se fanant sur place. — **Etamines** plus ou moins unies en faisceaux. — **Capitel** formé de 3 à 5 carpels à bords courbés vers le centre, mais chacun d'eux ayant ses propres bords écartés.

Synon. — *Hypericum.* Tournef. inst. p. 154, tab. 131 (1719); All. flor. ped. 2, p. 44, n° 1429 ; (1785). A. P. Decand. prodr. 1, p. 543 (1824). — *Hypericum b. hypericum.* Endl. gen. p. 1033 (1840).

Hypéricacées.

Millepertuis de Sibérie.   *Norysca de la Chine.*

Espèces du genre MILLEPERTUIS (*Hypericum*).

1.	Millepertuis à grands sépals.	8.	Millepertuis Camarine.
2.	— de Sibérie.	9.	— gracieux.
3.	— du Mont-Olympe.	10.	— frangé.
4.	— des Canaries.	11.	— prolifique.
5.	— nummulaire.	12.	— des Baléares.
6.	— élégant.	13.	— d'Égypte.
7.	— Coris.		

1. Millepertuis à grands sépals. — *Hypericum calycinum*. (Linn. fil.)

Plante *rampante, basse, chauve,* à rameaux aériens non rameux. — **Tige** quadrangulaire. — **Feuilles** elliptiques, grandes, *sur deux rangs opposés, persistantes,* presque sessiles ; fibres principales allant se réunir près des bords ; réseau parfois interrompu, assez saillant sur les faces (à la dessiccation), mais peu visible par transparence ; glandes allongées, inégales, dispersées dans le tissu. — **Fleurs** très grandes, solitaires au sommet des rameaux, courtement pédicellées. — **Sépals** très-larges, obovales. — **Pétals** très-grands obovales-circulaires, manifestement unguiculés, relevés de fibres très-nombreuses, peu écartés, et formant des angles très-aigus. — **Étamines** très-minces, fort longues, mais n'atteignant pas le sommet des pétals. — **Capitel** ovoïde-oblong, surmonté de 5 styles plus longs que lui. = Cette fort belle espèce est spontanée en Grèce, dans l'Asie-Mineure et en Irlande. Elle s'accommode de toutes les expositions, même des endroits très-ombragés, qu'elle tapisse fort agréablement, mais elle y fleurit peu. Une exposition bien aérée lui convient mieux. Elle est très-rustique et se propage facilement par ses nombreux rameaux, qu'on trouve tout marcottés. Ses grandes feuilles persistantes et d'un beau vert la rendent très-utile pour former de larges bordures ou des glacis. (V. V. et S. C.)

SYNON. — *Hypericum calycinum.* Linn. fil. suppl. 106 ; Ait. hort. kew. 3, p. 103 ; Willd. spec. 3, p. 1442 (1800) ; bot. mag. tab. 146 ; Lamk. ill. tab. 642, fig. 2 (médiocre). — *Eremanthe calycina.* Spach, suit. Buff. 5, p. 423 (1836), ann. scienc. nat. 2ᵉ sér. vol. 5, p. 363 (1836).

2. M. de Sibérie. — *H. ascyron.* (Linn.)

Plante herbacée, à tige raide, carrée, chauve, peu rameuse. — **Feuilles** lancéolées-oblongues, très-distantes, sessiles, entourant la tige par leur base, mucronées, garnies de glandes oblongues ou circulaires, très-inégales en volume et en écartement ; réticulation à mailles très-larges, très-irrégulières et souvent interrompues. — **Fleurs** moins grandes que celles du *M. à grands sépals,* peu nombreuses (1 à 3), au sommet des rameaux, lesquels sont rares, courts et très-rapprochés de la tige. — **Sépals** ovales, obtus. — **Pétals** obovales-oblongs, très-obtus, dépassant de beaucoup les sépals, d'un jaune très-pâle, blanchissant facilement, très-minces et se déchirant en lanières. — **Etamines** très-nombreuses, atteignant la moitié de la longueur des pétals. — **Capitel** conique, presque à 5 angles, surmonté de 5 styles plus longs que les carpes, et *terminés brusquement en stigmates très-prononcés.* ⹀ Cette espèce, qui nous est venue de Sibérie en 1774, pousse beaucoup de rameaux souterrains, lorsqu'on ne les coupe pas en bêchant. Elle se multiplie facilement en les enlevant et les replantant en automne. — Cette plante, ainsi que le *M. à grands sépals,* peut croître à l'ombre des arbres, places que l'on a tant de peine à garnir de verdure. — Fleurit en juin et juillet.

Synon. — *Hypericum ascyron.* Linn. spec. 1102 (1764). Mill. dict. jard. éd. franç. de 1785, vol. 4, p 122 et 127*, n° 7. Lamk. enc. bot. 4, p. 147* (1796), ill. tab. 642, fig. 3 ; Willd. spec. 3, p. 1443 (1800). — *H. floribus pentagynis, caule tetragono herbaceo,* etc. Gmel. flor. sib. 4, p. 178, tab. 69. — *Ascyrum Sibiricum.* — *Roscyna Gmelini.* Spach, suit. Buff. 5, p. 429* (1836), ann. scienc. nat. 5, p. 364 (1836). — Franç. *Millepertuis de Sibérie.* — Allem. *Sibirisches Harten.* — Angl. *St Peter's wort.* (V. V. et S. C.)

3. M. du Mont-Olympe. — *H. olympicum.* (Linn.)

Arbrisseau chauve dans toutes ses parties, à rameaux pres-

que cylindriques, haut de 60 à 70 centim. — **Rameaux** minces,
à 2 angles peu marqués, formés par la saillie des fibres qui
vont former les dorsales. — **Feuilles** oblongues, étalées, un peu
pointues, fermes, *plus longues que les entrenœuds; fibres partant
de la dorsale très-rares*, ascendantes, *ne s'épanouissant pas en réseau;* à glandes *nombreuses, rondes,* semblables entre elles et
également disposées. — **Fleurs** grandes, 1 à 3 au sommet des
rameaux, et formant dans leur ensemble une espèce de panicule. — **Sépals** ovales. — **Pétals** oblongs-spatulés, très-minces,
se terminant en coin à leur base, beaucoup plus longs que les
sépals, relevés de nombreuses fibres parallèles peu rameuses,
entremêlées de longues lignes glanduleuses et transparentes et de
quelques glandes ovales. — **Étamines** nombreuses, réunies en
trois faisceaux, presque de la longueur des pétals. — **Capitel**
ovale, terminé par 3 styles libres, à stigmates presque globuleux et qui, à l'époque de la fleuraison, dépassent les étamines.
= On reconnaîtra facilement ce *Millepertuis* à ses feuilles oblongues, peu fibrées et non réticulées, à leurs glandes nombreuses,
et aux longues glandes transparentes parallèles avec les fibres des
pétals. — Cette jolie espèce a été trouvée sur le mont Olympe
et envoyée par Georges Weclen, en 1706, au jardin d'Oxford. —
Elle se multiplie en divisant ses tiges souterraines, car ses
graines ne mûrissent que dans les années chaudes, Elle peut
passer l'hiver en pleine terre, dans les endroits secs, il faut
cependant avoir soin de la couvrir. Elle fleurit en juillet et août.

Synon. — *Hypericum olympicum.* Linn. spec. 1102 (1764);
Mill. dict. jard. éd. franç. de 1785, vol. 4, p. 122 et 126* n° 5 (1);
Lamk. enc. bot. 4. p. 154* (1796) ; A. P. Decand. prodr 1,
p. 544 (1824); Smith, exot. bot. 2, p. 71, tab. 96 ; Sims, bot.
mag. tab. 1867 — *H. montis Olympi.* Wheel. itin. 222 ; Dill.
hort. elth. fig. 183 (1774). — *Olympia glauca.* Spach, suit. Buff.
5, p. 407* (1836), ann. scienc. nat. sér. 2, vol. 5, p. 359 (1836).

4. M. des Canaries. — *H. Canariense.* (Linn.)

Arbuste de 1 mètre à 1 mètre et demi, divisé en beaucoup

(1) Cet excellent livre devrait être entre les mains de tous les horticulteurs.

de rameaux minces, lâches, le plus souvent penchés. — **Feuilles** *oblongues*, *aiguës* aux extrémités, nombreuses, rapprochées, plus longues que les entre-nœuds, à fibres latérales à peine divisées, se dirigeant vers le bord, *où elles s'unissent sans former de réticulation, alors seulement se montrent quelques mailles (tout près du bord) parsemées d'un grand nombre de glandes circulaires*, peu apparentes , régulièrement espacées. — **Fleurs** 3 à 5 rassemblées en petits corymbes très-rapprochés , et qui dans leur ensemble forment une panicule de fleurs nombreuses. — **Sépals** ovales, obtus, un peu unis par leur base. — **Pétals** ovales-oblongs, très-obtus. — **Étamines** unies en trois faisceaux, atteignant presque le sommet des pétals. — **Capitel** ovoïde, chauve, terminé par 3 styles presque aussi longs que les étamines, et libres. = Cette jolie espèce, qui fleurit longtemps, a été transportée dans nos jardins, en 1753, où elle réussit très-bien en orangerie. Elle répand une odeur résineuse très-forte, mais non désagréable. Elle se propage facilement de boutures, mais surtout de rejetons, qu'elle produit en abondance et qu'on doit détacher au printemps. Il faut semer les graines aussitôt leur maturité. Cette espèce préfère les expositions chaudes.

Synon. — *Hypericum canariense*. Linn. syst. p. 575, spec. p. 1103 (1764); Lamk. enc. bot. 4, p. 155* (1796); Mill. dict. jard. éd. franç. 4, p. 122 et 125, n° 4* (1785); Ait. hort. kew. 3, p. 104; A. P. Decand. prodr. 1, p. 544 (1824). — *H. floribundum*. Reichenb. icon. exot. 2, p. 64, tab. 95. — *Webbia canariensis*. Web. et Berth. phyt. can. p. 49, tab. 4, d. — *W. heterophylla*. Spach, suit. Buff. 5, p. 409 (1836). (V. V. et S. C.)

5. **M. nummulaire. — *M. nummularium*.** (Linn.)

Petite plante vivace. — **Tiges** 3 à 10, minces, fermes, cylindriques, de 1 à 3 décim. de longueur, réunies en touffes. — **Feuilles** circulaires ou ovales, environ de la longueur des entre-nœuds, presque sessiles, un peu échancrées à leur base, entières, fermes, coriaces, lisses et foncées en dessus, blanchâtres ou roussâtres en dessous, à fibration arquée, divergente, se terminant par un réseau fin, élégant et peu apparent; glandes transparentes peu nombreuses, disposées seulement vers le sommet et à la circonférence. — **Fleurs** 3 à 5, au sommet des tiges. — **Bractéoles, Sépals** et **Pétals** bordés de glandes presque pédicellées et noirâtres. — **Sépals** oblongs-spatulés, sillonnés parallèlement. — **Pétals** oblongs, étroits, une fois plus longs que les sépals — **Capitel** formé de 3 carpels surmontés de styles beaucoup plus longs que lui. = Cette petite plante, qui croît dans les fentes des rochers des Pyrénées, de la Grande-Chartreuse, de la Savoie, peut égayer de son joli feuillage et de ses fleurs aussi grandes que celles de notre *Millepertuis commun*, les rocailles sèches et tufacées de nos jardins ; elle mérite bien d'y être établie.

Synon. — *Hypericum nummularium*. Linn. spec. 1106 (1764) ; Lamk. enc. bot. 4, p. 175 (1796). Ill. tab. 643, fig. 3 (méd.) ; Willd. spec. 3, p. 1469 (1800) ; Lamk. et Decand. flor. franç. 3, p. 866 (1805). Lamk. ill. pl. 643, fig. 3, échantillon faible et à petites feuilles ; A. P. Decand. prodr. 1, p. 551 (1824). — *Androsœmum supinum saxatile nummulariœ folio*, etc. Bocc. mus. 2, p. 134, tab. 91. — Allem. *Rundblattriges Harthen*. — Angl. *Money wort*. (V. V. et S. S.)

6. **M. élégant.** — ***H. elegans.*** (Steph.)

Plante de 50 à 70 centim., vivace, chauve, à rameaux très-nombreux et disposés en une large pyramide. — **Tige** cylindroïde, relevée de deux lignes opposées, à peine en saillie, portant quelques glandes noires très-écartées les unes des autres. — **Feuilles** oblongues-lancéolées, un peu échancrées à leur base et très-sessiles ; fibres presque parallèles, peu ramifiées et ne se terminant pas en réseau, munies d'un assez grand nombre de glandes inégales. — **Fleurs** disposées en petits corymbes de 7 à 12 fleurs, de la grandeur de celles du *M. gracieux* (*H. pulchrum*). — **Sépals** lancéolés-oblongs, très-aigus, dentés ; chaque dent terminée par une glande noire. — **Pétals** oblongs, une fois plus longs que les sépals, ponctués sur les bords par des glandes noires. — **Étamines** presque aussi longues que les pétals. — **Capitel** ovoïde-oblong, formé de 3 carpels, terminé par 3 longs styles. — **Graines** elliptiques-cylindriques, très-obtuses, olivâtres, portant de très-nombreuses petites dépressions dis-

posées longitudinalement par lignes serrées. ⹀ Cette plante,
qui se couvre de nombreuses fleurs, nous vient de l'Allemagne
et de la Russie méridionale. Elle réussit très-bien en pleine
terre ; elle orne les bords des massifs d'arbres qui ont besoin
de se terminer par de petites plantes. — Introduite dans nos
jardins en 1822.

Synon. — *Hypericum elegans*. Steph. dans Willd. spec. 3,
p. 1469 (1800) ; A. P. Decand. prodr. 1, p. 551 (1824) ; Spach,
suit. Buff. 5, p. 389 (1836). — *II. kochianum*. Spreng. flor. hal.
et syst. 3, p. 348 (1826). — *II. anagallidifolium*. Presl. selon
Spreng. l. c. — Franç. *Millepertuis élégant* (qu'il ne faut pas
confondre avec le *M. gracieux* (*II. pulchrum*). (V. S. C. et spont.
comm. par M. Steven, 1823.)

7. M. coris. — *Hypericum coris*. (Linn.)

Petit arbuste chauve, à rameaux minces, fermes et cylindroïdes. — **Feuilles** *linéaires-oblongues*, presque sessiles, comme
verticillées, courtement et obtusément mucronées, à fibres
très-peu apparentes, fortement roulées en dessous par leurs
bords, de manière à distinguer difficilement les glandes circulaires, nombreuses et égales, dont elles sont parsemées. —
Fleurs disposées en petits corymbes de 3 à 8 fleurs de la grandeur de celles du *Millepertuis commun* (*II. perforatum*). —
Sépals oblongs-linéaires, moitié plus courts que les pétals, à
dents terminées par autant de glandes noires, ascendants pendant la maturation. — **Pétals** oblongs, entiers, non glanduleux
entre les fibres. — **Étamines** presque aussi longues que les
pétals, à filets très-minces. — **Styles** 3, de la longueur des étamines et plus longs que le capitel. — **Graines** oblongues cylindriques, obtuses, creusées de nombreuses petites dépressions. ⹀ Cet arbuste délicat et élégant a été transporté du
Levant en 1640. Il se trouve aussi en Italie. — Il est cultivé
dans nos orangeries.

Synon. — *Hypericum coris*. Linn. spec. 1107 (1764) ; Lamk.
enc. bot. 4, p. 178 (1796) ; bot. mag. tab. 178. — *II. seu Coris
legitima ericæ similis*. Moris. hist. 2, p. 468, sect. 5, tab. 6,
fig. 4 (1715). — *Hypericoïdes Coris quorandam*. Bauh. hist. 3,

p. 384, fig. bonne. — Franç. *Millepertuis Coris, M. à feuilles de Coris, M. a feuilles verticillées.* — Allem. *Vierblattriges Harthen,* — Angl. *Coris leaved St John's Wort.* (V. V. et S. C.)

8. M. camarine. — *H. empetrifolium.* (Willd.)

Petit arbrisseau chauve, à rameaux minces, cylindroïdes, mais fermes. — **Feuilles** oblongues, presque sessiles, *obtuses,* comme verticillées, à fibres ascendantes, peu nombreuses et peu apparentes, *ne se terminant pas par une réticulation, à peine roulées en dessous;* glandes nombreuses, inégales en grosseur. — **Fleurs** en petits corymbes de 7 à 10 fleurs. — **Sépals** obovales, très-obtus, bordés de quelques glandes noires, saillantes. — **Pétals** oblongs, étroits, beaucoup plus longs que les sépals, et *portant quelques glandes transparentes entre les fibres.* — **Styles** 3, plus longs que les étamines. = Cette espèce, qui provient de l'Orient, est très-voisine du *Millepertuis coris;* cependant le *M. camarine* a ses feuilles plus larges, à peine roulées en dessous, leurs glandes sont inégales et plus grosses, leurs sépals plus courts et plus obtus. Ces deux plantes auraient encore besoin d'être étudiées sur le frais, pour s'assurer de l'existence des deux espèces.

Synon. — *Hypericum empetrifolium.* Willd. spec. 3, p. 1452 (1800) ; A. P. Decand. prodr. 1, p. 553 (1824). (V. S. C.)

9. M. gracieux. — *H. pulchrum.* (Linn.)

Plante vivace, à tiges rigides, cylindriques, à rameaux peu nombreux et ascendants. — **Feuilles** de la tige florale cordiformes-acuminées, *presque triangulaires,* les autres ovales-oblongues, sessiles, à peine fibrées, non réticulées; glandes très-inégalement disséminées et de diverses dimensions. — **Fleurs** disposées en petits corymbes serrés, distants les uns des des autres, mais rapprochés de l'axe. Boutons d'un jaune d'or pourpré. — **Sépals** ovales, très-obtus, bordés de glandes noires. — **Pétals** oblongs, à fibres parallèles peu ramifiées, et bordés de glandes noires. — **Styles** 3, beaucoup plus courts que le capitel membraneux. — **Graines** elliptiques-cylindriques, très-obtuses, à peine marquées de très-petites dépressions, peu

visibles même à une forte loupe. = Cette fort élégante espèce
de nos taillis est d'un très-joli effet dans les clairières de nos
massifs d'arbres. Après la fleuraison, toute la plante prend une
élégante teinte pourprée. Elle ne demande qu'à ne pas être
déplacée. Elle peut facilement se propager de rejets trans-
plantés en automne.

Synon. — *Hypericum pulchrum.* Linn. spec. 1106(1764); Lamk.
ill. plant. 643, fig. 4 ; Engl. bot. tab. 1227; flor. dan. tab. 75 ;
Reichenb. plant. crit. 3, fig. 447 ; Spach, suit. Buff. 5, p. 390*
(1836). — Franç. *Millepertuis gracieux*, et aussi nommé *M. élégant*, dénomination qu'il faut réserver actuellement à *l'Hypericum elegans.* — Allem. *Schœnstes Harten.* — Angl. *Fair St John's
Wort.*

10. M. frangé. — *H. fimbriatum*. (Lamk.) (1)

Plante vivace, entièrement chauve. — **Tige** souterraine donnant naissance, chaque année, à un certain nombre de rameaux
aériens, fermes, raides, cylindroïdes. — **Feuilles** ovales, sessiles, presque en cœur, *bordées de glandes noires*, visibles surtout
en dessous ; fibres secondaires nombreuses, *formant ensuite un
réseau à grosses mailles très-irrégulières*, et à une très-forte loupe
on aperçoit *une ponctuation nébuleuse.* — **Fleurs** plus grandes
que celles du *M. gracieux* (*H. pulchrum*), peu nombreuses (3
à 9). — **Bractéoles** linéaires, aiguës, ponctuées de noir, *profondément frangées-ciliées, chaque poil terminé par une espèce de
glande noire.* — **Sépals** lancéolés-oblongs, aigus, *garnis de points
noirs nombreux, frangés comme les bractéoles.* — **Pétals** oblongs,
obtus, une fois plus longs que les sépals, légèrement ciliés, et
garnis de *glandes noires oblongues-linéaires* dans les intervalles
que laissent les fibres. — **Etamines** plus courtes que les pétals,
à anthères jaunes, et dont la dorsale finit par un point noir. —
Capitel terminé par 5 styles. = Cette espèce singulière se trouve
assez fréquemment sur les Alpes et sur le Jura. Elle mérite
d'être introduite dans les lieux frais et légèrement humides de
nos jardins.

(1) Les descriptions de cet auteur sont remarquables par leur simplicité et
leur exactitude.

Synon. — *Hypericum fimbriatum.* Lamk. dict. enc. 4, p. 148 (1796) (1) ; Lamk. et Decand. flor. franç. 4, p. 863 (1805), — *H. Richeri.* Vill. hist. dauph. 3, p. 501, tab. 44, fig. 4 (1789) ; Spach, suit. Buff. 5, p. 396 (1836) ; Willd. spec. 3, p. 1445 (1800). — *H. Barbatum.* All. flor. ped. n° 1435 (1785). — Franç. *Mille-pertuis frangé, M. de Richer.* — Angl. *Fringed St John's Wort.* V. V. et S. S. et C.)

11. **M. prolifique.** — *H. prolificum.* (Linn.)

Arbuste chauve, d'environ 1 mètre de hauteur. — **Rameaux** minces, à deux angles peu saillants, d'un jaune pâle. — **Feuilles** oblongues ou oblongues-spatulées, quelquefois (sur le même individu) linéaires mucronées ; *un peu roulées en dessous* ; dorsale saillante, fibres latérales extrêmement fines, peu ramifiées, invisibles par transparence. Glandes presque égales entre elles, grosses, saillantes sur les deux faces, qui à la dessiccation sont rudes. **Fleurs** moins grandes que celles du *M. commun*, 3 à 5 à l'extrémité des rameaux. — **Sépals** ovales, rudes, comme les feuilles, moins longs que les pétals, à fibres divergentes. — **Carpels** 3, à styles de la longueur des carpes. — **Étamines** extrêmement nombreuses, plus longues que les pétals obtus. — **Styles** de la longueur du capitel. = Joli arbuste originaire de l'Amérique septentrionale, d'où il a été introduit dans nos jardins en 1758. Fleurit en juillet et août. Ses feuilles répandent une odeur aromatique.

Synon. — *Hypericum prolificum.* Linn. mant. 108. (1781) ; Lamk. ill. pl. 643, fig. 2, bonne. — *H. foliosum.* Jacq, hort. schœnbr. 3, tab. 299, non Ait. — *H. Kalmianum.* Duroy harbk. 1, p. 310, non Linn. — *Myriandra prolifica.* Spach, suit. buff 5, p. 439* (1826). (V. V. et S. C.)

12. **M. des Baléares.** — *H. balearicum.* (Linn.)

Petit arbrisseau chauve, toujours vert, garni sur ses feuilles et ses rameaux de grosses glandes, qui répandent une forte

(1) Quoique cette dénomination ne soit pas la plus ancienne, elle doit être adoptée, Lamarck ayant parfaitement décrit la plante, d'autant plus que Villars paraîtrait avoir réuni deux espèces.

odeur de térébenthine ; rameaux portant des cicatrices circulaires. — **Feuilles** ovales, très-épaisses et obtuses, très-ondulées et bordées de grosses glandes. — **Fleurs** ordinairement solitaires au sommet des rameaux. — **Etamines** de la longueur des pétals. — **Capitel** de 5 carpels oblongs. ⹀ Joli petit arbuste de Majorque, apporté en Europe, en 1718, par SALVADOR. Il demande une bonne orangerie, et fleurit facilement d'avril en septembre. Il a besoin d'une exposition chaude, et il ne supporte pas les arrosements abondants en hiver. Se multiplie très bien de bouture. Si les graines mûrissent , on doit les semer en automne, et faire le premier rempotage en septembre suivant.

SYNON. — *Hypericum balcaricum.* Linn. spec 1101 (1764). Mill. dict. jard. éd. franç. 4, n° 8, p. 123 et 128 * (1785) icon. tab. 54 ; Willd. spec. 3, p. 1437 (1800); Lamk. encycl. bot. 4, p. 143 * (1796). — *Myrto-cystus Pennaei.* Clus. hist. p. 68 avec fig. (1601). — Franç. *Millepertuis des Baléares, M. de Mahon.* — All. *Balearisches Harthen.* — Angl. *Balearic St-John's Wort.*

13. **M. d'Egypte.** — *H. Ægyptiacum*. (Linn.)

Petit arbrisseau , très-rameux et entièrement chauve. — **Feuilles** très-nombreuses , de la grandeur de celles du *Thym serpolet,* ovales , épaisses , opaques sans aucune fibration ni glandes visibles , excepté la dorsale. — **Fleurs** très-petites, presque toujours solitaires à l'extrémité des nombreux rameaux. accompagnées de 2 bractéoles linéaires, pointues. — **Sépals** elliptiques obtus, presque membraneux. — **Pétals** ovales-oblongs, entier, dépassant les sépals, munis près de leur base d'une petite écaille. — **Etamines** plus courtes que les pétals ; anthères d'un jaune foncé. — **Capitel** formé par l'union de 3 carpels et entouré par les sépals. ⹀ Cette petite plante, qui a été introduite dans nos jardins en 1787, est souvent cultivée dans nos orangeries.

SYNON. — *Hypericum ægyptiacum.* Linn. spec, 1103 (1764) ; amœn. acad. 8, p. 323, iab. 8, fig. 3 ; Lamk. enc. bot. 4, p. 168* (1796) ; bot. reg. tab. 196. — *H. creticum.* Hortul. — *Martia polyandra.* Speng. syst. 3, p. 333 (1826). — *Triadenia micro-*

phylla. Spach, suit. Buff. 5, p. 371 (1836). ann. scienc. nat. sér. 2 vol. 5, p. 173, tab. 5 (1836). — Franç. *Millepertuis d'E-gypte.* — Angl. *Egyptian St-John's Wott.* (V. V. et S. C.)

Genre 2. **Androsème. — Androsæmum**. (TOURN.)

Sépals 5, inégaux, réfléchis après la fleuraison, à peine unis à leur base. — **Pétals** 5, tombants pendant la fructification. — **Etamines** plus ou moins unies en faisceaux. Anthères courtes et presque lenticulaires, creusées d'une ligne longitudinale. - - **Capitel** comme charnu, coloré, de consistance ferme, et ne s'ouvrant qu'à peine au sommet.

SYNON. — *Androsæmum.* Tournef. inst. p. 251, tab. 128 (1719). All. flor. ped 2, 47, n° 1440 (1785). Chois. prodr. hyp. 37, et dans A. P. Decand. prodr. 1, p. 543 (1824) ; Spach, suit. Buff. 5, p. 415 (1836). — *Hypericum F. Androsæ-mum.* Endl. gen. p. 1033 (1840).

Espèces du genre ANDROSÈME (*Androsæmum*).

1. Androsème officinal.	3. Androsème fétide.
2. — à petites feuilles.	4. — pyramidal.

1. Androsème officinal. — *A. officinale*. (All.)

Plante vivace, peu rameuse, chauve. — **Feuilles** très-grandes (6 à 7 millim. sur 3 1/4 à 4), ovales-obtuses, échancrées à leur base, à peine mucronées, d'un vert pâle en dessus, un peu glauques en dessous, à peu près de la longueur des entre-nœuds ; fibres et fibrilles *très-nombreuses, s'unissant successive-ment en réseau plus fin;* intervalles des dernières mailles comme *comblés de glandes très-nombreuses, visibles seulement à une forte loupe.* — **Sépals** et **Pétals** ovales, très-obtus, *à peu près de même forme et longueur.* — **Styles** de la longueur du capitel. — **Capitel** *globuleux, parcheminé, ouvrant à peine au sommet.* = Croît en Angleterre, sur les Pyrénées et en Provence, dans les lieux frais et ombragés, réussit dans nos jardins à presque toutes les expositions. — Passe pour vulnéraire et vermifuge.

Synon. — *Androsæmum officinale.* All. flor. ped. 2, p. 47,
n° 1440 (1785) ; A. P. Decand. prodr. 1, p. 543 (1824) ; Spach,
suit. Buff. 5, p. 415* (1840). — *Hypericum Androsæmum.* Linn.
spec. 1102 (1764) ; Curt. flor. lond. 1, tab. 164 ; Engl. bot. tab.
1225. Mill. dict. 4, n° 9, p. 123 et 129* (1785) ; Blachw. herb.
tab. 94. — *H. bacciferum.* Lamk. flor. franç. éd. 2, vol. 3, p. 151
(1793). — *Androsæmum vulgare.* Gaertn. fruct. 1, p. 282, tab.
59, fig 2. — Franç, *Androsème officinal, Toute-sainte.* — Allem.
Englisches Androsem, E. Harthen. (V. V. et S. S. et C)

2. A. à petites fleurs. — *A. parviflorum.* (Spach !)

Plante vivace, plus rameuse que l'*A. officinal*, chauve. —
Feuilles presque aussi grandes que celles de la précédente, *ovales*,
obtuses, et leur ressemblant beaucoup ; *fibrilles à larges mailles*,
mais à glandes plus grosses. — **Fleurs** *moitié plus petites.* — **Sépals**
plus courts que les pétals. — **Styles** plus longs que le capitel.
= Plante vivace, probablement provenue de l'Amérique. Distincte de l'*A. officinale* par ses grandes mailles, la petitesse extrême de ses innombrables glandes, et ses fleurs moins grandes.

Synon. *Androsæmum parviflorum.* Spach ! dans ann. scienc.
nat. sér. 2, vol. 5, p. 361 (1836). — *A. pyramidale grandiflorum.*
Spach, suit. Buff. 5, p. 417 (1836). — *Hypericum elatum.* Ait.
hort. kew. selon Spach, lieu cit ; Watson Dendr. brit. tab. 85 ;
Juss. dans ann. mus. vol. 3, tab. 17. (V. S. comm. par M. Spach.)

3. A. fétide. — *A. hircinum.* (Spach.)

Plante ligneuse, chauve, très rameuse, dépassant la hauteur
d'un mètre, répandant une odeur de bouc. — **Fleurs** semblables à celles de l'*A. pyramidal.* — **Feuilles** un peu plus lancéolées, réseau de fibres plus large, interrompu, renfermant beaucoup de glandes très petites. = L'espèce suivante ne me paraît
pas bien différente de celle-ci ; j'ai cherché à trouver dans la
fibration des feuilles des caractères distinctifs, que je crains
être variables. Je n'ai pu trouver des caractères suffisants pour
bien l'établir Une plante court les jardins sous le nom de
Milleperluis en arbre (Hypericum arboreum), qui ne me semble
pas différer de celle-ci, D'après un exemplaire que je possède

de M. Nérard aîné, horticulteur lyonnais, les styles paraissent plus longs qu'à l'ordinaire. Entre ces légères modifications organiques, qui me paraissent peu sûres, il est très-difficile de se prononcer. Cette plante habite l'Europe australe (non l'Amérique septentrionale) Elle est cultivée dans nos jardins, comme arbuste d'ornement; elle fleurit très-longtemps, et doit être placée près des bords des massifs qu'elle orne très-agréablement.

Synon. — *Androsœmum hircinum.* Spach, suit. Buff. 5, p. 419 (1836); ann. scienc. nat. sér. 2, vol. 3, p. 362 (1836). — *Hypericum hircinum,* Linn. spec. 1103 (1764). — *H. fœtidum frutesc.* etc. Dill. hort. elth. fig. 182? (1774). — *H. canariense.* Camb. enum. balear. (non Linn.) selon Spach, lieu cit. — *H. arboreum.* hortul. (V. V. et S. C. et spontanée, provenant de Corse (M. de Forestier), Bayonne (MM. Grenier, Jordan).

4. A. pyramidal. — *A. pyramidale.* (Spach!)

Plante ligneuse, chauve, très-rameuse, dépassant un mètre de hauteur et de diamètre, répandant une odeur forte. — **Rameaux** raides, nombreux, rouges, disposés en pyramide. — **Fleurs** plus petites que celles de l'*A. à petites fleurs.* — **Feuilles** un peu moins grandes que celles de ce dernier; *réticulation complète, élégante, glandes nombreuses, assez espacées, visibles seulement à une bonne loupe.* — **Pétals** oblongs, étroits, très-obtus, et se terminant insensiblement en coin à leur base. — **Graines** noirâtres, parsemées de petites dépressions. = D'après M. Spach, cette espèce croît dans l'Europe australe, et non dans l'Amérique septentrionale, comme l'ont cru plusieurs auteurs; elle exhale une odeur forte, semblable à celle de l'*A.* *officinal,* mais non fétide. A cet égard surtout elle devra se répandre dans les jardins, de préférence à la précédente. De nouveaux caractères sont à trouver pour bien affirmer ces espèces.

Synon. — *Audrosœmum pyramidale.* Spach, suit. Buff. 5, p. 407 *(1836) en excl. la syn. d'Ait. Wats. et Juss. qui se rapporte à l'*A. à petites fleurs,* selon Spach (lieu cit.); ann. scienc. nat. série 2, vol. 5, p. 362*. — *Hypericum elatum.* Lamk. encycl. bot. 4, p. 156, selon Spach, lieu cit. † (V. S. C. comm. par M. Spach.)

Genre 3. **Norysca.** — **Norysca.** (Spach.)

Sépals coriaces, presque semblables, dressés pendant la maturation. — **Pétals** obliquement obovales. — **Étamines** à filets nombreux et très-minces, unies en 5 faisceaux. — **Capitel** presque coriace, à 5 fausses loges, *terminé par 5 styles unis presque jusqu'au sommet.* Stigmates très-petits. — **Graines** très-petites, *presque lisses*, pointues aux extrémités.

Synon, — Ceux de l'espèce qui suit.

Norysca de Chine. — *Norysca chinensis.* (Spach.)

Tige ligneuse, d'environ 60 à 80 centim., à écorce couleur chocolat. — **Rameaux** minces, de 8 à 14 centim. de long. — **Feuilles** elliptiques-obtuses, sessiles, d'un vert foncé et luisant en dessus, pâles et un peu glauques en-dessous, ressemblant, pour la forme et la grandeur, à celles de l'*Euphorbe douce,* (*Euphorbia dulcis* Linn.); réticulation inégale, anguleuse; points glanduleux très-petits et sphériques. — **Fleurs** presque aussi grandes que celles du *Millepertuis à grands sépals,* 1 à 3 à l'extrémité de chaque rameau. — **Étamines** presque aussi longues que les pétals, et égalant le style-commun. = Cette jolie espèce très-commune dans les jardins de la Chine, du Japon et de l'Inde, est aussi cultivée dans toutes nos orangeries Elle a été apportée de la Chine, en 1753, par le duc de Northumberland. Elle fleurit pendant tout l'été. On en fait des boutures et des marcottes au printemps; ces dernières peuvent être séparées de la mère-plante en automne. — Une autre espèce de ce genre, trouvée dans les montagnes de l'Inde, et que M. Spach a nommée *N. myrtifolia,* a les glandes de ses feuilles linéaires. Ce sont les deux seules espèces connues qui constituent jusqu'à présent ce nouveau genre.

Synon. — *Norysca chinensis.* Spach, suit. buff. 5, p. 427 (1836 ; ann. scienc. nat. sér. 2, vol. 5, p. 363 (1036). — *Hypericum chinense* Linn. amœn. 8, p. 323. Syst. 3, p. 37. — *H. monogynum.* Mill. icon. tab. 151, fig. 2, dict. jard. éd. franç. 4, p. 123 et 129*, n° 11 (1785); bot. mag. 335; A. P. Decand. prodr. 1,

p. 545 (1824). Le bel exemplaire que Commerson a envoyé de l'Ile de France à Claret de la Tourette est beaucoup plus vigoureux que ceux de nos jardins ; il portait pour étiquette *Tithimaloides nobis Euphorbiæ habitus.* Cette espèce était en 1799 au jardin de Paris, sous la dénomination de *Hypericum marylandicum.* — Franç. *Norysca de la Chine, Millepertuis monogyne.* — Angl. *Chinese St-John's Wort.* (V. V. et S. C.)

Fam. 9. CORYDALISACÉES. — CORYDALISACEÆ. (Ser.)

Planche III.

Plantes ordinairement vivaces, à tiges et feuilles chauves, succulentes, glauques (*vert d'Œillet*), à suc aqueux, amer et piquant. — **Tige cylindroïde.** — **Feuilles** alternes, simples, pennatilobées, à lobes ovales, pétiolulés, le plus souvent obtus, et privées de stipules (fig. 4). — **Fleurs** carpanthérées, très-souvent irrégulières, disposées en grappe simple, lâches et naissant à l'aisselle d'autant de bractéoles demi-foliacées (fig. 1). — **Sépals** 2, latéraux, semblables, libres, lancéolés, presque membraneux, souvent bordés de quelques dents, et tombant avant les autres organes floraux (fig. 2 et 3). — **Pétals** 4, peu dissemblables, rapprochés les uns des autres (fig. 2, P, et 4, 5, 6), dont 1 supérieur, bossu au-dessous de la base, ou plus ou moins éperonné (fig. 4) ; 1 inférieur, parfois également bossu (fig. 6) ; 2 latéraux (fig. 5), semblables l'un à l'autre et intérieurs, tous à onglets longs et étroits, et à lame presque circulaire et d'une forme élégante ; ceux-ci sont devant les sépals, s'affleurent bord à bord, entourent étroitement et renferment en entier les organes plus intérieurs, dont la fructification hybride est complètement impossible, tandis que les 2 extérieurs recouvrent les bords des deux intérieurs. — Étamines 4 ou 6, unies plus ou moins haut par leurs filets en deux faisceaux, larges à leur base, et dont l'un est sous le pétal supérieur, et l'autre devant l'inférieur ; tombant après la fleuraison, comme tous les organes qui leur sont extérieurs. — Carpels 2 ablamellaires, unis par leur carpe et leur style, mais dont les stigmates, de forme très-variée dans les diverses espèces, sont écartés l'un de l'autre. Style commun et Stigmates tombant après la fleuraison. Bords carpellaires continus au pédicelle et persistant ; carpels peu courbés, formant un capitel oblong, comprimé de haut en bas, d'une dorsale à l'autre, et ressemblant à une silique, s'ouvrant par déchirement des valves du bord des carpels, et laissant un encadrement étroit (formé des 4 bords carpellaires), oblong, qui porte les graines. La forme des stigmates, mieux étudiée, servira utilement à distinguer les espèces. — Graines en forme de rein, noires, luisantes, lisses à l'œil nu, mais finement et très-régulièrement alvéolées (à la loupe). Funicule blanc, renflé, traversant de suite les trois membranes du derme. — Embryon allongé, un peu arqué, enfermé dans un albumen, placé tout près de sa base (petit et droit dans les FUMARIACÉES). — Cotylédons oblongs, souvent planes et foliacés, d'autrefois ? charnus et souterrains (lors de la germination). == Quoique cette famille soit voisine, à quelques égard, des vraies FUMARIACÉES, elle s'en distingue parfaitement par ses carpels ablamellaires (collamellaires dans les FUMARIACÉES) s'ouvrant près des bords carpellaires (1 seul carpel qui ne s'ouvre pas dans les FUMARIACÉES ; par ses graines nombreuses (unique dans les FUMARIACÉES), et

enfin par un embryon grand et courbé (petit et droit
dans les FUMARIACÉES. Les feuilles des CORYDALISACÉES ressemblent à celles des FUMARIACÉES et des ESCHSCHOLTZ-
IACÉES. Le nombre binaire ou quaternaire des sépals
et des pétals les rapproche des PAPAVÉRACÉES et des
FUMARIACÉES.

SYNON. — *Corydalisacées*. Sering. cours bot. de
1842, tabl. méth. fam. 1843. — *Papavéracées*, sect. 2.
A. L. de Juss. gen. p. 239 (1789). — *Fumariées*. A. P.
Decand. théor. élém. éd, 2, p. 244 (1819). — *Fumariacées*. A. P. Decand. syst. 2, p. 105 (1821), en excluant le genre FUMARIA, qui reste seul dans les vraies
FUMARIACÉES. — *Fumariacées*, trib. 2, sect. 1 et 2.
Spach, suit. Buff. 7. p. 60 (1839). — *Papavéracées*,
sous-ordre 1, *Papavéries*, trib. 4, *Fumariacées*, sous-
trib. 2, *Corydalidées*, Endl. gen. p. 859 (1839).

Genre 1. **Corydalis.** — **Corydalis.** (A. P. DECAND.)

Plantes herbacées. — **Sépals** 2 presque membraneux, très-
petits. — **Pétals** 4, le *supérieur seul* courtement prolongé *en
éperon* obtus au-dessous de son point de départ de l'axe de la
fleur. — **Etamines** 4 ou 6, unies en 2 faisceaux, l'un devant le
pétal et le carpel supérieurs, l'autre devant le pétal et le carpel
inférieurs. — **Stigmates** libres, pointus, écartés.

SYNON. — *Corydalis*. Lamk. et Decand. flor. franç. 4,
p. 656 (1805), en excluant quelques espèces, reportées depuis
dans d'autres genres; A. P. Decand. syst. veg. 2, p. 113 (1821).
prodr. 1, p. 126 (1824). — *Capnoïdes*. Tournef. inst. p. 423,
tab. 237 (1719). — *Neckeria*. Scop. introd. n° 1436. —
Quelques espèces de *Fumaria*. Linn. spec. 984 (1764).

Explication de la planche III.

CORYDALISACÉES.

A. Corydalis jaune. --- Corydalis lutea.

1. Fragment de grandeur naturelle; 1* quelques lobes grossis pour en montrer la fibration (les autres Nᵒˢ, jusqu'au 13*, appartiennent à la même plante.

2. Une fleur grossie, naissant de l'aisselle d'une bractéole linéaire et aiguë, presque aussi longue que le pédicelle. S. 1 Sépal. P. Pétals.

3. Deux sépals grossis, les autres organes supprimés.

4. Pétal supérieur grossi, vu par sa face inférieure, et prolongé au-dessous de sa base en éperon très-court.

5. Pétal inférieur grossi, vu en dessus, non éperonné.

6. L'un des pétals latéraux grossi.

7. Fleur grossie, privée de ses Sépals et de ses Pétals. E. Etamines unies en 2 faisceaux. C. Carpels unis par leur carpe et leur style, mais stigmates libres·

8. Coupe transversale (grossie), pour montrer la position relative des organes. S. Sépals. P. Pétals. E. Etamines. C. Carpels ablamellaires et conséquemment unis entre eux.

9. Fruit ou Capitel grossi, vu, encore clos, par l'un des bords carpellaires.

10. Capitel réduit à ses doubles bords carpellaires formant l'encadrement, duquel se sont séparées les valves.

11. Graine grossie avec son funicule renflé partant du bord carpellaire.

12. La même, dépourvue de son derme.

13. La même. coupée en long, pour montrer son très-petit embryon renfermé dans un grand albumen.

13* Germination de la *Corydalis jaune.*

B. Diclytre belle --- Diclytra formosa.

14. Fleurs de *Diclytre belle* (*Diclytra formosa*) de grandeur naturel (jusqu'au nᵒ 21 inclusivement).

15. La même, grossie, privée de ses sépals et de ses pétals. E. Étamines unies partiellement par les filets. C''' Stigmates unis en un corps applati d'un bord à l'autre.

16. Etamines grossies et une portion de leur filet.

17. 18. 2 Etamines encore plus grossies, vues par leurs deux faces.

19. Etamine grossie vue par l'un de ses bords ouvrants.

20. Coupe transversale d'une anthère grossie.

21. Coupe transversale d'une fleur. S. Sépals. P. Pétals. E. Etamines. C. Carpels ablamellaires unis.

22. Fleur de *Diclytre à lobes étroits* (*Diclytra tenuifolia*).

Corydalineae
B
A. Corydalis. B. Diclytra.

TABLEAU DES ESPÉCES DE *CORYDALIS*.

§ 1. **Capnoïdes.** Tige non bulbeuse sous terre et rameuse dans l'air. Eperons courts.

1. **Corydalis glauque.** Feuilles glauques. Fleurs rouges. Eperon très-obtus. Fruit long, étroit et mince.

2. **— jaune.** Feuilles d'un vert jaune, à lobes ovales. Fleurs jaunes. Fruit oblong.

3. **— dorée.** Feuilles à lobes très-étroits. Fleurs jaunes. Fruit allongé, rétréci entre chaque graine.

§ 2. **Capnites.** Tige bulbeuse sous terre et non rameuse dans l'air. Eperons longs.

4. **— à longues fleurs.** Feuilles glauques, à lobes oblongs. Fleurs rouges. Eperon très-pointu.

5. **— à bractées digitées.** Lobe des feuilles en coin, bord supérieur à trois dents profondes. Bractéoles obovales en coin, divisées en lobes oblongs.

6. **— bulbeuse.** (ou pleine). Lobes oblongs, obtus. Bractéoles laciniées.

7. **— de Marschall.** Lobes entiers, oblongs, relevés de fibres nombreuses. Bractéoles ovales-obtuses.

8. **— tubéreuse** (ou creuse). Lobes étroits. Bractéoles ovales, entières.

9. **— noble.** Lobes profondément divisés. Bractéoles à 3 lobes aigus.

§ 1. **Capnoïdes** (A. P. Decand.). — Tige non bulbeuse à sa base et rameuse à l'air. Éperon plus court que les lames. — *Corydalis.* § 3. *Capnoïdes.* A. P. Decand. syst. 2, p. 122 (1821), prodr. 1, p. 128 (1824). = Les espèces de cette section peuvent croître dans les lieux secs et éclairés.

1. **Corydalis glauque.** — *Corydalis glauca.* (Pursh.)

Plante annuelle, glaucescente. — **Tige** mince, élevée de 30 à 40 centim., mince, cylindroïde. — **Feuilles** deux fois penna-tilobées; lobes larges, obtus, courtement pétiolulés. — **Bractéoles** linéaires, aiguës, plus courtes que le pédicelle — **Fleurs** d'un rose pâle, jaunâtres au sommet de l'éperon, de la grandeur de celles de la *Corydalis jaune.* Eperon court et très-obtus. — **Sépals** lancéolés, acuminés, entiers. — **Capitels** min-ces, étroits, ressemblant à ceux de la *Chélidoine grande,* mais plus petits, striés, renflés de distance en distance par la saillie des graines ; bords carpellaires très-minces. — **Graines** pres-que lenticulaires, très-noires et luisantes, finement striées en travers, à lignes interrompues. = Plante introduite du Canada en 1683, cultivée à cause de son feuillage joli, des nombreuses ramifications de sa tige, de l'élégance et de la succession de ses fleurs. Fleurit en juillet et août. (V. S. comm. par M. Jacquin, en 1788 et de New-Yorck par M. Torrey 1828. de Boston amer. sept. M. Walk. Arnott. 1828).

Synon. — *Corydalis glauca.* Pursh, flor. bor. am. 2, p. 463 (1814). — *C. sempervirens.* Pers. ench. 2, p. 269 (1805); Willd. enum. 740 (1809). — *C. annua.* Hoffmansg. — *Capnoïdes sempervirens.* Borckb. dans Rœm. arch. 1, p. 2, p. 44. — *C. glauca.* Mœnch, meth. 52 (1794) — *Fumaria sempervirens.* Linn. spec. 984 (1764); Dumont. cours. bot. cult. éd. 2, vol. 4, p. 477 (1811). — *F. glauca.* Curt. bot. mag. t. 179. — Franç. *Corydalis du Canada.* — Allem. *Graue Corydalis.* — Angl. *Glaucous Corydalis.* (V. V. et S. C.)

2. **Corydalis jaune.** — *Corydalis lutea.* (Lamk. et Dec.)

Racines filiformes, allongées, un peu charnues, roussâtres. — **Tige** souterraine très-rameuse, à rameaux roux largement et inégalement sillonnés. — **Rameaux-aériens** anguleux, vert-pâles et teintés de rouge. — **Feuilles** glauques, surtout en-dessous, deux fois pennatilobées; lobes en coin, très-obtus au sommet et courtement mucronés. — **Fleurs** jaunes, horizontales. — **Fruits** oblongs, obtus, comprimés. = C'est la variété jaune que nous décrivons; nous ne connaissons pas celle à fleurs blanchâtres que Miller assure être une espèce différente. — Habite les vieux murs de quelques parties méridionales de la France, d'où elle a été introduite dans les rocailles humides des grottes de nos jardins qu'elle orne élégamment. Elle se ressème abondamment sur place, et on peut en transporter facilement de jeunes individus; ou bien on sème les graines à leur maturité, sur place ou en terrine, dans de la terre ordinaire ou dans celle qui a servi au dépotage. Elle supporte nos hivers sans aucun abri, et existe très-longtemps verte ou fleurie.

Synon. *Corydalis lutea.* Lamk. et Decand. flor. franç. 4, p. 638 (1805). — *C. capnoïdes.* Pers. ench. 2, p. 270 (1807). — *Fuma-*

ria lutea. Linn. mant. 258 ; Dum. cours. bot. cult. éd. 2, vol. 4, p. 477 (1811). — *F. capnoïdes,* etc. Mill. dict. n° 4, éd. franç. 1785, t. 3, p. 361 et 369. — *Capnoïdes lutea.* Gaertn. fruct. 2, p. 163, tabl. 115, fig. 3, fruit (1791). — *Pseudofumaria lutea.* Borckh. — *Neckeria lutea.* Scop. — *Borkhausenia lutea.* Flor. wett. 3, p. 19. — Allem. *Gelbe Corydalis.*

3. C. dorée. – C. aurea. (Willd.)

Plante annuelle ou bisanuelle, glaucescente. — **Tige** très-rameuse, étalée, striée. — **Feuilles** doublement pennatilobées ; lobes oblongs-linéaires, aigus, en coin à leur base. — **Grappes** serrées d'abord, de 8 à 12 fleurs jaunes, de la grandeur de celles de la *Corydalis jaune.* — **Bractéoles** lancéolées-linéaires aiguës, souvent denticulées, dépassent souvent le pédicelle. — **Sépals** circulaires, denticulés, membraneux. — **Pétals** à lame presque circulaire, brusquement acuminés. — **Capitel** linéaire, comprimé, presque arqué, 3 à 4 fois plus long que le pédicelle, rétréci entre chaque graine, de manière à imiter celui de l'*Ornithope nain* (Ornithopus perpusillus) — **Graines** lenticulaires, très-brillantes, paraissant parfaitement lisses. = Introduite de l'Amérique septentrionale en 1812, réussit très-bien dans les rochers humides. Fleurit en juin, juillet.

Synon. — *Corydalis aurea.* Willd. enum. 740 (1809) ; A. P. Dec. syst. 2, p. 125 prodr. 1, p. 128 (1824). — *Fumaria aurea.* Muhlenb. ; Edwards, bot. reg. t. 66*. – Allem. *Goldene Corydalis.* (V. V. C. et S. S. comm. de New-York. par M. Torrey, 1828).

§ 2. **Capnites** (A. P. Decand.). — Tige souterraine bulbeuse. Tige aérienne non rameuse. Eperon environ de la longueur des lames. — *Corydalis.* § 2. *Capnites.* A. P. Decand. syst. 2, p. 115 (1821), prodr. 1, p. 126 (1824). = Les espèces de cette section ont besoin d'un lieu ombragé et frais, comme plusieurs plantes de terre de bruyère. Les feuilles et la tige disparaissent peu de temps après la floraison ; mais aux premiers jours du printemps on voit reparaître leurs feuilles, qui naissent de la tige souterraine, et d'autres qui partent de la tige aérienne, dessous les grappes de fleurs. Si on veut les transplanter, il faut saisir le moment où elles se défeuillent. Elles se multiplient facilement de bulbes ou de graines. Les individus nés par le semis ne fleurissent que la deuxième ou troisième et même la quatrième année.

4. C. à longues fleurs. — *C. longiflora*. (Pers.)

Plante glauque. — **Racines** fibreuses. — **Tige** souterraine, portant plusieurs bases de feuilles rapprochées formant une bulbe arrondie, du volume d'une noisette, recouverte d'une pellicule brune. Tige aérienne 2 à 3, simples, de 21 à 30 cent. — **Feuilles** biternatilobées ; lobes ovales-oblongs. — **Fleurs** en grappe terminale , d'un pourpre pâle. — **Sépals**...... Eperon du *Pétal supérieur* conique, plus long que le reste de la fleur, plus marqué que dans les *Dauphinelles* (*Delphinium*). — **Stigmate** en cœur applati, entier. — **Graines**... .. = Cette espèce qui, abstraction faite des bulbes, ressemble un peu à la *Courydalis glauque*, a été anciennement envoyée de Pékin par le P. d'Incarville. Elle a reparu, en 1832, dans le jardin de Berlin, provenant des monts Altaï en Sibérie.

Synon. — *Corydalis longiflora*. Pers. ench. 3, p. 269 (1807) ; A. P. Decand. syst. 2 , p. 116 (1821) ; bot. mag. tab. 32, 30 (avril 1833) ; flor. serr. d'angl. 1, p. 40 tab. 10, fig. 4 (1833) ; Spreng. syst. 3, p. 160 (1826) ; Link et Ott. icon. pl. rar. 1, p. 3, tab. 2. — *Fumaria longiflora*. Willd. spec. 8, p. 860 (1800). — *F. Schrankini*. Pall. act. petrop. 2, p. 269, tab. 14 (1779). — *F. caudata*. Lamk. enc. bot. 2, p. 569 (1786). — Allem. *Langblütiger Corydalis*.

5. C. à bractées digitées — *C. bracteata*. (1) (Pers.)

Bulbe globuleuse, petite. — **Tige** dressée, simple, portant une feuille rudimentaire ovale à sa base. — **Feuilles** 2, naissant du milieu du rameau aérien, 2 fois trilobée ; lobes en coin, bord supérieur à dents profondes peu divergentes obtuses. — **Fleurs** jaunes. — **Bractéoles** palmées en coin, divisées en lobes oblongs, obtus et presque divergents. — **Sépals**...... **Pétals** supérieur et inférieur larges, échancrés. Eperon conique, aussi long que

---

(1) Cette dénomination ferait croire que toutes les autres espèces de ce genre manquent de bractées, mais toutes en sont munies, deux seulement les ont digitées, celle-ci et la *C. bulbeusa* (cette dernière dénomination n'est pas moins gênante, car toutes les espèces de cette section sont munies de bulbes.

les lames des pétals, obtus. — **Stigmate** applati, en forme de crête, terminé par 4 dents obtuses et presque égales et deux autres sur le bord inférieur. $=$ ♃ Plante de Sibérie, envoyée en 1832 ou 1833, à M. Comeron (direct. du jard. bot. de Birkingham).

Synon. — *Corydalis bracteata.* Pers. ench. 2, p. 269 (1807); A. P. Decand. prodr. 2, p. 221 (1821) prodr. 1, p. 128 (1824); bot. mag. tab. 3241 (1833); flor. serr. angl : 1, p. 66, tab. 16, fig. 2 (1833); Spreng. syst. 3, p. 160 (1826); Ledeb. flor. all. 3, p. 243. — *Fumaria bracteata.* Steph. dans Willd. spec. 3, p. 858* (1800). — *C. à bractées digitées.* Spach, suit. buff. pl. 117. — Allem. *Beblätterter Corydalis.*

6. C. bulbeuse. — *C. bulbosa.* (Lamk. et Decand.)

Bulbe pleine, sphérique, du volume d'une noisette. — **Tige** un peu anguleuse, munie inférieurement d'une feuille sans lobes, réduite à sa base dilatée. — **Feuilles** 3 fois ternées-lobées; lobes oblongs, obtus; pétiolules filiformes. — **Bractéoles** triangulaires en coin, fendues jusqu'à la moitié, environ de la longueur du pédicelle, qui est très-mince, à fibres divergentes, dont une se prolonge jusqu'au sommet de chaque lobe. Lobes linéaires, obtus. — **Fleurs** d'un rouge vineux. — **Sépals**....... — Eperon du **Pétal** supérieur obtus, plus long que le reste de la fleur. — **Capitel** oblong, de la longueur du pédicelle. — **Graines** lenticulaires-réniformes, très-noires et très-luisantes. $=$ Plante qui égaie souvent le pied de nos haies d'Europe au printemps. Elle est facile à reconnaître à ses bulbes sphériques et pleines, et à ses bractéoles triangulaires dont le bord supérieur est divisé et imite des doigts un peu écartés. Elle se cultive facilement dans des lieux ombragés et un peu humides, et se multiplie aussi par les bulbes et les graines.

Synon. — *Corydalis bulbosa.* Lamk. et Decand. flor. franç. 4, p. 637 (1805); A. P. Decand. syst. 2, p. 120 (1821), prodr. 1, p. 127 (1824). — *C. digitata.* Pers. ench. 2, p. 260 (1807). — *Fumaria bulbosa.* Mill. dict. éd. franç. 3, p. 361 et 364 (1785). — *F. minor.* Roth, flor. germ. 1, p. 300 (1788). — *F. solida.* Ehrh.

beitr. 6, p. 146 ; Smith, engl. bot. tab. 1471 ; Curt. bot. mag. tab. 231. — *Capnoïdes solida.* Mœnch, meth. 52 (1794) — Franç. *Corydalis pleine.* — Angl. *Bulbous Corydalis.*

7. C. de Marschall. — *C. Marschalliana.* (Pers.)

Bulbe globuleuse, du volume d'une grosse noisette. — **Tige** dressée, de 25 à 35 centimètres de longueur environ, cylindrique, nue inférieurement, portant 2 feuilles aériennes. — **Feuilles** deux fois trilobées, *lobes entiers, oblongs, obtus, à fibres* longitudinales *nombreuses, presque parallèles ;* lobes extérieurs rarement lobés. — **Grappe** terminale de 8 à 12 fleurs jaune-soufre, assez serrées. — **Bractéoles** ovales, obtuses, dépassant la longueur du pédicelle. — **Sépals.....** — Eperon du **Pétal** *supérieur* plus long que le reste de la fleur. — **Capitel** ovale, comprimé. — **Graines.....** = Plante vivace de la Crimée et du Caucase. Cette espèce ressemble beaucoup à la *C. bulbeuse,* dont elle se distingue par de grands lobes oblongs, entiers et à fibres parallèles très-nombreuses, et par sa haute stature.

Synon. — *Corydalis Marschalliana.* Pers. ench. 2, p. 269 (1807) ; A. P. Decand. syst. 2, p. 116 (1821), prodr. 1, p. 116 (1824) ; De Less icon. sel. 2, tab. 10 (1823), très-bonne. — *Fumaria Marschalliana.* Pall. nov. act. petrop. 10, p. 315 ; Willd. spec. 3, p, 860* (1800). — Angl. *Marschall Corydalis.* (V. S S. de Crimée, en 1629, par M. Godet.)

8. C. tubéreuse. — *C. tuberosa.* (Lamk. et Decand.)

Bulbe grosse, charnue, irrégulière, creuse et souvent remplie de terre. — **Tige** anguleuse, privée inférieurement d'un rudiment de feuille. — **Feuilles** deux à trois fois ternatilobées ; lobes obtus, presque entiers ou obtusément festonnés. — **Bractéoles** ovales, entières, plus longues que le pédicelle, à fibres un peu arquées. — **Sépals.....** — **Pétals** rouge-vineux, plus rarement blancs. Eperon arqué, de la longueur du reste de la fleur. — **Capitels** oblongs. — **Graines.....** = ♃ Se trouve au pied de quelques haies de l'Europe, où elle est moins fréquente que la précédente (*C. bulbeuse*) dont elle se distingue facilement par ses grosses bulbes souvent creuses, ses bractéoles entières, et les larges lobes obtus de ses feuilles. Même culture que la précédente. — On ne pourra confondre cette plante avec la *Corydalis fabacée* (*Corydalis fabacea*, Pers.), car cette dernière a les bulbes pleines et les bractéoles entières et obtuses, et elle est très-petite et n'offre aucune élégance. (V. S. V. et S.)

Synon. — *Corydalis tuberosa*. Lamk. et Decand. flor. franç. 4, p. 637 (1805); A. P. Decand. syst. 2, p. 117 (1821), prodr. 1, p. 127 (1824). — *Fumaria cava*. Mill. dict. jard. éd. franç. vol. 7, n° 7, p. 361 et 364 (1789); Retz, prodr. éd. 2, p. 860; Curt. bot. mag. tab. 282; Sturm, deutschl. flor. avec fig.; Schranck, flor. mon. 1, tab. 43; Schkuhr, hundb, tab. 194. — *F. bulbosa*. Scop. flor. carn. n° 864; Dum. Cours bot. cult. éd. 2, vol. 4, p. 478 (1811). — *Capnoïdes cava*. Mœnch, meth. 52 (1794). — *Corydalis bulbosa*. Pers. ench. 2, p. 69 (1807). — *C. cava*. Wahlenb. helv. p. 126. — Franç. *Corydalis creuse* — Allem. *Hohlwurzicher Corydalis*. — Angl. *Hollow rooded Corydalis*. (V. V. et S. S. C.)

9. C. noble. — *C. nobilis*. (Pers.)

Bulbe creuse en dessous, mais solide pendant la fleuraison (Ker.). — **Tige** aérienne dressée, anguleuse, de 35 à 45 centimètres. — **Feuilles** glaucescentes, 3 fois pennatilobées, les inférieures très-grandes, celles qui naissent de la tige aérienne, 3 à 4, deux fois pennatilobées, lobes en coin à la base, derniers lobes aigus. — **Grappes** terminales de 12 à 20 fleurs; fleurs presque tournées d'un seul côté. — **Bractéoles** inférieures à 3 lobes aigus et écartés; supérieures oblongues-linéaires, entières, aiguës, égalant à peu près le pédicelle. — **Fleurs** d'un blanc jaunâtre, à éperon large, très-obtus, presque aussi long que le reste de la fleur. — **Sépals** échancrés à leur base, acuminés au sommet, finement dentés. = Grande et fort belle espèce spontanée sur les monts Altaï en Sibérie, et introduite dans les jardins dès 1783.

Synon. — *Corydalis nobilis*. Pers. ench. 2, p. 269 (1817); Willd. enum. 739 (1809); A. P. Decand. syst. 2, p. 121 (1821), prodr. 1, p. 128 (1824). — *Fumaria nobilis*. Willd. spec. 3, p. 858 (1800); Jacq. hort. vind. tab. 116; Andr. bot. rep. tab. 614; Sims, bot.

mag. tab. 1953 ; Ker. bot. reg. tab. 395 ; Dum. cours. bot. cult. éd. 2, vol 4, p. 478 (1811). — *Capnoïdes nobilis*. Mœnch, meth. p. 52 (1794). — Allem. *Schœner Corydalis*. — Angl. *Noble flowe-red Corydalis*. (V.S.C.)

Genre 2. **Diclytre**. — **Diclytra**. (A. P. Decand.)

Plantes herbacées, chauves. — **Tige** succulente, anguleuse. — **Feuilles** profondément pennatilobées. — **Fleurs** en grappes composées. — **Sépals** 2 caducs. — **Pétals** 4, *semblables 2 à 2, les extérieurs prolongés en éperon* au-dessous de leur base. — **Etamines** 6 , *unies en deux faisceaux*. — **Stigmate**..... = Ce genre ne se distingue réellement des *Corydalis* qu'en ce que ceux-ci ont les pétals extérieurs dissemblables (semblables dans les *Diclytres*), et le supérieur seul plus ou moins éperonné (tous deux éperonnés dans le genre *Diclytre*). — Ces plantes sont cultivées dans les lieux secs ; elles se multiplient de graines, que l'on sème aussitôt après la récolte et par séparation des touffes. M. Jacques conseille la terre de bruyère pour les plus délicates (*manuel gén. plant*. 1, p. 67 (1845).

Synon. — *Diclytra*. A. P. Decand. syst. p. 107 (1821), prodr. 1, p. 109 (1824). — *Dielitra* et *Dicentra*. Borkh. — *Capnorchis*. Bœrh. lugd. 1, p. 391 — *Bicucullata*. March. non Ray. — *Diclytra* et *Capnorchis*. Bœckh, dans Rœm. arch. 2, p. 46. — *Cucullaria*. Rafin. dans Desv. journ. bot. 2. p. 169, non Schreb. — *Eucapnos*. Bernh. dans Linnæa, vol. 8, p. 468. Spach, suit. Buff. 3, p. 67 (1839).

Espèces du genre Diclytre (*Diclytra*).

1. Diclytre belle.
2. — remarquable.
3. — à fleur de Lachenalie.

1. **Diclytre belle**. — *Diclytra formosa*. (A. P. Decand.)

Plante vivace, lisse et chauve. — **Racines** filiformes, brunâtres, demi-transparentes, très-rameuses. — **Tige-souterraine** rameuse, roussâtre; rameaux courts, un peu anguleux, cachés sous terre. — **Feuilles** trois fois pennatifides; lobes oblongs, aigus, garnis d'une ou deux dents; pétiole très-long et triangulaire. — **Pédoncule** anguleux, verdâtre, très-long, dépassant les feuilles. — **Fleurs** roses, grandes, en grappe composée, pendante; grappes secondaires très-courtes. — **Bractéoles** linéaires très-aiguës, de la longueur du pédicelle renflé au sommet, et roses. — **Sépals** oblongs, un peu échancrés à leur base, plus longs que l'éperon des pétals extérieurs. Onglets très-larges; lames ovales, aiguës, étalées. == Le joli feuillage et les grandes fleurs roses de cette plante, ainsi que sa rusticité, la rendent précieuse dans nos jardins, sur nos grottes sèches et éclairées. Elle s'accommode de tous les terrains, excepté de ceux qui sont trop humides. Elle fructifie rarement, mais on peut la multiplier facilement après sa fleuraison en détachant des rameaux souterrains, courts, qui se sont marcottés. Elle nous est venue de l'Amérique septentrionale en 1796. Elle supporte presque toutes les expositions. — Malgré la ressemblance des *D. belle* et *magnifique,* il paraît que quelques observateurs trouvent des différences assez grandes, surtout dans les stigmates, pour les séparer. Des recherches comparatives sont encore à faire.

Synon. — *Diclytra formosa.* A. P. Decand. syst. 2, p. 109 (1821). — *Fumaria formosa.* Andr. bot. rep. t. 393; Sims, bot. mag. t. 1335; Dum. cours. bot. cult. ed. 2, vol. 7, p. 221* (1814), Poir. supp. encycl. 5, p. 684. — *Corydalis formosa.* Pursh, flor. bor. am. 2, p. 462 (1814). — *C. biaurita.* Horn. — *Eucapnos formosa.* Bernh. dans la Linnæa 8, p. 468; Spach, suit. Buff. 7, p. 68 (1839). (V. V. et S. C.)

2. D. remarquable. — *D. spectabilis*. (A. P. Decand.)

Plante très-élégante, de 30 à 50 centim. de haut. — **Tige** cylindrique, dressée. — **Feuilles** chauves, glauques, pétiolées, deux fois trilobées; terminées par trois lanières; lobes obovale en coin. — **Grappe** terminale de 7 à 8 fleurs d'un joli rouge, longues de 3 centimètres. — **Bractéoles** linéaires. — **Sépals**..... — **Pétals extérieurs** prolongés. — **Étamines** 6, unies en deux faisceaux près du sommet. — **Capitel** ..... == Plante vivace, spontanée aux confins de la Sibérie et de la Chine ; introduite dans nos cultures, selon M. Jacques, en 1810.

SYNON. — *Diclytra spectabilis*. A. P. Decand. syst. 2, p. 110* (1821), prodr. 1, p. 126 (1824). — *Fumaria spectabilis*. Linn. amœn. 7, p. 457, tab. 457, spec. 953 (1764). Lamk. encycl. bot. 2, p. 571 (1786). — *Corydalis spectabilis*. Pers. ench. 2, p. 269 (1807). — *Capnorchis spectabilis*. Borckh. selon Steudel.

3. **Diclytre à fl. de Lachenalie. — *Diclytra Lachenaliæflora*.** (A. P. Decand.)

Plante chauve. — **Tige** charnue, horizontale. — **Feuilles** inférieures longuement pétiolées, trois fois pennatilobées ; lobes serrés, linéaires. — **Pédoncule** naissant de dessous terre, sans porter de feuilles, ni bractées — **Fleurs** pourpres, peu nombreuses sur chaque grappe. — **Pédicelles** inférieurs penchés, les supérieurs dressés, filiformes. — **Bractéoles** petites, lancéolées, très-pointues, naissant du pédicelle. — **Sépals** presque en cœur, mais aigus. — **Pétals** longs de 18 à 20 millim., les intérieurs violets au sommet ; lames réfléchies. = Plante vivace de la Sibérie, transportée dans nos cultures en 1826. Voisine de la *D. à lobes étroits* (*D. tenuifolia.*)

SYNON. — *Diclytra Lachenaliæflora*. A. P. Decand. syst. 2, p. 111* (1821), prodr. 1, p. 126 (1824). — *Corydalis Lachenaliæflora*. Fisch. selon A. P. Decand. l. c. ; Rudolph. mém. petersb. 1, tab. 19.

Genre 3. **Adlumie. — Adlumia.** (A. P. DECAND.)

Plante herbacée, chauve, délicate, presque volubile. — **Pétioles** spiralés. — **Pétals** 4 *unis, fongueux, persistants,* présentant 2 bosses à leur base. — **Etamines** unies en deux faisceaux. — **Capitel** ovale-oblong, ouvrant, *restant enveloppé par les pétals persistants et se fanant sur place.*

Adlumie spiralée. — *Adlumia cirrhosa*. (Rafin.)

Tige faible, grimpante, cylindrique, rougeâtre et glaucescente. — **Feuilles** distantes, biternatilobées ou bipinnatilobées ;

lobes obovales, en coin à leur base, pétiolulés, fendus au sommet, à fibres nombreuses. Pétioles enroulés en spirales. — **Fleurs** en grappes composées. — **Sépals** membraneux, en cœur et acuminés. — **Pétals** unis, les deux extérieurs creusés en court éperon à leur base, tous se fanant sans tomber. — **Capitels** oblongs-linéaires, relevés de 5 fibres presque parallèles. — **Graines** lenticulaires, échancrées, très-lisses et très-luisantes, noires. $=$ Plante bisannuelle, spontanée dans les bois ombragés du Canada et de la Pensylvanie, propre à garnir les treillis et les tonnelles. Introduite dans nos cultures en 1778. Il faut la semer chaque année. Elle réussit très-bien dans les lieux humides et ombragés.

Synon. — *Adlumia cirrhosa*. Rafin. dans Desv. journ. bot. 1809, vol. 2, p. 169; A. P. Decand. syst. 2, p. 112 (1821), prodr. 1, p. 126 (1824); Spach, suit. Buff. 7, p. 68 (1839). — *Fumaria siliquosa americana*. Weinm. phyt. tab. 521, fig. *d.* — *F, fungosa*. Ait. hort. kew. ed. 1, vol. 1, ed. 2, v. 4, p. 239. Dum. cours bot. cult. éd. 2, v. 4, p. 475 (1811). — *Bicuculla fumarioïdes*. Borchk. dans Ræm. arch. 1, p. 2, p. 46. — *Capnoïdes scandens*. Mœnch, suppl. 215*. — *Fumaria recta*. Michx. flor. bor. amer. 2, p. 51 (1803). — *Corydalis fungosa*. Vent. choix, tab. 19, très-bonne. — *Fumaria fungosa*. Willd. spec. 3, p. 856 (1800). —Franç. *Adlumie spiralée, A. cirrhifère.* (V. S. S. communiquée par M. Nuttall, 1825, sous le nom de *Corydalis fungosa*. V. et S. C.)

Fam. 10. TAMARICACÉES. — TAMARICACEÆ (Lindl.) (1)

Flor. Jard., pl. IV.

Arbustes plus ou moins hauts, glaucescents.—Feuilles alternes, sessiles, très-petites, appliquées, un peu charnues à leur base, élargies, presque piquantes au sommet, relevées et creusées de petites saillies et d'excavations

(1) C'est à M. Desvaux que l'on doit l'établissement de cette famille, sous la dénomination de **Tamariscinées.**

visibles à la loupe et qui imitent des glandes vertes. — ·
Fleurs-carpanthérées régulières, complètes, très-petites
et disposées en épis cylindriques et serrés. — Sépals 4 à 5,
à peine unis par leur base, persistants, irrégulièrement
bord sur bord. — **Pétals** 5, libres, alternes avec les
sépals, irrégulièrement bord sur bord, se fanant sur
place. — Étamines en nombre quinaire ou quaternaire,
simple ou double. En nombre égal, elles sont alternes
avec les pétals et opposées aux sépals ; ou alternes et
opposées aux pétals et aux sépals, si elles sont en nombre double ; naissant d'un intermède ou bourrelet glanduleux, circulaire, non adhérent, portant entre les
étamines un certain nombre d'appendices filiformes,
qui probablement ne sont que des Etamines rudimentaires et privées d'anthères. Filets unis inférieurement
et formant un tube membraneux ; Anthères à 2 loges,
ouvrant longitudinalement en dedans et fixées au filet
par le milieu du dos. — Carpels ablamellaires, à peine
courbés, unis dans toute leur longueur en une pyramide à 3 ou rarement 4 faces, et terminée par un style
commun et 3 stigmates plus ou moins libres, ouvrant
aux dorsales par des valves triangulaires-oblongues qui
portent inférieurement vers leur milieu les graines. —
Graines nombreuses, ascendantes, *couronnées par une
aigrette* ; Albumen nul. — Embryon droit, de la même
forme que la graine ; Cotylédons oblongs, obtus, planes
en dedans, convexes en dehors ; Racine courte, conique, dirigée vers le hile.

Les Tamaricacées ont des rapports avec les Lythrariacées ; cependant elles s'en distinguent en ce que,
dans les premières, les pétals et les étamines naissent

Myricaire d'Allemagne.   *Tamaris à 4 étamines.*

d'un disque presque charnu qui n'adhère pas au tube des sépals, tandis que dans les Lythrariacées tout est adhérent et que les carpels sont collamellaires.

Synon. — *Tamaricacées*. Lindl. introd. éd. 2, p. 124. — *Tamarix*, genre de la famille des *Portulacées*, d'après A. L. de Juss. gen 313 ,1789'. — *Tamariscinées*. Desv. diss. dans ann. scienc. nat. 4, p. 344 (1825); Aug. St-Hil. mém. mus. 2, p. 205; A. P. Decand. prodr. 3, p. 95 (1828) ; Ehrenb. dans Linnæa 2, p. 241 ; ann. scienc. nat. 12, p. 68; P. B. Webb, obs. tam. gall. dans ann. scienc. nat. 16, p. 257 (1841); Endl. gen. p. 1038 (1840). — *Tamariscus*. Tournef. inst. 661 (1719). — *Tamarix*. Linn. gen. 375.

Explication de la planche IV.

TAMARICACÉES.

A. Tamarix à 4 étamines. — Tamarix tetrandra.

1. Rameau de fleurs de grandeur naturelle.
2. Fragment de rameau dont les feuilles sont grossies, entuilées et aiguës.
2*. Deux feuilles grossies, celle de droite vue par sa face interne.
3. Bouton naissant de l'aisselle d'une bractéole. — S. sépals. P. pétals.
4. Fleur grossie. — P. pétals. E. étamines. C. carpels. (Les sépals sont cachés par les pétals.)
4*. Coupe transversale d'une fleur grossie. — S. sépals bord sur bord (2 extér. 2 intér. alternes avec les premiers). P. régulièrement bord sur bord. E. étamines. C. carpels ablamellaires ouvrant aux dorsales.
5, 6, 7. Etamines. — 5. vues en dehors. 6. vues par leur face interne. 7. après l'émission du pollen.
8, 9. Carpels unis par leurs bords. Ce capitel a ses styles à peine visibles et ses stigmates libres, dont un (*fig.* 9) est isolé.
10. Capitel ouvert.
11. Deux demi-carpels restant unis lorsque le capitel s'ouvre, et formant une valve commune.
12. Graine surmontée de son aigrette sessile.

B. Myricaire d'Allemagne. — Myricaria germanica.

13. Rameau de feuilles oblongues-obtuses.
14. Graine à aigrette pédicellée.

Genre 1. **Tamarix**. — **Tamarix**. (LINN.)

Etamines 4 à 10, unies par leur base au moyen d'un disque glanduleux placé entre les Sépals et les Carpels. — **Stigmates** libres. — **Graines** couronnées par une aigrette sessile, à poils rayonnants naissant de leur sommet. $=$ Plantes ligneuses de la région méditerranéenne, des îles Canaries et de l'Inde orientale.

SYNON. — *Tamarix*. Desv. ann. scienc. nat. 4, p. 348 (1825). A. P. Decand. prodr. 3, p. 95 (1828) — *Tamarix* Linn. spec. p. 386 (1764) en excluant le *T. germanica*; Webb, obs. tam. dans ann. scienc. nat. sér. 2, vol. 16, p. 257[*] — *Tamarix* à étamines unies (des auteurs.) — *Tamariscus*. Tourn. inst. 1, p. 661 (1719) en excluant le *T. germanica*. — Franç. *Tamarix et Tamarisc*.

Espèces du genre TAMARIX.

§ 1. *Fleurs à 5 étamines et à 5 pétals.*

   1. Tamarix de France.
   2.   —   d'Angleterre.
   3.   —   d'Afrique.
   4.   —   élégant.

§ 2. *Fleur à 4 étamines et à 4 pétals.*

   5.   —   à quatre étamines.

§ 1. *Fleurs à 5 étamines et à 5 pétals.*

1. **Tamarix de France**. — *Tamarix gallica*.
(Linn. et Webb.) (1).

Arbre chauve, atteignant quelquefois 10 mètres de hauteur ; rameaux droits, longs, étalés ; à écorce lisse et pourprée , portant de nombreuses fleurs. — **Feuilles** lancéolées, élargies par leur base, aiguës, glaucescentes. — **Bractéoles** ovales lancéolées,

____

(1) Ce que nous présentons ici est un extrait et une traduction des recherches de **M. WEBB**.

ou lancéolées, élargies à leur base. — **Boutons** globuleux, courtement pédicellés ; pédicelles raides. — **Sépals** unis en cloche inférieurement, à lames étalées, aiguës, et membraneuses sur leurs bords. — **Pétals** ovales, cornés, obtus, concaves. — **Etamines** plus longues que les pétals, filets filiformes, roses, adhérents aux faces de l'intermède à dix angles. Anthères arrondies sans appendice au sommet. — **Capitel** pyramidal, arrondi à sa base, à angles aigus. — Aigrette des **Graines** presque plus courte que les doubles demi valves carpellaires. = Habite la côte méditerranéenne française.

Synon. — *Tamarix gallica*. Linn. spec. p. 385 (1764). Webb, obs. tam. ann. scienc. nat. sér. 2, vol. 16, p. 264 (1841). Sibth. et Smith, flor. græc. tab. 291. — *Myrica sylvestris*. Plin. livr. 24, chap 9, (éd. Valgris); — *Myrica sylvestris* I. Clus. rar. stirp. p. 40. *Tamariscus narbonensis*. Pona et Lob. advers. (édit. antwerp. p. 447, Lobel, 3 p. 218. — *T. canariensis*. Willd. act. ber. 1812 à 1813 (éd. de 1816) p. 77 ; A. P. Decand. prodr. 3, p. 96 (1828); Webb et Berth. phyt. can. sect. 1, p. 171, tab. 25. — *T. gallica arborea*, Sieb. exsicc. *T. senegalensis*. A. P. Decand. prodr. 3, p. 96. Guill. et Perrott. flor. seneg. vol. 1, p. 309 ; Brunner bot. ergebn. dans bot. Zeit. 1840 , p. 22. — *T. (gallica) narbonensis, nilotica, arborea*. Ehrenb. dans Linnæa 1827, p. 267 et suivantes. — *T. altera, folio tenuiore sive gallica* C. Bauh. pin. p. 485. (V. V. et S. G.)

2. T. d'Angleterre. — *T. anglica*. (Webb.)

Arbrisseau de 2 à 3 mètres ; rameaux presque dressés, épais, très-allongés ; écorce lisse, pourprée. — **Feuilles** lancéolées, vertes, très-chauves, aiguës, presque membraneuses sur les bords, rétrécies à leur base. — **Boutons** ovés, courtement pédicellés. — **Bractéoles** linéaires-lancéolées, aiguës, minces et sèches sur les bords. — **Pétals** blanchâtres, un peu rosés en dehors, ovales-lancéolés concaves, obtus, étalés lors de l'épanouissement, une fois plus longs que les pétals. — **Intermède** à 5 angles aigus prolongés en filets blanchâtres, tordus avant et après l'épanouissement ; Anthères ovées, pourpres, à dorsale à base écartée et saillante au sommet. — Capitel en forme de bouteille, à 3 angles, arrondi à sa base, blanc d'abord et rose après la fleuraison. — Aigrette de la **Graine** plus courte que les valves des carpels.

Synon. — *Tamarix anglica*. Webb, ann. scienc. nat. sér. 2, vol. 16, p. 265 * (1841). — *T. gallica*. Sym. syn. plant. brit. p. 77. Wither. arr. 1, p. 318 ; Smith, flor. brit. 1, p. 338 ; engl. bot. tab. 1818 ; engl. flor. 2, p. 111. Lamk. ill. tab. 213, fig. 1. Poir. enc. bot. 7, p. 520. Lamk. et Decand. flor. franç. 6, p. 399 (quant aux exemplaires d'occident et en excluant tous les autres.) — *T. gallica subtilis*. Ehrenb. dans Linnæa 1827 p. 267.

3. **T. d'Afrique**. — ***T. africana***. (Poir.)

Feuilles très-chauves, étalées, membraneuses sur les bords. — **Fleurs** grandes..... — **Intermède** à 5 angles. — **Etamines** faisant corps avec l'intermède. — **Anthères** obtuses. — **Capitel** court ovoïde à trois angles ; valves ovales-lancéolées. — Ecorce plus brune et fleurs plus grandes que dans le *T. de France*. = Plante spontanée au bord des torrents qui aboutissent à la Méditerranée.

Synon. — *Tamarix africana*. Poir. voy. 2, p. 189. Desf. flor. atl. 1, p. 269 ; A. P. Decand. prodr. 3, p. 96 (1826). — *T. gallica*. var. 3, Willd. spec. 1, p. 1498 (1797).

4. **T. élégant**. — ***T. elegans***. (Spach.)

Arbrisseau de 2 à 3 mètres, à écorce luisante, rougeâtre, chauve. — **Tige** droite, très-rameuse, rameaux effilés, inclinés. — **Feuilles** lancéolées entourant à moitié le rameau auquel elles sont en partie unies par leur base. — **Fleurs** disposées en épis courts, rapprochées, disposées sur 4 à 5 rangs. — **Bractéoles** triangulaires en alène, un peu plus longues que les pédicelles. — **Sépals** ovales, pointus, dressés. — **Pétals** oblongs, obtus, quelquefois échancrés, se recouvrant par leur bord et rose pâle, deux fois plus longs que les sépals, qui sont dépassés par les **Etamines**. — Anthères à peine pointues. — **Capitel** presque aussi long que les pétals ; (non observé à la maturité). = Cette jolie espèce, probablement originaire de l'Europe méridionale, est cultivée au jardin des plantes de Paris, elle fleurit en août et septembre (Spach).

Synon. — *Tamarix elegans*. Spach, suit. buff. 5, p. 481 * (1836)
T. indica. jard. de Paris selon Spach.

§ 2. Fleurs à 4 étamines et à 4 pétals.

5. T. à quatre étamines. — *T. tetrandra*. (Pall.)

Arbuste très-élégant de 4 à 5 mètres de hauteur, à rameaux minces, arqués et pendants, d'une teinte légèrement glauque. — **Feuilles** lancéolées, dilatées à leur base, étalées et aiguës au sommet, naissant toujours après les fleurs. — **Fleurs** roses, presque sessiles, disposées en épis cylindriques, minces, étalés, très-nombreux, fort élégants. — **Bractéoles** lancéolées, aiguës, membraneuses, plus longues que les sépals. Boutons presque sphériques, rose foncé. — **Sépals** oblongs, aigus, pourpres. — **Pétals** obovales, très-obtus, rose pâle à leur épanouissement, plus longs que les sépals. — **Étamines** 4, presque une fois plus longues que les pétals. Anthères pointues au sommet et rouge cerise. — **Capitel** conique, allongé, très-prolongé au-dessus des sépals. — Aigrette des **Graines** presque aussi longue que les valves. = Très-élégant arbuste de Crimée, introduit à Lyon depuis une dixaine d'années, par M. Nérard, horticulteur distingué. Il est couvert, dès les premiers jours de mai, de myriades de petites fleurs. Il est beaucoup plus rustique que le *T. de France*, et surtout bien plus élégant. Il se multiplie facilement de boutures faites au printemps.

Synon. — *Tamarix tetrandra*. Pall. ind. taur. selon Bieb. flor. taur. 1, p. 247 ; A. P. Decand. prodr. 3, p. 97 (1826) — *T. gallica*. Habl. ind. taur. 105, selon Decand. lieu cit. — *T. parviflora*. Hortul. non Decand. (V. V. et S. C.)

Genre 2. **Myricaire. — Myricaria.** (Desv.)

Étamines 10, unies en tube par leur base. — **Stigmates** en tête. — **Graines** naissant de la base des valves, terminées par un axe mince, filiforme, qui porte sur presque toute la longueur des poils disposés en plumet.

Synon. — *Myricaria*. Desv. ann. scienc. nat. 4, p. 348 (1825) (1).

(1) Voir la synonymie à l'espèce.

Myricaire d'Allemagne. — *Myricaria germanica*.

(Desv.)

Rameaux ascendants, d'un jaune olivâtre. — **Feuilles** oblongues, un peu épaisses, très-obtuses, ascendantes, d'un vert très-glauque. — **Sépals** lancéolés, aigus, un peu membraneux sur leurs bords. — **Pétals** oblongs-linéaires, obtus, rosés, dépassant les sépals. — **Stigmates** presque en tête, dépassant les pétals. = Plante spontanée sur les rives de nos grands fleuves, depuis leur naissance jusqu'à la mer. Réussit très-bien dans nos massifs en se détachant agréablement par la teinte glauque de ses feuilles extrêmement petites.

SYNON. — *Myricaria germanica*. Desv. lieu cit. A. P. Decand. prodr. 3, p. 97 (1828). — *Tamarix germanica*. Linn. spec. p. 387 (1764). Mill. dict. jard. éd. franç. 7, p. 262 et 263, icon. tab. 262, fig. 2. Schk. handb. tab. 35. — *Tamariscus germanica*. Lob. icon. 2, tab. 218. Tournef. inst. 1, p 661 (1719). Mœnch, mettr. p. 123 (1794). Lamk. flor. franç. 3, p. 74 (1793). — Franç. *Myricaire d'Allemagne*, *Tamarix* ou *Tamarisc à 10 étamines*.

FAM. 11. ESCHSCHOLTZIACÉES. — ESCHSCHOLTZIACEÆ. (SERING.)

Plante herbacée, succulente, glauque, chauve, à feuilles pennatifides. — **Fleurs** solitaires, terminales, à inflorescence définie. Boutons ovoïdes-oblongs, acuminés. — **Sépals** unis dans toute leur étendue et ne découvrant les autres parties de la fleur que par la scission transversale d'un cône foliacé en forme de capuchon, qui se déchire à la face interne de l'espèce de cloche brusquement évasée qui persiste seule pendant la maturation. — **Pétals** 4, opposés deux à deux, à la manière des PAPAVÉRACÉES, adhérents à la face interne du tube, et s'en désarticulant après la fleuraison, en n'entraînant qu'une très-petite portion de l'onglet. —

(1) Prononcez és-chol-tsi-a-cée.

Tom. 2.° pag. 107.

Flor. Jard. Pl. V

Eschscholtzie de Californie.

Étamines nombreuses, libres entre elles, adhérentes au tube des sépals et à peine aux pétals, avec lesquels elles tombent après la fructification. Anthères oblongues, ouvrant longitudinalement en dehors, plus longues que les filets et plus courtes que les pétals. — Capitel formé de 2 longs carpels ablamellaires unis, creusés de 10 stries séparées par autant de lignes saillantes, terminé au-dessous des stigmates en un corps oblong-conique. Stigmates 4, filiformes, inégaux. — Graines ovoïdes, ascendantes, réticulées, disposées sur 4 rangs (2 pour chaque carpel); Funicule mince; Embryon droit, enveloppé dans l'albumen. — Racine dirigée vers le hile. Les Cotylédons développés sont fourchus et longuement linéaires.

Explication de la planche V.

ESCHSCHOLTZIACÉES.

Eschscholtzie de Californie.

1. Rameau floral de grandeur naturelle.
2. Germination. — Cot. cotylédons de grandeur naturelle.
3. Bouton dont le cône, formé par la rupture transversale du tube des sépals. est soulevé par les pétals. Au sommet du pédicelle on voit la base persistante de ce tube *.
4, 5. Fleur dont la plus grande portion des sépals (en 5 S.) est soulevée; tandis que la fig. 4 P. représente les pétals au commencement de l'épanouissement.
6. Un pétal avec des étamines adhérentes.
7. Fleur grossie. — S. partie inférieure campanulée du tube des sépals. P. un pétal (tronqué). E. quelques étamines adhérentes, ainsi que les pétals, à la portion persistante du tube des sépals. C. carpels dont les carpes et les styles sont unis, tandis que les stigmates sont libres. (C").
8. Coupe transversale d'une fleur grossie. — S. sépals unis. P. pétals. E. étamines. C. carpels.
9. Une étamine grossie s'ouvrant, vue par sa face externe. Le filet va former la dorsale (connectif) à la partie inférieure de l'anthère.
10. Fruit de grandeur naturelle. S. base des sépals.
11. Coupe d'un fragment de fruit grossi, pour montrer la position ascendante des graines.
12. Une graine grossie, avec sa réticulation et la continuation du funicule dans le derme.
13. Coupe d'une graine grossie.

Genre **Eschscholtzie.** — **Eschscholtzia.** (1) (CHAM.)

Voir les caractères de la famille.

SYNON. — *Eschscholtzia*. Cham. dans le jard. de Berlin 73, tab. 15; A. P. Decand. prodr. 3, p. 344 (1828); Lindl. bot. reg. tab. 1168, 1677; Hook. bot. mag. tab. 2887 et 3493; Meisn. gen. 7. — *Chelidonium*? *multifidum*. Moç. icon. — *Chryseis*. Lindl. bot. reg. t. 1948.

Cette famille se distingue de toutes les autres par *l'union complète* des sépals. Ceux-ci ne laissent apparaître les autres organes floraux qu'au moyen de la rupture transversale et complète de la partie conique et caduque du tube. Sa portion inférieure, au contraire, campanulée et à bord très-évasé persiste; c'est là qu'adhèrent les pétals et les étamines, qui tombent en autant de faisceaux qu'il y a de pétals, sans qu'elles soient unies entre elles. Ce singulier genre ne peut rentrer dans aucune des familles bien établies. Cette petite famille a cependant quelques rapports, par ses feuilles, avec les FUMARIACÉES, avec les PAPAVÉRACÉES par le genre *Hypecoum*. On a rapporté aussi ce genre aux LOASACÉES, mais il en diffère certainement par l'absence d'adhérence de tous les organes floraux.

Les auteurs anglais me paraissent en avoir multiplié bien à tort les espèces, qui probablement constitueront à peine par la suite quelques bonnes variétés jardinières. Jusqu'à confirmation de l'une ou l'autre opinion, nous donnons ci-dessous les caractères que des auteurs anglais très-recommandables assignent pour leurs espèces, qui toutes sont originaires de la Californie.

---

(1) Genre consacré par de CHAMISSO à la mémoire de ESCHSCHOLTZ, botaniste suédois, qui avec MENZIES, accompagnait le capitaine VANCOUVERT pour déterminer les positions de la côte nord-ouest de l'Amérique. Ils trouvèrent cette plante pendant une relâche en Californie.

Espèces du genre ESCHSCHOLTZIE (*Eschscholtzia*).

1. Eschscholtzie de Californie.
2.   —   de Douglas.
3.   —   gazonnante.
4.   —   à lobes étroits.
5.   —   à feuilles d'Hypecoum.
6.   —   compacte.

Eschscholtzie de Californie. — *Eschsholtzia Californica*. (Cham.)

Plante annuelle, à tige anguleuse, presque striée, introduite en 1826, du port St-François, en Californie, par MENZIES et ESCHSCHOLTZ, et qui orne nos jardins pendant deux à trois mois, par la succession longtemps prolongée de nouvelles fleurs grandes, jaunes ou orangées. Son feuillage, très-glauque et divisé en lobes linéaires, a une odeur vireuse. Ses pétals étalés ressemblent, pour la forme, à ceux du *Pavot coquelicot*, ainsi qu'à ceux du *Glaucier Pavot-cornu* avec lequel ses fruits ont une ressemblance éloignée. Ses pétals sont comme rongés au sommet avant leur épanouissement. Cette plante, qui ne s'ouvre qu'à la vive lumière, produit un fort bel effet par l'éclat du jaune et de l'orangé qu'offrent ses grands pétals. Elle est annuelle, se resème naturellement, mais, comme les PAPAVÉRA-CÉES, les FUMARIACÉES et les CORYDALISACÉES, ne peut que difficilement se transplanter. Il faut, si l'on veut la transporter, la semer dans des vases, qu'on dépose ensuite en pleine terre. Elle n'exige que peu de soins ; elle préfère les sols un peu secs et sablonneux. Elle peut être utilement employée, soit en massif, soit pour former de larges et belles bordures.

Cette plante varie de la couleur jaune pâle à l'orangé foncé en passant par plusieurs nuances intermédiaires presque insensibles. D'après les Annal. de fl. et pom. 1836, p. 384, cette espèce donne souvent, à Paris, un grand nombre de fleurs doubles. Quoique cultivée depuis longtemps dans le jardin de Lyon, nous n'en avons pas encore aperçu.

SYNON. — *Eschscholtzia californica*. Cham. dans hor. phys. berol. 73, tab. 15, bonne. — *E. crocca*. Benth. trans. hort. soc. sér. 1, p. 407, bot. reg. tab. 1677 ; Sweet, flow. gard. sér. 2, vol. 3, tab. 299; flor. serr. angl, 2, p. 74, tab. 17, fig. 1 (1834) (variat. orangée); flor. serr. angl. 3, p. 94, tab. 24, fig. 3 (fleur très-grande et orangée), et 4, p. 66, tab. 66, fig. 3 (1836). — *Chryseis crocea*. Lindl. bot. reg. tab. 1948. (V. V. et S. C.)

2. E. de Douglas. — *E. Douglasii*. (Hook. et Arnott.)

Tige rameuse, feuillée. — Tube des **Sépals** obconique. — **Bouton** ovoïde, courtement et brusquement acuminé. — **Pétals** d'un jaune pâle, maculés d'orange à leur base.

Synon. — *Esch. Douglasii*. Hook. et Arn. bot. beech suppl. selon Walp. repert. 1, p. 116 (1842). — *Chryseis Douglasii*. Torr. et Gr. flor. nord. amér. 1, 63 et 664. — *C. californica*. Lindl. bot. reg. tab. 1168; bot. mag. t. 2887. Sweet, brit. flow. ser. 2, tab. 265. †

3. E. gazonnante. — *E. cæspitosa*. (Benth.)

Tiges courtes, feuillées à leur base. — **Feuilles** à lobes linéaires, dilatées en coin; pédicelles allongés, dressés; tube persistant des sépals tubuleux, à bord presque nul; bouton aminci au sommet, longuement acuminé.

Synon. — *E. cæspitosa*. Benth. trans. hort. soc. sér. 2, vol. 1, p. 408. — *Chryseis cæspitosa*. Lindl. mss. Torr. et Gr. flor. nord. amer. 1, p. 63. †

4. E. à lobes étroits. — *E. tenuifolia*. (Benth.)

Tiges courtes, feuillées à leur base; lobes linéaires en alène. — **Pédicelle** droit, allongé; partie persistante du tube des sépals tubulée, étroitement bordée; partie caduque acuminée, très-obtuse.

Synon. — *E. tenuifolia*. Benth. trans. hort. soc. sér. 2, vol. 1, p. 408. — *Chryseis tenuifolia*. Lindl. mss.; Torr. et Gr. flor. nord amer. 1, p. 64. †

5. E. à feuill. d'Hypécoum. — *E. hypecooides*. (Benth.)

Tiges allongées, rameuses, feuillées; lobes des **Feuilles** courtement linéaires, en coin. — **Pédicelle** tubuleux au sommet. — Partie persistante du **Tube** à peine bordée; partie caduque courtement acuminée.

Synon. — *Eschscholtzia hypecooïdes*. Benth. trans. hort. soc. sér. 2, p. 408. — *Chryseis hypecooïdes*. Lindl. mss. dans Torr. et Gr. flor. nord amér. 1, p. 63 et 664. †

6. **E. compacte.** — *E. compacta*. (Walp.)

Tige courte, basse, rameuse. — Lobes des **feuilles** linéaires-cunéiformes. Base persistante du tube en entonnoir, largement bordée.

Synon. — *Eschscholtzia compacta* Walp. repert. 1, p. 116 (1842). — *Chryseis compacta* Lindl. bot. reg. tab. 1948, flor. serr. angl. 5, p. 48, tab. 11, fig. 5 (1837) stigmates plus long que dans les autres modifications. †

FAM. 12. PASSIFLORACÉES. — PASSIFLORACEÆ. (Ser.)

Flor. jard., pl. VI et VII.

Plantes le plus souvent sarmenteuses et grimpantes. — Feuilles alternes, simples, souvent entières ou lobées; à fibres manifestement palmées quand elles sont lobées, mais plutôt pennées lorsque les feuilles sont lancéolées ou ovales et non lobées. Stipules libres ou à peine unies. Pétiole portant souvent des renflements glanduleux (pl. VI, VII, fig. 1). — Fleurs complètes, régulières, très-élégantes, solitaires (pl. VI, fig. 1) ou en grappes (pl. VII, fig. 1) naissant presque toujours de l'aisselle des feuilles-bractées; quelquefois *réduites à leur pédicelle* allongé, en vrille et se contournant ensuite en spirale qui *change parfois de direction* vers le milieu de sa longueur. — Bractéoles 3 (1), foliacées, disposées souvent en une spire si courte qu'elles semblent en anneau; rarement nulles ou très-distantes (Illustr.

---

(1) Les botanistes ont longtemps regardé ces bractéoles comme les sépals (ou calice), et ils disaient que les pétals étaient au nombre de dix. Cette idée doit être complètement abandonnée.

Flor. jard. Passifl. 1 (1845). — **Sépals** 5, ou rarement 4, unis inférieurement en tube court, campanulé (pl. VI, fig. 1) mais dont la base est rentrante ; lames planes ou à dorsale ailée, étalées et *terminées brusquement en une pointe cylindrique, conique, naissant au-dessous du sommet* ; verts en dessous, et pétaloïdes en dessus ; et enfin *se fanant sur place*. — **Pétals** 5, ou rarement 4, obtus, concaves en dessus, alternes avec les sépals, adhérents par environ leur tiers inférieur, au tube qu'ils concourent à former (pl. VI, VII, fig. 1, S). — **Filets** d'étamines incomplètes, disposés sur plusieurs rangs et diversement colorés ; adhérant plus ou moins longuement au tube commun (pl. VI, fig. 2 E. incomplète), ou bien rarement pétaloïdes, unis, et pliés en éventail. (pl. VII, fig. 2, 3, 4). — **Étamines** anthérées 5, devant les sépals (pl. VI, fig. 2, E.), formant inférieurement par leur union un tube mince, qui enveloppe étroitement tout l'axe de la fleur, sans y adhérer ; ce tube est prolongé au-dessus du tube des sépals. A ce point seulement les filets sont libres. La base de ce tube des étamines anthérées adhère à celui des sépals. La portion libre des filets aplatis est échancrée au sommet, puis brusquement prolongée en pointe aiguë, qui s'engage au milieu du dos de l'anthère (pl. VI, fig. 2, E.), ce qui la rend très-versatile. Anthères oblongues, obtuses aux deux extrémités, placées verticalement dans le bouton et alors la face où la déhiscence s'opère est tournée vers le centre, mais bientôt ces anthères se déjettent en dehors et prennent une position transversale (pl. VI, fig. 2, E. 3). — **Carpels** 3 (rarement plus) ablamellaires, peu courbés, unis par leur carpe (pl. VI, fig. 4, 5) en un capitel ovoïde, charnu, devenant souvent très-gros, s'ouvrant rarement, élevé au centre de la fleur par le prolongement de l'axe floral, et terminé par trois styles libres (pl. VI, fig. 2, C.), d'abord plus longs que lui, grossissant jusqu'à leur sommet, portant autant de gros stigmates charnus et déjetés horizontalement. De tout l'appareil central les carpels seuls prennent beaucoup de volume, tandis que les styles et stigmates fanés persistent sans s'être accrus. Parois des carpes souvent très-épaisses, ordinairement succulentes, plus rarement lacuneuses. — Graines (pl. VI, fig. 6, 7, 8, 9) lenticulaires, disposées longitudinalement en trois rangées distantes, mais nombreuses dans chacune d'elles, placées horizontalement ; à funicule étendu en une ample enveloppe infiltrée de suc, et dans laquelle elle est souvent complètement plongée. Derme portant ordinairement de nombreuses dépressions , visibles lorsque l'arille (funicule épanoui) est desséchée (pl. VI, fig. 8). Le funicule fait le demi tour de la graine et traverse alors les 2 autres membranes du derme pour porter la nourriture à l'embryon. Albumen presque corné, renfermant dans son centre un albumen droit, (pl. VI, fig. 9) très-distinct, et dont la racine est au hile (et non dirigée vers le sommet de la graine).

Les PASSIFLORACÉES forment actuellement une famille très-distincte de toutes celles dont on les a rapprochées. On leur avait trouvé des affinités avec les CUCURBITACÉES, les AMPÉLOPSISACÉES, les MÉNISPERMACÉES, sans doute à cause de leurs tiges sarmenteuses, car elles n'en présentent aucune quant à l'organisation de la fleur. Parmi beaucoup d'autres caractères , celui de l'axe

floral prolongé entre les étamines réduites à leur filet, et
celles qui sont anthérées et qui engaînent l'axe portant
le capitel ablamellaire, suffirait pour distinguer cette
famille, d'une organisation vraiment spéciale (1). Tournefort rangeait les Grenadilles dans ses Rosacées à pétals libres, Linné dans sa Gynandrie, classe à laquelle
elles ne pouvaient appartenir, car les étamines n'adhèrent point aux carpels. Cavanilles les a placées avec
justesse dans la *monadelphie* Linn., car les 5 étamines
bien conformées sont réellement unies entre elles par
leurs filets, sans adhérer à l'axe de la fleur.

Les passifloracées se multiplient assez facilement
par marcottes, par boutures en plein air, ou mieux,
étouffées; ou bien par les graines, quand nous pouvons
faire mûrir leurs fruits. La meilleure manière de leur
faire prendre un grand accroissement, dit Miller (dict.
jard. éd. franç. de 1785, Paris, vol. 5, p. 463), est d'é-
lever une bordure de terreau au dos de la couche de
tan, que l'on sépare par des planches huilées ou gou-
dronnées, afin d'empêcher les mélanges. Lorsque les
boutures et les plantons sont assez forts, on les place
dans cette bordure, près de laquelle il faut élever un
treillage, jusqu'au haut de la serre pour les y palisser.
Elles fleurissent de cette manière, et souvent aussi
elles y fructifient.

Synon. — Genres voisins des *Cucurbitacées* A. L. de
Juss. gen. p. 397 (1789); Vent. tabl. règ. vég. 3 p. 519
(1799) en exceptant le genre *Carica*. — *Passiflorœ*.

---

(1) Les limites que nous nous sommes imposées dans cette *Flore* ne nous per-
mettent pas d'entrer dans d'autres développements, mais on pourra consulter
l'*Illustration de la Flore des jardins*, dans laquelle se trouvent beaucoup de détails.

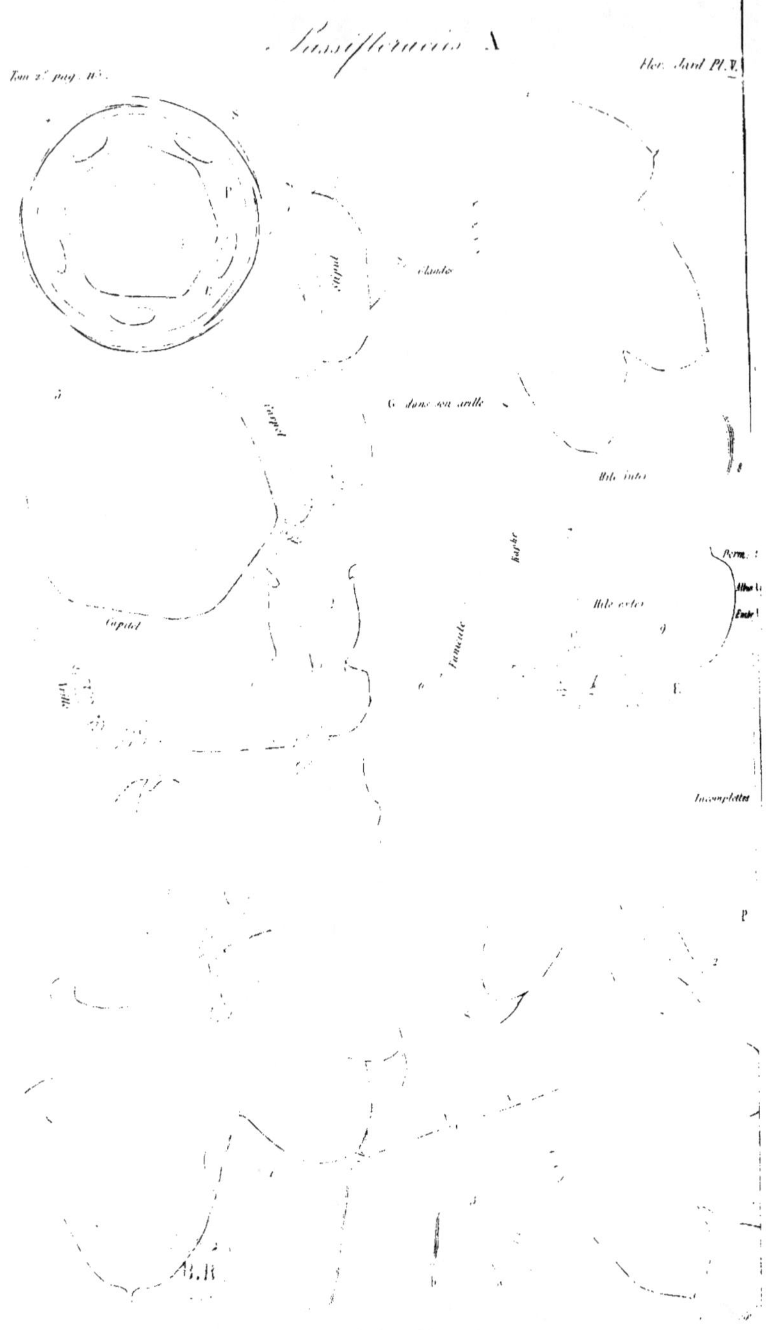
Passifloracées.
Tom. 2.e pag. 115.
Flor. Jard. Pl. V.
Grenadille blanche.

A. L. de Juss. ann. mus. 6, p. 102 ; dict. scienc. nat.
38 p. 48 ; aug. St-Hil. mém. mus. 5, p. 304 et 9,
p. 190 ; A. P. Decand. prodr. 3, p. 321 (1826) en excluant la 3e tribu ; Bartl. ord. 270 (1830) ; Meisn. gen.
124 ; Endl. gen. 924 (1839). — *Granadilla et Murucuia.* Tournef. inst. p. 241, tab. 123 à 125 (1719). —
Passifloracées Sering. tableau du cours de bot. (1842) ;
Sering. ill. flor. jard. passifl. 1, pl. 1 (1845).

Explication de la planche VI.

PASSIFLORACÉES.

Grenadille blanche. — Granadilla alba.

1. Fragment de rameau fleuri, de grandeur naturelle.

2. Fleur de grandeur naturelle, complètement épanouie. — S. sépals. P. pétals.
E. incomplète : Etamine déformée ou incomplète. E. étamines normales.
C. carpels unis par leur carpe, mais à styles et stigmates libres.

3. *a.* Etamine vue par sa face externe, où s'engage le filet. *b.* la même, vue par
sa face interne, où elle s'ouvre.

4. Coupe transversale d'une fleur grossie, pour montrer les positions relatives
des parties qui la forment. — S. sépals. P. pétals. E. étamines munies d'anthères. C. carpels ablamellaires, formant un capitel à une seule loge (les
filets sans anthères ont été supprimés).

5. Capitel moins grand que nature, formé de 3 carpels ablamellaires. L'exocarpe
et le mésocarpe sont continus, fortement collés l'un à l'autre, mais l'endocarpe est séparé du mésocarpe par de grandes cellules vides et presque sèches
(dans cette espèce).

6. Graine grossie, enfermée dans son arille, qui est repliée moitié dans moitié.

7. La même, privée en avant de son arille, pour montrer le funicule qui soulève
à gauche l'exocarpe jusqu'au sommet, et traverse ensuite le mésocarpe et
l'endocarpe.

8. Graine grossie, présentant les enfoncements de son derme (visibles seulement
à l'état sec).

9. Graine grossie, coupée en long (parallèlement à ses faces), pour montrer
l'embryon droit entouré d'albumen.

Explication de la planche VII.

Lortétie veloutée. --- Lortetia holosericea.

1. Rameau de grandeur naturelle, portant aux aisselles de ses feuilles des petites grappes de fleurs et des vrilles.
2. Fleur coupée en long, pour montrer la position de ses parties constituantes (les sépals et les pétals ont été supprimés) ; le rang le plus extérieur d'étamines déformées (E o), unies et pliées en éventail (et grossi dans la fig. 4), est encore ascendant. Plus en dedans, entre ces filets stériles et le bourrelet circulaire (E o**), sont encore des étamines dont la forme se rapproche de celle de beaucoup d'autres de ces organes. Plus en dedans encore sont d'autres filets unis et méconnaissables (E o **) ; enfin au centre est la prolongation du pédicelle, les étamines dans leur état normal et leur position primitive ; puis entre elles se voient les 3 styles, surmontés de leurs gros stigmates C'''.
3. La même fleur, plus avancée et représentée au moment de son épanouissement parfait. — S. sépals. P. pétals. Eo. première rangée d'étamines unies. Eo*. deuxième rangée imparfaitement développées. Encore plus intérieurement, une autre rangée très-déformée et où les étamines sont courbées en dedans et unies (Eo**). E. étamines normales. C. carpels unis en bas, mais à style et stigmates libres. Au bas du pédicelle, et même sur le pédicelle, sont quelques bractées linéaires.
4. Rang plus intérieur d'étamines déformées (grossies), laminées, unies en éventail.
5. Etamines imparfaites, dans divers états de déformation : les 5 de droite appartenant au rang extérieur ; les 3 autres sont du deuxième rang.

TABLEAU DES GENRES APPARTENANT AUX *PASSIFLORACÉES*.

Pétals | libres. . .
1. **Grenadille.** Toutes les rangées de filets-inanthérés filiformes et libres.
2. **Distemme.** Une rangée de filets-inanthérés libres, et une deuxième dont les filets sont unis en tube.
3. **Dysosmie.** Bractéoles étroitement bi ou tripennatilobées, et garnies de glandes en massue.
4. **Lortétie.** Filets-inanthérés sur 3 rangs, les extérieurs en massues comprimées, ceux du 2e en forme de petites étamines capitées, et ceux du 3e unis.
5. **Murucuïe.** Une seule rangée de filets-inanthérés applatis et unis en tube.

unis en un long tube.
6. **Tacsonie.** Bractéoles unies en tube.
7. **Psilanthe.** Bractéoles nulles.

Sassafrarias B

Lortelie veloutée

Genre 1. **Grenadille** (1).—**Granadilla** (2). (Tourn.)

Flor. jard. pl. VI.

Feuilles entières ou lobées. — **Pétiole** portant souvent des protubérances glanduleuses, et accompagné de stipules à sa base. — **Fleurs** solitaires aux aisselles des feuilles-bractées, accompagnées le plus souvent d'une vrille. — **Bractéoles** 3, entières ou dentées, mais non profondément divisées en lanières étroites, disposées en spire courte sur le pédicelle et paraissant verticillées. — **Sépals** 5, unis par leur base en un tube au moins deux fois plus court que les lames ou parties libres. — **Pétals** 5, alternes avec les sépals et adhérents au tube commun par leur base. — **Filets stériles** également adhérents au tube des sépals et décroissant en longueur de la circonférence au centre, mais ne rappelant nullement la forme des filets terminés par des anthères bien conformées. — **Capitel** plus ou moins charnu ou utriculeux et parfois sec à la maturité. — **Graines** lenticulaires-ovales, présentant souvent des fossettes nombreuses.

Synon. — *Granadilla.* Tournef. inst. tab. 123 et 124 (1719);

(1) Prononcez *gre-na di-le*.

(2) Le nom de **Passiflora** restera à la majorité du groupe auquel Borr (Ann. gen. 2, p. 138) a donné ce nom. Ce genre aura alors pour synonyme la sect. V des *Decaloba* (A. P. Decand.). Ses caractères seront : *Sépals* 5; *Pétals* 5; *Bractéoles nulles ou très-petites ; Pédicelle solitaire, accompagné d'une vrille simple.* Ces caractères sont insuffisants, mais il s'en trouvera d'autres lorsque le travail sur cette famille sera plus complet. Les espèces qui s'y rapportent ne sont pas encore introduites dans nos jardins. La famille des Passifloracées, qui primitivement a été constituée par les genres **Passiflora** et **Murucuïa**, de Tournefort, s'est tellement augmentée que les botanistes se sont vus dans la nécessité d'en augmenter les genres. Nous en avons ajouté 3 aux 5 déjà établis et le nombre n'en est pas encore suffisant. Il est probable que les espèces de l'ancien genre **Passiflora**, qui n'ont point de pétals, devront en constituer encore un ; mais on se verra forcé d'en établir encore d'autres. Nous nous en occuperons par la suite, dans l'*Illustration de la Flore des jardins*.

Medic. 1; Sering. illustr. flor. jard. passifl. 1, avec fig. (1845).
— *Passiflora sect. VI Granadilla.* A. P. Decand. prodr. 3,
p. 327 (1828) quelques espèces du genre *Passiflora* Linn. —
Anthactinia. Bory, ann. gen. 2, p. 138.

Espèces du genre GRENADILLE (Granadilla).

§ 1. *Feuilles non lobées, ni den-*
tées ; fibres pennées.

1. Grenadille ailée.
2.   —   quadrangulaire.
3.   —   écarlate.
4.   —   de l'île Maurice.
5.   —   à feuilles de laurier.
6.   —   pommiforme.
7.   —   Laurier-tin.
8.   —   à long pédicelle.

§ 2. *Feuilles non lobées, mais*
dentées ; fibres pennées.

9.   —   dentée.
10.   —   à feuill. de Guazuma.

§ 3. *Feuilles non lobées, ni den-*
tées ; fibres palmées.

11.   —   ligulaire.
12.   —   blanchâtre.

§ 4. *Feuilles lobées ; fibres pal-*
mées.

13. Grenadille à grappe.
14.   —   couleur de sang.
15.   —   bleue-à-grappe.
16.   —   ailée-bleue.
17.   —   incarnat.
18.   —   comestible.
19.   —   blanche.
20.   —   à grandes stipules.
21.   —   filamenteuse.
22.   —   palmée.
23.   —   bleue.
24.   —   de Neumann.
25.   —   pourpre.
26.   —   émaillée.
27.   —   de Loudon.

§ 1. Feuilles non lobées, ni dentées ; fibres pennées.

1. Grenadille ailée. — *Granadilla alata*. (Sering.)

Grande plante sarmenteuse, entièrement chauve et lisse. —
Tige à 4 angles et ailée. — **Feuilles** ovales acuminées, grandes,
garnies d'un rebord presque cartilagineux et rarement de
quelques dents peu marquées ; réticulation à mailles larges et
très-irrégulières. Pétiole muni de quelques *glandes courtes,*
grosses et obtuses presque globuleuses. *Stipules petites, en fer de*
faulx. — **Bractéoles** lancéolées, à peine dentées, courtes, étalées, bord sur bord, et n'atteignant pas la base du tube. —
Pédicelle moitié plus court que la fleur. — **Fleurs** très-grandes, odorantes, très-élégantes et nombreuses. — **Sépals** verts

en dessous, rouges en dessus, ainsi que les pétals, qui sont aussi très-épais. — **Filets inanthérés** *ascendants, parallèles*, très-rapprochés les uns des autres et largement rayés en travers de blanc et de violet, *infléchis au sommet* de manière à présenter une forme ovoïde, et comme tronquée. — **Fruit** ovoïde, jaunâtre, de la grosseur d'un œuf d'oie ; stigmate hémisphérique et blanchâtre. — **Graines** ovoïdes, creusées de petites fossettes ; et bordées de chaque côté d'une aile qui n'occupe qu'une partie du bord. == Cette belle plante, spontanée dans les Indes-occidentales, a été transportée en Europe en 1772. Elle orne admirablement la plupart de nos serres : sa fleuraison est très-prolongée. Traitée convenablement, elle produit des fruits mangeables dans les jardins d'Angleterre, mais pour cela il ne faut pas laisser exister un grand nombre de fleurs et féconder artificiellement les stigmates avec le pollen de la plante elle-même.

Synon. — *Granadilla alata.* Sering. illustr. flor. jard. passifl. 1, avec fig. (1845). — *Passiflora alata.* Ait. hort. kew. 3, p. 306 ; bot. mag. tab. 66 ; Willd. spec. 3, p. 609 (1800) ; A. P. Decand. prodr. 3, p. 328 (1826) ; Lois. Deslong. herb. amat. 1, pl. 60 (1716), bien médiocre. Redout. choix bell. plant. pl. 92 (1829) bonne ; Spach, suit. buff. 6, p. 270 et fig. — *P. brasiliana* de quelques jardins. — Franç. *Grenadille ailée, Passiflore ailée.* — Allem. *Geflügelte Passions Blume.* — Angl. *Wing stalked Passion flower.* (V. V. et S. C.)

2. G. quadrangulaire. — *G. quadrangularis.* (Sering.)

Tige à 4 angles, — **Feuilles** plus grandes que celles de la *G. ailée*, ovales, entières, *non échancrées à leur base.* Réticulation.... Pétiole portant 3, 4 ou 6 glandes *oblongues-cylindriques ; stipules ovales lancéolées.* — **Bractées** en cœur, entières, grandes, bord sur bord, *enveloppant la moitié du tube des sépals.* Pédicelle un peu plus court que la fleur. — **Fleurs** beaucoup plus grandes que celles de la *P. ailée*, très odorantes, pourpres. — **Étamine** **inanthérées** *aussi longues que les sépals et les pétals et étalés* comme eux, panachées de blanc. de pourpre et de violet. — **Capitel** gros comme un œuf d'oie, ovoïde, jaunâtre, odorant, d'une saveur sucrée acidule. = Cette belle espèce, introduite en Europe en 1768, est spontanée aux Antilles et dans l'Améri-que méridionale où elle croît très-rapidement et atteint dans peu le sommet des grands arbres. Les habitants en mangent les fruits. Mieux étudiée, elle présentera probablement quelques autres caractères qui la distingueront nettement de la *G. ailée*; pour le moment les filets inanthérés étalés et très-longs (comme les représentent les figures citées) au lieu d'être ascendants et convergents, et la forme cylindrique des glandes suffisent pour les distinguer. Des recherches plus attentives établiront proba-blement d'autres différences.

SYNON. — *Granadilla quadrangularis.* Sering. herb. (1845). — *Passiflora quadrangularis.* Linn. spec. 1356 (1764); A. P. Decand. prodr. 3, p, 328 (1838); bot. reg. tab. 14 ; bot. mag. tab. 2041 ; Jacq. amer. tab. 143 ; Spach, suit. buff. 6, p. 469 (1838); Cav. diss. 10, tab. 283 ; Tussac, flor. ant. vol. 4, tab. 10 et 11. — Franç. *Grenadille* ou *Passiflore quadrangulaire.* — Angl. *Square stalked passion flower.*

3. **G. écarlate**. — *G. phœnicea*. (Sering.)

Feuilles ovales, entières, grandes ; pétiole garni de quelques *glandes en forme d'aiguillons ; stipules linéaires.* — **Bractéoles** en cœur, dentées, grandes, bord sur bord, et enveloppant la moitié du bouton. — **Pédicelle** de la longueur de la fleur. — **Vrilles** grosses et à tours larges. — **Sépals** obtus, concaves, courtement mucronés au-dessous du sommet, vert en-dessous. — **Pétals** oblongs, concaves, obtus, sensiblement plus longs que les sépals, d'un rouge très-vif ainsi que la face supérieure des sépals. — **Filets inanthérées** parallèles, rapprochés et formant un cylin-dre, atteignant presque la longueur des pétals, rayés en travers de blanc et de rose, mais violet foncé dans leur moitié supé-rieure. = Cette plante a quelques rapports avec la *G. ailée* par la couleur et la forme de sa fleur, mais les filets inanthérés, au lieu d'être un peu arqués et disposés dans leur ensemble en forme d'œuf, forment un cylindre assez allongé. Ses stipules linéaires et ses grandes bractéoles distinguent aussi très-bien les deux espèces. = Plante de l'Amérique du sud, qui a fleuri en

1832 dans les serres de la comtesse de BRIDGEWATER. — Se multiplie de bouture.

SYNON. — *Granadilla phœnicea*. Sering. mss. — *Passiflora phœnicea*. bot. reg. tab. 1603 (1833); flor. serr. angl. 1, p. 96, pl. 23, fig. 2 (1833).

4. G. de l'île Maurice. — *G. mauritiana*. (Sering.)

Rameaux quadrangulaires, à peine ailés. — **Feuilles** ovales, acuminées, irrégulièrement dentées, à réticulation allongée ; pétiole court, muni de deux à trois grosses glandes courtes (comme dans la *G. ailée*). — **Fleurs** solitaires, un peu moins grandes, mais de même forme que celles de la *Gr. ailée*, portées sur un pédicelle assez court et muni vers le milieu de sa longueur de 3 bractéoles ovales ou oblongues, peu dentées, qui cachent la base du bouton. — **Sépals** courts, voûtés et mucronés au-dessous du sommet. — **Pétals** ovales plus longs que les sépals, et étalés. — **Étamines inanthérées** rapprochées, un peu arquées, et présentant dans leur ensemble la forme d'un œuf, dépassant à peine les pétals et marquées de quelques larges bandes diversement colorées transversalement, et à filet plus court que l'anthère. — **Capitel** de la grosseur et de la forme du citron. — **Graines** presque carrées, applaties, très-grosses, à funicule très-renflé et bordées d'un bourrelet. = Belle espèce de l'Ile Maurice.

SYNON. — *Granadilla mauritiana*. Sering. mss. — *Passiflora mauritiana*. Dupet.-Thou. ann. mus. 6, tab. 65 ; A. P. Decand. prodr. 3, p. 328 (1828). — Franç. *Grenadille* ou *Passiflore de l'Ile Maurice*.

5. G. à feuilles de laurier. — *G. laurifolia*. (Médic.)

Rameaux cylindriques, verts, luisants. — **Feuilles** ovales-oblongues, entières, pointues, de 5 à 8 centim. de longueur, d'un vert foncé en dessus, pâles en dessous et peu fibrées. Pétiole court, portant deux protubérances glanduleuses près de son sommet. Stipules *linéaires, de la longueur du pétiole*. — **Fleurs** moins grandes que celles de la *G. ailée* mais fort belles, mêlées de blanc, de pourpre et de violet, d'une odeur agréable.

— **Bractéoles** ovales, concaves, vertes, dentées-glanduleuses au sommet, presque aussi grandes que la fleur. Vrilles grosses, enroulées en cône. — **Étamines inanthérées** rapprochées, ascendantes, rayées en travers de bandes violettes. — **Pétals** blancs, moins longs que les sépals, tachetés de raies blanches et pourpres. — **Capitel** de la grosseur d'un œuf de poule, assez semblable à un citron, jaune à sa maturité, d'une odeur agréable, renfermant une pulpe excellente, légèrement acide. — **Graines** en cœur et brunes. $=$ Cette utile espèce est spontanée à la·Martinique, à Surinam, à Cayenne, d'où elle a été transportée dans les jardins de l'Europe en 1690. On emploie ses fruits dans leur pays natal contre les fièvres, comme rafraîchissants.

Synon. — *Granadilla laurifolia*. Medic. — *Passiflora laurifolia*. Linn. amœn. 1, p. 220, tab. 10, fig. 6 ; Lamk. enc. bot. 3, p. 35* (1789) ; Mill. dict. jard. éd. franç. de 1785, vol. 51, p. 449 n° 16 et p. 460* ; Spach, suit. buff 6, p. 270 * (1838) ; bot. reg. tab. 13, A. P. Decand. prodr. 3, p. 328 (1828) ; *P. arborea laurinis foliis americana*. Plukn. alm. 282, tab. 211, fig. 30 ; Descourt. tab. 56 ; Mérian, surin. 21, tab. 21. — Franç. *Grenadille à feuilles de laurier*. Les habitants de la Martinique la nomment *Pomme de Liané*. — Angl. *Laurel-leaved Passion flower*.

6. **G. pommiforme. — *G. maliformis*.** (Sering.)

Rameaux *triangulaires*. — **Feuilles** entières, lancéolées, échancrées à leur base, pointues, de 16 à 18 centim. de long. Pétiole de moyenne longueur, muni de deux à quatre glandes arrondies. Stipules lancéolées, linéaires, minces et fibreuses. — **Bractéoles** ovales, pointues, entières, rougeâtres et relevées de fibres plus foncées, enveloppant la fleur et même le fruit. — **Vrilles** minces. — **Fleurs** verdâtres, assez longuement pédicellées ; pédicelles portant 2 glandes vers le milieu de leur longueur. — **Sépals** et **Pétals** oblongs, de longueur égale, *réfléchis après la fleuraison*, ponctués. — **Étamines inanthérées** rayées en travers de pourpre, de blanc et de violet ; *rang extérieur très-court et réfléchi sur les pétals, les autres ascendants, un peu étalés*, plus longs que les styles. — **Capitel** sphérique, déprimé au sommet, presque de la grosseur d'une pomme, jaune à sa maturité, à parois très-dures, renfermant une pulpe agréable. = Cette plante croît dans les iles St-Domingue et de la Tortue. Les habitants en servent les fruits sur leurs tables, et font des tabatières avec leur écorce séchée.

SYNON. *Granadilla maliformis.* Sering. mss. — *Passiflora maliformis.* Linn. amœn. 1, p. 220, tab 10, fig. 5. Mill. dict. jard. éd. franç. de 1785, 5, p. 449 et 460 n° 15 *; bot. reg. tab. 94 ; A. P. Decand. prodr. 3, p. 327 (1828); Plum. amer. tab. 82. — Franç. *Grenadille pommifère.* Les Américains la nomment *Grenadille.*

7. G. laurier-tin. — *G. tinifolia.* (Sering.)

Rameaux cylindriques, chauves, ainsi que toute la plante. — **Feuilles** ovales, coriaces, longues d'environ 18 centim., entières ; fibres saillantes en-dessous et réticulées. — **Pétiole** très-court, épais, portant 2 glandes sessiles vers son milieu ; **Stipules** *très-étroites, spatulées, plus longues que le pétiole.* — **Vrilles** courtes, à tours lâches et disposés en cône. — **Fleurs** de 8 à 9 centim. de diamètre. — **Bractéoles** ovales, obtuses, cachant le tube des sépals. — **Sépals** oblongs, presque obtus, portant un très-petit appendice en forme de corne au-dessous du sommet. — **Pétals** aussi longs que les sépals, et obtus. — **Étamines inanthérées** assez grosses, presque aussi longues que les sépals, et étalées comme eux. — **Capitel** du volume et de la couleur de l'abricot. — Plante spontanée à Cayenne, d'où elle a été rapportée par L. C. RICHARD. Cette espèce ne peut se confondre avec la *G. laurier-tin* dont les feuilles sont en cœur, et les stipules tronquées obliquement. Dans la *G. pommiforme* les feuilles sont plus grandes et plus aiguës, les 2 glandes plus fortes, les stipules lancéolées et un peu élargies.

SYNON. — *Granadilla tinifolia.* Sering. mss. — *Passiflora tinifolia.* A. L. de Juss. ann. mus, 6, p. 113 pl. 41, fig. 1 (1805) ; A. P. Decand. prodr. 3, p. 328 (1828). — Franç. *Grenadille à feuille de Laurier-tin.*

8. **G. à long pédicelle.** — *G. longipes*. (Sering.)

Plante chauve. — **Rameaux** cylindriques. — **Feuilles** ovale-lancéolées, fermes, entières, pointues, échancrées à leur base. Pétiole court, portant 4 glandes sphériques *petites et pédicellées*. Stipules ovales, *longuement acuminées, très-pointues*, presque aussi longues que les entrenœuds, obliques à leur base. — **Vrilles** spiralées, en cône, à tours peu nombreux. — **Pédicelle** très-long (16 à 21 centim.) — **Bractéoles** oblongues, pointues, étalées, très-voisines de la fleur. — **Fleurs** rose pâle. — **Sépals** unis en tube court; lames longues, étroites et aiguës. (peut-être non appendiculées au-dessus du sommet). — **Pétals** un peu *plus courts que les sépals et plus étroits*. — **Étamines inanthérées** sur 3 ou 4 rangs, plus courtes que les pétals. — **Capitel** dépassant les sépals (inconnu à sa maturité.)= Plante de la Nouvelle-Grenade, sur le mont Quindiu (Humb. et Bonpl.)

Synon. — *Granadilla longipes*. Sering. mss. — *Passiflora longipes*. A. L. de Juss. ann. mas. 6, p. 111*, pl. 38, fig. 1; A. P. Decand. prodr. 3, p. 328 (1828); Spach, suit. buff. 6, p. 270 (1838).

§. 2. Feuilles non lobées, mais dentées; fibres pennées.

9. **G. dentée.** — *G. serratifolia*. (Sering.)

Rameaux minces, veloutés. — **Feuilles** ovales-lancéolées, en cœur à leur base, aiguës et obscurément dentées, *à fibres presque pennées*, à réticulation un peu irrégulière, mais complète, veloutées surtout en dessous. Pétiole court, genouillé à sa base, très-velouté, portant 3 à 4 glandes veloutées elles-mêmes, ainsi que les *vrilles*, qui sont très-lâchement et irrégulièrement enroulées. Stipules linéaires un peu plus courtes que les pétioles. — **Pédicelles** près de deux fois plus longs que le pétiole, veloutés. — **Bractéoles** oblongues-lancéolées, aiguës, veloutées, presque rétrécies en pétiole. — **Fleurs** blanchâtres, de moyenne grandeur. — **Étamines inanthérées** aussi longues que les sépals, horizontales, rouges ou pourprées à leur base, entremêlées de quelques lignes transversales d'un blanc jaunâtre. — Filets des **Étamines anthérées** ponctués de rouge brun. — **Styles** d'un blanc verdâtre, ponctués aussi de brun. Stigmate échancré et verdâtre. — **Capitel**..... = Cette espèce, apportée de l'Inde en 1731, s'est encore peu répandue dans les jardins ; elle n'a pas l'élégance et les couleurs variées des autres espèces.

SYNON. — *Passiflora serratifolia.* Linn. amœn. 1, p. 217 tab. 10, fig. 1, Mill. dict. jard. éd. franç. de 1785, vol. 5, p. 450, n° 18. Lamk. enc. bot. v. 3, p. 32 (1789) Cav. diss. 10, tab. 279 ; bot. mag. tab. 651 (assez bonne). — *Granadilla Surinamensis folio oblongo serrato.* Tourn. ist 241. — *G. americana folio oblongo leviter serrato, petalis ex viridi rubescente.* Mart. cent. 36, tab. 36. — Franç. *Grenadille dentée. Passiflore à feuilles dentées.* — Angl. *Saw-leawed Passion flower.* — All. *Sageblättrige Granadil. S. Passions blume.* (V. V. et S. C.)

10 **G. à feuill. de Guazuma. — *G. guazumœfolia*.** (Ser.)

Rameaux cylindriques, à peine striés. **Feuilles** oblongues, aiguës, dentées, chauves, à fibres presque pennées. — **Pétiole** court, portant 2 glandes très-courtes près de son sommet. Stipules..... — **Bractéoles** ovales, obtuses, grandes, enveloppant presque le bouton prêt à s'épanouir. — **Fleurs** blanches , pendantes ; pédicelle de la longueur de la fleur. — **Vrilles** peu enroulées et en cône. — **Sépals** appendiculés au-dessous du sommet, de la même grandeur que les pétals, tous deux oblongs, étroits. — **Etamines inanthérées** étalées, moitié moins longues que les sépals. = Cette plante qui nous vient de Ténérife et de la Nouvelle-Grenade a de la ressemblance avec la *G. dentée;* mais elle est chauve, ses filets inanthérés sont moitié moins longs que les sépals, tandis que dans la *G. dentée* ils les dépassent. Elle a aussi quelques rapports avec la *G. écarlate.*

SYNON. — *Passiflora guazumœfolia.* A. L. de Juss. ann. mus. 6, p. 112 * tab. 39, fig. 1 ; A. P. Decand. prodr. 3, p. 327 (1628).

§ 3. Feuilles non lobées, ni dentées ; fibres palmées.

11. **G. ligulée. — *G. ligularis*.** (Sering.)

Rameaux cylindriques, striés ; les supérieurs sillonnés et triangulaires. — **Feuilles** *à fibres palmées*, grandes, en cœur, entières et pointues, de 14 à 15 centim. de longueur ; pétiole moitié moins long que la lame, déprimé et portant sur les bords 5 à 6 *lanières cylindroïdes étroites*, qui remplacent les protubérances glanduleuses qu'on observe dans d'autres espèces. *Stipules* ovales-lanceolées, *dentées vers le sommet, atteignant presque la longueur du pétiole.* — **Fleur** de la grandeur de la *G. bleue*, et lui ressemblant beaucoup, accompagnée d'une *vrille à spirale lâche* quelquefois géminée. — **Bractéoles** lancéolées, grandes, larges, aiguës, un peu unies à leur base. — **Sépals** un peu plus courts que les pétals. — **Filets inanthérées** presque aussi longs que les sépals et très-étalés, rayés en travers. — **Fruits** du volume d'une orange et mangeable. = Cette espèce, apportée du Pérou par Dombey, de Ste-Fé par Humboldt et Bonpland, est voisine de la *G. quadrangulaire* et de celle *à feuilles de Tilleul.*

Synon. — *Passiflora ligularis* A. L. de Juss. ann. muse. 6, p. 113 *, pl. 40 (1805) A. P. Decand. prodr. 3, p. 328 (1828) bot. reg. tab. 1339.

12. G. blanchâtre. — *G. albida.* (Sering.)

Rameaux cylindriques. — **Feuilles** courtement cordiformes, entières, *à fibres palmées*, chauves ; pétiole gros, portant 2 glandes vers son milieu ; *Stipules* ovales-lancéolées, *presque aussi longues que le pétiole et terminées par une longue pointe acuminée.* — **Fleurs** blanchâtres, légèrement rosées d'abord, portées sur un long pédicelle. — **Bractéoles** très-voisines de la fleur et très-caduques. — **Étamines inanthérées** étalées, moitié plus courtes que les sépals, qui sont à peine plus longs que les pétals. — **Sépals** oblongs, terminés au dessous du sommet par un appendice applati et courbé en forme de fer de faulx. — **Étamines** et **Capitel** s'élevant au-dessus des filets inanthérés.

Synon. — *Passiflora albida.* Kerr, bot. reg. tab. 677, A. P. Decand. prodr. 3, p. 328 (1828). — Angl. *Whitish Granadil ; W. Passion flower.*

§ 4. Feuilles lobées ; fibres palmées.

13. Grenadille à grappe. — *G. racemosa*. (Sering.)

Entièrement chauve. — **Rameaux** cylindriques, allongés. — **Feuilles** très-fermes, *coriaces* même à la dessiccation, à 3 lobes lancéolés peu divergents, garnis d'une *large bordure comme cartilagineuse*, et qui ne présentent qu'une seule glande peu visible de chaque côté de l'échancrure; *Fibration très-saillante sur les faces à la dessiccation;* ramifications très-nombreuses, s'affaiblissant successivement, paraissant être sur plusieurs plans, et enfin les dernières *extrémités restant libres, sans s'unir aux voisines.* — **Stipules** inégalement lancéolées, obtuses, caduques. — **Pétiole** mince, mais moins long que la lame; garni ordinairement de *4 glandes globuleuses, rapprochées 2 à 2.* — **Fleurs** solitaires ou géminées, d'un *rouge de brique,* réunies en grand nombre aux extrémités des rameaux, où les feuilles sont *réduites à leurs stipules,* ce qui, contre l'ordinaire, forme une *grappe simple très-élégante, à peine garnie de verdure et pendante* (1). Bouton obovale, un peu *étroit au bas, garni en long de larges ailes produites par le prolongement des dorsales.* — **Stipules-bractées** semblables aux vraies stipules, caduques comme elles. — **Vrilles** fortement contractées. — **Pédicelle** presque de la longueur de la fleur, articulé vers son milieu. — **Bractéoles** lancéolées, couvrant le bas du tube des sépals, mais tombant souvent même avant la fleuraison. — **Sépals** *lancéolés-oblongs, terminés insensiblement en pointe obtuse; dorsale forte-*

(1) M. Millias, horticulteur de Lyon, m'a cependant montré une grande branche de cette *Grenadille* dont les premières fleurs, plus longuement pédicellées qu'à l'ordinaire, naissaient de l'aisselle des feuilles, mais les supérieures du même rameau étaient en grappe dont les pédicelles n'étaient accompagnés *latéralement* que des stipules, plus toutefois un rudiment de pétiole qui s'oblitère très-insensiblement en un filet court et mince, mais qui occupe toujours rigoureusement la place du pétiole. Vers la fin de la grappe, qui ordinairement n'offre plus de stipule, on voit encore ce petit rudiment de pétiole. C'est donc réellement par l'avortement successif des feuilles et de leurs stipules que les fleurs forment une grappe; car si elles persistaient toutes, comme dans les autres *Grenadilles,* on ne pourrait lui appliquer l'épithète de *racemosa.*

ment prolongée en aile et au-dessous du sommet en une pointe large et crochue. — **Pétals** de la même couleur briquetée que les sépals, un peu moins longs qu'eux, ni ailés, ni appendiculés. — **Etamines inanthérées** plus de moitié moins longues que les sépals et très-étalées. — **Etamines anthérées et Capitel** s'élevant bien au-dessus des filaments. — **Capitel** ovale, d'un vert pâle, d'environ 5 centim. de long, charnu d'abord, ensuite sans suc. = Cette belle plante nous vient du Brésil (1815), c'est à M. E. J. A. Woodford qu'on la doit; il la communiqua à Bertero; elle se répand tous les jours dans nos serres. Elle se distingue facilement à ses fleurs d'un rouge brique, vraiment disposées en grappes, à la forme toute spéciale de ses boutons, à la régularité de la fibration de ses feuilles, etc.

Synon. — *Granadilla racemosa.* Sering. ill. flor. jard. — *Passiflora racemosa.* Brot. trans. linn. soc. vol. 12*, tab. 6, très-bonne ; bot. mag. vol. 45, tab. 2001 ; A. P. Decand. prodr. 1, p. 329 (1828). — *P. princeps.* Lodd. bot. cab. tab. 84. — Franç. *Grenadille* ou *Passiflore à grappes, P. princeps.* — Angl. *Racemosa Passion flower.* (V. V. et S. C.)

14. **G. couleur de sang. — G. sanguinea.** (Sering.)

Entièrement chauve, d'un vert terne un peu jaunâtre. — **Rameaux** cylindroïdes, minces et faibles. — **Feuilles** profondément trilobées, plus rarement à 5 lobes ; lobes divergents, oblongs, pointus, minces, peu fermes, bordés dans les échancrures de 1 ou 3 dents glanduleuses, visibles surtout en dessous, et terminés par une petite pointe peu saillante. Fibres principales et secondaires rougeâtres en dessous, d'un vert plus foncé que le reste de la lame en dessus. Réticulation assez régulière, faible, s'unissant en feston sur les bords. — **Pétiole** mince, cylindrique, rougeâtre, accompagné de 2, 3 ou 4 glandes élargies et déprimées au sommet. — **Stipules** très-inégalement en cœur, à lamelles réfléchies, mucronées au sommet, et à mailles larges et assez régulières, s'unissant en feston près des bords comme dans les feuilles. — **Fleurs** d'un rouge vineux, grandes et élégantes, inodores. — **Pédicelle** cylindrique en massue, presque aussi long que la fleur. — **Bractéoles** presque circulairescordiformes, entières, courtement mucronées, demi-membraneuses, bordées de quelques dents peu sensibles et très-distantes, à mailles d'autant plus petites qu'on approche plus du bord. — **Sépals** oblongs, à dorsale ailée, et terminés au-dessous du sommet par un mucrone courbé, vert-olivâtre en dessous, violet-vineux en dessus, étalés d'abord, puis réfléchis; tube assez court, plus large à sa base qu'à son orifice, et contenant quelques gouttes d'un suc gluant et sucré. — **Pétals** oblongs, obtus, presque aussi longs que les sépals, blanchâtres en dessous, d'un rouge vineux en dessus. — **Étamines ananthérées** (1) moitié plus courtes que les sépals, d'un violet-pourpre très-foncé dans leur partie inférieure, blanches dans le reste de leur étendue, un peu renflées au sommet à peine violet; troisième et quatrième rangs brusquement très-courts, pourprés et dilatés au sommet; cinquième rang formé de filets unis et blancs dans leur moitié inférieure, pourpres et libres dans le reste, et entourant la colonne centrale; sixième rang (le plus intérieur) très-court, complètement uni et blanc. Axe de la fleur cylindrique-conique, presque une fois plus long que les anthères oblongues-linéaires portées sur des filets vert pâle tachetés de rouge. — **Capitel** ovale-triangulaire, vert. — **Styles et Stigmates** pourpre foncé. — La patrie de cette belle espèce, bien distincte de toutes les autres, est inconnue. Elle est très-répandue dans les jardins, sous la fausse dénomination de *P. racemosa* (2), espèce qui en est extrêmement distincte (voir ses caractères).

SYNON. — *Granadilla sanguinea*. Sering. ill. flor. jard. — *Passiflora sanguinea*. Coll. hort. ripul. app. 3, p. 12* pl. 6 (1826), bonne, mais la fleur est un peu trop grande et la réticulation des feuilles un peu trop fine; A. P. Decand. prodr. 3, p. 329 (1828). — *P. racemosa* des jard. non Brot. (V. V. et S. C.)

(1) Sans anthère.

(2) Cette espèce, présente parfois, à la fin de la végétation, des rameaux très-courts, garnis à toutes les aisselles des feuilles-bractées dont les stipules persistent seules, d'un certain nombre de boutons alors disposés en grappe peu ou point feuillée; ce qui aura pu lui mériter, pour quelques personnes, la dénomination de *P. à grappes*; dénomination qu'il est impossible de lui conserver.

15. † **Grenadille ailée-bleue. — *G. alato-cœrulea*.**

Rameaux quadrangulaires. — **Feuilles** échancrées à leur base, à trois lobes entiers, ovales lancéolés. — **Pétioles** à 2 ou 4 glandes. — **Stipules** auriculées, entières, acuminées pointues. — **Pédicelle** cylindrique, plus long que le pétiole. — **Sépals** roses en dessus. — **Pétals** blancs. — **Étamines inanthérées** sur 3 rangs, l'extérieur rayé en travers de lignes bleues et blanches.

SYNON. — *Passiflora alato-cœrulea*. Lindl. bot. reg. tab. 848 ; A. P. Decand. prodr. 3, p. 329 (1828).

16. † **G. bleue-à-grappe. — *G. cœruleo-racemosa*.**

Feuilles très-chauves, presque coriaces, à 3 ou 5 lobes ; lobes ondulés, presque dentés à leur base ; pétiole muni de 4 glandes. — **Pédicelle** solitaire, à une fleur. = Espèce jardinière due, dit-on, au croisement du pollen de la *G. bleue* sur la *G. à grappe*.

SYNON. — *Passiflora cœruleo-racemosa*. Sab. hort. trans. 4, p. 758, tab. 9 ; Lodd. bot. cab. tab. 573 ; A. P. Decand. prodr. 3, p. 329 (1828).

17, **G. incarnate. — *G. incarnata*.** (Sering.)

Plante presque chauve. — **Tige et Rameaux** cylindriques (striés sur le sec). — **Feuilles** entières à leur base, vertes et presque luisantes, profondément trilobées, rarement à 5 lobes ; bords garnis de dents couchées et terminées par autant de glandes, rarement entiers dans la var. 2, figurée par Kerr, dans le bot. rég. tab. 332, et qu'il faut encore examiner ; lobes oblongs, pointus, peu écartés, à réticulation large, anguleuse et peu en relief. — **Pétiole** court, canaliculé en dessus, muni de 2 glandes à son sommet. — **Stipules** très-étroites, à peine dentées, très-courtes. — **Vrilles** à tours serrés peu nombreux. — **Bractéoles** ovales, acuminées, portant une ou deux glandes sur chaque bord, enveloppant à peine la base du tube des sépals. — **Fleurs** de 5 centim. de diamètre, belles et d'une odeur agréable. Pédicelle une fois plus long que le pétiole. — **Sépals** oblongs, blancs en dessus, verdâtres en dessous, surmontés au-dessous du sommet d'un mucrone filiforme. — **Pétals** blancs, de la longueur des sépals. — **Étamines ananthérées** de la longueur des pétals, pourpres vers le milieu et d'un violet pâle à la circonférence, avec un cercle noir pourpre à la partie moyenne. — **Capitel** velouté, globuleux ou à peine ovoïde, de la grosseur d'une pomme ordinaire, orange pâle à la maturité et contenant des graines oblongues et rudes, plongées dans des arilles fongueuses de saveur douce. — Plante originaire des parties méridionales de l'Amérique du Nord, et introduite depuis deux siècles dans nos jardins. Elle se multiplie de graines venues de l'Amérique et de bouture. Si la plante est couverte pendant l'hiver, elle ne périt point, mais elle pousse au printemps, comme les plantes vivaces. Son fruit ne mûrit pas en plein air.

Synon. —*Passiflora incarnata.* Linn. amœn. 1, p. 230, tab. 10, fig. 19 ; Mill. dict. jard. éd. franç. (1785), vol. V, p. 446 et 450; Lamk. enc. bot. tom. 3, p. 40* (1789); A. P. Decand. prodr. 3, p. 329 (1828); Jacq. icon. rar. 1, tab. 187; Willd. spec. 3, p. 621 (1800); Cav. diss. 10, p. 460, t. 293; Trans. hort. soc. 3, p. 99, t. 31; bot. mag. 3697 (1838); flor. serr. angl. 6, p. 148, pl. 46, fig. 5 (1838). — Franç. *Passiflore incarnate.* — Allem. *Fleischfarbene Granadil.*, Fl. *Passions blume.* (V. V. et S. C.)

18. **G. comestible. — *G. edulis*. (Sering.)**

Cette espèce du Brésil, très-voisine de la *G. incarnate*, paraît cependant s'en distinguer par plus de volume dans ses tiges, Les feuilles en sont rigides, luisantes, plus grandes, à lobes lancéolés, courbés en dessus, plus écartés; le pétiole est gros et court, les stipules sont cylindriques-coniques, aiguës, et atteignent à peine la moitié du pétiole ; les **étamines ananthérées**(1) sont plus pâles et plus courtes que les pétals et *très-flexueuses.* Le fruit est pourpre-livide dans la *G. comestible*, et jaune dans la *G. incarnate.*

Synon. — *Granadilla edulis.* Sering. ill flor. jard. — *Passiflora edulis.* Sims, bot. mag. 1989 ; A. P. Dec. prodr. 3, p. 329 (1828); Sab. hort. trans. 3, p. 99, tab. 3. — *P. Kerrii.* Spreng. syst. 3,

___
(1) Sans anthères.

p. 39 (1826) et jard. de Turin! 1844. Franç. *Grenadille comestible.* — Angl. *Passiflora purplo-fruting.* (V. V. et S. C)

19, G. blanche. — *G. alba.* (Sering.)

Flor. Jard.. pl. VI.

Plante entièrement chauve, d'un vert gris et terne. — Rameaux cylindriques. — Feuilles trilobées, un peu échancrées à leur base ; pétiole cylindrique, faible, portant 3 à 4 protubérances glanduleuses et en massue ; lobes oblongs ovales, obtus, bordés dans les 2 angles aigus qui les séparent de quelques dents glanduleuses, terminés brusquement chacun par une pointe aiguë et molle. Fibration inégale, large et interrompue, s'unissant près du bord en formant des festons presque réguliers. — Stipules inégalement cordiformes, courbées en dessous, terminées en pointe molle, brusque et aiguë comme les lobes des feuilles, ascendantes et se croisant l'une avec l'autre, à fibration plus continue que celle des feuilles. — Fleurs blanches en dessus, vert-pâle en dessous, — Pédicelle cylindrique, de la longueur de la fleur, non garni de glandes, presque terminé par 3 Bractéoles cordiformes, courbées en dessous, pointues, à fibres secondaires très-divergentes et qui finissent en réseau élégant et presque complet. — Vrilles à spires très-contractées, cylindriques. — Sépals oblongs, peu creusés au sommet, à dorsale peu saillante et se terminant au-dessous du sommet par un long appendice très-étroit et courbé en faulx. Tube très-court, formant un bourrelet circulaire. — Pétals oblongs, blancs sur les 2 faces, un peu obtus et moins longs que les sépals. — Étamines ananthérées extérieures étalées, moitié moins longues que les pétals, blanches et filiformes, les rangs intérieurs successivement plus courts. — Anthères elliptiques, plates, très-obtuses, bordées de blanc, terminées à chaque extrémité par 2 dents peu distinctes; dorsale verte, présentant deux renflements verts, comme glanduleux, entre lesquels s'engage le filet. — Capitel ovoïde, fétide glauque et pulvérulent, ferme, lacuneux entre l'endocarpe et le mésocarpe, mais sans aucune succulence, terminés par 3 styles et

autant de stigmates verts. — **Graines** ovales-lenticulaires, à
derme lacuneux. = Cette espèce, remarquable surtout par son
beau feuillage glauque et ses jolies fleurs blanches de moyenne
grandeur, nous vient du Brésil. Elle se propage de graine et
passe facilement l'hiver dans nos serres tempérées. Elle prend
très-rapidement un grand accroissement.

SYNON. — *Granadilla alba.* Sering. flor. jard. pl. VI. — *Passiflora alba.* Sell. Link. et Ott. abbild. p. 65, tab. 33, très-bonne.
— Franç. *Grenadille blanche, Passiflore blanche.* (V. V. et S. C.)

20. G. à grandes stipules. — *G. tucumanensis.* (Ser.)

Très-chauve. — **Feuilles** à trois lobes étalés, oblongs, d'un
vert sombre en dessus, glanduleux et glauques en dessous, à
peine dentées en leurs bords; pétiole plus court que la lame,
portant quelquefois 2 glandes. Stipules grandes, demi-cordiformes, largement dentées, ondulées et réticulées. — **Bractéoles**
presque aussi longues que les sépals, lâches, en cœur et dentées. — **Fleurs** de 5 centimètres de diamètre. — **Étamines
ananthérées** sur 2 rangs, l'extérieur de la longueur des pétals,
blancs, mais rayés de bleu transversalement, laineux à leur
base. — **Pétals** blancs et de la même forme des sépals. —
Capitels..... = Découverte par M. TWEDIE, à St-Iago et à Tucu-
mana, à la base orientale des Cordilières du Chili, dans les bois.
Elle a fleuri la seconde année, au jardin botanique de Glasgow
en juillet.

SYNON. — *Passiflora tucumanensis.* Hook. bot. mag. pl. 3636
(1838); flor. serr. angl. 6, p. 19, pl. 6. fig. 5 1838.

21. G. filamenteuse. — *G. filamentosa* (Sering.)

Tige et **Rameaux** cylindroïdes, très-faiblement veloutés. —
Feuilles d'un vert foncé, à 5 lobes écartés, lancéolés, acuminés, très-faiblement dentés; à peine ciliées près des échancrures qui sont bordées de quelques glandes, chauves en dessus
et un peu poilues en dessous, où les fibres sont très-saillantes;
réticulation irrégulière, assez carrée et non interrompue. —
Pétiole cylindroïde, à peine canaliculé et finement velouté,
portant 2 glandes presque géminées, en toupie, et creusées au

sommet, partant au-dessus du milieu de sa longueur. — **Stipules** formées seulement d'une lamelle fortement dentée d'un côté et de la dorsale, tandis qu'on observe à peine quelques dents vers le bord opposé. — **Bractéoles** presque circulaires, finement dentées, portant de chaque côté une glande très-prononcée et cachant à peine le tube. — **Fleurs** grandes, portées sur un pédicelle aussi long qu'elles. Boutons ovales-oblongs, à 5 angles saillants. — **Sépals** verts en dessous, blancs en dessus, réunis en un tube presque hémisphérique ; lames oblongues, obtuses, mais mucronées au-dessous du sommet. — **Pétals** oblongs, obtus, *blancs, demi-transparents, plus longs que les sépals*. — **Filets ananthérés** moins longs que les sépals, filiformes, un peu crochus à leur sommet, pourpre plus ou moins foncé, surtout vers leur base, mais marqués d'un cercle blanc vers le milieu de leur longueur. — **Styles** pourpres, réfléchis, plus longs que les filets. — **Capitel** finement velouté, terminé à la fleuraison par 3 longs styles réfléchis. ═ Belle espèce de l'Amérique équatoriale, introduite dans nos jardins depuis 1817, qui a beaucoup de rapports avec la *G. bleue*, mais qui en diffère essentiellement par les lobes dentés de ses feuilles ainsi que ses bractées. Elle végète avec une vigueur remarquable, surtout lorsqu'on lui donne un appui commode, un espalier par exemple.

Synon. *Passiflora filamentosa*. Cav. diss. 10, p. 461, tab. 294 ; bot. reg. tab. 584 ; bot. mag. tab. 2023 ; A. P. Decand. prodr. 3, p. 330 (1828). — Franç. *Grenadille filamenteuse, Passiflore filamenteuse*. — Allem. *Vielfædige Granadille, V. Passions blume*. — Angl. *Thready Granadille, T. Passion flower*. — Nous avons aussi reçu cette plante sous le nom de *Colvillii Sweet*, que Streudel rapporte à la *G. bleue*.

22. **G. palmée.** — *G. palmata*. (Sering.)

Tige et **Rameaux**..... — **Feuilles** à 5 lobes (quelquefois à 3) profonds et obscurément dentés ; dents terminées par une glande ; sinus garnis de quelques dents glanduleuses. — **Pétiole** portant 4 glandes ; stipules grandes, réniformes, mucronées. — **Fleurs** de la grandeur de celles de la *Gr. bleue*, mais blanches.

— **Etamines ananthérées** bleuâtres, plus courtes que les pétals, = Habite le Brésil. Cette espèce, encore très-douteuse, est regardée par quelques auteurs comme une variété de la *Gr. filamenteuse.*

Synon. — *Passiflora palmata.* Lodd. bot. cab. n° 97; Link, enum. 2, p. 183 ; A. P. Decand. prodr. 3, p. 330 (1828); bon jard. de 1845, 2ᵉ part., p. 437. — *P. filamentosa.* var. seconde, bot. reg. t. 584. †

23. G. bleue. — *G. cærulea.* (Sering.)

Tige et **Rameaux** anguleux, striés ; angles pourpres. — **Feuilles** presque en bouclier, à 5 lobes oblongs, obtus, mais mucronés, écartés, presque d'égale longueur, *à bords non dentés, portant dans les sinus une glande de chaque côté,* d'un vert terne en dessus, presque glaucescentes en dessous, mais *relevées de fibres rosées ;* réticulation à *mailles larges et anguleuses.* — **Pétiole** cylindrique, mince, à peine canaliculé, pourpre, portant de 2 à 4 glandes pédicellées, en poire et rouges. — **Stipules** *demi-cordiformes, en faulx,* grandes, longuement mucronées, élégamment réticulées en rose. — **Vrilles** très-longues, mais fort inégalement enroulées. — **Pédicelle** cylindrique, plus long que le pétiole. — **Bractéoles** lancéolées, entières, d'un vert très-pâle, atteignant la moitié de la longueur des sépals, finement et faiblement réticulées. — **Fleurs** grandes, odorantes. — **Sépals** oblongs, longuement mucronés ; dorsales à peine saillantes, verdâtres en dessous et blanches en dessus. — **Pétals** oblongs, obtus, dépassant un peu les sépals; également très-étalés et blancs. — **Etamines ananthérées** minces, filiformes, étalées, moins longues que les pétals, bleues dans leur moitié extérieure, pourpres vers le centre de la fleur; ces deux couleurs séparées par un cercle blanc. = **Capitel** ovoïde, de la grosseur d'un abricot, d'un jaune rougeâtre d'abord et ensuite orangé. = Cette espèce, l'une des plus belles, et que le plus souvent, nous avons en pleine terre, nous a été apportée du Brésil en 1699. Elle est très-facile à cultiver, et surtout très-utile pour garnir des tonnelles, masquer des murs. Elle se multiplie très-facilement de marcotte et de bouture, et

sert avantageusement à recevoir la greffe d'espèces rares ou
délicates. Sa fleuraison dure de juillet à la fin de septembre.

Synon. — *Passiflora cœrulea* Linn. amœn. 1, p. 231, tab. 10,
fig. 20 ; Mill. dict. jard. éd. franç. (1785), vol. 5. p. 446 et 452,
n° 2* ; Lamk. enc. bot. 3, p. 41 (1789) ; Cav. diss. 10, tab. 225 ;
herb. amat. tab. 162 ; bot. reg. tab. 488. Nouv. Duham. 2,
tab. 12 ; bot. mag. tab. 28 ; A. P. Decand. prodr. 3, p. 330
(1828). — *Granadilla polyphyllos, fructu ovato.* Tournef. inst.
p. 241, pl. 123 et 124 (1719). — Franç. *Grenadille bleue, Passiflore bleue.* — Allem. *Gemeine Granadil, G. Passions blume.* —
Angl. *Common blue Granadille, Common blue Passion flower.*
(V. V. et S. C.)

24. G. de Neumann. — *G. Neumanni.* (Sering.)

Tiges sillonnées, d'un vert grisâtre. — **Feuilles** écartées, à
5 lobes lancéolés très-aigus, luisantes en dessus, blanchâtres
en dessous ; chaque sinus muni vers sa base, près du bord, de
2 glandes jaunes ; *fibres principales saillantes, rosées,* ainsi que
le pétiole, qui porte vers sa partie moyenne 2 glandes plus
grosses que celles de la lame. — **Stipules** ovales, terminées
par un long poil et aigument dentées. — **Vrille** mince et
lâche. — **Pédicelle** de 7 à 8 centimètres. — **Bractéole**..... —
Fleurs du diamètre de celles de la *G. bleue,* d'une odeur de
lacinthe. — **Sépals** oblongs, obtus, d'un blanc verdâtre et un
peu teinté de rouge en dessus, verts en dessous, mucronés au-
dessous de leur sommet. — **Pétals** de même forme, sans mucrones, de même couleur que les sépals, et portant comme eux
quelques petites taches rouges. — **Étamines ananthérées** de 2 à
3 centimètres de long, étalées, pourpres à leur base, portant
ensuite un cercle blanc ; tandis que la moitié extérieure est
d'un beau violet. — **Styles** pourpres. == Cette plante, originaire du Brésil ou de l'Amérique méridionale, est encore peu
répandue dans les collections, cependant elle mérite bien de
l'être. Elle se distingue facilement de la *G. bleue* par ses stipules
dentées et terminées par un long poil, par la forme de ses étamines incomplètes, et par ses feuilles moitié plus petites. Elle

se propage par boutures étouffées et a besoin de la serre.
SYNON. — *Passiflora Neumanni*. Cels frèr, ann. flor. et pom. 6,
p. 251, pl. 38 (1838) (1). (V. S. C. communn par MM. BOUCHARD,
JAMBON et NÉRARD aîné.

25. G. pourpre. — *G. kermesina*. (Sering.)

Entièrement chauve, lisse, luisante et fortement teintée de
pourpre. — **Tige et rameaux** cylindriques, d'un vert rougeâtre.
— **Feuilles** palmées-trilobées, obscurément en bouclier à leur
base ; fibres palmées 5 ; lobes ovales-lancéolés, acuminés, entiers, excepté dans les sinus, qui présentent quelques *dents
glanduleuses cylindriques*, d'un vert foncé et luisant en dessus,
très-rouges en dessous. — **Pétiole** cylindrique, luisant, *portant*
2 *glandes* cylindriques, rouge-brun comme lui. — **Stipules**
plus que demi-cordiformes, par une portion de l'autre lamelle
qui borde encore la dorsale. — **Vrille** longue, lâchement spiralée. — **Fleurs** rouge éclatant, portées sur un pédicelle plus
long que la feuille. = **Bractéoles** *filiformes aiguës*. — **Sépals**
oblongs, à dorsale relevée *d'une aile longitudinale, non terminés
au-dessous du sommet par un mucrone*. — **Pétals** semblables au
Sépals, aussi longs qu'eux, d'abord étalés et se réfléchissant
bientôt tous les deux. — **Étamines ananthérées** étalées, filiformes, atteignant à peine le tiers de la longueur des sépals,
lavées de bleu au sommet, pourpres dans les deux tiers près de
la base. — **Axe de la fleur** plus prolongé que dans la *G. de
Loudon*, d'un vert très-pâle et tacheté de rouge-brun. —
Capitels... . = Cette espèce, qui nous vient du Brésil, est fort
élégante. Elle fleurit longtemps. Elle a beaucoup de rapports
avec la *G. de Loudon*, dont cependant elle paraît différer (voir
la note de cette espèce). Elle fleurit pendant l'été. On peut
renouveler sa fleuraison en la tenant en serre. Aucune des deux
n'acquiert de grandes dimensions.

(1) La forme de ces *étamines incomplètes* me fait craindre que cette espèce
n'appartienne au genre DISTEMMA ; mais le manque d'analyses et le mauvais co-
loriage, qui a tout empâté dans cette figure, m'empêchent d'en acquérir la
certitude.

Synon. — *Passiflora Kermesina.* Link et Otto Verhandl. des
Preuss. gart. 2, p. 40?, tab. 15; bot. mag. tab. 3503 (1826);
flor. serr. angl. 4, p. 80, tab. 20 (1836); bot. reg. tab. 1633
(1833); flor. jard. angl. 1, p. 152, pl. 35 (1834); — *P. racemosa.*
Redout. choix tab. 55 (non Brot.), bonne; Walp. repert. 2, p. 219
(1843), qui cite les ouvrages suivants, synonymie que nous
n'avons pu vérifier; flor. cub. 1, p. 11, tab. 6, the botanist. 3, t.
118. (V. V. et S. C.)

26. G. émaillée. — *G. picturata.* (Sering.)

Feuilles presque en bouclier à leur base, terminées par
3 lobes larges et courts, acuminés, à bords entiers, mais garnis
de quelques glandes cylindriques dans les sinus. — **Pétiole**
mince, cylindrique, muni d'une ou deux glandes cylindriques
vers son tiers supérieur. — **Stipules** demi-cordiformes, entières,
acuminées. — **Fleurs** ressemblant, pour la forme des organes,
aux *G. pourpre* et *de Loudon,* mais les sépals et les pétals sont
plus larges et un peu plus courts, les bractéoles ovales, beaucoup plus grandes que dans la *G. pourpre.* — **Vrilles** enroulées
en cônes serrés. = Cette espèce, est voisine de la *G. pourpre.* La
description en a été faite sur la figure qu'en a donné Kerr, bot.
reg. tab. 675. *Passiflora picturata.* †

27. G. de Loudon. — *G. Loudonii.* (Sering.)

Cette plante a les plus grands rapports avec la *G. pourpre,*
cependant nous la croyons différente, et nous allons en établir
les caractères. — **Feuilles** plus grandes que dans la précédente,
moins fortement colorées en pourpre en dessous; lobes plus
larges, également mucronés, dents des sinus peu prononcées
(longues et très-apparentes dans la *G. pourpre*). — **Stipules**
plus que demi-cordiformes, car la lamelle, quoique assez étroite,
borde évidemment la dorsale, aigument acuminées dans les
deux espèces. — **Pétiole** cylindrique, muni vers le *milieu de sa
longueur de quatre glandes filiformes à peine renflées au sommet.*
— **Pédicelles** environ de la longueur de la feuille. — **Bractéoles**
lancéolées et acuminées, demi-pétaloïdes. — **Sépals** *terminés en
dessous du sommet en une pointe acérée.* — **Étamines ananthérées**

environ de la longueur de celles de la précédente, *mais blanches dans leur moitié extérieure, pourpre vers le centre.* — **Axe de la fleur** moins prolongé que dans la *G. pourpre.* Malgré toutes ces différences, ces plantes sont souvent confondues sous le nom de *G. pourpre.*

SYNON. — *Passiflora Loudonia.* Sweet selon Steud. nom. ed. 2, p. 275 (1841). — *P. Loudonia.* bon jard. de 1845, vol. 2, p. 437. Sering. ill. flor. jard. (V. V. et S. Comm. par M. COUDERC)

Genre 2. **Distemme. — Distemma** (1). (LABILL.)

Tige grimpante. — **Feuilles** à lame et fibres palmées; lobes obtus; pétiole portant quelques glandes. — **Fleurs** solitaires, accompagnées d'une vrille; pédicelle de moyenne longueur, *portant 3 bractéoles filiformes,* terminées par autant de *petits corps renflés, semblables à des glandes.* — **Sépals** *à peine unis, prolongés sous leur base en 3 bosselures bien marquées,* portant au-dessous du sommet un appendice filiforme arqué, comme dans les *Grenadilles,* et se fanant sur place; dorsale prolongée en carène. — **Pétals** obtus, plus courts que les sépals. — **Etamines ananthérées** disposées en une première *rangée de longs filets* pointus, presque aussi longs que les pétals, et en une seconde dont *toutes les parties un peu applaties sont unies presque jusqu'au sommet* en un tube oblong qui entoure la colonne centrale. Ce tube, couronné de 6 à 8 dents profondes et ascendantes, est un peu éloigné de l'axe. — **Etamines anthérées** et **Capitel** comme dans les Grenadilles. — **Graines** plus nombreuses que dans ce dernier genre, oblongues et légèrement alvéolées comme elles.

Voir les synonymies aux espèces.

(1) *Deux couronnes :* en effet, outre les sépals et les pétals, on observe une rangée de filets sans anthères, libres, et une autre rangée de filets unis en tube, outre les autres rangées moins apparentes; mais il faut écrire *Distemma* et non *Disemma* (comme le fait LABILLAUDIÈRE).

Espèces du genre DISTEMME.

§ 1. *Pétiole muni de deux glandes près de son sommet.*

1. Distemme orangée.   3. Distemme écarlate.
2. Distemme d'Herbert.

§ 2. *Pétiole privé de glandes.*

4. Distemme adianthe.   5 Distemme de Bauer.

§ 1. Pétiole muni de deux glandes près de son sommet.

1. Distemme orangée.— *Distemma aurantia*. (Labill.) (

Rameaux verts et sillonnés, grimpants. — **Feuilles** à 3 lobes à
obtus et presque de longueur égale ; pétiole moins long que la f
lame, portant deux glandes arrondies à ses deux tiers supé- -
rieurs ; stipules caduques. — **Vrilles** lâchement roulées en spi- -
rale conique et courte. — **Pédicelle** plus court que la fleur, (
accompagné de 3 **Bractéoles** filiformes, terminées par une s
glande et disposées en spirale lâche. —**Sépals** oblongs, verdâtres. .
en dessous, et bordés en-dessus de rouge pourpré, ainsi que les à
pétals. — **Étamines ananthérées** étalées, filiformes, pointues,
atteignant presque la longueur des pétals ; tube du deuxième s
rang d'étamines formant un cône tronqué, terminé par 10 dents
oblongues, aiguës, ascendantes. — **Anthères** verdâtres, oblongues. — **Capitel** presque sphérique, porté sur un prolongement
de l'axe, aussi long que lui et dépassant les sépals fanés. —
Graines très-nombreuses, à arille peu succulente.

Synon. — *Distemma aurantia*. J. J. Labill. sert. caled. p. 78,
pl. 79 (1824); A. P. Decand. prodr. 3, p. 332 (1828); Spach,
suit. Buff. 6, p. 276 (1838). — *Passiflora aurantia*. Forst. prodr.
326; Cav. diss. 10, p. 457; Willd. spec. 3, p. 620 (1800). —
Murucaria aurantia. Pers. ench. 2, p. 222 (1806).

2. D. d'Herbert. — *D. Herbertiana*. (A. P. Decand)

Tige et **Rameaux** presque ligneux, veloutés dans leur jeunesse. — **Feuilles** en forme de rein, d'autres en cœur et à 3 lobes
larges, divergents, le central plus long ; pétiole assez court. —
Stipules filiformes, coniques, aiguës, courbées ; 2 glandes lar-

ges, aplaties, à la base des deux fibres latérales de la lame. Fibration paraissant formée comme de plusieurs couches dont les mailles sont successivement plus petites. — **Bractéoles** fermes, filiformes, naissant au-dessus du milieu. — **Fleurs** solitaires, d'environ 8 centimètres de diamètre, s'ouvrant mal et de peu d'apparence; pédicelle court. — **Sépals** jaune-verdâtre en dessous, rouge pâle en dessus, oblongs-linéaires. — **Pétals** oblongs, obtus, également d'un blanc rougeâtre, plus d'une fois plus courts que les sépals. — **Étamines ananthérées** du premier rang très-courtes, jaunes; celles du second unies en tube conique, rougeâtre, aussi long que l'extérieur. — **Axe de la fleur** un peu prolongé au-dessus du tube des sépals. = Plante grimpante de l'intérieur de la Nouvelle-Hollande, qu'on cultive dans nos serres tempérées.

Synon. — *Distemma Herbertiana.* A. P. Dec. prodr. 3, p. 332 (1828); Spach, suit. Buff. 6, p. 276 (1838). — *Passiflora Herbertiana.* bot. reg. tab. 637 ou 737. (V. V. jard. Lyon.)

3. D. écarlate. — *D. coccinea.* (A. P. Decand.)

Tige et Rameaux..... — **Feuilles** chauves, à 3 lobes très-obtus, en coin à leur base, et à 3 fibres palmées. — **Pétiole** plus long que le pédicelle, portant 2 glandes près de son sommet. — **Bractéoles** fermes, très étroites, écartées de la fleur et distantes entre elles. — **Étamines ananthérées** très-courtes. — **Capitel** globuleux. = Spontanée dans la Nouvelle-Hollande.

Synon. — *Distemma coccinea.* A. P. Decand. prodr. 3, p. 333 (1828); Spach, suit. Buff. 6, p. 277 (1838). — *Passiflora coccinea.* Banks, herb non Aubl.

§ 2. Pétiole privé de glandes.

4. D. adianthe (1). — *D. adianthifolia.* (A. P. Decand)

Rameaux sarmenteux. — **Feuilles** glauques et glanduleuses en dessous, en coin ou tronquées à leur base, à 3 ou 5 lobes obtus; lobes eux-mêmes presque à 3 lobes; pétiole non glanduleux. — **Bractéoles** filiformes, fermes, distantes. — **Pédicelle**

____

(1) Genre de la famille des **Polypodiacées.**

de la longueur du pétiole. — **Fleurs** de 8 centimètres de diamètre. — **Sépals** rouges en dessous, couleur de chair en dessus. — **Pétals** beaucoup plus courts que les sépals, lesquels sont plus longs que les **Etamines ananthérées.** = Spontanée dans l'île de Norfolk.

Synon. — *Distemma adianthifolia.* A. P. Decand. prodr. 3, p. 333 (1828); Spach, suit. Buff. 6, p. 277 (1838). — *Passiflora adianthifolia.* Kerr, bot. reg. tab. 233; Willd. enum. p. 698 (1809). — *P. aurantia.* Andr. bot. rep. t. 295, non Forst. — *P. glabra.* Wendl. coll. 1, p. 55, tab. 17.

5. **D. de Bauer. — *D. Baueriana*.** (Endl.)

Feuilles ovales, chauves, à 3 lobes larges, entiers, *oblongs, légèrement échancrés* au sommet, celui du centre plus allongé, *parsemés de glandes en dessous.* — **Etamines anthérées** dépassant le tube intérieur. = Habite l'île de Norfolk.

Synon. — *Distemma Baueriana.* Endl. prodr. flor. Norfolk 123; Walp. repet. 2, p. 221 (1843). — *Murucuja Baueri.* Lindl. collect. tab. 36. †

Genre 3. **Dysosmie, — Dysosmia.** (1) (Sering.)

Tiges et **Rameaux** sarmenteux. — **Feuilles** à fibres palmées, *toujours plus ou moins veloutées. Stipules linéaires,* accompagnées de *poils glanduleux au sommet.* — **Fleurs** de 2 à 3 centimètres et demi de diamètre, solitaires, mais accompagnées d'une vrille simple. — **Bractéoles** étroitement pennatilobées, couvertes de longs *poils en massue ou en tête et visqueux,* aussi longues que le reste de la fleur. — **Sépals** terminés au-dessous du sommet par un mucrone prononcé. — **Pétals** environ de la longueur des sépals. — **Etamines ananthérées** sous trois apparences bien différentes; première rangée en filaments égalant en longueur les pétals; deuxième rangée épais et charnus, troisième presque membra-

(1) Odeur fétide.

neux, tous adhérents plus ou moins haut au tube des sépals.
— **Etamines anthérées** comme dans les Grenadilles. —
Capitel sec et probablement ouvrant ? = Quand ce genre
très-naturel sera mieux étudié, on trouvera encore probablement des caractères pour appuyer ceux qui sont proposés et
qui se résument ainsi. — **Bractéoles** *étroitement pennatilobées
et garnies de poils en massue se terminant par une glande vis-
queuse; Stipules très-étroites linéaires ou frangées*; poils secs couvrant presque toutes les parties vertes ; 3 rangées d'**étamines
ananthérées** : l'extérieure filiforme, la deuxième *charnue*, la
troisième *membraneuse.* Tous ces caractères qui ne se rencontrent
pas dans les *Grenadilles* (*Granadillæ*) me paraissent bien suffisants dans une famille, qui s'augmente tous les jours et qui
nécessite réellement l'établissement de nouveaux genres. D'ailleurs la sécheresse des capitels, peut-être ouvrants et l'arille
très-peu développée et à peine visible appuient encore les
premiers caractères. Il paraît en outre que les espèces qui
s'y rapportent sont ou beaucoup moins ligneuses que les
Grenadilles proprement dites , ou qu'elles seraient vivaces ou
annuelles. — Quand ces espèces seront mieux étudiées on
pourra établir deux divisions dans le genre : l'une à pétioles
munis de glandes, l'autre à pétioles non glanduleux. Les espèces qui le composent sont plus remarquables par leurs
bractéoles finement divisées, que par l'élégance de leurs fleurs,
presque toujours très-belles dans cette famille.

SYNON. — *Dysosmia.* Sering. mss. *Passiflora* sect **VIII.**
Dysosma. A. P. Decand. prodr. 3, p. 331 (1828); Spach, suit.
buff. 6, p. 275 (1838). (Voir le reste de la synonymie aux
variétés.)

Espèces du genre DYSOSMIE.

1.	Dysosmie érable.	5.	Dysosmie ketmie.
2.	— fétide.	6.	— hastée.
3.	— nigelle.	7.	— ciliée.
4.	— cotonnière.		

1. **Dysosmie érable**. — ***Dysosmia acerifolia***. (Sering.)

Tige et Rameaux..... — **Feuilles** très-échancrées à leur base, à 5 ou 7 *fibres pédalées* et à autant de lobes ; échancrure entre les lobes cunéiforme ; lobes larges à leur base, aigus au sommet, obscurément dentés, *dents mucronées ; privés de glandes en dessous ; pétioles portant 2 glandes en massue, placées sur un long support et courbées au sommet*. Stipules demi-circulaires, sinuées-dentées, et dents terminées en pointe raide. Pédicelles *géminés*. — **Bractéoles** petites, très-finement découpées, naissant de la moitié du pédicelle. = Cette espèce, qui paraît parfaitement caractérisée, habite Mexico.

Synon. — *Passiflora acerifolia*. Schlecht. et Cham. Linnæa, vol. 5, p. 89 ; Walp. repert. 2, p. 221 (1843).

2. **D. fétide**. — ***D. fœtida*** (Sering.)

Tige et Rameaux cylindriques, striés, hérissés de longs poils horizontaux, ainsi que toutes les autres parties aériennes de la plante. — **Feuilles** échancrées à leur base, à 5 fibres palmées, à 3 lobes inégaux, pointus ; le terminal largement ovale, les latéraux très-courts ; velues sur leurs faces, garnies sur leurs bords entiers de cils et de longs poils glanduleux ; fibration à mailles grandes, inégales, mais généralement carrées.— **Stipules** petites, linéaires, aiguës. — **Vrilles** simples, très-irrégulièrement spiralées, poilues. — **Fleurs** blanches ; pédicelle de la longueur du pétiole. — **Sépals** oblongs, poilus en dessous, surtout près du sommet.— **Pétals** oblongs, chauves.— **Etamines ananthérées** jaunes au sommet. — **Capitel** ovoïde, d'un jaune rougeâtre à sa maturité. == Plante d'une odeur désagréable, produite par les poils glanduleux qui s'observent surtout sur les bractéoles ; introduite de l'Amérique méridionale vers l'année 1731, mais peu répandue dans les collections.

Synon. — *Passiflora fœtida*. Cav. 10, tab. 289 ; Sims, bot. mag. tab. 2619 ; Lamk. enc. bot. vol, 3, p. 38* (avec une grande synonymie) ; Willd. spec. 3, p. 619 (1800) ; A. P. Decand. prodr. 3, p. 331 (1828) ; Spach, suit. Buff. 6, p. 275 (1838). — *P. fœtida*, var. 2. Linn. amœn. — *P. variegata*. Mill. dict. jard. éd. franç.

de 1785, vol. 5, p. 448 et 457* — *P. hirsuta.* Lodd. bot. cab. tab. 138. — Allem. *Stinkende Dysosmia, S. Passions blume.* — Angl. *Fetid Dysosmia, F. Passion flower.* (V. S. C.)

3. D. nigelle. — *D. nigellæflora.* (Sering.)

Entièrement recouverte de poils droits, veloutés et soyeux. — **Feuilles** en cœur et à 5 ou 3 lobes inégalement dentés, ciliées et garnies de poils glanduleux qui répandent une odeur forte ; lobe terminal largement lancéolé et courtement acuminé, latéraux peu marqués. — **Stipules** étroitement et courtement frangées, chaque lanière terminée par une glande. — **Vrilles** simples, velues. — **Bractéoles** profondément et étroitement pennatifides, à lobes linéaires et très-nombreux, peu distantes de la fleur. — **Sépals** oblongs, étalés, vert pâle en dessous, blancs en dessus. — **Pétals** blancs, oblongs, obtus, de la longueur des sépals. — **Etamines ananthérées** de la longueur des pétals. — **Capitel** sphérique et velu, ainsi que le style ; stigmate globuleux. = Cette espèce, trouvée par M. Twedie, en 1835, à St-Iago de Estero, sur le Rio-Dulce, a fleuri dans le jardin de Glasgow, en septembre 1838. Elle a besoin d'une bonne serre tempérée.

Synon. — *Passiflora nigelliflora.* Twed. plant. exs. n° 1170 ; Hook. bot. mag. tab. 3635 (février 1838) ; flor. serr. angl. 6, p. 19, tab. 6, fig. 4 (1838).

4. Dysosmie cotonnière. — *D. gossypiifolia.* (Sering.)

Presque entièrement couverte de très-petits poils glanduleux — **Rameaux** striés. — **Feuilles** en cœur, à 3 lobes, le terminal large et un peu plus prononcé, acuminé, bordées de dents écartées. *Pétiole non glanduleux.* Stipules très-étroites, accompagnées de longs poils glanduleux. — **Vrilles** simples, enroulées en spirale conique. — **Bractéoles** profondément et étroitement pennatifides, garnies de poils glanduleux nombreux, plus courtes que la fleur. — **Sépals** oblongs, verts en dessous, blanchâtres en dessus. — **Pétals** de même forme que les sépals. — **Etamines inanthérées** verdâtres. — **Capitel** ovale. = Cette plante, spontanée dans plusieurs parties de l'Amérique méri-

dionale, a paru dans les collections vers 1825. Elle a été envoyée
du Pérou à M. CRUCKSHANKS.

SYNON. — *Passiflora gossypiifolia*. Desv. Dans Hamilt. prodr.
28; Link et Otto. abbild. 51, t. 46; bot. reg. pl. 1634 (décemb.
1833); flor. serr. angl. 1, p. 153, pl 35, fig. 5 (1834); Walp.
repert. 2, p. 221 (1843).

5. **D. ketmie**. — **D. hibiscifolia**. (Sering.)

Presque entièrement chauves, même les jeunes pousses (ou
présentant parfois quelques poils fins et rares). — **Rameaux**
striés, presque cylindriques. — **Feuilles** en cœur à leur base,
vertes, à 3 lobes profonds, le terminal un peu plus grand, les
latéraux munis chacun d'un petit lobe qui fait paraître la feuille
comme à 5 lobes; bords ondulés et obscurément dentés. *Pétiole
non anguleux.* — **Stipules** très petites, bordées de quelques
dents allongées et glanduleuses. — **Fleurs** solitaires, blanchâtres. Bractéoles à divisions capillaires et glanduleuses à leur
extrémité. — **Etamines ananthérées** rougeâtres. = Cette *Dysosmie* a été réunie avec doute, par A. P. DECANDOLLE, avec la
D. cotonnier, mais le velouté g'anduleux qui couvre toutes les
parties foliacées de celles ci ne me semble pas permettre de se
réunir à la *D. ketmie*, qui offre à peine quelques poils épars, et
dont on ne désigne pas la nature. Au reste, des recherches sont
encore à faire pour établir plus nettement les différences qui
existent entre deux plantes que la nature des poils semble
devoir séparer. †

SYNON. — *Passiflora hibiscifolia*. Lamk. enc. bot. 3, p. 39*
(1789); A. P. Decand. prodr. 3, p. 331 (1828), en excluant au
moins le synonyme de Desv. — *Flos passionis albus, folio hibisci
sericeo trilobato.* Herm. parad. 176, t. 176?

6. **D. hastée**. — **D. hastata**. (Sering.)

Tige et Rameaux.... — **Feuilles** en cœur et hastées, à 3 lobes profonds, faiblement dentées, bordées de poils glanduleux
et de poils raides et pointus; lobe terminal oblong-lancéolé,
latéraux courts, ovales, étalés. — **Bractéoles** étroitement frangées. = Trouvée à Guatimala.

Synon. — *Passiflora hastata.* Bertol. flor, qualimal. 27; Walp. repert. 2, p. 221. Description à compléter. †

7. D. ciliée. — *D. ciliata.* (Sering.)

Tige et **Rameaux** herbacés et chauves. — **Feuilles** à 3 lobes profonds, échancrées à leur base, à 3 ou 5 fibres palmées ; *lobes oblongs, acuminés, ciliés ;* les *latéraux beaucoup plus courts et très-étalés. Pétiole non glanduleux,* légèrement poilu. — **Stipules** étroites, profondément pennatilobées. — **Bractéoles** bipennatilobées. — **Vrilles** enroulées en cône très-court et à tours lâches et peu nombreux. — **Fleurs** de 5 à 7 centimètres de diamètre ; pédicelle 3 à 4 fois plus long que le pétiole. — **Pétals** couleur de chair. — **Etamines ananthérées** blanches au milieu, d'un violet foncé aux extrémités. = Espèce spontanée aux Antilles. Introduite en Europe dès 1782.

Synon. — *Passiflora ciliata.* Ait. hort. kew. 3, p. 310 ; Willd. spec. 3, p. 620 (1800) ; A. P. Decand. prodr. 3, p. 331 (1828).— *P. ciliaris.* Curt. bot. mag. tab. 288. – Allem. *Gefranzte Dysosmia, G. Passions blume.* — Angl. *Ciliated Dysosmia, C. Passion flower.*

Genre 4. Lortétie (1). — Lortetia. (Sering.)

Tiges et **Rameaux** faibles et grimpants. — **Feuilles** à 3 lobes plus ou moins disctincts, munies de stipules linéaires. — **Grappes** axillaires de 2 à 5 fleurs, accompagnées d'une vrille d'environ 3 à 5 centimètres de diamètre seulement, et généralement peu apparentes. — **Bractéoles** linéaires, trèspetites, distantes. — Rangées d'**Etamines ananthérées** prenant successivement plusieurs formes dans les deux pre-

---

(1) Ce genre est établi en mémoire de Mme Clémence Lortet, née Richard, qui naquit à Lyon, le 17 septembre 1772, et mourut le 15 avril 1835. A une grande aménité, Mme Lortet joignait de nombreuses connaissances, surtout en botanique. Elle fut l'un des fondateurs de la *Société linnéenne de Lyon* et correspondait de celle de Paris. Ce fut elle qui rédigea, en 1808, le *Calendrier de Flore,* que publia, l'année suivante, le docteur Gilibert. (Voir Roffavier, Notice sur Mme Lortet, Ann. Soc. linn. de Lyon, 1836.)

miers rangs, jusqu'à l'étamine parfaite, presque unies et pliées en éventail dans le troisième rang, en comptant l'extérieur (pl. VII. fig. 2).

Synon. — *Passiflora*, sect. *II, Polyanthea*. A. P. Decand. mém. soc. gen. 1, part. 2, p. 435, prodr. 3, p. 322 (1828), dont nous nous bornons à signaler deux espèces cultivées dans les jardins ; peut-être les quatre autres de cette section établie par Decandolle, appartiennent-elles encore à ce nouveau genre. Nous y joignons deux autres espèces, la *P. biflora* (Lamk.), et la *P. vespertilio* (Linn.). Nous aurions adopté comme genre le nom de la section, employée par Decandolle, mais le nombre des fleurs qui partent de chaque aisselle varie et il est quelquefois réduit à une seule.

Espèce du genre LORTÉTIE. *(Lortetia)*

§ 1. *Quatre à six fleurs à l'aisselle des feuilles-bractées.*

1. Lortétie veloutée.   2. Lortétie à six fleurs.

§ 2. *Une ou deux fleurs à l'aisselle des feuilles-bractées.*

3. Lortétie biflore.   5. Lortétie rude.
4. Lortétie chauve-souris.

§ 1. Quatre à six fleurs à l'aisselle des feuilles-bractées.

1. Lortétie veloutée. — *Lortetia holosericea*. (Sering.)
Flor. jard., pl. VII.

Plante entièrement couverte, sur tous les organes verts, de poils doux et très-nombreux qui ont mérité à l'espèce sa dénomination. — **Rameaux** anciens subéreux. — **Feuilles** ovales, obtusément trilobées ; lobe terminal parfois très-grand, obtus, mais mucroné, ainsi que les latéraux ; munies à la base de leur lame de deux dents allongées et aiguës ; réticulation fine et interrompue (sur le sec). Pétiole court, garni dans son tiers inférieur de deux glandes voûtées, garnies d'un rebord circulaire et d'où transude un liquide transparent. Stipules linéaires-filiformes, très-aiguës, caduques. — **Vrilles** lâches, régulièrement cylindriques, dont la spirale change de direction dans la

moitié de sa longueur. — **Fleurs** jaunâtres, odorantes, disposées en corymbes de 3 à 6 fleurs; pédicelle de la longueur du
bouton. Bouton presque sphérique. — **Sépals** irrégulièrement
bord sur bord, munis de 3 ou 2 fibres, demi-pétaloïdes sur
leur marge. — **Pétals** un peu plus longs que les sépals, obtus
et étalés comme eux. — **Etamines ananthérées** du rang extérieur pourpres à la base et jaunes dans plus des deux tiers supérieurs; deuxième rang formé de filets minces, courts et
capités (anthères demi-développées), et intérieur composé de
filets plats, unis, et pliés en éventail. — **Capitel** velouté, ordinairement infertile dans nos serres. — **Graines.....** = Cette
plante, spontanée dans l'Amérique méridionale, réussit fort
bien dans nos serres tempérées. Elle a été introduite de la Vera-
Crux en 1732.

SYNON. — *Lortetia holosericea*. Sering. herb. et flor. jard.
tab. VII. — *Passiflora holosericea*. Linn. amœn. 1, p. 226, pl. 10,
fig. 15; Cavan. diss. 10, tab. 291; bot. mag. tab. 2015; bot.
reg. tab. 59; A. P. Decand. prodr. 3, p. 323 (1828); Spach,
suit. Buff. 6, p. 261* (1838). (V. V. et S. C.)

2. L. à six fleurs. — *L. sexflora*. (Sering.)

Tige et **Rameaux** cylindriques et striés, un peu velus. —
Feuilles aussi velues, légèrement échancrées à leur base, et,
malgré les trois fibres palmées de leur lame, presque réduites
aux deux lobes latéraux lancéolés, aigus, écartés; troisième
lobe rudimentaire échancré; pétiole non glanduleux. — **Vrilles**
lâchement enroulées en spirale conique. — **Pédoncules** accompagnés de petites bractéoles linéaires-lancéolées. — **Fleurs**
petites. — **Sépals** oblongs, obtus. — **Pétals?.....** — **Etamines**
ananthérées du rang extérieur étalées. — **Capitel** penché, du
volume d'une très-petite cerise. = Plante de Saint-Domingue
et de la Jamaïque, plus remarquable par ses feuilles à 2 lobes
très-écartés que par ses petites fleurs groupées en faisceaux
aux aisselles des feuilles bractées.

SYNON. — *Passiflora sexflora*. A. L. de Juss. ann. mus. vol. 6,
p. 110*, tab. 37, fig. 1 (1805); A. P. Decand. prodr. 3, p. 323
(1828).

§ 2. Une ou deux fleurs à l'aisselle des feuilles-bractées.

3. L. biflore. — *L. biflora.* (Sering.)

Entièrement chauve. — **Tige** et **Rameaux** anguleux, striés.
— **Feuilles** très-coriaces, presque sessiles, faiblement échancrées à leur base, à 2 lobes très-écartés et très-obtus, presque
en forme de croissant, à sommet émoussé, mais à 3 fibres principales palmées, terminées par autant de courts mucrones.
Réticulation à fibres très-fines, à mailles complètes et très-
saillantes sur les faces (sur le sec), quelques glandes disposées
en forme de V sur la lame ; pétiole très-court, non glanduleux ;
stipules petites, aiguës, dépassant un peu le pétiole. — **Vrilles**
assez régulièrement enroulées en cylindre lâche. — **Fleurs**
d'un blanc jaunâtre, géminées à l'aisselle des feuilles-bractées,
pendantes. Pédicelle presque aussi long que la feuille, portant
3 bractéoles raides, très étroites, aiguës et écartées. — **Sépals**
obtus, à peine mucronés. — **Pétals** obtus, presque de la longueur des sépals. — **Etamines ananthérées** sur 3 rangs, formés
comme les caractères du genre l'indiquent. — Cette espèce, qui
paraît originaire de l'Amérique méridionale, est surtout remarquable par la forme de ses feuilles. Elle a été introduite dans
l'Europe en 1783.

Synon. — *Passiflora biflora.* Lamk. enc. bot. vol. 3. p. 36, *
(1789) ; A. P. Decand. prodr. 3, p. 326. — *P. lunata.* Smith*
icon. pict. tab. 1 ; bot. mag. tab. 577 ; Juss. herb. d'après A. P.
Decand. prodr. 3, p. 331 (1828) ; bot. mag. tab. 2354 ? —
P. vespertilio. Lawr. pass. tab. 8 (non Linn.). — Franç. *Passiflore biflore, P. lunulée.* — Angl. *Crescent leaved Polyanthe, Cres-
cend leaved Passion flower.* (V. V. et S. du jard. de Turin.)

4. L. chauve-souris. — *L. vespertilio.* (Sering.)

Tige et **Rameaux** cylindriques, striés, d'un rouge brun. —
Feuilles à 2 lobes entiers, presque horizontaux, irrégulièrement lancéolés, mucronés ; fibres palmées ; dorsale très-courte,
tandis que les latérales sont 2 ou 3 fois plus longues ; fibration
très-irrégulière (d'après les dessins) ; deux glandes purpurines
à l'angle des 3 fibres principales ; pétiole plus long que la feuille,

sans glandes, et muni de deux stipules très-petites et en forme de dents. — **Vrilles** courtes, coniques-cylindriques, à spires lâches à leur base et peu nombreuses. — **Fleurs** blanches, solitaires, plus grandes que celles de l'espèce précédente, à pédicelle un peu plus long que le pétiole. — **Bractéoles**?..... — **Sépals** et **Pétals** oblongs, obtus. — Rang extérieur des **Étamines inanthérées** plus long ou égalant les sépals. = Cette singulière espèce, que les uns rapportent à l'Amérique boréale, d'autres au Brésil, MILLER comme provenant des environs de Carthagène, dans la Nouvelle-Espagne, où elle a été trouvée par ROBERT-MILLAR, a des feuilles assez variables de forme et qu'on a comparées aux ailes d'une chauve-souris; en général, les 2 lobes sont très-divergents; elles offrent une grande largeur et très-peu de longueur, elles sont quelquefois en forme de V dont une partie de l'angle serait comblée.

SYNON, — *Passiflora vespertilio.* Linn. amœn. 1, p. 223, pl. 10, fig. 11 (très-médiocre); A. P. Decand. prodr. 3, p. 326 (1828); Kerr, bot. reg. tab. 597; Cav. diss. 10, p. 447, tab. 271; Mill. dict. jard. éd. franç. vol. 5, p. 449 et 458 (1785) (1); Willd. spec. 3, p. 613 (1800). — *P. Maximiliana.* Bory, ann. gén. 1819, 2, p. 149, tab. 24; A. P. Decand. prodr. 3, p. 326 (1828), d'après lequel je cite le reste de la synonymie, sans pouvoir l'affirmer. — *P. discolor* Link. et Otto, abh. 1, p. 13, tab. 5 (1820); Lodd. bot. cab. tab. 565; Walp. répert. 2, p. 219 (1843). — *Granadilla bicornis, flore candido, filamentis intortis.* Dill. hort. elth. tab. 137, fig. 164 (1774). — Allem. *Fledermaus artige Passions blume.* — Angl. *Bat-Winged Passion flower* (2).

(1) MILLER décrit des fleurs de 3 pouces de diamètre (8 centim.), ce qui me parait fort douteux, à en juger par les figures données par KERR et par DILLEN.

(2) La *Passiflore petite* (*P. minima*) devrait encore être placée dans ce genre, d'après la forme des diverses rangées d'étamines inanthérées, mais comme on la décrit sans pétals, je m'abstiens, quoique à regret, de la rapporter à ce nouveau genre, dont elle a cependant d'ailleurs tous les caractères. J'y reviendrai plus tard pour le travail que je prépare sur la belle famille des PASSIFLORACÉES.

5. **Lortétie rude.** — *Lortetia aspera.* (Sering.)

Tige et **Rameaux** cylindroïdes, couverts, ainsi que les organes foliacés, de poils ternes, naissant de petites protubérences
très-nombreuses, qui donnent à leur surface une certaine rudesse. — **Feuilles** poilues et rudes, ciliées, échancrées à leur
base, terminées par 3 lobes; les *latéraux écartés en V ouvert* et
*quelquefois inégalement bilobés; le terminal à peine visible; fibres
saillantes sur les deux faces,* même sur le frais; réticulation peu
marquée; pétiole cylindroïde, à peine canaliculé, de la même
longueur que la dorsale de la feuille. Stipules linéaires, aiguës,
très-courtes. — **Vrilles** fortement enroulées en spirale serrée.
— **Fleurs** solitaires, odorantes. Pédicelle une fois plus long que
le pétiole, cylindrique, articulé tout près du sommet, et sans
bractéoles. — **Sépals** étalés ou réfléchis, verdâtres, oblongs,
courtement mucronés, à peine unis à leur base en tube trèsévasé, blanc-verdâtres en dessous. — **Pétals** moitié plus courts
que les sépals, blanchâtres, obtus, ou obscurément à 2 ou 3
dents très-inégales au sommet. — **Etamines ananthérées** étalées, violettes dans leur moitié inférieurement et blanches
ensuite; très-petites dans le deuxième rang, unies en tube
dans le troisième, et formant une petite coupe autour de l'axe
mince et chauve. — **Anthères** ovales, verticales (et non transversales). — **Styles** horizontaux, rougeâtres; stigmates verdâtres. — **Capitel** ovoïde, très-velu. = Cette espèce, dont la patrie
m'est inconnue, est certainement distincte de la *L. chauve-
souris,* elle s'en distingue par ses poils très-mous dans cette dernière et rudes dans la *L. rude.* Les deux glandes qui s'observent
à l'angle des bifurcations dans la *L. chauve-souris,* manquent
absolument dans la *L. rude.* D'ailleurs, la fleur de cette dernière ressemble parfaitement à la *L. veloutée,* et ses feuilles
répandent une odeur désagréable lorsqu'elles commencent à
se faner.

Synon. — *Granadilla aspera.* Sering. ill. flor. jard. mss. —
Passiflora rubra. bot. mag. tab. 95? (V. V. et S. C. incompl.
jard. Lyon.)

Genre 5. **Murucuïa.** — **Murucuïa.** (Tournef.)

Feuilles bi ou trilobées; pétiole non glanduleux; stipules coniques-cylindriques, pointues, raides. — **Fleurs** solitaires ou géminées; pédicelle portant, vers le milieu de sa longueur, 3 bractéoles linéaires, aiguës, distantes; tube des **sépals** court et relevé de côtes; lames oblongues-linéaires, ne portant pas au-dessous de leur sommet de pointe filiforme comme dans les *Grenadilles*. — **Etamines ananthérées** disposées sur un seul rang, aplaties, unies entre elles en un tube tronqué qui entoure largement la colonne portant les **Etamines normales** et le capitel. — **Graines** enveloppées dans une arille, et creusées de petites fossettes.

Synon. — *Murucuïa*. Tournef. inst. p. 241, tab. 125 (1719), très-bonne; A. L. de Juss. gen. 398; A. P. Decand. prodr. 3, p. 333 (1828); Meisn. gen. 124; Endl. gen. p. 927 (1839).

Murucuïa écarlate. — *Murucuia ocellata.* (Pers.)

Plante entièrement chauve. — **Tige** et **Rameaux** minces, striés. — **Feuilles** coriaces, à deux lobes obtus et échancrés, arqués en croissant; garnies de 2 rangées de glandes; fibres très-nombreuses, saillantes sur les deux faces; pétiole non glanduleux; stipules coniques-filiformes, aiguës. — **Pétals** plus courts que les sépals, tous les deux d'un rouge vif. — **Axe** de la fleur s'élevant manifestement au-dessus des sépals. — **Capitel** elliptique, violet, du volume d'une olive. — Plante indigène dans la Guiane et aux Antilles, introduite dans nos serres tempérées en 1730, et qui demande la même culture que les autres Passifloracées. Elle est remarquable par la singularité du cône tronqué qui entoure la colonne centrale et par la vivacité de la couleur de sa fleur.

Synon. — *Murucuïa ocellata*. Pers. ench. 2, p. 222 (1806); A. P. Decand. prodr. 3, p. 333 (1828); Spach, suit. Buff. 6, p. 278, tab. 51, fig. 1 (1838). — *Passiflora murucuïa*. Linn. amœn. 1, tab. 10, fig. 10; Cavan. diss. 10, tab. 287, bot. reg. tab. 574;

Tuss. flor. ant. 1, p. 70, tab. 71. Descourt. tab. 62. — *Murucuia
folio lunato*. Tournef. inst. p. 241. — *Clematis indica, flore pu-
niceo, folio lunato*, Plum. 72, tab. 87. — Franç. *Murucuia* ou
Passiflore écarlate. — Angl. *Smal-eyed Murucuia*(1). (V.V. et S. C.)

Genre 6. **Tacsonie. — Tacsonia** (2). (A. L. DE JUSS.)

Arbrisseaux sarmenteux, munis de vrilles axillaires. —
Feuilles lancéolées, entières ou lobées, munies de stipules
formant souvent une espèce de manchette autour de la tige. —
Bractéoles grandes, *lancéolées, unies à leur base à la manière
des bractéoles* (ou involucre) *de quelques* MALVACÉES. — Tube
des **Sépals** et des **Pétals** *souvent très-long*, toujours *plus
prolongé que dans les Grenadilles*. — **Étamines ananthérées**
dépassant peu le tube. — **Fruits.....** = On doit vivement
regretter que les espèces de ce genre et du suivant n'aient pas
encore été introduites dans nos jardins. Les voyageurs devraient bien faire tous leurs efforts pour importer ces magni-
fiques plantes.

SYNON. — *Tacsonia*, sect. 1, *Eutacsonia*. et sect. 2, *T. brac-
teogama*. A. P. Decand. prodr. 3, p. 333 et 334 (1828). —
Tacsonia. A. L. de Juss. mém. mus. 6, p. 392 (1805).

Espèces du genre TACSONIE. *(Tacsonia.)*

§ 1. *Feuilles entières, non lobées ; Stipules très-petites ou nulles.*

1. Tacsonie laineuse.   2. Tacsonie hybride.

§ 2. *Feuilles lobées ; Stipules souvent réniformes, larges et dentées.*

3.	Tacsonie glanduleuse.	7.	Tacsonie à manchette.
4.	— à stipul. pennatilobées.	8.	— très-chauve.
5.	— trifoliée.	9.	— tripartite.
6.	— à fleurs réfléchies.	10.	— à long pédicelle.

(1) Une seconde espèce est décrite par les auteurs (*M.* ORBICULATA), mais
comme elle manque de pétals, il est probable qu'elle devra constituer un autre
genre.

(2) Nom que les Péruviens donnent à l'une des espèces de ce genre.

§ 1. Feuilles entières, non lobées ; Stipules très-petites ou nulles.

1. Tacsonie laineuse. — *Tacsonia lanata*. (A. L. de Juss.)

Parties vertes garnies d'un duvet laineux roussâtre, épais et comme cardé. — **Feuilles** lancéolées-en cœur, acuminées, ridées et très-vertes en dessous ; pétiole très-fort et très-court, sans stipules. — **Fleurs** solitaires, même le plus souvent sans vrille. — **Bractéoles** *unies* dans environ la moitié de leur longueur. — Tube des **Sépals** cylindrique, plus gros qu'une forte plume de dinde et long de 8 à 9 centimètres ; lames oblongues, ascendantes. — **Étamines** et **Stigmates** de la longueur des sépals et des pétals. — **Fruit.....** = Cette belle espèce habite les Andes de Quito.

Synon. — *Tacsonia lanata*. A. L. de Juss. mém. mus. 6, p. 392, tab. 59, fig. 1 (1805).

2. T. hybride. — *T. adulterina*. (A. L. de Juss.)

Tige anguleuse. — **Feuilles** ovales, presque entières, roulées en dessous et laineuses chauves en dessus ; fibres pennées ; pétiole non glanduleux ; stipules linéaires-lancéolées, dentées, de la longueur du pétiole. — **Pédicelle** plus long que le pétiole. — **Bractéoles** ovales-lancéolées. — **Fleurs** à tube commun de 9 centim. et presque autant de diamètre. — **Étamines ananthérées** très-courtes et extrêmement minces. — **Capitel** ellipsoïde, moucheté, du volume d'un œuf de poule. = Plante spontanée dans la Nouvelle-Grenade.

Synon. — *Tacsonia adulterina*. A. L. de Juss. ann. mus. 6, p. 393. A. P. Decand. prodr. 3, p. 333 (1828) ; Spach, suit. Buff. 6, p. 279 (1838). — *Passiflora adulterina*. Linn. fil. suppl. 408 ; Smith, plant. inéd. tab. 24 ; Cavan, diss 10, tab. 278.

§ 2. Feuilles lobées ; Stipules souvent réniformes, larges et dentées.

3. T. glanduleuse. — *T. glandulosa*. (A. L. de Juss.)

Chauve sur toutes ses parties. — **Tige** et **Rameaux** presque cylindriques. — **Feuilles** entières, ovales, aiguës et coriaces. Pétiole court, garni de 2 glands, près de sa base ; stipules petites. — **Fleur** solitaire, sortant de l'aisselle des feuilles-brac-

técs. — **Pédicelle** court, accompagné vers le sommet de 2 ou
3 **Bractéoles** spiralées que recouvrent autant de glandes (d'où il
est venu son nom). — Tube des **Sépals** mince, cylindrique, mais renflé à sa base, de 2 centim. de long, orifice garni
d'un rebord membraneux, denté et légèrement frangé, entouré
d'une couronne de languettes qui partent extérieurement de sa
base, et est à peu près de la même longueur; lames rousses en
dessous. — **Pétals** rouges. — **Capitel** ovoïde, du volume d'un
œuf de poule. = Habite Cayenne. Cette espèce paraît avoir des
caractères dans la fleur qui nécessiteront l'établissement d'un
genre nouveau.

SYNON. — *Tacsonia glandulosa.* A. L. de Juss. ann. mus. 6
p. 391 (1805); Spach, suit. Buff. 6, p. 282 (1838). — *Passiflora
glandulosa.* Cavan. diss. 10, p. 453, tab. 281, c.

4. T. à stipules pennatilobées. — *T. pennatisti-pula.* (A. L. de Juss.)

Tige et **Rameaux** quadrangulaires, cotonneux, ainsi que
presque tous les organes foliacés. — **Feuilles** trilobées jusqu'à
la moitié, légèrement échancrées à leur base, blanches et veloutées en dessous, luisantes en dessus, rugueuses dans leur
vieillesse; lobes lancéolés, dentés, pointus; stipules pennatifides, à lobes étroits. Pétiole portant 6 à 8 glandes. — Tube des
Sépals très-long, garni à son orifice d'un appendice circulaire,
membraneux, qui rappelle les filets ananthérés des *Grenadilles.*
— **Bractéoles**..... petites, ovales et dentées. — **Pétals** rose pâle
en dessus. — **Étamines ananthérées** bleues, moitié plus
courtes que les sépals. = Cette magnifique plante, introduite
depuis une quinzaine d'années en Angleterre, est indigène du
Chili.

SYNON. — *Tacsonia pinnatistipula.* A. L. de Juss. ann. mus. 6,
p. 393 (1805); A. P. Decand. prodr. 3, p. 334 (1828); Don dans
Sweet, brit. flow. gard. sér. 2, tab. 156; bot. reg. tab. 1536;
Spach, suit. Buff. 6, p. 280* (1838). — *T. tomentosa.* A. L. de Juss.
ann. mus. 6, p. 396 (1828); A. P. Decand. prodr. 3, p. 334 (1828).
— *Passiflora pinnatistipula.* Cavan. icon. 5, tab. 428. Et selon
Steud. nom. éd. 2, on doit encore y ajouter la synonymie sui-

vante : — *P, tomentosa*. Cav. diss. 10, tab. 275, 276. — *P. tiliœfolia*. Molina. — *P. Chilensis*. Miers.

5. **T. trifoliée** (1). — *T. trifoliata*. (A. L. de Juss.)

Plante cotonneuse, blanchâtre. — **Tige** et **Rameaux**..... — **Feuilles** trilobées ; lobes ovales oblongs, entiers. Pétiole non glanduleux ; stipules entourant à demi les rameaux, ciliées, dentées. — **Bractéoles** grandes, arrondies et ciliées. — Tube des **Sépals** très-allongé. = Plante spontanée au Pérou.

Synon. — *Tacsonia trifoliata*. A. L. de Juss. ann. mus. 6, p. 393 (1805) ; A. P. Decand. prodr. 3, p. 334 (1828). — *Passiflora trifoliata*. Cav. l. c.

6. **T. à fleurs réfléchies**. — *T. reflexiflora*. (A. L. de Juss.)

Feuilles trilobées ; lobes arrondis et entiers, bordés de 6 glandes dans leur sinus et d'un nombre égal sur le pétiole. — **Bractéoles** aiguës, entières. — Tube des **Sépals** de longueur médiocre, garni à son orifice de petites protubérences bleues disposées circulairement. — Lames des **Sépals** et des **Pétals** renversées.

Synon. *Tacsonia reflexiflora*. A. L. de Juss. ann. mus. 6, p. 393 (1805). — *Passiflora reflexiflora*. Cav. l. c.

7. **T. à manchette**. — *T. manicata*. (A. L. de Juss.)

Tige et **Rameaux** anguleux, à peine garnis de quelques poils vers le sommet. — **Feuilles** profondément lobées, mais à trois lobes dentés, plus larges et plus courts que dans l'espèce précédente, chauves en dessus, un peu veloutés en dessous, en bouclier à leur base. Pétiole court, garni de quelques glandes sessiles. Stipules réniformes, très-arrondies, courtes, dentées dans leur bord supérieur, et entourant les rameaux à la manière d'une manchette. — **Vrille** à tours irréguliers. — **Bractéoles** ovales, aiguës, finement dentées et un peu coton-

---

(1) Ce mot doit être pris non pour une feuille composée de 3 folioles, mais de 3 lobes si profonds qu'ils figurent une feuille composée.

neuse. — **Pédicelle** une fois plus long que le pétiole. — **Tube**
des **sépals** renflé inférieurement, dépassant à peine les bractéoles, et beaucoup plus court que dans l'espèce précédente.
Étamines aannthérées sortant un peu du tube commun. Axe
de la fleur manifestement prolongé au-dessus du tube des sépals. Étamines et carpels assez semblables avec ceux du genre
Grenadille — **Fruit** globuleux et chauve. = La plante spontanée a été trouvée aux environs de Loxa, par Humb. et Bonpland.

Synon. — *Tacsonia manicata*. A. L. de Juss. ann. mus. 6,
p. 393, tab. 59, fig. 2 (1805); A. P. Decand. prodr. 3, p. 334
(1828).

8. **T. très-chauve. — *T. glaberrima*.** (A. L. de Juss.)

Entièrement chauve. — **Tige** anguleuse. — **Feuilles** coriaces,
à 3 lobes ovales-lancéolés et dentés, presque égaux entre eux,
à denture presque épineuse. Pétiole portant à son sommet
2 petites glandes pédicellées. Stipules arrondies, dentées d'un
côté et en forme de crête, comme dans la *T. à manchette*. —
Pédicelle de la longueur du pétiole. — **Bractéoles** plus courtes
que le **tube des sépals**, dont l'orifice est tuberculeux, mais sans
filets ananthérés. = Habite les lieux ombragés des environs de
Loxa et de Guamani (Andes du Pérou).

Synon. — *Tacsonia glaberrima*. A. L. de Juss. ann. mus. 6,
p. 494 (1805); A. P. Decand. prodr. 3, p. 335 (1828).

9. **T. tripartite** (1). **— *T. tripartita*.** (A. L. de Juss.)

Tige et **Rameaux** presque cylindriques, les jeunes un peu
velus. — **Feuilles** longues de 8 à 9 centimètres, profondément
divisées en trois lobes oblongs, un peu écartés, dentés, lisses en
dessus, cotonneuses en dessous; stipules réniformes, dentées,
entourant le rameau et se terminant chacune en une pointe
aiguë très-étroite. — **Vrille** très-irrégulièrement enroulée. —
Pédicelle plus long que le pétiole. — **Bractéoles** ovales lancéolées, aiguës, unies dans leur moité inférieure. — Tube des

____

(1) Très-profondément divisée en trois lobes, imitant presque une feuille
composée.

Sépals cylindrique, en massue ; orifice muni d'une couronne de
petites protubérences, à lame oblongue et étalée, ainsi que
celle des pétals et de couleur rose. — **Etamines** et **Carpels**
moins longs que les sépals. — **Fruit** oblong. jaune, d'une odeur
agréable et mangeable. = Plante spontanée près de Tungura-
gua. Elle est très-voisine des *T. tomenteuse* et *mixte*, qui ont
aussi leur tube très-gros et les feuilles trilobées, mais leurs
lobes sont plus larges et leurs fleurs plus grandes.

SYNON. — *Tacsonia tripartita.* A. L. de Juss. ann. mus 6,
p. 395, tab. 60 (1805); A. P. Decand. prodr. 3, p. 334 (1828).

10. T. à long pédicelle. — *T. peduncularis* (A. L. de Jus.)

Cette espèce est voisine de la précédente, de la *T. mixte* et
de la *T. tomenteuse*, mais ses **Feuilles** ont leurs lobes plus courts
et plus arrondis et les pédicelles plus longs. Le tube des
Bractéoles est en cône renversé, évasé et crénelé au sommet,
et le tube des **Sépals** est plus court. = Habite le Pérou, d'où
elle a été transportée en Europe en 1815.

SYNON. — *Tacsonia peduncularis.* A. L. de Juss. ann. mus. 6,
p. 395 (1805); A. P. Decand. prodr. 3, p. 334 (1828). — *Passiflora peduncularis.* Cav. icon. 5, tab. 426 (1).

Genre 7. **Psilanthe. — Psilanthus.** (A. L. DE JUSS.)

Plante sarmenteuse. — **Feuilles** entières, à petites stipules.
— **Pédicelle** garni vers la moitié de sa longueur d'une à
quelques bractéoles très-petites et presque piquantes. — **Vrille**
axillaire comme le pédicelle, *nues à leur base. Tube très-long,*
cylindrique. — **Pétals** *linéaires beaucoup plus courts que les*
sépals, qui sont terminés en pointe au-dessous du sommet. —
Etamines anthérées 5 comme dans les *Grenadilles*; étamines incomplètes à peine visibles hors du tube. — **Fruit**
comme dans les *Grenadilles*, mais dont le support est entouré

(1) D'autres espèces de ce beau genre sont moins bien connues et décrites par
A. P. Decand. prodr. 3, p. 334 et suivantes (1828), et par Walpers, repert. 2,
p. 222 (1843).

par la base persistante des étamines unies en tube companulé
(voir en outre les caractères très-tranchés de l'espèce).

Synon. — Genre proposé par A. L. Juss. dans ann. mus. 6,
p. 390, pl. 58 (1805), et employé par A. P. Decand. prodr. 3,
p. 335 (1828), comme sect. IV du genre *Tacsonia*.

Psilanthe à trois fibres. — *Psilanthus trinervia.*(Ser.)

Tige et **Rameaux** anguleux, garnis d'un duvet soyeux. —
Feuilles ovales-oblongues, entières, lisses en dessus et cotonneuses en dessous, presque échancrées à leur base, à 3 fibres
parallèles, terminées par 3 lobes peu prononcés, surtout les
2 latéraux. Pétiole court, dépourvu de glandes. Stipules très-
petites, étroites, pointues et raides. — **Vrille** allongée, à tours
serres, mais étroits. — **Fleurs** rouges et pendantes. Pédicelle
dépassant la longueur de la feuille. Tube atteignant jusqu'à
10 à 12 centimètres. — **Pétals** très-petits, linéaires, au
moins de moitié plus courts que la lame des **Sépals** oblongs et
étalés. — **Etamines** et **Styles** de la longueur des pétals, à *filets
dilatés pétaloïdes* à leur base, et *unis en un tube en cloche qui persiste pendant la maturation,* — **Styles** filiformes terminés en
stigmates sphériques. — **Fruits** ovoïdes..... = Plante de l'Amérique méridionale, sur les bords du fleuve Cassiquare. La *Passiflore à fleurs vertes* (**P.** *viridiflora*) paraît avoir des rapports
avec le genre *Psilanthe,* mais elle manque de Pétals et le tube
commun est beaucoup moins long et non accompagné de bractéoles (1).

Synon. — *Tacsonia trinervia.* A. L. de Juss. (lieu cité au genre)
pl. 58 (1805); Kunth, syn. s. p. 440 (1822); A. P, Decand.
prodr. 3, p. 335 (1828).

---

(1) Feuilles en bouclier et trilobées, pétiole muni de 2 glandes, stipules lancéolées. Tout porte à croire qu'elle constituera un genre particulier, quand on
l'aura mieux étudiée.

fam. 13. GROSSULACÉES. — GROSSULACEÆ. (Lindl.)

Tiges et Rameaux cylindroïdes, le plus souvent chauves; écorce s'exfoliant chaque année en pellicules assez minces. — **Arbrisseaux** sans épines dans les genres *Groseiller* et *Siphocalice* ; épineux dans les *Grossulaires* et la *Robsonie* ; aiguillons souvent à 3 pointes (rarement 1 ou 2) placés sous chaque feuille, et en outre parfois nombreux et disposés sur tout le rameau. — **Feuilles** spiralées, à pétiole élargi à sa base, près de laquelle il est souvent cilié, dépourvues de stipules ; lame palmée, plus ou moins pliée en éventail, à 3 ou 5 lobes; dentées ou crénelées; non gaufrées et à fibres non réticulées mais en relief sur les faces dans le genre *Siphocalice*, plus ou moins gaufrées et à fibres en relief seulement sur la face inférieure, et réticulées dans les 3 autres genres. — **Fleurs** ordinairement peu apparentes, disposées en grappes simples, quelquefois peu fournies et même assez souvent géminées seulement, occupant le sommet des rameaux latéraux, dressées ou pendantes; chaque fleur naissant de l'aisselle d'une bractéole entière. — **Sépals** 5 (rarement 4) unis plus ou moins haut ; lames entières, bord sur bord, se fanant sur place avec les autres organes floraux, tandis que la base de leur tube, allongée et distendue concourt à former le fruit, et prend un aspect souvent transparent. — **Pétals** 5 ou 4, alternes, courts, libres dans leur partie visible, mais tapissant toute la face interne du tube. — **Étamines** 5, rarement 4, placées devant les sépals, se fanant sur place avec la portion libre des autres parties florales, qu'elles dépassent rarement beaucoup. —

Carpels 2 ablamellaires, courbés dans tous les sens et
formant un capitel sphérique ou ovoïde, succulent,
constitué par tous les organes de la fleur, dont les
parties libres se dessèchent, se crispent et restent jusqu'à sa maturité parfaite, tandis que le tube avec toutes
les parties qui le tapissent et les carpes forment le
fruit très-composé connu sous le nom vulgaire de
Groseille. — Graines nombreuses, anguleuses, horizontales, disposées longitudinalement en 3 masses, enveloppées d'une arille gélatineuse, épaisse, très-trans-
parente. Funicule parcourant la moitié de la longueur
du derme et traversant ensuite le mésoderme et l'endo-
derme pour atteindre l'albumen charnu, qui renferme
un petit embryon cylindrique; cotylédons elliptiques,
ou oblongs, rarement circulaires, foliacés, presque
planes, de la longueur de la racine cylindrique et
obtuse. = Presque toutes les espèces de la petite famille des GROSSULACÉES sont indigènes sous la zòne
tempérée de l'hémisphère septentrional et surtout dans
l'Amérique, où elles sont abondantes dans l'immense
chaîne des Andes; mais on n'en a trouvé aucune dans
l'ancien continent, ni dans les montagnes de la zòne
torride, ni dans l'hémisphère austral. Un assez grand
nombre d'espèces sont cultivées soit à cause de leur feuillage précoce, soit pour l'élégance de leurs fleurs, et
quelques autres pour l'utilité de leurs fruits. L'odeur
particulière que répandent les feuilles de quelques-unes
d'entre elles, due à une résine aromatique, les a fait
conseiller en infusion comme diurétiques. Ces arbustes
servent surtout à garnir les bords des massifs. — Cette
famille a été formée d'abord par un seul genre, qui

renfermait primitivement un petit nombre d'espèces, mais les voyageurs en font connaître journellement de nouvelles, et les diverses modifications organiques qu'elles présentent ont bientôt nécessité des sous-genres, qu'il paraît plus rationnel actuellement d'ériger en genres, vu les caractères tranchés que présentent quelques groupes.

Synon. — *Grossulacées*. Lindl. introd. éd. 2, p. 26. —Genre *Ribes*, rapporté à la famille des Opontiacées. A. L. de Juss. gen. p. 316 (1789). — *Grossulariacées*. Lamk et Decand. flor. franç. 4, p. 406 (1805). A. P. Decand. prodr. 3, p. 477 (1828); Berland. mém. gross. dans mém. soc. phys. gen. 3, p. 43 ; Bartl. ord. nat. 275 (1830) Spach, ann. scienc. nat. 4, p. 16 (1826) et suit. buff. 6, p. 144 (1838). — *Ribesiæ*. A. Rich. mat. med. p. 487 (1823). — *Ribesiaceæ*. Endl. gen. p. 823 (1839).

TABLEAU DES GENRES DE LA FAMILLE DES *GROSSULACÉES*.

§ 1. *Aiguillons nuls.*

1. **Groseiller** (*Ribes*). Rameaux non épineux. Organes floraux en nombre quinaire. Partie adhérente du tube des sépals à peu près de la longueur du reste de la fleur. Feuilles échancrées à leur base, très-gaufrées, à fibres saillantes en dessous seulement et réticulées.

2. **Siphocalice** (*Siphocalyx*). Rameaux sans épines. Organes floraux en nombre quinaire. Partie adhérente du tube des sépals beaucoup plus courte que celle qui n'est point soudée aux carpes. Feuilles en coin à leur base ou bien tronquées, à fibres saillantes sur les deux faces et non réticulées.

§ 2. *Rameaux garnis d'aiguillons.*

3. **Grossulaire** (*Grossularia*). Rameaux épineux. Organes floraux en nombre quinaire. Partie adhérente du tube des sépals environ de la longueur de celle qui n'est point soudée aux carpes. Feuilles à fibres saillantes en dessous seulement.

4. **Robsonie** (*Robsonia*). Rameaux épineux. Organes floraux en nombre quaternaire. Feuilles non échancrées à leur base. Etamines très-saillantes hors de la fleur.

§ 1. Genres privés d'aiguillons au-dessous de la naissance des feuilles.

Genre 1. **Groseiller.** — **Ribes.** (Sering.)

Arbustes non munis d'aiguillons sous la naissance des feuilles. — **Feuilles** gaufrées, à fibres saillantes en dessous et réticulées, pliées en éventail dans leur jeunesse; pétiole dilaté à sa base, et souvent comme accompagné de stipules qui seraient adhérentes. — **Fleurs** verdâtres ou rouges, accompagnées de bractéoles membraneuses. — **Étamines** dépassant peu les pétals ou plus courts qu'eux. = Nous avons réduit l'ancien genre *Groseiller* aux espèces non épineuses et à portion non adhérente du tube des sépals à peu près de la même longueur que celle qui est soudée aux carpels.

SYNON. — *Ribes.* Sering. herb. — *Ribes*, sect. III, *Ribesia.* Berland. mém. soc. phys. gen. 3, part. 2, p. 43, t. 1 et dans A. P. Decand. prodr. 3, p. 479 (1828); Endl. gen. p. 824 (1839). — *Ribes* et *Botrycarpium.* A. Rich. bot. med. 2, p. 487 (1823). — *Calobotrya.* Spach, ann. scienc. nat. sér. 2, p. 21 (juill. 1838). — *Coreosma.* Spach, l. cit. p. 22 (1835), suit. Buff. 6, p. 154 (1838). — *Rebis*, Spach, ann. l. c. p. 11 (1835). — *Cerophyllum.* Spach, suit. Buff. 6, p. 152 (1835). — *Botrycarpium.* A. Rich. bot. med. et Spach, suit. Buff. 6, p. 158 (1835). — *Ribes.* Spach, suit. Buff. 6, p. 160 (1835).

Espèces du genre GROSEILLER (*Ribes*).

* 1. *Feuilles non garnies de glandes.*

1. Groseiller rouge.	4. Groseiller des rochers.
2. — multiflore.	5. — sanguin.
3. — couché.	6. — des Alpes.

*2. *Feuilles munies de points glanduleux sessiles, principalement sur leur face supérieure.*

7. Groseiller Cassis.	9. Groseiller cireux.
8. — de la Floride.	10. — enivrant.

* 3. *Feuilles garnies de poils glanduleux.*

11. Groseiller résineux.

* 1. Feuilles non garnies de glandes.

1. Groseiller rouge. — *Ribes rubrum*. (Linn.)

Arbrisseau de 1 à 3 mètres. — **Rameaux** dressés ; jets de l'année légèrement velus. — **Feuilles** à 3 lobes bien marqués et deux latéraux à peine visibles, tous inégalement dentés, échancrées à leur base, largement et inégalement réticulées, velues en dessous surtout pendant la fleuraison et non glanduleuses ; pétiole très-large à sa base qui est ciliée. — **Grappes** de 8 à 14 fleurs petites jaunâtres, peu apparentes, horizontales pendant la fleuraison, puis pendantes. Bractéoles larges, courtes, arquées, n'atteignant pas la moitié du pédicelle. — **Sépals** transversalement elliptiques, brusquement onguiculés, étalés, unis dans leur moitié inférieure en tube demi ovoïde, dans la partie adhérente, puis très-évasé. — **Pétals** obcordés, beaucoup plus petits que les sépals, étalés. — **Étamines** presque aussi longues que les sépals ; anthères à loges sphériques. — **Carpels** à styles unis dans leur moitié inférieure, divergents ensuite ; stigmates petits, blanchâtres, presque globuleux. — **Capitels** sphériques, chauves, lisses, luisants, acides, rouge-foncé, roses ou blancs jaunâtres. — **Graines** jaunes, anguleuses. = Espèce spontanée dans les bois humides de l'Europe. Fleurit en avril ou mai. A cultiver le long des murs à l'ombre ou dans les lieux frais ; réussit cependant assez bien en plein champ. — Les fruits, qui se conservent très-longtemps sur l'arbre, même une partie de l'hiver, si l'on empaille la plante, varient du rouge très-foncé, au rose clair et au blanc jaunâtre. On a aussi obtenu depuis quelques années deux variétés remarquables à fruits plus gros que nos variations communes. — Cette plante se propage si facilement de bouture, marcotte, ou d'éclats qu'on ne se donne guère la peine de la semer, cependant ce serait le seul moyen d'obtenir successivement de plus belles variétés. — L'utilité de la Groseille est bien connue de tout le monde, elle est acide et astringente.

SYNON. — *Ribes rubrum*. Linn. spec. 290 (1764). Smith, engl. bot. tab. 1289 ; flor. dan. tab. 967. Guimp. et Hayn. deutsch. holz. tab. 19. Willd. spec. 1, p. 1153 (1797). Poit. et Turp.

arbr. fruit. tab. 23. Sturm, flor. germ. fasc. 4 et figure,
Berland. mém. soc. phys. gen. vol. 3 part. 2, p. 43 pl. 2 fig. 15.
Spach, suit. buff. 6, p. 165 (1838). — *Ribes vulgare*. Lamk.
enc. bot. 3, p. 47 (1789). — Franç. *Groseille, Raisin de mars.*
— Angl. *Red current,* — Allem. *Gemeine johannisbeere*. (V. V.
et S. C. et S.)

Var. 1. **rouge** (*rubrum*). C'est l'état cultivé partout.

Var. 2. **panachée** (*pictum*). Feuilles panachées de jaune sur un
fond vert.

Var. 3. **de Hollande**. Variété très-productive, dont toutes
les parties ont pris plus d'accroissement.

Var. 4. **rosée** (*roseum*). Elle est moins commune que la première et la troisième.

Var. 5. **blanche** (*luteolum*). Assez répandue dans les jardins.
Elle est d'un blanc jaunâtre.

Var. 6. **Gondouin** (*Gondouini*). Fruit plus gros que celui des
variétés précédentes; feuilles beaucoup plus grandes; rameaux gros et fermes. Cette variété est aussi connue sous le
nom de *Groseiller à feuilles de vignes;* (non Host.) Toutes les
variétés m'ont été communiquées par MM. Mathieux, pépinié-
ristes à St-Didier près Lyon.

Var. 7. **cerise** (*cerasiferum*). Fruit encore plus gros que ceux
de la var. précédente; graines et feuilles une fois plus étendues.
Suc un peu plus acide et un peu âcre. Il a été envoyé au
jardin des plantes de Paris en 1341, par M. Adrien Sénéclause,
de Bourg-Argental sous le nom de *Groseiller à feuille d'Erable.*
Cet horticulteur l'a reçu d'Italie en 1837, mélangé avec le
Groseiller rouge. La plante a été figurée dans plusieurs
ouvrages (V. Paq. journ. hort. prat. n° 14 septembre 1843;
ann. flor. et pom. février 1844, p. 153. et fig. sous les noms
de *G. cerise.* ou *Ribes acerifolium.* L'exemplaire que m'a donné
M. Nérard fils aîné, a les lames des feuilles presque coriaces,
opaques, et les bords largement festonnés.

2. G. multiflore. — *R. multiflorum*. (Kit.)

Arbuste de 1 mètre à 1, 50, ressemblant au Groseiller rouge.
— **Feuilles** presque circulaires à 3 ou plus rarement 5 lobes,

dentées, échancrées à leur base, cotonneuses en dessous dans leur jeunesse, presque chauves en-dessus ; pétiole velu, à peu près de la longueur de la lame. — **Fleurs** très-nombreuses, disposées en grappes pendantes et plus longues qne les feuilles qui les accompagnent. — **Pédicelles** poilus, environ de la longueur de la bractéole ovale, et terminés latéralement par deux autres très-petites bractéoles, qui touchent immédiatement la fleur. — **Tube des Sépals** évasé dans sa partie non adhérente aux carpes, chauve ou légèrement poilu. — **Pétals** beaucoup plus courts que les lames des sépals. — **Étamines** dressées: anthères en cœur presque globuleuses, jaunâtres. — **Styles** un peu plus courts que les étamines, quelquefois libres dès leur base. — **Fruit** rouge, chauve. = Cette espèce, spontanée dans la Croatie, a ses grappes plus longues que tous les autres Groseillers. L'exemplaire que nous avons sous ce nom diffère à plusieurs égards de la description donnée, et que nous ne pouvons nous permettre de modifier — Sa découverte date de 1822.

SYNON. — *Ribes multiflorum.* Kit. dans Rœm et Schult. syst. 5, p. 493 (1819) ; Spach, suit. buff. 6, p. 163 (1838). — *R. spicatum.* Schult. flor. austr. ed. 2, vol. 1, p. 433, en excluant les synon. de Robson et de Smith ; bot mag. tab. 2368. — Angl. *Many flowered currant.*

3. G. couché. — *R. prostratum.* (L'Hérit.)

Arbuste assez semblable au *Groseiller rouge*, mais à feuilles plus larges, à écorce un peu odorante. — **Feuilles** à 5 lobes largement et profondément dentés, à peine poilues en dessous et non glanduleuses; lame profondément et étroitement échancrée à sa base. — **Pétiole** mince, très-long, cylindroïdes, non cilié. — **Grappes de fleurs** lâches et petites, garnies de *poils glanduleux ;* pédicelles non bractéolés au sommet. — **Bractéoles** lancéolées, aiguës, beaucoup *plus courtes que le pédicelle,* larges et entourant une partie du pédicelle. — **Sépals** unis en tube campanulé, très-évasé ; lame large, courte, presque circulaire, étalée, non réfléchie. — **Pétals** en coin, *rougeâtres, très-petits,* moitié plus courts que les sépals.— **Étamines**

un peu plus longues que les pétals, *d'un rouge brunâtre*. —
Styles unis presque jusqu'au sommet et atteignant la hauteur
des étamines ; stigmates blanchâtres. — **Fruit** rouge, garni de
poils glanduleux, du volume et de la saveur de la *Groseille*
rouge. ⚌ Cette espèce de l'Amérique septentrionale est
cultivée depuis 1777 dans nos bosquets.

Synon. — *Ribes prostratum*. L'Hérit. stirp. 1, p. 3, tab. 2*.
Spach, suit. buff. 6, p. 166* (1838). — *R. glandulosum*. Ait.
hort. kew. 1, p. 270; non Ruiz et Pav. — *R. trifidum* et *R. rigens*.
Michx. flor. bor. amer. 1, p. 110 (1803). A. P. Decand.
prodr. 3, p. 481 et 482 (1828). — *R, canadense*. Lodd. cat.
selon Spach, lieu cit. — Angl. *Prostrate Currant*. (V. V. et S. C)

4. G. des rochers. — *R. petraeum* (Wulf.)

Arbrisseau de 2 mètres, à rameaux fermes et épais. —
Bourgeons volumineux, dont les écailles intérieures s'allongent beaucoup et prennent une apparence demi membraneuse.
— **Feuilles** à 3 ou plus rarement à 5 lobes aigus, inégalement
dentées, ciliées, échancrées à leur base, légèrement poilues
ainsi que leur pétiole presque cylindrique, et sans glandes ;
dents larges mais mucronées; réseau à larges mailles. —
Fleurs *d'un rouge brun*, paraissant parfois avant les feuilles
dans l'état spontané, nombreuses, disposées en grosses grappes
pendantes, contemporaines avec les feuilles dans nos cultures.
Pédoncules et pédicelles velus. *Bractéoles larges, ovales-obtuses,*
étalées, *plus courtes que le pédicelle*, qui porte parfois à son
sommet une ou deux autres très-petites bractéoles. — **Tube des**
Sépals en forme de poire ; lames presque circulaires, légèrement panachées de très-petites lignes rougeâtres. **Pétals**
presque tronqués, d'un rouge blanchâtre, très-courts, et
très-larges au sommet. — **Étamines** de la longueur des
pétals, anthères demi-lenticulaires, blanchâtres. — **Styles**
dépassant à peine les étamines, unis dans leur moitié inférieure,
courbés au sommet. — **Fruit** rouge, acide, chauve, à peine
plus gros que celui du *Groseiller rouge*. — **Graines** assez
grosses, à 3 angles très-obtus. ⚌ Ce joli arbuste, à fleurs d'un
rouge brun, habite le pied des montagnes de l'Europe, l'Altaï

et l'Himalaya. On le cultive dans nos bosquets où il fleurit en avril.

S*ynon*. — *Ribes petraeum*. Wulf. dans Jacq. misc. 2, p. 38. engl. bot. tab. 705 ; Berland. dans mém. soc. phys. gen. vol. 3, part. 2, tab. 2, fig. 14 et dans A. P. Decand. prodr. 3, p. 481 (1828). — *R. atropurpureum*. Ledeb. icon. flor. alt. tab. 231. — Franç. *Groseiller des rochers G. de roche.* — Allem. *Roth blühende Johannisbeere.* — Angl. *Rock Currant.* (V. V. et S. S. et C.)

5. **C. sanguin.** — ***R. sanguineum.*** (Pursh.)

Arbuste de 2 à 3 mètres, à rameaux d'un gris rougeâtre, finement veloutés. — **Feuilles** fermes, à 3 larges lobes obtus et souvent 2 autres latéraux peu distincts, doublement dentés, veloutées sur les 2 faces, surtout sur l'inférieure, répandant une odeur faible de *Cassis* sans en avoir les glandes, échancrées à leur base ; réticulation fine et terminée. Pétioles ciliés à leur base et fibres principales couverts d'un duvet très-court et fort serré. — **Bractéoles** spatulées, à fibres parallèles, presque pétaloïdes, réfléchies, finement denticulées — **Fleurs** rouge sanguin, de 8 à 16 par grappes. Pédoncules, pédicelles et tube des sépals colorés de même et garnis de poils et de glandes pédicellées· — **Sépals** unis en un tube ovoïde, rouge d'abord et verdissant bientôt après. — **Pétals** blanchâtres ou rosés, obovales, ascendants. — **Etamines** de la longueur des pétals et des carpels. — **Styles** *unis complètement.* — **Fruits** *d'un violet noirâtre, peu succulents et couverts de glauque.* — **Graines** brunâtres.

= == Toute cette plante, élégante par la couleur de ses fleurs et le velouté de ses feuilles gracieusement gaufrées, a été transportée en Angleterre en 1817, de la côte nord-ouest de l'Amérique et en France en 1831. Elle est due au célèbre voyageur D*ouglas*. On la cultive en plein air comme les précédentes, et on la multiplie comme elles ou de graines. Si quelques individus languissent après la fleuraison il faut en couper les rameaux au-dessus du troisième ou quatrième bourgeon ou d'un rameau inférieur. Ce joli arbuste fleurit en mars et avril, mais M. N*érard* *fils* *aîné* (pépiniériste et fleuriste à Vaise près Lyon)

le force facilement en serre. Ce même horticulteur en a obtenu plusieurs variétés, dont l'une est presque blanche. Ce
seront probablement les mêmes que le bon jardinier de 1848
annonce sous les dénominations de *albidum* et de *malvaceum* 2,
p. 434.

SYNON. — *Ribes sanguineum*. Pursh, flor. bor. amer. 1,
p. 164. A. P. Decand. prodr. 3, p. 482 (1828). Dougl. trans.
hort. soc. 7, p. 510, tab. 13. Lindl. bot. reg. tab. 1349; brit.
flow. gard. sér. 2, tab. 109; bot. mag. tab. 3335. Sweet, bot.
cab. tab. 1487. Herb. de l'amat. sér. 2, vol. 1, pl. 26 (1839)
assez bien. — *Calobotrya sanguinea*. Spach, ann. scienc. nat.
sér. 2, vol. 4, p. 21 (1836) suit. buff. tab. 47. — *Groseiller à
fleurs pourpres*. Spach, suit. buff. 5e livraison tab. 47, fig. 1.
— *Coreosma sanguineum*. Spach, suit. buff. 6, p. 155 (1838).
— *Ribes atrorubens* des jardiniers. — *R. augustum*. Dougl. —
R. malvaceum. Smith. — *R. atrosanguineum* des jardiniers. —
Franç. *Groseiller sanguin, G. à fleurs rouges, G. à fleurs roses,
G. à feuilles de mauve.* — Allem. *Purpel johannisbeere.* — Angl.
Blood-flowered Currant. (V. V. et S. C.)

6. **G. des Alpes, — R. Alpinum** (Linn.)

Arbrisseau de 2 à 3 mètres, très rameux et étalé, à *fleurs
anthérées et fleurs carpellées sur deux individus différents.* —
Feuilles plus petites que dans le *G. rouge*, à trois lobes
plus ou moins profonds, largement dentés, *garnies de quelques
gros poils courts et très-distants*, d'un vert sombre en-dessus,
pâles et *luisantes en-dessous*, très-obscurément réticulées, dents
obtuses, mais courtement mucronées; pétioles ciliés, réticulation à larges mailles et non glanduleuses. — **Fleurs** en épis
ascendants, pédicelles et bractéoles portant quelques poils
glanduleux. — **Fleurs anthérées** très-nombreuses; *bractéoles*
lancéolées-linéaires, aiguës, concaves, *presque aussi longues que
les fleurs.* — **Tube des Sépals** très-court et évasé, lames ovales,
obtuses, étalées. — **Pétals** très-petits, transversalement ovales.
— **Étamines** un peu plus longues que les pétals; anthères
ovales, obtuses. — **Fleurs carpellées** beaucoup moins nombreuses, beaucoup plus grosses que les fleurs anthérées. —

Styles libres, verdâtres ; stigmates capités et blanchâtres. — **Fruits** du volume et de la forme de la *Groseille rouge*, mais extrêmement fades. = Cette plante, commune au pied des montagnes, des Alpes, des Pyrénées, se cultive dans les jardins paysagers. Elle s'accommode de toutes les expositions, même des lieux ombragés, ce qui la rend parfois très-utile. Deux états particuliers se présentent dans les organes floraux. WALROTH, (Sched. crit. 1, p. 108 (1822) les a très-bien distingués. Elle se multiplie aussi très-facilement d'éclats, de marcottes et de boutures.

SYNON. — *Ribes alpinum*. Linn. spec 291 (1764). Jacq. flor. austr. tab. 47. Smith, engl. bot. tab. 704. Grimp, et Hayn. deutschl. holz. tab. 31. Spach, suit. buff. 6, p. 169. * — Franç. *Groseiller des Alpes, G. alpestre*. — Allem. *Alpen Johannisbeere*. — Angl. *Alpine currant.* (V. V. et S. S. et C.)

Var. 1. **stérile** (*sterile*) **Fleurs anthérées** planes, à carpels rudimentaires, disposées en grand nombre sur la même grappe ; bractéoles persistantes quelque temps après la fleuraison. — Voici ses synonymes. — *R. alpinum* 1, Leers ; herb. 66. — *R. floribus dioïcis*. Grimm. — *R. alpinum* flor. dan. tab. 968 à la gauche. — *R. sylvestre stérile*. Camer. hort. med. 141.

Var. 2. **fructifère** (*bacciferum*) **Fleurs carpellées** (avec des anthères rudimentaires) à tube presque sphérique, en petit nombre sur la même grappe. Bractéoles dépassant la longueur du pédicelle. — *R. alpinum*. Linn. spec 291. — *R. fœmininum*. Leers, herb. 66. — *R. alpinum dulce*. J. Bauh. hist. 2, p. 93. — *Grossularia vulgaris fructu dulci*. C. Bauh. pin. 455 ; Clus. hist. 1, p. 220, fig. — *Ribes sylvestre fructu viscido*. Thal. herc. 96.

*2. Feuilles munies de points glanduleux sessiles, principalement sur leur face inférieure.

7. G. Cassis. — R. nigrum. (Linn.)

Arbrisseau de 1 à 2 mètres, à écorce grise, à rameaux portant quelques poils ramifiés. — **Feuilles** à 3 lobes, dont les latéraux divergents, presque triangulaires et quelquefois eux-mêmes obscurément lobés ; échancrées à leur base, largement dentées ; garnies à leur face inférieure de nombreuses *glandes dorées très-odorantes* ; *réticulation à mailles assez* petites, *presque régulières* et carrées. Pétiole presque aussi long que la lame, cylindroïde, étroitement canaliculé, dilaté à sa base. — **Fleurs** 6 à 10 à chaque grappes, d'un rougeâtre terne, cotonneuses ainsi que le pédoncule et les pédicelles. — **Bractéoles** *larges* ciliées, *atteignant à peine le tiers du pédicelle*, qui est de la longueur de la fleur. — **Tube des Sépals** hémisphérique vert et glanduleux, teinté de rouge violâtre en partie adhérant aux carpels ; portion non adhérente en forme de grelot. Lame elliptique, obtuse, roulée en dehors. — **Pétals** ovales, obtus, entiers, ascendants, moins longs que les sépals. — **Étamines** à anthères ovales-comprimées, ouvrant en long en dedans et dépassant à peine les pétals. — **Styles** unis presque jusqu'au sommet. Stigmates globuleux. — **Fruit** sphérique plus gros que celui de la *G. rouge, noir et garni de glandes dorées transparentes.* = Cet arbrisseau, connu vulgairement sous le nom de *Cassis*, est spontané dans les bois de l'Europe et de la Sibérie. Il offre une var. à feuilles panachées et une à fruit blanc. On le cultive pour ses fruits, dont on fait une espèce de teinture spiritueuse, bien connue sous la dénomination *d'eau de Cassis, liqueur de Cassis, ratafia de Cassis* ou simplement *Cassis*. L'odeur qu'il répand est due aux petites glandes dorées qui recouvrent la face extérieure des organes foliacés. Ses feuilles sont employées en infusion comme diurétiques. Il se multiplie tout aussi facilement que les autres espèces, et fleurit en avril.

Synon. — *Ribes nigrum.* Linn. spec. 291 (1764) ; Smith, engl. bot. tab. 1291 ; flor. dan. tab. 556 ; Guimp. et Hayn. deutsch. holz. tab. 22, Berland. dans A. P. Decand. prodr 3, p 481 (1828). — *R. olidum.* Mœnch, meth. 683. — *Botrycarpium nigrum.* A. Rich. bot. méd ; Spach, suit. buff. 6, p. 159 (1828). — Franç. *Cassis.* — Allem. *Schwarze Johannisbeere.* — Angl. *Black currant.* (V. V. et S. S. et C.)

8. **G. de la Floride.** — *R. Floridum.* (L'Hérit.)

Arbrisseau moins élevé, et à rameaux plus minces que le précédent. — **Feuilles** palmées à 3 lobes, *comme tronquées à* *leur base*, où elles sont *entières*, tandis que les lobes sont *ai-guëment dentés*, garnies de *glandes sessiles sur les faces*; fibres principales plus nombreuses et mailles du réseau plus petites que dans le *G. Cassis*, et le plus souvent incomplètes. Pétiole cylindroïde, poilu, mince, souvent aussi long que la lame. — **Fleurs** en grappe pendante, blanchâtres, portées sur des pé-doncules et des pédicelles poilus et flasques. — **Bractéoles** *linéaires-spatulées, plus longues que le pédicelle* et arquées. — **Tube des Sépals** campanulé, allongé ; portion non adhérente à 5 angles ; lames très-obtuses. — **Pétals** presque de mêmes forme et couleur que les sépals, mais un peu plus courts et plus larges. — **Etamines** atteignant à peine les pétals. — **Styles** unis jusqu'à la moitié. = **Fruit** presque sphérique et parsemé de quelques points glanduleux. = Cette espèce d'un aspect tout particulier par ses grappes de fleurs pâles et flasques est indigène dans les haies de la Virginie et du Canada d'où elle a été introduite en Europe en 1719. Elle se cultive fré-quemment comme arbuste d'ornement et fleurit en avril.

SYNON. — *Ribes floridum*. L'Hérit. stirp. 1, p. 4* (1784). Berland. dans mém. phys. gen. vol. 3, part. 2, p. 43, pl. 2, fig. 22, et dans A. P. Decand. prodr. 3, p. 483 (1828). — *R. nigrum*. var. 2. Linn. spec. 291 (1764). — *Ribesium nigrum pen-sylvancium floribus oblongis*. Dill. hort. elth. fig. 315 (1774). — *R. amercianum*. Mill. dict. jard. éd. française de 1785 vol 6, p. 301 et 302 n⁰ 4. — *R. pensylvanicum*. Lamk. dict. 3, p. 49* (1789). — *R. Dillenni*. Medic. — *R. nigrum americanum*. Mœnch, weiss. pfl. p. 104, tab 7. — *R. campanulatum*. Mœnch, meth. 683 (1794). — *R. recurvatum*. Michx. flor. bor. ann. 1, p. 109 (1803). — *R. sibiricum et orientale*. de quelques jardins. — *Coreosma florida*. Spach, ann. scienc, nat. sér. 2, vol. 4 (1836) p. 22. — Franç. *Groseiller de la Floride, G. de Pensylvanie, G. Cassis-d'Amérique, Coréosme multiflore.* — Allem. *Pensylva-niche Johannisbeere.* — Angl. *Florid currant.* (V. V. et S. C.)

9. G. cireux. — *R. cereum*. (Dougl.)

Arbuste à rameaux minces, d'abord jaune brun, puis bruns et chauves. — **Feuilles** de la grandeur et de la forme de la

Grossulaire épineuse, presque circulaires, peu profondément lobées et faiblement échancrées à leur base, obtusément dentées, à fibres peu rameuses, et opaques à la fin de la végétation; relevées sur les deux faces, mais principalement sur la supérieure de glandes opaques enfoncées dans le tissu et qui suintent un suc d'un aspect cireux, qui donne une teinte grise à la plante. — **Bractéoles** demi-foliacées, dentées-palmées, atteignant le haut de la partie adhérente du tube. — **Grappes de 3** à 5 fleurs sessiles. — **Tube des Sépals** vert, lisse et luisant dans sa partie adhérente aux carpes, mais rosée, pétaloïde et garni de poils glanduleux extrêmement courts dans celle qui n'est pas adhérente, et terminé par les lames des sépals étalées. — **Pétals** beaucoup plus courts que les lames des sépals, circulaires-triangulaires et blancs. — **Etamines** à anthères ovoïdes-comprimées, à peine surmontées par le prolongement de la dorsale. — **Style commun** cylindrique-conique; s'élevant au dessus des sépals et terminé par deux tubercules verdâtres. — **Fruit** globuleux, rouge orangé, insipide, du volume de la *Groseille rouge*. = Cette espèce, qui vient des *montagnes rocheuses*, entre le 45ᵉ et le 52ᵉ degré de latitud. nord, fleurit en avril et mai.

Synon. — *Ribes cereum*. Dougl. dans bot. reg. tab. 1263 et trans. hort. sec. vol. 7, p. 512. Hook., bot. mag. tab. 3008; Ann. flor. et pom. 8ᵉ année, n° 1 p. 19, (octobre 1839) et ann. 1833 p. 76. — *Cerophyllum Douglasii*. Spach! suit. buff. 6, p. 153 (1838). V. V. et S. C.)

10. **G. enivrant. — *R. inebrians*** (Lindl.)

Arbuste de 50 centim. à 1 mètre de hauteur; rameaux chauves, un peu glanduleux, brunâtres. — **Feuilles** presque circulaires, à 3 ou 5 lobes, festonées, non visqueuses, échancrées à leur base, parsemées de glandes résineuses, mais ne suintant pas de matière cireuse: pétiole mince, légèrement garni à sa base sur les bords de quelques poils glanduleux. — **Fleurs** disposées en petites grappes de 3 à 5, pendantes, garnies de quelques poils glanduleux. — **Bractéoles** ovales ou ovales-oblongues, pointues, à peine dentées, verdâtres. — **Sépals** unis

en tube ; lames ovales, quatre fois plus courtes que le tube.
— **Pétals** très-petits. — **Style commun** dépassant à peine le
tube, ainsi que les étamines. = Cette plante, qui vient probablement de l'Amérique, a des rapports avec le *Groseiller
cireux*, auquel Walp. repert. 2, p. 360 (1843) le réunit.

Synon. *Ribes inebrians*. Lindl. bot. reg tab. 1471. — *R. pu-
milum*. Nutt. selon Walp. lieu cit. — *Cerophyllum inebrians.*
Spach, suit. buff. 6, p. 154 (1838).

*3. Feuilles munies de glandes pédicellées.

11. G, résineux. — *R. resinosum*. (Pursh.)

Arbuste de 1 à 2 mètres, à rameaux très-courts, couvert de
poils glanduleux à leur sommet, ce qui le rend tout gluant, à
fleurs anthérées et *fleurs carpellées* sur deux individus différents ,
et ressemblant d'ailleurs beaucoup au *G. des Alpes*, en exceptant toutefois les glandes dont ce dernier est complètement
privé ; il est inodore, tandis que le *G. résineux* est très-odorant. —
Feuilles ternes sur leurs faces, petites, opaques, à 3 ou 5 lobes
obtus, ainsi que les dents qui les bordent. — **Fleurs anthérées**
dressées, un peu moins nombreuses que dans le *G. des Alpes*, et
pédoncules et pédicelles couverts de poils glanduleux. —
Bractéoles aussi longues que les fleurs. — **Lames des Sépals**
circulaires (oblongues dans le *G. des Alpes*). — **Pétals** très-
petits, (circulaires?). — **Fruit** couvert de poils glanduleux. =
Habite l'Amérique boréale, d'où il a été transporté en 1800
dans nos jardins.

Synon. *Ribes resinosum*. Pursh, flor. bor. amer. 1, p. 163 ;
Curt. bot. mag. tab. 1583 * ; Berland. mém. soc. phys. gen. vol.
3, part. 2, pl. 2, fig. 10 et dans A. P. Decand. prodr. 3, p. 480
(1828) — Angl. *Gummy currant.*

Genre 2. **Siphocalice. — Siphocalyx.** (Sering.)

Arbuste sans aiguillons. — **Feuilles** planes, fermes, ciliées
non gaufrées, en coin à leur base ou non échancrées, relevées
de fibres peu ramifiées, saillantes sur les deux faces (même
sur le frais) et non réticulées, enroulées les unes autour des

autres et pétiole brusquement dilaté à sa base non ciliée, portant dans leur jeunesse de nombreuses glandes sessiles, caduques. — **Fleurs** de couleur jaune plus ou moins intense,
accompagnées de bractéoles foliacées, organes floraux en
nombre quinaire. — **Étamines** de la longueur des pétals.
— Partie adhérente du **tube des sépals** verte, manifestement plus courte que la portion qui n'adhère pas'aux carpels
et qui est jaune.

SYNON.   *Siphocalyx* (1). Sering. herb. — *Ribes.* sect. 4.
Symphocalix. Berland. mém. soc. phys. gen. vol. 3, part. 2,
tab. 2, fig. 23, 24 — *Chrysobotrya.* Spach, ann. scienc. nat.
sér. 2, vol. 4, p. 18 (1836) et suit. à buff. 6, p. 148 (1838).

Espèces du genre SIPHOCALICE. *(Siphocalyx.)*

1. Siphocalice doré.
2.   —   jaune.
3.   —   de Lindley.

1. Siphocalice doré. — *Siphocalyx aureus* (Sering.)

Arbuste de 2 à 3 mètres. — **Feuilles** à 3 ou 5 lobes peu dentés seulement au sommet, et garnies sur les faces dans leur
jeunesse de nombreuses *petites glandes sphériques, caduques.*
Bractéoles grandes et persistantes pendant la fleuraison. —
Fleurs grandes, *très-odorantes.* — **Sépals** unis en un long *tube
cylindroïde un peu courbé et doré; lames oblongues de même
couleur, obtuses, arquées en-dessous.* — **Pétals** en forme de coin,
très obtus ou terminés par 3 dents larges, finement dentés au
sommet, ascendants, jaunes et irrégulièrement bordés de rouge.
— **Styles** unis; stigmates à peine distincts, globuleux. — **Fruits**
ovoïdes, noirs. = Cette espèce et la suivante, qui habitent l'Amérique septentrionale, ont été d'abord confondues par les auteurs

(1) M. BERLANDIER avait fait une section du nom que j'établis comme genre ;
j'ai seulement modifié le mot de *Symphocalyx* eu *Siphocalyw.* M. SPACH aurait
dû l'adopter au lieu d'en créer un nouveau qui ferait croire que les fruits sont
dorés, tandis qu'uils sont noirs et les fleurs dorées.

américains qui en font deux variétés ; leurs caractères spécifiques ont été mal signalés, de sorte qu'il est difficile dans plusieurs cas d'établir leur véritable synonymie. Cette espèce est
très-distincte de la suivante, par ses fleurs très-parfumées, fort
grandes, à sépals arqués en-dessous et par ses fruits ovoïdes.
Un exemplaire développé en automne, provenant du jardin
botanique de Lyon a des grappes disposées en panicule terminale.

SYNON. — *Siphocalyx aureus.* Sering, herb. — *Ribes aureum.*
Dict. scienc. nat. ed. Levrault. vol. 29, p. 501 (1821). Berland.!
dans mém. soc. phys. gen. 3, part. 2, tab. 2, fig. 22 et dans
A. P. Decand. prodr. 3, p. 484 (1828); bot. reg. tab. 125. — *R.*
palmatum. Desf. cat. par. ; — *R. flavum.* Coll. hort. ripul. fasc.
3, p. 4, tab. 1, fig. B. (non Berland.). — *Chrysobotrya revoluta.*
Spach, ann. scienc. nat. sér. 2, vol. 4, p. 19 (1836) suit. buff. 6,
p. 149 (1838) lab. 1, fig. A (bonne). — *Ribes aureum* et *Ribes pal-*
matum. Jard. du Museum de Paris, M. Pepin 1838! — *Groseiller*
odorant et *Ribes palmatum.* bon jard. 1845, p. 434. (V. V. et S.
S. et cult.)

2. S. jaune. — *S. flavus.* (Sering.)

Arbuste de 1 à 3 mètres. — **Feuilles** à 3 ou 5 lobes, qui sont
terminés par 2 à 3 larges dents obtuses; garnies sur leurs
faces de nombreuses petites glandes sphériques caduques. —
Bractéoles moins grandes que dans l'espèce précédente et
tombant très-vite. (C'est ce qui d'abord avait engagé M. BERLAN-
DIER à la nommer *Ribes ebracteatum*). — **Fleurs** *inodores, d'un*
jaune pâle, un tiers moins grandes que celles de l'espèce précédente.
— **Sépals** unis en un *tube cylindrique, droit,* lames oblongues-
obtuses *ascendantes* ou *étalées* de même couleur que le tube et
presque aussi longues que lui. — **Pétals** lancéolés, finement dentés dans presque toute leur longueur, jaunes et à peine bordés
de rouge. — **Styles** unis; stigmates à peine distincts, globuleux.
— **Fruits** *sphériques,* noirs. $=$ Cette espèce est bien certainement différente de la première, en comparant les caractères (*en*
italiques) dans les deux espèces, on s'en convaincra facilement.

SYNON. — *Siphocalyx flavus.* Sering. herb. — *Ribes flavum.*

Berland. dans A. P. Decand. prodr. 3, p. 483 (1828). — *R. ebrac-
tectum.* Berland.! mém. soc. phys. gen. 3, part. 2, p. 60. —
R. aureum. Coll. hort. ripul. app. 3, p. 4, tab. 1, A (non
Berland.). — *R. aureum.* Nutt! exempl. provenant du Missouri
(non Berland.). — *Chrysobotrya intermedia.* Spach, ann. scienc.
nat. sér. 2, vol. 4, p. 19, pl. 1, fig. B (bonne) (1836), et suit.
buff. vol. 6, p. 150 (1838) (1). — *Ribes tenuiflorum!* jard. du
mus. de Paris (1838). D'après l'exempl. envoyé par M. Pepin.
— *Groseiller doré* et *Ribes aureum.* bon jard. de 1845, part. 2,
p. 433? Il se pourrait aussi qu'on dût rapporter ce synonyme à
l'espèce suivante. (V. V. et S. S. et C.)

3. S. de Lindley. — *S. Lindleyanus.* (Sering.)

Cette plante, qui probablement vient aussi de l'Amérique
septentrionale, est si voisine du *S. jaune* qu'il est extrêmement
difficile de l'en distinguer, malgré un exemplaire (incomplet à
la vérité) du *S. de Lindley* que je tiens de M. Spach. Voici ce
qu'on peut extraire de la description qu'il en a publiée. —
Feuilles la plupart courtement trilobées, lobes très-entiers ou
tridentés au sommet. — **Lames des Sépals** divergentes, presque dressées, à peu près aussi longues que le tube. — **Fruit**
sphérique, rougeâtre ou orangé à la maturité, plus petit que
dans le *S. jaune*, de la saveur du *Cassis*, mêlé d'un peu d'a-
cidité.

Synon. (2) — *Ribes aureum* Desf. cat. jard. par. — *R. tenui-
folium.* Lindl. trans. hort. soc. lond. 7, p. 242; bot. reg. tab.
1236. — *Chrysobotrya Lindleyana.* Spach! ann. scienc. nat.
sér. 2, vol. 4, p. 20, pl. 1, fig. C (1836); suit. Buff. 6, p. 151
(1838). (V. S. communiq. par M. Spach, mais un exemplaire
incomplet.) †

(1) Sans pouvoir assurer tous les synonymes qu'il cite et que je n'ai pas eu
l'occasion de vérifier.

(2) Cette synonymie est établie par M. Spach.

§ 2. Genres dont les espèces sont munies d'aiguillons sous la naissance des feuilles.

Genre 3. **Grossulaire, — Grossularia.** (Rai.)

Arbuste *à rameaux munis d'aiguillons sous la naissance des feuilles.* — **Feuilles** *peu gaufrées*, relevées de fibres saillantes seulement sur leur face inférieure et réticulées, privées de glandes sessiles. — **Fleurs** peu apparentes, en grappes de 2 à 3 accompagnées de *bractéoles membraneuses.* — **Organes floraux** *en nombre quinaire.* Partie du **tube des sépales** adhérente aux carpes à peu près de la longueur de celle qui ne leur adhère pas. = Ce genre se distingue des deux précédents par les aiguillons qui se trouvent sous la naissance des feuilles, par ses fleurs réunies en grappes très-peu fournies (2 à 4) et par ses feuilles à peine gaufrées et à fibres en relief à la face inférieure seulement. Le nombre quinaire des organes floraux et la brièveté de ses étamines, le séparent en outre du suivant, dont les étamines sont une fois plus longues que la fleur, et les organes floraux en nombre quaternaire. D'ailleurs en reprenant avec M. Spach le genre *Grossularia* nous rendons justice à Rai et à Tournefort, nous suivons aussi l'exemple de Miller, auteur consciencieux et nous donnons le moyen de faire rentrer dans la règle admise pour les dénominations des familles en conservant un nom de genre sur lequel la famille repose, sans être forcé de faire usage du mot de *Ribésiacées* qui d'ailleurs serait adopté si celui de Grossulacées n'existait pas.

Synon. — *Grossularia.* Rai, meth. 145, p. 172 (1838). Mill. dict. jard. 3, p. 560 (1785). Tournef. inst. p. 439 en le réduisant aux espèces munies d'aiguillons. — *Ribes.* sect. 2. *Grossularia.* Berland. dans A. P. Decand. prodr. 3, p. 478 (1828).

Espèces du genre GROSSULAIRE. *(Grossularia).*

* **1.** *Aiguillons immédiatement sous les feuilles, ou bien latéraux au pétiole,
mais ne garnissant pas le reste des rameaux.*

1. Grossulaire à gros fruit.	4. Grossulaire cynosbate.
2. — triflore.	5. — à deux aiguillons.
3. — étalée.	

* **2.** *Rameaux garnis d'aiguillons plus petits que ceux placés sous les feuilles.*

6. Grossulaire aiguilloneuse	8. Grossulaire fausse aubépine.
7. — des lacs.	

* **1.** Aiguillons immédiatement sous les feuilles ou bien latéraux au pétiole,
mais ne garnissant pas le reste des rameaux.

1. Grossulaire à gros fruit. — *Grossularia Uva-crispa.* (Mill.)

Rameaux luisants, d'un jaune grisâtre, ponctués de noir (1).
— **Aiguillons** indivis ou ternés, coniques, raides et ordinairement horizontaux, très-aigus et persistants. — **Feuilles** palmées, cunéiformes ou tronquées à leur base, qui est entière,
rarement échancrées, trilobées ; lobes obtus et festonnés ; le
plus souvent garnies de poils plus ou moins distants, qui font
varier l'aspect de leur verdure. Réticulation large, très-irrégulière et interrompue. — **Fleurs** solitaires ou géminées,
courtes et larges, le plus souvent hérissées, portées sur un
court pédicelle, muni parfois de bractéoles. — **Tube des Sépals**
campanulé, rétréci entre sa portion adhérente et celle qui ne
l'est pas. — **Lames des Sépals** oblongues, spatulées, obtuses,
réfléchies. — **Pétals** très-émoussés, un peu anguleux sur les
côtés. — **Styles** libres ou unis jusqu'à la base, garnis de poils
horizontaux. — **Étamines** une fois plus longues que les pétals.
— **Fruits** au moins du volume d'un gros grain de raisin, pendants, un peu transparents, souvent gros comme un œuf de
pigeon et fibreux, rempli d'un suc aqueux légèrement sucré.—

(1) Ces petits points noirs sont probablement dus à l'avortement de poils
glandulenx ou des petits aiguillons qu'on observe parfois sur les rameaux.

Graines..... = Cette plante, commune le long des haies et des bois secs de toute l'Europe, varie beaucoup, surtout quant au volume, à la couleur et à la succulence de ses fruits. La culture par semis en a produit beaucoup de variétés et de variations, et en fournira bien plus encore si on se donne la peine d'en faire de nombreux semis dans des localités très-différentes. Linné avait cru devoir en faire deux espèces, l'une sauvage, qu'il avait nommée *Ribes Uva-crispa*, et l'autre *R. Grossularia*, qui est l'état cultivé.

Var. 1. sauvage. (*sylvestris*.)

Rameaux très-aiguillonnés, courts, mais très-divisés. — **Feuilles** petites, très-velues, grisâtres. — **Fruits** de la grosseur d'une *Merise*, le plus souvent privés de poils fermes et coniques.

Synon. — *Ribes Uva-crispa*. Linn. spec. 292 (1764). — *R. sylvestre*. Lamk. et Decand. flor. franç. 4, p. 408 (1805). — *R. Uva-crispa spinosissima*. Berland. dans mém. soc. phys. gen. 3, part. 2, pl. 1, fig. sans n° (bien médiocre); A. P. Decand. prodr. 3, p. 478 (1828). — *Grossularia Uva-crispa*. Mill. dict. jard. éd. franç 1785, vol. 3, p. 560, n° 3. — *G. vulgaris*. Spach, suit. Buff. 6, p. 174 (1838). — Franç. *Grossulaire à gros fruits, Groseille à maquereau, Ballon* (des Lyonnais). — Allem. *Staehliche Johannisbeere*. — Angl. *Rough gooseb Currant*.

Var. 2. cultivée. (*sativa*.)

Rameaux plus allongés. — **Aiguillons** plus distants; feuilles et fruits plus grands, moins sphériques, plus ou moins garnis de petits aiguillons. Cet état cultivé présente un grand nombre de variétés de formes plus ou moins allongées et de couleurs. Voici comment les auteurs du *Bon Jardinier* de 1845 les divisent :

Fruits lisses.	*Fruits hérissés.*
Grosse verte, ronde.	A fruits ambrés.
— — longue.	— couleur de chair, longs.
— lobée.	— — ronds.
— ambrée.	Verte blanche.
Très-grosse jaune.	Grosse jaune.
	— ronde.
	Couleur olive (Noisette).

Outre que ces fruits sont employés, avant leur maturité, pour
assaisonner des poissons, ils sont souvent servis sur nos tables,
surtout en Angleterre où l'humidité du climat leur donne un
volume remarquable. Les Anglais en préparent aussi une
espèce de vin.

Synon. — *Ribes Grossularia sativa.* Berland. dans A. P. Dec.
prcdr. 3, p. 478 (1828). — *R. Uva-crispa macrocarpa.* A. P.
Decand. l. c.

Var. 3. bractéolée. (bracteolata.)

Pédicelle muni à son sommet de deux bractéoles et parfois
d'une troisième adhérente au tube des sépals, et tombant pendant la maturation.

Synon. — *Ribes Uva-crispa* (var. *bracteatum*). Berland. l. c.

2. G. triflore. — G. triflora. (Spach.)

Rameaux légèrement anguleux, roussâtres. — **Aiguillons**
solitaires sous chaque feuille, très aigus, courts, très-rarement
2 ou 3, et bien plus rarement encore nuls. — **Feuilles** obtusément presque triangulaires, trilobées, *en coin à leur base*; lobes
garnis de quelques larges dents obtuses, ciliées, et cependant
légèrement mucronées; réticulation large, très-irrégulière et
interrompue. Pétioles velus. — **Fleurs** 2 à 3, d'un vert jaune,
très-petites. — **Bractéoles** courtes, larges, obtuses, réfléchies,
ciliées. — **Sépals** unis inférieurement en tube ovoïde, tandis
que la portion qui ne leur est point adhérente est en toupie.
Lames oblongues, obtuses, grandes, ascendantes, rougeâtres sur
les bords. — **Pétals** moitié moins longs que les lames des sépals, blanchâtres, obovales, très-légèrement denticulés au
sommet. — **Étamines** dépassant à peine les pétals. — **Styles**
poilus, de la longueur des étamines. — **Fruits** presque sphériques, de la grosseur d'une grosse graine de pois, lisses, et de
la saveur de la *Grossulaire à gros fruit.* = Plante spontanée au
Canada et dans les États-unis, d'où elle a été introduite dans
nos cultures en 1812. Elle se trouve souvent dans nos massifs
d'agrément.

Synon. — *Grossularia triflora.* Spach! 6, p. 176 (1838). —

Ribes triflorum. Willd. hort. berol. 1, p. 61, tab. 61, et enum. 1, p. 263 (1809), bot. cab. tab. 1094 ; Guimp, et Hayn. fremd. holz, tab. 3. — Angl. *Three flowered currant.* (V. V. et S. C.)

3. G. étalé. — *G. divaricata.* (Spach.)

Cette plante est tellement voisine de la *Grossulaire triflore* qu'elle ne m'en paraît qu'une variété ; cependant, comme il se pourrait que je n'eusse pas des échantillons bien sûrs, je la laisse exister en la mettant à la suite de cette espèce. Les grappes sont, dans l'une comme dans l'autre, à 2 ou 3 fleurs, parfaitement semblables, ainsi que les bractéoles. Les feuilles seules me semblent en différer en ce qu'elles sont plus ou moins manifestement en coin dans le *G. triflore,* tandis qu'elles sont presque circulaires et échancrées en cœur à leur base, et plus larges dans la *G. étalée.* = Cette espèce a été introduite en Europe par Douglas, en 1826, des bords des fleuves de l'Amérique du nord-ouest. Son fruit paraît mangeable.

Synon. — *Grossularia divaricata.* Spach ! suit. Buff. 6, p. 177 (1838) — *Ribes divaricatum.* Dougl. trans. hort. soc. Lond. 7, p. 515 ; bot. reg. tab. 1349. (V. S. du jardin du mus. Par. (Spach).

4. G. cynosbate. — *G. cynosbati* (Mill.)

Cette espèce est très-voisine de la précédente, mais ses feuilles sont plus circulaires ; elles sont ordinairement échancrées à leur base, leur réticulation est plus régulière et plus serrée, leurs dents plus obtuses ; leurs fleurs d'ailleurs se ressemblent beaucoup, mais celles de la *G. cynosbate* ont le tube des sépals plus sphérique, hérissé de pointes longues, minces et très-inégales ; les pétals sont très-larges, très-courts et très-entiers, et leurs lames réfléchies. Les étamines dépassent également les sépals, et les styles sont poilus. = Plante spontanée au Canada et au Japon, introduite en 1759, et ornant souvent les bords de nos massifs.

Synon. — *Grossularia cynosbati.* Mill. dict. jard. 3, p. 562, n° 5 (1785) ; Spach ! suit. Buff. 6, p. 178 (1838) — *Ribes cynosbati.* Linn. spec. 292 (1764) ; Berland ! mém. soc. phys. gen. 3, t. 1, fig. 3 ; dans A. P. Decand. prodr. 3, p. 479 (1828) ; Guimp. et

Hayn. fremb. holz. tab. 135 ; Schmidt, arb. tab. 98. — *R. gracile.*
Torr. flor. 1, p. 269, non Michx. — Angl. *Dog bramble currant.*
— Allem. *Stachelfrüchtige Johannisbeere.* (V. V. et S. C.)

5. G. à deux aiguillons. — *G. diacantha.* (Sering.)

Plante entièrement *chauve.* — **Rameaux** épais, *légèrement
anguleux,* couleur canelle, garnis au-dessous de chaque départ
de feuilles et un peu sur leurs parties latérales, de *deux aiguillons courts, égaux, très-aigus.* — **Feuilles** *en coin à leur base,*
épaisses, presque plates, à *trois lobes terminaux* dont chacun
porte 2 à 3 dents obtuses au sommet ; à 3 *fibres peu étalées, se
ramifiant peu* et sans réticulation apparente. — **Fleurs** 4 à 6,
très-petites, en grappes ascendantes. — **Bractéoles** oblongues-
linéaires, obtuses, de la longueur du pédicelle, parfois glanduleux, ou le dépassant, très-caduques et laissant un bourrelet
très-prononcé. Partie adhérente des sépals sphérique, brusquement terminée par les lames ovales et larges des sépals. —
Pétals très-petits, presque circulaires.— **Etamines** aussi courtes
qu'eux. — **Style** à peine visible ; stigmates papilleux, dépassant
à peine l'orifice du tube. — **Fruit** globuleux, rouge. = Cette
espèce, qui est spontanée en Sibérie, en a été transportée en
1781. Elle est bien placée dans les bords de nos massifs d'arbres ; elle s'élève plus que le *Groseiller des Alpes,* avec lequel
elle a des rapports par la petitesse de ses fleurs et la forme de
leurs grappes ; mais leurs feuilles sont très-différentes, en coin
et entières à leur base, et sont accompagnées de deux aiguillons, tandis que sous la base de chaque feuille sont une ou deux
petites protubérances qui rappellent 1 ou 2 aiguillons avortés.

SYNON. — *Grossularia diacantha.* Sering. herb. — *Ribes diacantha.* Linn. fil. suppl. p. 157 ; Berland. mém. soc. phys.
gen. 3, pl. 2, fig. 8 (assez mauvaise), et dans A. P. Decand.
prodr. 3, p. 479 (1828). — *R. saxatile.* Pall.? — Allem. *Zwey-
stachliche Johannisbeere.* — Angl. *Two spined currant.* (V. V. et S.
du jard. bot. de Lyon.)

***2** Rameaux garnis d'aiguillons plus petits que ceux placés à la base des feuilles.

6. G. aiguilloneuse. — *G. acicularis.* (Spach.)

Arbuste à **Rameaux** étalés ou penchés, hérissés de longs aiguillons minces, droits et très-acérés. — **Feuilles** à 3 ou 5 lobes, échancrées à leur base; lobes obtusément dentés, mucronés; garnies de poils épars et assez forts, semblables à ceux du *Groseiller des Alpes*, à fibres *peu ramifiées, non réticulées* et peu poilues. Pétiole très-mince et portant quelques très-longs poils fermes. — **Aiguillons** au nombre de 3 au-dessous de chaque feuille, plus longs que les *autres qui couvrent tout le reste des rameaux* roux et striés. — **Pédicelles** courts, de une à trois fleurs penchées, poilus, plus courts que la fleur. — **Tube des sépals** en cloche, dépassant de beaucoup les étamines. Lames des sépals oblongues, plus grandes que le tube. — **Pétals** très-petits, ovales, à onglet très-court. — **Styles** chauves. — **Fruit** presque globuleux, jaune ou rougeâtre, du volume d'une petite *Grossulaire à gros fruits,* dont elles ont la saveur. = Spontanée sur les monts Altaï et dans l'Himalaya.

Synon. — *Grossularia acicularis.* Spach, suit. Buff. 6, p. 173 (1838). — *Ribes aciculare.* Smith, dans Rees, cyclop.; Ledeb. icon. flor. alt. tab. 230; A. P. Decand. prodr. 3, p. 478 (1828). — *R. Manglesii* et *R. Sibboldii* de quelques jardins? (V. S. C. comm. par M. Pepin)

7. G. des lacs. — *G. lacustris.* (Sering.)

Arbuste d'environ 1 mètre. — **Rameaux** striés, *couverts d'aiguillons* minces, horizontaux, inégaux, rougeâtres, très-fins, fort aigus, et en outre d'un *demi-cercle d'aiguillons* plus longs, *placés au-dessous de la naissance des feuilles.* — **Feuilles** presque circulaires, en cœur à leur base, à 3 ou 5 lobes doublement dentés, d'un vert gai et *garnies en dessus de quelques poils très-distants, luisantes et chauves en dessous, à réticulation large et assez régulière.* — **Pétiole** de la longueur de la lame, mince, *garni de quelques longs poils distants et glanduleux au sommet.* — **Fleurs** nombreuses à chaque grappe, comme dans la *Groseille rouge,* distantes; *pédoncules, pédicelles, tube des sé-*

pals et bractéoles garnis de nombreux et longs poils glanduleux.
— **Bractéoles** ovales, atteignant à peine la moitié du pédicelle.
—*Partie adhérente du tube* sphérique, *très-hérissée de poils glan-*
duleux, pourpres, le *reste évasé, court* et très-ouvert. Lames
presque circulaires, verdâtres. — **Pétals** violet-pourpre. —
Anthères jaunes, un peu plus courtes que les pétals. —
Stigmates blanchâtres, petits, capités. — **Fruit** de la grosseur
de celui du *Groseiller Cassis,* mais couvert de poils glanduleux
d'un pourpre violet. = Cette espèce, indigène de l'Amérique
septentrionale, a été apportée en 1812. Elle est remarquable
par ses fleurs nombreuses (pour cette section) quoique peu
apparentes, et surtout par ses nombreux aiguillons colorés.
Elle est cultivée dans nos massifs.

SYNON. — *Ribes lacustre.* Poir. encycl. bot. supp. 2, p. 856
(1811); Berland. mém. soc. phys. gen. 3, part. 2, pl. 2, fig. 7
(mauvaise), et dans A. P. Decand. prodr. 3, p. 478 (1828);
Spach, suit. Buff. 6, p. 164 (1838); Guimp. Ott. et Hayne,
holtzpflant. tab. 136. — *R. oxyacanthoïdes.* Michx. flor. bor.
amer. 1, p. 111? (1803). — *R. echinatum.* Dougl. trans. hort.
soc. lond. 7, p. 517, bot. reg. not. ad. à tabl. 1349. — Franç.
Grossulaire des lacs, Groseiller bicolor, G. hérissé. — Angl. *Lake*
currant. (V. S. du mus. de Par. (1838), comm. par M. PEPIN.)

8. G. **fausse-aubépine**. — *G. oxyacanthoïdes* (Spach.)

Rameaux garnis d'aiguillons solitaires ou ternés sous la
naissance de la feuille, et très-pointus. — **Aiguillons** de dessous
les feuilles étalés ou réfléchis, bruns, parmi d'autres très-
minces, dispersés sur toute l'étendue des rameaux. — **Feuilles**
presque orbiculaires, à 5 lobes, échancrées à leur base et bordées de larges dents, légèrement poilues, ainsi que le pétiole,
qui est plus court que la lame. — **Fleurs** 1 ou 2, courtement
pédicellées. — **Sépals** unis en un tube en toupie. — **Pétals**
obovales-spatulés, blanchâtres, denticulés, de la longueur des
étamines, ainsi que le style. — **Fruit** globuleux, violet, chauve,
du volume de ceux de la *Groseille rouge.* = Espèce spontanée
au Canada, et introduite en Europe vers l'année 1806. Ses fleurs

sont de la grandeur et de la forme de celles de la *Grossulaire à gros fruit.*

SYNON. — *Grossularia oxyacanthoïdes.* Spach, suit. Buff. 6, p. 175. — *G. oxyacanthæfoliis amplioribus e sinu Hudsonis.* Pluk. amalth. 212, et Dill. hort. elth. fig. 166. — *Ribes oxyacanthoïdes.* Linn. spec. 291 (1764).

Genre 4. **Robsonie. — Robsonia.** (SPACH.)

Rameaux munis de forts aiguillons au-dessous de chaque feuille, et d'autres très-minces, disposés sans ordre régulier. — **Fleur** 2 à 3, en grappes pendantes, dont les *organes composants* sont en *nombre quaternaire* et *pourpre foncé.* — **Sépals** unis à leur base et *formant un tube* court et garni de poils glanduleux très-petits ; lames oblongues parallèles. — **Pétals** de la même longueur. — **Étamines** *plus d'une fois plus longues que les sépals.* — **Style commun** très-long, filiforme, uni presque jusqu'au sommet et à 2 stigmates peu distincts. — **Fruit** hérissé de poils glanduleux, à très-peu de graines.

SYNON. — *Robsonia.* Spach, suit. buff. 6, p. 180 (1838) ; Endl. gen p. 824 (1839). — *Ribes* sect. 1. *Robsonia.* Berland. mém. soc. phys. gen. 3, part. 2, p. 43, pl. 3, et dans A. P. Decand. prodr. 3, p. 477 (1828).

Robsonie élégante. — *Robsonia speciosa (Spach.)

Arbuste très-épineux. — **Feuilles** à 3 ou 5 lobes peu dentés à leurs sommets qui sont mucronés, tronquées ou en coin à leur base, presque chauves, non glanduleuses, d'un vert gai et luisantes sur les faces. — **Fleurs** élégantes, pendantes, à sépals et pétals à peine unis par leur base, mais placés parallèlement et si rapprochés qu'on croirait d'abord qu'ils forment un long tube à 4 sillons. — **Bractéoles** ovales, verdâtres ou pourpres, entières, parfois poilues. — **Fruit** globuleux, pourpre noir, hérissé de poils glanduleux, du volume de la *Grossulaire à gros fruits.* = Plante transportée depuis peu d'années de la Californie, et qui demande un peu plus de soins que les autres Grossu-

LACÉES ; il lui faut la terre de bruyère, et jusqu'à présent on la *
tient (en France) en serre tempérée, tandis qu'en Angleterre *
il paraît qu'elle supporte la pleine terre.

SYNON. — *Robsonia speciosa.* Spach, suit. Buff. 6, p. 181* (1838); (*
Walp. repert. 2, p. 341 (1843). — *Ribes speciosum.* Pursh, flor.*
bor. amer. 2, p. 732 ; bot. mag. tab. 3530 ; ann. flor. et pom. *
5e année, p. 308, fig. (1836 à 1837). — *Rib. stamineum.* Smith, *
dans Rees, cyclop ; Berland. dans A. P. Decand. prodr. 3, p. 477 *
(1838). — *Rib. fuchsioïdes.* Moç. et Sess. flor. mex. ined. dans *
bibl. Decandolle ; Berland. mém. soc. phys. gen. 3, part 2, *
pl. 3. (V. V. et S. C. communiq. par M. NÉRARD FILS AINÉ.)

FAM. 14. OPONTIACÉES. — OPUNCIACEÆ. (KUNTH.)

Arbustes ou **Arbres** d'un port tout particulier, présentant le plus souvent une écorce charnue presque
toute utriculée, diversement tuméfiée en mamelons, en
côtes, en ailes, prises anciennement pour des feuilles,
mais dont la partie ligneuse est circulaire dans la plupart des genres, surtout dans les CIERGES (*Cerei*), où
les couches ligneuses de chaque année sont distinctes.
La moelle et les prolongements médullaires y sont disposés aussi comme dans nos arbres dicotylés. — **Racines**
fibreuses, peu étendues et peu étudiées jusqu'à présent.
— **Feuilles** le plus souvent nulles ; cependant, dans le
genre *Cierge*, elles sont oblongues-cylindriques, charnues, très-fugaces, et semblables à celles de quelques
Vermiculaires (*Sedum*) ; tandis qu'elles sont ovales,
planes et pareilles à celles des autres plantes dans le
genre *Péreskie*. A leur aisselle, ou au-dessus du point
qu'elles devraient occuper, sont le plus souvent des
touffes de poils laineux, cotonneux, ou même cotonneux et aiguillonneux, d'où partent, quand la plante se

ramifie, les rameaux ou les fleurs. Ces aiguillons, que l'on retrouve en outre dans le genre *Mamillaire*, au sommet des mamelons, sont souvent très-fragiles, s'implantent dans la peau, et y sont extrêmement incommodes. Quand les feuilles existent, elles sont toujours sans stipules. — **Fleurs** carpanthérées, complètes, régulières, sessiles, souvent fort belles, naissant latéralement de houpes de poils placées dans les dépressions de l'écorce ou à l'aisselle des mamelons. — **Sépals** 5-10, unis par leur partie inférieure, formant un tube à peine plus long que les carpes, auxquels il adhère, mais, dans quelques genres, les dépassant beaucoup, et alors ce tube est garni à l'extérieur d'écailles à l'aisselle desquelles sont des faisceaux de poils, mêlés de faibles et fragiles aiguillons, comme ceux dispersés sur les parties vertes. — **Pétals** souvent confondus, par leur forme, leur consistance et leur couleur, avec les sépals, et concourant à constituer le tube floral. Les portions florales qui n'adhèrent pas aux carpes et ne concourent pas à former le fruit, s'épuisent successivement, se fanent et se rompent circulairement. Alors le fruit paraît tronqué, et on remarque sur cette cicatrice circulaire des cercles concentriques qui indiquent l'emboîtement des organes. — **Étamines** en nombre indéfini, adhérentes par leurs filets à une certaine étendue du tube, persistantes par leur base, et concourant à former la carnosité du fruit. Filets tantôt renfermés dans le tube, d'autres fois le dépassant beaucoup. — **Anthères** ouvrant longitudinalement en dedans. — **Pollen** globuleux, lisse, marqué de 2 à 3 zones diaphanes. — **Carpels** ablamellaires formant un capitel à une seule

loge, non ouvrant (plusieurs loges, dit-on, dans les *Rhip-*
salis?) devenant, avec la base des enveloppes florales, très-
succulents et mangeables, quand toutefois on a enlevé
les nombreux et fins aiguillons qui recouvrent très-
souvent le fruit. — **Styles** réunis en une colonne commune, quelquefois tellement pressés les uns contre les
autres qu'ils simulent un seul style plein, tandis que
d'autres fois ils sont simplement adossés et présentent
un centre vide. — **Stigmates** en nombre double
ou triple de celui des carpels, ordinairement plats,
obtus, rayonnants, parfois tuméfiés à la manière de
ceux des CUCURBITACÉES (1). — **Graines** plusieurs
ou très-nombreuses, globuleuses, oblongues ou réniformes, à exoderme presque osseux, noir, brillant,
souvent creusé de petites fossettes, plongées dans une
pulpe ordinairement rouge ou orangée, quelquefois
entourées d'un bourrelet, comme les graines du genre
Courge. — **Albumen** nul. — **Embryon** droit, en massue
ou presque globuleux, ou courbé. — **Racine** au hile.

Cette singulière famille habite l'Amérique tropicale,
d'où un certain nombre d'individus ont été transportés depuis peu d'années dans l'Asie, l'Afrique,
et dans la région méditerranéenne. Ces plantes sont
encore peu répandues dans nos collections, elles ne
peuvent être conservées en herbier; on en a donné
un trop petit nombre de figures, qui sont encore
très-dispersées. Les genres eux-mêmes sont si peu ca-

(1) La forme et les modifications tranchées de ces organes, serviront sûrement
de caractères de genres, lorsque l'étude encore peu avancée de cette famille
aura pu être poussée plus loin.

ractérisés par les organes floraux ou par le fruit, que leurs limites sont encore mal posées. Cependant plusieurs botanistes distingués ont avancé leur étude. HAWORTH, A. P. DECANDOLLE, LINK et OTTO, PLEIFFER, LEMAIRE, MIQUEL, et plusieurs amateurs distingués, en ont déjà de belles collections. Il est à désirer que M. LEMAIRE continue la monographie qu'il en a commencée. Il est entouré de beaucoup de matériaux, des ressources de belles bibliothèques, tout doit donc nous faire espérer la suite de cet utile travail. — C'est avec les GROSSULACÉES que la famille des OPONTIACÉES a le plus de rapports, cependant elle s'en distingue facilement par le port et surtout par le nombre des parties qui constituent la fleur. Dans les GROSSULACÉES, les sépals, les pétals et les étamines sont en nombre quinaire ou quaternaire simple, tandis que, dans les OPONTIACÉES, ils sont en nombre multiple de cinq. — Comme les OPONTIACÉES n'ont que peu ou point de stomates, elles peuvent supporter de longs trajets sans humectation, : il suffit de les stratifier dans des caisses avec de la paille ou de la mousse sèche. Aussi se sont-elles beaucoup multipliées depuis que le Mexique a été parcouru par les botanistes voyageurs. Ces végétaux se multiplient facilement de bouture et de greffe, mais moins souvent de graines, qui jusqu'à présent ont rarement mûri en Europe. Les rameaux que l'on veut bouturer doivent rester quelques jours dans un lieu sec et chaud, pour que la blessure se cicatrise ; alors seulement ils doivent être placés dans une terre convenable. Ces rameaux, ainsi abandonnés à l'air, poussent souvent des racines. On peut aussi obtenir ces plantes de graines ; mais leur première

végétation est extrêmement lente. — M. Carlier (1)
couvre, pour l'hiver, chaque pot d'Opontiacée d'une cloche de verre blanc, depuis le mois de septembre jusqu'à
celui de juin, époque à laquelle il les place en pleine
terre. Cette couverture a l'avantage de donner une chaleur égale et un peu humide aux plantes, de les garantir
du froid, de les tenir presque toujours en végétation et
de hâter leur croissance. Il ne les arrose pas pendant
les mois de décembre, janvier et février, et la serre dans
laquelle il les tient n'a besoin que d'une chaleur très-
modérée. Elle est couverte d'un double châssis de papier
huilé (2) qu'il trouve le plus convenable pour toutes
les plantes, et qui ne laisse pénétrer aucune humidité
dans la terre. Elles jouissent, pendant la saison rigou-
reuse, d'une grande lumière. Dans une serre chauffée
régulièrement, il n'y a point d'inconvénient à arroser
quelquefois. Pendant l'été, on peut les arroser abondamment, même avec la pomme, mais on doit le faire
lorsque le soleil ne les éclaire plus directement. Pendant les mois de juin, juillet et août, on tient ces plantes
à l'air libre ; elles prennent alors un grand développement et de belles formes. On doit placer au midi les
Cierges, les *Echinocactes*, les *Mamillaires*, dans un lieu
sec et bien éclairé. Quant aux *Epiphylles*, ils doivent
être abrités par des arbustes. — Une bonne terre
d'orangers, bien mélangée de terreau et de fumier de

(1) Bull. Soc. hort. anv. 2, p. 60 (mars 1845),

(2) On préserve le papier huilé des souris en passant après la couche d'huile
plusieurs couches d'eau de tan (écorce de Chêne bouillie dans l'eau).

Nota. — Nous regrettons vivement que la classification préparée par M. Ch.
Lemaire ne soit pas encore publiée ; elle nous aurait sûrement tiré d'*un cruel
embarras*.

quatre ans, leur convient parfaitement. Ils ne réussissent pas bien dans la terre de bruyère pure. — Le dépotage ne doit s'en faire qu'en mai. On reconnaît qu'il est nécessaire quand les racines tapissent les parois du vase, ou que l'eau s'écoule difficilement. — Le genre Cierge peut être multiplié par BOUTURE. L'époque la plus convenable pour cela est le mois de mai. Il en est de même des **Mammillaires**, qui peuvent être coupés en deux. Pour les premiers, on fait des boutures de toute longueur, comme le *Cierge du Pérou.* Quant aux **Epiphylles**, on fait choix des rameaux qui se développent latéralement. Les fragments que l'on destine à la multiplication doivent être mis à sécher pendant huit à douze jours, sur un rayon de la serre, à l'abri du soleil, ensuite on les plante dans de petits vases, dans la terre indiquée pour le rempotage. Ils sont replacés sur le même rayon, hors du soleil, et on arrose peu jusqu'à ce que les racines soient développées. — On obtient facilement *des graines* des individus déjà forts, surtout si l'on emploie la fructification artificielle. Elle consiste à porter, avec un petit pinceau en soie, le pollen des étamines d'une fleur bien épanouie sur le stigmate de celle que l'on veut fructifier. — On sème les GRAINES dans des pots peu profonds, garnis à leur surface d'une terre légère, sur laquelle on les répand, puis on les recouvre légèrement avec la même terre. On met une cloche sur le vase et on les place sur une couche. Huit à quinze jours suffisent alors pour les faire lever. Aussitôt qu'on voit paraître les jeunes pieds, on a grand soin de les garantir de l'ardeur du soleil, et on les traite, lorsqu'ils sont forts, comme les grosses plantes. — **La multiplication**

PAR GREFFE réussit aussi pour plusieurs genres. Elle rend plus facile la fleuraison de plusieurs espèces, telles que l'*Epiphylle tronqué*, quelques *Cierges* à tiges minces, ou bien de jeunes semis de *Cierges*. On prend pour cela une pousse à son premier développement, on la taille comme pour la greffe en flûte, on fait avec un greffoir, sur un rameau d'*Opontie*, une fente propre à recevoir la greffe, on y engage le jeune rameau nouvellement coupé, on l'y maintient au moyen d'un morceau de bois fendu, que l'on applique en travers, sans trop serrer la greffe ni le rameau du sujet, on les place à l'ombre et on les traite comme les boutures. On obtient par ce procédé des plantes d'une végétation extraordinaire et d'une riche fleuraison. Dès l'instant que les plantes ont acquis une certaine grosseur, elles fleurissent tous les ans, et même quelques-unes plusieurs fois dans l'année, telles que l'*Echinocacte d'Eyriès*, l'*E. sillonné* et l'*E. d'Otto* , les *Mammillaires à quatre épines*, *à pied doré*, le *Rhodanthe*, le *Galeotti*, etc.

SYNON. — *Opuntiaceæ.* Kunth, syn. 3, p. 368 (1824) ; Humb. Bonpl. et Kunth, nov. gen. et spec. v. 6 (1825) ; Endl. gen. p. 942 (1839) Ce mot employé par lui comme classe et non comme famille. — *Cactus.* Linn. gen. nº 613, spec. plant. 666 (1764).— *Cacti.* A. L. de Juss. gen. 310 (1780) en excluant le genre *Ribes*, dont les botanistes ont fait depuis la famille des GROSSULACÉES. — *Cactoïdes et Cactoïdeæ.* Vent. tabl. régn. vég. 3, p. 289 (1799).— *Nopaleæ.* A. P. Decand. théor. éd. 1, p. 216, éd. 2, p. 246 (1819) ; A. L. de Juss. dans dict. scienc. nat. vol. 35, p. 144. — *Cacteæ.* A. P. Decand. prodr. 3, p. 457 (1828) ; rev. cact. dans mém.

mus. vol. 17, p. 1-117 (1828); Lindl. introd. éd. 2, p. 53; Haworth, Salm-Dyck, Link, Otto, Lemaire, Martius, Pfeiffer, Miquel, Reichenbach, Scheidweiller, Lehmann, etc. (voir aux genres et aux espèces).

Tableau des genres de la famille des OPONTIACÉES.

§ 1. Feuilles nulles.

**1. Tube floral dépassant à peine les carpes.*

1. **Mammillaire** (*Mammillaria*). Mamelons disposés en spirales, terminés près du sommet par une aréole garnie de poils et d'aiguillons. Leur aisselle présente des agglomérations de soies, du milieu desquelles partent parfois des fleurs. Sépals 5-6, et autant de pétals unis en tube lisse, adhérant dans toute son étendue aux carpes. Feuilles nulles.

2. **Anhalonie** (*Anhalonia*). Mamelons aplatis, imitant des feuilles, sans aréoles ni aiguillons, et donnant naissance à des fleurs qui partent de leur aisselle laineuse. Feuilles nulles.

3. **Mélocacte** (*Melacactus*). Côtes ascendantes et arquées, dues à de fortes tuméfactions de l'écorce, portant sur leur arête un certain nombre d'aréoles plus ou moins proéminentes, munies d'aiguillons ou de soies. Au sommet de la tige se trouve une agglomération de soies du milieu desquelles naissent les fleurs. Feuilles nulles.

4. **Echinocacte** (*Echinocactus*). Mêmes caractères que le genre précédent, quant aux tiges; mais les fleurs, au lieu de partir d'une agglomération terminale de soies, naissent des aréoles enfoncées ou soulevées, placées à l'extrémité supérieure des côtes. Cotylédons unis. Feuilles nulles.

5. **Astrophyte** (*Astrophytum*). Côtes très-marquées, pyramidales. Aréoles nombreuses, à bourrelet circulaire, naissant sur l'arête, à peine garnies de quelques soies et donnant naissance aux fleurs. Feuilles nulles.

6. **Epiphylle** (*Epiphyllum*). Ecorce charnue, prolongée en deux ailes qui imitent des feuilles. Tube floral adhérent dans toute son étendue aux carpes. Stigm. 3. Fruits couronnés par les organes floraux desséchés. Feuilles nulles.

7. **Rhipsalis** (*Rhipsalis*). Rameaux cylindriques peu charnus, sans étranglements, rarement ailés. Fleurs latérales, sessiles, blanches. Sépals 6. Pétals 6. Cotylédons très-courts, obtus. Feuilles nulles.

8. **Hariote** (*Hariota*). Rameaux cylindriques articulés, renflés et charnus de distance en distance. Fleurs terminales jaunes. Tube floral lisse, de la longueur des carpes. Sépals 4-5. Pétals 12-15. Stigmates 5, ascendants. Feuilles nulles.

**2. Tube floral dépassant beaucoup les carpes.*

9. **Phyllocacte** (*Phyllocactus*). Ecorce charnue, prolongée en ailes, dans les échancrures desquelles sont des aréoles donnant naissance aux fleurs. Tube floral en entonnoir, peu garni d'écailles. Feuilles nulles. Etamines peu nombreuses. Graines réniformes.

10. **Echinopsis** (*Echinopsis*). Tige courte et presque globuleuse. Côtes comme dans le genre *Echinocacte*. Tube floral en entonnoir, longuement prolongé au-dessus des carpes et couvert d'écailles. Feuilles nulles.

11. Discocacte (*Discocactus*). Tige fortement déprimée, imitant un palet. Tube commun nu à sa base. Sépals recourbés. Pétals plus courts que les sépals, imitant un tube peu prolongé.

12. Cierge (*Cereus*). Tige presque sarmenteuse, à centre ligneux. Arêtes garnies d'aréoles épineuses. Tube floral très-prolongé au-dessus des carpes, en entonnoir et garni d'écailles et de soies ou d'aiguillons fragiles. Feuilles nulles. Cotylédons libres et foliacés.

§ 2. Feuilles distinctes.

13. Opontie (*Opuntia*). Rameaux souvent aplatis. Tube floral de la longueur des carpes. Fleurs jaunes ou rouges. Feuilles cylindriques-oblongues.

14. Peirescie (1) (*Peirescia*). Rameaux cylindriques. Feuilles planes, bien distinctes, portant des aiguillons à leur aisselle. Stigmates en spirale.

Genres incomplètement connus.

15. Pfeifferie (*Pfeifferia*). Tube des sépals à peine prolongé au-dessus des carpes. Sépals foliacés, courts, 5-6. Pétals rapprochés en entonnoir. Capitel des carpels dépassant d'abord le tube commun, qui est garni d'aréoles.

16. Pélécyphore (*Pelecyphora*). Tige en massue, basse, couverte de tubercules très-serrés, disposés en spirales. Aréoles cartilagineuses, creusées d'un sillon longitudinal et bordées d'une frange également cartilagineuse.

§. 1. Feuilles nulles.

**1. Tube floral dépassant à peine les carpes.*

Genre 1. Mammillaire. — Mammillaria. (Haw.)

Arbustes très-charnus, peu fibreux dans les jeunes individus transportés en Europe, souvent lactescents. — **Tige** le plus souvent *très-courte, épaisse,* arrondie, *sans feuilles,* couverte de mamelons longtemps persistants, produits par la tuméfaction de l'écorce, *disposés en spirales et terminés chacun par une aréole* (2) *plus ou moins cotonneuse, ou laineuse, de laquelle naissent des aiguillons aigus, minces, persistant plusieurs années.* — **Rameaux** ou **Fleurs** *naissant çà et là de l'aisselle* (3) *le plus souvent cotonneuse ou laineuse des mamelons.* — **Feuilles** manquant constamment. — **Fleurs** sessiles, assez petites.

(1) Prononcez *Peireskie* et *Peireskia.*

(2) Surface souvent circulaire, qui termine le mamelon et porte des poils cotonneux ou laineux du milieu desquels part un faisceau d'aiguillons.

(3) Angle formé par le mamelon et la tige ou le rameau qui le produit. L'aisselle est tantôt nue ou chauve, tantôt cotonneuse ou laineuse, et rarement aussi munie de quelques aiguillons minces et très-aigus, nommés *soies.*

disposées ordinairement presque *en cercle* un peu au-dessous de l'extrémité des tiges et de leurs rameaux. — **Sépals** 5 à 15 sur 1 ou plusieurs rangs, unis par leur base en un *tube court* et nu. — **Pétals** 10–25, alternant de 5 en 5, souvent très-difficiles à distinguer des sépals, à peine plus longs qu'eux ; adhérant à toute la face interne du tube qu'ils concourent à former. — **Étamines** sur plusieurs rangs, dépassant à peine le tube commun ; les intérieures plus courtes. — **Carpels** 3 à 4 abla-mellaires, unis par leur carpe et leur style, à stigmates libres. — **Carpes** *adhérant dans toute leur étendue à la face interne du tube commun*, qui concourt aussi à former le fruit. — **Fruit** *lisse, non épineux*, ovale ou oblong, ordinairement rouge, couronné pendant assez longtemps par toutes les portions libres et fanées de l'appareil floral. — **Graines** petites...... Cotylé-dons inconnus ou nuls. = Ce genre offre un caractère bien distinct par la présence de deux espèces de faisceaux de poils, et souvent tous deux munis d'aiguillons plus ou moins forts, les uns à l'aisselle des mamelons ; ce sont de véritables bour-geons qui le plus souvent restent rudimentaires, mais qui par-fois aussi se développent en branches ou en fleurs. Les autres faisceaux de poils et d'aiguillons sont placés au sommet des mamelons et ne concourent jamais à l'allongement latéral.

SYNON. — *Mammillaria.* Haw. syn. 177 (1812). A. P. Decand. prodr. 3, p. 458 (1828) ; Lemair. cat. monv. (1838). — *Cact: mammillares.* A. P. Decand. cat. monsp. 83. — *Cactus a mam-millaria.* Endl. gen. p. 942 (1839).

Espèces du genre MAMMILLAIRE (*Mammillaria*).

§ 1. Mamelons oblongs.	7. pointe de dard.
1. Aiguillons sur 1 rang.	8. de Wild.
	9. à gros aiguillons.
1. irrégulière.	10. Zéphyrantoïde.
2. fertile.	11. candide.
3. petite.	12. trompeuse.
4. de Humboldt.	13. à aiguillons bruns.
2. Aiguillons sur 2 rangs.	14. à crochet.
5. à longs mamelons.	15. en hameçon.
6. à corne de bélier.	16. à tête chevelue.

17. à aiguillons géminés.
18. soyeuse.

§ 2. Mamelons coniques.

*1 *Aiguillons sur 1 rang.*

19. bicolor.
20. à jolis mamelons.
21. conique.
22. en colonne.
23. à 4 aiguillons.
24. à mamelons nombreux.
25. mince.
26. allongée.
27. croisette.
28. à tête étroite.
29. petite.
30. rayonnante.
31. recourbée.

*2. *Aiguillons sur 2 rangs.*

32. emmêlée.
33. élégante.
34. hérissée.
35. à petits mamelons.
36. jaunâtre.
37. prolifère.
38. de Pfeiffer.
39. ténue.
40. blanc de neige.
41. à mamelons ovoïdes.
42. en œuf.
43. à tête dorée.
44. de Cels.
45. modeste.
46. de Steudel.
47. corne du diable.
48. vivipare.
49. vieille.
50. de Dyck.
51. dorée.
52. brune.
53. rougeâtre.
54. aciculée.
55. à aiguillons fauves.
56. à 6 aiguillons.
57. séteuse.
58. couleur de feu.
59. noble.
60. blanchâtre.
61. neigeuse.
62. à aiguillons laineux.

63. Rhodanthe.
64. à centre rouge.

§ 3. Mamelons ovés.

*1. *Aiguillons sur 1 rang.*

65. divergente.
66. à 3 aiguillons.
67. comprimée.
68. alliée.
69. entrecroisée.
70. orangée.
71. à grands mamelons.
72. couronnée.

*2. *Aiguillons sur 2 rangs.*

73. discolor.
74. simple.
75. couverte.
76. luisante.
77. à centre blanc.
78. chevelue.
79. gazonnante.
80. à nombreux aiguillons.
81. conoïdale.
82. crochue.
83. à courts mamelons.
84. cornue.
85. en couronne.
86. à grandes fleurs.
87. cylindracée.
88. à épine ardente..
89. exsudante.
90. horrible.

§ 4. Mamelons sphéroïdaux.

91. vert sombre.
92. dent d'éléphant.
93. floribonde.
94. dressée.
95. étoile d'or.

§ 5. Mamelons sillonnés.

*1 *Aiguillons sur 1 rang.*

96. à larges mamelons.
97. en bâton.
98. entrelacée.
99. polyèdroïde.

*2. *Aiguillons sur 2 rangs.*

100. bossue.
101. à couronne d'épines.
102. d'Otto.

§ 1. Mamelons oblongs.

** 1. Aiguillons sur un seul rang.*

1.Mammillaire irrégulière.—*M. irregularis*.(A.P.Dec.)

Tige presque globuleuse, simple ; rameaux ovés. — **Aisselles**
nues. — Mamelons oblongs. — Aréole presque chauve. —
Aiguillons 20-25, rayonnants, presque réfléchis, blanchâtres,
tous partant de la circonférence. = Habite le Mexique (Coulter,
1828).

Synon. — *Mammillaria irregularis*. A. P. Decand. rev. cact.
dans mém. mus. 17, p. 111 (1828); mém. cact. p. 6 (1834).

2. M. fertile. — *M. uberiformis*. (Zucc.)

Tige basse et presque globuleuse. — **Aisselles** nues. —
Mamelons allongés, cylindriques, épais, divergents, obtus au
sommet, un peu comprimés sur les côtés. — **Aréoles** presque
nues. — Aiguillons 4, rarement 3, disposés dans la circonférence de l'aréole, presque en croix, raides, cornés, presque
égaux, un peu velus, ceux du centre nuls. = Habite le Mexique
(dans les prés, près Pachuca).

Synon. — *M. uberiformis*. Zucc. dans Pfeiff. enum. cact. 23
(1837); Pfeiff. et Otto, abbild. cact. tab. 12, d'après Walp.
rep. 2, p. 289 (1843).

3. M. petite. — *M. pusilla*. (A. P. Decand.)

Tige très-courte, presque sphérique. — **Aisselles** à peine
cotonneuses. — Mamelons oblongs, disposés en spirales tournant à droite. — **Aréole** garnie de poils presque aussi longs
que les aiguillons, flexueux et de même couleur qu'eux. —
Aiguillons 5-6, longs, minces, blanchâtres, poilus sur 1 rang.
— Fleu dépassant les mamelons, jaunâtres, à peine teintées
de rouge sur le dos. — Sépals et Pétals linéaires-lancéolés,
aigus. = Habite le Mexique (Coulter 1828).

Synon. —*M. pusilla*. A. P. Decand. rev. cact. dans mem. mus.
17, p. 29, pl. 2, fig. 1 (1828); prodr, 3, p. 459 (1828); Cels frèr.
ann. flor. pom. 1838, p. 305; Pfeiff. enum. cact. 36 (1837). —
Cactus pusillus. A. P. Decand. cat. montp. 184 (1813). — *C. stellatus*. Lodd. bot. cab. tab. 79. — *C. stellaris*. Linn. — *Mammilla-*

ria stellaris. Desjard. (V. V. C.). — Walp. rep. 2, p. 293 (1843), en décrit une var. sous le nom de GRANDE (*major*) : sa tige est cendrée, presque simple ; les mamelons doublement plus longs ; les aiguillons de 12 millimètres, et les fleurs plus grandes. — Elle vient des Indes occidentales.

4. M. de Humboldt. — *M. Humboldtii.* (Ehrenb.)

Tige simple ou rameuse , globuleuse ou déprimée. — **Aisselles** à peine cotonneuses, mais garnies de soies nombreuses. — **Mamelons** très-verts , cylindriques-oblongs , chauves — **Aréoles** un peu cotonneuses d'abord, et ensuite chauves et jaunâtres. — **Aiguillons** extrêmement nombreux, étoilés, couvrant toute la plante. — **Fleurs** d'un rouge foncé, dépassant les mamelons. — Filets des **Étamines** rouges, anthères orangées. — **Stigmates** 3. = Habite le Mexique, entre Yxmiquilpan et Mestitlan.

SYNON. — *M. Humboldtii.* Ehrenb. dans Linnæa, 14, p. 378, selon Walp. rep. 2, p. 294 (1843).

* 2. Aiguillons sur deux rangs.

5. M. à longs mamelons. — *M. longimamma.* (A.P. Dec.)

Tige simple ou rameuse à sa base, ovée ou cylindroïde, et d'un vert clair. — **Aisselles** laineuses. — **Mamelons** oblongs, distants. — **Aisselle** cotonneuse. — **Aiguillons** 9-10, longs, cendrés-brunâtres, rudes (à la loupe). (Walp. indique 1-3 autres aiguillons plus longs, partant du centre). — **Fleurs** jaune-citron, grandes, légèrement teintées de rouge en dessous. — **Stigmates** 5-6, *épais, obtus,* jaunes, étalés pendant la fleuraison. = Habite le Mexique (COULTER, 1828). Belle espèce qui fleurit en Europe dans les mois de juin et juillet.

SYNON. — *M. longimamma.* A. P. Decand. rev. cact. dans mém. mus. 17, p. 112 (1828); mém. cact. p. 11*, pl. 5 (1834); Cels frèr. ann. flor. et pom. 1838, p. 299* ; Pfeiff. enum. cact. p. 22 (1827), selon Walp. rep. 2, p. 288 (1843).

6. M. à cornes de bélier. — *M. arietina.* (Lemair.)

Cette espèce est voisine, selon LEMAIRE (l. c.), de la *M. à longs mamelons* et de la *M. glaive.* Celles-ci diffèrent cependant de la

M. bélier par la longueur et la force des aiguillons, par l'abondance des prolongements laineux qui se trouvent à leur aisselle ;
ces aiguillons sont sillonnés, au nombre de 2 à 3, parmi lesquels
il s'en trouve 1 ou 2 *recourbés en corne de bélier*. = Habite le
Mexique (Deschamps).

Synon. — *M. arietina.* Lemair. cact. monv. 10 (1838).

7. M. à pointe de dard. — *M. glochidiata*. (Mart.)

Tige très-rameuse.— Aisselles presque chauves.—Mamelons
cylindriques, obtus, verts et lustrés. — Aréoles laineuses. —
Aiguillons de la circonférence 12-15, blancs et horizontaux ;
parmi les autres, qui sont bruns et horizontaux, le central est
dressé et courbé en crochet. — Fleurs roses, plus ou moins
pâles. = Habite le Mexique (Coulter 1828).

Synon. — *M. glochidiata.* Mart. act. nov. cur. 16, par. 1,
p. 337, tab. 23 ; Pfeiff. enum. cact. 36 (1837) ; Cels frèr. ann.
flor. et pom. 1838, p. 305. — *M. ancistroïdes.* Lehm. delect.
sem. hamb. 1832. — *M. criniformis.* A. P. Decand. mém. cact.
p. 8, tab. 4 (1834), et Walp. rep. 2, p. 292 (1843), qui cite
2 variétés.—Var. 1, pourpre (*purpurea*, Scheidw. bull. brux. 5,
p. 495). Tige presque globuleuse, très-rameuse. Aisselles laineuses. Mamelons cylindriques, allongés. Aréoles jeunes laineuses. Aiguillons extérieurs en forme de soies, 20, horizontaux,
blanchâtres ; les intérieurs au nombre de 4, pourprés au sommet, dorés à leur base. — Var. 2, soyeuse (*sericata*, Lemair.
nov. gen. et spec. cact. 40). Mamelons un peu plus courts, plus
distants, moins verts. Aiguillons rayonnants, naissant du milieu
d'autres très-fins argentés, très-nombreux , surtout au sommet de la plante ; des 4 aiguillons centraux, 3 sont plus courts.

8, M. de Wild. — *M. Wildiana*. (Otto.)

Tige cylindracée-globuleuse , rameuse inférieurement. —
Aisselles roses, garnies de poils laineux mêlés de petits aiguillons. — Mamelons minces, allongés, cylindracés et verts,
étroits à leur base et roses. — Aréoles jeunes cotonneuses.—
Aiguillons velus, ceux de la circonférence, 8-10, très-minces,
en forme de soies, blancs et rayonnants, dont 3 supérieurs,

assez raides et jaunes, égalant la longueur des mamelons. 1 seul partant du centre, crochu, doré, moitié plus court que les mamelons. = Habite le Mexique.

SYNON. — *M. Wildiana*. Otto, d'après Pfeiff. enum. cact. 37 (1837); Walp. rep. 2, p. 292 (1843). — *M. glochidiata*, var. *aurea* des jardiniers.

9. M. à gros aiguillons. — *M. crassispina*. (Pfeiff.)

Tige simple, ovée, mais allongée en colonne, d'un vert brillant, presque entièrement cachée par les aiguillons. — **Aisselles** presque nues. — **Mamelons** cylindracés-coniques. — **Aréoles** grandes, ovales, laineuses et blanches, et nues ensuite. — **Aiguillons** de deux formes, les extérieurs (24-27) blanchâtres, raides, transparents, presque en faisceaux rayonnants; au centre on en remarque 6-7 autres inégaux, irrégulièrement disposés, dont 1 est quelquefois véritablement central; ces derniers sont droits, plus épais, roux et cornés à leur base. = Habite le Mexique.

SYNON. — *M. crassispina*. Pfeiff. dans Otto et Dietr. allgem. gartenz. 8, p. 406, d'après Walp. rep. 2, p. 297 (1843).

10. M. Zéphirantoïde. — *M. Zephyrantoïdes*. (Scheid.)

Tige cylindroïde, glauque, toujours simple. — **Aisselles** étroites, nues. — **Mamelons** inférieurs allongés, dressés, se nivelant avec les jeunes. — **Aréoles** petites, blanches et ensuite brunes. — **Aiguillons** extérieurs 14, très-fermes, en forme de crinière, rayonnants, et au centre 1 seul; tout blancs d'abord, jaunissant ensuite. = Habite le Mexique.

SYNON. — *M. zephyrantoïdes*. Scheidw. dans Otto et Dietr. allgem. gartenz. 9, p. 41, d'après Walp. rep. 2, p. 297 (1843).

11. M. candide. — *M. candida*. (Scheidw.)

Tige cylindrique, globuleuse, rameuse, déprimée au sommet. — **Aisselles** garnies de soies. — **Mamelons** cylindriques, presque en massue et très-obtus, d'un vert pâle. — **Aréoles** laineuses et chauves plus tard. — **Aiguillons** rayonnants, nom-

breux, entrecroisés, en forme de soies; ceux du centre (8-12)
droits, un peu plus forts, tous très-blancs. = Hab. le Mexique.

Synon. — *M. candida*. Scheidw. bull. brux. 5, p. 496, selon
Walp. rep. 2, p. 297 (1843).

12. M. trompeuse. — *M. decipiens*. (Scheidw.)

Tige rameuse, en massue, à base amincie et rose. — **Aisselles**
serrées, presque nulles, peu laineuses et garnies de quelques
soies souvent roses. — **Mamelons** cylindroïdes, d'un vert pâle,
marqués de très-petits points (vue à la loupe). — **Aréoles** jeunes
laineuses, et plus tard nues. — **Aiguillons** extérieurs 7, rayonnants, d'un blanc jaunâtre; ceux du centre (1-2) bruns, droits,
plus longs, tous faibles et délicats. — **Fruits** cylindriques, semblables aux mamelons d'abord, ensuite beaucoup plus longs.
= Hab. le Mexique.

Synon. — *M. decipiens*. Scheidw. bull. brux. 5, p. 496, selon
Walp. rep. 2, p. 297 (1843).

13. à aiguillons bruns. — *M. phœacantha*. (Lemair.)

Tige globuleuse, à peine déprimée, simple et d'un vert tendre. — **Aisselles** munies de laine et d'aiguillons sétacés tordus.
— **Mamelons** obtus, presque cylindriques. — **Aréoles** arrondies, laineuses. — **Aiguillons** entassés, de deux formes, 20,
rayonnants, blancs, droits, très-petits, et 4 au centre, constants,
plus forts, très-pointus, disposés en croix, plus longs et noircissant. = Hab. le Mexique.

Synon. — *M. phœacantha*. Lemair. nov. gen. et spec. cact.
p. 47, selon Walp. rep. 2, p. 296 (1843).

14. M. à crochet. — *M. ancistria*. (Lemair.)

Tige presque globuleuse, d'un vert pâle. — **Aiguillons**
rayonnants 16-18, parmi lesquels 1 ou 2 des supérieurs plus
forts, plus longs, roux, dressés et courbés sur la plante, et
1 central de 10 à 12 millimètres, roux, plus fort et plus pointu.
= Patrie incertaine. — Cette plante pourrait bien n'être qu'une
variété de la *M. en hameçon*.

Synon. — *M. ancistria*. Lemair. nov. gen. et spec. cact. p. 39,
d'après Walp. rep. 2, p. 296 (1843),

15. M. en hameçon. — *M. ancistroides.* (Lemair.)

Tige globuleuse, à peine déprimée et d'un vert pâle, ramifiée vers la base. — **Aisselles** nues. -- **Mamelons** presque cylindriques, obtus. — **Aréoles** ovales. — **Aiguillons** de 2 formes, très-nombreux, rayonnants et blancs'; ceux du centre au nombre de 5, plus forts, dont le premier crochu. = Patrie inconnue.

SYNON. — *M. ancistroides.* Lemair. nov. gen. et spec. 58 (selon Walp. rep. 2, p. 296 (1843).

16. M. à tête chevelue. — *M. sphœrotricha.* (Lemair.)

Tige presque sphérique, déprimée au sommet et d'un vert pâle. — **Aisselles** munies de quelques soies. — **Mamelons** cylindriques, obtus. — **Aréoles** arrondies, cotonneuses. — **Aiguillons** très-rapprochés, de deux formes différentes, rayonnants, très-nombreux, entourés de soies très-minces; ceux du centre de 6-10 et plus, dressés, très-rigides. = Patrie incertaine.

SYNON. — *M. sphœrotricha.* Lemair. nov. gen. et spec. cact. 33, selon Walp. rep. 2, p. 296 (1843).

17. M. à aiguillons géminés. — *M. geminispina.* (Haw.)

Tige simple, en colonne cylindrique. — **Mamelons** petits, très-nombreux, *oblongs, presque enveloppés du duvet qui croît à leur aisselle,* terminés par de petits aiguillons blancs, rayonnants, à la fin bruns, entrelacés, dont 2 beaucoup plus longs que ceux de la circonférence et presque parallèles. — **Fleurs** rouges dépassant un peu les mamelons, et disposées presque en couronne. = Hab. le Mexique. Plante de 16 à 20 centimètres.

SYNON. — *Mammillaria geminispina.* Haw. dans Till. phil. mag. 63, p. 42 ; A. P. de Cand, rev. dans mém. mus. 17, pl. 3 (1828). — *Cactus columnaris.* flor. mex. inéd. dans biblioth. de Cand.

18. M. soyeuse. — *M. stricata.* (Lemair.)

Tige simple, globuleuse ou un peu allongée, d'un vert intense. — **Aisselles** très-laineuses. — **Mamelons** cylindriques, très-rapprochés, amincis. — **Aréoles** cotonneuses. — **Aiguillons** minces, innombrables, disposés en plusieurs cercles, terminés en flocons très-fins et d'un brillant aspect soyeux. *Centre vide.?*

SYNON. — *M. sericata.* Lemair. nov. gen. et spec. cact. p. 44, d'après Walp. rep. 2, p. 294 (1843).

§ 5. Mamelons coniques.

1. Aiguillons sur un seul rang.

19. M. bicolor. — *M. bicolor.* (Lehm.)

Tige en forme d'œuf renversé, rameuse vers le haut. — Aisselles laineuses. — Mamelons ovales-pyramidaux, disposés en spirales. — Aréoles laineuses. — Aiguillons 16-20, étalés, blancs, 2 dressés, beaucoup plus longs, sphacellés au sommet. = Habite le Mexique.

SYNON. — *M. bicolor.* Lehm. delect. sem. hamb. 1830 ; Linnæa 4, p. 11 ; Pfeiff. enum. cact. 27 ; Pfeiff. et Otto, abbild. cact. tab. 3 ; Cels frèr. ann. flor. et pom. 1828, p. 300. — *M. gemini-spina.* Haw. phil. mag. 63, p. 42, non A. P. de Cand. (Toute cette synon. établie d'après Walp. rep. 2, p. 289 (1843).

20. M. à jolis mamelons. — *M. thelocamptos.* (Lehm.)

Tige mince, cylindrique, d'un vert pâle. — Aisselles planes, d'abord à peine cotonneuses, ensuite munies d'une glande charnue. — Mamelons très-larges à leur base, distants, très-amincis vers le sommet et presque cylindriques, recourbés, presque anguleux en dessous. — Aréoles cotonneuses et blanchâtres. — Aiguillons 5-6, raides, presque égaux, couleur de chair pâle ou blanchâtre. = Habite le Mexique.

SYNON. — *M thelocamptos.* Lehm. dans linnæa 13, p. 101, d'après Walp. rep. 2, p. 295 (1843).

21. M. conique. — *M. conica.* (Haw.)

Tige..... — Aisselles..... — Mamelons coniques, grands. — Aréoles..... — Aiguillons 10 environ, rouges, plus pâles à leur base. = Patrie inconnue.

SYNON. — *M. conica.* Haw. suppl. 71 ; Pfeiff. enum. cact. 38 (1837). †

22. M. en colonne. — *M. columnaris*. (Mart.)

Tige simple, allongée, cylindrique, étranglée dans quelques points. — **Aisselles** laineuses. — **Mamelons** coniques. — **Aréoles.....** — **Aiguillons** 5-6 presque droits, bruns, un peu étalés, les inférieurs un peu plus longs. — **Fleurs** pourpres. = Hab. le Mexique. Fleurit en Europe en juillet et août.

Synon. — *M. columnaris*. Mart. act. nov. cur. 16, part. 1, p. 330 ; Cels. frèr. ann. flor. et pom. 1838 p. 291 ; Pfeiff. enum. cact. 9.

23s M. à quatre aiguillons. — *M. quadrispina* (Mart.)

Tige simple, alongée-cylindrique. — **Aisselles** laineuses. — **Mamelons** coniques. — **Aréoles** laineuses. — **Aiguillons** 4 (rarement 5-6.) étalés en croix, bruns, de la longueur des mamelons, mais entourés d'un anneau d'aiguillons fins (soies) blancs. — **Fleurs** pourpres. — **Pétals** nombreux et linéaires — Colonnes des **Styles** pourpres, et 5 stigmates. = Hab. le Mexique. Fleurit en Europe en juillet.

Synon. — *M. quadrispina*. Mart. act. nov. cur. 16, part. 1, p. 329 ; Cels frèr. ann. flor. et pom. 1838 p. 291.

24. M. à nombreux mamelons. — *M. polythele*. (Mart.)

Tige simple cylindrique, d'un vert foncé, de 30 centim. de haut sur 8-10 de diamètre. — **Aisselles** laineuses, nues dans leur vieillesse. — **Mamelons** coniques, longs de 1 centim. et un peu moins de diamètre à leur base. — **Aréoles** jeunes, laineuses, blanches. — **Aiguillons** 2-4 cylindriques, dressés, bruns ; l'inférieur plus gros et plus long. — **Fleurs** entourées d'une laine blanche à leur base, d'un pourpre rosé et blanche en-dessous. = Hab. le Mexique (Yxmiquilpan).

Synon. — *M. polythele*. Mart. act. nov. cur. 16, part. 1, p. 328, tab. 19 ; Pfeiff. enum. cact. p. 7 ; Cels frèr. ann. flor. et pom. 1838 p. 290 (1838).

25. M. mince. — *M. tenuis*. (A.P. Decand.)

Tige cylindrique, mince, très rameuse, d'un vert pâle ; rameaux étalés. — **Aisselles** étroites, presque chauves. —

Mamelons courtement coniques, assez serrés, en spirales tournant à droite. — **Aréoles** petites, à poils crépus. — **Aiguillons** 20-25 rayonnants, arqués en-dessous, d'un joli blanc jaunâtre très-semblables entre eux et tous disposés circulairement. — **Fleurs** blanches, s'élevant un peu au-dessus des mamelons. — **Sépals et Pétals** en tout 15 environ, pointus, finement denticulés. — **Stigmates** 3, réfléchis. = Hab. le Mexique (Coulter 1828) — Fleurit en avril et mai.

Synon. —*M. tenuis*. A. P. Decand. rev. cact. dans mém. mus. 17. p. 110 (1828); mém. cact. p. 4, pl. 1 (1834 très-bonne), bot. reg. tab. 1523; Cels frèr. ann. flor. et pom. 1838 p. 290 (V. V. jard. Lyon).

26. M. allongée. — *M. elongata*. (A. P. Decand.)

Tige cylindroïde, allongée, peu rameuse. — **Aisselles** larges, chauves. — **Mamelons** très-courts, larges à leur base, obtus. — **Aréoles** à peine cotonneuses. — **Aiguillons** 16-18, très-minces, rayonnants, jaunâtres, beaucoup plus longs que le mamelon; disposés en cercle et point au centre. = Hab. le Mexique (Coulter. 1828).

Synon. — *M. elongata*. A. P. Decand. rev. cact. dans mém. mus. 17, p. 109 (1828); mém. cact. p. 2 (1834).

27. M. croisette. — *M. crucigera*. (Mart.)

Tige cylindrique ou en œuf renversé, se ramifiant. — **Aisselles** floconneuses. — **Mamelons** coniques, d'un vert pâle. — **Aréoles** terminales. — **Aiguillons** 4 égaux, petits, disposés en croix. = Hab. le Mexique.

Synon. — *M. crucigera*. Mart. act. nov. cur. 16, par. 1, p. 340, tab. 25, fig. 2 ; Pfeiff. enum. cact. 25, d'après Walp. rep. 2, p. 288 (1843).

28. M. à tête étroite. — *M. stenocephala*. (Scheidw.)

Tige pyramidale, verte ou presque glauque. — **Aisselles** garnies de poils et de soies. — **Mamelons** exactement coniques. — **Aréoles** jeunes velues, et chauves ensuite. — **Aiguillons** 4, raides et cornés, à sommet noircissant, dont 3 supérieurs divergents, 1 inférieur plus long, tous d'abord pourpres, devenant ensuite d'un gris un peu couleur de chair. ⹀ Habite le Mexique, province de Oaxaca.

Synon. — *M. stenocephala*. Scheidw. dans Otto et Dietr. allgem. gartenz. 9, p. 43, selon Walp. rep. 2, p. 294 (1843).

29. M. petite. — *M. minima*. (Tersch.)

Tige oblongue, rameuse circulairement à sa base. — **Aisselles** chauves. — **Mamelons** très-courts, coniques, plus larges que longs. — **Aréoles** laineuses. — **Aiguillons** 12, très-étalés, presque recourbés, blanchâtres et presque égaux. ⹀ Hab. le Mexiq.

Synon. — *M. minima*. Tersch. suppl. cact. p. 1, selon Walp. rep. 2, p. 301. — *M. stellata ?*

30. M. rayonnante. — *M. radians*. (A. P. Decand.)

Tige presque globuleuse, non rameuse, obtuse ou déprimée. — **Aisselles** presque nues. — **Mamelons** grands, *ovés*. — **Aréoles** chauves. — **Aiguillons** 16-18 rayonnants, rigides, blancs, cotonneux dans leur jeunesse, tous partant de la circonférence. ⹀ Hab. le Mexique (Coulter 1828).

Synon. — *Mammillaria radians*. A. P. Decand. rev. cact. dans mém. mus. 17, p. 111 (1828); mém. cact. 5 (1834); Walp. rep. 2, p. 285 (1843) établit une variété. (globuleuse de Scheidw. bull. acad. Brux 5 p. 494.) qui a les aréoles oblongues, les poils rayonnants 18-20 blanchâtres et rigides, et des bords placentaires que l'on dit centraux ?? caractère qui a lui seul, (s'il existait réellement) ferait transporter cette plante dans un autre genre et peut-être même une autre famille.

31. M. recourbée. — *M. recurvispina*. (Vriese).

Tige simple, glaucescentes, presque globuleuse déprimée. — **Aisselles** nues. — **Mamelons** coniques, obtus, épais. — **Aréoles** nues. — **Aiguillons** 8, le supérieur très-mince, l'inférieur très-long, épais, les 6 autres groupés en deux faisceaux latéraux; tous recourbés, rayonnants. ⹀ Hab. le Mexique.

Synon. — *M. recurvispina*. Vriese, nat. gesch. 6, p. 53, tab. 1, fig. 1, d'après Walp. rep. 2, p. 301 (1843).

*2. *Aiguillons sur deux rangs.*

32. **M. emmêlée**. — *M supertexta*. (Mart.)

Tige simple, presque globuleuse ou oblongue. — **Aisselles** laineuses. — **Mamelons** petits, coniques, serrés, verts, enveloppés par des poils laineux à leur base. — **Aréoles** garnies d'un léger duvet brun. — **Aiguillons** 16-18 naissant en cercle, assez raides, blanchâtres, rayonnant les uns en bas, d'autres en haut; et au centre sont 2 autres aiguillons raides, blancs et quelquefois noirâtres au sommet.

SYNON. — *M. supertexta*. Mart. selon Pfeiff. enum. cact. 25 (1837) d'après Walp. rep. 2, p. 288 (1843). Ce dernier auteur indique une variété à mamelons plus allongés, établie par SCHEIDWEILER (bull. acad. brux. 5, p. 496) le sommet de la tige est déprimé, les mamelons coniques tétragones, verts, serrés, à aréoles nues, à aiguillons rayonnant à la circonférence (20-22), et 2-4 autres partant du centre. Serait-ce une espèce différente ?

33. **M. élégante**. — *M. elegans*. (A. P. Decand.)

Tige en forme d'œuf renversé, un peu déprimée au sommet. — **Aisselles** nues. — **Mamelons** *ovés*, terminés par une aréole cotonneuse dans sa jeunesse, d'où naissent 25 à 30 **Aiguillons** blancs, *rayonnants*, presque rigides et 1 à 3 autres dressés, dépassant un peu les autres. = Plante mexicaine, envoyée par COULTER en 1828. A. P. DECANDOLLE en reçut en même temps une variété plus petite, de même forme que l'espèce, et une seconde plus âgée, globuleuse, plus grande, dont les aisselles des mamelons étaient barbues.

SYNON. — *M. elegans*. A. P. Decand. rev. cact. dans mém. mus. 17, p. 111 (1828) mém. cact. p. 5 (1834); Pfeiff. enum. cact. 25 (1837); Cels frèr. ann. flor. et pom. 1838 p. 300. — *M. supertexta* des jard.

34. **M. hérissée**. — *M. echinata*. (A. P. Decand.)

Tige rameuse dès la base, cylindrique, allongée. — **Aisselles** larges, chauves. — **Mamelons** chauves, *courtement coniques*. — **Aréoles** jeunes cotonneuses. — **Aiguillons** 16-18, rayonnants, un peu arqués, jaunâtres, plus longs que le mamelon, et 2 au centre, très-raides et brunâtres. — **Fleurs** petites, pâles, à tube poilu, et cachées dans les aiguillons. = Hab. le Mexique (COULT. 1838).

SYNON. — *M. echinata.* A. P. Decand. rev. cact. dans mém. mus. 17. p. 110 (1828), mém. cact. p. 3 (1834). Walp. repert. 2, p. 283 (1843) y rapporte comme variété à *mamelons serrés* la *M. densa* Link. et Otto icon. tab. 35.

35. M. à petits mamelons. — *M. parvimamma*. (Mart.)

Tige cylindrique, d'un vert obscur. — **Aisselles** nues ou parfois barbues. — **Mamelons** très-serrés, obtusément coniques, cotonneux. — **Aréole** laineuse et blanchâtre. — **Aiguillons** très-minces, droits, presque raides, d'abord d'un brun pourpre, puis noirs et enfin cendrés; 8-10 extérieurs, irréguliers, rayonnants; 2 à 3 centraux un peu plus longs. = Habite l'Amérique méridionale et l'Inde orientale.

SYNON. — *M. parvimamma* Haw. suppl p. 72; Cels. frèr. ann. flor. et pom. 1838, p. 293; Pfeiff. enum. cact. p. 9. — *M. prolifera.* Hortul. — *Cactus microthele.* Spreng. syst. 2, p. 494 (1825). — *C. prolifer.* Willd. selon Walp. repert. 2, p. 284 (1843).

36. M. jaunâtre. — *M. flavescens*. (A. P. Decand.)

Tige très-petite, en forme d'œuf renversé. — **Aisselle** laineuse, poils persistants. — **Mamelons** coniques, spiralés de gauche à droite. — **Aréole** velue, blanche. — **Aiguillons** droits, rigides, jaunâtres dans leur jeunesse, ensuite bruns; 4 partant du centre, 9-10 de la circonférence, dont les 4 supérieurs plus petits. — **Fleurs** nombreuses, d'un jaune-soufre. — **Stigmates** 5. = Habite l'Amérique mérid. Fleurit en Europe en juillet.

SYNON. — *M. flavescens.* A. P. Decand. prodr. 3, p. 459 (1828); rev. cact. dans mém. mus. 17, p. 27 (1828); Cels frèr. ann. flor. et pom. 1838, p. 293. — *M. straminea.* Haw. syn. suppl. p. 71. — *Cactus flavescens.* A. P. Decand. cat. montp. 83 (1813). — *C. flavescens* et *C. stramineus.* Spreng. syst. 2, p. 494 (2825). — *C. mammillaris.* A. P. Decand. plant. grass. n° 111, pl. 51, en excluant la planche citée de Tournefort, qui appartient aux *Mélocates.*

37. **M. prolifère**. — *M. prolifera*. (Haw.)

Tige presque cylindrique, produisant des rameaux dès la
base. — **Aisselles** très-laineuses. — **Mamelons** coniques, d'un
vert obscur. — **Aréoles** floconneuses, blanchâtres.—**Aiguillons**
de la circonférence 8-10, égaux, rigides, et 4 partant du centre
plus longs, jaune-soufre d'abord et passant bientôt au brun. =
Habite l'Amériq. mérid.

Synon. — *Mammillaria prolifera*. Haw. syn. p. 177, suppl. 71 ;
A. P. Decand. prodr. 3, p. 459 (1828) ; Pfeiff. enum. cact. p. 10.
— *M. Parmenterii*. hort. berol. — *Cactus mammillaris prolifer*.
Ait. hort. kew. ed. 2, v. 3, p. 175.

38. **M. Pfeiffer**. — *M. Pfeifferiana*. (Vriese.)

Tige simple, ovale-oblongue, d'un vert glaucescent. —
Aisselles supérieures cotonneuses, les inférieures nues. —
Mamelons épais, coniques. — **Aréoles** jeunes cotonneuses, et
plus tard nues. — **Aiguillons** extérieurs rayonnants, 19, horizontaux, égaux ; 1 au centre très-long, un peu courbé, très-
pointu. = Habite le Mexique.

Synon. — *M. Pfeifferiana*. Vriese, tijdschrift voor nat. gesch. 6,
p. 51, tab. 1, f. 2, d'après Walp. rep. 2, p. 303 (1843), où les
variétés suivantes se trouvent établies. — Var. 1, A ÉPINES FAUVES
(*fulvispina*, Scheidw.). Tronc à 2 branches globuleuses-cylin-
dracées. Mamelons plus longs et glaucescents. Aréoles presque
nues. Aiguillons rayonnants, 24, blancs; ceux du centre, 6-8-9,
fauves et ensuite pourpres. Scheidw. bull. brux. 6 n° 2, p. 6. —
Var. 2. DICHOTOME (*dichotoma*, Scheidw. l. c.) Tige fourchue.
Aiguillons roussâtres, plus pâles dans leur jeunesse. — Var. 3.
TRÈS-ÉLEVÉE (*altissima*, Scheidw. l. c.) Tige élevée, fourchue, tous
les aiguillons très-jaunes. — Var. 4. A TIGE JAUNE (*flaviceps*,
Scheidw. l. c. p. 7) Tige globuleuse, fourchue Aiguillons
rayonnants, blancs, ceux du centre 8, jaunes. — Var. 5. VARIABLE
(*variabilis*, Scheidw. l. c. p. 7) sommet de la tige plus déprimé.
Aiguillons beaucoup plus courts, les plus jeunes tous blanchâtres.

39. M. ténue. — *M. gracilis*. (Pfeiff.)

Tige cylindrique, mince, rameuse. — **Aisselles** nues — **Mamelons** courts, obtusément coniques. — **Aréoles** presque nues. — **Aiguillons** 16, rayonnants, en forme de soies, blancs ; 2 plus raides, naissant du centre, plus longs, blancs ou bruns, et manquant souvent. = Habite le Mexique.

Synon. — *M. gracilis*. Pfeiffer dans Otto et Dietr. Allgem. gartenz. 6, p. 275 d'après Walp. rep. 2. p, 302 (1843).

40. M. blanc de neige. — *M. nivea*. (Wendl.)

Tige en œuf renversé, rameuse. — **Aisselles** laineuses. — **Mamelons** coniques. — **Aréoles** laineuses. — **Aiguillons** extérieurs blancs, capillacés, appliqués ; les centraux 4 blancs, à sommet brun, les supérieurs arqués en dedans, allongés, de 12 millim. = Habite le Mexique.

Synon. — *M. nivea.* Wendl. cat. herrenh. (1835). Pfeiff. enum. cact. 27 (1837). — *M. Toaldoae.* Lehm. corresp. selon Walp. rep. 2, p. 289 (1843) ; Cels frèr. ann. flor. et pom. 1838, p. 301. Cette espèce diffère-t-elle de la *M. bicolor ?*

41. M. à mamelons ovoïdes. — *M. ovimamma*. (Lemair.)

Tige globuleuse-oblongue, robuste, luisante et verte, sommet déprimé. — **Aisselles** très-laineuses, laine très-serrée au sommet, mêlée d'aiguillons. — **Mamelons** coniques ovés, obtus, — **Aréoles** ovales, laineuses. — **Aiguillons** de deux formes, 8-9 presque dressés, rayonnants, petits, inégaux ; les 2 ou 3 supérieurs en aleine, rougeâtres, plus forts, les autres brunissant ; et au centre 1 seul rougeâtre ; 2 des latéraux beaucoup plus minces. — Patr. inconnue.

Synon. — *M ovimamma.* Lemair. nov. gen. et spec. cact. p.49, selon Walp. rep. 2, p. 296 (1843). Ce n'est peut-être qu'une variété de l'espèce suivante.

42. M. en œuf. — *M. Oothele*. (Lemair.)

Tige globuleuse, déprimée au sommet et d'un vert glauque. — **Aisselles** laineuses. — **Mamelons** ovés, très-obtus. — **Aréoles** ovales, laineuses. — **Aiguillons** environ 7, rayonnants, iné-

gaux, les supérieurs plus courts ; 3 ou 4 centraux plus forts,
moins longs ; tous très-rigides et droits. = Patr, inconnue.

SYNON. — *M. oothele*. Lemair. nov. gen. et spec. cact p. 37,
selon Walp. rep. 2, p. 297 (1843). — *M. echinops*? *M. rosea* ?

43. M. à tête dorée. — *M. auriceps*. (Lemair.)

Tige globuleuse, ordinairement simple, rameuse inférieurement dans les individus âgés, à peine déprimée au sommet. — **Mamelons** *coniques* mais paraissant elliptiques par la
laine blanche, courte, abondante, mêlée de quelques courts
aiguillons fins qui naissent à leur aisselle et entourent leur base ;
de 10 à 12 millim. de long ; terminés par une **Aréoles** circulaire, cotonneuse, courte, d'où naissent environ 30 **Aiguillons**
si serrés qu'on ne peut apercevoir la tige, le plus grand nombre disposé circulairement, et 6 ou 7 d'un jaune doré partout du
centre. — **Fleurs** très-nombreuses naissant près du sommet.
= Très-jolie espèce, envoyée du Mexique par M. DESCHAMPS.
Voisine de la *M. à aiguillons dorées* et *M. brune*, dont elle diffère par la couleur dorée des aiguillons et leur force, par les
aisselles plus cotonneuses et surtout par les aiguillons qui en
portent.

SYNON. — *M. aureiceps*. Lemair. cact. monv. p. 8 (1838) ;
Cels frèr. ann. flor. et pom. 1838 p. 302. Walp. rep. 2, p. 300
(1843).

44. M. Cels. — *M. Celsiana*. (Lemair.)

Tige presque en colonne globuleuse, très épaisse, et verte.
— **Aisselles** laineuses. — **Mamelons** coniques, assez entassés.
— **Aréoles** petites, circulaires, très-laineuses. — **Aiguillons** de
2 formes, 24-26 rayonnants, presque égaux, sétacés, 6 au centre
à peu près aussi longs, tous cylindriques et raides, ceux du
centre d'un fauve clair. = Patr. inconnue.

SYNON. — *M, Celsiana*. Lemair. nov. gen. et spec. cact. p. 41.

45. M. modeste. — *M. inconspicua*. (Scheidw.)

Racine ligneuse, chauve. — **Tige** cylindrique, rameuse à sa
base et à son sommet. **Aisselles** laineuses dans leur jeunesse

seulement. — **Mamelons** rapprochés, obtus, coniques, disposés
en spirales. — **Aréoles** nues , au-dessous du sommet. —
Aiguillons extérieurs 15, rayonnants, transparents et plus tard
noircissants, 1 central plus raide, plus long et noir. ⹀ Mexique.

Synon. *M. inconspicua.* Scheidw. bull. brux. 5, p. 495. On la
dit la même que la *M. conoïdea* A. P. Decand. et que la *M. dia-
phanacantha.* Lemair. cact. mouv. 39 selon Walp. rep 2, p. 301
(1843).

46. M. Steudel. — *M. Steudeliana.* (Sering.)

Tige formant un tronc divisé vers sa base en rameaux
cylindriques. — **Aisselles** nues. — **Mamelons** coniques ,
presque recourbés, vert-pâle, se confondant avec la tige ou ses
rameaux. — **Aréoles** cotonneuses. — **Aiguillons** extérieurs 20-
25, en forme de soies, blancs et rayonnants, d'abord entrecroisés et bientôt entremêlés; 4, 6-8 centraux, droits, plus forts,
divergents, orangés en naissant, et ensuite pourpres. ⹀ Patrie
inconnue.

Synon. — *M. Steudeliana.* Sering. mss. — M. *coronata.* Scheidw.
dans Otto et Dietr. allgem gartenz. 8, p. 338 d'après Walp. rep.
2, p. 302 (1843) non Haworth.

47. M. corne du diable. — *M. daimonoceras.* (Lem.)

Plante presque globuleuse, déprimée, très-cotonneuse. —
Aisselles garnies de longs poils laineux, tombant bientôt. —
Mamelons coniques, dressés, de 12 à 16 millim. — **Aréoles** arrondies ou ovales, peu cotonneuses, nues de bonne heure. —
Aiguillons 20 presque égaux, dont 6-8 ascendants, gris, 10-12
rayonnants, de 12-16 millim., de la couleur de la corne, un
peu plus épais, droits et appliqués sur la plante et enfin 3 au
centre (dans quelques variétés 1 ou 2 avortés) plus épais, les 2
supérieurs un peu courbés, imitant des cornes. ⹀ Mexique
(Deschamps), voisine de la *M. à poils entrelacés.* Elle en diffère
par des mamelons plus grands, et des aiguillons rassemblés en
faisceaux. Cette espèce a été décrite morte.

Synon. — *M. daimonoceras.* Lemair. cact. mono. p. 5 (1838)
regardée par Walp. rep. 2, p. 291, comme synon. de *M. corni-
fera.* A. P. Decand.?

48. **M. vivipare**. — *M. vivipara*. (Haw.)

Tige basse, presque globuleuse, très-rameuse, très-grosse. —
— **Aisselles** nues. — **Mamelons** coniques, obtus, très-verts,
creusés en-dessus d'un sillon barbu. — **Aréoles** jeunes, assez
grandes, cotonneuses-blanches. — **Aiguillons** 12, rayonnants,
blancs, et 2-4 bruns naissant du centre, tous droits et allongés.
— **Fleurs** dépassant les mamelons, d'un rouge pâle. — **Sépals**
ciliés. — **Fruit** de la grosseur d'un œuf. = Habit. la Louisiane
(collines élevées le long du fleuve Missouri.)

Synon. — *M. vivipara*. Haw. suppl. 72 ; A. P. Decand. prodr.
3, p. 459 (1828); Pfeiff. enum. cact. 33 (1837). — *Cactus vivi-*
parus. Nutt. gen. am. 1, p. 295 ; Spreng. syst. 2, p. 494 (1825)
en excluant la syn. de Haworth.

49. **M. vieille**. — *M. vetula*. (Mart.)

Tige cylindrique, produisant quelques rameaux latéraux.
— **Aisselles** presque chauves. — **Mamelons** coniques, luisants,
très-verts. — **Aréoles** courtement cotonneuses. — **Aiguillons**
extérieurs 25-30 et parfois 50, en forme de soies de porc, blancs,
horizontaux très-entrecroisés (ce qui donne à la plante une
teinte grise, d'où lui est venu son nom); ceux du centre 1-3,
bruns, ascendants. — Habite le Mexique.

Synon. — *M. vetula*. Mart. act. nov. cur. 16, par. 1, p. 338,
tab. 24 ; Pfeiff. enum. cact. 32 (1837); Cels frèr. ann. flor. et
pom. 1838 p. 304.

50. **M. Dyck**. — *M. Dyckiana*. (Zucc.)

Tige simple, presque cylindrique. — **Aisselles** laineuses. —
Mamelons courts, coniques, rapprochés, d'un vert gris.
Aréoles jeunes laineuses, brunâtres. — **Aiguillons** rayonnants
16-18 transparents, blancs, raides, étalés, presque entrelacés
les uns dans les autres, et 2 au centre, dirigés en haut et en bas,
beaucoup plus épais, plus longs, surtout l'inférieur, de l'apparence de la corne et rougeâtres au sommet. = Hab. le Mexique.

Synon. — *M. Dyckiana*. Zucc. selon Pfeiff. enum. cact. 26
(1837), et Walp. rep. 2, p. 289 (1843).

51. M. dorée. — *M. chrysantha*. (Otto.)

Tige simple, presque globuleuse. — **Aisselles** chauves. —
Mamelons coniques. — **Aréoles** garnies d'une laine blanche. —
Aiguillons 15-18 rayonnants, dorés, naissant en cercle, et 4 au
centre plus forts, dont 3 divergents et brunâtres et le supérieur
brun, dressé; et plus long. ═ Habite le Mexique.

Synon. — *M. chrysantha*. Otto d'après Pfeiff. enum. cact. 28
(1837).

52. M. brune. — *M. fuscata*. (Hort. berol.)

Tige simple, globuleuse. — **Aisselles** nues. — **Mamelons**
coniques, quadrangulaires à leur base. — **Aréoles**...... —
Aiguillons 25-28, minces, rayonnants, brun-pâle, et 6 au centre,
bruns et plus forts, le supérieur très-long, courbé en haut. ═
Habite le Mexique.

Synon. — *M. fuscata*. hort. berol. d'après Pfeiff. enum. cact.
p. 28 (1837), Cels frèr. ann. flor. et pom (1838) p. 302.

53. M. rougeâtre. — *M. rutila*. (Zucc.)

Tige globuleuse, simple. — **Aisselles** chauves. — **Mamelons**
rapprochés, coniques, d'un vert obscur. — **Aréoles** jeunes cotonneuses. — **Aiguillons** rayonnnants 14-16 faibles, les supérieurs plus courts, et 4 à 6 partant du centre, raides, courbés
d'un brun écarlate, cornés à leur base; l'inférieur très-long. ═
Habite le Mexique.

Synon. — *M. rutila*. Zucc. d'après Pfeiff. enum. cact. 29 (1827);
Walp. rep. 2, p. 290 (1843); cite aussi une variété (*octospina*,
Scheidw. bull. Brux 6, p. 5) qui a une tige cylindrique, les aisselles laineuses, les mamelons coniques, tétragones et les aiguillons
bruns. Si ce n'est qu'une variété on sentira facilement le peu
d'importance de la plupart des caractères employés pour distinguer les espèces et la nécessité d'en chercher d'autres.

54. M. aciculée. — *M. aciculata*. (Otto.)

Tige presque globuleuse, d'un vert gris. — **Aisselles** presque
chauves. — **Mamelons** rapprochés, coniques, obtus. — **Aréoles**.
— **Aiguillons** extérieurs 20, rayonnants, blancs, minces; ceux

du centre 4 à 6 bruns, droits, raides, l'inférieur très-long. = .
Habite le Mexique.

Synon. — *M. acieulata*. Otto d'après Pfeiff. enum. cat. 29?
(1837).

55. **M. à aiguillons fauves. — *M. fulvispina*** (Haw)

Tige globuleuse, simple. — **Aisselles** presque laineuses. —
Mamelons coniques, vert-foncé. — **Aréoles** jeunes cotonneuses,
— **Aiguillons** du centre 4-6, raides, presque droits, presque
égaux, bruns ; ceux de la circonférence 16, très-courts, blancs,
raides, régulièrement rayonnants. = Hab. le Brésil et le Mexique.

Synon. — *M. fulvispina*. Haw phil. mag. 1830, p. 109 ; Pfeiff.
enum. cact. 30 (1837).

56. **M. à six aiguillons. — *M. hexacantha*.** (Salm-Dyck.)

Tige simple et déprimée. — **Aisselles......** — **Mamelons**
presque comprimés. — **Aréoles** ovales, blanches et cotonneuses
dans leur jeunesse. -- **Aiguillons** variables de forme, ceux de
la circonférence 25-30, rayonnants et blancs, ceux du centre 6,
forts, bruns, l'inférieur très-long. = Habite le Mexique.

Synon. — *hexacantha*. Salm-Dyck. hort. Dyck. p. 344 ; Pfeiff.
enum. cact. 30 (1837).

57. **M. séteuse (1). — *M. setosa*.** (Pfeiff)

Tige simple, robuste, cylindrique. — **Aisselles** laineuses.
— **Mamelons** coniques, d'un vert obscur, rapprochés, rhomboïdaux à leur base. — **Aréoles** laineuses blanchâtres. —
Aiguillons du centre 6, (rarement 4 ou 8 avec un seul au milieu)
raides, d'un pourpre brun dans leur jeunesse, blancs ensuite,
presque recourbés, l'inférieur très-long ; ceux de la circonférence 8-14, blancs, inégaux. = Habite le Mexique.

Synon. —*M. setosa* Pfeiff. dans Otto et Dietr. allgem. gartenz.
3, p. 379 ; Pfeiff. enum p. 80 (1837).

(1) Portant des poils raides comme les crins du porc.

58. M. couleur de feu. — *M. pyrrhochracantha.*
(Lemair.)

Tige globuleuse, d'un vert très-foncé, fortement déprimée et très-laineuse au sommet. — **Aisselles** floconneuses et laineuses. — **Mamelons** coniques, obtus, renflés vers le sommet. — **Aiguillons** de deux formes, 8 presque dressés, les supérieurs comme rayonnants, 4 extérieurs étalés plus longs, (surtout l'inférieur), tous très-raides, en faisceau, d'un jaune rouge. = Patrie incertaine.

Synon. — *M. pyrrochracantha.* Lemair. nov. gen. et spec. cact. p. 51, d'après Walp. rep. 2, p. 300 (1843).

59. M. noble. — *M. nobilis.* (Pfeiff.)

Tige en colonne, se ramifiant cependant latéralement, et d'un vert glauque. — **Aisselles** cotonneuses et blanches. — **Mamelons** rapprochés, coniques. — **Aréoles** ovales, cotonneuses et blanches dans leur jeunesse. — **Aiguillons** extérieurs 16-18, minces, blancs; intérieurs 6-7, plus forts, 1 central, tous blancs, à sommet roux. = Habite le Mexique.

Synon. — *M. nobilis.* Pfeiff. dans Otto et Dietr. allgem. gartenz. 8. p. 282, d'après Walp. rep. 2, p. 302 (1843).

60. M. blanchâtre. — *M. albida.* (Haag.)

Tige globuleuse. — **Aisselles** d'un vert pâle et peu laineuses. — **Mamelons** coniques, très-verts. — **Aréoles** laineuses, blanchâtres. — **Aiguillons** extérieurs 16-20, très-minces, blancs et rayonnants, et 4-5 au centre, à peine plus fermes et légèrement courbés. — **Fleurs** roses. = Habite le Mexique.

Synon. — *M. albida.* Haag. d'après Pfeiff. enum. cact. 28 (1837); Cels frèr. ann. flor. et pom. 1838, p. 301, et Walp. rep. 2, p. 289 (1843). — *M. confinis.* Haag. cat. cact. 1856.

61. M. neigeuse. — *M. nivosa.* (Link.)

Tige presque pyramidale, rameuse dès sa base. — **Aisselles** très-laineuses, blanc de neige. — **Mamelons** coniques, obtus, entassés, d'un vert obscur. — **Aréoles** cotonneuses. — **Aiguillons**

6-8, en cercle, et 1 au centre, allongés, droits, raides. — **Fleurs** jaunes, s'ouvrant en automne. $=$ Habite l'île de Tortole. — **La** plante âgée semble être toute couverte de neige.

Synon. — *M. nivosa.* Link, selon Pfeiff. enum. cact. p. 11 (1837) ; Cels frèr. ann. flor. et pom. 1838; p. 292. — *M. Tortolensis.* jard. berl. selon Walp. repert. 2, p. 285 (1843).

62. M. à aiguillons laineux. — *M. eriacantha.* (Otto.)

Tige simple, cylindrique, allongée. — **Aisselles** laineuses. — **Mamelons** coniques, aigus, rapprochés. — **Aréoles** laineuses, blanches. — **Aiguillons** de la circonférence en forme de crins de porc, rayonnants, jaunâtres, 20-24 ; et 2 au centre, droits, raides, dirigés en dessus et en dessous, dorés et veloutés. $=$ Habite le Mexique (lieux montueux).

Synon. — *M. eriacantha.* Otto, selon Pfeiffer, enum. cact. 33 (1837) ; Cels frèr. ann. flor. et pom. 1838, p. 303. — *M. cylindrica* et *M. eriantha* des jard.

63. M. Rhodanthe (1). — *M. Rodantha.* (Link et Otto.)

Tige oblongue, presque cylindrique, souvent divisée au sommet en deux embranchements. — **Aisselles** laineuses et garnies de soies raides. — **Mamelons** coniques, d'un vert foncé. — **Aréoles.....** — **Aiguillons** extérieurs 16-20, rayonnants, blancs, en forme de soies raides, les 6 inférieurs raides, blancs ou jaunâtres, à sommet noir, et parfois le central plus court. $=$ Habite le Mexique.

Synon — *M. Rhodantha.* Link et Otto, icon. select. tab. 26. Pfeiff. enum. cact. p. 31 (1837); Cels frèr. ann. flor. et pom. 1838, p 303, avec l'indication de plusieurs variétés. Ils y rapportent les *M. atrata, aurata* et *hybrida* des jardins, et comme variétés les suivantes : — Var 1. Prolifera. Rameaux et aisselles poussant des rameaux. — Var. 2. Andreæ (Otto) Tige basse ; mamelons un peu plus petits et plus allongés ; aiguillons plus raides et plus courts, bruns au sommet. M. *inuncta* (Hoffmans ?) — Var. 3. Wendlandii. Tige en œuf renversé, presque simple ;

____

(1) Ou à fleurs rouges.

aiguillons beaucoup plus raides. *M. erinacea* (Wendl. cat. hort. Herrnhus. 1835). — Var. 4. NEGLECTA (jard. berl.). Tige presque cylindrique, souvent divisée ; aréoles velues ; aiguillons centraux dorés et courbés ; ceux de la circonférence 12-16, très-minces et rayonnants. — Var. 5. RUBENS. Tige presque conique, simple ; aiguillons du centre 6, rouge-brun, celui du sommet très-long. *M. pyramidalis* (jard. berl.).

64. M. à centre rouge. — *M. rhodocentra*. (Lemair.)

Tige globuleuse-oblongue, et ensuite en colonne, d'un vert tirant sur le glauque. — **Mamelons** courts, coniques, un peu comprimés latéralement. — **Aréoles** presque circulaires, laineuses. — **Aiguillons** 12, de 2 formes, rayonnants, inégaux, blancs, 1 supérieur plus mince, petit, central, et 4 extérieurs plus forts, roses, disposés en croix. = Patrie inconnue.

SYNON. — *M. rhodocentra*. Lemair. nov. gen. et spec. cact. p. 52, d'après Walp. rep. 2, p. 300 (1843).

§ 3. Mamelons ovés.

** 1. Aiguillons sur un seul rang.*

65. M. divergente. — *M. divergens*. (A. P. Decand.)

Tige rameuse inférieurement, presque globuleuse, déprimée. — **Aisselles** laineuses et garnies de quelques petits aiguillons minces. — **Mamelons** ovés, rapprochés. — **Aréoles** jeunes laineuses. — **Aiguillons** 5-6, inégaux, blancs, divergents, presque quadrangulaires et brunâtres au sommet. = Habite le Mexique (COULTER, 1828).

SYNON. — *M. divergens*. A. P. Decand. rev. cact. p. 113 (1828), et mém. cact. p. 11 (1834) ; Pfeiff. enum. cact. p. 12, selon Walp. rep. 2, p. 285 (1843).

66. M. à trois aiguillons. — *M. triacantha*. (A. P. Decand.)

Tige simple, *en ovale renversé*, presque cylindrique, obtusément tronquées. — **Aisselles** peu laineuses, mais portant aussi quelques fins aiguillons. — **Mamelons** ovés, courts, rapprochés. — **Aréoles** jeunes cotonneuses. — **Aiguillons** 3, droits, blancs, l'inférieur plus long, dirigé en arrière. = Habite le Mexique (COULTER, 1828).

SYNON. — *M. triacantha*. A. P. Decand. rev. cact. p. 113 (1828) ; Pfeiff. enum. cat. 12, selon Walp. rep. 2, p. 285 (1843).

67. **M. comprimée.** — *M. compressa*. (A. P. Decand.)

Tige en massue, presque cylindrique et rameuse près du sommet. — **Aisselles** laineuses dans leur jeunesse et portant quelques aiguillons minces. — **Mamelons** ovés, courts, comprimés à leur base. — **Aréoles** presque cotonneuses. — **Aiguillons** 4-5, inégaux, blanchâtres, à sommet noir, l'inférieur plus long. = Habite le Mexique (COULTER, 1828).

SYNON. — *M. compressa*. A. P. Decand. rev. cact. dans mém. mus. 17, p. 112 (1828). — *M. angularis* (1). jard. de berl. selon Pfeiff. dans Walp. rep. 2, p. 285 (1843) ; Cels. frèr. ann. flor. et pom- 1838, p. 295.

68. **M. alliée.** — *M. affinis*. (A. P. Decand.)

Tige simple, ovale renversé, presque cylindrique, vert foncé. — **Aisselles** du sommet laineuses. — **Mamelons** ovés, obtus. — **Aréole** barbue d'abord , devenant ensuite chauve. — **Aiguillons** 4-5, divergents, brunâtres, les 3 supérieurs plus courts, et 1 ou 2 inférieurs de 12 millim. — **Fleurs** rougeâtres, disposées presque en anneau au-dessous du sommet de la tige, plus longues que les mamelons, mais plus courtes que les aiguillons. **Filets** violets. — **Stigmates** 5-4, épais, ascendants, *réunis à leur base par des sinus épais*, comme dans la *M. mince*. — **Fruit** ne dépassant pas les mamelous. = Habite le Mexique COULTER, 1828).

SYNON. — *M. affinis*. A. P. Decand. mem. cact. p. 11, pl. 6 (1834). — *M. cataphracta*. Mart. selon Walp. rep. 2, p. 283.

69. **M. entrecroisée.** — *M. intertexta*. (A. P. Decand.)

Tige souvent simple, cylindrique. — **Aisselles** étroites. — **Mamelons** ovés, serrés. — **Aiguillons** 20 à 25, cachant entiè-

____

(1) Ce nom, bien postérieur à celui donné par Decand., ne peut être admis.

rement la tige, jaunâtres, rayonnants et très-entrecroisés d'un mamelon à l'autre. — **Fleurs** un peu plus grandes que dans la *M. orangée*, avec laquelle elle a des rapports. = Habite le Mexique (Coulter; 1828).

Synon. — *M. intertexta.* A. P. Decand. rev. cact. dans mém. mus. 17, p. 110 (1828); mém. cact. p. 5 (1834); Cels frèr. dans ann. flor. et pom. 1838, p. 290, en font une var. de la *M. ténue* (*M. gracilis*); Pfeiff. enum. cact. 7.

70. M. orangée. — *M. subcrocea*. (A. P. Decand.)

Tige cylindrique, souvent rameuse dès la base. — **Aisselles** étroites, presque laineuses. — **Mamelons** ovés, courts. — **Aréoles** jeunes presque cotonneuses. — **Aiguillons** 16-18, rayonnants, tous disposés circulairement, plus longs que le mamelon, d'abord orangés et plus tard jaunes. — **Fleurs** petites, jaune très-pâle, dépassant les aiguillons. — **Stigmates** 5, épais, obtus. — **Fruit** oblong, très-petit, d'un rouge sale. — **Graines** roussâtres. = Habite le Mexique (Coulter, 1828).

Synon. — *M. subcrocea.* A. P. Decand. rev. cact. dans mém. mus. 17, p. 110 (1828); mém. cact. p. 2 (1834).

71. M. à grands mamelons. — *M. magnimamma*. (Haw.)

Tige presque simple, d'un vert obscur. — **Aisselle** laineuses. — **Mamelons** grands, ovés, *coniques, obtus, durs.* — **Aréoles** jeunes, velues. — **Aiguillons** forts, raides, assez larges, brunâtres, sillonnés en long, recourbés, souvent au nombre de 3, dont 1 supérieur dressé et court, 2 latéraux étalés, défléchis (rarement 4 en croix dont le supérieur plus petit). = Plante très-élégante, du Mexique.

Synon. — *Mammillaria magnimamma.* Haw. dans Till. phil. mag. 63, p. 41; A. P. Decand. prodr. 3, p. 458 (1828); Cels frèr. ann. flor. et pom. 1838, p. 297; Pfeiff. enum. cact. 14, d'après Walp. rep. 2, p. 286 (1843), qui cite les syn. suivants: *M. ceratophora.* Lehm. dans Otto, gartenz. 1835, p, 228. — *M. Schiedeana* des jard.

72. M. couronnée. — *M. coronata*. (Haw.)

Tige cylindroïde, en massue dans sa jeunesse. — **Mamelons** grands, *ovés*, terminés par une houpe de laine et d'aiguillons. — **Aiguillons** *raides, les extérieurs blanchâtres*, les intérieurs bruns. — **Fleurs** écarlates, disposées en couronne près du sommet de la tige. = Espèce mexicaine, l'une des plus grandes du genre, atteignant près de 2 mètres de hauteur et d'environ 30 centimètres de diamètre.

Synon. — *Mammillaria coronata*. Haw. rev. p. 69 ; A. P. Dec. prodr. 3, p. 458 (1828), non Schedweiler. — *Cactus coronatus*. Willd. enum. suppl. p. 30. — *C. cylindricus*. Ort. dec. 128, tab. 16, non Lamk.

** 2. Aiguillons sur deux rangs.*

73. M. discolor. — *M. discolor*. (Haw.)

Tige globuleuse ou ovée, presque simple, d'un vert grisâtre. — **Aisselles** à peine cotonneuses. **Mamelons** ovés-coniques. — **Aréoles** presque chauves. — **Aiguillons** extérieurs 16-20, blancs, presque raides, rayonnants ; et 6 intérieurs plus fermes, recourbés, noirs dans leur jeunesse, et blanchâtres à leur base, enfin cendrés, le supérieur et l'inférieur très-longs, rarement 1 tout-à-fait central et dressé. = Habite le Méxique et l'Amérique méridionale.

Synon. — *M. discolor*. Haw. syn. 177 ; Pfeiff. enum. cact. 28 (1837) ; Cels frèr. ann. flor. et pom. p. 301 (1838). A. P. Decand. rev. cact. dans mém. mus. 17, pl. 2, fig. 2 (non, et par erreur *depressa*). — *Cactus Spinii*. Coll. ant. bot. 6. p. 401 (1814). — *M. pulchella*, hort. berol. — *M. canescens*, hortul. et il faut ajouter à cette espèce, d'après Walp. rep. 2, p. 289 (1837) une variété rameuse donné par le prince Salm-Dyck sous le nom de *Cactus pseudomammillaris* ; Otto et Dietr. allgem. gartenz. (1835) n° 8 s. 58 dont les aiguillons du centre sont au nombre de 4-5, rarement 6, plus longs et plus courbés.

74. M. simple. — *M. simplex*. (Haw).

Tige très-simple, globuleuse dans sa jeunesse, s'alongeant

ensuite. — **Aisselles** chauves ou à épines cotonneuses. —
Mamelons *ovés-coniques.* — **Aréoles** cotonneuses. — **Aiguillons**
12-16, rayonnants; 4-5 *centraux un peu plus forts.* — **Fleurs**
blanches ou verdâtres. — **Fruit** oblong, rouge. — **Graines**
noires. = Amérique mérid., Antilles, Caracas, et montagnes du
Missouri. Fleurit tout l'été en Europe.

SYNON. — *M. simplex.* Haw. syn. 177; A, P. Decand. prodr. 3,
p. 459 (1828); mém. cact. p. 13, pl. 7 (1834); Cels frèr. ann.
flor. et pom. (1838) p. 292. *Cactus mammillaris.* Linn. spec. 666
(1764); A. P. Decand. plant. grass. tab. 3; cat. montp 83.

75. **M. tissu.** — ***M. texta.*** (Miquel.)

Tige sphérique ou ovée mais allongée, à sommet enfoncé
— **Aisselles** laineuses, blanches. — **Mamelons** rapprochés ovés-
coniques, d'un vert pâle. **Aiguillons** centraux 2, très-courts,
dirigés l'un en haut, l'autre en bas, presque égaux, l'inférieur
un peu plus court, blancs, à sommet noir; soies environ 25,
horizontales, rayonnantes, très-entrelacées et couvrant toute
la plante, égalant presque la longueur des aiguillons du centre.
— **Fruits** cylindracés, en massue, obscurément tétragones, d'un
brun rouge, luisants, et jaunes au sommet. = Patrie inconnue.

SYNON. — *M. tecta.* Miquel, dans Linnaea. 12 p. 12, d'après
Walp. repert. 2, p. 303 (1843).

76. **M. luisante.** — ***M. nitida.*** (Scheidw.)

Tige très-rameuse dès la base; rameaux très-serrés. —
Aisselles larges, nues. — **Mamelons** ovés, très-verts, luisants.
— **Aréoles** ovales, cotonneuses et blanches. — **Aiguillons** exté
rieurs 22, flexueux, appliqués, d'un blanc transparent, ensuite
jaunâtre, et au centre un seul dressé et taché. = Habite le Mexique à la hauteur d'environ 6,000 mètres.

SYNON. — *M. nitida* Scheidw. dans Otto et Dietr. allgem.
gartenz. 9, p. 42, selon Walp. rep. 2. p, 297 (1843).

77. **M. à centre blanc.** — ***M. leucocentra.*** (Berg.)

Tige ovée, simple. — **Aisselles** garnies de poils blancs laineux. — **Mamelons** ovés, petits, rapprochés, très-verts. —

Aréoles jeunes munies de poils cotonneux blancs, qui tombent par la suite. — Aiguillons minces, imitant des soies, nombreux, rayonnants, presque égaux, blancs et entrecroisés, couvrant toute la plante. Ceux du centre 5-6 plus longs, plus forts, d'un blanc éclatant, raides, droits, très-pointus, tachés au sommet; l'inférieur très-long et défléchi. ═ Habite le Mexique.

Synon. — *M. leucocentra.* Berg. dans Otto et Dietr. allgem. gartenz. 8, p. 130, d'après Walp. rep. 2, p. 297 (1843).

78. M. chevelue. — *M. crinita*. (A. P. Decand.)

Tige rameuse dès sa base, globuleuse déprimée. — Aisselles chauves. — Mamelons ovés. — Aréoles presque chauves. — Aiguillons blanchâtres, 13 à 20, disposés circulairement, rayonnants, allongés, et 4-5 partant du centre, jaunes, raides, crochus et un peu rudes. — Fleurs d'un blanc sale, dépassant les mamelons. — Sépals à dorsale rouge. — Stigmates 5 épais, obtus, étalés d'un blanc jaunâtre. ═ Habite le Mexique (Coulter 1828).

Synon. — *M. crinita.* A. P. Decand. rev. cact. dans mém. mus. 17, p. 112 (1828); mém. cact. p. 7 *(1834).

79. M. gazonnante. — *M. cæspitosa*. (A. P. Decand.)

Tige petite; rameaux globuleux, agglomérés. — Aisselles chauves. — Mamelons peu nombreux, ovés. — Aréoles presque chauves. — Aiguillons droits, rigides, blanc-jaunâtres, gris plus tard, 9-11 disposés au cercle, 1 ou 2 au centre et plus allongés ═ Habite le Mexique (Coulter 1828).

Synon. — *M. caespito a.* A. P. Decand. rev. cact. dans mém. mus. 17, p. 112 (1828). Pfeiff. enum. cact. 35 (1837).

80. M. à nombreux aiguillons. — *M. crebrispina*. (Dec.)

Tige rameuse dès la base; rameaux ovés. — Aisselles chauves. — Mamelons ovés, courts, serrés. — Aréoles presque chauves. — Aiguillons droits, extérieurs 16-17 rayonnants et blancs; cachant la tige, ceux du centre 3, bruns, dressés. ═ Habite le Mexique (Coulter 1828).

Synon. — *M. crebrispina.* A. P. Decand. rev. cact. dans mém. mus. 17. p. 111 (1828); Pfeiff. enum. cact. 35 (1837).

81. M conoïdale. — *M. conoïdea*. (A. P. Decand.)

Tige conique ovale simple. — **Aisselles** jeunes cotonneuses.
— **Mamelons** ovés, obtus, serrés, disposés en spirales tournant à
droite, un peu veloutés dans leur jeunesse, les inférieurs un
peu comprimés de haut en bas. — **Aréoles** un peu cotonneuses.
— **Aiguillons** 15-16, blancs et rayonnants, et 4 à 5 disposés au
centre, dressés-divergents, bruns et plus allongés. — **Sépals**
linéaires-aigus , un peu charnus , vert-olivâtre en dessous ,
rouges en-dessus comme les pétals. = Habite le Mexique.
(Coulter (1828).

Synon. — *M. conoïdea*. A. P. Decand. rev. cact. dans mém.
mus. 17, p. 112 (1828) mém. cact p. 6 * pl. 2. Pfeiff. enum.
cact. 35 (1837).

82. M. crochue. — *M. uncinata*. (Zucc.)

Tige globuleuse, indivise. — **Aisselles** inférieures chauves,
les supérieures laineuses. — **Mamelons** épais, serrés, d'un vert
rougeâtre , presque anguleux par leur pression mutuelle. —
Aréoles jeunes laineuses, puis chauves. — **Aiguillons** extérieurs
4, disposés en croix, presque égaux, raides ; le supérieur corné,
courbé, les autres blancs à sommet noir, droits ; et 1 central
plus long, plus épais, brun au sommet et crochu. = Habite le
Mexique.

Synon. — *M. uncinata*. Zucc. selon Pfeiff. enum. cact. 34 (1837);
Zucc. nov. plant. fasc. 3, tab. 4, fig. 3 , Pfeiff et Otto, abbild.
cact tab. 19; Cels frèr. ann. flor. et pom. 1838, p. 304.

83. M. à courts mamelons. — *M. brevimamma*. (Zucc.)

Tige presque globuleuse ou cylindracée, indivise. — **Aisselles**
glanduleuses, légèrement cotonneuses. — **Mamelons** courts,
larges, obtus, d'un vert obscur. — **Aréoles** cotonneuses. —
Aiguillons extérieurs 6, horizontaux, raides, cornés, noirâtres
au sommet, les 3 supérieurs plus courts, et 1 central crochu,
un peu plus épais et brun. = Habite le Mexique.

Synon. — *M. brevimamma*. Zucc. selon Pfeiff. enum. cact. 34.

84. **M. cornue. — *M. cornifera*.** (A. P. Decand.)

Tige simple, globuleuse. — **Aisselles** nues. — **Mamelons** n
ovés, épais, rapprochés. — **Aréoles** presque chauves. — —
Aiguillons 16 à 17, grisâtres, disposés en cercle, et au centre n
un seul plus fort, dressé et un peu courbé. = Habite le Mexi- i
que (Coulter, 1828).

Synon. — *M. cornigera.* A. P. Decand. rev. cact. dans mém. r.
mus 17, p. 112 (1828); Pfeiff. enum. cact. 34 (1837); Walp. c
rep. 2, p. 291 (1843) rapporte à cette espèce de Decandolle la s
M. corne du diable, qui me semble en différer beaucoup.

85. **M en couronne. — *M. coronaria*.** (Haw.)

Tige robuste, cylindrique, ramifiée par le bas. — **Aisselles** a
nues. — **Mamelons** ovés, grands, vert-gris. — **Aréoles** coton- -
neuses. — **Aiguillons** extérieurs 13-16, transparents, blancs,
raides, rayonnants; et 4 au centre, plus longs et bruns; l'infé- -
rieur très-long, surtout dans les plantes jeunes, où il est en t
outre crochu au sommet. — Habite le Mexique et Guatimala.

Synon. — *M. coronaria.* Haw. rev. cact. 69; Pfeiff. enum. .
cact. 33 (1837); Cels frèr. ann. flor. et pom. 1838, p. 304. —
Cactus coronatus. Willd. enum. suppl. 30 (1813). — *C. cylindri-*
cus. Orteg. dec. 128, tab. 16.

86. **M. à grandes fleurs. — *M. grandiflora*.** (Otto)

Tige cylindrique. — **Aisselles** laineuses. — **Mamelons** ovés,
grands.— **Aréoles......** — **Aiguillons** de la circonférence 16-
20, sétacés, blancs; ceux du centre 3-4 droits et noirâtres. =
Habite le Mexique.

Synon. — *M. grandiflora.* Otto, colon Pfeiff. enum. cact. 33
(1837).— *M. canescens.* hort, berol. d'après Walp. rep. 2. p. 291.

87. **M. cylindracée (1). — *M. cylindracea*.** (A. P. Decand.)

Tige cylindrique. — **Aisselles** garnies de quelques soies
fermes. — **Mamelons** ovés, d'un vert foncé. — **Aréoles** presque

(1) Cylindracé et cylindroïde ou presque cylindrique.

chauves. — **Aiguillons** 25-30 rayonnants, blancs, plus courts que les mamelons, et 2 au centre, une fois plus longs. = Habite le Mexique (Coulter 1828).

Synon. — *M. cylindracea.* A. P. Decand. rev. cact. dans mém mus. 17. p. 111 (1828); Pfeiff. enum. cact. 32 (1837).

8.. M. épine-ardente. - *M. acanthophlegma.* (Lehm.)

Tige presque globuleuse. — **Aisselles......** — **Mamelons** en œuf renversé, courts et rapprochés. — **Aréoles** laineuses. — **Aiguillons** de la circonférence 21-24, blancs, et en forme de soie, étalés horizontalement et irrégulièrement, entrecroisés avec les aiguillons voisins; ceux du centre 1-2 dressés, plus forts, noirs au sommet. = Habite le Mexique.

Synon. *M. acanthophlegma.* Lehm. delect. sem. hamb. (1833); Pfeiff. enum. cact. 26 (1837). Cels frèr. ann. flor. et pom. (1838) p. 300. — *M. geminispina.* A. P. Decand. rev. cact. dans mém. mus. 17, pl. 3 (1828) non Haw. d'après Walpers l. c. — *Cactus columnaris.* flor. mex. icon. ined. dans biblioth. Decandolle.

89. M. exsudante. — *M. exsudans.* (Zucc.)

Tige presque cylindrique. — **Aisselles** presque nues, *glandu-leuses*; glandes d'un jaune pâle, les jeunes sécrétant un suc blanchâtre. — **Mamelons** d'un vert obscur, *épais*, *ovés.* — **Aréoles** jeunes à peine cotonneuses et bientôt nues. — **Aiguillons** 6-7, minces, presque droits, étalés, jaunâtres, presque égaux et disposés circulairement, et enfin 1 central, dressé, jaune, à sommet brun. = Habite le Mexique (entre Yxmiquilpan et Zimapam).

Synon. — *M. exsudans.* Zucc. selon Pfeiff. enum cact. 15. — *M. curvata.* jard. de Berl. selon Walp. rep. 2. p. 286 (1843).

90. M. horrible. — *M. horripila.* (Lemair.?)

Tige à sommet un peu enfoncé. — **Mamelons** *largement ovés,* comprimés de haut en bas, rhomboïdaux à leur base. — **Aréoles** ovales, présentant de nombreux poils laineux, tombant de bonne heure; du milieu desquels partent autant de faisceaux de 14 à 15 aiguillons allongés, très-raides, rayonnants, presque

égaux, à peine courbés; dont un central, plus long et un peu
plus fort, tous d'un gris blanc, brunissant avec l'âge, à sommet
noir. Aisselles des mamelons nues. — **Fleurs**..........
Plante incomplètement connue d'un envoi du Mexique fait par
M. Deschamps.

Synon. — *M. horripila*. Lemair. cact. monv. p. 7.

§ 4. Mamelons sphéroïdaux.

91. M. vert-sombre. — *M. atrata*. (hort. Mack.)

Tige simple, ovale-cylindrique, épaisse, comme tronquée au
sommet. — **Aisselles**...... — **Mamelons** gros, globuleux coniques, obtus, les inférieurs comprimés de haut en bas et presque
anguleux. **Aréoles** veloutées et garnies de soies raides. —
Aiguillons un peu raides, presque égaux, roux et ensuite
blancs. — **Fleurs** nombreuses, naissant un peu au-dessous du
sommet. — **Pétals** pourpres oblongs-linéaires, aigus égaux,
étalés. = Habite le Chili? Cette belle espèce a été observée
dans la collection de M. Mackie (près Norwich). Pfeiff enum.
cact. rapporte cette plante à la *M. rhodantha* de Link et Otto,
dont elle paraît beaucoup différer.

Synon. *M. atrata*. jard. Mackie selon Hook. bot. mag. tab.
3742, (mars 1838). flor. serr. angl. 6, p. 32, tab. 18, fig. 5 (1838).

92. M. à dents d'éléphant. — *M. elephantidens*. (Lem.)

Tige globuleuse-déprimée, et très-laineuse au sommet, —
Aisselles garnies de poils cotonneux, blancs. — **Mamelons** d'un
vert foncé et glauque, *du volume de très-gros pruneaux, déprimés*
au sommet.— **Aiguillons** étalés, blanchâtres, partant d'une grosse
houpe de poils cotonneux. — **Fleurs** presque terminales, très-
grandes (10 décim.) d'un beau rose, très-ouvertes ; lames des
Sépals linéaires-oblongues, très-aigues et très-nombreuses,
ainsi que les **Pétals**, de même forme et couleur; orifice du
tube d'un beau rouge cerise. — **Etamines** jaunes, excitables au-
dessous de l'orifice, et à peine dépassées par 8 stigmates blanchâtres et étalés. **Colonne des Styles** creuse et dilatée au
sommet. — **Fruit** oblong, renflé à son extrémité, d'un glauque
pâle, très-mol, finement veloutée, de 4 centim de long sur un

de diamètre et portant au sommet la cicatrice du tube commun désarticulé. — **Graines** nombreuses, réniformes, comprimées, d'un roux pâle, dans une pulpe très-liquide et acidule. = Patrie inconnue. Cette magnifique espèce paraît n'exister que chez M. MONVILLE.

SYNON. — *M. elephantidens.* Lemair. cat. monv. fasc. 1, p. 1 ; herb. gén. amat. 2ᵉ série 17, fig. méd. ; Walp. rep. 2, p. 273 et 294 (1843) ; Lemair. icon. cact. livr. n. 3* (1845) (fig. magnifiq).

93. M. floribonde. — *M. floribunda.* (Hook.)

Tige simple, épaisse, irrégulièrement cylindrique, un peu plus large à sa base. — **Aisselles**. .. — **Mamelons** hémisphériques-coniques, obtus. — **Aréoles** velues et cotonneuses. — **Aiguillons** 14-16, forts, raides, presque égaux, vert-brun. — **Fleurs** grandes, roses, belles, abondantes, couronnant la tige. — **Pétals** oblongs, obtus, jaunes à leur base. = Habite le Chili (HITCHIN) et ensuite M. MACKIE, — Cette belle espèce est voisine de la *M. vert-sombre*, mais ses mamelons sont moins rapprochés que dans celle-ci ; ses aiguillons sont aussi plus raides, ses fleurs plus grandes, ses pétals plus obtus et jaunes à leur base.

SYNON. — *M. floribunda.* Hook. bot. mag. tab. 3647 (1838) ; flor. jard. angl. 6, p. 44, pl. 14, fig. 4 (1838).

94. M. dressée. — *M. erecta.* (Lemair.)

Tige allongée-cylindrique, grisâtre. — **Mamelons** *hémisphériques*, épais à leur base et très-obtus au sommet. — **Aisselles** garnies de poils cotonneux, entrelacés, qui tombent et laissent à découvert une protubérance en forme de glande fauve, et entourée d'une ligne circulaire jaune. — **Aiguillons** très-nombreux, roux, panachés de blanc, presque égaux, longs de 9-12 millimètres, le supér. et l'infér. plus longs, droits ; au centre du faisceau est une petite tache blanchâtre. — **Fleurs** de 7 centim. de diamètre sur 5 à 6 de longueur, jaune citron, à peine odorantes, durant plusieurs jours. — **Tube commun** d'un vert pâle, parsemé de quelques écailles de même couleur ; lames linéaires, aiguës, à dorsale verdâtre, se confondant avec les pétals très-nombreux. — **Styles** *unis en une colonne de la longueur des* *étamines, terminés par 7 rayons jaunes.* — **Fruit** oblong, mou, portant quelques débris des sépals extérieurs. = Habite le Mexique (M. Deschamps, qui l'a importée en Europe, en 1841, chez M. Monville). Elle a quelques rapports avec *M. Lehmanni.* La *M. dressé* d'un aspect majestueux se distingue surtout par ses belles fleurs jaune pâle, grandes, les aisselle des ses mamelons d'un blanc de neige et ses aiguillons roux.

Synon. — *Mammillaria erecta.* Lemair. cat. monv. fasc. 1, p. 3 (1838); Cels frèr. ann. flor. et pom. 1838, p. 294; Salm-Dyck, cat. hort. Dyck. p. 19; Walp. repert. 2, p. 302 (1843); Lemair. icon. livr. 5, n° 10 * (1845), très-bonne. Selon M. Lemaire, les hort. belges l'ont confondue avec la *M. cuirassée* (*M. loricata,* Mart.) ou *M. à aiguillons dissemblables* (*M. heteracantha,* Otto); elle paraît même être dans quelques jardins de Belgique, sous le nom insignifiant de *M. evarescens.*

95. M. étoile-dorée. — *M. stella aurata.* (Mart.)

Tige allongée-cylindrique, presque flexueuse, vert-jaune, très-rameuse. — **Rameaux** courts, presque globuleux. — **Aisselles** peu laineuses. — **Mamelons** courts, presque demisphériques. — **Aréoles** blanchâtres. — **Aiguillons** 18-20, rayonnants, entrelacés, plus longs que les mamelons, jaunâtres, à sommet safrané, couverts de verrues qui les rendent rudes; ceux du centre nuls. — **Fleurs** soufre pâle. = Hab. le Mexique.

Synon. — *M. stella aurata.* Mart. dans Zucc. plant. nov. fasc. 3, p. 101, d'après Walp. rep. 2, p. 294 (1843). — *M. tenuis,* var. 2. Pfeiff. cact. p. 6.

§ 5. Mamelons sillonnés.

* 1. *Aiguillons sur un seul rang.*

96. M. à larges mamelons. — *M. latimamma.* (A. P. Dec.)

Tige simple, déprimée et en forme de palet. — **Aisselles** jeunes laineuses. — **Mamelons** courts, largement *ovés, aplatis* et transversalement oblongs. — **Aréoles** laineuses. — **Aiguillons** 16-17, raides, jaunâtres, brunâtres au sommet, divergents et inégaux. = Habite le Mexique (Coulter).

Synon. — *M. latimamma*. A. P. Decand. rev. cact. dans mém. mus. 17, p. 114 (1828); Pfeiff. enum. cact. 16, selon Walp. rep. 2, p. 286 (1843).

97. M. en bâton. — *M. scepontocentra*. (Lemair.)

Tige presque sphérique, d'un vert brillant, fortement déprimée au sommet. — **Aisselles** très-laineuses. — **Mamelons** très-larges, coniques, sillonnés en dessus. — **Aréoles** ovales, cotonneuses. — **Aiguillons** environ 12, de deux formes, très-fermes et entrelacés, quelques-uns courbés, tous très-forts, jaunâtres d'abord et plus tard cendrés. = Patrie incertaine.

Synon. — *M. scepontocentra*. Lemair. nov. gen. et spec. cact. 43, d'après Walp. rep. 2, p. 300 (1843).

98. M. entrelacée. — *M. impexicoma*. (Lemair.)

Tige globuleuse, d'un vert gris, déprimée au sommet, qu[i] est garni de beaucoup de poils entrelacés. — **Aisselles** laineuses. — **Mamelons** *ovés-coniques, creusés d'un sillon en dessus.* — **Aréoles** circulaires, à poils peu nombreux et cotonneux, tombants. — **Aiguillons** nombreux, très-entrecroisés, 8-20, de couleur cendrée, et quelquefois un seul au centre, imitant une corne. = Habite le Mexique (Deschamps). Regardée comme bien distincte par quelques auteurs et voisine de la *M. rayonnante* par quelques autres. Le sillon dont les mamelons sont creusés semble cependant les éloigner l'une de l'autre.

Synon. — *M. impexicoma*. Lemair. cact. monv. p. 5 (1838).

99. M. polyédroïde. — *M. subpolyedra*. (Salm-Dyck.)

Tige presque simple, cylindroïde, et ensuite se ramifiant latéralement. — **Aisselles** laineuses. — **Mamelons** pyramidaux, à 5 ou 6 faces, larges à leur base. — **Aréoles** laineuses, blanchâtres. — **Aiguillons** 5-6, d'abord pourpre-brun, ensuite plus pâles, à sommet pourpre; l'inférieur plus grand. — **Fleurs** d'un rouge jaunâtre, rosées à l'intérieur. = Fleurit en juillet. — Habite le Mexique.

Synon. — *M. subpolyedra*. Salm-Dyck, hort. S.-Dyck, p. 343; Cels frèr. ann. flor. et pom. juillet 1838, p. 298, et juin 1839,

p. 287 et pl. sans numéro; Pfeiff. enum. cact. p. 17. — *M. po-
lygona*. Zucc. — *M. anisacantha* et *jalappensis* des jard., selon
Walp. rep. 2, p. 286 (1843).

* 2. *Aiguillons sur deux rangs.*

100. M. bossue. — *M. gibbosa.* (Salm-Dyck.)

Tige simple, en massue. — **Aisselles**..... — **Mamelons** coniques, comprimés au sommet, relevés de tubercules au-dessus
des **Aréoles** oblongues, à peine cotonneuses. — **Aiguillons** extérieurs nombreux, rayonnants, blancs; ceux du centre au
nombre de 4, plus forts, bruns au sommet. = Patrie inconnue.

Synon. — *M. gibbosa*. Salm-Dyck, jard. Dyck. p. 343; Pfeiff.
enum. cart. 38. — *Echinocatus exsulcatus*, Otto? selon Walp.
rep. 2, p. 292 (1843).

101. M. à couronne d'épines. — *M. acanthostephes.*
(Lehm.)

Tige simple, presque globuleuse. — **Aisselles** nues. —
Mamelons larges, presque globuleux, *difformes, profondément
creusés en dessus et presque à deux lôbes*. — **Aiguillons** 13-17,
rayonnants, grisâtres, disposés en cercle, et 5-6 au centre,
beaucoup plus grands, plus raides et en glaive. = Habite le
Mexique.

Synon. — *M. acanthostephes*. Lehm. dans Otto et Dietr. allgem.
gartenz. 1835, p. 228, et Pfeiff. enum. cact. d'après Walp.
rep. 2, p. 286 (1843).

102. M. Otto. — *M. Ottonis.* (Pfeiff.)

Tige globuleuse, simple, d'un vert glauque obscur. —
Aisselles produisant un faisceau laineux blanchâtre et une
glande rouge. — **Mamelons** épais, unis légèrement à leur base,
un peu creusés sur le dos. — **Aréoles** jeunes veloutées et blanches. — **Aiguillons** rayonnants 11-12, un peu inégaux, raides, dont 2 supérieurs plus minces, dressés, jaunâtres,
bruns au sommet, et enfin d'un brun-cendré; ceux du centre,
3 à 4, celui d'en haut manquant souvent, disposés en croix
quand ils sont au nombre de 4, cornés; l'inférieur très-long,
étalé, recourbé. = Habite le Mexique.

Synon. — *M. Ottonis*. Pfeiff. dans Otto et Dietr. allgem.
gartenz. 6, p. 274, selon Walp. rep. 2, p. 295 (1843).

103. M. Scolyme. — *M. scolymoïdes*. (Scheidw.)

Tige globuleuse, d'un vert-pâle. — **Aisselles** laineuses. —
Mamelons ascendants, *faiblement creusés*, presque entuilés. —
Aréoles laineuses, et plus tard chauves. — **Aiguillons** très-
nombreux, les inférieurs rayonnants, couleur chair; les supér.
en faisceaux, blancs, à sommet noir, rigides; 1 *seul central* recourbé, noir, et gris à sa base = Habite le Mexique.

Synon. — *M. scolymoïdes*. Scheidw. dans Otto et Dietr.
allgem. gartenz. 9, p. 44, selon Walp. rep. 2, p. 295 (1843).

104. M. rhaphidacanthe. — *M. rhaphidacantha*. (Lem.)

Tige en colonne, allongée, vert-glauque, forte. — **Aisselles**
laineuses. — **Mamelons** dressés presque coniques, *sillonnés en-
dessus*. — **Aréoles** arrondies. — **Aiguillons** 12, rayonnants, bicolor, et 1 au centre, plus fort, très-long, étroit, tous raides et très-
aigus. = Patrie incertaine.

Synon. — *M. rhaphidacantha*. Lemair. nov. gen. et spec. cact.
34 selon Walp. rep. 2, p. 259 (1843).

105. M. crochue. — *M. ancistracantha*. (Lemair.)

Espèce très-voisine de la *M. rhaphidacanthe*, tant par son port
que par sa stature, mais son aiguillon central est plus fort; les
autres sont moins nombreux et plus longs. = Patrie incertaine.

Synon. — *M. ancistracantha*. Lemair. nov. gen. et spec. cact.
p. 56 d'après Walp. rep. 2, p. 295 (1843).

106. M. massue. — *M. clava*. (Pfeiff.)

Tige en massue, vert foncé. — **Aisselles** portant un duvet
cotonneux blanc, et une glande simple rougeâtre et bientôt
après planes et nues. — **Mamelons** allongés, dressés, *creusés
d'un sillon en-dessus* et obliquement tétragones à leur base. —
Aréoles obliquement au-dessous du sommet, velues, blanches.
— **Aiguillons** droits, cornés, presque égaux, 7 rayonnants et
1 central un peu plus long et plus épais. = Habite le Mexique.

Synon. — *M. clava*. Pfeiff. dans Otto et Dietr. allgem. gartenz. 8, p. 282 d'après Walp. rep. 2, p. 295 (1843).

107. M. stipité. (1) — *M. stipitata*. (Scheidw.)

Tige simple, en massue, très-mince à sa base. — **Aisselles** laineuses et plus tard nues, munies d'une glande rose. — **Mamelons** coniques, presque infléchis, larges à leur base et creusés d'un canal en dessus. — **Aréoles** nues dans leur vieillesse, mais laineuses dans leur jeune âge. — **Aiguillons** extérieurs 8, rayonnants, blancs, noirs au sommet ; 1 central beaucoup plus long, crochu, couleur chair, brunâtre au sommet. = Habite le Mexique.

Synon. — *M. stipitata*. Scheidw. bull. brux. 5, p. 495, selon Walp. rep. 2, p. 301 (1843).

108. M. Seidel. — *M. Seidelii* (Tersch.)

Tige globuleuse. — **Aisselles** chauves. — **Mamelons** très-courts, coniques, une fois plus longs que larges, creusés en dessous d'un sillon longitudinal , arrondis au sommet. — **Aréoles** chauves. — **Aiguillons** 14, sur deux rangs, dont 9 extérieurs, en étoile, entrelacés avec ceux des mamelons voisins ; 4 d'un second rang, plus faibles et un peu plus courts, et enfin 1 central, plus fort, presque dressé. = Habite le Mexique.

Synon. —*M. Seidelii*. Tersch. suppl. p. 1, d'après Walp. rep. 2, p. 301 (1843).

109. M. à aiguillons épais. — *M. pycnacantha*. (Mart.)

Tige simple, en œuf renversé, presque cylindrique, de 8-9 centimètres de haut. — **Aisselles** floconneuses. — **Mamelons** larges, échancrés, presque bilobés. — **Aréoles** floconneuses. — **Aiguillons** environ 16, placés en cercle, courbés en avant, d'un pourpre brun, et 4-5 au centre, plus forts. = Habite le Mexique (près de la ville d'Oaxaca).

Synon. — *M. pycnacantha*. Mart. act. nov. cur. 16, p. 325, tab. 17; Pfeiff. enum. cact. 16, selon Walp. rep. 2, p. 286 (1843); Cels frèr. ann. flor. et pom. 1838, p. 293.

____

(1) Porté sur un pied.

110. M. portevrille. — *M. cirrhifera*. (Mart.)

Tige presque cylindrique ou en massue, rameuse par sa base. — **Aisselles** laineuses et garnies de quelques petits aiguillons. — **Mamelons** épais, comprimés, d'un vert gris, bord inférieur presque aigu. — **Aréoles** arrondies, très-cotonneuses étant jeunes, mais devenant ensuite chauves. — **Aiguillons** du centre 5, dont 2 supérieurs droits et très-courts, les latéraux plus longs et presque droits, l'inférieur très-long et flexueux, tous raides, blanchâtres, noirs au sommet, et 2 ou 3 extérieurs minces, blancs et courts. $=$ Habite le Mexique.

SYNON. — *M. cirrhifera*. Mart. act. nov. cur. 16, 1re partie, p. 334 ; Lemair. cact. monv. p. 10 (1838) ; Cels frèr. ann. flor. et pom. 1838, p. 295 ; Walp. rep. 2, p. 285 (1843) ; Pfeiff. enum. cact. 13 ; Pfeiff et Otto, abbild. cact. t. 7.

§ 3. Mamelons anguleux.

* 1. *Aiguillons sur un seul rang.*

111. M. ponctuée. — *M. obconella*. (Scheidw.)

Tige cylindrique, rameuse surtout à sa base. — **Aisselles** laineuses. — **Mamelons** coniques tétragones, glaucescents, ponctués (vus à la loupe). — **Aréoles** laineuses et plus tard chauves, placées au-dessous du sommet des mamelons. — **Aiguillons** toujours 4, droits, disposés en croix et étalés, le supérieur infléchi, d'abord jaunes, à sommet brun, ensuite couleur de chair, les 2 latéraux un peu plus courts. — **Fleurs** disposés près du sommet. — **Sépals** 5 à 6 lancéolés, mucronés, dressés, roses. — **Etamines** infléchies. — **Stigmates** 4-6 sillonnés, pourpres. — **Fruit** en massue, de 24 millim. $=$ Hab. Bonaria.

SYNON. — *M. obconella*. Scheidw. bull. brux. 6 n° 2 p. 4, selon Walp. rep. 2, p. 303 (1843) où est établie une variété dédié à *Galeotti* (*M. Galeotti*.) Tronc ové-cylindrique, rameux latéralement. Aiguillons plus longs, divergents, dirigés en haut et en bas, cornés ou roux.

112. M. tête de méduse. — *M. caput medusœ*. (Otto.)

Tige en colonne irrégulière, à sommet déprimé. — **Aisselles**

laineuses. — **Mamelons** à plusieurs faces, d'un vert obscur. — **Aréoles** presque nues. — **Aiguillons** 2, très-petits, raides, blancs, à sommet noir. — **Fleurs** dépassant un peu les mamelons. = Habite le Mexique (dans la province froide de Jalappa).

Synon. — *M. caput medusæ.* Otto dans Pfeiff. enum. cact. p. 22, (1837); Cels. frèr. ann. flor. et pom. 1838, p. 299. — Dans le cas où les *M. à deux aiguillons* et *M. joubarbe* seraient des synonymes de la *M. tête de méduse*, le nom proposé par Decandolle devrait être repris comme plus ancien, et les espèces proposées par Lemaire et Otto deviendraient des synonymes, étant postérieurs †.

113. **M. palet.** — *M. disciformis.* (A. P. Decand.)

Tige simple, très-déprimée, en forme de palet, haute de 2 décimètres sur 7 centimètres de diamètre. — **Aisselles** nues. — **Mamelons** rapprochés, courts, déprimés, tétragones. — **Aréoles** un peu cotonneuses dans leur jeunesse. — **Aiguillons** 5, raides, blancs et dressés, caducs, de sorte qu'on ne les trouve plus dans les individus âgés. = Habite le Mexique (Coulter).

Synon. — *M. disciformis.* A. P. Decand. rev. cact. dans mém. mus. 17, p. 114 (1828 : mém. cat. 14 (1834); Pfeiff. enum. cact. p. 22, d'après Walp. rep. 2, p. 287 (1843).

114. **M. très-chevelu.** — *M. polytricha.* (Salm-Dyck.)

Tige presque globuleuse, fourchue avec l'âge. — **Aisselles** portant des soies nombreuses, blanches, frisées, qui couvrent la plante. — **Mamelons** serrés, presque tétragones, glaucescents, obtus. — **Aréoles** obliques, chauves, enfoncées. — **Aiguillons** 4-6, d'un rose pâle et tachés de pourpre, le supérieur et l'inférieur très-longs, recourbés. — Patrie inconnue.

Synon. — *M. polytricha.* Salm-Dyck dans Otto et Dietr. allgem. gartenz. 10, p. 289, d'après Walp. rep. 2, p. 304 (1843), qui établit 2 variétés. — Var. 1, a six aiguillons (*hexacantha*). Aiguillons latéraux 4, les deux supérieurs plus minces, le supérieur et l'inférieur plus forts, plus longs et réfléchis. — Var 2, a quatre aiguillons (*tetracantha*). Aiguillons presque disposés en croix, le supérieur et les latéraux presque égaux, l'inférieur très-long et réfléchi.

115 M. hexaèdre. — *M. hexaedra* (Sering.)

Tige presque globuleuse, un peu déprimée et cotonneuse au sommet, à gros **Mamelons** *ovoïdes, courts,* presque à six côtés, d'un vert gris. — **Aiguillons** 6 à 7. très-longs, droits, très-divergents, les supérieurs plus allongés, annelés, d'abord d'un vert blanchâtre, puis rosés, les anciens cendrés, cornés, partant d'un très-petit disque à peine cotonneux et roussâtre. — **Fleurs** naissant en spirale près du sommet, étalées, d'un blanc rosé, de 7 centimètres de diamètre sur 4 1/2 à 5 de hauteur, inodores et s'épanouissant plusieurs jours de suite. — **Tube des sépals** très-court. — **Sépals** et **Pétals** souvent confondus dans leur forme et leur couleur, lancéolés-linéaires, ondulés, d'un blanc satiné, très-minces et presque transparents. — **Étamines** très-nombreuses, courtes. — **Style commun** les dépassant à peine, et terminé par 8 longs rayons stigmatiques jaunes comme les anthères. — **Fruit.....** = Cette espèce, qui a été introduite du Mexique en Belgique par M. GALEOTTI (1838), a beaucoup de rapports avec la *M. bossue.* Elle a été rapportée, comme cette dernière, au genre *Echinocacte,* dans lequel elles me paraissent ne pouvoir rester, bien que le tube des sépals ait quelques écailles. Les caractères du genres *Mammillaire* me semblent si tranchés quand à la présence des mamelons terminés par des aiguillons, et au point de départ de leurs fleurs, que la présence des écailles me semble ne pouvoir empêcher ce déplacement. Cette espèce n'est pas encore bien répandue dans nos cultures.

SYNON. — *M. hexaedra.* Sering. mss. — *Echinocactus hexaedrophorus.* Lemair. icon. cact. livr. 1. n° 2* (1845). belle fig.

116. M. à deux aiguillons. — *M. diacantha.* (Lemair.)

Tige simple, lactescente, s'élevant en colonne, d'un vert gris, déprimée au sommet et mouchetée de points blancs nombreux et très-fins. — **Aisselles** laineuses. — **Mamelons** épais, très-courts, nombreux, minces, presque à 6 faces. — **Aréoles** petites. — **Aiguillons** constamment géminés, droits, épais, très courts, très-durs, l'un dirigé en haut, l'autre en bas, rose-pâle dans leur jeunesse, puis bruns et enfin blanchâtres, = Habite le Mexique.

Synon. — *M. diacantha.* Lemair. cat. monv. p. 2 (1828). — *M. caput medusae.* Otto? Peut-être n'est elle qu'une variété de la *M. joubarbe.*

117. M. Fischer. — *M. Fischeri*. (Pfeiff.)

Tige presque globuleuse, parfois fourchue. — **Aisselles** très-laineuses, à peine munies de quelques aiguillons. — **Mamelons** à plusieurs angles, tétragones à leur base, d'un vert obscur. — **Aréoles** au-dessous du sommet, munies dans leur jeunesse de poils laineux blancs, et chauves ensuite. — **Aiguillons** de la circonférence 5 à 6, allongés, raides, très-étalés, noirs à l'extrémité, celui du sommet, s'il existe, et l'inférieur très-longs, celui du centre nul. = Habite le Mexique.

Synon. — *M. Fischeri.* Pfeiff. dans Otto et Dietr. allgem. gartenz. 1836, p. 257; Pfeiff. enum. cact. p. 20, d'après Walp. rep. 2, p. 287 (1843).

118. M. Karwinski. — *M. Karwinskiana*. (Mart.)

Tige simple, cylindroïde. — **Aisselles** garnies de poils laineux et d'aiguillons minces. — **Mamelons** pyramidaux-coniques. — **Aréoles** courtement laineuses. — **Aiguillons** 5-6, courts, presque droits, blancs vers leur base, couleur sang et tachés à leur sommet, les 3 supérieurs plus longs, presque étalés. = Hab. le Mexique (Yxmiquilpan).

Synon. — *M. Karwinskiana.* Mart. act. nov. cur. 16, p. 1, p. 335. tab. 22; Pfeiff. enum. cact. p. 19 (1837) selon Walp. rep. 2, p. 287 (1843).

119. M. couleur chair. — *M. carnea*. (Zucc.)

Tige globuleuse, d'un vert obscur. — **Aisselles** laineuses. — **Mamelons** serres, pyramidaux-coniques. — **Aréoles** jeunes laineuses, puis chauves. — **Aiguillons** 4, raides, presque en croix, couleur de chair, à sommet noir, les 2 latéraux, très-petits et droits, le supérieur et l'inférieur beaucoup plus grands et presque droits. = Habite le Mexique. (Yxmiquilpan.)

Synon. — *M. carnea*. Zucc. dans Pfeiff. enum. cact. p. 19 d'après Walp. rep. 2. p. 287 (1843).

120. M. à 4 aiguillons. — *M. tetracantha*. (Salm-Dyck.)

Tige simple, presque globuleuse. — **Aisselles** laineuses. — **Mamelons** très-rapprochés, minces, pyramidalement anguleux. — **Aréoles** presque nues. — **Aiguillons** régulièrement 4, raides, l'inférieur un peu plus long, rougeâtres dans leur jeunesse, puis noirâtres. = Habite le Mexique.

Synon. — *M. tetracantha*. Salm-Dyck dans Pfeiff. enum. cact. 18, selon Walp. rep. 2, p. 287 (1843).

121. M. villifère. — *M. villifera*. (Otto.)

Tige presque globuleuse, un peu rameuse dès la base. — **Aisselles** laineuses et faiblement aiguillonnées. — **Mamelons** anguleux, d'un vert obscur. — **Aréoles** jeunes laineuses et enfin chauves. — **Aiguillons** raides, droits, l'inférieur plus long d'abord d'un pourpre brun, puis noir et enfin cendrés. = Hab. le Mexique.

Synon. — *M. villifera*. Otto dans Pfeiff. enum. cact. 18 selon Walp. rep. 2, p. 287 (1843).

122. M. Seitz. — *M. Seitziana*. (Mart.)

Tige presque globuleuse, un peu rameuse à sa base. — **Aisselles** laineuses. — **Mamelons** coniques, verts, à peine anguleux, tétragones à leur base. — **Aréoles** velues, blanches et plus tard presque chauves. — **Aiguillons** 4, droits, raides, disposés en croix, le supérieur et l'inférieur plus longs que les latéraux, couleur de chair et à sommet noir, ceux des côtés beaucoup plus courts, couleur de chair. = Habite le Mexique (Yxmiquilpan).

Synon. *M. Seitziana*. Mart. dans Pfeiff. enum. cact. p. 18 et Pfeiff. et Otto abbild, cact, tab. 8 selon Walp. rep. 2, p. 386 (1843); Cels frèr. ann. flor. et pom. 1838 p. 298.

123. M. polyèdre. — *M. polyedra*. (Mart.)

Tige presque cylindrique, produisant quelques ramifications. — **Aisselles**...... — **Mamelons** *pyramidaux, applatis, à 6-7 faces,*

dont 4 supérieures alternativement petites et 2 inférieures. —
Aréoles laineuses. — **Aiguillons** 4-5, droits, blancs d'ivoire,
purpurescents au sommet et tachetés, le supérieur plus grand.
— **Fleurs** enveloppées de poils bruns et flexueux. = Habite le
Mexique (près d'Oaxaca).

Synon. — *M. potyedra.* Mart. act. nov. cur. 16 par. 1, p. 326,
tab. 18. Pfeiff. enum. cact. p. 17, selon Walp. rep. 2, p. 286
(1843); Cels frèr. ann. flor. et pom. 1838 p. 297.

124. M. recourbée. — *M. recurva.* (Lehm.)

Tige simple, globuleuse, d'un vert obscur et grisâtre, faiblement ponctuée. — **Aisselles** presque nues. — **Mamelons**
grands, obliques, coniques, presque tétragones à leur base, légèrement recourbés au sommet. — **Aréoles** un peu latérales,
presque chauves. — **Aiguillons** 3-4, blancs, bruns au sommet,
petits, caducs, dont 1 ou 2 persistants, rigides, 4 fois plus longs
que les autres et bruns ou noirs. = Habite le Mexique.

Synon. — *M. recurva.* Lehm. mss. selon Pfeiff. enum. cact.
14, d'après Walp. rep. 2, p. 286 (1843); Cels frèr. ann. flor. et
pom. 1838, p. 297. — *M. Lehmanni* des jard. D'un autre côté,
Steud. nom. éd. 2, p. 97 (1841), rapporte à cette espèce les
M. leucantha, A. P. Decand. rev. — *M. macrothele*, Mart. —
M octacantha, A. P. Decand. et *Plaschnickii*, Pfeiff. (est-ce juste?)

125. M. gladiée. — *M. gladiata.* (Mart.)

Tige presque simple, d'un vert obscur. — **Aisselles** presque
laineuses. — **Mamelons** épais, *coniques, obtusément anguleux.*
— **Aréoles** jeunes velues et chauves ensuite. — **Aiguillons** 4,
rigides, blanchâtres ou cornés, noirs au sommet; les 3 supér.
courts et divergents, l'infér. beaucoup plus long, plus fort, angulairement réfléchi. = Habite le Mexique (Yxmiquilpan).

Synon. — *M. gladiata.* Mart. act. nov. cur. 16, part 1, p. 336,
et Pfeiff. enum. cact. 14, selon Walp. rep. 2, p. 286 (1843);
Cels frèr. ann. flor. et pom. 1838, p. 296.

126. M. presque angulaire. — *M. subangularis.*
(A. P. Decand.)

Tige presque globuleuse, très-rameuse. — **Aisselles** laineuses

et garnies de quelques minces et petits aiguillons. — **Mamelons**
épais. ovoïdes, très-verts, anguleux en-dessous. — **Aréole** ovale,
velue dans sa jeunesse, et peu après nue, sans aiguillons. —
Aiguillons 6, raides, droits, légèrement cornés, bruns au sommet, dont 3 supérieurs courts, 2 latéraux plus longs, et l'infér.
très-allongé. — **Fleurs** pourpres, naissant du milieu d'une
tête cotonneuse. = Habite le Mexique. (Coulter 1838.)

Synon. — *M. subangularis*. A. P. Decand. rev. cact. dans mém.
mus. 17 p. 112 (1828); mém. cact. p. 10 (1834); Cels frèr. ann,
flor. et pom. (1838) p. 296. — *M. cirrhifera spinis fuscis*. hort.
mon. selon Walp. rep. 2, p. 285 (1843).

127. M. sphacélée. — *M. sphacelata*. (Mart.)

Tige cylindrique, assez rameuse. — **Aisselles** peu cotonneu
ses. — **Mamelons** *presque coniques*, un peu *anguleux* à leur
base. — **Aréoles** peu cotonneuses. — **Aiguillons** 14-18, droits,
blanc d'ivoire, couleur de sang au sommet et parfois noirâtres,
dont 3-4 dressés au centre, les autres horizontalement étalés.
= Habite le Mexique.

Synon. *M. sphacelata*. Mart. act. nov. cur. v. 16, part. 1, p.
339, t. 25, fig. 1,

128. M. presque tétragone. — *M. subtetragona*.
(Alb. Dietr.)

Tige globuleuse. — **Aisselles** laineuses. — **Mamelons** glauques, conique-pyramidaux, presque tétragones. — **Aiguillons**
4 extérieurs, courts, rigides, brun foncé ou panachés de blanc.
— Habite le Mexique.

Synon. — *M. subtetragona*. Alb. Dietr. dans Otto et Dietr.
allgem. gartenz. 8, p. 169.

129. M. Berg. — *M. Bergii*. (Miq.)

Tige simple presque globuleuse d'un vert glauque. —
Aisselles laineuses. — **Mamelons** conique-pyramidaux. —
Aréoles jeunes, laineuses, et ensuite nues avec l'âge. —
Aiguillons 4, disposés en croix, étalés et arqués, le supérieur
plus grand, couleur de chair et opaque. — **Stigmates** 3. —
Habite le Mexique.

Synon. — *M. Bergii*. Miq. comm. phyt. 3, p. 104. — *M. scit-ziana*. Miq. linneæ 12, p. 10 non Martius.

130. M. sillonée-laineuse. — *M. sulcato-lanata*. (Lemair.)

Tige presque globuleuse, un peu déprimée, rameuse laté-ralement, d'un vert intense et brillant. — **Aisselles** floconneu-ses ; duvet caduc. — **Mamelons** *bossus, larges, à 5 angles* à leur base et presque coniques, portant un sillon en-dessus et un peu échancrés au sommet.— **Aréoles** laineuses d'abord.— **Aiguillons** 9-10 irrégulièrement rayonnants, le supérieur et l'inférieur petits, les latéraux plus forts, plus longs, d'un blanc jaunâtre à sommet noir d'abord, puis brunâtres et noirs ; ceux du centre nuls. = Patrie et fleur inconnues. — Plante remarquable, voi-sine de la *M. dents d'éléphant*, dont elle diffère par l'allongement et le nombre des aiguillons et l'abondance de poils laineux dans les aisselles et sur les aréoles. Elle diffère aussi de la *M. pycna-cantha* par l'absence de l'aiguillon central, la largeur des ma-melons et la longueur des poils.

Synon. — *M. sulco-lanata*. Lemair. cat. monv. p. 2 (1838). — *M. retusa*. Scheidw, mss. d'apres Walp. rep. 2, p. 293 (1843).

131. M. rétuse. — *M. retusa*. (hort. belg.)

Tige presque globuleuse, rameuse par sa base. — **Aisselles** très-cotonneuses. — **Mamelons** ovales, creusés d'un sillon en dessus et échancrés au sommet. — **Aréole** cotonneuses. — **Aiguillons** tous extérieurs 8-18 rigides, presques droits, très-étalés et bruns les 3 supérieurs plus minces. = Hab. le Mexique.

Synon. — *M. retusa*. des jard. Belg. selon Pfeiff. dans Otto et Dietr. allgem. gartenz. 5 p. 369.

132. M. à petite corne. — *M. microceras*. (Lemair.)

Tige presque globuleuse, très-déprimée, d'un vert sombre. — **Aisselles** cotonneuses. — **Mamelons** *presque tétragones* par leur extrême rapprochement, longs d'environ 4 à 5 millim. ; irréguliers, largement tachés de blanc argenté, applatis dans ceux qui naissent dans le milieu de la tige. — **Aréoles** petites, arrondies, cotonneuses dans leur jeunesse et se dénudant succes-sivement. — **Aiguillons** 4 à 5, dont 3 supérieurs, dressés, de 4 à

6 millim., et 2 inférieurs de 10 à 12 millim. plus forts, tous irrégulièrement recourbés, rigides, couleur de chair, noirs au
sommet, presque canaliculés à leur base. ⎓ Habite le Mexique,
(DESCHAMPS) mais reçue mourante.

Synon. — *M. microceras*. Lemair. cact. monv. p. 6 (1838).

133. M. Erenberg. — *M. Erenbergii* (Pfeiff.)

Tige simple, globuleuse. — **Aisselles** munies de flocons nombreux. — **Mamelons** obliquement coniques, épais, obscurément
anguleux en-dessous, d'un vert foncé et ponctués de blanc. —
Aréoles garnies en dessous d'un faisceau de laine blanche, peu
caduque. — **Aiguillons** d'abord brun pâle, bientôt blancs et
noirs au sommet, presque toujours 3, raides, applatis, dirigés le
plus grand en dessus, le plus court en dessous, le 3ᵉ latéral divergent égalant le supérieur en grandeur. ⎓ Habite le Mexique.

Synon. *M. Erhenbergii*. Pfeiff. dans Otto et Dietr. allgem. gartenz. 6, p. 274 selon Walp. rep. 2, p. 293 (1843).

134. M. Webb. — *M. Webbiana*. (Lemair.)

Tige presque sphérique déprimée, vert foncé. — **Aisselles**
laineuses. — **Mamelons** obtus, convexes en-dessus, presque
triangulaires et même quadrangulaires à leur base. — **Aréoles**
arrondies, laineuses. — **Aiguillons** rapprochés, anguleux, au
nombre de 4, presque en croix, (et en outre par fois 2 très-petits placés inférieurement) dont 3 supérieurs et dressés, le 4ᵉ
plus long et presque horizontal. ⎓ Habite le Mexique.

Synon. — *M. Webbiana*. Lemair. nov. gen. et spec. cact. 45 ;
Cels frèr. ann. flor. et pom. 1838, p. 305.

135. M. pâle. — *M. pallescens*. (Scheidw.)

Tige lactescente, cylindrique ou ovée, déprimée au sommet
qui est hérissé d'aiguillons. — **Aisselles** très-laineuses ; laine
adhérente aux aiguillons et enveloppant les mamelons. —
Mamelons à plusieurs faces, vert-pâle et pâlissant encore plus
tard. — **Aréoles** cotonneuses et plus tard chauves. — **Aiguillons**
4, disposés en croix, anguleux et recourbés ; le supérieur plus
grand et comme tordu, tous raides et cornés. ⎓ Habite le Mexique, à 5,500 pieds d'élévation.

Synon. — *M. pallescens*. Scheidw. dans Otto et Dietr. a'lgem. gartenz. 9, p. 41 d'après Walp. rep. 2, p. 294 (1843).

156. **M. Schlechtendal.** — *M. Schlechtendalii*. (Erhenb.)

Tige cylindrique, simple ou rameuse, atteignant souvent 30 à 35 centimètres de hauteur. — **Aisselles** d'abord cotonneuses, et présentant ensuite une petite tache jaune au milieu. — **Mamelons** quadrangulaires-coniques. — **Aréoles** ovales, garnies de duvet cotonneux, court. — **Aiguillons** 10-16, infléchis, appliqués et formant un réseau doré. $=$ Habite le Mexique, près San-Onofre.

Synon. — *M. Schlechtendalii*. Ehrenb. dans Linnæa 14, p. 337, selon Walp. rep. 2, p. 294 (1843).

137. **M. à petits aiguillons.** — *M. micracantha*. (Miq.)

Tige obovée, en colonne, creuse au sommet. — **Aisselles** garnies d'un duvet cotonneux, serré. — **Mamelons** assez entassés, allongés, minces, tétragones-pyramidaux, ou polygones-pyramidaux par les faces accessoires, d'un vert glauque. — **Aréoles** petites, blanches et laineuses dans leur jeunesse. — **Aiguillons** variables en nombre, 2-4 très-petits et blancs, à sommet d'un brun foncé; ou bien 2, l'un tourné en haut, l'autre en bas; ou 3, et alors 2 dirigés en haut et le troisième en bas; ou bien enfin 4 (ce qui parait être le nombre normal), disposés en croix, l'inférieur un peu plus longs. $=$ Patrie inconnue,

M. micracantha. Miq. dans la linnæa 12, p. 16, d'après Walp. rep. 2, p. 294 (1843).

138. **M. à longs aiguillons.** — *M. longispina*. (Reichenb.)

Tige globuleuse. — **Aisselles** supérieures très-cotonneuses. — **Mamelons** coniques-pyramidaux, très-obtus, à 4 angles, angle supérieur plus distinct, plus larges que longs, chauves. — **Aréoles** cotonneuses. — **Aiguillons** 4, minces, cylindriques, blanchâtres, rougeâtres dans leur jeunesse, le supér. ascendant et le plus long, l'infér. droit; ceux des mamelons infér. réfléchis, ceux des supérieurs horizontaux; les latéraux arqués en dehors, égalant presque l'inférieur. = Habite le Mexique. — On indique cette espèce comme ayant des rapports avec la *M. à moustache*.

SYNON. — *M. longispina*. Reichenb. suppl. dans Terscheck's, cact. cat. p. 1, selon Walp. rep. 2, p. 301 (1843). — *M. Galeotti*, Otto mss.

139. **M. à long col.** — *M. dolichocentra*. (Lemair.)

Tige ovale, courte, obtuse, à sommet très-enfoncé, d'un vert olivâtre (15 centim. de diamètre, y compris les aiguillons, et 21 de hauteur). — **Aisselles** très-petites et présentant des poils cotonneux caducs. — **Mamelons** très-nombreux, obscurément à 4 angles, du volume d'une très-petite *Merise* — **Aréoles** peu cotonneuses. — **Aiguillons** 4-5, longs et minces, étalés, d'un roux brun. — **Fleurs** roses, briquetées, nombreuses, à peine d'un centimètre de diamètre, disposées le plus souvent comme en cercle. — **Sépals** et **Pétals** ovales, aigus. — **Colonne des styles** rose. — **Stigmates** 4-5, larges, planes, étalés, d'un rose gai dans l'orifice du tube. — **Fruits** petits, rouges, cylindriques, en massue, pourpre-violet. = Envoyée des environs de Xalapa (Mexique) à M. VAN DER MAELEN, par M. GALEOTTI, 1837.

SYNON. — *M. dolichocentra*. Lemair. cat. Monv. 1, p. 3, n° 1 (1838); Cels frèr, ann. flor. et pom. 1838, p. 292; Lem. gen. et spec. p. 95 (1839); icon. cact. liv. 2, n° 4* (1845). — *M. obconella Galeottii*. Scheidw. hort. belg. p. 93, fig. VI* (1837)? — Il existe des variétés, obtenues par le semis, dont la couleur des aiguillons varie, ainsi que la quantité des filaments cotonneux et frisés qui se trouvent à l'aisselle des mamelons.

140. **M. à long éperon.** — *M. conopsea*. (Scheidw.)

Tige lactescente, glauque et rameuse dès la base. — **Aisselles** laineuses. — **Mamelons** rapprochés, obtusément tétragones, angle inférieur plus saillant. — **Aréoles** au-dessous du sommet des mamelons, cotonneuses et chauves plus tard. — **Aiguillons** 5, inégaux, 2 supérieurs courts, les latéraux plus longs et l'inférieur très-long et recourbé, tous blanchâtres, couverts de glauque, à sommet noir. = Habite le Mexique.

SYNON. — *M. conopsea.* Scheidw. bull. brux. 5, p. 496, d'après Walp. rep. 2, p. 299 (1843). — M. SCHEIDWEILER établit aussi une variété qu'il nomme *à longs aiguillons* (*longispina*, bull. brux. 6, p. 5). Tige cylindrique, à sommet convexe ; mamelons épais, obtusément tétragones ; angles supérieurs confluents, l'inférieur prolongé ; mamelons très-jeunes comprimés, polièdres; aréoles très-laineuses ; aiguillons 5, inégaux, l'inférieur et les latéraux un peu comprimés, cornés, de 70 à 75 millim. de long, transparents dans leur jeunesse, à sommet pourpre.

141. M. Ludwig. — *M. Ludowigii.* (Ehrenb.)

Tige simple d'abord et ensuite se ramifiant par sa base, globuleuse, déprimée. — **Aisselles.....** — **Mamelons** demi-ovales, épais et larges, *à 5-6 faces*, presque tétraèdres à leur base, qui offre un disque dont le bord présente une crête obtuse ou aiguë, laineuse et ensuite chauve. — **Aréoles** laineuses et portant aussi quelques soies. — **Aiguillons** 4-6, inégaux, droits ou étalés, à sommet noir, anguleux et cornés; le supérieur (s'ils sont au nombre de 4) très-court, et 1 soie inférieure très-longue. — **Fleurs** petites, rouges, entourées de poils laineux denses. — **Stigmates** 5, *étroits, coniques* (?). = Habite le Mexique.

SYNON. — *M. Ludowigii.* Ehrenb. dans linnæa 14, p. 376, selon Walp. rep. 2, p. 299 (1843), qui cite une variété *en massue* (*clavata*) à laquelle il assigne pour caractères : tige en massue ; mamelons à angles aigus et peu garnis d'aiguillons.

142. M. rouillée. — *M. aeruginosa.* (Scheidw.)

Tige lactescente, rameuse dès la base et globuleuse? — **Aisselles** nues d'abord et ensuite produisant une laine blanche et des soies fermes. — **Mamelons** prismatiques, d'un vert d'oxide de cuivre. — **Aréoles** laineuses et devenant glabres ensuite. — **Aiguillons** 4, disposés en croix, dont 3 supér. égaux, droits, piquants, et 1 infér. droit ou courbé, tous bruns dans leur jeunesse, ensuite couleur de chair, et enfin gris, à sommet noir. = Patrie inconnue.

SYNON. — *M. æruginosa.* Scheidw. dans Otto et Dietr. allgem. gartenz. 8, p. 338, d'après Walp. rep. 2, p. 298 (1843).

143. M. Funk. — *M. Funkii*. (Scheidw.)

Tige robuste, lactescente, déprimée. — **Aisselles** portant quelques soies blanches, noires au sommet, et bientôt après d'une seule couleur. — **Mamelons** pyramidaux tétraèdres. — **Aréoles** un peu au-dessous du sommet, à peine cotonneuses dans leur jeunesse. — **Aiguillons** 8, très-inégaux, 1 seul central, très-long et infléchi, tous bruns en naissant et devenant gris ensuite. = Habite le Mexique.

SYNON. — *M. Funkii*. Scheidw. dans Otto et Dietr. allgem. gartenz. 9, p. 43, selon Walp. rep. 2, p. 298 (1843).

144. M. floconneuse. — *M. crocidata*. (Lemair.)

Tige déprimée, de 8-9 centimètres, et 10 à 12 de diamètre, imitant un peu la forme de la *Joubarbe* (*Sempervivum tectorum*). — **Aisselles** très-garnies de laine floconneuse blanche, devenant grise par l'âge et persistante. — **Mamelons** *coniques-tétragones*, de 6 millim., larges à leur base, qui est transversalement rhomboïdale, disposés en spirales nombreuses ; obtus au sommet. — **Aréoles** très-petites, ovées-oblongues, laineuses et munies de 2 à 4 aiguillons d'un blanc rosé, pourpre-brun au sommet, raides, un peu applatis, dirigés, l'un en haut, de 9 millim., et l'inférieur de 10 à 18 millim. = Habite le Mexique (DESCHAMPS).

SYNON. — *M. crocidata*. Lemair. cact. monv. 9 (1838) ; Walp. rep. 2, p. 298 (1843).

145. M. à vrille centrale. — *M. centricirrha*. (Lemair.)

Tige presque globuleuse, un peu déprimée, rameuse par sa base, d'un vert glaucescent. — **Aisselles** laineuses. — **Mamelons** pyramidaux, à plusieurs faces. — **Aréoles** circulaires, laineuses. — **Aiguillons** 5, de deux formes, dont 3 égaux, petits, et 2 beaucoup plus longs, souvent contournés, surtout le central ; tous très-raides, d'un jaune de corne, et cendrés lorsqu'ils sont âgés. = Habite le Mexique.

SYNON. — *M. centricirrha*. Lemair. nov. gen. et spec. cact. p. 42, selon Walp. rep. 2, p. 297 (1843), où l'on cite une variété à gros mamelons (*macrothele*), qui est plus forte, plus bleuâtre ; mamelons beaucoup moins nombreux, plus pointus, aigus en dessous et plus anguleux et renflés à leur base ; aiguillons moitié moins longs.

146. M. Neumann. — *M. Neumanniana*. (Lemair.)

Tige presque globuleuse, très-déprimée, en palet, d'un vert glaucescent. — **Aisselles** abondamment garnies de flocons cotonneux et laineux. — **Mamelons** anguleux à leur base, angles obtus. — **Aréoles** grandes, arrondies, laineuses. — **Aiguillons** 7, très-inégaux, roses dans leur jeunesse, et prenant ensuite une teinte cendrée. = Patrie inconnue.

SYNON. — *M. Neumanniana*. Lemair. nov. gen. et spec. cact. p. 53, selon Walp. rep. 2, p. 297 (1843).

147. M. Martius. — *M. Martiana*. (Pfeiff.)

Tige cylindrique, d'un vert pâle. — **Aisselles** presque nues, glanduleuses. — **Mamelons** allongés, coniques, obscurément anguleux à leur base. — **Aréoles** au-dessous du sommet, petites, cotonneuses, blanchâtres. — **Aiguillons** 6, courts, blancs, à sommet noir, divergents ; rarement 1 central. = Patrie inconnue.

SYNON. — *M. Martiana*. Pfeiff. dans Linnæa 12, p. 140, d'après Walp. rep. 2, p. 303 (1843).

** 2. Aiguillons sur deux rangs.*

148. M. à mamelons sillonnés. — *M. aulacothele*. (Lem.)

Tige ovale-pyramidale, à sommet à peine déprimé. — **Aisselles**..... — **Mamelons** allongés, obtusément triangulaires, obtus au sommet, creusés d'un sillon prolongé en dessous et d'un autre plus court en-dessus, rapprochés, courbés, ascendants et imitant un cône de pin ; larges surtout à leur partie inférieure. — **Aréoles** circulaires, placées obliquement au-dessous du sommet du mamelon, accompagnées de poils cotonneux, courts et nombreux. — **Aiguillons** 7-8, rayonnants, inégaux, de 7 à 14 millim., dont le supérieur, et surtout le central, sont les plus longs ; l'intérieur le plus petit ; tous droits, raides et gris brun. = Habite le Mexique (DESCHAMPS).

Synon. — *M. aulacothele.* Lemair. cat. monv. p. 8 (1838); Cels. frèr. ann. flor. et pom. 1838, p. 294; Walp. repert. 2, p. 302 (1843). Ce dernier auteur cite une variété qu'il nomme *sulcimamma* (*à mamelon creusé*), mot qui n'est pas admissible, puisque c'est déjà l'un des caractères de l'espèce; mais il faudrait adopter la dénomination proposée par Scheidweiler, bull. brux. 6, p. 2, s'il se confirme que la citation suivante soit juste. (*M. aulacothele*, var. *multispina.*) Elle se distinguerait par une tige plus mince, par des mamelons plus longs et plus étroits, et par des aiguillons plus nombreux et d'un jaune-soufré pâle.

149. M. à deux glandes. — *M. biglandulosa.* (Pfeiff.)

Tige presque cylindrique et quelquefois à deux têtes, d'un vert-pâle bleuâtre. — **Aisselles** présentant deux ou rarement une glande. — **Mamelons** dressés, allongés, obtusément coniques, romboïdaux à leur base. — **Aréoles** au-dessous du sommet des mamelons, presque nues et munies d'une glande couleur de chair au lieu d'aiguillons. — **Aiguillons** extérieurs 9-10, cornés dans leur jeunesse, fauves au sommet, et plus tard fauve-cendré, presque égaux, rayonnants et étalés, et 2 plus raides, bruns, épais à leur base, l'un dressé, l'autre plus long et saillant horizontalement. = Habite le Mexique.

Synon. — *M. biglandulosa.* Pfeiff. dans Otto et Dietr. allgem gartenz. 6, p. 274, d'après Walp. rep. 2, p. 302 (1843).

150. M. spécieuse. — *M. speciosa.* (Vriese.)

Tige simple robuste, cylindrique, en colonne, d'un vert pâle. — **Aisselles** presque laineuses. — **Mamelons** très-nombreux, petits, très-courts, *déprimés* coniques, rhomboïdaux à leur base. — **Aréoles** jeunes cotonneuses, les anciennes nues. — **Aiguillons** rayonnants 22, très-courts, en forme de soies, les intérieurs 5-6-8 allongés, dont un quelquefois central, tous lisses au toucher, blancs de neige, ceux du centre à sommet roux. = Habite le Mexique.

Synon. — *M. speciosa.* Vriese tyoschrift voor nat. gesch. 6, p. 51 d'après Walp. rep. 2, p. 303 (1843).

151. M. infléchie. — *M. incurva*. (Scheidw.)

Tige globuleuse. — **Aisselles** d'abord peu laineuses, puis chauves. — **Mamelons** pyramidaux-triangulaires, infléchis, creusés
d'un profond sillon sur leur face supérieure et portant une
glande rouge. — **Aréoles** au-dessous du sommet des mamelons,
oblongues et nues, arrondies lors de leur parfait développement
et garnies de poils cotonneux courts. — **Aiguillons** rayonnants
20-22 très-aigus, raides, gris; 3 au centre, dont 2 supérieurs,
recourbés, divergents, le troisième situé au milieu, droit et
raide; tous de couleur paille en naissant. — **Fruit** ové, orangé.
= Habite le Mexique, près Guanaxato.

Synon. — *M. incurva*. Scheidw. bull. brux. 6. n° 2; p. 6, selon
Walp. rep. 2, p. 303 (1843).

152. M. Lemaire. — *M. Lemairiana*. (Sering.)

Tige globuleuse, couverte de gros mamelons presque sphériques, serrés, d'un vert grisâtre, du volume de petites *Prunes*
reine-claude; portant à leur sommet un faisceau de 6 à 7
Aiguillons rayonnants, droits, minces, longs, fermes, très-aigus, brunâtres à leur base, roussâtres dans leur moitié libre,
naissant d'une houpe de poils courts, roussâtres, celui du milieu plus court et partant perpendiculairement. — **Fleurs**
inodores, d'un blanc rosé, s'ouvrant plusieurs jours de suite, de
3 centim. de longueur sur 7 de diamètre. — **Tube** en entonnoir, vert-gris en dehors. — **Sépals** et **Pétals** ovales obtus. —
Pétals surtout très-obtus, d'un blanc rose, sur plusieurs rangs,
finement dentés au sommet. — **Étamines** très-nombreuses, s'é-
levant presque au même niveau, et dépassant à peine l'orifice
du tube. — **Colonne des Styles** se terminant à la hauteur des
anthères, à 10 ou 11 rayons stigmatiques jaunâtres. — **Fruit**
oblong, renflé, gris-de-plomb, de 3 centim. de haut, garni de
quelques traces de sépals, terminé par des parties florales fanées. Mûrit 3 mois après la fleuraison, se déchire et émet des
Graines oblongues, noirâtres, nombreuses, creusées de beaucoup de petites dépressions, paraissant dans une pulpe luisante
et soutenues par de longs funicules flexueux. = Cette espèce,

provenant du Mexique et de la Jamaïque a été envoyée en Angleterre en 1808, est assez commune dans les jardins. Les auteurs ont éprouvé quelques difficultés à la rapporter à un genre, car les uns en ont fait un Cierge (*Cereus*), d'autres l'ont rapportée aux *Echinocactes*, M. PFEIFFER en a fait son genre *Gymnocalice*. Je crois plutôt qu'on doit le rapporter aux *Mammillaires* dont il me semble avoir tous les caractères, car le volume et la forme des mamelons ne peuvent guère constituer un genre.

SYNON. — *Echinocactus gibbosus*. A. P. Decand. prodr. 3, p. 461 (1828); Lemair. icon. cact. livr. 5, n° 9 (1845). — *E. gibbosus nobilis*. Monv. cat. hort. monv. p. 91 ? — *Cereus gibbosus*. Salm. Pfeiff. enum. 74. — *C. reductus*. A. P. Decand. prodr. 464 (1828). — *Cactus gibbosus*. Haw. syn. plant. succ. 173. — *C. reductus*. Link. enum. 2, p. 21. — *C. nobilis*. Haw. syn. plant. succ. 2, p. 174. — *Gymnocalycium gibbosum*. Pfeiff. allg. gart. Zeit.

153. M. joubarbe. — *M. sempervivi*. (A. P. Decand.)

Tige simple, mince à sa base, déprimée au sommet. — **Aisselles** laineuses. — **Mamelons** ovés-tétragones, dressés. — **Aréoles** laineuses. = **Aiguillons** 4 minces, disposés en cercle, blanchâtres, courts, manquant quelquefois et 2 autres épais, courts, divergents, partant du centre (rarement 4). — **Fleurs** dépassant un peu les mamelons, blanchâtres. = Habite le Mexique (COULTER).

SYNON. — *M. sempervivi*. A. P. Decand. rev. cact. dans mém. mus. 17, p. 114 (1828) et mém. cact. p. 13* pl. 8 (1834). — *M. caput-medusae* Otto ? — *M. diacantha*. Lemair. ?

154. M. à moustache. — *M. mystax*. (Mart.)

Tige simple, cylindrique. — **Aisselles** laineuses et garnies de quelques aiguillons. — **Mamelons** rapprochés, pyramidaux, très-étroits au sommet. — **Aréoles** jeunes laineuses, et devenant chauves plus tard. — **Aiguillons** extérieurs 6, blanchâtres, noirs au sommet, les supérieurs plus petits, et 4 intérieurs disposés en croix, brunâtres, plus longs et plus gros, et en outre

quelquefois 1 central dressé et noir. — Habite le Mexique
(Yxmiquilpan).

Synon. — *M. mystax.* Mart. act nov. cur. 16, part. 1, p. 332,
tab. 21 ; Pfeiff. enum, cact, selon Walp. rep. 2, p. 287 (1843).

155. M. Zuccarini. — *M. Zuccariniana.* (Mart.)

Tige simple, presque globuleuse. — Aisselles florifères très-
laineuses, les autres presque chauves. — Mamelons coniques-
pyramidaux, chauves, à sommet aigu. — Aréoles au-dessous du
sommet du mamelon, ovales enfoncées, nues. — Aiguillons du
centre 2, l'un dirigé en haut, l'autre en bas, raides, cendrés, à
sommet noir, l'inférieur plus long et 2 ou 3 naissant de la circonférence très-courts et blancs, souvent caducs. = Habite le
Mexique (Yxmiquilpan).

Synon. — *M. Zuccariniana.* Mart. act. nov. cur. 16, par. 1,
p. 331, tab. 20; Pfeiff. enum. cact. p. 20 (1837); Cels frèr. ann.
flor. et pom. 1838 p. 299. — *M. macracantha.* A. P. Decand.
rev. cact. dans mém. mus. 17, p. 113 (1828). (Cette dénomination est elle postérieure à celle de *Zuccariniana.*)

156. M. à aiguillon central. — *M. centrispina.* (Pfeiff.)

Tige simple, presque globuleuse. — Aisselles laineuses et
garnies de quelques aiguillons fins et faibles. — Mamelons
obscurément coniques, presque anguleux, d'un vert-obscur. —
Aréoles un peu au-dessous du sommet du mamelon, laineuse
dans sa jeunesse, ensuite nue. — Aiguillons 5-6 raides, blancs
à sommet noir, disposés en cercle, 1 central plus raide, noir,
plus long, manquant rarement. = Habite le Mexique.

Synon. = *M. centrispina* Pfeiff. dans Otto et Dietr. allgem.
gartenz. 1836, p. 258 et Pfeiff. enum. cact. 20 (1827) d'après
Walp. rep. 2, p. 282 (1843).

157. M. cuirassée. — *M. loricata.* (Mart.)

Tige simple, presque globuleuse, d'un vert gris. — Aisselles
laineuses. — Mamelons *ovés, courts, anguleux à leur base.* —
Aréoles grandes, cotonneuses.— Aiguillons 12, disposés en cercle, horizontaux, rayonnants, raides, jaunâtres, et 2 centraux

plus épais, à sommet noir celui d'en haut droit, l'inférieur recourbé. = Habite le Mexique.

SYNON. — *M. loricula.* Mart. selon Pfeiff. enum. cact. p. 13. — *M. heteracantha.* jard. berl. selon Walp. rep. 2, p. 285 (1843).

158. M. à aiguillons blancs. — *M. leucacantha.*
(A. P. Decand.)

Tige rameuse dès sa base, ovée, d'environ 3 centimètres de hauteur, 2 de diamètre. — **Aisselles** nues. — **Mamelons** ovés, tétragones, peu nombreux. — **Aréoles** presque chauves. — **Aiguillons** 7, blancs, rayonnants, disposés circulairement, un 8ᵉ souvent au centre. = Habite le Mexique (COULTER 1828)

SYNON. — *M. leucacantha* et *octacantha.* A. P. Decand. rev. cact. dans mém. mus. 17, p. 113 (1828), mém. cact. p. 11 (1834). — *M. Lehmanni.* hort. berol. selon Pfeiff. enum. cact. p. 23 (1837) (1); Cels frèr. ann. flor. et pom. 1828. p. 300.

159. M. à gros mamelons. — *M. macrothele.* (Mart.)

Tige simple, cylindrique. — **Aisselles** larges, portant 1-2 *glandes rouges*, entourées d'un duvet blanc. — **Mamelons** allongés, divergents, à large base, *à 4 angles peu marqués, obtusément coniques* souvent recourbés. — **Aréoles** obliques en dessous du sommet des mamelons et presque nues. — **Aiguillons** 8, raides, cornés, disposés en cercle, à sommet noir, et 1-2 plus épais et bruns partant du centre, *une glande rouge au-dessus du faisceau d'aiguillons.* = Habite le Mexique.

SYNON. = *Macrothele.* Mart. dans Pfeiff. enum cact. 24 et Walp. rep. 2, p. 288. (On aurait bien dû préférer la dénomination de *glandulosa*, caractère rare dans le genre *Mammillaire*, tandis qu'on avait déjà les mots de *magnimamma, longimamma*).

---

(1) Quelques auteurs devraient ne pas dévier continuellement de la marche admise nécessairement par la plupart des naturalistes en substituant, sans aucun motif, comme dans ce cas, une dénomination nouvelle à deux anciennes bien connues. DECANDOLLE a établi, deux espèces pour une seule. L'une des dénominations n'est pas plus ancienne que l'autre, il faut donc admettre celle qui paraît plus applicable (*M. leucacantha*) et ne pas proposer celle de M. LEHMANNI, pour une plante qui n'est pas nouvelle et dont la dénomination est postérieure aux deux autres

160. M. Plaschnick. — *M. Plaschnickii*. (Otto.)

Tige cylindrique, d'un vert grisâtre. — **Aisselles** *glanduleuses très-cotonneuses*. — **Mamelons** grands, très-distants, à base
larges et à 4 angles. — **Aréoles** *au-dessous du sommet*, d'un blanc
cotonneux dans leur jeunesse. — **Aiguillons** de la circonférence 9, raides, noirs et 4 au centre, dont l'inférieur très-long
horizontal. = Habite le Mexique.

SYNON. — *M. Plaschnickii*. Otto dans Pfeiff. enum. cact 24
(1837) selon Walp. rep. 2, p. 188 (1843).

161. M. Haag. — *M. Haageana*. (Pfeiff.)

Tige presque globuleuse, d'un vert grisâtre. — **Aisselles** un
peu laineuses. — **Mamelons** rapprochés; très-petits, tétragones
à leur base. — **Aréoles** nues. — **Aiguillons** du centre 2, noirs,
minces, allongés, ceux de la circonférence au nombre de 20,
blancs, plus courts, en forme de soies et rayonnants. = Habite
le Mexique.

SYNON. — *M. Haageana*, Pfeiff. dans Otto et Dietr. allgem.
gartenz. 1836, p. 257; Pfeiff. enum. cact. 25, (1837) d'après
Walp. rep. 2, p. 289 (1843). — *M. diacantha nigra*. Haag.
cat. 1836. — *M. Perote* des jardiniers.

162. M. à tentacules. — *M. tentaculata*. (Otto.)

Tige presque globuleuse, quelquefois fourchue et d'un vert
gris. — **Aisselles** laineuses. — **Mamelons** rapprochés, coniques,
obtus, tétragones à leur base. — **Aréoles** jeunes laineuses et
blanches, chauves plus tard. — **Aiguillons** centraux 4-6, fauves,
arides, le supérieur très-long, à peine courbé, ceux de la circonférence rayonnants, environ 25, minces et blancs. = Mexique.

SYNON. — *M. tentaculata*. Otto selon Pfeiff. enum. cact. 28
(1837); Cels frèr. ann. flor. et pom. 1838 p. 302. — *M. pulchra*.
Haw. bot. reg. tab. 1329?

163. M. hameçonnée. — *M. hamata*. (Lehm.)

Tige simple, ovée-oblongue. — **Aisselles** chauves. —
Mamelons pyramidaux, coniques. — **Aréoles** laineuses. —
Aiguillons en forme de soies 15-20, inégaux, très-pointus, les

extérieurs rayonnants, blancs, ceux du centre 3-4 bruns, le terminal allongé et courbé en hameçon. = Habite le Mexique.

SYNON. — *M. hamata.* Lehm. delect. sem. hamb. 1832 ; Pfeiff. enum. cact. 34 (1837).

164 **M. vert. — *M. virens*.** (Scheidw.)

Tige lactescente, très-verte, en massue ou cylindrique, simple ou à deux branches. — **Aisselles** laineuses et garnies de soies raides et blanches. — **Mamelons** à plusieurs faces et très-verts. — **Aréoles** jeunes cotonneuses et jaunes, et plus tard blanches. — **Aiguillons** 6, cornés, à sommet noircissant, dont un au centre qui manque souvent. = Habite le Mexique.

SYNON. — *M. virens.* Scheidw. dans Otto, et Dietr. allgem. gartenz. 9. p 43, d'après Walp. rep. 2. p. 294 (1843).

165. **M. phymatothèle. — *M. phymatothele*.** (Berg.)

Tige presque globuleuse, simple, d'un vert glaucescent, laineuse et enfoncée au sommet. — **Aisselles** jeunes laineuses, blanches et chauves ensuite. — **Mamelons** grands, *tétragones*; angle inférieur creusé d'un sillon assez profond. — **Aréoles** jeunes laineuses, blanches et enfin nues. — **Aiguillons** 7-10, raides, presque dressés, gris blanc, tachés au sommet, mais orangés dans leur jeunesse ; les 3 supérieurs petits, 3 inférieurs plus longs, l'inférieur très-long, recourbé, et entre plusieurs autres aiguillons accessoires très-petits ; le central un peu courbé. = Habite le Mexique.

SYNON. — *M. phymatothele.* Berg dans Otto et Dietr. allgem. gartenz. 8, p. 129, d'après Walp. rep. 2, p. 295 (1843).

166. **M. très-épineuse. — *M. spinosissima*.** (Lemair.)

Tige s'élevant en une forte colonne d'un vert foncé, non déprimée au sommet. — **Mamelons** *ovés-coniques*, légèrement tétragones à leur base, longs de 4 à 6 millim. et de 4 de diamètre. — **Aiguillons** très-nombreux, entrelacés les uns dans les autres, 20-25, imitant des crins, presque rayonnants et blanchâtres, et 12-15 autres plus forts, d'un brun rose, droits, presque égaux entre eux de 10-12 millim de long. = Patrie inconnue.

Synon. — *M. spinosissima.* Lemair. cact. monv. p. 4 (1838), d'après Walp. rep. 2, p. 302 (1843).

167. M. à centre cornu. — *M. ceratocentra.* (Berg.)

Tige simple, en colonne. — **Aisselles** laineuses, blanches. — **Mamelons** coniques, presque tétragones, dressés. — **Aréoles** jeunes cotonneuses et blanches, nues plus tard. — **Aiguillons** 17-20, en alènes, raides, presque dressés, cornés, 12 à 15 rayonnants étalés, 3-4 centraux plus forts, plus longs, étalés, disposés en croix, le supérieur et l'inférieur très-longs. == Habite le Mexique.

Synon. — *M. ceratocentra.* Berg, dans Otto et Dietr. allgem. gartenz. 8, p. 130, d'après Walp. rep. 2, p. 301 (1843).

168. M. déprimée. — *M. depressa.* (Scheidw.)

Tige cylindracée, lactescente, à sommet enfoncé. — **Aisselles** anciennes nues, et laineuses dans leur jeunesse. — **Mamelons** rapprochés, presque trigones, d'un vert pâle et très-finement ponctués. — **Aréoles** nues, laineuses dans leur jeunesse, placées au-dessous du sommet des mamelons. — **Aiguillons** 7, blancs, à sommet noir, rayonnants, souvent infléchis, le central recourbé, corné, crochu. == Habite le Mexique.

Synon. — *M. depressa.* Scheidw. bull. brux. 5, p. 494, selon Walp. rep. 2, p. 301 (1843).

169. M. Odier. — *M. Odieriana.* (Lemair.)

Tige simple, globuleuse, déprimée au sommet et d'un vert très-pâle. — **Aisselles** laineuses. — **Mamelons** coniques, comprimés à leur base. — **Aréoles** circulaires laineuses. — **Aiguillons** très-nombreux, très-rapprochés, dorés, rigides, 25 rayonnants et 4 centraux plus forts, plus longs et flexueux. == Habite le Mexique.

Synon. — *M. Odieriana.* Lemair. nov. gen. et spec. cact. 46.

170. M. Guillemin. — *M. Guilleminiana.* (Lemair.)

Tige très-déprimée, presque en forme de palet, à sommet enfoncé, vert glauque. — **Aisselles** très-garnies d'abondants

flocons laineux et ensuite de quelques soies. — **Mamelons**
coniques, convexes en dessus et anguleux en dessous. —
Aréole ...... — **Aiguillons** de 2 formes, 10-12 rayonnants,
blanchâtres, petits, et 2 au centre, égaux, à peine plus longs, et
roses. = Patrie inconnue.

Synon. — *M. Guilleminiana.* Lemair. nov. gen. et spec. cact. 48.

171. M. tête rousse. — *M. ruficeps*. (Lemair.)

Tige globuleuse, déprimée au sommet, d'un vert pâle. —
Aisselles très-laineuses. — **Mamelons** presque coniques, très-
courts, très-rapprochés, tetraèdres à leur base. — **Aréoles**
ovales, très-petites. — **Aiguillons** de 2 formes, 16-18, inégaux,
blanchâtres, rayonnants, courts ; 6-8 centraux, presque rayonnants, droits, raides, tous aigus. = Patrie inconnue.

Synon. — *M. ruficeps.* Lemair. nov. gen. et spec. cact. 48,
selon Walp. rep. 2, p. 300 (1843). Cette plante a quelques rapports avec la *M. rhodanthe.*

172. M. aciculaire. — *M. acicularis*. (Lemair.)

Tige presque globuleuse, à sommet déprimé, d'un vert pâle
et glaucescent. — **Aisselles** laineuses. — **Mamelons** ové-coni-
ques, rhomboïdaux à leur base.—**Aréoles** circulaires, laineuses.
— **Aiguillons** 7 rayonnants, 1 central très-aigu, 4 autres plus
petits, supérieurs, tous très-aigus, jaunes et raides. = Patrie
inconnue.

Synon. — *M. acicularis.* Lemair. gen. et spec. cact. 34, d'après
Walp. rep. 2, p. 300 (1843).

173. M. Parkinson. — *M. Parkinsonii*. (Erhenb.)

Tige double ou multiple, globuleuse et déprimée, entièrement couverte d'aiguillons blancs ou rouges. — **Mamelons**
verts, finement ponctués de blanc (à la loupe), chauves, quadrangulaires et obtus. — **Aréoles** d'abord très-laineuses. —
Aiguillons plus de 30, minces, blancs, horizontaux, 2, 3, 4, ou
rarement 5 au centre, blanc de lait ou rouges, d'un brun obscur au sommet. — **Fleurs** petites, jaunes, entourées de poils
laineux nombreux. — **Styles** de la longueur des pétals ; stigmates aigus. = Habite le Mexique, près San-Onofre.

SYNON. — *M. Parkinsonii*. Erenb. dans linnæa, 14, p. 375, selon Walp. rep. 2, p. 299 (1843).

174. M. échinocactoïde. — *M. echinocactoïdes*. (Pfeiff.)

Tige en colonne, à sommet laineux. — **Aisselles** jeunes très-laineuses et plus tard presque chauves. — **Mamelons** épais, ovés, à base presque hexagone, à dos presque canaliculé. — **Aréoles** garnies de poils laineux, serrés, blancs, qui tombent ensuite. — **Aiguillons** rayonnants, 10-12, blancs, presque transparents, 3 au centre plus longs, noirs, tous droits. = Habite le Mexique.

SYNON. — *M. echinocactoïdes*. Pfeiff. dans Otto et Dietr. allgem. gartenz. 8, p. 281 ; selon Walp. rep. 2, p. 299 (1843).

175. M. chevelure blanche. — *M. leucotricha*. (Scheidw.)

Tige simple ou rameuse, cylindrique, lactescente, à sommet enfoncé. — **Aisselles** d'abord nues, mais plus tard abondamment laineuses et garnies de soies. — **Mamelons** pyramidaux-quadrangulaires. — **Aréoles** arrondies, portant une laine blanche. — **Aiguillons** extérieurs 6, et 1 au centre, tous raides, presque égaux, bruns, et plus tard couleur de chair, tachés au sommet. = Patrie inconnue.

SYNON. — *M. leucotricha*. Scheidw. dans Otto et Dietr. allgem. gartenz. 8, p. 338, d'après Walp. rep. 2, p. 299 (1843).

176. M. géminée. — *M. geminata*. (Scheidw.)

Tige double, lactescente, à sommet enfoncé. — **Aisselles** laineuses. — **Mamelons** tétragones-polyèdres, verts. — **Aréoles** jeunes laineuses, ensuite nues. — **Aiguillons** extérieurs 6, droits, étoilés, noirâtres au sommet, et 1 au centre, plus fort, courbé et noir. = Habite le Mexique, hauteur de 2,000 mètres.

SYNON. — *M. geminata*. Scheidw. dans Otto et Dietr. allgem. gartenz. 9, p. 42, d'après Walp. rep. 2, p. 299 (1843).

177. M. tête rouge. — *M. pyrrocephala*. (Scheidw.)

Tige cylindrique, lactescente, à sommet enfoncé. — **Aisselles** garnies de laine et de soies fauves. — **Mamelons** rapprochés, pyramidaux-polyèdres, très-verts et glaucescents. — **Aréoles**

portant des poils laineux et des soies. — Aiguillons extérieurs 6,
disposés en étoile, le supérieur un peu plus long, 1 central
unique, dressé, tous naissant noirs et devenant gris, avec le
sommet noir. = Habite le Mexique, hauteur de 2,000 mètres.

Synon. — *M. pyrrhocephala*. Scheidw. dans Otto et Dietr.
allgem. gartenz. 9, p. 41, d'après Walp. rep. 2, p. 299 (1843).

178. M. belle. — *M. formosa*. (Galeot.)

Tige simple, presque en massue, lactescente, à sommet enfoncé. — **Aisselles** floconneuses et laineuses. — **Mamelons** rapprochés, disposés en spirales, obtusément tétragones, très-
chauves et d'un vert pâle. — **Aréoles** nues. — **Aiguillons**
extérieurs 20-22, blancs, un peu fermes, rayonnants, et 6 au
centre, aigus et disposés en étoile, épais à leur base, couleur
de chair en naissant, à base et sommet noirs, devenant ensuite
noirs et enfin gris. = Habite le Mexique.

Synon. — *M. formosa*. Galeotti, selon Scheidw. bull. brux. 5,
p. 497, et Walp. rep. 2, p. 299 (1843).

179. M. versicolor. — *M. versicolor*. (Scheidw.)

Tige lactescente, globuleuse et très-rameuse, déprimée et
creuse au sommet. — **Aisselles** laineuses. — **Mamelons** tétragones, d'un vert pâle, rouges au milieu et vers le sommet. —
Aréoles placées au-dessous du sommet, nues dans la vieillesse.
— **Aiguillons** 5-6, jaunâtres d'abord, blanchissant ensuite, et
droits; le central très-long, recourbé et flexueux. — Habite le
Mexique.

Synon. — *M. versicolor*. Scheidw. bull. brux. 5, p. 494, d'après
Walp. rep. 2, p. 299 (1843).

180. M. chevelure blonde. — *M. xantholricha*. (Scheid.)

Tige globuleuse, rameuse par la base et lactescente, à sommet déprimé. — **Aisselles** d'abord nues et donnant naissance
ensuite à une laine jaunâtre et à des aiguillons en forme de
soies jaunes, à sommet noir. — **Mamelons** pyramidaux, à faces
inégales et d'un vert pâle. — **Aréoles** arrondies, à peine laineuses, placées au-dessous du sommet des mamelons. —
Aiguillons extérieurs 5, de 4 millim., cornés, 1 central très-

long, presque dressé, tordu, charnu, à sommet noir. = Patrie inconnue.

Syn. — *M. xanthotricha.* Scheidw. dans Otto et Dietr. allgem. gartenz. 8, p. 338, selon Walp. rep. 2, p. 294 (1843), qui cite une variété à *soies plus fermes* (*Aculeis axillaribus robustioribus*), sommet de la tige aplati, mamelons prismatiques, chauves et très-verts, aréoles ovales ; aiguillons d'abord égaux, le central toujours plus long, et ceux qui sont intermédiaires plus forts, presque frisés et à sommet noir.

181. M. à 5 aiguillons. — *M. pentacantha*. (Pfeiff.)

Tige presque globuleuse, rameuse vers sa base, d'un vert foncé. — **Aisselles** jeunes nues, mais se garnissant bientôt de poils cotonneux blancs. — **Mamelons** épais, presque anguleux à leur base. — **Aréoles** petites, oblongues, à peine cotonneuses. — **Aiguillons** 5, bruns en naissant, devenant cendrés plus tard, dont 4 extérieurs disposés en croix, le supérieur très-long ; et 1 central également très-long, se portant horizontalement en avant, ou défléchi. = Habite le Mexique.

Syn. — *M. pentacantha.* Pfeiff. dans Otto et Dietr. allgem. gartenz. 8, p. 406, selon Walp. rep. 2, p. 298 (1843).

182. M. changeante. — *M. mutabilis*. (Scheidw.)

Tige globuleuse, déprimée, lactescente. — **Aisselles** d'abord nues, et donnant naissance ensuite à des poils laineux et à des soies jaunâtres et plus tard blanches. — **Mamelons** inégalement tétraèdres, angle inférieur presque bossu, d'abord vert-pâle et plus tard orangés. — **Aréoles** nues. — **Aiguillons** très-variables de longueur et de couleur, le plus souvent 3-5 ; les extérieurs très-petits et dressés, 1 central très-long et flexueux, tous couleur de chair et noircissants au sommet. = Habite le Mexique.

Synon. — *M. mutabilis.* Scheidw. dans Otto et Dietr. allgem. gartenz. 8, p. 406, selon Walp. rep. 2, p. 298 (1843).

183. M. à 2 hameçons. — *M. bihamata*. (Pfeiff.)

Tige simple, presque globuleuse. — **Aisselles** laineuses, non glanduleuses. — **Mamelons** épais, obtusément tétragones, d'un vert sombre. — **Aréoles** circulaires, d'un blanc velouté dans

leur jeunesse et enfin presque nues. — **Aiguillons** 7, ceux du
centre étalés et le supérieur dressé, forts et couleur de chair,
à sommet noirâtre et crochu, rayonnants, et 5 plus minces,
droits, blancs, à sommet brun. — Habite le Mexique.

Synon. — *M. bihamata.* Pfeiff. dans Otto et Dietr. allgem.
gartenz. 6, p. 274.

184. M. défléchie. — *M. deflexispina.* (Lemair.)

Tige presque globuleuse, déprimée. — **Aisselles** du sommet
de la plante nues par la pression mutuelle des mamelons, mais
se garnissant plus tard d'une abondante et longue laine et de
flocons cotonneux nombreux. — **Mamelons** dressés, presque
tétraèdres par leur rapprochement, longs de 14 à 16 millim.
sur 6 à 8 de diamètre à leur base. — **Aréoles** petites, arrondies.
— **Aiguillons** 4, disposés en croix, et 1 au sommet, manquant
quelquefois, d'un gris sale, noir au sommet et parfois brunissant dans sa jeunesse ; 3 plus courts (de 8 millim.) dont celui
du milieu est plus court ; droits ou à peine courbés vers le haut,
et enfin l'inférieur plus fort, courbé, réfléchi, de 24 millim. —
Habite le Mexique (Deschamps).

Synon. — *M. deflexispina.* Lemair. cat. monv. p. 6 (1838).

185. M. Fennel. — *M. Fennelii.* (Hopfer.)

Tige simple, globuleuse, déprimée, vert obscur. — **Aisselles**
nues, plus ou moins larges. — **Mamelons** très-longs, cylindriques, prismatiques, aplatis en dessus, amincis au sommet et
obliquement tronqués. — **Aréoles** ovales, laineuses ; flocons
abondants, persistant longtemps, enfin caducs. — **Aiguillons**
veloutés, de 2 formes : les extérieurs, 14-18, blancs, minces,
rigides, rayonnants, très-étalés et entrecroisés, et 2 au centre,
l'un dirigé en haut, l'autre en bas, ou bien 3 ou 4, et dans ce
dernier cas disposés en croix, un peu plus forts que les aiguillons de la circonférence, d'abord pourpres et jaunissant ensuite,
à sommet pourpre, tous ou plusieurs courbés en hameçon ;
crochets jeunes courbés en dessous et en dessus dans l'état
adulte. — Habite le Mexique.

Synon. — *M. Fennelii.* Hopfer, dans Otto et Dietr. allgem.
gartenz. 11, p. 2, selon Walp. rep. 2, p. 296 (1843).

186. **M. Schelhas.** — *M. Schelhasii.* (Pfeiff.)

Tige presque globuleuse, rameuse par sa base. — **Aisselles** garnies d'un duvet cotonneux peu épais. — **Mamelons** cylindriques, pâles et tétragones à leur base, d'un vert obscur à leur sommet. — **Aréoles** nues, enfoncées au sommet du mamelon. — **Aiguillons** extérieurs 16-20, blancs, presque égaux, minces et en forme de soies; et 3 au centre, dont 2 dressés et divergents; un peu plus fermes que ceux de la circonférence, rougeâtres et blancs à leur base; le 3e brun et de la moitié de la longueur, courbé en dessous. = Habite le Mexique.

SYNON. — *M. Schelhasii.* Pfeiff. dans Otto et Dietr. allgem. gartenz. 6, p. 274, d'après Walp. rep. 2, p. 296 (1843).

187. **M. massue.** — *M. clavata.* (Scheidw.)

Tige simple, en massue. — **Aisselles** larges, laineuses et plus tard chauves, donnant aussi naissance à 1 glande rouge. — **Mamelons** cylindriques. très-verts et tétragones à leur base. — **Aréoles** laineuses et plus tard chauves. — **Aiguillons** extérieurs 10, raides, brunissants, incrustés de blanc, et dorés à leur base; ceux du centre plus longs et cornés. = Habite le Mexique.

SYNON. — *M. clavata.* Scheidw. bull. brux. 2, p. 494, d'après Walp. rep. 2, p. 496 (1843).

188. **M. à plusieurs centres.** — *M. polycentra.* (Berg.)

Tige simple, en colonne. — **Aisselles** cotonneuses et blanches dans leur jeunesse. — **Mamelons** petits, ovés, rapprochés, et tétragones à leur base. — **Aréoles** garnies de poils laineux, blancs dans leur jeunesse, et chauves plus tard. — **Aiguillons** très minces, réduits à des soies, 16-20 rayonnants, courts, blanchâtres, droits, raides, presque dressés, non entrelacés, et au centre sont 8-11 autres aiguillons une fois plus longs, blancs, droits, raides, très-aigus, dressés, à sommet roux brun dans leur jeunesse. — Habite le Mexique.

SYNON. — *M. polycentra.* Berg, dans Otto et Dietr. allgem. gartenz. 8, p. 130, d'après Walp. rep. 2, p. 297 (1843).

§ 7. **Espèces non classées.**

189. **M. nue.** — *M. nuda*. (A. P. Decand.)

Tige simple, cylindrique, ascendante et chauve. — **Mamelons** sans aiguillons. — **Fleurs** roses = Habite le Mexique.

Synon. — *M. nuda*. A. P. Decand. prodr. 3, p 460 (1828). — *Cactus nudus* Moç. flor. mex. inéd. fig.

190. **M. agglomérée.** — *M. glomerata*. (A. P. Decand.)

Tige du volume d'un œuf de poule. — **Rameaux** nombreux; gazonnants. — **Mamelons** distants, *en forme de massue, glauques et cotonneux*, terminés par autant de faisceaux de poils durs, rayonnants. — **Fleurs** rouges. = Habite Saint-Domingue, près de l'étang Saumatre. — Cette espèce est l'une des plus petites du genre ; elle a beaucoup de rapports avec la *M. simple*. mais elle s'en distingue facilement au duvet cotonneux qui la couvre et à ses fleurs rouges.

Synon. — *M. glomerata*. A. P. Decand. prodr. 3, p. 459 (1828). — *Melocactus minimus lanuginosus et tuberosus*. Plum. scep. 19. Burm. amer. tab. 201, fig. 1. — *Cactus glomeratus*. Lam. dict. 1, p. 537 (1783); Spreng. syst. 2, p. 494 (1825), en excluant le syn. de Haw.

191. **M. hélictère.** — *M. helicteres*. (A. P. Decand.)

Tige simple, ovée, très-obtuse, chauve. — **Aisselles** chauves. — **Mamelons** disposés en spirales très-nombreuses, régulières et presque verticales. — **Aréole...** — **Aiguillons** étalés, droits, minces, raides et brunâtres. — **Fleurs** roses. = Habite le Mexique (Moçino).

Synon. — *M. helicteres*. A. P. Decand. rev. cact. dans mém. mus. 17, p. 31, pl. 5 (1828), et prodr. 3, p. 460 (1828); Pfeiff. enum. cact. 39 (1837).

192. **M. portelaine.** — *M. lanifera*. (Haw.)

Tige simple, cylindrique-obovale, couverte de poils laineux et cotonneux. — **Tubercules** portant des aiguillons à leur sommet. — **Aiguillons** 20 et plus, rayonnants, étalés, droits ; les extérieurs plus petits, blancs; les intérieurs plus forts, brunâtres. — **Fleurs** rouges, plus longues que les tubercules. = Hab. le Mex.

Synon. — *M. lanifera*. Haw. philos. mag. 63. p. 41 ; A. P. Dec. prodr. 3, p. 459 (1828); rev. cact. dans mém. mus. 17, pl. 4, sans texte. — *Cactus canescens*. Moç. flor. mex. fig. inéd. dans biblioth. Decandolle.

193. M. douce. — *M. mitis*.

Tige très-basse, laineuse. — **Aisselles....** — **Mamelons** ternes pendant l'hiver. — **Aréole ...** — **Aiguillons** fins, nombreux, devenant d'une couleur terne pendant l'hiver. — Fleurit et fructifie abondamment en juillet et août. — **Fruits** écarlates et persistants tout l'hiver.

Synon. — *Cactus mitis*. Mill. dict. jard. éd. franç. 1785, vol. 2, p. 86 et 89. — Cette espèce, très-incomplètement décrite, doit être ancienne dans les jardins anglais, mais elle est certainement méconnue.

194. M.? Zegschwitz. — *M. Zegschwitzii*. (Tersch.)

Tige obové-cylindracée, verte, mate, à 10 angles, côtes et sillons aigus. — **Aréoles** jeunes laineuses. — **Aiguillons** 9 extérieurs, dont 8 légèrement recourbés, minces et rougeâtres, et plus tard jaune paille, à sommet très-mince, les latéraux groupés 3-3 ; l'inférieur réfléchi ; le supérieur droit et porté en avant. = Patrie inconnue.

Synon. — *M. Zegschwitzii*. Tersch. suppl. cact. p. 1, selon Walp. rep. 2, p. 303. — Peut-être se rapporte-t-elle à la *M. à un aiguillon* †.

195. M. Scheidweiler. — *M. Scheidweileriana*. (Otto.)

Sans aucune diagnose. Walp. rep. 2, p. 304 (1843), cite les synon. suivant Otto, mss. dans Otto et Dietr. allgem. gartenz. 9, p. 179. — *M. glochidiata*, var. *sericata*. Lemair. gen. et spec. nov. cact. p. 40.

M. Hoffmannsegg. — *M. Hoffmanseggiana* (Nachtr.)

Zu dem Verzeichn. v. pflanz. 1833. — 25. p. 423, d'après Walp. rep. 2, p. 304 (1843).

M. à crochets. — *M. inuncta*. (Hoffm. l.c.)

Appendice aux MAMILLAIRES (1).

196. M. Beneck.		204. M. Kramer.	
197.	Heine.	205.	à plusieurs têtes.
198.	Kluge.	206.	diadème.
199.	Meissner.	207.	à longues soies.
200.	Kunth.	208.	Scheer.
201.	Zepnick.	209.	remarquable.
202.	imbriquée.	210.	presque courbée.
203.	Woburn.	64*.	à centre rouge.

196. M. Beneck. — *M. Beneckei*. (C. Ehrenb.)

Tige cylindracée, le plus souvent obliquement obtuse, à sommet déprimé, de 5 à 7 centimètres de long. — **Aisselles** d'abord laineuses. — **Mamelons** obscurs, jaune pâle ou vert foncé, cylindriques, carrés à leur base, obliquement obtus au sommet, de 9-14 millimètres. — **Aréoles** d'abord courtement laineuses. — **Aiguillons** dissemblables; extérieurs 12-15, horizontalement appliqués, presque égaux, blanchâtres, jaunâtres ou à sommet blanc; ceux du centre, 2-6, bruns ou à sommet noirâtre, dont 1-2 deux fois plus longs, renflés vers le sommet et crochus. = Habite le Mexique.

Synon. — *M. Beneckei*. C. Ehrenberg, dans Schlechtendahl et Mohl, bot. zeit. 2, p. 833, et dans Otto et Dietr. allgem. gart. 12, p. 401, d'après Walp. rep. 5, p. 811 (1846).

197. M. Heine. — *M. Heinei*. (C. Ehrenb.)

Tige cylindrique, rameuse, à sommet à peine déprimé, de 10 centimètres. — **Aisselles** d'abord à peine laineuses. —

---

(1) La presque totalité des espèces de ce genre était imprimée lorsque la publication du 5e volume du *Repertorium Botanices systematicæ* de WALPERS nous est parvenue; nous nous voyons donc contraint de donner en appendice 15 espèces nouvelles, dues aux travaux de MM. C. EHRENBERG, WEGEN, SCHEER, MUHLENPFODT et A. DIETRICH. On n'en trouvera pas les noms dans le tableau des espèces placé en tête du genre, mais nous croyons devoir les citer ici. Elles sont intercalées dans le catalogue latin des espèces. Nous ajoutons aussi une synonymie à l'espèce 64* *M. rhodocentra*.

Mamelons très-verts, serrés, carrés, à sommet obliquement obtus, longs de 7 millim. — **Aréoles** ovales, d'abord un peu laineuses. — **Aiguillons** dissemblables, rayonnants, 20, sétacés, jaunâtres, transparents; les supérieurs horizontaux, les infér. étalés, graduellement plus longs; ceux du centre 2-4, plus fermes, plus longs, raides, aigus, rouge brun, l'inférieur souvent plus long. = Habite le Mexique.

SYNON. — *M. Ilcinei.* C. Ehrenberg, dans Schlecht. et Mohl, bot. zeit. 2, p. 833, et dans Otto et Dietr. allgem. gartenz. 12, p. 402, selon Walp. rep. 5, p. 811 (1846).

198. **M. Kluge.** — *M. Klugei.* (C Ehrenb.)

Tige cylindrique ou globuleuse, ovée, à sommet laineux à peine déprimé, de 13 à 15 centim. — **Aréoles** laineuses dans leur jeunesse. — **Mamelons** serrés, coniques, obscurément carrés à leur base, de 9 millim. de long. — **Aiguillons** dissemblables, rayonnants, sétacés, minces, horizontaux, appliqués, blancs ou blanchâtres, bruns ou noirs; ceux du centre un peu plus fermes, le plus souvent géminés, l'un ascendant, l'autre descendant, quelquefois 3-4. = Habite le Mexique.

SYNON. — *M. Klugei.* C. Ehrenb. dans Schlecht. et Mohl, bot. zeit. 2, p. 834, et dans Otto et Dietr. allgem. gartenz. 12, p. 402.

199. **M. Meissner.** — *M. Meissneri.* (C. Ehrenb.)

Tige cylindrique, rameuse, à sommet à peine déprimé ou arrondi, de 13 à 15 centim. — **Aréoles** garnies de longs poils laineux d'abord, ovales, acuminées. — **Mamelons** pyramidaux-carrés, obtus, allongés, de 5 à 7 millim. sur 2 à 5 d'épaisseur. — **Aiguillons** dissemblables, rayonnants, de 16-22, très-minces, sétacés, blanchâtres et légèrement étalés; et 2 au centre, un peu plus fermes, droits, presque égaux, l'un dirigé en haut, l'autre en bas. = Habite le Mexique.

SYNON. — *M. Meissneri.* C. Ehrenb. dans Schlecht. et Mohl, bot. zeit. 2, p. 834, et dans Otto et Dietr. allgem. gartenz. 12, p. 402.

200. **M. Kunth.** — *M. Kunthii.* (C. Ehrenb.)

Tige hémisphérique, à peine déprimée au sommet, de 5

centim. sur 7 de diamètre. — **Aisselles** laineuses et garnies de soies. — **Mamelons** pyramidaux, carrés à leur base, obscurément glaucescents, à sommet pentagone et obtus. de 9 à 10 millim. de long. — **Aréoles** ovales, laineuses au sommet. — **Aiguillons** dissemblables, rayonnants, très-petits, inégaux et blanchâtres, 4 au centre, droits ou à peine flexueux, le supérieur plus long, d'un blanc sale, et bruns ou noirs au sommet. = Habite le Mexique.

Synon. — *M. Kunthii.* C. Ehreng. dans Schlecht. et Mohl, bot. zeit. 2, p. 835, selon Walp. rep. 5, p. 812 (1846).

201. **M. Zepnick.** — *M. Zepnickii.* (C. Ehrenb.)

Tige cylindrique ou globuleuse, rameuse, de 13 à 15 centim. de longueur sur 9-10 de diamètre. — Aisselles laineuses. — **Mamelons** coniques, vert obscur, obliquement tronqués en dessus, et ensuite obscurément bordés en dessous, longs de 9 millim. sur 7 de diamètre. — **Aréoles** d'abord laineuses, ovales, aiguës, se terminant en un sillon, atteignant souvent la moitié du mamelon et produisant 1-2 soies droites, blanches, transparentes. — **Aiguillons** dissemblables, rayonnants, sétacés, 16 à 20, transparents, blanchâtres, inégaux, étalés ; et 4 à 6 au centre, fermes, presque arqués et jaunes, marqués de brun au sommet, violets dans leur origine ; le supérieur plus long, l'intermédiaire (s'il existe) très-court. = Hab. le Mexique.

Synon. — *M. Zepnickii.* C. Ehrenb. dans Schlecht. et Mohl, bot. zeit. 2, p. 835, selon Walp. rep. 5, p. 812 (1846).

202. **M. imbriquée.** — *M. imbricata.* (Wegen.)

Tige ovée-globuleuse, d'un vert foncé. — **Aisselles** nues. — **Mamelons** ovés-coniques, carrés à leur base, longs de 1 centim. et larges de 2 millim. — **Aréoles** circulaires, petites, cotonneuses et blanchâtres. — **Aiguillons** extérieurs 10, rayonnants. inégaux, blancs, dont 4 supérieurs plus courts et inégaux. 4 au centre disposés en croix et brun obscur ; l'inférieur très-long, arqué. = Habite le Mexique.

Synon. — *M. imbricata.* Wegener, dans Otto et Dietr. allgem. gartenz. 12, p. 66, selon Walp. rep. 5, p. 811 (1846).

203. **M. Woburn.** — *M. Woburnensis*. (Scheer.)

Plante de 5 à 8 centim. — **Tige** cylindrique, à sommet convexe, rameuse à la base et au sommet et blanc de lait. — **Aisselles** à peine laineuses et munies de soies. — **Mamelons** courts, presque ovoïdes, serrés, à base large, arqués au sommet, *face supérieure à plusieurs facettes, l'inférieure arrondie*, d'un vert obscur et rudes au sommet. — **Aréoles** placées au sommet des mamelons, blanches et laineuses et bientôt dénudées. — **Aiguillons** extérieurs environ 9 (de 7 millim.), presque égaux, irrégulièrement étalés, presque infléchis, blanc d'ivoire, et 4 inférieurs de longueur égale : 1 2 au centre, une fois plus longs, d'abord bruns, ensuite blanc d'ivoire, tachetés de brun, droits et dressés, tous raides et en alène. = Habite Guatimala.

Synon. — *M. Woburnensis*. Scheer, dans Hook. lond. journ. bot. 4, p. 136, selon Walp. rep. 5, p. 810 (1846).

204. **M. Kramer.** — *M. Krameri*. (Mühlenpf.)

Tige globuleuse, cependant rameuse à sa base et glauque. — **Aisselles** laineuses d'abord, presque chauves ensuite, et portant alors quelques soies. — **Mamelons** anguleux, pyramidaux, laineux étant jeunes et rouge brun au sommet. — **Aiguillons** extérieurs 4-5, raides, le supérieur long d'un centim., 1 central de 5 centim., tous blancs, noirs au sommet. = Habite le Mexique, à Real del Monte.

Synon. — *M. Krameri*. Mühlenpfordt. dans Otto et Dietr. allgem. gartenz. 13, p. 347, selon Walp. rep. 5, p. 810 (1846).

205. **M. à plusieurs têtes.** — *M. polycephala*. (Mühlenpf.)

Tige vert-pâle, divisée en 5 rameaux, le plus jeune d'environ 20 centim. — **Aisselles** laineuses. — **Mamelons** courts, presque carrés à la base, de 5 millim. de longueur et autant d'épaisseur. — **Aiguillons** rayonnants, sétacés, 24-28, blancs, de 5 millim. de long, dont 4 centraux blancs, à sommet noir, disposés en croix, de 5 à 8 millim. = Habite le Mexique, à Real del Monte. — Voisine de la *M. portecroix*.

SYNON. — *M. polycephala.* Mühlenpfordt dans Otto et Dietr. allgem. gartenz 13, p. 347, selon Walp. rep. 5, p. 810 (1846).

206. **M. diadème.** — *M. diadema.* (Mühlenpf.)

Tige globuleuse, glauque. — **Aisselles** laineuses dans leur jeunesse. — **Mamelons** épais, coniques, laineux au sommet lorsqu'ils sont jeunes, un peu en coin à leur base. — **Aiguillons** 6, raides, cornés; 3 supérieurs très courts, disposés sur une ligne, les 2 latéraux plus longs, arqués, l'inférieur très-long. réfléchi, tous à sommet un peu plus foncé que le corps de l'aiguillon = Habite le Mexique, à Real del Monte. — Voisine de la *M. à gros mamelons.*

SYNON. — *M. diadema.* Mühlenpfordt dans Otto et Dietr. allgem. gardenz. 13, p. 346, selon Walp. rep. 5, p. 810 (1846).

207. **M. longues soies.** — *M. longiseta.* (Mühlenpf.)

Tige globuleuse, rameuse inférieurement et glaucescente. — **Aisselles** laineuses et garnies de soies. — **Mamelons** épais, presque à 4 angles, vert-glauque, légèrement arqués en-dessous. — **Aréoles** jeunes cotonneuses, nues et enfoncées dans leur vieillesse. — **Aiguillons** 5, sétacés, raides, mais flexibles; 2 supérieurs plus courts (1 centim.), les latéraux longs de 2 centim., l'inférieur de 3; presque comprimés, à dorsale saillante. — **Fruit** rouge ayant l'odeur de l'*Ananas.* = Habite le Mexique, à Real del Monte. — Voisine de la *M. cirrhifère,* mais la *M. longues soies* est beaucoup plus forte , ses mamelons plus épais, plus manifestement tétragones à leur base, et ses aiguillons arqués.

SYNON. — *M. longiseta.* Mühlenpfordt dans Otto et Dietr. allgem. gartenz. 13, p. 346, selon Walp. rep. 5, p. 810 (1846).

208. **M. Scheer.** — *M. Scheerii.* (Mühlenpf.)

Tige globuleuse, rameuse. — **Mamelons** presque globuleux, sillonnés en dessus. — **Aiguillons** 20 à 22, rayonnants, un peu épais, blancs, apprimés, presque sur 2 rangs, couvrant entièrement les mamelons; 4 centraux droits, bruns, l'inférieur très-allongé (de 2 centim.). = Hab. le Mex., à Real del Monte

Synon. — *M. Scheerii.* Mühlenpfordt dans Otto et Dietr. allgem.
gartenz. 13, p. 346, selon Walp. rep. 5, p. 810 (1846).

209. M. remarquable. — *M. spectabilis.* (Mühlenpf.)

Tige presque sphérique, vert-pâle, de 8 à 9 centim. de longueur et de diamètre. — **Aisselles** jeunes laineuses. — **Mamelons** coniques, courts, presque tétragones à leur base et serrés. — **Aiguillons** 6-8, blancs, couleur de chair dans leur jeunesse, à sommet brun, appliqués sur la plante, 1 supérieur plus long que les autres de près d'un centimètre. — **Fleurs** rose pâle. =
Hab. le Mex , à Real del Monte. — Voisine de la *M. rayonnante.*

Synon. — *M. spectabilis.* Mühlenpfordt, dans Otto et Dietr. allgem. gartenz. 13, p. 346, selon Walp. rep. 5, p. 810 (1846).

210. M. presque courbée. — *M. subcurvata.* (A. Dietr.)

Tige presque sphérique, très-déprimée, vert pâle, ponctuée, laineuse aux aisselles. — **Mamelons** grands, coniques-tétragones, à côtés presque égaux et obliquement tronqués au sommet. — **Aréoles** cotonneuses et laineuses, devenant chauves plus tard. — **Aiguillons** 6-7, bruns au sommet, dont 4 plus gros et en alène, droits ou un peu courbés, disposés en croix, les autres très-petits, sétacés. — **Fleurs** se développant au sommet du milieu d'une masse laineuse, de 15 millim. de long sur 2 centim. de diamètre. — **Sépals** unis, en forme de soucoupe, de la longueur des pétals, lancéolés, aigus, bruns, plus pâles sur les bords. — **Pétals** 18-20, lancéolés-acuminés, pourpre pâle et entiers. — **Étamines** moitié plus courtes que les pétals, pourpres, à anthères plus pâles. — **Colonne des Styles** à peine égalant les étamines, terminée par 6 stigmates jaunes. =
Habite le Mexique. — Espèce voisine de la *M. recourbée.*

Synon. — *M. subcurvata.* Alb. Dietr. dans Otto et Dietr. allgem. gartenz. 12, p. 232, selon Walp. rep. 5, p. 809 (1846). — *M. formosa.* A. Dietr. dans Otto et Dietr. allgem. gartenz. 12, p. 186, non Scheidweiler.

64″. M. centre rouge. — *M. rhodocentra.* (Lemair.)

Alb. Dietr. dans Otto et Dietr. allgem. gartenz. 12, p. 232. — *M. rosea.* Scheidw. dans Otto et Dietr. l. c. p. 185, selon Walp. rep. 5, p. 812 (1846).

Table alphabétique latine des espèces de MAMMILLAIRES (1).

(1) Le grand nombre d'espèces que renferme ce genre et le temps que les lecteurs perdraient à les chercher, m'engagent à donner cette table, qui facilitera les travaux ultérieurs. Cette table latine paraît d'autant plus nécessaire que beaucoup d'horticulteurs ou d'amateurs ne connaissent les espèces que par leur nom latin. Les chiffres qui sont à la suite des noms spécifiques indiquent le N⁰ qui précède chacune d'elles et non la page.

Genre 2. **Anhalonie.** — **Anhalonium.** (LEMAIR.)

Plante en forme de Navet (*Brassica Napus*). — **Racine** épaisse, garnie près du collet d'une couronne de tubercules à large base, presque foliacés, épais, presque à 3 faces, légèrement échancrés à l'extrémité, durs, portant au sommet des aréoles cotonneuses et des aiguillons parfois à peine distincts. **Fleurs** naissant de l'aisselle des tubercules et très-laineuses. — **Sépals** unis en tube presque campanulé, prolongé au-dessus des carpes, épais, lisses, couverts d'écailles disposées sur 2 séries ; lames courtes. — **Pétals** se confondant avec les sépals. — **Etamines** nombreuses, graduellement unies au tube commun , plus courtes que les lames florales. — **Stigmates** à 8 rayons lancéolés-linéaires, défléchis, et à bords roulés en dessous, convexes en dessus et papilleux. — **Fruit** oblong, presque anguleux, lisse, couronné par les lames des sépals et des pétals. — **Cotyles** unis et aigus. = Ce genre a beaucoup de rapports, par les fleurs et les fruits, avec les Mammillaires.

SYNON. — *Anhalonium.* Lemair. nov. gen. et spec. p. 1 ; Joseph Salm-Dyck, cat. hort. Dyck, p. 15 (1844) ; nov. gen. et spec. cact. p. 1. — *Ariocarpus.* Scheidw, desc. cact. 2, tab. 1, d'après Walp. rep. 2, p. 309 (1843). — *Melocactus subgenus III Anhalonium.* Walp. rep. 2, p. 309 (1843).

1. Anhalonie rétuse. — *Anhalonium retusum.* (Dyck.)

Tige déprimée, indivise, ayant l'aspect de la *Joubarbe des toits (Sempervivum tectorum)* par ses tubercules prismatiques-triangulaires, applatis et creusés en dessus d'un sillon garni de poils laineux, persistants, et disposés en stries spiralées. = Habite les rochers porphyriques de St-Louis-de-Potosi. — Elle se rapproche pour la forme de celle de l'*Aloës retus* (vulgairement *Pouce écrasé*).

SYNON. — *A. retusum.* Jos. Salm-Dick, cact. in hort. Dyck, cult. p. 15, 1844. — *A. prismaticum.* Lemair. nov. gen. et spec. cact. p. 1. — *Ariocarpus retusus.* Scheidw. descr. cact. aliq. 2, t. 1, d'après Walp. rep. 5, p. 812 (1846).

2. A. allongé. — *A. elongatum.* (J.-S. Dyck.)

Tubercules allongés, régulièrement prismatiques, munis d'aréoles au sommet. — **Aréoles** portant un court duvet cotonneux et des soies très-courtes. = Hab...

SYNON. — *A. elongatum.* J. Salm-Dyck, dans cact. hort. Dyck, p. 15 (1844), selon Walp. rep. 5, p. 812 (1846). — *A. pulvilligerum.* Lemair. selon Walp. l. c.

Genre 3. **Mélocacte.** — **Melocactus.** (Tournef.)

Flor. jard., pl. VIII, IX (1).

Arbustes peu fibreux, charnus, et en grande partie utriculeux. — **Tige** très-courte, épaisse, de forme plus ou moins ovoïde, sans feuilles, couverte d'une écorce épaisse, *tuméfiée en côtes arquées et verticales, très-saillantes, séparées par autant de sillons profonds; convexité des côtes munies d'aréoles un peu cotonneuses d'où partent autant de faisceaux d'aiguillons rayonnants.* — **Agglomération florale** *partant du sommet de la tige et présentant des faisceaux de poils et de soies très-nombreux et extrêmement entassés* à l'extrémité de mamelons, moins saillants que ceux des *Mamillaires, en colonne* plus ou moins prononcée et qui s'élève lentement avec l'âge. C'est aussi *de l'aisselle de chacun des mamelons que s'élèvent autant de fleurs,* ordinairement petites, qui semblent avoir de la peine à se faire jour entre les soies nombreuses (A. P. Decand. rev. cat. dans mém. mus. vol. 17, pl. 6 (1828). — **Fleurs** à 5 ou 6 sépals unis par environ leur moitié inférieure en un tube lisse et charnu. — **Pétals** ressemblant aux sépals, en nombre ordinairement double de ceux-ci, rarement triple, et adhérents à la face interne de leur tube, qu'ils concourent à former. — **Étamines** nombreuses, à filets filiformes, adhérentes aussi à la face interne du tube commun. — **Carpels** ablamellaires, unis par leur carpe et leurs styles; ceux-ci forment une masse mince et cylindrique qu'il faut nommer *colonne des styles.* Elle est terminée par 5 stigmates libres et rayonnants. — **Fruit** charnu, oblong ou ovoïde, lisse, couronné par les parties libres de l'appareil floral desséché. — **Graines** plongées dans une pulpe. — **Cotylédons** très-petits, d'entre lesquels part une grosse tige ovoïde, charnue, lisse, mais terminée par quelques

(1) Voir l'explication de la planche VIII, à la fin du genre MÉLOCACTE, et celle de la planche IX en tête du genre OPONTIE.

faisceaux d'aiguillons fins. = Ce genre se distingue notamment des *Mammillaires* en ce que celles-ci n'ont pas l'écorce de la partie inférieure de leur tige disposée en côtes verticales, que toute leur surface est garnie de mamelons disposés en spirales, tandis que le sommet des *Mélocastes* offre seul des mamelons très-petits, cachés dans de nombreuses soies fermes et des poils cotonneux. Leurs fleurs naissent, comme dans le premier genre, de l'aisselle de quelques-uns de ces mamelons.

Synon. — *Melocactus*. Tournef. inst. pl. 425; A. P. Dec. prodr. 3, p. 460 (1828); rev. cact. dans mém. mus. 17, p. 32, pl. 6 (1828). — Quelques espèces du genre *Cactus*, Haw. — *Cactus Melocactus*. Linn. spec. 666 (1764). A. P. Decand. plant. gras. pl. 48, fig. 3. — *Cactus*, sous-genre II, *Melocactus*. Endl. gen. p. 943 (1839), et Walp. rep. 2, p. 309 (1843).

Espèces du genre MÉLOCACTE *(Melocactus).*

1.	Mél.	anguleux.	19.	Mél.	Lehmann.
2.	—	violacé.	20.	—	à petite tête.
3.	—	déprimé.	21.	—	Salm.
4.	—	Fosler.	22.	—	brun-sanguin.
5.	—	Monville.	23.	—	pyramidal.
6.	—	à aiguillons courbés.	24.	—	Zuccarini.
7.	—	à pétals obtus.	25.	—	à aiguillons jaunes.
8.	—	hérisson.	26.	—	à grands aiguillons.
9.	—	commun.	27.	—	à aiguillons moyens.
10.	—	de la Havanne.	28.	—	bleu.
11.	—	agréable.	29.	—	gris.
12.	—	rouge.	30.	—	à cinq aiguillons.
13.	—	Wendland.	31.	—	Lemaire.
14.	—	bicolor.	32.	—	de montagne.
15.	—	Bronguiart.	33.	—	à aiguillons épais.
16.	—	Miquel.	34.	—	d'Ocampo.
17.	—	petite acanthe.	35.	—	étoile blanche.
18.	—	hérisson de mer.			

1. Mél. anguleux. — *Mel. goniodacanthus*. (Lemair.)

Tige conique ou pyramidale, d'un vert pâle. — Côtes 16-20, un peu renflées sous les aréoles; sinus très-aigus. — Aréoles un peu laineuses dans leur jeunesse, assez distantes. — Aiguillons 6-8, rayonnants, rarement un peu courbés, fermes, très-raides, à 3 ou 4 angles, presque sillonnés; le supérieur plus court, accompagné de deux autres accessoires, l'inférieur allongé, défléchi ; **agglomération-florale** courte, conique, blanche ; à soies peu nombreuses, longues, flexueuses, roses. = Patrie inconnue.

Synon. — *Mel. goniodacanthus*. Lemair. cact. nov. fasc. I, II ; Miq. nov. act. vol. 18, suppl. 1, p. 127 ; Walp. rep. 2, p. 301.

2. Mél. violacé. — *Mel. violaceus*. (Pfeiff.)

Tige presque pyramidale ou conique, d'un vert grisâtre. — **Côtes** 10-12. — **Sinus** larges. — **Aréoles** un peu enfoncées et assez distantes, cotonneuses et blanches dans leur jeunesse, puis nues. — **Aiguillons** 6-8, divergents, longs, droits, raides, d'un brun rougeâtre dans leur jeunesse, passant ensuite au violet, striés en travers, le supérieur très-court, tous disposés à la circonférence. — **Agglomération-florale** obtuse, conique. — **Stigmates** rougeâtres. = Habite le Brésil.

Synon. — *Mel. violaceus*. Pfeiff. dans Otto et Dietr. allgem. Gartenz. 1835, p. 313 ; enum. cact. 45 ; Miq. nov. act. vol. 18, suppl. 1, p. 129 ; Walp. rep. 2, p. 304 (1843).

3. Mél. déprimé. — *Mel. depressus*. (Hook.)

Tige déprimée-conique, d'un vert pâle. — **Côtes** 10, très-larges, arrondies, un peu saillantes entre les aréoles. — **Sinus** larges, profonds et aigus. — **Aréoles** petites, rondes, laineuses, blanchâtres, 4-5 seulement sur chaque côté. — **Aiguillons** 5-7, en alène, presque droits, un peu brunâtres et cendrés, rayonnants, ne s'étendant pas jusqu'au milieu du sillon. — **Agglomération-florale** très-courte, hérissée de soies pourpres, nombreuses, et de poils cotonneux. — **Filets** libres au sommet. — **Stigmates** 8, petits, hémisphériques. — **Fruits** oblongs, en massue, roses. — **Graines** réticulées, noires, luisantes. = Hab. Fernambouc (Gardner), envoyé à l'abbaye de Woburn et au jardin de Glasgow.

4. Mél. Besler. — *Mel. Besleriè*. (Link et Ott.)

Tige presque globuleuse, déprimée, d'un vert plus ou moins foncé. — **Côtes** environ 14, épaisses, très-obtuses, **Sinus** larges.

— **Aréoles** 5-6 sur chaque côte, un peu élevées. — **Aiguillons** 8-12, épais, atteignant la moitié du sinus, légèrement courbés, dont 1-3 plus forts et *partant du centre.* — **Agglomération-florale** cotonneuse et blanchâtre, à soies pourpres. = Hab. le Brésil.

Synon. — *Mel. Beslerii.* Link et Otto, verhandl. des gartenb. 1827, p. 420, tab. 21, en excluant la syn. de Lehm.; Pfeiff. enum. p. 41; Miq. nov. act. vol. 18, p. 131, tab. 4, fig. 2; hort. Eystett. ord. IV, fol. 1, selon Walp. rep. 2, p. 305 (1843).

5. **Mél. Monville. — *Mel. Monvillianus.*** (Miq.)

Tige ovoïde. — **Côtes** larges, aiguës, élevées, plus distantes à leur base. — **Sinus** étroits à leur partie supérieure. — **Aréoles** ovales, presque chauves, au nombre de 7 à 8 par côte. — **Aiguillons** 10, rayonnants, dont 3 en haut, très-courts, dirigés en avant, 2 de chaque côté plus longs, parallèles, un peu arqués, 3 inférieur, arqués, dont l'intermédiaire est le plus long et réfléchi, et enfin 2 *au centre* plus forts, le supér. dirigé en haut, l'infér. plus long ou presque égal. — **Agglomération-florale** présentant des soies très-minces et très-pâles. = Patrie inconnue.

Synon. — *Mel. Monvillianus.* Miq. nov. act. vol. 15, p. 133, tab. 5, d'après Walp. rep. 2, p. 305 (1843).

6. **Mél. à aiguillons courbés. — *M. curvispinus.*** (Pfeiff.)

Tige globuleuse-déprimée. — **Côtes** 10 à 12, presque comprimées et à peine obliques, et peu saillantes entre les aréoles. — **Aréoles** grandes, arrondies, d'un blanc velouté, assez rapprochées. — **Aiguillons** 7, rayonnants, courbés, brunâtres ou blanchâtres, 2 *au centre*, dressés, en alène, noirâtres et un peu plus longs. = Habite le Mexique.

Synon. — *Mel. curvispinus.* Pfeiff. enum. diagn. cact. 46; Miq. nov. act. vol. 18, p. 135, selon Walp. rep. 2, 305 (1843).

7. **Mél. à pétals obtus. — *Mel. obtusipetalus.*** (Lemair.)

Tige presque pyramidale, d'un vert cendré. — **Côtes** 10, fortes, aiguës, élevées. — **Sinus** profonds, aigus. — **Aréoles** nues. — **Aiguillons** 9, rayonnants, raides, en alène à leur base, dont 2 supérieurs petits, droits, manquant quelquefois ; les latéraux égaux, réfléchis, et 2 *au centre*, droits, le supérieur plus long et horizontal, l'inférieur petit, souvent vertical et manquant rarement. — **Agglomération-florale** petite, sphéroïdale-déprimée. — **Stigmates** 6, rayonnants. = Habite Santa-Fe-de-Bogota ?

Synon. — *Mel. obtusipetalus.* Lemair. cact. nov. fasc. 1, p. 11 ; Miq. nov. act. vol. 18, p. 135, d'après Walp. rep. 2, p. 305 (1843), qui établit la var. suivante.

Var. à grosses côtes. — M. obtusipetalus crassicostatus. (Lemair.)

Tige globuleuse, d'un vert pâle grisâtre. — **Côtes** 10, épaisses et très-larges, à faces convexes et à peine anguleuses. — **Sinus** très-aigus. — **Aréoles** ovales-oblongues, enfoncées, chauves, cotonneuses et blanchâtres dans leur jeunesse. — **Aiguillons** 11, rayonnants, les 2 supérieurs très-petits, les 6 latéraux plus longs, presque descendants et apprimés, et 1 inférieur un peu plus long ; *les 2 du centre* en alène, presque droits ; le supérieur plus long et plus fort, tous très-raides. = Santa-Fe-de-Bogota.

Synon. — *M. obtusipetalus crassicostatus.* Lemair. mss. selon Walp. rep. 2, p. 305 (1843), qui cite aussi. — *M. crassicostatus.* Lemair. cact. nov. fasc. 1, p. 13 ; Miq. nov. act. 18, p. 136.

8. Mél. hérisson. — *Mel. hystrix.* (Parm.)

Tige légèrement échancrée, pyramidale, d'un vert grisâtre. — **Côtes** 20, peu arquées, un peu comprimées, légèrement renflées entre les aréoles. — **Aréoles** oblongues, cotonneuses et grisâtres. — **Aiguillons** 8, rayonnants, roux, droits, le supérieur petit, l'inférieur très-long, et 1 *central* plus épais. = Patrie inconnue.

Synon. — *Mel. hystrix.* Parmentier, mss. d'après Miq. nov. act. 18, p. 138, et Walp. rep. 2, p. 305 (1843).

9. Mél. commun. — *Mel. communis.* (A. P. Decand.)

Tige ovoïde, globuleuse, d'un vert brun. — **Côtes** 8-14, écartées. — **Sinus** larges, aigus, profonds. — **Aréoles** grandes, ovales, cotonneuses et grisâtres dans leur jeunesse. — **Aiguillons** raides, droits, brunâtres ou jaunâtres, les extérieurs rayonnants et divergents, les supérieurs plus courts, l'inférieur très-long, atteignant la moitié du sinus, et le plus souvent 3 *au centre*, dont 2 plus petits, dirigés supérieurement, et 1 inférieur porté en bas et plus long. — **Stigmates** 4-5, roses. = Habite les îles caraïbes et probablement l'Amérique méridionale. Le plus gros individu de cette espèce existe probablement au Hâvre, chez M. Courant ; il a 65 centimètres sans la partie qui porte les fleurs, et autant de diamètre. — Le même amateur possédait une variété de cette même espèce qui probablement, ayant perdu sa tête dans son pays natal, avait poussé 5 branches latérales, dont 4 étaient terminées par des fleurs et des fruits. Ces ramifications avaient acquis 32 centimètres de longueur sans la tête. La plante morte a été donnée à M. Lemaire (1839).

Synon. — *Mel. communis.* A. P. Decand. prodr. 3, p. 460 (1828); rev. cact. dans mém. mus. 17, p. 32-35, pl. 6 (1828); Miq. nov. act. 18, p. 138, selon Walp. rep. 2, p. 305 (1843), qui cite une grande synonymie des auteurs anciens et les variétés suivantes :

Var. 1. *Cactus melocactus.* Linn. spec. ed. 2, 666 (1764); A. P. Decand. et Red. plant. grass. tab. 112 : bot. mag. tab. 3090; Tussat, flor. antill. 2, p. 104, tab. 27. = Var. 2, à **grosse tête** (*M. communis macrocephalus*, Link et Otto). Tige presque sphérique ou oblongue et glaucescente, à 13-14 côtes, quelquefois fourchues. Aiguillons 9, étalés, le central dressé. — Habite les îles Saint-Domingue et Saint-Thomas. — *M. communis.* Link et Otto, verh. des gart. 3, p. 417, t. 2, et Walp. rep. 2, p. 306 (1843). = Var. 3, **oblong** (*M. communis oblongus*, Pfeiff.). Tige oblongue, à 15 côtes aiguës. Aréoles rapprochées. Aiguillons extérieurs 6-7, et un seul au centre qui est quelquefois vide. — Habite St-Domingue. — *M. communis oblongus.* Pfeiff. enum. diagn. cact. 42. = Var. 4, **porte-laine** (*M. communis laniferus*, Pfeiff.). Tige glaucescente. Côtes épaisses. Aréoles éloignées, velues, blanches. Aiguillons extérieurs 8, et 1 central, tous rougeâtres. — Habite les Indes-Orientales. — *M. communis laniferus.* Pfeiff. enum. diagn. cact. 43; Walp. rep. 2, p. 306 (1843). = Var. 5, **de Grengel** (*M. communis Grengelii*, hort. Dresd.). Tige ovoïde. Aiguillons courts, minces, blancs, — *M. communis Grengelii*, hort. dresd. selon Miq. nov. act. vol. 18, p. 138, d'après Walp. rep. 2, p. 304 (1843). = Var. C, *conique* (*M. communis conicus*, Pfeiff). Tige conique. Côtes amincies, assez élevées. Aiguillons extérieurs 8-10, 2 partant du centre, tous rigides et rougeâtres. — Pfeiff. enum. diag. cact. p. 138, selon Walp. rep. 2, p. 306 (1843).

10. Mél. de la Havanne. — *Mel. Havannensis*. (Miq.)

Tige presque ovoïde, d'un vert pâle. — **Côtes** presque comprimées. — **Aréoles** éloignées, arrondies, velues. — **Aiguillons** 9, raides, jaunâtres, rayonnants, presque dressés, et 2 *au centre*. = Habite la Havanne.

Synon. — *Mel. communis*, var. *Havannensis*. Pfeiff. enum. 43, et Walp. rep. 2, p. 306 (1843).

11. Mél. agréable. — *Mel. amœnus*. (Hoffmans.)

Tige déprimée-conique, d'un vert glauque. — **Côtes** 10-12, un peu comprimées. — **Aréoles** un peu enfoncées dans les saillies et distantes, convexes dans leur jeunesse, cotonneuses et blanches. — **Aiguillons** 8, rayonnants, le supérieur très-court, l'inférieur très-long, 1 central, dressé, plus long ; tous presque droits, en alène, rougeâtres. — **Agglomération-florale** convexe. = Habite la Colombie.

Synon. — *Mel. amœnus.* Hoffmans. dans Pfeiff. enum. diag. cact. 43 ; Miq. nov. act. cur. 18, p. 145. — *M. communis*, var. *Jordensii*. Ott. mss. — *M. rubens hortul.* selon Walp. rep. 2, p. 306 (1843).

12. Mél. rouge. — *Mel. rubens*. (Pfeiff.)

Tige déprimée-globuleuse, d'un vert cendré obscur. — **Côtes** 14, aiguës, un peu renflées vers les aréoles. — **Sinus** profonds et aigus. — **Aréoles** ovales, distantes, un peu élevées, velues et blanches dans leur jeunesse seulement. — **Aiguillons** 9-10, raides, presque droits, d'un rouge brun en naissant, plus tard fauves, 1 ou 2 supérieurs plus petits, l'inférieur très-long ; 2 centraux, l'inférieur et les latéraux rayonnants et presque égaux. = Habite l'Inde occidentale.

Synon. — *Mel. rubens*. Pfeiff. enum. diag. cact. p. 43; Miq. nov. act. cur. 18, p. 145, d'après Walp. rep. 2, p. 306 (1843).

13. Mél. Vendland. — *Mel. Vendlandii*. (Miq.)

Tige presque ovoïde, d'un vert pâle. — Côtes aiguës, assez distantes, presque festonnées. — Aréoles assez rapprochées, presque chauves. — Aiguillons 7, rayonnants, et *un central*. = Habite l'île de Saint-Thomas.

Synon. — *Mel. Wendlandii*. Miq. nov. act. cur. 18, p. 146. — — *M. communis*, var. *viridis*. Ott. mss. selon Pfeiff. enum. cact. 42. — *Cactus melocactus*. Wendl. coll. plant. succ. 1, p. 22, tab. 5, d'après Walp. rep. 2, p. 306 (1843).

14. Mél. bicolor. — *Mel. dichroacantha*. (Miq.)

Tige ovoïde, d'un vert foncé. — Côtes environ 16, élevées, larges à leur base et s'amincissant successivement. — Sinus profonds, larges et aigus. — Aréoles 14, petites. — Aiguillons 8-13, inégalement étalés, par faisceaux, les supérieurs plus grands, atteignant la moitié du sinus, 1 *central ;* tous noirâtres avec l'âge, mais naissant d'un brun orangé. = Habite l'île Saint-Thomas.

Synon. — *Mel. dichroacanthus*. Miq. nov. act. cur. 18, p. 147, tab. 6, selon Walp. rep. 2, p. 306 (1843).

15. Mél. Brongniart. — *Mel. Brongniartii*. (Lemair.)

Tige presque pyramidale, d'un vert glauque. — Côtes 15, presque comprimées, fortes, aiguës, faiblement plissées en travers. — Aréoles un peu élevées par les gonflements arrondis des côtes, assez rapprochées, arrondies, chauves, laineuses dans leur jeunesse. — Aiguillons rayonnants 8, très-raides, 3 supérieurs courts, 2 de chaque côté plus longs, l'inférieur défléchi et encore plus long, 1 au centre en alène, manquant quelquefois ; tous plus ou moins réfléchis. — Agglomération-florale peu distincte.

Synon. — *Mel. Brongniartii*. Lemair. cat. cact. monv. p. 12 (1838); Miq. nov. act. cur. 18, p. 148; Walp. rep. 2, p. 306 (1843).

16. **Mél. Miquel. — *Mel. Miquelii.*** (Lehm.)

Tige ovoïde, d'un vert foncé. — Côtes 14, très-aplaties, presque confluentes, distantes, convexes entre les aréoles. — Aréoles écartées, petites, ovales, chauves. — Aiguillons 8, petits, d'un brun rouge, rayonnants, presque égaux, légèrement courbés; le central dressé, plus long. — Agglomération florale cylindrique, convexe, blanc de neige. = Habite l'île Sainte-Croix.

Synon. — *Mel. Miquelii.* Lehm. del. sem. hamb. 1838, selon la Linnæa, vol. 13, 101; Miq. nov. act. cur. 18, p. 149, tab. 7, d'après Walp. rep. 2, p. 307 (1843).

17. **M. petite acanthe. — *M. Meonachanthus.*** (Link et Ott.)

Tige oblongue, verte. — Côtes 14, arquées, comme festonnées. — Aréoles oblongues, cotonneuses et blanches, élevées sur des renflements, un peu distantes. — Aiguillons 9, rayonnants, étalés, presque droits, 2 supérieurs très-petits, les inférieurs graduellement plus grands, l'inférieur très-long, jaunâtres, à sommet brun; 1 central dressé, en alène et brunâtre. = Habite la Jamaïque.

Synon. — *Mel. meonacanthus.* Link et Otto, verhandl. gartenb. 3, p. 428, tab. 15; Pfeiff. enum. diag. cact. p. 48; Miq. nov. act. cur. 18, p. 150, d'après Walp. rep. 2, p 307 (1843).

18. **Mél. hérisson de mer. — *Mel. spatangus.*** (Pfeiff.)

Tige déprimée-globuleuse, verte. — Côtes 16, obtuses, renflées autour des aréoles. — Aréoles grandes, blanches, ensuite cendrées, veloutées dans leur jeunesse. — Aiguillons 12-13, minces, sur deux rangées, beaucoup plus petits que le central, qui est long et raide; tous fauves dans leur jeunesse et pâlissant ensuite. = Habite l'île de Curaçao.

Synon. — *Mel spatangus.* Pfeiff. enum. cact. p. 45; Miq. nov. act. cur. 18, p. 151, d'après Walp. rep. 2, p. 307 (1843).

19. **Mél. Lehmann. — *Mel. Lehmannii.*** (Miq.)

Tige déprimée-pyramidale ou ovoïde. — Côtes 12-13, épaisses, élevées, larges à leur base et se rétrécissant ensuite, tuméfiées sous les aréoles. — **Sinus** confluents, aigus, dépressions latérales assez évidentes. — **Aréoles** rhomboïdales-ovales, d'un brun noirâtre, très-chauves. — **Aiguillons** 10-25, le plus souvent 12 à 15 ; les supérieurs très-courts, les latéraux atteignant la moitié du sillon, presque parallèles ; les 5 inférieurs très-longs et descendants ; ceux du centre, 2-3 ou 4, rarement 1 seul, étalés horizontalement, à peu près de même longueur, tous à base noire, *bordés de cils blancs*. — **Agglomération-florale** hémisphérique, et plus tard cylindracée. — **Stigmates** 6-7, blancs. = Habite l'île de Curaçao.

Synon. — *Mel. Lehmanni*. Miq. nov. act. cur. 18, p. 151, tab. 8, tab. 1, fig. 1, tab. 2, fig. 1, g, h, fig. 2, tab. 4, fig. 7 ; Linnæa, 9, p. 642, d'après Walp. rep. 2, p. 307 (1843).

20. **Mél. à petite tête. — *Mel. microcephalus*.** (Miq.)

Tige ovoïde-déprimée ou courtement pyramidale, d'un vert pâle. — **Côtes** 13, rarement 16, épaisses, presque comprimées, faces plates. — **Sinus** aigus, profonds, plissés transversalement vers leur base. — **Aréoles** 9-11, rapprochées, ovales ; les supérieures courtement laineuses et blanches, les inférieures chauves, d'un brun noir. — **Aiguillons** rayonnants 10-16, le plus souvent 15 ; le supérieur très-court ou avorté, les latéraux 4 de chaque côté, presque parallèles, plus longs, creusés en dessus d'un sillon ; les inférieurs, 3-5, descendants et réfléchis, plus longs que les latéraux ou les égalant ; tous à base comprimée ; 3 à 4 naissant du centre, disposés en croix, rayonnants ; les latéraux moitié plus longs ; le supérieur plus court que les autres, jaunâtre, *cilié de blanc* et à sommet noir, naissant d'une gaîne d'un brun fauve. — **Agglomération-florale** petite, déprimée, garnie de longues soies épineuses d'un vert brun. — **Stigmates** 5, rayonnants, blancs. = Habite l'île de Curaçao et le Brésil.

Synon. — *Mel. microcepalus*. Miq. nov. act. cur. 18, p. 307, tab. 9, fig. 3, a-g, et tab. 2, fig. 1, selon Walp. rep. 2, p. 307.

21. **Mél. Salm. — *Mel. Salmianus*.** (Otto.)

Tige presque globuleuse ou ovoïde, d'un vert brun. — **Côtes** 14-15, épaisses, aplaties latéralement et presque enflées près des aréoles. — **Aréoles** distantes, blanchâtres dans leur jeunesse. — **Aiguillons** 10 à 15, longs, droits, rayonnants ; les supérieurs plus courts, les autres presque égaux entre eux, tous disposés en étoile, atteignant les côtes voisines ; 5 au centre, d'un rouge brun, forts, étalés, beaucoup plus longs ; l'inférieur très-prolongé. == Habite l'île de Curaçao.

SYNON. — *Mel. Salmianus.* Otto dans Salm-Dyck, hort. Dyck, p. 345 ; Miq. nov. act. cur. 18, p. 150, tab. 4, fig. 6, selon Walp. rep. 2, p. 307 (1843). — *Echinocactus Salmianus.* Link et Otto, verhand. der gartenb. 8, p. 425, tab. 13.

22. **Mél. brun sanguin.** — ***Mel. atrosanguineus*** (Pfeiff.)

Tige presque globuleuse, d'un vert brun. — **Côtes** 12-15, presque comprimées, sinueuses. — **Aréoles** assez distantes, ovales, blanchâtres. — **Aiguillons** 10, rayonnants, droits, raides ; 1 central, en alène et plus long ; tous d'un rouge brun. = Habite l'île Saint-Thomas.

SYNON. — *Mel. atrosanguineus.* Pfeiff. enum. cact. p. 44 ; Miq. nov. act. cur. p. 162, d'après Walp. rep. 2, p. 307 (1843).

23. **Mél. pyramidal.** — ***Mel. pyramidalis***. (Salm-Dyck.)

Tige pyramidale ou presque globuleuse, d'un vert foncé. — **Côtes** 13-18, obtuses, à faces déprimées. — **Aréoles** 8-11, ovales, glabres, un peu élevées. — **Aiguillons** 14-17, les latéraux parallèles, s'étendant jusqu'aux côtes voisines, les inférieurs plus forts, pendants ; 3 centraux plus longs, droits, forts, les 2 supérieurs horizontaux, l'inférieur un peu réfléchi, assez long. — **Agglomération-florale** cylindracée. — **Stigmates** 5, rayonnants. == Habite....

SYNON. — *Mel. pyramidalis.* Salm-Dyck, hort. Dyck, 344 ; Pfeiff. enum. cact. 44 ; Link et Otto, verhandl. gart. 1827, p. 419, tab. 25 ; Miq. nov. enum. cact. p. 163, tab. 3, 4, fig. 5, d'après Walp. rep. 2. p. 307 (1843). == Var. **couleur de chair** (*Mel pyramidalis carneus*, Miq.). Tige pyramidale ovoïde, d'un vert pâle. Côtes 14, obtuses et comprimées ; sillons très-profonds. Aréoles très-rapprochées, 14-15, les supérieures laineuses et blanches. Aiguillons rayonnants 12-15, rarement 16,

les supérieurs courts, les inférieurs plus longs, les latéraux 4,
rarement 5, parallèles, atteignant presque la côte voisine ;
3 inférieurs dirigés en avant et en dessus ; et 3 ou rarement 4
au centre, rayonnants, beaucoup plus longs, l'inférieur le plus
grand ; tous couleur de chair pâle terne. — SYNON. *Mel. pyramidalis carneus*. Miq. nov. act. cur. 18, p. 166, d'après Walp.
rep. 2, p. 308 (1843).

24. Mél. Zuccarini. — *Mel. Zuccarinii*. (Miq.)

Tige pyramidale, vert foncé. — **Côtes** 16, épaisses, obtuses,
aplaties. — **Sinus** aigus, profonds, presque flexueux, confluents.
Aréoles ovales, un peu saillantes, rapprochées. — **Aiguillons**
18-20, 6 latéraux de chaque côté, parallèles, dépassant les
côtes adjacentes ; 4 à 6 centraux forts, très-longs, celui du milieu très-long, horizontal. — **Agglomération-florale** hémisphérique, aplatie. — **Stigmates** 4-5, rayonnants, blanchâtres. =
Habite l'île de Curaçao.

SYNON. — *Mel. Zuccarinii*. Miq. dans la linnæa, 11, p. 345 ;
nov. act. cur. 18, p. 167, tab. 10, selon Walp. rep. 2, p. 308.

25. M. à aiguillons jaunes. — *M. xanthacanthus*. (Miq.)

Tige ovoïde, vert pâle. — **Côtes** 13-16, obliques, très-obtuses,
à faces planes. — **Sinus** profonds, obtus. — **Aiguillons** 14,
rayonnants, 3 inférieurs descendants, grands, droits ; 8 latéraux
plus petits, couchés, atteignant la côte voisine ; 3 supérieurs
très-petits, celui du centre dressé et arqué. = Habite l'île
Saint-Thomas.

SYNON. — *Mel. xanthacanthus*. Miq. nov. act. cur. 18, p. 169.
— *Echinocactus xanthacanthus*. Miq. dans linnæa, 11, p. 153,
tab. 4, selon Walp. rep. 2, p. 308 (1843).

26. M. à grands aiguillons. — *M. macracanthus*. (Dyck.)

Tige presque globuleuse, ovoïde, vert pâle. — **Côtes** 14 à 16,
épaisses, obtuses, enflées sur les côtes des aréoles. — **Aréoles**
ovales, rapprochées, laineuses, grisâtres dans leur jeunesse. —
Aiguillons 14-18 ou plus, rayonnants, disposés en étoile ; les
supérieurs plus courts, dressés et divergents ; les latéraux plus
longs, mais n'atteignant pas la côte voisine ; inférieurs égale-

ment longs; 4 au centre, rarement 5 ou 6 plus gros, rayonnants, cylindriques, anguleux à leur base, ou presque canaliculés, purpurescents. — **Agglomération-florale** cylindroïde, déprimée au sommet; faisceaux de soies assez longues, serrées. = Habite Saint-Domingue et Curaçao.

Synon. — *Mel. macracanthus.* Salm-Dyck, hort. Dyck, p. 344; Link et Ott. verhandl. der gartenb. 3, p. 418, tab. 12; Pfeiff. enum. p. 43; Miq. nov. act. cur. 18, p. 171, tab. 4, fig. 4, selon Walp. rep, 2, p. 309.

27. **M. à aiguillons moyens. — *M. macracanthoïdes.*** (Miq.)

Tige ovoïde, un peu oblique, vert-brun. — **Côtes** 14 à 15, très-distantes et fort épaisses, comme enflées. — **Sinus** profonds, aigus, non aplatis. — **Aréoles** 10-11, distantes, laineuses, blanchâtres dans leur jeunesse, et chauves, enfoncées, noir-brun dans leur âge avancé. — **Aiguillons** 11-13, rayonnants: 2 supérieurs (rarement non développés) petits et dressés; 4 de chaque côté, parallèles, plus longs, atteignant le milieu du sinus; 5 inférieurs, plusieurs fois plus épais, dirigés en haut; 3-4 centraux, le plus souvent quatre fois plus longs, presque également longs entre eux, disposés en croix; 2 latéraux un peu plus longs, divergents, le supérieur dirigé en haut, l'inférieur en bas; tous diaphanes, rouge feu. — **Agglomération-florale** déprimée, garnie de soies très-fines, à peine saillantes. = Habite l'île Saint-Thomas.

Synon. — *Mel. macrocanthoïdes.* Miq. nov. act. cur. 18, p. 173, tab. 11, d'après Walp. rep. 2, p. 308 (1843).

28. **Mél. bleu. — *Mel. cœsius.*** (H. L. Wendl.)

Tige déprimée-globuleuse, bleue. — **Côtes** 10, élevées entre les aréoles. — **Aréoles** laineuses, grises, un peu élevées par la saillie des côtes. — **Aiguillons** 8, forts, presque droits, rayonnants, un peu plus long que le central. — **Agglomération-florale** laineuse, grise. — **Pétales** denticulés au sommet. — **Stigmates** 7, jaunâtres. = Habite la Colombie.

Synon. — *Mel. cœsius.* H. L. Wendl. dans Miq. nov. act. cur. 18, p. 184, d'après Walp. rep. 2, p. 308 (1843).

29. **Mél. gris. — *Mel. griseus*.** (H. L. Wendl.)

Tige ovoïde, grisâtre. — **Côtes** 15, très-élevées entre les saillies qui portent les aréoles. — **Aiguillons** 8, raides, presque droits, brun-pâle ; 1 central. — **Agglomération-florale** grise. = Habite la Colombie.

Synox. — *Mel. griseus*. H. L. Wendl. dans Miq. nov. act. cur. 18, p. 185, selon Walp. rep. 2, p. 309 (1843).

30. **Mél. à cinq aiguillons. — *Mel. pentacentrus*** (Lem.)

Tige conique, presque globuleuse. — **Côtes** 11, presque aiguës et comme festonnées, à peine enflées sous les aréoles. — **Sinus** très-larges. — **Aréoles** ovales, toujours nues. — **Aiguillons** 5, presque égaux, dressés ; 4 latéraux, 1 cinquième à peine plus long, d'un rouge pâle. — **Agglomération-florale** conique, blanche ; soies disposées par anneaux fasciculés et roses. = Habite le Brésil.

Synox. — *Mel pentacentrus*. Lemair. nov. cact. fasc. 1, p. 108; Miq. nov. act. cur. 18, p. 191, d'après Walp. rep. 2, 309 p. (1843).

31. **Mél. Lemaire. — *Mel. Lemairii*** (Miq.)

Tige oblongue-conique. — **Côtes** 10, à saillies éloignées. — **Aiguillons** environ 9, larges, un peu comprimés, rouges ; 4 centraux. = Habite Saint-Domingue.

Synox. — *Mel. Lemairii*. Miq. nov. act cur. 18, p. 192, d'après Walp. rep. 2, p. 309 (1843).

32. **Mél. de montagne. — *Mel. oreas*** (Miq.)

Tige oblongue. — **Côtes** 16. — **Aréoles** laineuses ou nues. — **Aiguillons** 8, de longueur inégale, rayonnants, filiformes, flexueux, petits. — **Agglomération-florale** plane, garnie d'une laine longue et blanchâtre. = Habite Bahia.

Synox. — *Mel. oreas*. Miq. nov. act. cur. 18, p. 192, d'après Walp. rep. 2, p. 309 (1843).

33. **Mél. à aiguillons épais. — *M. crassispinus*** (S.-Dyck.)

Tige conique, vert-pâle. — **Côtes** 8-10, sinueuses, enflées autour des aréoles. — **Sinus** profonds, aigus. — **Aréoles** allongées, distantes, cotonneuses. — **Aiguillons** en alène, très-épais, brunâtres ; les extérieurs 8-10, recourbés, étalés, les inférieurs plus longs ; 1-4 centraux, droits. = Habite....

SYNON. — *Mel. crassispinus.* Salm-Dyck, dans Otto et Dietr. allgem. gartenz. 8, p. 10, et Walp. rep. 2, p. 309 (1843), qui lui rapporte le *Echinocactus Lemairii,* Monv. selon Lemaire, cact. nov. 17.

34. **Mél.? Ocampo** (1). — *Mel.? Ocampo.* (Sering.)

Tige droite, à 10 angles, inégalement resserrée de distance en distance, d'un vert gai, et chauve. — **Aiguillons** 12-15, gros, très-rapprochés ; 13 étalés, et 2 du centre droits ; le plus gros de ces derniers a 15 millimètres de long et est dirigé en bas. — **Agglomération-florale** ressemblant à une queue de renard, de 35 à 40 centimètres sur 15 à 20 de diamètre ; soies raides, aiguës, noires à leur base, rousses vers le milieu et d'un jaune doré au sommet, naissant du milieu d'un duvet cotonneux abondant, nankin, à peine visible. — **Fleurs** garnies d'écailles et de poils cotonneux. = Plante introduite en Europe par M. OCAMPO.

SYNON. — *Mel.? Ocampo.* Sering. mss. — *Pilocereus niger.* Neum. rev. hort. 15 novembre 1845, p. 289 (2).

35. †**Mél. étoile blanche. —** *Mel. Leucaster* (H. Offm.)

SYNON. — *Mel. leucaster.* Hoffmans. nachtr. pflanz. 1833-35, p. 22. — *Mel. communis,* var. *Spinis brevioribus albicantibus,* d'après Walp. rep. 2, p. 309 (1843).

---

(1) Dédiée à M. OCAMPO, voyageur naturaliste à qui l'on doit cette espèce.

(2) Nous n'avons pas adopté le nom du genre dans lequel M. NEUMANN a placé cette plante ; nous pensons qu'il convient mieux de la rapporter au genre *Mélocacte* qu'à celui de *Pilocereus,* qui n'est pas encore caractérisé. Nous avons cru aussi ne pas pouvoir adopter le nom d'espèce proposé, exprimant un caractère faux, puisque l'extrémité des poils est rousse. Celui que nous proposons a au moins l'avantage de témoigner notre reconnaissance à son introducteur. Nous attendrons, pour mieux caractériser cette plante remarquable, de nouveaux renseignements et une figure.

Table latine du genre MÉLOCACTE (*Melocactus*).

Explication de la planche VIII.

MÉLOCACTE COMMUN.

1. Port de la plante réduit d'environ un tiers.

2. Coupe transversale de l'agglomération florale, pour montrer la portion atriculaire centrale qui porte les mamelons. C'est de leur aisselle que partent les fleurs.

3. Houpes de poils cotonneux, du milieu desquelles naissent des poils fermes, imitant les soies du porc.

4. Fleur (un peu plus grande que nature) dont le tube est lisse et non garni d'écailles.

5. La même fendue, pour montrer les Etamines adhérentes au tube commun et aux carpels. Au centre est la colonne des styles surmontée des stigmates.

6. Germination de grandeur naturelle.

7. La même grossie.

8. Germination un peu plus développée et dont le sommet commence à montrer les faisceaux d'aiguillons.

Cpentiaces

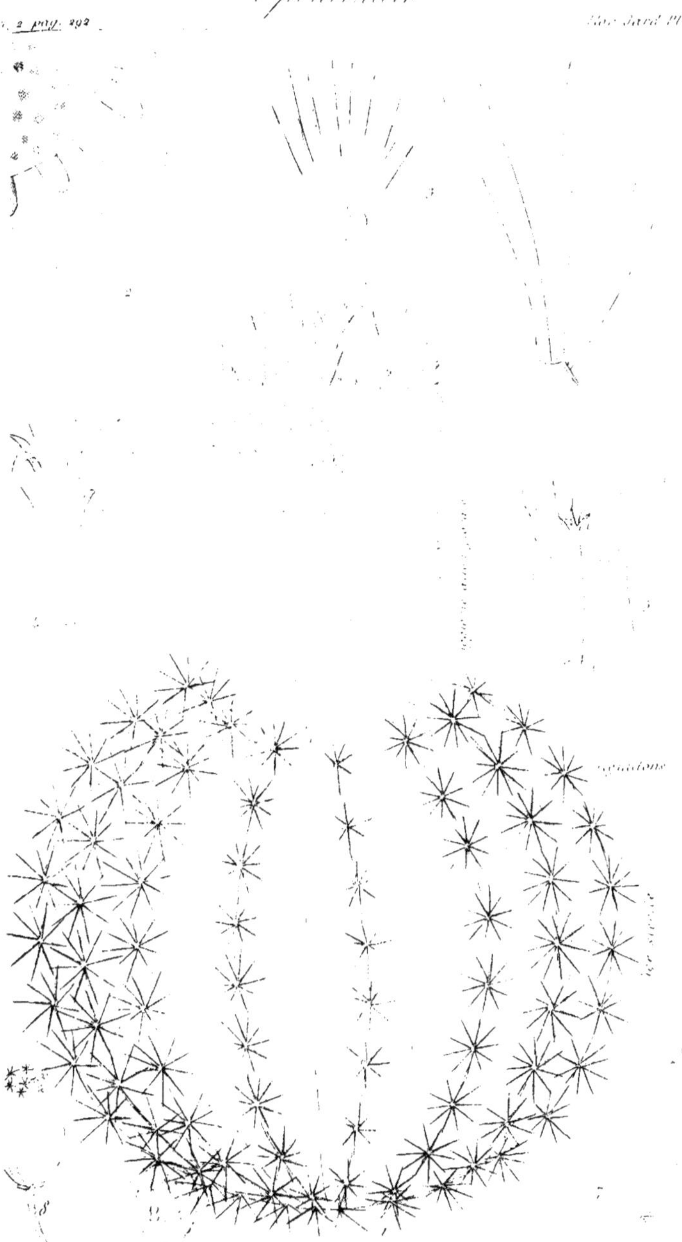

Mélocacte commun.

Genre 4. **Echinocacte. — Echinocactus.**
(Link et Ott.)

Arbustes peu fibreux, charnus, presque complétement utriculeux. — **Tige** ovale ou globuleuse, sans feuilles, comme les *Mélocactes*, relevés de côtes, formés de tubercules confluents, terminés par des faisceaux d'aiguillons *au-dessus desquels naissent les fleurs,* qui ne sont pas agglomérées comme dans le genre précédent et qui se rouvrent plusieurs jours de suite. — **Sépals** unis, nombreux, garnissant tout le tube d'espèces d'écailles frangées ou épineuses, et qui dépasse peu la partie adhérente aux carpes, tandis que dans le genre *Cierge* (*Cereus*) le tube est longuement prolongé et non adhérent dans la partie supérieure. — **Pétals** sur plusieurs rangs, adhérents à la face interne du tube, et se confondant, pour la forme et la couleur, avec les sépals. — **Étamines** nombreuses, également adhérentes au tube, et faisant corps avec la base des autres organes pour contribuer à former le fruit. — **Carpels** ablamellaires. — **Styles** unis en une colonne creuse, terminée par un certain nombre de **Stigmates** libres. — **Fruits** entourés et terminés par les autres organes floraux fanés. — **Graines** nombreuses, disposées par lignes dans leur jeunesse, mais plongées plus tard, sans ordre apparent, dans la pulpe des carpes. — **Cotylédons** unis. Racine très-obtuse.

SYNON. — *Echinocactus.* Link et Otto, verhandl. des gartenb. pflant. 3, p. 420; A. P. Decand. prodr. 3, p. 461 (1828); Pfeiff. enum. diagn. cact. p. 47; Walp. rep. 2, p. 309 (1843).

Espèces du genre ECHINOCACTE (*Echinocactus*).

§ 1. Côtes presque verticales, relevées de tubercules peu marqués.	2. Lehmann.	8. tortueux.
	3. Besler.	9. muriqué.
	4. Otto.	10. joli.
	5. Link.	11. à aiguillons rouges.
**1. Côtes arrondies.*	6. agréable.	12. Karwinski.
	6' Pentland.	13. gladié.
1. remarquable.	7. équitant.	14. hérisson.

15. porte-peigne.
16. Langsdorff.
16* gris.
17. enmêlé.
17* Dyck.
18. griffe-d'oiseau.
19. considérable.
20. à grand disque.
20* Leean.
21. déprimé.
21* cinérescent.
22. transversal.
23. à fleurs sessiles.
23* échinoïde.
24. Galeotti.
24* bordé.

*2. *Côtes obtusément angulenses.*
25. polyacanthe.
26. à petites épines.
27. cendré.
28. à peu d'aiguillons.
29. pruineux.
30. Sellow.
31. glaucescent.
32. robuste.
33. porte-clou.
34. sillonné.
35. Jenischi.
35* Melmsien.

*3. *Côtes tranchantes.*
36. en massue.
37. sessile.
38. cornu.
39. recourbé.
40. vipère.
41. tranchant.
42. Pfeiffer.
43. à larges aiguillons.
44. épine du Christ.
45. tuberculé.
46. bordé.
47. spiralé.
48. armé.
49. orné.
50. Reichenbach.

§ 2. **Côtes souvent obliquement ascendantes,comme**

festonnées par la saillie des tubercules.
51. balai.
52. aigu.
53. relief.
54. courbé.
55. alène.
56. épais.
57. porte-alène.
58. à aiguillons blancs.
59. tranchant.
60. Mélocactiforme.
61. mélocactoïde.
62. à corne courbe.
63. à longs aiguillons.
64. renversé.
65. soucoupe.
66. étoilé.
67. à aiguillons faibles.
68. en tube.
68* quaterné.
69. lance.
69* ondulé.
70. Vanderæy.
70* Mallet.

§ 3. **Côtes très-minces et tranchantes, souvent onduleuses.**
71. crispé.
72. à deux couleurs.
73. anfractueux.
74. défendu.
75. phyllacanthe.
76. à cinq aiguillons.
77. porte-sabre.
78. porte-épée.
79. sabre.
80. dressé.
80* sulphurin.
81. hérissonné.
82. jaune-vert.
82* arqué.
83. aiguillon-feuille.
83* épineux.
84. à grandes cornes.
84* hétéracanthe.
85. Dietrich.
85* Hooker.

§ 4. **Espèces qui passeront peut - être dans les Mammillaires, en totalité ou en partie.**
86. mammillaire.
87. Mackie.
88. creusé.
89. allongé.
90. crenelé.
91. renversé.
92. petit.
93. Monville.
94. turbiné.
95. Ehrenberg.
96. échevelé.
97. mammillifère.
98. à quatre aiguillons.
99. cératiste.
100. aciculé.
100* Cuming.
101. acanthoïde.
102. tordu.
103. Courant.
104. à fossettes.
104* multiflore.

§ 5. **Espèces incomplètement connues.**
105. mameloné.
106. spiralé.
107. doré.
108. cierge.
109. Terschecki.
110. ambré.
111. araignée.
112. recourbé.
113. massue.
114. Forbés.
115. à grand aiguillon.
116. luisant.
116* Williams.
117. curedent.
118. à mille taches.

Espèces mal connues.
119. à angles tranchants.
120. Staine.
121. arachnoïde.
122. mammuleux.

§ 1. Côtes presque verticales, relevées de tubercules peu marqués.

1. Côtes arrondies.

1. Echinocacte remarquable. — *Echinocactus insignis*. (Sering.)

Tige d'un vert pâle, ligneuse inférieurement et en forme de palet. — **Côtes** 10, obtuses, arquées. — **Sinus** profonds et aigus. — **Aréoles** cotonneuses, jaunâtres, devenant chauves avec l'âge. — **Aiguillons** 7-8, raides, appliqués, d'abord transparents, rouge de sang foncé, ensuite noircissants, et enfin passant au gris, très-inégaux, dont 2-3 supérieurs petits, minces, 4 latéraux plus grands, et l'inférieur défléchi, plus raide, prolongé en carène en dessous. = Habite l'Inde occidentale.

SYNON. — *E. insignis.* Sering. mss. — *Discocactus insignis.* Pfeiff. nov. act. vol. 19, part. 1, p. 119, tab. 15; Walp. rep. 2, p. 323 (1843).

2. E. Lehmann. — *E. Lehmanni*. (Sering.)

Diffère de l'*E. remarquable* par le sillon profond dont sont creusés tous les aiguillons et par la présence d'un aiguillon central, par l'aplatissement vertical de la tige, et par le tube commun de la fleur couvert d'écailles. = Habite....

SYNON. — *E. Lehmanni.* Sering. mss. — *Cactus placentiformis.* Lehm. nov. act. vol. 16, par. 1, p. 318. — *Discocactus Lehmanni.* Pfeiff. nov. act. vol. 19, par. 1, p. 120; Walp. rep. 2, p. 223 (1843).

3. E. Besler. — *E. Besleri*. (Sering.)

Diffère de l'*E. remarquable* (*E. insignis*) par des **Côtes** plus nombreuses, très-obtuses; des **Aiguillons** plus courbés; les supérieurs beaucoup plus longs, et le central manquant quelquefois. = Habite....

SYNON. — *E. Besleri.* Sering. mss. — *Melocactus Besleri.* Link et Otto, dans verhandl. des gartenb. 3, tab. 22, 23; Miq. nov. act. 18, suppl. 1, p. 131, tab. 4, fig. 2. — *Discocactus Linkii.* Pfeiff. nov. act. vol. 19, par. 1, p. 119. tab. 15; Walp. rep. 2, p. 323 (1843).

4. E. Otto. — *E. Ottonis*. (Lehm.)

Tige globuleuse-déprimée, ou ovale, verte, à base ligneuse.
— **Côtes** 10-12, arrondies. — **Sinus** aigus. — **Aréoles** blanches,
cotonneuses, un peu enfoncées. — **Aiguillons** extérieurs 12-18,
rayonnants, jaunes, minces, presque droits ; 4 au centre, d'un
brun rouge, plus forts, le supérieur très-courts ; 2 latéraux
horizontaux, l'inférieur très-long et réfléchi ; tous raides et très-
étalés. ═ Habite le Mexique.

Synon. — *Echinocactus Ottonis*. Lehm. dans Pfeiff. enum.
diag. cact. p. 47, et act. nov. nat. cur. 16, part. 1, p. 317, tab.
15. — *Cereus Ottonis*. Lehm. act. nov. cur. 16, par. 1, p. 317,
tab. 15 ; Link et Ott. icon. tab. 16 ; bot. mag. tab. 3117 ; Walp.
rep. 2, p. 309 (1843). ═ Var. 1, à **aiguillons minces** (*E. Ottonis tenuispinus*). Walp. rep. 2, p. 309 (1843). Aiguillons du
centre 3-4, tous plus courts et plus minces, imitant des soies.
Sommet de la tige très-déprimé. — Habite le Mexique, province
de Rio-Grande. ═ *E. tenuispinus*. Link et Ott. verhandl. gart. 3,
p. 421, tab 19. Hook. bot. mag. tab. 3963.

5. E. Link. — *E. Lînkîi*. (Lehm.)

Tige presque globuleuse, verte. — **Côtes** à 13 angles aigus,
comprimées latéralement, à bord obtus. — **Sinus** profonds,
aigus. — **Aréoles** cotonneuses. blanchâtres, un peu déprimées.
— **Aiguillons** tous en forme de soies, 3 centraux, bruns, dont
l supérieur très-court ; les extérieurs, 10-12, blancs, bruns au
sommet. ═ Habite le Mexique.

Synon. — *E. Linkii*. Lehm. dans Pfeiff. enum. cact. p. 48. —
Cereus Linkii. Lehm. act. nov. cur. 16, par. 1, p. 316, tab. 14 ;
Walp. rep. 2, p. 310 (1843).

6. E. agréable. — *E. concinnus*. (Monv.)

Tige très-basse, sphérique-très-déprimée, à sommet très-
creux, d'un vert foncé et brillant (9 centimètres de haut sur
4-5 de diamètre). — **Côtes** arrondies, très-obtuses, verticales,
ressemblant à un carpel (quartier) d'orange, garnies de 4 à 5
aréoles circulaires, à peine cotonneuses. — **Aiguillons** 12-15,
presque semblables, en forme de soies, rayonnants, appliqués,

dont 3 à 4 centraux; l'inférieur un peu plus long que les autres, tous d'un roux pâle. — **Fleurs** 2-3, très-grandes, belles, à tube en entonnoir, s'épanouissant au printemps et se rouvrant plusieurs jours de suite, vertes à la base et passant successivement au jaune et au rouge, garnies inférieurement d'écailles brunes. — **Pétals** oblongs-linéaires, aigus, grands, jaunes en dessus, rouges en dessous et un peu au sommet. — **Étamines** excitables, n'atteignant pas la moitié des pétals. Filets spiralés dans le bouton, pourpres à leur base. Anthères jaunes. — **Stigmates** pourpres, environ 10. — **Fruit** globuleux, olivâtre, muni d'écailles garnies à leur aisselle de soies ou de laine rousse, et mûrissant 3 mois après la fleuraison. — **Graines** nombreuses, noires, en forme de dé à coudre. == Habite les environs de Montevideo (le long des ruisseaux!) Cultivée en plein air dans nos jardins, elle prend une teinte brune violacée. — Cette très-élégante espèce a été remarquée par M. Monville chez un horticulteur du Hâvre, qui l'avait confondue avec d'autres espèces, en 1838. Elle est déjà assez répandue.

Synon. — *E. concinnus*. Monv. dans hort. univ. vol. 1, p. 222, sans fig. (1839-40); Cels, dans Salm-Dyck, hort. Dyck (1842); Lemair. icon. cact. liv. 3, n° 6* (1845), avec une très-jolie fig.; Hook. bot. mag. t. 4115, en excluant les synonymes.

6*. E. Pentland. — *E. Pentlandii*. (Hook.)

Tige globuleuse, à 12 côtes environ, glauque, à sommet déprimé, de 3 centimètres de hauteur. — **Côtes** élevées, très-saillantes, à crénelures distantes, obtuses, et sinus aigus et profonds. — **Aréoles** distantes, laineuses et blanches. — **Aiguillons** 6, assez forts, inégaux, un peu arqués, étalés en étoile, d'un roux brun. — **Fleurs** grandes de 1 à 2 centimètres, souvent solitaires au sommet de la plante. — **Tube des sépals** écailleux, verdâtre; écailles ciliées. — **Sépals** lancéolés, mucronés, d'un roux rosé. — **Pétals** de même forme que les sépals, pourpre foncé. — **Étamines** blanchâtres, nombreuses. == Hab...

Synon. — *E. Pentlandi*. Hook. mag. t. 4121, et Walp. rep. 5, p. 813 (1846).

7. E. équitant (1). — *E. equitans*. (Scheidw.)

Tige globuleuse, glauque. — **Côtes** 8, obtuses, très-larges à
leur base, très-arquées en haut, profondément plissées en travers. — **Sinus** presque ondulés, très-profonds et aigus. —
Aréoles tuberculées, un peu enfoncées, munies de poils cotonneux gris, et plus tard nues. — **Aiguillons** 7, égaux, très-forts,
droits, étalés, légèrement comprimés, striés transversalement;
d'un rose tendre à leur base, jaune-pâle vers le milieu, pourpres au sommet. = Habite le Mexique.

Synon. — *E. equitans*. Scheidw. bull. brux. 6, p. 3.

8. E. tortueux. — *E. tortuosus*. (Link et Ott.)

Tige globuleuse-déprimée, vert obscur. — **Côtes** 13, presque
verticales, comprimées; bords obtus. — **Sinus** profonds, aigus.
— **Aréoles** grandes, assez serrées, déprimées, d'un blanc velouté, puis grises. — **Aiguillons** presque droits, raides; extérieurs 12-13, jaunâtres ou bruns, les supérieurs très-petits,
très-minces; ceux du centre, 4-6, un peu étalés, bruns et plus
épais, le supérieur très-petit. = Habite le Brésil, province de
Rio Grande do Sul.

Synon. — *E. tortuosus*. Link et Otto, icon. tab. 15; Pfeiff.
enum. cact. p. 49; Walp. rep. 2, p. 310 (1843). — *E. muricatus*
des jardins.

9. E. muriqué (2). — *E. muricatus*. (Ott.)

Tige ovée, cependant prolongée en colonne irrégulière par
quelques étranglements, verte, à sommet déprimé. — **Côtes** 16,
obtuses, et qui quelquefois se bifurquent. — **Sinus** larges et
plats. — **Aréoles** rapprochées, larges, cotonneuses et blanches,
veloutées dans leur jeunesse. — **Aiguillons** extérieurs, environ 12; ceux du centre, 3 à 4, aussi très-étalés; tous très-
minces, imitant des soies, à peine piquants, fauves. = Habite
le Brésil.

Synon. — *E. muricatus*. Otto, dans Pfeiff. enum. cact. p. 49;
Walp. rep. 2, p. 310 (1843).

(1) Côtes et aiguillons rayés en travers et comme à cheval.
(2) Garni de pointes courtes et larges à leur base.

10. E. joli. — *E. formosus.* (Pfeiff.)

Tige presque globuleuse ou oblongue, vert-pâle. — **Côtes** 16, verticales, obtuses. — **Aréoles** assez distantes, ovales, presque planes, grisâtres. — **Aiguillons** très-pointus, raides ; ceux du centre, 2-4, longs, bruns ; les extérieurs 8 à 10, les supérieurs bruns, les inférieurs blancs. = Habite Mondeza.

SYNON. — *E. formosus.* Pfeiff. enum. cact. p. 50 ; Walp. rep. 2, p. 310 (1843).

11. E. à aiguillons rouges. — *E. rhodacanthus.* (Dyck.)

Tige globuleuse. — **Côtes** 12-15, verticales, tuberculeuses. — **Sinus**.... — **Aréoles** éloignées, oblongues, presque laineuses et blanchâtres dans leur jeunesse. — **Aiguillons** très-raides, recourbés, rouge-brun, couleur de sang à la vive lumière, presque laineux ; les extérieurs 6 à 8, l'inférieur très-petit ; un seul central, qui manque quelquefois. = Habite Mendoza.

SYNON. — *E. rhodacanthus.* Salm-Dyck, hort. Dyck, p. 341 ; Pfeiff. enum. cact. p. 50 ; Walp. rep. 2, p. 310 (1843), qui cite *E. coccineus,* hort. berol.

12. E. Karwinski. — *E. Karwinskii.* (Zucc.)

Tige globuleuse. — **Côtes** 13-20, vert obscur, très-obtuses, souvent doublées. — **Sinus** larges. — **Aréoles** distantes, oblongues, à peine cotonneuses, plus larges que la base des faisceaux d'aiguillons. — **Aiguillons** raides, droits, cornés, comprimés latéralement, transversalement strié ; 6-8 extérieurs irrégulièrement rayonnants, et 1-3 au centre, très-forts, divergents. = Habite le Mexique,

SYNON. — *E. Karwinskii.* Zucc. dans Pfeiff. enum. cact. p. 50 ; Walp. rep. 2, p. 310 (1843).

13. E. gladié. — *E. gladiatus.* (Link et Ott.)

Tige ovale-oblongue, glaucescente. — **Côtes** 14-22, obtuses. — **Aiguillons** 10 ; 3 au centre, plus grands, aplatis, allongés, celui du milieu dressé ; tous rayonnants, très-étalés. = Habite le Mexique.

Synon. — *E. gladiatus.* Link et Otto, verhandl. garten. 3, p. 426, tab 17 ; Walp. rep. 2, p. 310 (1843).

14. E. hérisson. — *E. erinaceus.* (Lemair.)

Tige globuleuse, à sommet presque déprimé, verte. — **Côtes** plus ou moins spiralées, 10-14, à peine festonnées, très-obtuses. — **Sillons** profonds de 12 millimètres, arqués et déviés à gauche. — **Aréoles** munies dans leur jeunesse d'un velouté très-dense et long, rassemblé surtout au sommet, et imitant imparfaitement l'agglomération qui caractérise les *Mélocactes*, mais aplati et non parsemé d'aiguillons. — **Aiguillons** rapprochés en faisceaux, d'abord garnis de poils cotonneux et bientôt nus, enfoncés par leur base dans des mamelons à peine saillants, au nombre de 9-10 (ou rarement davantage), un peu courts, presque égaux, très-raides, en alène à leur base et cornés, parfois irrégulièrement disposés, le plus souvent 2, 3, 4 plus minces, cylindriques ; 4 latéraux, dont les 2 extérieurs sont assez minces, tandis que les postérieurs sont plus forts : les 2 ou 3 inférieurs défléchis et presque aplatis ; enfin 1 central droit ; tous brunâtres an sommet. — **Fleurs** jaune-paille, très-nombreuses, très-ouvertes ; boutons couverts, soyeux, très-longs. = Habite Montevideo, d'où elle a été introduite du mont Cerro dans le jardin Monville.

Synon. — *E. erinaceus.* Lemair. cact. hort. Monv. p. 16 (1838) ; Lemair. dans hort. Dyck (1842), p. 17 ; icon. cact. liv. 4, n° 7* (1845), bonne fig. Dans ce dernier ouvrage, M. Lemaire tendrait à ne regarder cet état que comme une modification de l'*E. Sellowii.* Cet auteur en cite 3 var. établies par Monville.

Var. 1, **élevée.** Plante élevée, glaucescente. Aréoles deux fois plus écartées. — *E. erinaceus elatior.* Monv. mss. = Var. 2, **à épines blanches.** Tige plus forte, plus déprimée et plus épaisse, plus glauque. Aiguillons plus rayonnants, blancs et à sommet brunâtre. — *E. erinaceus albispinus.* Monv. mss. Elle est encore rare dans les jardins. = Var. 3, **pâle.** D'un vert pâle brillant. Aréoles beaucoup plus distantes que dans la première variété, garnies de poils cotonneux beaucoup plus abondants. Aiguillons 5-6, rayonnants, blancs, le plus souvent 2 ou 3 su-

périeurs, dressés, très-minces, et 3 inférieurs plus courts et
imitant un trident. Fleurs plus pâles, dont le tube est couvert
de poils cotonneux, d'un blanc de neige.

15. E. porte-peigne. — *E. pectiniferus*. (Lemair.)

Tige ovée-oblongue, d'un vert cendré, peu résistante sous la
pression du doigt, garnie au sommet, un peu déprimé, de poils
entremêlés d'aiguillons. — **Côtes** 18-20, *peu élevées, très-arrondies, verticales, à peine soulevées en tubercules.* — **Aréoles**
ovales-circulaires ! (Lemaire les décrit linéaires et un peu prolongées par le haut, ce que ne démontre nullement la figure),
blanchâtres et bordées de rose. — **Aiguillons** 26-30, un peu inégaux, très-divergents, rayonnants, mais presque sur 2 rangs ;
quelques-uns des latéraux un peu plus grands ; tous très-raides
et entremêlés, roses à leur naissance et devenant ensuite d'un
blanc rosé transparent. — **Fleurs** grandes, belles, roses, naissant des parties latérales de la tige, à tube commun cylindrique, à peine campanulé, vert et garni, ainsi que la tige, comme
de plusieurs faisceaux d'aiguillons, s'ouvrant plusieurs jours de
suite. — **Sépals** très-courts, verts, sur 2 rangs. — **Pétals**
oblongs-linéaires, 5 à 6 fois plus longs que les sépals, presque
égaux en longueur entre eux. — **Étamines** moitié plus courtes
que les pétals ; filets violâtres, anthères jaunes. — **Stigmates**
10, *verts.* = Habite le Mexique, d'où elle a été rapportée en
Europe, en 1838, par M. GALEOTTI.

SYNON. — *E. pectiniferus.* Lemair. nov. gen. et spec. cact. 25
(1839), et icon. cact. livr. 7, n° 13* (1845), où il a donné une
belle figure, mais d'où je crois devoir exclure la synonymie
qu'il cite (*E. pectinatus,* Scheidw. et Hook. bot. mag. tab. 4190).

16. E. Langsdorff. — *E. Langsdorffii.* (Lehm.)

Tige oblongue, verte, à sommet plane et très-velu. — **Côtes**
obtuses, presque tuberculeuses. — **Sinus** aigus. — **Aréoles**
rapprochées, laineuses et blanchâtres dans leur jeunesse. —
Aiguillons extérieurs 6, inégaux, étalés-réfléchis, ainsi que le
central, plus long ; tous cornés, raides, minces. = Habite le
Brésil méridional.

Synon. — *E. Langsdorffii.* Lehm. act. nov. cur. 16, par. 1, p. 316, tab. 13; Pfeiff. enum. p. 51; Walp. rep. 2, p. 310 (1843). — *Melocactus Langsdorffii.* A. P. Decand. prodr. 3, p. 461 (1828).

16*. E. gris. — *E. gilvus.* (A. Dietr.)

Tige globuleuse-déprimée, glaucescente, d'environ 21 centimètres de longueur et de diamètre. — **Côtes** 16, aiguës, épaisses, presque ondulées, à sinus aigus. — **Aréoles** ovales, veloutées d'abord, placées dans le milieu des crénelures, très-rapprochées au sommet, et un peu cotonneuses dans leur jeunesse. — **Aiguillons** 8, raides, chauves, grisâtres, dont 7 extérieurs étalés et un peu courbés et 1 central, droit, une fois plus long (5 centimètres). — **Fleurs** plusieurs, partant du sommet, ayant près de 5 centimètres de diamètre. — **Sépals** oblongs, obtus, à dorsale pourpre, bordés de brun pâle. — **Pétals** lancéolés, aigus, légèrement festonnés vers le sommet, d'une couleur isabelle tendre en dessus, à dorsale pourprée en dessous. — **Etamines** plus de moitié moins longues que les pétals. — **Stigmates** 11-12, jaunes. = Habite le Mexique.

Synon. — *E. gilvus.* Alb. Dietr. dans Otto et Dietr. allgem. gartenz. vol. 13, p. 170, d'après Walp. rep. 5, p. 814 (1846).

17. E. enmêlé. — *E. intricatus.* (Link et Ott.)

Tige ovale, verte. — **Côtes** 20, obtuses. — **Aiguillons** 14-16, étalés, disposés en cercle; ceux des extrémités très-étalés; les 4 du centre plus grands, dressés. = Habite Montevideo.

Synon. — *E. intricatus.* Link et Otto, verhand. gartenb. 3, p. 428, tab. 24; Walp. rep. 2, p. 311 (1843), non Salm-Dyck.

17*. E. Dyck. — *E. Dyckii.* (Sering.)

Tige globuleuse-déprimée, lépreuse, vert-sale, laineuse au sommet, d'environ 8 à 9 centimètres. — **Côtes** convexes, presque sinueuses, 13, un peu saillantes entre les aréoles. — **Aréoles** cotonneuses et noires, puis chauves, distantes de 10 à 15 millimètres, d'abord cotonneuses et noires, puis chauves. — **Aiguillons** 7-8, tous extérieurs, d'abord noirâtres, ensuite cendrés, très-raides et forts, recourbés comme des cornes, étalésrayonnants et entrecroisés, le supérieur presque dressé, manquant quelquefois. = Habite....

Synon. — *E. Dyckii.* Sering. mss. — *E. intricatus.* Salm-Dyck. dans Otto et Dietr. allgem. 'gartenz. 13, p. 387, d'après Walp. rep. 5, p. 814 (1846), non Link et Otto.

18. **E. griffe-d'oiseau. — *E. ornithocanthus.*** (L. et Ott.)

Tige globuleuse, glaucescente. — **Côtes** 18, obtuses. — **Aiguillons** 7. le central plus grand, fort, dressé ; les autres étalés. = Habite Montevideo.

Synon. — *E. ornithocanthus.* Link et Otto. verhandl. gartenb. p. 427, tab. 18 ; Pfeiff. enum. cact. p. 53 ; Walp. rep. 2, p. 311 (1843).

19. **E. considérable. — *E. ingens.*** (Zucc.)

Tige globuleuse ou oblongue, ligneuse à sa base, amincie. glaucescente. — **Côtes** 8, obtuses, pourprées sur les angles, sommet large. — **Sinus** larges, aigus. — **Aréoles** grandes, éloignées, munies d'une laine abondante et jaune. — **Aiguillons** 8 extérieurs et 1 central, bruns, droits, raides. = Hab. le Mexiq.

Synon. — *E. ingens.* Zucc. dans Pfeiff. enum. cact. p. 54 ; Walp. rep. 2, p. 311 (1843). — *Melocactus ingens.* Karw.

20. **E. à grand disque. — *E. macrodiscus.*** (Mart.)

Tige large, aplatie de haut en bas et en forme de palet. — **Côtes** 16, très-obtuses. — **Aréoles** enfoncées dans les côtes. — **Aiguillons** 12 environ ; 4 intérieurs plus grands. celui du sommet et l'inférieur à peine plus larges ; 4 des autres portés en avant et 4 en arrière. = Habite le Mexique.

Synon. — *E. macrodiscus.* Mart. act. nov. cur. 16, part. 1, p. 311, tab. 26 ; Pfeiff. enum. cact. p. 59 ; Walp. rep. 2, p. 312.

20*. **E. Leean. — *E. Leeanus.*** (Hook.)

Tige déprimée-globuleuse, d'un glauque verdâtre, de 5 centimètres de hauteur. — **Tubercules** presque hémisphériques, à 6 angles obtus, à mamelons confluents, disposés irrégulièrement en rangées presque verticales, les supérieurs très-petits et très-nombreux. — **Aréoles** ovales, cotonneuses ou veloutées.

— **Aiguillons** assez minces, dont 12 environ étalés, et 1 central à peine plus grand et dirigé en avant. — **Fleurs** assez grandes, d'un jaune pâle, naissant de la partie déprimée. Tube court, couvert d'écailles arrondies ou oblongues, se transformant graduellement en sépals et en pétals soufrés ou blanchâtres. = Habite Bonaria.

Synon. — *E. Leeanus*. Hook. bot. mag. t. 4184, selon Walp. rep. 5, p. 816 (1846).

21. E. déprimé. — *E. depressus*. (A. P. Decand.)

Tige presque globuleuse, déprimée au sommet. — **Côtes** 20, verticales, obtuses, presque tuberculées. — **Aiguillons** en faisceaux serrés, naissant parmi des poils cotonneux, blanchâtres, brun pâle; 3-4 centraux, rayonnants, et 10 à 12 autres dont l'inférieur très-fort. = Habite l'Amérique méridionale.

Synon. — *E. depressus*. A. P. Decand. prodr. 3, p. 463; Pfeiff. enum. cact. p. 66; Walp. rep. 2, p. 315 (1843). — *Cactus depressus*. Haw. syn. p. 173?

21*. E. cinérescent. — *E. cinerescens*. (Lemair.)

Tige presque globuleuse, cendrée et d'un vert sale, de 8 à 10 centimètres de longueur. — **Côtes** 20, presque comprimées, arquées, un peu boursouflées autour des aréoles, qui sont rapprochées, circulaires et cotonneuses, cendrées. — **Aiguillons** extérieurs 8, inférieurs graduellement plus longs que les centraux, rayonnants et entrecroisés, rougeâtres au sommet, souvent un peu courbés; les 2 intérieurs dressés, presque planes, largement lancéolés, denticulés, et de près de 2 centimètres de long. — **Fleurs** de grandeur médiocre, entourées d'aiguillons. — **Stigmates** 8, jaunes. = Habite le Chili, près de Capiapo.

Synon. — *E. cinerascens*. Lemaire, selon Dyck, dans Otto et Dietr. allgem. gartenz. 13, p. 387, d'après Walp. rep. 5. p. 816.

22. E. transversal. — *E. horizonthalonicus*. (Lemair.)

Tige presque globuleuse, déprimée et creusée au sommet, glaucescente. — **Côtes** disposées en spirales, arrondies, très-épaisses et très-obtuses. — **Aréoles** ovales, serrées, disposées horizontalement, prolongées dans leur jeunesse au-dessus des faisceaux d'aiguillons, en fossettes demi circulaires, d'où naissent les fleurs. — Aiguillons 7, presque rayonnants, peu inégaux, très-entrelacés et très-forts, dont les 2 supérieurs figurent des cornes ; d'un blanc rosé dans leur jeunesse, et devenant ensuite cendrés, violets à leur base et striés. — Fleurs roses, de 6-8 centimètres de diamètre, d'une odeur assez agréable, s'épanouissant plusieurs jours de suite, en mai et juin. — Pétals très-nombreux, linéaires-oblongs, aigus, étalés. Filets blancs, Anthères jaunes. Colonne des styles pourpre. Stigmates blancs ou légèrement rosés. = Habite........ Introduit en Belgique en 1838. Dessiné sur un individu du jardin MONVILLE.

SYNON. — *E. horizonthalonius*. Lemair. nov. gen. et spec. cact. p. 19, iconogr. cact. liv. 1, nº 1 (1845). — *E. equitans* de quelques jardins.

23. E. à fleurs sessiles. — *E. sessiflorus*. (hort. Mack.)

Tige petite, globuleuse-déprimée. — **Côtes** 12, arrondies. — **Aiguillons** peu nombreux, courts, 4-6 un peu forts, blancs, recourbés-étalés. — **Aréoles** peu nombreuses, 2-3 par côte. — **Tube floral** court. — **Pétals** jaunes, oblongs, spatulés. — **Stigmates** pourpres. = Habite Norwich, Nursery.

SYNON. — *E. sessiliflorus*. Hort. Mack. selon Hook, bot. mag. tab. 3569, et flor. jard. angl. 5, p. 46, tab. 10, fig. 7 (1837).

23*. E. échinoïde (1). — *E. echinoides* (Lemair.)

Tige hémisphérique, cendrée-livide, à sommet laineux et déprimé, de 13 à 15 centimètres de diamètre. — **Côtes** 11, larges, épaisses, convexes, s'effaçant vers la base de la plante. — **Aréoles** grandes, transversalement ovales, cotonneuses et noires. — **Aiguillons** extérieurs 7, de 9 à 11 millimètres, presque égaux, raides, rayonnants, légèrement recourbés, d'abord noirs, ensuite cendrés ; le central plus fort, plus long et redressé ; tous rayés transversalement (à la loupe). — **Sépals** extérieurs aigus. — **Pétals** jaunes, spatulés, obtus, les plus inférieurs échancrés, un peu étalés. — **Stigmate** 6-8, jaunes. = Habite Bolivia.

(1) Hérissé d'aiguillons nombreux.

Synon. — *E. echinoïdes.* Lemalr. selon Salm-Dyck, dans Otto et Dietr. gartenz. 13, p. 386, d'après Walp. rep. 5, p. 813 (1846).

24. E. Galeotti. — *E. Galeottii*. (Scheidw.)

Tige déprimée-globuleuse, verte, à sommet large, plane et laineux. — **Côtes** 30, verticales, obtuses. — **Sinus** aigus. — **Aréoles** nues, très-arquées, enfoncées, très-allongées. — **Aiguillons** extérieurs 4, disposés par paires ; ceux du centre, également 4, en croix, très-forts, à base dilatée, annulés, transparents, verdâtres ; bruns au sommet et à la base. = Habite le Mexique.

Synon. — *E. Galeottii.* Scheidw. dans Otto et Dietr. allgem. gartenz. 9, p. 50 ; Walp. rep. 2, p. 319 (1843).

24*. E. bordé. — *E. marginatus*. (Salm-Dyck.)

Tige elliptique, cendré sale et verdâtre, à sommet obtus et laineux, de 16 à 18 centimètres, et d'environ 7 à 8 de diamètre. — **Côtes** 10, un peu convexes au sommet, un peu aplaties vers la base, à sinus très-arrondis. — **Aréoles** confluentes, convexes, cotonneuses et noires. — **Aiguillons** extérieurs 5-7, étalés, rayonnants, raides et droits, d'abord bruns, et cendrés ensuite ; le central de 2 à 3 centimètres de long, dressé ; tous raides, droits, marrons, rayés en travers (à la loupe). — **Sépals** lancéolés, aigus. — **Pétals** jaunes, obtus, dressés-étalés, avec une petite pointe terminale. = Habite....

Synon. — *E. marginatus.* Salm-Dyck, dans Otto et Dietr. allgem. gartenz. 13, p. 386, et Walp. rep. 5, p. 813 (1846).

2. Côtes obtusément anguleuses.

25. E. polyacanthe (1). — *E. polyacanthus*. (Link et Ott.)

Tige ovale, presque cylindrique, verte. — **Côtes** 15-20, angulaires, presque comprimées, festonnées. — **Sinus** profonds, aigus. — **Aréoles** rapprochées, placées au-dessous des échancrures, veloutées dans leur jeunesse, et enfin cotonneuses. — **Aiguillons** extérieurs 6-8, divergents, et 3-4 plus grands au centre ; tous droits, raides, cornés. = Habite le Brésil.

(1) A aiguillons nombreux.

Synon. — *E. polyacanthus*. Link et Otto, verhandl. gartenz. 3, p. 422, tab. 16, fig. 1 ; Pfeiff. enum. cact. p. 52 ; Walp. rep. 2, p. 310 (1843). — *Cactus erinaceus*. Haw. suppl. p. 73.

26. E. à petites épines. — *E. parvispinus*. (A. P. de Cand.)

Tige presque globuleuse, à sommet enfoncé. — **Côtes** 15, comprimées. — **Aréoles** cotonneuses, blanchâtres. — **Aiguillons** 6-8, petits, blancs, à sommet fauve, rayonnants, presque recourbés. = Habite l'Amérique mérid. et l'Inde occidentale.

Synon. — *E. parvispinus*. A. P. de Cand. prodr. 3, p. 463 (1828) ; Pfeiff. enum. cact. p. 52. — *Cactus parvispinus*. Haw. sup. p. 73.

27. E. cendré. — *E. tephracanthus*. (Link et Ott.)

Tige en colonne irrégulière, vert-pâle, à sommet plane et laineux. — **Côtes** 17, comprimées, festonnées. — **Aréoles** rapprochées, veloutées et blanches dans leur jeunesse. — **Aiguillons** 6-10 irrégulièrement rayonnants, minces, blancs ; le central manquant. = Habite le Brésil. province de Rio-Grande.

Synon. — *E. tephracanthus*. Link et Ott. verhandl. gartenb. 3, p. 422, tab. 14, fig. 2 ; Pfeiff. enum. cact. p. 53 ; Walp. rep. 2, p. 311 (1843).

28. E. à peu d'aiguillons. — *E. oligacanthus*. (Mart.)

Tige globuleuse. — **Côtes** 12, presque comprimées, festonnées. — **Aréoles** grandes, presque nues. — **Aiguillons** le plus souvent au nombre de 5, épais, courbés, blanchâtres ; 2 inférieurs très-petits, celui du sommet très-grand. = Hab. le Mex.

Synon. — *E. oligacanthus*. Mart. selon Pfeiff. enum. cact. p. 53.

29. E. pruineux (1). — *E. pruinosus*. (Otto.)

Tige presque globuleuse, cendrée. — **Côtes** 5-6, presque aiguës. — **Sinus** jeunes aigus, ensuite presque planes. — **Aréoles** peu distantes, cendrées, convexes. — **Aiguillons** extérieurs 4-5, et 1 central à peine plus long ; tous droits, raides, d'abord jaunes à sommet brun, ensuite noirs. = Habite le Mexique.

Synon. — *E. pruinosus*. Otto dans Pfeiff. enum. cact. p. 54, et Walp. rep. 2, p. 311 (1843). — *Cereus roridus*, hort. berol.

(1) Couvert d'une poussière de nature cireuse et glauque (vert d'Œillet).

30. **E. Sellow.** — *E. Sellowii.* (Link et Ott.)

Tige déprimée-globuleuse, creusée au sommet, vert obscur, à sommet enfoncé et garni de poils laineux brunâtres. — **Côtes** 15-25, épaisses, tranchantes, à peine festonnées et presque droites. — **Aréoles** distantes, cotonneuses et blanches. — **Aiguillons** 5-7, jaunes, raides, presque droits, étalés, et 1 au centre, qui en est aussi quelquefois privé ; les 3 inférieurs surtout longs et descendants. — **Fleurs** citron-pâle, à tube très-velu et brun, s'ouvrant plusieurs jours de suite. Boutons couverts d'un duvet brunâtre mêlé d'aiguillons très-faibles. — **Pétals** denticulés, oblongs, sur plusieurs rangs, finement dentés, comme frangés. — Colonne des **Styles** citrine. — **Stigmates** orangés. — **Fruit** oblong, mou, d'un vert rosé ou blanchâtre ; pulpe peu abondante et légèrement colorée. — Habite Montevideo. — Cette belle espèce, découverte dans les environs de Mon-tevideo, par M. Sellow, botaniste voyageur, est actuellement assez fréquente dans les collections. Elle produit des fleurs et des fruits en abondance, au moyen desquels on élève de nombreux individus.

Synon. — *E. Sellowii.* Link et Ott. verhandl. des gartenb. 3, p. 425, tab. 22. — *E. Sellowianus.* Pfeiff. enum. cact. 55, non des jardiniers ; Lemair. icon. cact. liv. 6, n° 11* (1845), belle fig. — M. Lemaire, l. c., est porté à croire que les *E. corynodes* du jardin de Berlin, *E. erinaceus* et *tetracanthus.* Lemair., ainsi que l'*E. amatus*, Link et Otto, ne sont que des modifications de la même espèce. = Variété 1, à **dix côtes** (*E. Sellowianus decem-costatus*). — Tige déprimée, d'un vert gris, relevée de 10 côtes. Aiguillons 7 par faisceaux, dont 5 plus grands, naissant du centre du petit tubercule qui leur donne naissance. — *E. Sel-lowii.* Link et Otto, verhandl. gart. 3, p. 425, tab. 22. = Var. 2, à **côtes nombreuses** (*E. Sellowianus multicostatus*). Tige déprimée, d'un vert sombre. Côtes de 15 à 20, à bords à peine déprimés à l'origine des aiguillons jaunes, au nombre de 5 à 7, raides, étalés. — *E. Sellowianus.* Pfeiff. enum. d'après Lemair. icon. cact. 6, n° 11* (1845).

51. E. glaucescent. — *E. glaucescens*. (A. P. de Cand.)

Tige presque globuleuse-déprimée, glaucescente — **Côtes** 11-13, verticales, comprimées, obtuses. — **Aréoles** de chaque côté 6, ovales-oblongues, très-veloutées dans leur jeunesse. — **Aiguillons** jaunes, droits, 6-7, rayonnants, et 1 au centre de 27 millimètres de long. — **Sépals** ovales, acuminés, à bords nombreux et finement ciliés. = Habite le Mexique (COULTER).

SYNON.— *E. glaucescens* A. P. de Cand. rev. cact. p. 115 (1828); Pfeiff. enum. cact. p. 58 ; Walp. rep. 2, p. 312 (1843).

52. E. robuste. — *E. robustus*. (Ott.)

Tige en massue, d'un vert obscur. — **Côtes** 8, comprimées, verticales, renflées autour des aréoles. — **Sinus** larges, anguleux. — **Aréoles** distantes, prolongées en dessus, jaunes et cotonneuses dans leur jeunesse, ensuite grises. — **Aiguillons** du centre 4, pourpre-brun, carrés à leur base, striés transversalement; l'inférieur très-grand, et 14 extérieurs pourprés; les supérieurs minces, et 3 inférieurs plus forts; tous presque droits. = Habite le Mexique.

SYNON. — *E. robustus*. Otto, dans Pfeiff. enum. cact. p. 61 ; Walp. rep. 2, p. 313 (1843). —*E. spectabilis subuliferus* des jard.

Var. 1, **prolifère** (*E. robustus proliferus*, Walp.). Tige d'un vert pâle, se ramifiant au-dessus de chaque aréole, de sorte que lorsqu'elle est spontanée elle ressemble à des pommes entassées. — *E. agglomeratus*. Karw. selon Walp. rep. 2, p. 313 (1843). = Var. 2, **monstrueuse** (*E. robustus monstruosus*, Walp,). Tige irrégulièrement rameuse et sillonnée. — Exemplaires obtenus de graines dans le jardin de Berlin. Ressemble au *Cierge du Péron*, var. monstrueuse.

53. E. porte-clou. — *E. helophorus*. (Lemair.)

Tige sphéroïdale, déprimée au sommet et d'un vert pâle. — **Côtes** 20, à angles obtus, tachées de pourpre entre les aréoles. — **Aréoles** linéaires-allongées. — **Aiguillons** 12, très-forts; 4 centraux, plus épais, en alène, le supérieur très-long et en massue, les 3 autres aplatis. = Habite le Mexique.

SYNON. — *E. helophorus*. Lemair. nov. gen. et spec. cact.

p. 28. L'auteur cite 2 variétés. — Var 1, **lisse** (*E. helophorus lævior*, Lemaire). Côtes plus nombreuses et plus comprimées. Aréoles presque confluentes, dont le sommet est marqué d'une tache triangulaire. Aiguillons jeunes plus jaunes, un peu plus minces, longs et nombreux, quelques-uns des petits avortant souvent. = Var. 2, **à longues fossettes** (*E. helophorus longefossulatus*, Lemaire). Aiguillons plus petits, plus minces, entièrement noirs. Fossettes des aréoles très-prolongées, souvent presque confluentes. Faisceaux d'aiguillons beaucoup plus distants.

34. **E. sillonné. — *E. aulacogonus*.** (Lemair.)

Tige presque sphérique, enfoncée au sommet, d'un vert glauque. — **Côtes** très-nombreuses, bien marquées. — **Aréoles** très-longues, ovales, situées dans le sillon qui borde le sommet de l'angle. — **Aiguillons** 8, très-régulièrement disposés, persistants longtemps, 2 en avant, 2 inférieurs plus petits, et 4 au milieu, placés en croix, dont les latéraux sont aplatis, tandis que le supérieur et l'inférieur sont cylindriques, le 1er plus ferme et plus long; tous profondément striés et plus forts. = Habite.,...

Synon. — *E. aulacogonus*. Lemair. gen. et spec. cact. p. 14. — Var. **à côtes creusées** (*E. aulacogonus diacopolax*, Lem. l. c.). Diffère de l'espèce par un sillon continu sur toute la longueur de la côte, le nombre des aiguillons et leur arrangement.

35. **E. Jenischi. — *E. Jenischianus*.** (Pfeiff.)

Tige oblongue-globuleuse, d'un vert cendré en dessus, à sommet convexe et garni d'un duvet serré fauve. — **Côtes** nombreuses, presque comprimées. — **Sin.,** d'abord aigus, à peine dilatés et ensuite plus larges. — **Aréoles** grandes, ovales, rapprochées, enfoncées, partagées à la partie supérieure du tubercule obtus, presque confluentes inférieurement, cotonneuses et fauves dans leur jeunesse, à peine noirâtres. — **Aiguillons** raides, droits, noirs ou d'un vert cendré; 5-6 extérieurs presque égaux, et 1 central, plus fort et plus long; tous dressés et presque en faisceaux. = Hab. l'Amérique australe.

Synon. — *E. Jenischianus.* Pfeiff. dans Otto et Dietr. allgem. gartenz. 8, p. 406 ; Walp. rep. 2, p. 317 (1843).

35*. E. Melmsien. — *E. Melmsianus.* (Wegen.)

Tige ovale-globuleuse, glauque, à sommet déprimé, et relevée de **Côtes** nombreuses (50-60), arrondies et ondulées, d'environ 10 centimètres de hauteur et de diamètre. — **Aréoles** distantes environ de 5 centimètres, cotonneuses et blanches, amincies en coin en dessus, renflées près des aiguillons. — **Aiguillons** 5, le supérieur lancéolé, très-long, rayé en travers, terminé par 3 pointes, la moyenne plus longue, les latérales en alène, de 2 centimètres et demi, et striées transversalement ; 2 latéraux dressés, et 2 inférieurs réfléchis, longs de 7 millim. et aplatis ; tous d'un rouge blanchâtre d'abord, et plus tard d'un blanc sale. ⚌ Habite le Mexique.

Synon. — *E. Melmsianus.* Wegener, dans Otto et Dietr. allgem. gartenz. vol. 12, p. 65, selon Walp. rep. 5, p. 815 (1846).

*3. *Côtes tranchantes.*

36. E. en massue. — *E. corynodes.* (Otto.)

Tige globuleuse, déprimée et enfoncée au sommet, amincie à sa base, vert obscur. — **Côtes** 16, tranchantes, festonnées. — **Sinus** aigus, étroits. — **Aréoles** enfoncées, très-veloutées et blanches d'abord, et nues plus tard. — **Aiguillons** extérieurs 9, étalés, rouges d'abord, ensuite brunissants ; 1 central dressé, en alène, brun, ne dépassant pas les autres ; tous raides, droits. ⚌ Habite le Mexique, Montevideo.

Synon. — *E. corynodes.* Otto, dans Pfeiff. enum. cact. p. 55, et Walp. rep. 2, p. 311 (1843). — *E. rosaceus et Sellowianus* des jardins, non Link et Otto.

37. E. sessile. — *E. sessilis.* (Sering.)

Tige globuleuse-déprimée, vert obscur, à sommet enfoncé. —**Côtes** 21, verticales, tranchantes, festonnées. — **Sinus** aigus. —**Aréoles** à base soulevée, éloignées, veloutées, blanches. —**Aiguillons** courts, raides, bruns, 4 disposés en croix ou bien 5, dont 2 supérieurs plus petits. ⚌ Habite.. ..

Synon. — *E. sessilis.* Sering. mss. — *E. sessiliflorus.* Pfeiff.
enum. cact. p. 56; Walp. rep. 2, p. 311 (1843), non Mackie,
selon Hooker.

38. E. cornu. — *E. cornigerus.* (A. P. de Cand.)

Tige globuleuse-déprimée, glaucescente. — Côtes 21, tranchantes, festonnées. — Sinus aigus. — Aréoles très-éloignées,
ovales, allongées en dessus et blanchâtres. — Aiguillons supérieurs 6-10, minces et blanchâtres; les intérieurs plus forts, en
alène, annulés, 3 dirigés en haut, droits; 1 central, recourbé,
caréné, rayé en travers; tous dabord pourpres et rougeâtres
plus tard. = Habite le Mexique et Guatimala.

Synon. — *E. cornigerus.* A. P. de Cand. rev. cact. dans mém.
mus. 17, p. 36, tab. 7; mém. cact. p. 17, tab. 10; Pfeiff. enum.
cact. p. 56; Walp. rep. 2, p. 311 (1843). — *Cact. latispinus.*
Haw. in Till. phil. mag. 63, p. 11. — *Melocactus latispinus* des
jardins.

39. E. recourbé. — *E. recurvus.* (Link et Otto.)

Tige presque globuleuse, vert-glauque. — Côtes 13-14, tranchantes, festonnées. — ¡Sinus aigus. — Aréoles distantes,
oblongues, cotonneuses. — Aiguillons extérieurs 8, presque
égaux, raides, presque droits, l'inférieur plus petit; 1 central,
beaucoup plus court, aplati, recourbé, transversalement strié;
tous d'abord pourpres et rougeâtres, ou noirâtres plus tard. =
Habite le Pérou.

Synon. — *E. recurvus.* Link et Otto, verhandl. des gartenb. 3,
p. 426, tab. 20; Pfeiff. enum. cact. p. 57. — *Cactus recurvus.*
Haw. syn. p. 173. — *C. nobilis.* Willd. spec. 2, p. 243; Ait.
hort. kew. tab. 3. — *C. multangularis.* Voigt. — *Echinocactus
glaucus.* Karw. d'après Walp. rep. 2, p. 312 (1843).

40. E. vipère. — *E. echidne.* (A. P. de Cand.)

Tige demi-globuleuse-déprimée, verdâtre. — Côtes 13, tranchantes, très-saillantes, portant chacune 2 à 3 aréoles. — Sinus
aigus. — Aréoles ovales, veloutées dans leur jeunesse, un peu
prolongées au-dessus de la base du groupe d'aiguillons. —
Aiguillons raides, chauves, 7, un peu courbés, jaunâtres, pres-

que étalés, et 1 central, à peine plus long que les autres. — **Fleurs** jaune-citron, dépassant les aiguillons. — **Stigmates** 12 à 14, dressés, jaunes. — **Graines** portées sur de longs funicules. = Habite le Mexique (COULTER).

SYNON. — *E. echidne.* A. P. de Cand. mém. cact. p. 19*, tab. 11; Pfeiff. enum. cact. p. 57 ; Walp. rep. 2, p. 312 (1843).

41. **E. tranchant.** — *E. oxypterus* (Zucc.)

Tige oblongue, verte, à sommet presque nu. — **Côtes** très-comprimées, presque verticales, festonnées. — **Sinus** d'abord très-étroits. — **Aréoles** écartées, oblongues, garnies de laine abondante et jaunâtre. — **Aiguillons** extérieurs 8, divergents, presque égaux, très-piquants, d'un jaune transparent, striés en travers; et 1 central plus grand, à base brune. = Habite le Mexique (COULTER), S.-Rosa-de-Toliman.

SYNON. — *E. oxypterus.* Zucc. dans Pfeif. enum. cact. p. 57 (1). — *E. hystrix.* A. P. de Cand. p. 115 (1828), et mém. cact. p. 18 (1834).

42. **E. Pfeiffer.** — *E. Pfeifferi.* (Zucc.)

Tige oblongue-globuleuse, glaucescente. — **Côtes** 11-13, comprimées, presque tranchantes. — **Sinus** larges. — **Aréoles** rapprochées, oblongues, prolongées au-dessus de la naissance des aiguillons, cotonneuses et jaunâtres. — **Aiguillons** 6, presque égaux, raides, dressés-divergents, transversalement striés, vert-pâle, bruns à leur base, rarement 1 central égal aux autres. = Habite le Mexique.

SYNON. — *E. Pfeifferi.* Zucc. dans Pfeiff. enum. cact. p. 58; Walp. rep. 2, p. 312 (1843).

43. **E. à larges aiguillons.** — *E. platyacanthus* (L. et O.)

Tige globuleuse-déprimée, glaucescente, à sommet large, sans épine, à peine laineux. — **Côtes** 30, verticales, comprimées, comme sillonnées par le rapprochement et la confluence des

---

(1) Nous ignorons la date du travail de M. PFEIFFER; d'après M. ZUCCARINI, il serait antérieur à celui de DE CANDOLLE, car sans cela pourquoi n'aurait-il pas admis le nom d'espèce donné par l'auteur genevois.

aréoles. — **Sinus** aigus, très-arqués à la base. — **Aréoles** très-
allongées, laineuses dans leur jeunesse. — **Aiguillons** très-
forts, les extérieurs 3-4 plus petits. = Habite le Mexique.

SYNON. — *E. platyacanthus.* Link et Otto, verhandl des gartenb.
3, p. 423, tab. 14; Pfeiff. enum. cact. p. 59; Walp. rep. 2,
p. 312 (1843),

44. E. épine du Christ. — *E. spina Christi* (Zucc.)

Tige globuleuse, vert obscur. — **Côtes** 13-14, tranchantes,
festonnées. — **Aréoles** grandes, ovales, veloutées et blanches
dans leur jeunesse. — **Aiguillons** extérieurs 6-8; 1 central
dressé; tous épais, raides, un peu courbés; noirs d'abord, à
base pâle et enfin jaunes. = Habite le Mexique.

SYNON. — *E. spina Christi.* Zucc. dans Pfeiff. enum. cact.
p. 59. — *E. Fischeri.* hort. berol. (1), selon Walp. rep. 2,
p. 312 (1843).

45. E. tuberculé. — *E. tuberculatus.* (Link et Otto.)

Tige oblongue, d'un vert glauque. — **Côtes** 12, arquées,
comprimées, tuméfiées sous les aréoles. — **Aréoles** oblongues,
blanchâtres, laineuses dans leur jeunesse, chauves plus tard.
— **Aiguillons** extérieurs 7, raides et un peu courbés, et 1 central droit. = Habite le Mexique.

SYNON. — *E. tuberculatus.* Link et Otto, verhandl. des gart.
3, p. 425, tab. 26; Pfeiff. enum. cact. p. 60; Walp. rep. 2,
p. 312 (1843).

46. E. bordé. — *E. coptonogonus.* (Lemair.)

Tige presque sphérique, à 10-14 angles aigus qui sont cendrés. — **Aiguillons** 5, forts, longs, aplatis de dehors en dedans, un peu arqués en arrière, très-aigus, divergents, d'un
jaune brun, le supérieur plus fort que les autres et partant de
houpes de poils enfoncés sur l'angle des côtes, entrelacés, grisâtres. — **Fleurs** inodores, assez petites (de 4 centimètres de

(1) Le nom de *E. Fischeri*, jard. de Berl., n'est-il pas aussi bon que celui de
E. spina Christi, Zucc.; le premier n'est-il pas antérieur? Pourquoi l'avoir
changé?

diamètre), s'ouvrant en avril et mai, 7 ou 8 jours de suite, assez nombreuses, vers le sommet de la plante. — **Sépals** unis en tube court et évasé, garni d'*écailles nombreuses*, larges, courtes, d'un *pourpre olivâtre et bordés de blanc*. — **Pétals** nombreux (20 à 26), sur 2 rangs, lâches, *oblongs-linéaires, aigus, pourpre foncé, mais élégamment bordés de blanc-satiné*. — **Étamines** jaunes, nombreuses, s'élevant au milieu de la fleur en une colonne tronquée, courte, un peu évasée, dépassée par le **Style commun** et terminée par 9 à 12 rayons stigmatiques jaunes. — **Fruit....** := Cette espèce a été apportée du Mexique, en 1837, par **M. Deschamps**.

Synon. — *Echinocactus coptonogonus*. Lemair. cat. jard. monv. fasc. 1, p. 23 (1838); Salm-Dyck, cat. jard. Dyck, p. 20 (1842); Lemair. icon. cact. livr. 3, n° 5* (1845), avec une bonne fig. — *E. interruptus*. Scheidw (d'après les jard. belg.). == Il en existe dans le jardin Monville, depuis 1839, une variété plus volumineuse dans toutes ses parties, dont la fleur est moins colorée et où il n'existe que les aiguillons supérieurs, les inférieurs étant avortés. (*E. coptonogonus major*. Lemair. icon. cact. liv. 2, n° 5, 1835, fig. a.) Il paraît, d'après le prince de Salm-Dyck, que cette variété seule est en Allemagne.

47. **E. spiralé.** — *E. spiralis.* (Kurw.)

Tige presque globuleuse ou oblongue, glaucescente. — **Côtes** 10-13, presque verticales, tranchantes et tuberculeuses. — **Sinus** jeunes aigus, et plus tard planes et marqués d'une ligne très-verte. — **Aréoles** écartées, jaunâtres d'abord, ensuite veloutées et grises, prolongées en dessus au-delà du faisceau d'aiguillons. — **Aiguillons** extérieurs 7-8, le supérieur très-court ou nul, forts, un peu aplatis, recourbés, d'abord pourprés à leur base et à leur sommet, jaune-citrin au milieu, et enfin bruns, étalés; 1 seul central, plane, plus fort, crochu au sommet. == Habite le Mexique.

Synon. — *E. spiralis*. Karw. dans Pfeiff. enum. cact. p. 60. — *E. agglomeratus* des jardins; voisin du *Mélocacte de Bessler*, d'après Walp. rep. 2, p. 313 (1845).

48. E. armé. — *E. armatus*. (Salm-Dyck.)

Tige globuleuse. — **Côtes** 10, comprimées, verticales. — **Sinus** aigus. — **Aréoles** oblongues, finement veloutées et grises dans leur jeunesse. — **Aiguillons** en alène, très-forts, raides. presque courbés; brun pâle ; les extérieurs 7, rayonnants, l'inférieur très-long, et rarement 1 central. = Habite....

SYNON. — *E. armatus*. Salm.-Dyck, p. 341 ; Pfeiff. enum. cact. p. 61 ; Walp. rep. 2, p. 313 (1843).

49. E. orné. — *E. ornatus*. (A. P. de Cand.)

Tige presque globuleuse. — **Côtes** 8, verticales, comprimées, à sinus profonds, garnies de séries de flocons blancs élégamment disposés transversalement ; faisceaux de chaque côte au nombre de 3. — **Aiguillons** 7, droits, jaunes, et 1 central. = Habite le Mexique (COULTER). De Cand. craint que ces zones floconneuses ne soient pas constantes.

SYNON. — *E. ornatus*. A. P. de Cand. rev. cact. dans mém. mus. 17, p. 114 (3828) ; Walp. rep. 2, p. 313 (1843).

50. E. Reichenbach. — *E. Reichenbachii*. (Tersch.)

Tige en œuf renversé, oblongue, d'un vert pâle. — **Côtes** 13, à dos étroit. — **Sillons** obtus. — **Aréoles** très-rapprochées, verticalement elliptiques, cotonneuses et blanchâtres. — **Aiguillons** 10, blanchâtres, minces et en forme de soies, sur deux rangs à angle droit ; les supérieurs plus faibles, courts, les suivants plus longs ; inférieurs les plus longs. = Habite le Mexique.

SYNON. — *E. Reichenbachii*. Tersch. suppl. cat. cact. 2. — M. LEMAIRE, icon. cact. liv. 7, n° 13 (1845), le rapporte, peut-être à tort, à l'*E. peigne*. †

§ 2. Côtes souvent obliquement ascendantes, comme festonnées par la saillie des tubercules.

51. E. balai. — *E. scopa*. (Link et Otto.)

Tige dressée, en massue, cependant rameuse par sa partie supérieure, verte. — **Côtes** 30 à 36, presque verticales, tuberculées. — **Aréoles** cotonneuses et blanches, très-serrées. — **Aiguillons** centraux 3-4, pourprés, dressés ; les rayonnants 30-40, sétacés, blancs. = Habite le Brésil.

Synon. — *E. scopa*. Link et Otto, icon. sel. tab. 41 ; Pfeiff. enum. cact. p. 64. — *Cereus scopa*. A. P. de Cand. prodr. 3, p. 464 (1828); Link, enum. 2, p. 21; Spreng. syst. 2, p. 494 ; bot. reg. nov. ser. 12, tab. 24 ; Walp. rep. 2, p. 314 (1843). = **Var. candide** (*E. scopa candidus*, Walp.). Aiguillons tous blancs, rarement 1 ou 2 roses. — Walp. rep. 2, p. 314 (1843).

52. E. très-aigu. — *E. acutissimus*. (Otto et Dietr.)

Tige globuleuse, verte, à sommet enfoncé. — **Côtes** 18, presque verticales, festonnées par les tubercules. — **Aiguillons** droits, raides, rayonnants, 10-11 ; 3 partant du centre, bruns d'abord, ensuite blanchâtres. = Habite le Chili.

Synon. — *E. acutissimus*. Otto et Dietr. allgem. gartenz. 1835, n° 43, p. 353; Pfeiff. et Otto, abbild. cact. tab. 20 ; Pfeiff. enum. cact. p. 64 ; Walp. rep. 2, p. 314 (1843).

53. E. relief. — *E. exsculptus*. (Otto.)

Tige oblongue, en massue, verte. — **Côtes** nombreuses, obliquement interrompues, comprimées. — **Sinus** aigus. — **Aréoles** grandes, ovales, blanchâtres, nues. — **Aiguillons** centraux 4, droits, raides ; les extérieurs nombreux, rayonnants, minces, blanchâtres, fauves ou noirs. = Habite le Chili, Montevideo et le Mexique.

Synon. — *E. exsculptus*. Otto, selon Pfeiff. enum. cact. p. 65. — *E. subgibbosus*. Haw. philos. mag. 1831, vol. 10, p. 114. — *E. Acanthion* et *interruptus*, hort. berol. — *Cereus Montevidensis* des jardins, d'après Walp. rep. 2, p. 314 (1843).

54. E. courbé. — *E. hybocentrus*. (Lehm.)

Tige oblongue, presque cylindrique, d'un vert foncé. — **Côtes** 17, obtuses, festonnées-tuberculeuses. — **Aréoles** laineuses, garnies de nombreux aiguillons. — **Aiguillons** 18-22, très-pointus, très-étalés ; ceux du centre, le plus souvent 4, plus grands, *crochus*, brunâtres. = Habite le Brésil, province de Minas-Geraës.

SYNON. — *E. hybocentrus.* Lehm. d'après Pfeiff. enum. cact. p. 65 ; Pfeiff. et Otto, abbild. cact. tab. 21 ; Walp. rep. 2, p. 314.

55. E. alène. — *E. centeterius.* (Lehm.)

Tige presque globuleuse, verte, à peine enfoncée au sommet. — **Côtes** 15, presque verticales, tuberculées, confluentes, oblongues, bossues. — **Aréoles** ovales, cotonneuses, blanchâtres. — **Aiguillons** extérieurs 10-12, très-minces, presque droits, sur 2 rangs étalés ; 4 partant du centre, disposés en croix, plus forts, noirâtres d'abord, et enfin brun-cendré. ⚌ Habite le Brésil, dans les Minas-Geraës.

SYNON. — *E. centeterius.* Lehm. d'après Pfeiff. enum. cact. p. 65 ; Pfeiff. et Otto, abbild. cact. tab. 2 ; Walp. rep. 2, p. 314 (1843) ; Hook. bot. mag. tab. 3974.

56. E. épais. — *E. pachycentrus.* (Lehm.)

Tige oblongue-globuleuse, d'un vert obscur, à sommet enfoncé. — **Côtes** relevées de tubercules oblongs, confluents, mamelonnés, presque verticales. — **Aréoles** ovales-cotonneuses. — **Aiguillons** raides, bruns, courts ; les extérieurs, au nombre de 10 environ, dressés-étalés, ceux du centre nuls ou au nombre de 1-2, presque droits et plus grands. ⚌ Habite la province de Minas-Geraës.

SYNON. — *E. pachycentrus.* Lehm. selon Pfeiff. enum. cact. p. 66 ; Walp. rep. 2, p. 314 (1843).

57. E. porte-alène. — *E. subuliferus.* (Link et Otto.)

Tige presque globuleuse, verte. — **Côtes** 8-10, tuberculées. — **Aiguillon** central très grand, presque dressé, recourbé ; 4-5 très-étalés, et 4-6 autres inférieurs, écartés, très-minces. ⚌ Habite le Mexique.

SYNON. — *E. subuliferus.* Link et Otto, verhandl. gartenb. 3, p. 427, tab. 27 ; Pfeiff. enum. cact. p. 67 ; Walp. rep. 3, p. 315.

58. E. aiguillons blancs. — *E. leucacanthus* (Zucc.)

Tige en massue, vert pâle, et donnant naissance, à sa partie supérieure privée d'aiguillons, à des rameaux partant des aréoles. — **Côtes** 8, comprimées et tuberculeuses, presque verticales. — **Aréoles** au sommet des tubercules, ovales, cotonneuses et blanches, placées au-dessus du cercle des aiguillons, et d'où naissent les ramifications et les fleurs. — **Aiguillons** extérieurs 7, étalés, presque droits, et 1 central, à peine courbé et souvent nul; tous raides, d'abord jaunes, ensuite blancs. = Habite le Mexique, près Zimapan.

Synon. — *E. leucacanthus*. Zucc. d'après Pfeiff. enum. cact. p. 66; Pfeiff. et Otto, beschrib. cact. tab. 14; Walp. rep. 2, p. 314 (1843).

59. E. tranchant. — *E. acuatus*. (Link et Otto.)

Tige presque globuleuse, vert obscur, à sommet déprimé. — **Côtes** 13, comprimées-tranchantes, festonnées. — **Sinus** aigus. — **Aréoles** peu élevées, laineuses dans leur jeunesse. — **Aiguillons** extérieurs 10, presque rayonnants, jaunes, 4 plus forts au centre, plus longs, jaunes, le supérieur très-court. = Habite Montevideo.

Synon. — *E. acuatus*. Link et Otto, dans Pfeiff. enum. cact. p. 54; Walp. rep. 2, p. 311 (1843). Espèce douteuse que M. Lemaire penserait n'être qu'une modification de l'*E. Sellow*.

60. E. mélocactiforme. — *E. melocactiformis*.

Tige arrondie-ovale. — **Côtes** verticales, environ 30, un peu flexueuses et presque festonnées. — **Aiguillons** divergents, inégaux, un peu arqués, presque bruns, le supérieur plus grand et très-droit. — **Fleurs** 10-12, de grandeur moyenne. — **Stigmates** nombreux? = Habite le Mexique.

Synon. — *E. melocactiformis*. A. P. de Cand. rev. cact. dans mém. mus. 17, p. 38, pl. 10; prodr. 3, p. 462 (1828); Pfeiff. enum. cact. p. 68; Walp. rep. 2, p. 315 (1843).

61. E. mélocactoïde. — *E. melocactoides* (Lemair.)

Tige sphéroïdale, ou enfoncée au sommet, verte. — **Côtes** épaisses 25, lisses au sommet, plissées transversalement à leur base; festonnées et arquées, à peine renflées près des aréoles. — **Sinus** d'abord aigus, ensuite presque planes. — **Aréoles** ovales, enfoncées, distantes, laineuses et blanchâtres dans leur jeunesse, mais tombant bientôt après. — **Aiguillons** en faisceaux serrés, très-raides, 9-10, rouge-brun, en alène à leur base, 6 latéraux droits, presque égaux, 1 supérieur plus court; parfois un 11ᵉ comprimé latéralement. = Patrie....

SYNON. — *E. melocactoïdes.* Lemair. cact. monv. p. 28 (1838).

62. E. à corne courbe. — *E. curvicornis.* (Miq.)

Tige verte, sphérique-déprimée ou presque en palet épais, à sommet un peu enfoncé, nu et glauque. — **Côtes** 13, larges à leur base, à dos tranchants, renflées au-dessous des aréoles. — **Sinus** profonds, à angle droit, aigus en haut, obtus en bas. — **Aréoles** ovales, éloignées, prolongées en dessus en triangle, munies de flocons d'un blanc brunâtre. — **Aiguillons** forts, 7 internes planes; 3 supérieurs dressés et droits, l'intermédiaire très-fort, plus long et réfléchi, une fois plus large que les autres, crochu; 2 inférieurs plus courts, droits, et le 3ᵉ inférieur très-petit et presque courbé; et 10-12 beaucoup plus minces, rayonnants, atteignant la côte voisine; tous transversalement striés, d'un brun jaune, et pruineux. = Habite....

SYNON. — *E. curvicornis.* Miq. dans Linnæa 13, p. 5, Walp. rep. 2, p. 315 (1845).

63. E. à longs aiguillons. — *E. dolichacanthus.* (Lemair.)

Tige globuleuse, à peine déprimée au sommet, d'un vert glauque. — **Côtes** 11, élevées, sinueuses, arquées, épaisses. — **Aréoles** distantes, garnies d'un duvet cotonneux roux, qui disparaît bientôt et qui alors est réduit à des poils roux, élégamment arrondies en dessus. — **Aiguillons** 9, très-forts, raides et recourbés, striés circulairement; 8 rayonnants, presque égaux et arrondis, en alène à leur base et d'un brun cendré, bruns au sommet; au-dessus on en remarque 9 autres plus ou moins avortés, les latéraux d'environ 5 centimètres, et 1 au centre d'environ 8 centimètres. = Habite le Mexique.

SYNON. — *E. dolichacanthus.* Lemair. cact. monv. p. 25 (1838).

64. E. renversé. — *E. hystrichacanthus.* (Lemair.)

Tige conique presque globuleuse, à sommet peu enfoncé,

d'un vert glaucescent. — Côtes 20 à 25, très-prononcées, pres
que comprimées, aiguës, arquées, festonnées. — Aréoles oblongues, enfoncées sous le tubercule. — Aiguillons 14, 8 disposés
sur 2 rangs, inégaux, assez cylindriques ; 4 intérieurs disposés en croix, dont l'inférieur presque triangulaire et très-
long ; tous d'un rouge brun, striés et d'un jaune transparent
au sommet. ⹂ Habite....

Synon. — *E. hyctrichacanthus.* Lemair. gen. et spec. cact. p. 17.

65. E. en soucoupe. — *E. hypocrateriformis.* (Otto.)

Tige presque globuleuse, verte, à sommet presque déprimé.
— **Côtes** 18, verticales, festonnées par la saillie que font les
tubercules. — **Aréoles** cotonneuses, blanches. — **Aiguillons**
droits, jaunes, 10 dans la circonférence, faibles et rayonnants,
le central solitaire, raide, courbé en bas. — **Fleurs** en forme
de soucoupe. — Habite Montevideo.

Synon. — *E. hypocrateriformis.* Otto et Dietr. allgem. gartenz.
7, p. 170.

66. E. étoilé. — *E. stellatus.* (Scheidw.)

Tige ovée, à sommet enfoncé. — **Côtes** 21, comprimées,
tranchantes, profondément festonnées. — **Sinus** aigus. —
Aréoles oblongues, comme tronquées vers le haut, laineuses
et fauves dans leur jeunesse. — **Aiguillons** extérieurs sur deux
rangs, disposés en étoile, 1 central aplati, recourbé, crochu, à
base blanchâtre dans leur jeunesse, rougeâtres au sommet, et
enfin grises. ⹂ Habite....

Synon. — *E. stellatus.* Scheidw. dans Otto et Dietr. allgem.
gartenz. 8, p. 338 ; Walp. rep. 2, p. 319 (1843).

67. E. à aiguillons faibles. — *E. debilispinus.* (Berg.)

Tige globuleuse en massue, à sommet un peu enfoncé et
laineux. — **Côtes** 34, très-comprimées et crépues, à bord très-
étroit. — **Sinus** larges et aigus. — **Aréoles** écartées, blanches,
cotonneuses, et nues ensuite. — **Aiguillons** 7-9, dont 3 supérieurs aplatis, d'un jaune blanchâtre, à sommet brun ; celui
du sommet très-long, linéaire-lancéolé, foliacé, recourbé, les
2 latéraux plus petits, plus étroits ; les 4-6 inférieurs plus pe-

tits, presque cylindriques, en alène, jaune blanchâtre. ═ Habite le Mexique.

Synon. — *E. debilispinus* Berg, dans Otto et Dietr. allgem. gartenz. 8, p. 131 ; Walp. rep. 2, p. 319 (1843).

68. E. en tube. — *E. solenacanthus*. (Scheidw.)

Tige cylindracée, glauque. — Côtes obliques, tranchantes, festonnées, renflées autour des aréoles. — Sinus larges. — Aréoles oblongues, tronquées au sommet, d'abord cotonneuses et fauves, ensuite grises. — Aiguillons extérieurs 8, aplatis, rayés en travers, droits ; 1 central très-grand, crochu, creusé de 2 canaux et réfléchi ; tous raides et couleur de chair. ═ Habite le Mexique, environ à 2,000 mètres.

Synon. — *E. solenacanthus*. Scheidw. dans Otto et Dietr. allgem. gartenz. 9, p. 50 ; Walp. rep. 2, p. 319 (1843).

68*. E. quaterné. — *E. quadrinatus*. (Wegen.)

Tige globuleuse-déprimée, d'un vert pâle, ondulée. — Côtes nombreuses, 34, aiguës, à 2 ou 5 millimètres les unes des autres. — Aréoles très-distantes, un peu cotonneuses et bientôt dénudées, à peine renflées à la naissance des aiguillons. — Aiguillons 7, dont 3 centraux, l'un supérieur, les autres latéraux et très-longs, bleus, et 4 *inférieurs réfléchis* ; ceux-ci d'un gris sale, rougeâtres, dont les 2 latéraux tétragones, de 5 centimètres, creusés de lignes transversales ; la plupart contournés, d'un millimètre d'épaisseur, les intérieurs d'un cendré sale ; les *extérieurs blancs, pendants en manière de barbe*, de près d'un centimètre de longueur. ═ Habite le Mexique.

Synon. — *E. quadrinatus*. Wegener, dans Otto et Dietr. allgem. gartenz. 12, p. 66, selon Walp. rep. 5, p. 815 (1846).

69. E. lance. — *E. lancifer*. (Reichenb.)

Tige presque globuleuse. — Côtes 8, à angles tranchants, échancrées entre les aréoles. — Aiguillons 8, recourbés, appliqués, réciproquement entrelacés ; le central droit, de 24 millimètre, très-forts, couleur de corne pâle, obscurément rayés en travers. ═ Habite le Mexique.

Synon. — *E. lancifer*. Reichenb. dans Terscheck, suppl. cact. 2.

Peut-être, selon Walp. rep. 2, p. 320, n'est-ce qu'une variété de l'*E. aile tranchante* (*E. oxypteras*).

69*. E. ondulé. — *E. undulatus*. (A. Dietr.)

Tige globuleuse, un peu déprimée au sommet, d'environ 8 centimètres, d'un vert bleuâtre. — **Côtes** nombreuses (30-40). très-comprimées, ondulées-flexueuses, très-minces. — **Aréoles** presque solitaires, un peu cotonneuses dans leur jeunesse. — **Aiguillons** 8, concolores et blanchâtres, jaunâtres dans leur jeunesse ; ceux de la circonférence sétacés, légèrement comprimés, 1 seul au centre et comprimé, tous droits. — **Fleurs** solitaires, à tube allongé, garnies d'écailles ovées ou ovales, courtement mucronées, verdâtres à la dorsale et bordées de blanc, tachetées de blanc au-dessous de leur sommet, passant graduellement à l'état de sépals et de pétals. — **Pétals** 24-30, roses, lancéolés, à dorsale lilacée, terminés par une pointe blanche. = Habite....

Synon. — *E. undulatus.* Alb. Dietr. allgem. gartenz. 12, p. 187.

70. E. Vanderæy. — *E. Vanderæyi*. (Lemair.)

Tige globuleuse, à sommet presque creux, et glaucescente. — **Côtes** prononcées, arquées, comprimées, presque tranchantes. — **Sinus** profonds. — **Aréoles** naissant sur des renflements, prolongées au-dessus des faisceaux d'aiguillons, portant vers le haut une laine brunâtre qui tombe bientôt. — **Aiguillons** en faisceaux très-distants ; 8-9 rayonnants, presque égaux, 1 au centre très-long, tous fortement recourbés, presque bruns dans leur jeunesse, striés de brun et ensuite gris. = Habite le Mexique.

Synon. — *E. Vanderæyi.* Lemair. cact. monv. p. 20 (1838).

70*. E. Mallet. — *E. Malletianus*. (Lemair.)

Tige globuleuse, déprimée et laineuse au sommet, vert-pâle, couverte d'une croûte blanchâtre, de 8 à 10 centimètres de hauteur. — **Côtes** 15-17, étroites vers le haut et saillantes entre les aréoles, aplaties à leur partie inférieure et rugueuses, d'un vert pâle et cendré. — **Aréoles** déprimées, allongées, cotonneuses et noires, distantes de 1 à 2 centimètres les unes des autres. — **Aiguillons** droits, minces, raides, noirs, 3 à 6 extérieurs presque dressés, le central plus fort. = Habite.....

Synon. — *E. Malletianus*. Lemair. selon Salm-Dyck, dans Otto et Dietr. allgem. gartenz. 13, p. 386.

§ 3. **Côtes très-minces et tranchantes, souvent onduleuses.**

71. **E. crispé. — *E. crispatus*.** (A. P. de Cand.)

Tige en œuf renversé, verte, à sommet convexe, épaisse et comme ligneuse à sa base. — **Côtes** nombreuses, 20 à 30, comprimées, crépues. — **Sinus** aigus dans leur jeunesse, arqués plus tard. — **Aréoles** arrondies, cotonneuses et blanches. — **Aiguillons** supérieurs 3, très-épais et bruns au sommet; 4 inférieurs très-courts, blancs, tous recourbés, fermes. — **Fleurs** pourpre-violet, petites. — **Sépals** ovales, entiers ou légèrement dentés. = Habite le Mexique et Guatimala.

Synon. — *E. crispatus*. A. P. Decand. rev. cact. dans mém. mus. 17, p. 37, tab. 8 (1838); prodr. 3, p. 461 (1828); mém. cact. p, 20 (1834); Walp. rep. 2, p. 313 (1843). — Var. **horrible** (*E. crispatus horridus*), A. P. Decand. rev. cact.; dans mém. mus. 17, p. 115 (1828). Faisceaux d'aiguillons très-rapprochés, ces derniers plus forts, plus dressés, plus longs, et d'un gris brun.

72. **E. à deux couleurs. — *E. dichroacanthus*.** (Mart.)

Tige en œuf renversé, d'un vert sombre, à sommet enfoncé. — **Côtes** 32, très-tranchantes, presque membraneuses, irrégulièrement onduleuses. — **Sinus** aigus. — **Aréoles** distantes, irrégulièrement dispersées, ovales, cotonneuses et blanches. — **Aiguillons** supérieurs 3, dressés, aplatis, pourpre-brun; 4 à 6 inférieurs, blancs et transparents; tous raides et droits. = Habite le Mexique.

Synon. — *E. dichroacanthus*. Mart. selon Pfeiff. enum. cact. p. 62; Walp. rep. 2, p. 313 (1843).

73. **E. anfractueux. — *E. anfractuosus*.** (Mart.)

Tige oblongue, presque en forme de colonne, d'un vert obscur. — **Côtes** très-comprimées, membraneuses, nombreuses, très-onduleuses. — **Sinus** très-aigus. — **Aréoles** très-distantes, petites, veloutées, blanches. — **Aiguillons** presque courbés, couleur paille, bruns au sommet; les extérieurs 7, assez raides, les 3 de la partie supérieure plus grands, et les 4 inférieurs plus minces; le central plus fort et fauve. = Hab. le Mexique.

Synon. — *E. anfractuosus.* Mart. selon Pfeiff. enum. cact. p. 63; Walp. rep. 2, p. 313 (1843).

74. E. défendu. — *E. obvallatus*. (A. P. de Cand.)

Tige déprimée ou globuleuse, d'un vert obscur. — **Côtes** très-comprimées, nombreuses, ondulées, peu saillantes, renflées sous les aréoles, veloutées et blanches dans leur jeunesse. — **Aiguillons** supérieurs 4, raides, en forme d'épée, blanchâtres et en croix, bruns au sommet; 2 latéraux plus petits, et 4 inférieurs beaucoup plus minces. — **Pétals** pourpres, bordés de blanc. = Habite le Mexique.

Synon. — *E. obvallatus.* A. P. de Cand. rev. cact. dans mém. mus. 17, p. 37, tab. 9 (1828); prodr. 3, p. 462 (1828); Walp. rep. 2, p. 313 (1843). — *Cactus obvallatus*, Moç. et Sess. flor. mex. inéd. avec figure, dans bibl. de Cand. — *Tepenex comitl.* Hern. mex. 410, fig.

75. E. phyllacanthe (1). — *E. phyllacanthus* (Mart.)

Tige cylindrique ou en ovale renversé, d'un vert obscur, à sommet plane. — **Côtes** nombreuses (35), très-serrées, ondulées, imitant des feuilles. — **Sinus** très-aigus. — **Aréoles** éparses, cotonneuses, blanches. — **Aiguillons** supérieurs 1-2, plus longs, bruns, foliacés, aplatis; les inférieurs 4-7 courts, droits, blancs, plus fermes. = Habite le Mexique.

Synon. — *E. phyllacanthus.* Mart. dans Otto et Dietr. allgem. gartenz. 1836, p. 201; Pfeiff. enum. cact. p. 63; Pfeiff. et Otto, abbild. cact. tab. 9; Walp. rep. 2, p. 313 (1843). = Var. 1, **à 5 aiguillons foliacés** (*E. phyllacanthus spinis foliaceis tribus*, Scheidw.). Tige en ovale renversé, d'un vert pâle, à sommet convexe. — Côtes plusieurs, rapprochées, onduleuses, quelquefois interrompues par des tubercules aplatis. Aréoles éparses,

(1) Aiguillon dilaté en feuille.

enfoncées dans le tissu, nues, un peu cotonneuses dans leur jeunesse. Aiguillons supérieurs 3, celui du milieu foliacé à trois pointes, les latéraux en épée, recourbés ; les inférieurs 4 plus petits, plus minces, droits, les anciens noircissants, tandis que les jeunes sont grisâtres et lavés couleur de chair ; tous transversalement striés. — Habite le Mexique. — SYNON. *E. phyllacanthus spinis foliaceis tribus*. Scheidw. bull. brux. 5, p. 493, d'après Walp. rep. 2, p. 314 (1843). = **Var. 2, à 1 seul aiguillon foliacé** (*E. phyllocanthus spina foliacea unica*, Scheidw. l. c.). Diffère de la variété précédente par le nombre des aiguillons, le sommet de la tige enfoncé, et 1 seul aiguillon foliacé, à sommet trifurqué. = Habite le Mexique.

76. E. à cinq aiguillons. — *E. pentacanthus*. (Lemair.)

Tige globuleuse-oblongue, sans poils et enfoncée au sommet, d'un vert glauque, gai et luisant. — **Côtes** 25-35, très-comprimées, bifurquées, très-ondulées, très-minces, tranchantes. — **Aréoles** très-rares, une sur chaque côte, petites, presque ovales dans leur jeunesse, roussâtres et un peu cotonneuses, à peine prolongées au-dessus de la naissance des aiguillons, et nues ensuite. — **Aiguillons** forts, inégaux, gris-rouge, obscurément anguleux, dont 3 plus grands, dressés, et 2 inférieurs courts et descendants. — **Fleurs** de moyenne grandeur, violet foncé, plus ou moins largement bordées de blanc, s'épanouissant plusieurs jours de suite, presque inodores. — **Tube commun** très-écailleux. — **Pétals** plus pâles que les sépals et les écailles, oblongs-lancéolés, très-pointus. — **Étamines** jaunes. — **Stigmates** 6-7, safranés. = Cette espèce diffère des *Echinocactus grandicornis* et *tetracentrus* par sa stature plus petite, ses **Côtes** beaucoup plus nombreuses, ses **Aiguillons** constamment au nombre de 5, les 2 inférieurs plus minces, moitié plus courts, tous aigus à leur base, recourbés sur la plante. = Habite le Mexique, d'où la plante a été envoyée par M. DESCHAMPS, en 1838, à M. MONVILLE, chez qui elle a fleuri et servi à la figure donnée par M. LEMAIRE, icon. cact. livr. 6, n° 12* (1845).

SYNON. — *E. pentacanthus*. Lemair. cact. monv. p. 27 (1838) ; nov. gen. et spec. p. 89 (1839) ; Salm-Dyck, hort. Dyck, p. 21

(1841). Cette espèce a des rapports avec l'*E. ensiferus* et *phylla-canthoides*, d'après LEMAIRE.

77. E. porte-sabre. — *E. ensiferus*. (Lemair.)

Tige globuleuse dans sa jeunesse, et plus âgée presque en colonne, à sommet enfoncé, d'un vert pâle glaucescent. — **Côtes** 34, très-comprimées, un peu ondulées-frisées. — **Sinus** très-aigus, arqués. — **Aréoles** très-distantes, ovales, prolongées au-dessus du faisceau d'aiguillons, munies d'un duvet blanc-roussâtre qui tombe bientôt. — **Aiguillons** 5, et même souvent 6, inégaux, rayonnants, d'un blanc gris-sale, dont 1 supérieur dressé, de 14 à 20 millimètres ; 2 latéraux un peu plus longs, le plus souvent unis à moitié ; tous trois aplatis, les 2 inférieurs plus petits ; 1 central de 36 millimètres de long, en forme de sabre, fort et dressé. = Habite le Mexique.

SYNON. — *E. ensiferus.* Lemair. cact. monv. p. 26.

78. E. porte-épée. — *E. xiphacanthus*. (Miq.)

Tige hémisphérique-déprimée, à sommet enfoncé, laineux, d'un blanc sale. — **Côtes** 34, rapprochées, très-comprimées, ondulées flexueuses, obtuses saillantes et arquées entre les aréoles. — **Sinus** très-étroits et aigus, dilatés près de leur base. — **Aréoles** espacées, cotonneuses et blanches dans leur jeunesse, les inférieures nues et enfoncées. — **Aiguillons** extérieurs 4-5 courts, un peu dressés et cylindriques, les 2 latéraux moitié plus courts, plus cylindriques, divergents, et 1-3 au centre aplatis, très-longs, en sabre et lancéolés, prolongés en carène à leur base, arqués. = Habite....

SYNON. — *E. xiphacanthus.* Miq. dans Linnæa 12, p. 1.

79. E. sabre. — *E. pycnoxiphus*. (Lemair.)

Tige conique-globuleuse, fortement déprimée au sommet et glaucescente. — **Côtes** 40, comprimées et comme tranchantes. — **Aréoles** oblongues, enfoncées, quelquefois presque confluentes. — **Aiguillons** 9, très-serrés, très-forts, entrelacés, inégaux, les supérieurs disposés en croix, les inférieurs presque rayonnants ; 1 presque central, beaucoup *plus fort, en sabre* ; tous striés et jaunes, bruns à leur base et enfin cendrés.

═ Habite…. Il en existe un individu de 2 mètres chez M. Vandermaelen, à Bruxelles, et un autre à peu près semblable à Paris, chez M. Mondoville.

Synon. — *E. pycnoxiphus*. Lemair. nov. gen. et spec. p. 14.

80. E. dressé. — *E. arrigens*. (Link.)

Tige globuleuse ou en œuf renversé, glaucescente, à sommet enfoncé et garni d'un grand nombre d'aiguillons. — Côtes nombreuses, très-comprimées et onduleuses. — Sillons…… — Aréoles latérales distantes, verticales. — Aiguillons 11, blanchâtres, à sommet brunâtre dans leur jeunesse, dont 8 en forme de soies à la circonférence et 3 au centre, 1 seul dressé et en forme de sabre, 2 très-étalés et en alène. ═ Hab. le Mex.

Synon. — *E. arrigens*. Link, dans Otto et Dietr. allgem. gartenz. 8, p. 161.

80*. E. sulfurin. — *E. sulfureus*. (A. Dietr.)

Tige presque globuleuse, verte, déprimée et garnie de nombreux aiguillons au sommet, ayant environ 10 à 12 centimètres de diamètre. — Côtes nombreuses, très-comprimées, ondulées. — Aréoles latérales distantes, celles du sommet rapprochées. — Aiguillons 8-9 blanchâtres, brunâtres au sommet dans leur jeunesse, comprimés à leur base et en alène, dont 7 disposés dans la circonférence et 1 seul dressé et très-long occupant le centre ; les 3 supérieurs moitié moins longs que le central, les 3 ou 4 inférieurs beaucoup plus petits, à peine comprimés à leur base. — Fleurs naissant du sommet de la plante, en forme de soucoupe de 2 à 3 centimètres de longueur sur 1 1/2 de diamètre, d'un jaune-soufre pâle. — Pétals lancéolés, aigus, acuminés, 1 festonné sur les bords, près du sommet. — Étamines atteignant environ la longueur des pétals. Anthères d'un jaune obscur. — Colonne des Styles dépassant les anthères. — Stigmates 7, couleur soufre. — Habite le Mexique.

Synon. — *E. sulfureus*. Alb. Dietr. dans Otto et Dietr. allgem. gartenz. 13, p. 170, selon Walp. rep. 5, p. 815 (1846).

81. E. hérissonné. — *E. hystrichocentrus*. (Berg.)

Tige en forme de massue, à sommet un peu enfoncé, non

laineux. — **Côtes** 39, comprimées, très-onduleuses et tranchantes. — **Sinus** très-étroits, très-aigus. — **Aréoles** éloignées.
— **Aiguillons** 8, tous foliacés, les 3 supérieurs plus grands, d'un
blanc-cendré, à sommet noir, linéaires-lancéolés, presque
égaux, ceux du haut plus longs, dirigés en dessus; le central
très-grand, en forme de sabre, dressé, transversalement striés
et d'un blanc cendré; 3 inférieurs linéaires, blanchâtres, presque égaux, étalés. = Habite le Mexique.

SYNON. — *E. hystrichocentrus.* Berg, dans Otto et Dietr. allgem.
gartenz. 8, p. 131; Walp. rep. 2, p. 319 (1843).

82. **E. jaune-vert.** — *E. flavo-virens*. (Scheidw.)

Tige globuleuse, d'un jaune vert. — **Côtes** verticales, tranchantes. — **Sinus** profonds, très-aigus. — **Aréoles** écartées,
oblongues, presque tronquées au sommet, et quelques-unes
donnant naissance à des rameaux. — **Aiguillons** extérieurs 14,
inégaux, étalés; 4 centraux plus forts, dont l'inférieur plus
grand; tous raides, annelés, gris et d'une seule couleur. =
Habite le Mexique.

SYNON. — *E. flavo-virens.* Scheidw. dans Otto et Dietr. allgem.
gartenz. 9, p. 50; Walp. rep. 2, p. 319 (1843).

82*. **E. arqué.** — *E. obrepandus*. (Salm-Dyck.)

Tige globuleuse-déprimée, brillante, verte, de 13 à 14 centimètres de diamètre. — **Côtes** 17, très-comprimées, ondulées
en crête. vert-pâle, presque lisses, à sinus aigus. — **Aréoles**
très-déprimées, rapprochées, cotonneuses et grisâtres. —
Aiguillons raides, 10 extérieurs étalés, celui du sommet ainsi
que le central plus longs, dressés, et de 2 à 3 centimètres de
longueur; l'inférieur plus court que les autres; tous d'un jaune
brun et cendrés dans leur vieillesse. = Hab. la Bolivie intérieure.

SYNON. — *E. obrepandus.* Salm-Dyck, dans Otto et Dietr. allg.
gartenz. 13, p. 386, selon Walp. rep. 2, p. 815 (1846).

83. **E. aiguillon-feuille.** — *E. phyllacanthoides*. (Lem.)

Tige presque globuleuse, à sommet à peine enfoncé, d'un
vert obscur. — **Côtes** 55, très-rapprochées, ondulées, à peine
obtuses. — **Sinus** très-aigus. — **Aréoles** très-écartées, laineuses

dans leur jeunesse, prolongées au-dessus du départ des aiguillons. — Aiguillons 7, le supérieur foliacé, de près de 12 millimètres ; 2 latéraux dressés, les 4 autres réfléchis en dessous, et ceux-ci cylindriques. ⚌ Habite....

Synon. — *E. phyllacanthoïdes.* Lemair. nov. gen. et spec. cact. 28.

83*. E. épineux. — *E. spinosus*. (Wegen.)

Tige ovale-globuleuse, d'un vert pâle, verdâtre et très-anguleuse. — Côtes aiguës, acuminées, 34, un peu ondulées, distantes de 7 millimètres. — Aréoles écartées d'un centimètre et plus, laineuses et blanches, peu visibles au sommet de la plante. — Aiguillons 14-16, ceux du centre jumeaux, l'un supérieur et l'autre aplati, en alène et acuminé ; ceux de la circonférence blancs, rayonnants, donnant à la plante l'aspect d'une toile d'araignée, la plupart de plus d'un centimètre de long, tandis que l'inférieur a 5 centimètres. ⚌ Habite le Mexique.

Synon. — *E. spinosus.* Wegener, dans Otto et Dietr. allgem. gartenz. 12, p. 66, selon Walp. rep. 5, p. 815 (1846).

84. E. à grandes cornes. — *E. grandicornis*. (Lemair.)

Tige globuleuse, d'un vert glaucescent. — Côtes très-comprimées, très-nombreuses. — Aréoles très-distantes, très-cotonneuses, se dénudant peu à peu. — Aiguillons 9, très-longs, à plusieurs angles et d'un aspect horrible ; le supérieur vertical, très fort, épais et large, les 2 latéraux à peine moins forts, mais plus courts et plus minces ; tous très-raides, très-forts, jaunâtres d'abord, ensuite cendrés. ⚌ Habite le Mexique.

Synon. — *E. grandicornis.* Lem. nov. gen. et spec. cact. p. 30.

84*. E. hétéracanthe (1). — *E. heteracanthus*. (Mühlenp.)

Tige presque globuleuse, laineuse au sommet. — Côtes aiguës, nombreuses, ondulées, comprimées, à sommet laineux-floconneux et blanchâtre. — Aiguillons en faisceaux enfoncés, 4 disposés en croix au centre, blanchâtres, à sommet brun dans leur jeunesse et en carène. et 11 à 13 rayonnants, sétacés, occu-

____

(1) A aiguillons dissemblables les uns des autres.

pant la circonférence de l'aréole ; le supérieur réfléchi, et le plus long de tous, cornés dans leur vieillesse. = Habite le Mexique, à Real-del-Monte.

Synon. — *E. heteracanthus.* Mühlenpf. dans Otto et Dietr. allgem. gartenz. vol. 12, p. 187.

85. E. Dietrich. — *E. Dietrichii.* (Sering.)

Tige globuleuse, couverte d'aiguillons, à sommet déprimé. — **Côtes** nombreuses, très-comprimées et ondulées. — **Aréoles** distantes, celles du sommet rapprochées, finement cotonneuses dans leur jeunesse. — **Aiguillons** 8, blanchâtres, brunâtres au sommet : les latéraux en alènes minces, fermes et planes ; 1 central, linéaire en alène, plane et droit. — **Fleurs** entourées d'aiguillons. — **Tube commun** très-court. = Hab. le Mexique.

Synon. — *E. Dietrichii.* Sering. mss. — *E. lancifer.* Alb. Dietr. dans Otto et Dietr. gartenz. 7, p. 134 (non Reichenb.). — *E. obvallatus.* Pfeiff. enum. cact. p. 62 (non A. P. de Cand.).

85*. E. Hooker. — *E. Hookeri.* (Mühlenp.)

Tige obovée, à sommet déprimé. — **Côtes** nombreuses, très-serrées, foliacées-membraneuses, ondulées-flexueuses. — **Aréoles** déprimées. — **Aiguillons** 3, réfléchis, aplatis, blanchâtres dans leur jeunesse, les supérieurs ailés, longs de 5 centimètres ; les latéraux d'un centimètre de long, cornés dans leur vieillesse. — **Fruits** du volume d'un gros pois, dispersés au sommet de la plante. = Habite le Mexique, à Real-del-Monte.

Synon. — *E. Hookeri.* Mühlenpfordt. dans Otto et Dietr. allgem. gartenz. vol. 13, p. 345, selon Walp. rep. 5, p. 814 (1846).

§ 4. Espèces qui passeront peut-être dans les Mammillaires en totalité ou en partie.

86. E? mammillaire. — *E? mammillarioides.* (Hook.)

Tige arrondie-cylindracée, garnie de mamelons. — **Côtes** 14-16 irrégulièrement disposées, laineuses au sommet. — **Aiguillons** 7 environ, assez courts, minces, étalés, pâles et terminaux. — **Fleurs** d'un jaune rougeâtre, grandes et tachées de roux un peu rose. = Habite le Chili.

Synon. — *E. mammillarioïdes*. Hook. bot. mag. t. 3558, flor. jard. angl. 5, p. 32, tab. 7, fig. 6 (1837). Est-ce bien réellement dans les *Echinocactes* que cette espèce doit être rangée ? Si les fleurs naissent à l'aisselle des mamelons, comme la figure citée semble l'indiquer, il faudra en faire la *Mammillaire Hooker* (*Mammillaria Hookeri*).

87. E? Mackie. — *E? Mackieanus* (Hook.)

Tige obovée, mamelonnée. — **Côtes** 16-17, presque régulières. — **Mamelons** coniques-déprimés, grands, à sommet laineux. — **Aiguillons** 8-10, longs, minces, étalés, bruns. — **Fleurs** blanches, à sommet teinté de rouge — **Tube commun** muni de nombreuses écailles. = Habite le Chili. Cette plante est d'une végétation très-lente et difficile à cultiver.

Synon. — *E. Mackieanus*. Hook. bot. mag. tab. 3561 (1837); flor. des jard. angl. 5, p. 33, pl. 7, fig. 6 (1837). Si les fleurs naissent à l'aisselle des mamelons, comme la figure semble l'indiquer, il faudra en faire la *Mammillaire Mackie* (*Mammillaria Mackieana*).

88. E? creusé. — *E? insculptus*. (Scheidw.)

Tige oblongue-ovée, glauque, finement ponctuée en blanc. — **Côtes** 8, sinueuses, tuberculées autour des aréoles, creusées transversalement. — **Aréoles** jeunes laineuses et nues plus tard. — **Aiguillons** 7, divergents, recourbés, raides, pourpres d'abord et ensuite cornés. = Habite le Mexique.

Synon. — *E. insculptus*. Scheidw. bull. brux. 6, p. 2.

89. E? allongé. — *E? gracillimus*. (Lemair.)

Tige en colonne, d'un vert cendré. — **Côtes** 16, tuberculeuses. — **Tubercules** très-serrés, d'un vert très-foncé en dessous. — **Aréoles** très-petites, presque laineuses. — **Aiguillons** dissemblables, en forme de soies, très-allongés, environ 12, rayonnants, très-petits ; 2 au centre (quelquefois 3-4), presque dressés, d'un brun foncé, un peu plus forts, plus longs, tous raides. = Habite....

Synon. — *E. gracillimus*. Lemair. nov. gen. et spec. cact. 24.

90. E? crénelé. — *E? thrincogonus*. (Lemair.)

Tige élevée presque en colonne, épaisse, enfoncée au sommet. — **Tubercules** un peu allongés, comprimés et disposés en 8 côtes presque spiralées. — **Aréoles** ovales-convexes, situées au sommet des tubercules. — **Aiguillons** très-nombreux, très-serrés, inégaux, très-pointus, étalés ; les intérieurs beaucoup plus forts, tous bruns. = Habite....

Synon. — *E. thrincogonus*. Lemair. nov. gen. et spec. cact. p. 22. — Walp. rep. 2, p. 322 (1843), établit la var. **élevée** (*E. thrincogonus elatior*), qu'il distingue à sa tige d'un vert plus pâle, à ses tubercules plus épais et plus distants, à ses aiguillons tous beaucoup plus pâles, plus longs et moins nombreux, surtout les extérieurs.

91. E? renversé. — *E? hypliacanthus*. (Lemair.)

Tige oblongue, d'un vert foncé, fortement creusée au sommet. — **Côtes** 11, tuberculées, ceux-ci à 6 faces à leur base. — **Sinus** arqués. — **Aréoles** ovales. — **Aiguillons** 7, inégaux, moins minces, un peu raides, *complétement renversés* sur la plante et d'un jaune doré, 4 en deux rangées latérales. = Habite....

Synon. — *E.? hyptiacanthus*. Lemair. nov. gen. et spec. 21.

92. E? petit. — *E? pumilus* (Lemair.)

Tige petite, globuleuse, creusée au sommet. — **Tubercules** petits, finement ponctués de blanc, d'un vert foncé et quelquefois d'un rouge intense, à six angles à leur base, obtus et très-courts. — **Côtes** peu marquées, presque spiralées. — **Sinus** planes, marqués d'une ligne arquée. — **Aréoles** arrondies, très-petites, d'un brun jaunâtre. — **Aiguillons** 12-14, presque entrecroisés, principalement vers le sommet, de 2 millimètres de long, presque égaux, très-minces, presque rayonnants, courbés dans divers sens ; 1 à 2 centraux, mous, d'un jaune brunâtre, naissant d'un duvet cotonneux persistant. - - **Fleurs** partant du sommet creux de la plante, grandes, s'élevant parmi des poils laineux et des soies longues et nombreuses. = Habite...... —

M. Lemaire dit les mamelons de cette espèce disposés comme

ceux des *Mammillaires,* mais il indique que les fleurs ne sont pas axillaires (des mamelons, sans doute), ce qui forcerait probablement de laisser cette espèce parmi les *Echinocactes.*

Synon. — *E. pumilus.* Lemair. cact. monv. p. 21.

93. E. Monville. — *E. Monvillii.* (Lemair.)

Tige globuleuse, d'un vert clair, portant de très gros tubercules, déprimée au sommet, qui est garni, dans quelques individus, d'une espèce de tête laineuse. — **Côtes** formées de tubercules ascendants. — **Tubercules** très-rapprochés au sommet, à 6 faces à leur base, très-larges et ponctués de blanc, comme tronqués au sommet pour former l'**Aréole** , et garnis de poils laineux persistants. — **Aiguillons** très-longs, 12-13, d'un vert pâle, pourpres à leur base, qui est amincie, de 18 millimètres et plus, régulièrement disposés sur 2 rangs, striés en travers et aplatis, très-longs ; dans les 2 rangs latéraux, chacun de 5, les aiguillons sont fortement étalés dès leur base, presque d'égale longueur, légèrement arqués en dessus ; 2 plus courts occupent la partie supérieure de l'aréole, tandis qu'il en part un long de la partie inférieure, et qui se dirige en bas. Du sommet de quelques aréoles partent de jeunes ramifications qui, par leur origine, indiquent les vrais *Echinocactes.* — Grande et très-belle fleur de 8-9 centimètres de long sur autant de diamètre. = Habite le Paraguai. Cette belle plante a fleuri, en 1839, chez M. Gordon, amateur distingué du Hâvre.

Synon. — *E. Monvillii.* Lemair. cact. monv. p. 14, avec fig.

94. E. turbiné. — *E. turbiniformis.* (Pfeiff.)

Tige indivise, d'un vert grisâtre, amincie à sa base, à sommet très-large et enfoncé. — **Côtes** ascendantes-spiralées, mamelonnées. — **Mamelons** anguleux à leur base, peu élevés. — **Aréoles** presque chauves au sommet. — **Aiguillons** au milieu des tubercules, 3-4 dressés, cendrés. = Habite le Mexique.

Synon. — *E. turbiniformis.* Pfeiff. dans Otto et Dietr. gartenz. 7, p. 275. — *Mammillaria turbinata.* Hook. bot. mag. tab. 3984.

95. E? Ehrenberg. — *E? Ehrenbergii.* (Pfeiff.)

Tige presque globuleuse, d'un vert sale, ramifiée par sa base, à sommet laineux et peu enfoncé. — Côtes 13 (8 selon Lemaire). obliquement ascendantes, arquées, renflées en tubercules près des aréoles. — Sinus profonds, aigus. — Aréoles ovales, d'un jaune velouté, et plus tard cotonneuses et grisâtres. — Aiguillons extérieurs 11, minces, étalés et rayonnants ; les latéraux plus longs ; 4 au centre et striés en travers ; celui du sommet et l'inférieur très-longs et aplatis ; les latéraux plus minces, anguleux ; tous naissant couleur paille et plus tard prenant une teinte cendrée. = Habite le Mexique.

Synon. — *E. Ehrenbergianus*. Pfeiff. dans Otto et Dietr. gartenz. 7, p. 275. — *E. porrectus*. Lemair. cact. monv. p. 17 (1838) ; Walp. rep. 2, p. 321 (1843).

96. E? échevelé. — *E? scelothrix*. (Lehm.)

Tige presque globuleuse, d'un vert pâle, à sommet peu enfoncé. — Côtes 16-17, presque verticales, festonnées, munies de tubercules aigus au-dessous des aréoles. — Sinus presque aigus. — Aréoles oblongues, cotonneuses, d'un blanc sale dans leur jeunesse, ensuite grises. — Aiguillons les plus bas, 8-12, en forme de soies, blancs et diversement tordus ; les suivants, 10-12, plus minces, droits, assez raides, blancs ; les 5-6 du centre plus longs, noirâtres, très-piquants, souvent 1 seul au milieu. = Habite le Mexique.

Synon. — *E. scelothrix*. Lehm. dans linnæa 13, p. 101 ; Walp. rep. 2, p. 321 (1843). Cette espèce appartient-elle aux *Echinocactes* ou aux *Mammillaires*?

97. E? mammillifère. — *E? mammillifer*. (Miq.)

Tige sphérique, d'un vert pâle. — Côtes 8, un peu obliques, très-comprimées et comme foliacées, à arêtes garnies de tubercules coniques-comprimés, élevées, et très-sinueuses entre les tubercules arqués. — Aréoles circulaires, placées au sommet des tubercules, floconneuses et blanches dans leur jeunesse, les inférieures nues. — Aiguillons tous semblables, safranés, presque transparents, bruns à leur base ; 8 extérieurs, arqués et rayonnants ; le central dressé, à peine plus long. = Habite.....

Synon. — *E. mammillifer*. Miq. dans Linnæa, vol. 12, p. 8 ; Walp. rep. 2, p. 317 (1843).

98. **E? à quatre aiguillons. — *E? tetracanthus*.** (Lem.)

Tige globuleuse, légèrement déprimée, d'un vert foncé. — **Côtes** presque spiralées, environ 22, festonnées, un peu tuberculeuses au-dessus des aréoles? — **Aréoles** déprimées, blanches et cotonneuses dans leur jeunesse, et si rapprochées vers le sommet de la plante qu'on le prendrait pour l'agglomération de fleurs du genre *Mélocacte*; s'écartant ensuite et alors garnies d'une laine très-courte, serrée et blanchâtre. — **Aiguillons** jeunes jaunâtres, mêlés, dans la partie supérieure de la plante, de poils laineux, ensuite disposés en groupes de 4 ensemble, courts, égaux, de 8 à 10 millimètres de long, presque disposés en croix, le supérieur dressé, les inférieurs réfléchis et rapprochés de manière à simuler un trident. — **Fleurs** sessiles, couvertes à l'état de bouton, de longs poils laineux, d'un violet brun, luisant. — **Pétals** 4-5, soyeux, très-étalés, irrégulièrement et finement frangés. — **Filets** d'un jaune intense. — **Style commun** jaune. — **Stigmates** 8-9, écarlates. = Habite Montevideo.

Synon. — *E. tetracanthus*. Lemair. cact. monv. p. 15 (1838).

99 **E? cératiste. — *E. ceratistes*.** (Otto.)

Tige globuleuse, vert-pâle. — **Côtes** 10-16, obliques, à tubercules obtus. — **Sinus** flexueux. — **Aréoles** éloignées, oblongues, blanchâtres. — **Aiguillons** antérieurs 8, courbés, l'inférieur très-petit et 1 central recourbé; tous épais et noirs. = Habite le Chili.

Synon. — *E. ceratistes*. Otto, dans Pfeiff. enum. cact. p, 51; Walp. rep. 2, p. 310 (1843), qui pense que ce pourrait être un *Mélocacte*.

100. **E? aciculé. — *E. aciculatus*.** (S.-Dyck.)

Tige globuleuse, un peu déprimée. — **Côtes** 11 à 12, verticales, obtuses. — **Aréoles** rapprochées, les jeunes laineuses, blanches. — **Aiguillons** minces, droits, presque raides et couleur paille; 10 extérieurs rayonnants, l'inférieur très-long, et 1 central. = Habite le Brésil.

SYNON. — *E. acicularis*. Salm-Dyck, hort. Dyck, p. 341 ; Pfeiff. enum. cact. p. 51 ; Walp. rep. 2, p. 310 (1843). — Serait-ce un *Mélocacte?*

100*. E. Cuming. — *E. Cumingii*. (Hopffer.)

Tige hémisphérique, verte, déprimée et laineuse au sommet. — **Côtes** 8, presque verticales, tuberculées, très-renflées près des aréoles.   **Tubercules** oblongs, à faces peu prononcées, face supérieure déprimée, portant le faisceau d'aiguillons et se prolongeant angulairement au-dessous.   **Aréoles** ovales-oblongues, enfoncées, prolongées au-dessus du faisceau d'aiguillons, et garnies d'abondants flocons cotonnenx d'un blanc jaunâtre. — **Aiguillons** 9-11, en alène, cornés à leur base, bruns au sommet, et plus tard concolores, cendrés, dont 7-9 extérieurs inégaux, droits, rayonnants (les 2 inférieurs petits, manquent quelquefois), 2 autres au centre, plus longs, l'un dressé et ascendant, l'autre réfléchi.   Habite les Andes du Pérou.

SYNON. — *E. Cumingii*. Hopffer, dans Otto et Dietr. allgem. gartenz. 11, p. 223, selon Walp. rep. 3, p. 936 (1843).

101. E. acanthoïde. — *E. acanthoïdes*. (Lemair.)

Tige globuleuse, à sommet à peine enfoncé, d'un vert sombre. — **Côtes** 19, saillantes, en forme de mamelons entre les aréoles. — **Aiguillons** très-forts, au nombre de 18, sous trois formes, les uns très-longs, d'autres droits et très-piquants, les 3mes horizontaux, droits ou presque courbés, très-entrecroisés, d'un aspect horrible. = Habite....

SYNON. — *E. acanthoïdes*. Lemair. gen. et spec. cact. 106 (1838).

102. E. tordu. — *E. tortus*. (Scheidw.)

Tige oblongue-globuleuse, d'un vert pâle, parfois marqué de taches brunes irrégulières. — **Côtes** 8, comprimées, tordues en spirale, surmontées de tubercules blancs, laineux. — **Sinus** ondulés. — **Aréoles** assez distantes, jaunes et ensuite cotonneuses et grises. — **Aiguillons** 8-10, les supérieurs plus petits, celui du milieu ou l'inférieur très long et en forme d'épée ; ceux du centre droits, les supérieurs recourbés, cylindriques ou comprimés, d'un jaune pâle, dorés à leur base, transversalement striés. — **Sépals** en alène et piquants. = Hab. le Mexiq.

Synon. — *E. ornatus.* A. P. de Cand. rev. cact. dans mém. mus. 17, p. 114 (1828)? Pfeiff. enum. cact. p. 62, n° 37? — *E. holopterus.* Miq. linnæa 12, p. 2. — *E. Mirbellii.* Lemair. cact. monv. 22 (1838).

103. E. Courant. — *E. Courantii.* (Lemair.)

Tige globuleuse-déprimée, enfoncée au sommet, d'un vert sombre. — **Côtes** 22 environ, tranchantes, festonnées, renflées presque en mamelons sur les aréoles. — **Sillons** presque aigus, arqués, profonds. — **Aréoles** nombreuses, enfoncées, coton- neuses et blanches dans leur jeunesse, assez rapprochées vers le sommet, de manière à imiter l'agglomération florale des *Mélocactes,* ensuite s'écartant les unes des autres. — **Aiguillons** 7, couleur paille en naissant, brun-foncé au sommet, d'une ap- parence cornée, et 3 inférieurs un peu plus longs, disposés comme un trident; les supérieurs plus minces, manquant quel- quefois, ainsi que le central. = Hab.... Introduit par M. Courant. Il a des rapports avec l'*E. corynode* et avec celui *à fleurs sessiles.*

Synon. — *E. Courantii.* Lemair. cact. monv. p. 20 (1838).

104. E? à fossettes. — *E? fossulatus.* (Scheidw.)

Tige cylindrique, glauque, à sommet plane et laineux. — **Côtes** 13, tuberculées et spiralées. — **Tubercules** comprimés, obtus, munis en avant de fossettes oblongues d'où naissent les fleurs. — **Aréoles** déprimées, cotonneuses seulement dans leur jeunesse. — **Aiguillons** 7, quelquefois 8; les extérieurs étalés, disposés en étoile, courbés; 1 au centre plus fort, dressé, mais un peu infléchi; tous raides, pointus, cornés. = Hab. le Mexiq.

Synon. — *E. fossulatus.* Scheidw. dans Otto et Dietr. gartenz. 9, p. 49; Walp. rep. 2, p. 321 (1843). Doit-elle rester dans les *Mammillaires?*

104*? E. multiflore. — *E. multiflorus.* (Hook.)

Tige globuleuse-déprimée, d'un vert obscur, presque glau- que et tuberculée, d'environ 10 décimètres de hauteur et de diamètre. — **Côtes** peu marquées. — **Tubercules** grands, oblongs ou hémisphériques, à peine anguleux, verticaux, imitant des mamelons et s'unissant par suite avec l'âge, disposés vers le haut de la plante en stries presque verticales et irrégulières. — **Aréoles** ovales, cotonneuses. — **Aiguillons** 5, forts, recourbés, étalés, presque appliqués et peu dissemblables, longs de 2 centimètres, 2 de chaque côté, le 5ᵉ défléchi, jaunâtres. — **Fleurs** nombreuses (relativement à la grandeur de la plante), grandes et blanches. — **Ecailles du tube** verdâtres, se transformant graduellement en sépals et en pétals, lesquels sont obovales et blanchâtres. — **Etamines** nombreuses; anthères petites, orangées. — **Stigmates** blanchâtres. $=$ Habite....

Synon. — *E. multiformis.* Hook. bot. mag. tab. 4181.

§ 5. Espèces à rapporter dans leur groupe.

105. E. mamelonné. — *E. submammulosus*. (Scheidw.)

Tige presque globuleuse, allongée, d'un vert pâle passant parfois au foncé. — **Côtes** 13, tuberculées entre les aréoles. — **Aréoles** ovales transversalement. — **Aiguillons** 7, petits, raides, inégaux, jaunâtres, le supérieur très-petit, déjeté sur le tubercule qui est au-dessus de lui; 1 au centre de 26 millimètres de long et déjeté en bas. $=$ Habite.....

Synon. — *E. submammulosus.* Lemair. nov. gen. et sp. cact. 20.

106. E. spiralé. — *E. intortus*. (A. P. de Cand.)

Tige oblongue. — **Côtes** 13-16, disposées en spirales au sommet. — **Aiguillons** médiocres, presque infléchis. $=$ Habite Antigua.

Synon. — *E. intortus.* A. P. de Cand. prodr. 3, p. 462; Pfeiff. enum. cact. p. 66; Walp. rep. 2, p. 315 (1843). — *Cactus intortus.* Mill. dict. jard. ed. franç. de 1785. vol. 2, p. 86, nᵒ 2; Haw. syn. p. 174. $=$ Var. **pourprée** (*E. intortus purpureus*). Mill. l. c. pourpre, aiguillons blancs. — *Cactus nobilis.* Lamk. enc. bot. 1, p. 537.

107. E? doré. — *E? aureus*. (Meyen.)

Tige dressée, rampante. — **Côtes** 6 (presque articulées?). — **Aiguillons** 6-7, longs, raides; 1 central, dressé, très-long. — **Fleurs** dorées, très-élégantes, de 24 millimètres de long. Tube des sépals velu. $=$ Habite le Pérou, province d'Arequipa.

Synon. — *E? aureus.* Meyen, d'après Pfeiff. enum. cact. p. 68; Walp. rep. 2, p. 315 (1843). — *Cactus aureus.* Meyen, reis um die welt. 1, p. 447.

108. E? cierge. — *E? cereiformis.* (A. P. de Cand.)

Tige presque cylindrique, verte. — Côtes 13, comprimées, presque obtuses. — Sinus aigus. — Aréoles 3 sur chaque côté, presque veloutées. — Aiguillons grisâtres, raides, minces; 7 rayonnants et 1 central droit. — Habite le Mexique.

Synon. — *E.? cereiformis.* A. P. de Cand. rev. cact. dans mém. mus. 17, p. 115 (1838); Walp. rep. 2, p. 315 (1843). †

109. E. Terschecki. — *E. Terscheckii.* (Reichenb.)

Tige en œuf renversé, verte, luisante. — Côtes 16, grosses. — Sillons moins profonds vers leur base, à angle droit vers le sommet. — Aréoles rapprochées, très-cotonneuses —Aiguillons 14, dont 12 extérieurs très-minces, droits, aplatis, très-étalés, jaunes, bruns à la base et au sommet; 2 au centre, plus forts, divergents l'un en dessus, l'autre en dessous; le supérieur plus mince. = Habite Montevideo.

Synon. — *E. Terscheckii.* Reichenb. dans Terscheck, suppl. p. 3, d'après Walp. rep. 2, p. 315 (1843).

110. E. ambré. — *E. electracanthus.* (Lemair.)

Tige globuleuse, déprimée, d'un vert obscur ou brun. — Côtes 13, presque spiralées, très-saillantes, tachées sur les angles. — Sinus aigus d'abord, ensuite presque planes et flexueux. — Aréoles un peu saillantes, distantes, garnies d'un duvet roux et cotonneux tombant bientôt. — Aiguillons 9 et rarement 10, ce dernier est plus court, supérieur; les autres sont très-forts, presque anguleux, recourbés, très-longs, rougeâtres et ensuite *transparents et jaunâtres;* 8 sont rayonnants, dont le supérieur est très-appliqué; les 6 latéraux presque égaux entre eux et très-recourbés, l'inférieur plus petit, et enfin 1 central, horizontal ou défléchi, à 5 faces à sa base, très long; tous forts, annulairement striés et anguleux. = Habite ...

Synon. — *E. electracanthus.* Lemair. cat. monv. p. 24 (1838).

111. **E. araignée.** — *E. araneolarius*. (Reichenb.)

Tige oblongue-obtuse. — Côtes 12. — Aréoles saillantes, garnies de petites fibres blanches. — Aiguillons 15-17, 5 de chaque côté, très-étalés, très-minces, jaunâtres, ceux du centre, 5-7, dressés, plus courts et pourpres. — Habite Montevideo.

SYNON. — *E. araneolarius*. Reichenb. dans Terscheck, suppl. p. 2, d'après Walp. rep. 2, p. 317 (1843).

112. **E. recourbé.** — *E. campulacanthus*. (Scheidw.)

Tige globuleuse-déprimée, à sommet enfoncé, d'un vert pâle. — Côtes 21, enflées autour des aréoles. — Sinus comprimés, tranchants. — Aréoles écartées, en forme de violon, cotonneuses. — Aiguillons extérieurs 7 presque égaux, raides, recourbés; 1 seul central très-grand et recourbé; tous raides, rougeâtres, striés en travers. = Habite....

SYNON. — *E. campulacanthus*. Scheidw. dans Otto et Dietr. allgem. gartenz. 8, p. 337.

113. **E. massue.** — *E. corynacanthus*. (Scheidw.)

Tige ovée-cylindrique, verte, à sommet laineux et concave. — Côtes 24, verticales. — Aréoles lancéolées, enfoncées, d'abord cotonneuses et ensuite nues. — Aiguillons extérieurs 7, très-inégaux, les supérieurs aplatis, canaliculés sur les côtés; les intérieurs demi-cylindriques, les inférieurs et les latéraux en alènes; 4 centraux en massue renversée et très-forts; tous jaunes dans leur jeunesse, plus tard pourpre foncé, droits et annulés. = Habite le Mexique.

SYNON. — *E. corynacanthus*. Scheidw. dans Otto et Dietr. allgem. gartenz. 9, p. 50; Walp. rep. 2, p. 319 (1843).

114. **E. Forbès.** — *E. Forbesii*. (F. A. Lehm.)

Tige presque globuleuse. — Côtes 10, presque tranchantes, courbées. — Aréoles cotonneuses. — Aiguillons 7, un peu étalés; le 8e dressé; tous couleur de chair pâle. = Habite....

SYNON. — *E. Forbesii*. F. A. Lehm. dans Terscheck, suppl. cact. 2.

115. **E. à grand aiguillon. — *E. macracanthus*.** (Vriese)

Tige obliquement globuleuse, d'un vert pâle, amincie à sa
base, qui est ligneuse. — **Côtes** 13, aiguës, ainsi que les sinus.
— **Aréoles** distantes, ovales ou oblongues-ovales, très-veloutées
et cotonneuses dans leur jeunesse. — **Aiguillons** 10-11, rayonnants, courts; l'inférieur très-court, réfléchi, crochu ; le supérieur très-long ; le central très-long (6 centimètres 1/2); tous
jaunes ou fauves. = Habite le Mexiq.

SYNON. — *E. macracanthus*. Vriese Tijdschr. gesch. 4, p. 49,
a b 2 ; Walp. rep. 2, p. 320 (1843).

116. **E. luisant. — *E. irroratus*.** (Scheidw.)

Tige globuleuse, très-lisse, d'un vert pâle, à sommet déprimé. — **Côtes** 18-22, arquées, comprimées et obtuses, rayées
et tachées de pourpre. — **Sinus** aigus. — **Aréoles** grandes,
elliptiques, déprimées, ascendantes, cotonneuses, mais se dénudant avec l'âge. — **Aiguillons** inférieurs les plus minces,
droits, raides, étalés, un peu comprimés, striés en travers, d'un
blanc soyeux ou d'un brun pourpre, disposés sur 2 rangs; les
latéraux et l'inférieur en alène, transversalement striés ; le supérieur très-long, presque à 4 angles et marqué d'anneaux;
l'inférieur le plus petit; les 4 du centre très-forts = Hab. le Mex.

SYNON. — *E. irroratus*. Scheidw. bull. brux. 6, p. 3.

116*. **E. Williams. — *E. Williamsii*.** (Lemair.)

Racine en fuseau. — **Tige** basse, cylindrique inférieurement
et jaunâtre, tuberculée au-dessus et d'un vert cendré, à sommet déprimé, de 5 centimètres de hauteur et de près de 10 de
diamètre. — **Tubercules** larges, à 3 ou 5 angles peu distincts,
chauves et confluents avec l'âge.— **Côtes** 10. — **Aréoles** distantes,
garnies de poils laineux réunis en pinceau dressé et jaunâtre.
— **Fleurs** petites, roses, naissant du sommet des tubercules
supérieurs. — **Pétals** entiers, aigus, rose-pâle, à dorsale pourprée. — **Etamines** courtes, rassemblées, jaunâtres. = Hab.....

SYNON. — *E. Williamsii*. Lemaire, d'après Salm-Dyck, dans
Otto et Dietr. allgem. gartenz. 13, p. 385, selon Walp. rep. 5,
p. 816 (1846).

117. **E. curedent.** — *E. visnaga* (1). (Hook.)

Plante de 1 mètre 45 centimètres de hauteur, sur 90 de diamètre, pesant 350 kilogrammes. — **Côtes** 44, garnies chacune de 50 faisceaux d'aiguillons rouges, au nombre de 4 par faisceau. ⸗ Habite le Mexique. Il a fallu 14 hommes pour le placer sur le chariot qui devait le porter à 300 lieues de là jusqu'à la Vera-Cruz. M. Staine a été obligé de l'expédier enveloppé de feuilles de Tillandria et de nates de palmiers, ayant été recueilli dans un pays privé de bois.

Synon. — *E. visnaga*. Hook.... v. Paq. journ. hort. prat. ed. brux. vol. 3, p. 79 (1843).

118. **E. à mille taches.** — *E. myriostigma*. (bot. mag.)

Toute la surface de la plante couverte de taches blanches écailleuses. — **Côtes** 5 à 6, larges. — **Fleurs** d'un jaune paille, naissant du sommet de la plante, de 2 à 3 centim. de diamètre.

Espèces mal connues.

119. **E. à angles tranchants.** — *E. oxygonus*. (Link et Ott.)

Tige de la forme d'un melon. — **Fleurs** grandes et belles, carnées en dessus, et rose-vif en dessous.

Synon. — *E. oxygonus*. Link et Otto.... Hook, bot. mag. tab. 4162. V. Paq. journ. hort. prat. vol. 3, p. 167 (1845).

120. **E. Staines.** — *E. Stainesii*. (Hook.)

Fait l'admiration de tous les amateurs, dans le jardin de Kew. — Espèce recueillie au Mexique par M. Staine, qui l'a introduit en Angleterre en 1843.

121. **E. arachnoïde.** — *E. arachnoideus*, (Scheidw.)

122. **E. mammuleux.** — *E. mammulosus*.

(1) *Visnaga* ou *Bisnaga* est une corruption du mot *Bisacuta* (à 2 pointes), nom que les Espagnols ont donné à une espèce de Carotte (*Daucus visnaga*, Linn.) dont les pédoncules servent de cure-dents. Les Américains emploient de la même manière les aiguillons de cette *Opontiacée*, qu'ils nomment pour la même raison *Visnaga*. Cette espèce a été envoyée du Mexique, en 1843, par M. Staine à M. Hooker.

*Table latine des espèces d'*ECHINOCACTES.

Genre 5. **Astrophyte. — Astrophytum** (1). (Lem.)

Ce genre est si distinct des autres Opontiacées, que **M. Le-maire** n'aurait pas dû l'abandonner pour rapporter la seule espèce sur laquelle il est constitué aux *Echinocactes*, dont il n'a les caractères que par la forme des fleurs. Celles-ci sont d'ailleurs si peu caractéristiques dans toute la famille, qu'il vaut mieux, jusqu'à ce qu'on en ait bien étudié les caractères, laisser exister le genre. Les larges côtes de ses tiges ne se trouvent garnies que de houpes de poils nombreux, courts et cotonneux, qui, dans le genre *Echinocacte*, entourent ordinairement la base des aiguillons, à peine visibles dans celui-ci. Les fleurs, au lieu de naître de l'aisselle des faisceaux d'aiguillons, ou de l'agglomération de poils qui les entoure, se *développent de leur centre*. D'ailleurs les côtes, vues à la loupe, sont pointillées d'une multitude de petites taches blanches qu'on ne retrouve pas dans les autres genres. L'auteur qui l'a établi lui trouve des rapports, par ses fleurs, avec les *Echinocactes*, tandis que les groupes de poils un peu aiguillonneux le rapprocheraient de quelques *Oponthies* ou du *Cierge bordé*.

Synon. — *Astrophytum*. Lemair. cat. gen. et spec. p. 4 (1839).

Astrophyte à taches nombreuses. — *Astrophytum myriostigma*. (Lemair.)

Tiges presque sphériques, relevées de 5 ou 6 très-grosses côtes à larges faces convexes et à larges ondulations. Angle extérieur, qui porte les agglomérations floconneuses, relevé entre chacune d'elles d'une légère protubérence. — **Fleurs** jaunes, grandes, de près de 8 centimètres de diamètre, partant du sommet de la tige. — **Tube des sépals** en entonnoir, garni de pe-

(1) Ce nom générique lui a été donné par le laborieux auteur de la belle *Iconographie descriptive des Cactées*, à cause de sa forme, qui est assez bien celle d'une *Etoile de mer;* son nom d'espèce, parce qu'elle est couverte de taches innombrables.

li tites écailles linéaires-aiguës, verdâtres, appliquées, mêlées d'un
li abondant duvet roussâtre et, lorsque la plante est jeune, de
quelques aiguillons fins et très-courts. — **Pétals** lancéolés-
linéaires, aigus, rougeâtres au sommet et en dehors. —
Etamines très-nombreuses, très-serrées, égales, dépassant à
peine le tube, jaunâtres. — **Style commun** filiforme, jaunâtre,
de la longueur des anthères; terminé par 4 à 6 rayons de stigmates allongés, convexes. — **Fruit**...... = Cette belle plante,
d'un aspect tout particulier, a été récoltée à Maran, dans le
Mexique, par M. GALEOTTI, et envoyée à M. VANDERMAELEN, de
Bruxelles. Elle paraît avoir fleuri presque en même temps chez
feu M. COURANT, au Hâvre.

SYNON. — *Astrophytum myriostigma.* Lemair. cat. gen. et spec.
1839, p. 4. — *Echinocactus myriostigma.* Salm-Dyck, cat. jard.
Dyck, p. 23 (1841); Hook. bot. mag. tab. 4177. — *Cereus incris.*
Scheidw. bull. acad. brux. 6, p. 2. — *C. callicoche.* Galéott.?
— *Echinocactus* (sous genre *Astrophytum*) *myriostigma.* Lemair.
icon. cact. livr. 7, n° 14 (1845), figure de grandeur naturelle
(19 centimètres de diamètre, sur 16 de hauteur).

Genre 6. **Epiphylle** (1). — **Epiphyllum.** (PFEIFF.)

Arbustes à tige et rameaux minces, ligneux, recouvert d'une
écorce utriculeuse, le plus souvent prolongée en 2 ailes charnues, aplaties de manière à imiter des feuilles, dont la partie
ligneuse de la tige et des rameaux rappelle la dorsale et les
fibres principales des feuilles, et comme articulés-tronqués au
sommet, lequel présente une échancrure cotonneuse. — **Tube
commun** *nu*, adhérent aux carpes. — **Pétals** sur plusieurs
rangs, les extérieurs réfléchis. — **Etamines** en nombre indéfini, comme les genres précédents. — **Stigmates** 3, *peu étalée.* — **Fruit** en poire, couronné par les sépals et les pétals.

(1) *Qui croît sur la feuille.* Les rameaux aplatis de ce genre les ont fait prendre
pour des feuilles, d'où lui est venu le nom qu'on lui a donné. D'ailleurs on sait
que ces plantes n'ont point de feuilles, que les organes verts en remplissent les
fonctions.

= Genre très-voisin des *Phyllocactes,* mais à tube beaucoup plus court.

SYNON. — *Epiphyllum.* Pfeiff. enum. 127 ; Miq. bull. brux. — Quelques espèces d'*Epiphylles* de Haw. — *Cactus truncatus.* Link, bot. reg. tab. 696 ; bot. mag. t. 2526 ; Hook, exot. flor. tab. 20.

Espèces du genre EPIPHYLLE *(Epiphyllum).*

1. E. tronqué.	E. truncatum (Haw.)
2. E. Altenstein.	E. Altensteinii (Pfeiff.).
3. E. Russel.	E. Russeliamus (Hook.).

1. Epiphylle tronqué. — *Epiphyllum truncatum.*

Tige et rameaux étalés, souvent cylindroïdes à leur base, mais ailleurs largement ailés, charnus, tronqués au sommet, garnis de quelques dents très-aiguës. Echancrure de chaque dernier article présentant une houpe plus ou moins prononcée de poils courts et cotonneux. — Fleurs à tube très-court, naissant du sommet des articles, de couleur rose, oblique, d'environ 8 centimètres. — Etamines blanches, ascendantes ; rayons stigmatiques 7, infléchis. — Greffé sur le *Cierge magnifique,* il prend un développement extraordinaire. = Habite le Brésil.

SYNON. — *E. truncatum.* Haw. suppl. p. 85. — *Cereus truncatus.* A. P. de Cand. prodr. 3, p. 470 (1828). — *Cactus truncatus.* Link, enum. p. 24, bot. reg. tab. 696 ; bot. mag. tab. 2526 ; Hook. exot. flor. tab. 20 ; Lodd. bot. cab. tab. 1267 ; Reichenb. flor. exot. 325. = Var. 1, **écarlate** (*E. truncatum coccineum*). Walp. rep. 2, p. 342 (1843). Articles plus petits, ovales, à peine ondulés. Fleurs écarlates. = Var. 2, **orangée** (*aurantiacum* des jardins). Fleurs orangées. Walp. rep. 2, p. 342 (1843).

2. E. Altenstein. — *E. Altensteinii.* (Pfeiff.)

Tige dressée, rameuse ; articles ailés, oblongs, d'un vert pâle, profondément sinués. = Habite le Brésil.

SYNON. — *E. Altensteinii.* Pfeiff. enum. cact. p. 128, et Walp. rep. 2, p. 342 (1843). — *Epiphyllum truncatum multiflorum* des jard. — *Cactus truncatus Altensteinii,* hort. berol.

5. **E. Russel.** — *E. Russelianum*. (Hook.)

Tige d'environ 1 mètre de long, cylindrique, de 8-10 centimètres de circonférence. — **Articles** de 2 centimètres de longueur, ovales, très-comprimés, terminés chacun par 2 dents entre lesquelles est une Aréole garnie de quelques poils. — **Fleurs** régulières, dressées, s'ouvrant en mai, partant de l'extrémité des jeunes rameaux, comme tronqués, de 5 à 6 centim. de longueur. — **Sépals** nombreux, imbriqués, les inférieurs petits, ovales, formant par leur union un tube rose, et passant insensiblement aux pétals, qui sont lancéolés et d'un rose élégant. — **Étamines** roses, unies en un seul faisceau, comme dans les Malvacées. Anthères oblongues, rose-foncé d'abord, et ensuite jaunes à leur épanouissement. **Colonne des Styles** filiforme, dépassant les anthères, terminée par 5 rayons stigmatiques. — **Fruit** à 4 angles, très-épais, ascendant, vert dans sa jeunesse. Croît au Brésil, sur les troncs d'arbres couverts de mousse, dans les montagnes des Orgues, à une élévation d'environ 2,000 mètres. Il a été recueilli par M. Gardner et envoyé au duc de Bedford ; il a été dessiné par ton ami Miers. Cette espèce a beaucoup de rapports avec l'*E. tronqué*, mais l'*E. Russel* a sa fleur dressée et régulière (oblique et irrégulière dans l'*E. tronqué*), son fruit est à 4 angles, et ce dernier se trouve dans des régions moins élévées.

Synon. — *Epiphyllum Russelianum*. Hook. bot. mag. avril 1839 ; Paxt. mag. of bot. 10; p. 245 et fig. - *Cereus Russelianus*. Gardn. d'après Lemaire, hort univ. 1, p. 31, pl. 5 (1839).

Genre 7. **Rhipsalis.** — **Rhipsalis.** (Gærtn.)

Plantes fausse-parasites sur les arbres. — **Tige** articulée-rameuse, cylindrique, anguleuse ou foliacée et parfois crénelée. — **Crénelures** munies d'écailles, ou bien presque nues, ou de soies très-petites. — **Fleurs** latérales ou rarement terminales, petites et éphémères. — **Sépals** au nombre de 12-18, unis en tube *nu* adhérent aux carpes, qu'il ne dépasse pas, imitant des écailles. — **Pétals** se confondant souvent avec les sépals, rayonnants. — **Etamines** nombreuses, de longueur presque égale et atteignant les pétals. — Colonne des **Styles** terminée par 3-6 stigmates. — **Fruit** du volume d'un pois, chauve, presque transparent à la maturité, couronné par la partie libre des sépals et des pétals. — **Cotyles** courts et aigus.

SYNON, — *Rhipsalis.* Gaertn, fruct. 1, p. 136, tab. 28 (1788); Haw, syp. 186 ; A. P. de Cand. rev. cact. p. 77 (1828). — *Hariota.* Adans. fam. 2, p. 243 (1763). — *Rhipsalis, Lepismium, Hariota.* Pfeiff. enum. 129-141 ; endl. gen. p. 944 (1839). — *Rhipsalis* et *Hariota.* A. P. de Cand. mém. 23 (1835). — *Cactus sect.* 5, *Rhipsalides.* Willd. enum. suppl. p. 33 (1813). — *Cacti parasitici.* A. P. de Cand. cat. hort. monsp. p. 83 (1831). — *Cacti teretes,* Link. enum. 23.

Tableau des espèces du genre RHIPSALIS.

§ 1. Tige et rameaux ailés par la prolongation latérale de l'écorce.

Rhiphalis 1. crépue.		Rhiphalis 4. à gros fruit.
— 2. rhomboïde.		— 5. Swartz.
— 3. ramuleuse.		— 6. épaisse.

§ 2. Tige et rameaux anguleux , côtes écailleuses , munies d'aréoles.

— 7. à cinq ailes.		— 12. Knight.
— 8. trigone.		— 13. paradoxale.
— 9. à petites fleurs.		— 14. cruciée.
— 10. commune.		— 15. flumineuse ?
— 11. queue de souris.		

§ 3. Tige et rameaux cylindriques. sans aiguillons et le plus souvent chauves.

— 16. cassythe.		— 21. ficoïde.
— 17. floconneuse.		— 22. petit cierge.
— 18. flambeau.		— 23. à gros fruit.
— 19. fasciculée.		— 24. sarmenteuse.
— 20. ondulée.		

§ 1. Tige et rameaux ailés par la prolongation latérale de l'écorce.

1. Rhipsalis crépue. — *Rhipsalis crispata*. (Pfeiff.)

Tige presque dressée, articulée. — **Rameaux** oblongs ou circulaires, imitant des feuilles par les ailes qui les bordent, et naissant du sommet ou des échancrures qu'ils présentent, comme pétiolés, d'un jaune pâle. — **Ailes** charnues, festonnées, ondulées. = Habite....

Synon. — *R. crispata*. Pfeiff. enum. cact. p. 130. — *Epiphyllum crispatum*. Haw. — *Cereus crispatus*, hort. berol. — Le prince Salm-Dyck, selon Walp rep. 2, p. 342 (1843), établit la variété élevée (*elatior*) dont les articles sont plus longs et plus larges.

2. R. rhomboïde. — *R. rhombea*. (Pfeiff.)

Tige et **Rameaux** presque dressés ; articles assez courts, étalés, imitant des feuilles, très-chauves et luisants, profondément échancrés, très-ramifiés au sommet. = Habite....

Synon. — *R. rhombea*, Pfeiff. enum. cact. p. 130, selon Walp. rep. 2, p. 342 (1843). — *Cereus rhombeus*. Salm-Dyck, hort. Dyck, p. 341. — *C. crispatus crenulatus*, hort. berol. — *C. torquatus*, hort. lugd. bat. — *Epiphyllum crenulatum, E. rhombeum* des jardins.

3. R. ramuleuse. — *R. ramulosa*. (Pfeiff.)

Tige presque dressée, cylindrique ; rameaux pendants, ailés, d'un vert pâle et ciliés dans la plante jeune, à échancrures distantes ; échancrures inférieures munies d'une espèce de foliole. = Habite....

Synon. — *R. ramulosus*. Salm-Dyck, hort. Dyck, p. 340 ; Walp rep. 2, p. 342 (1843). — *Epiphyllum ramulosum, ciliare, ciliatum*, des jardins.

4. R. à gros fruit. — *R. platycarpa*. (Pfeiff.)

Tige ailée. — **Rameaux** festonnés, verts et parfois bordés de rouge ; échancrures écailleuses. — Habite le Brésil.

Synon. — *R. platycarpa* Pfeiff. enum. cact. p. 131 ; Pfeiff. et

Otto, abbild. cact. tab. 17, fig. 2, selon Walp. rep, 2, p. 342
(1843). — *Epiphyllum platycarpum.* Zucc. mss.

5. R. Swartz. — *R. Swartziana.* (Pfeiff.)

Tige ailée, étalée. — **Rameaux** dilatés et imitant des feuilles,
d'un vert obscur, ovales ou en sabre, profondément festonnés.
sans aiguillons. == Habite la Jamaïque.

Synon. — *R. Swartziana.* Pfeiff. enum. p. 131, d'après Walp.
rep. 2, p. 342 (1843). — *Cereus alatus.* A. P. de Cand. prodr. 3,
p. 470. — *Epiphyllum alatum.* Haw. suppl. 84.

6. R. épaisse. — *R. pachyptera.* (Pfeiff.)

Tige presque dressée, à 2-3 ailes; ailes allongées ou arrondies, étendues, vertes, bordées de rouge, charnues, fibreuses,
tuberculeuses-festonnées, rarement à peine ciliées. Fibres donnant parfois des racines adventives sur les deux faces. == Habite
l'Inde occidentale.

Synon. — *R. pachyptera.* Pfeiff. enum. cact. p. 132. — *Cereus*
alatus. Link et Ott. icon. tab 39. — *Epiphyllum alatum.* Haw.
suppl. p. 84. — *Cactus alatus,* bot. mag. tab. 2820. — Walp.
rep. 2, p. 343, en indique 'une variété (**Crassior,** Salm-Dyck)
dont les articles sont plus verts, orbiculaires, plus épais et
presque entiers.

§ 2. Tiges anguleuses, côtes écailleuses, munies d'aréoles.

7. R. à cinq ailes. — *R. pentaptera.* (Pfeiff.)

Tige presque dressée, longuement articulée, très-verte. —
Rameaux minces, presque tordus, à 5 angles comme la tige;
sinus profonds; côtes membraneuses-comprimées et interrompues. — **Aréoles** distantes. — **Crénelures** des côtes cotonneuses
dans leur jeunesse, écailleuses, sans aiguillons. == Hab. le Brésil.

Synon. — *R. pentaptera.* Pfeiff. dans Otto et Dietr. allgem.
gartenz. 1836, p. 105; Pfeiff. enum. cact. 132; Pfeiff. et Otto,
abbild. cact. tab. 17, fig. 1.

8. R. trigone. — *R. trigona.* (Pfeiff.)

Tige dressée et presque articulée, vert-pâle, à trois angles,

à sinus planes. — **Côtes** tranchantes. — **Aréoles** presque entassées, légèrement colonneuses. — **Ecaille** verte, bientôt mar-
cescente. ⸗ Habite le Brésil.

Synon. — *R. trigona*. Pfeiff. enum. cact. 133, selon Walp.
rep. 2, p. 343 (1843).

9. R. à petites fleurs. — *R. micrantha*. (A. P. de Cand.)

Tige pendante, rameuse, chauve. — **Rameaux** à 3-4 angles
ou comprimés et en sabre. — **Fleurs** nées des angles, blanches
et très-petites. ⸗ Habite Quito.

Synon. — *R. micrantha*. A. P. de Cand. p. 476. — *Cactus micracanthus*. Kunth. syn. 3, p. 369 (1824).

10. R? commune. — *R? communis*. (Sering.)

Tige presque dressée, articulée, produisant quelques racines ; articles vert-pâle, souvent pourpres, triangulaires, parfois
tordus, à sinus profonds ; bords aigus, à crénelures arquées et
écartées, garnis d'écailles ovales-aiguës, foliacées ; à peine poilues dans les premières ramifications, mais très-poilues et
cendrées dans les rameaux fleuris. — **Fleurs** ressemblant à
celles des *Rhipsalis*. — **Style commun** filiforme, terminé par
8 rayons stigmatiques. ⸗ Habite le Brésil.

Synon. — *R. communis*. Sering. mss. — *Lepismium commune*.
Pfeiff. dans Otto et Dietr. allgem. gartenz. 1835, n° 40 ; enum.
cact. 138. — *Cereus squammulosus*. Salm-Dyck, selon A. P. de
Cand. prodr. 3, p. 469 (1828). — *C. elegans* des jardins.

11. R? queue de souris. — *R? myosurus* (Sering.)

Tige étalée, presque dressée. — **Articles** allongés, minces,
à 3-4 angles ; bords aigus, festonnés, pourpres ; festons assez
écartés, blancs et poilus, munis d'écailles foliacées. ⸗ Habite
le Brésil.

Synon. — *R. myosurus*. Sering. mss. — *Lepismium myosurus*.
Pfeiff. enum. cact. 139 ; bot. mag. t. 3755. — *Cereus myosurus*.
Salm-Dyck, selon A. P. de Cand. prodr. 3, p. 469. — *C. tenuis-
pinus*. Haw. phil. mag. 1827. — *Cactus tenuis*. Schott.

12. R? Knight. — *R? Knightii*. (Sering.)

Tige un peu dressée, presque articulée, d'un vert pâle ; arti-

cles divergents, allongés, à 4-5 angles. — **Côtes** aiguës, presque
crénelées, pourprées dans leur jeunesse. — **Sinus** arqués. —
Aréoles rapprochées, accompagnées d'une très-petite écaille.
— **Faisceaux** rapprochés, munis de poils blancs. = Hab. le Brés.

Synon. — *R. Knightii.* Sering. mss. — *Lepismium Knightii.*
Pfeiff. dans Otto et Dietr. allgem. gartenz. 1835, p. 380. —
Cereus Knightii. Parment.

13. **R? paradoxale. — *R? paradoxa.*** (Sering.)

Tige un peu dressée, presque articulée, verte; articles allongés, de forme variée, le plus souvent interrompus, à 3 angles,
charnus; les angles des entrenœuds alternant avec ceux des articles. — **Aréoles** distantes, munies d'une écaille rougeâtre et
le plus souvent de poils très-minces. = Habite le Brésil.

Synon. — *R. paradoxa.* Sering. mss. — *Lepismium paradoxum.*
Salm-Dyck, selon Pfeiff. dans Otto et Dietr. allgem. gartenz.
p. 140. — *Cereus pterocaulis* des jardins.

14. **R? crucіée. — *R? cruciformis.*** (Sering.)

Tige rameuse, articulée, articles longs (32 centimètres),
garnis de 3 ailes. — **Côtes** aiguës, profondément festonnées;
dents des festons portant les fleurs, qui partent de l'aisselle
d'une écaille. — **Pétals** en spatule. — **Style commun** dressé,
portant 3 rayons stigmatiques fendus. — **Fruit** globuleux, nu.
= Habite le Brésil.

Synon. — *R. cruciformis.* Sering. mss. — *Lepismium cruciforme.*
Miq. bull. brux. 1838, p. 49. — *Cactus cruciformis.* Vellozo, flor.
flum. 5, tab. 29.

15. **R? fluminensis. — *R? fluminensis.*** (Sering.)

Articles des rameaux triangulaires. — **Côtes** aiguës, crénelées, arquées; crénelures distantes de 2 à 5 centimètres, portant
des poils. — **Sinus** aigus. — **Sépals** en ovale-renversé, arrondis. — **Pétals** presque spatulés. — **Etamines** et **Stigmates**
beaucoup plus courts. — Habite le Brésil.

Synon. — *R. fluminensis.* Sering. mss. — *Lepismium fluminense.*
Miq. bull. brux. 1838, p. 48. — *Cactus triqueter.* Vellozo, flor.
flum. 5, tab. 25.

§ 3. Tige et rameaux cylindriques, sans aiguillons et le plus souvent chauves.

16. R. cassythe. — *R. cassytha*. (Gaertn.)

Tige dressée, devenant ligneuse avec l'âge. — **Rameaux** minces, verts, pendants, plus ou moins verticillés, écailleux par places, obtus au sommet. — **Sépals** 5-6. — **Pétals** 5-6. — Habite la Jamaïque, sur les branches d'arbres (garnies de terre).

Synon. — *R. cassytha*. Gaertn. fruct. 1, p. 137, tab. 28, fig. 1. — *Cactus pendulus*. Swartz, flor. ind. occ. p. 876 ; Tuss. flor. antill. 3, p. 82, tab. 22. — *Cassytha baccifera*. Mill. dict. éd. franç. 1785, vol. 2, p. 209 ; bot. mag. tab. 3080. — *Ripsalis pendula* des jard. — M. Walpers, rep. 2, p. 343 (1845), cite les variétés suivantes : Var. 1. **R. cassithe Swartz** (*R. cassitha Swartziana*). A. P de Cand. rev. dans mém. mus. vol. 17, p. 81 (1828). On doit considérer cette première variété comme le type de l'espèce. Voici ses caractères : Rameaux disposés circulairement. Sépals 6. Pétals 5 à 6. = Var. 2. **R. cassithe Hooker** (*R. cassitha Hookeriana*). A. P. de Cand. l. c. p. 81. Sépals et Pétals 4, obtus. Stigmates 3. Graines 12-20. — Habite le Mexique. — *R. cassitha*. Hook. exot. flor. pl. 2. = Var. 3. **R. cassithe Moçini** (*R. cassitha Moçiniana*). A. P. de Cand. l. c. p. 81, pl. 21 (1828). Sépals 3. Pétals 6. Stigmates 3. Graines 6. — Habite le Mexique. — Var. 4. **R. cassithe fourchue** (*R. cassitha dichotoma*). A. P. de Cand. l. c. Tige fourchue. Sépals 3. Pétals 6. Fruit du volume de celui de la *Grossulaire épineuse*. Graines 30-40. — *Cactus pendulus*. H. B. et Kunth, nov. gen. amer. 6, p. 65. — Nouvelle-Andalousie et Nouvelle-Grenade. = Var. 5. **R. cassythe Maurice** (*R. cassytha Mauritiana*). A. P. de Cand. l. c. p. 81. Rameaux plus articulés. Elle paraît habiter les îles de France et de Bourbon. — *Cactus parasiticus* Dupet.-Th. fragm. bot.? — *C. pendulus*. Sieb. flor. maur. † = Var. 6. **R. cassythe pendante** (*P. cassytha pendula*). Salm-Dyck, hort. Dyck, p. 371. Tige plus élevée. Rameaux plus nombreux, plus flasques, pendants et arqués de toutes parts. — *Cactus pendulus*.

17. R. floconneuse. — *R. floccosa*. (Salm-Dyck.)

Tige presque dressée. — **Rameaux** pendants, non en faisceaux' du volume d'une plume de cygne, un peu raides. — **Aréoles** éparses, accompagnées d'autant d'écailles, nues, mais velues lorsqu'elles donnent naissance à des fleurs. = Habite....

SYNON. — *R. floccosa.* Salm-Dyck, selon Pfeiff. enum. cact. p. 134. — *R. cassytha major.* Hort. Dyck, p. 371.

18. **R. flambeau.** — *R. funalis.* (Salm-Dyck.)

Tige presque dressée. — **Rameaux** longs, cylindroïdes, obtus, d'un vert obscur et presque chauves. — **Aréoles** éparses, presque nues, garnies d'une écaille purpurescente. = Habite l'Amérique méridionale.

SYNON. — *R. funalis.* Salm-Dyck, dans A. P. de Cand. prodr. 3, p. 476. — *R. grandiflorus.* Haw. suppl. p. 83, revis. p. 71; bot. mag. t. 2740; Link et Otto, icon. t. 38. — *R. calamiformis* des jard. — *Cactus cylindricus.* Vell. flor. flum. 5, t. 31. — Walp. rep. 2, p. 343, décrit une var. **petite** (*minor*) dont les rameaux sont plus minces, dont chaque aréole est munie d'une écaille rouge distincte et de soies blanches. — *R. cassytha pilosiuscula.* Salm-Dyck, hort. Dyck, p. 228.

19. **R. fasciculée.** — *R. fasciculata.* (Haw.)

Tige rampante, rameuse. — **Rameaux** fasciculés, très-verts, cylindriques, garnis de quelques soies, mais dans leur jeunesse légèrement anguleux et comme tordus. — **Aréoles** assez rapprochées, munies d'une petite écaille pourpre et de 4-6 poils mous et blancs. = Habite le Brésil et les îles Caraïbes.

SYNON. — *R. fasciculata.* Haw. suppl. p. 83. — *R. parasiticus.* Haw. syn. p. 187; bot. mag. p. 379; Turp. obs. p. 63, tab. 3. — *Cactus parasiticus.* Linn. spec.; Lamk. encycl. bot. 1, p. 541; A. P. de Cand. plant. grass. tab. 59. — *C. fasciculatus.* Willd. enum. suppl. 33. — *C. teres.* Vellozo, flor. flum. 5, tab. 30.

20. **R. ondulée.** — *R. undulata.* (Pfeiff.)

Tige sans épine, rameuse, sans feuilles ni écailles, mais anguleuses. — **Rameaux** minces, comprimés, articulés, à 2 ou 3 fourches, ondulées. — **Fleurs** de la *R. cassythe*, var. *fourchue.* = Habite les Caraïbes.

SYNON. — *R. undulata.* Pfeiff. enum. cact. p. 136. — *R. para-*

sitica. A. P. de Cand. prodr. 3, p. 476. — *Opuntia minima fla-*
gelliformis. Plum. cat. 6.

21. **R. ficoïde.** — *R. mesembryanthemoïdes*. (Haw.)

Tige à rameaux agglomérés, presque dressés, raides, articulés et garnis de racines adventives. Articles latéraux amincis
aux extrémités ; fascicules de poils capillacés blancs et pâles,
noirs lorsqu'ils sont morts. — **Fleurs** solitaires, blanches,
naissant du milieu des articles. — **Fruits** blancs, semblables à
ceux de la *R. cassythe.* = Habite l'Amérique méridionale.

Synon. — *R. mesembryanthemoïdes.* Haw. rev. p. 71. — *R. sali-*
cornioïdes, var. 2. Haw. suppl. p. 83 ; bot. mag. tab. 3078. —
R. echinata des jard.

22. **R. petit-cierge.** — *R. cereuscula*. (Haw.)

Tige presque flexueuse, grimpante, poussant des racines,
articulée. — **Rameaux** petits, presque fasciculés, carrés, rayons
de soies plus longs que les entrenœuds. — Voisine de la *R. ficoïde*,
mais doublement plus élevée, moins agglomérée et plus anguleuse. = Habite le Brésil.

Synon. — *R. cereuscula.* Haw. phil. mag. 1830, p. 100.

23. **R. à gros fruit.** — *R. macrocarpa*. (Miq.)

Tige rameuse, articulée, allongée, garnie d'ailes foliacées,
lancéolées, larges de 5 à 8 centimètres, ondulée, festonnée. —
Fleurs latérales et terminales, d'environ 2 centimètres de diamètre. — **Pétals** ovales, aigus, de la longueur des étamines.
— **Stigmates** 5. — **Fruits** grands, cylindriques, amincis au
sommet, de 16 centimètres de long, triangulaires, à angles aigus, portant quelques écailles. = Habite le Brésil.

Synon. — *R. macrocarpa.* Miq. bull. de brux. 1838, p. 49. —
Cactus phyllanthus. Vellozo, flor. flum. 5, p. 35.

24. **R. sarmenteuse.** — *R. sarmentosa*. (Ott. et Dietr.)

Tige mince, rampante, poussant des racines adventives, un
peu rameuse, à 4 ou 8 angles obtus, peu saillants. — **Aréoles**
rapprochées, petites, presque cotonneuses. — **Aiguillons** 8-12,
très-minces, sétacés, inégaux, droits. blanc-de-neige. = Habite
Bonaria.

SYNON. — *R. sarmentacea.* Ott. et Dietr. allgem. gartenz. 9, p. 98, selon Walp. rep. 2, p. 314.

Table alphabétique latine des espèces de RHIPSALIS.

cassytha (Gaertn.)	16	micrantha (A. P. de Cand.)	9
cereuscula (Haw.)	22	myosurus (Sering.)	11
communis (Sering.)	10	pachyptera (Pfeiff.)	6
crispata (Pfeiff.)	1	paradoxa (Sering.)	13
cruciformis (Sering.)	14	pentaptera (Pfeiff.)	7
fasciculata (Haw.)	19	platycarpa (Pfeiff.)	4
floccosa (Salm-Dyck)	17	ramulosa (Pfeiff.)	3
fluminensis (Sering.)	15	rhombea (Pfeiff.)	2
funalis (Salm-Dyck)	13	sarmentosa (Ott. et Dietr.)	24
Knightii (Sering.)	12	Swartziana (Pfeiff.)	5
macrocarpa (Miq.)	23	trigona (Pfeiff.)	8
mesembryanthemoides (Haw.)	21	undulata (Pfeiff.)	20

Genre 8. **Hariote.** — **Hariota.** (A. P. DE CAND., *non* ADANS. (1).

Arbustes charnus, très-petits, rameux, cylindriques, articulés, renflés de distance en distance, portant des faisceaux de poils, parfois en massue à l'extrémité des ramifications, non garnis de feuilles. — **Fleurs** terminales solitaires ou géminées (non latérales comme dans les *Rhipsalis*). — **Sépals** 3-4, unis en tube court, lisse, presque membraneux, ne dépassant pas les carpes, auxquels il adhère; lames distantes. — **Pétals** 14-15 (et non 5-10, comme dans les *Rhipsalis*), oblongs-lancéolés, adhérents par leur base à la face interne du tube commun. — **Etamines** environ 20, également adhérentes, plus courtes que les pétals. — **Carpels** 5, à stigmates épais, très-papilleux (non tordus les uns sur les autres, comme dans les *Peirescies*).

(1) Un genre de ce nom, antérieur au *Rhipsalis*, avait été proposé par ADANSON. Il avait passé probablement inaperçu, peut-être par la brièveté des caractères que ce naturaliste signala. Depuis, A. P. DE CANDOLLE, qui s'en était aperçu, ne crut pas devoir le reprendre, craignant d'augmenter la synonymie. Depuis il l'a rétabli, mais en l'appliquant à une toute autre plante qu'ADANSON.

Synon. — *Hariota.* A. P. de Cand. mém. cact. p. 22 (1834). Quelques espèces de *Rhipsalis* des auteurs.

Espèces du genre HARIOTE *(Hariota).*

1. Hariote salicornioïde.   2 Hariote Saglion.

1. Hariote salicornioïde. — *Hariota salicornioïdes.*

Tige dressée. articulée, rameuse. — **Articles** très-courts, presque en massue, cylindriques et quelquefois anguleux, garnis de poils très-fins, portant des fleurs jaunes au sommet. — **Fruits** blanchâtres, couronnés par les pétals fanés. = Habite le Brésil.

Synon. — *H. salicornioïdes.* A. P. de Cand. mém. p. 22 (1834); Pfeiff. enum. p. 141 ; Spach, suit. buff. 13, p. 395 (1846). — *Cactus salicornioïdes.* Spreng. syst. 2, p. 497 (1825). — *Rhipsalis salicornioïdes.* Haw. succ. suppl. p. 83 ; A. P. de Cand. prodr. 3, p. 476 (1838) ; Otto et Link, abb. 49, tab. 21 ; Sims, bot. mag. tab. 2461.

2. H. Saglion. — *H. Saglionis.* (Lemair.)

Rameaux presque dressés, divariqués, de deux formes ; articles principaux courts, rarement allongés et alors cylindriques, les latéraux plus entassés, anguleux, de 9, 14 et 16 millimètres de longueur ; soies des faisceaux blanches, assez rapprochées, à la base d'une écaille très mince, au nombre de 3-4, et de 2 à 5 millimètres. = Habite ...

Synon. — *H. Saglionis.* Lemair. cat. monv. p. 39.

* 2. *Tube floral dépassant beaucoup les Carpes.*

Genre 9. **Phyllocacte. — Phyllocactus.** (Link.)

Arbustes à **Tige** et **Rameaux** minces, ligneux, recouverts d'une écorce utriculeuse prolongée, formant 2 larges ailes charnues, aplaties, de manière à imiter des feuilles dont la partie ligneuse de la tige ou des rameaux rappelle les dorsales des feuilles ; bord des ailes parfois échancré. Echancrures portant des espèces d'aréoles garnies d'un petit nombre de soies, du milieu desquelles naissent des fleurs solitaires souvent d'un rouge très-éclatant, plus rarement blanchâtres ou verdâtres, et qui s'ouvrent et se ferment plusieurs jours de suite. — **Sépals** beaucoup moins nombreux que dans les *Cierges,* unis en tube de moyenne longueur, de forme cylindroïde, adhérant par sa base aux carpes et libre au-dessus , lames d'un vert pâle, non aiguillonnées et garnissant une partie de ce tube. — **Pétals** oblongs, dépassant le tube commun, disposés sur plusieurs rangs. — **Filets** plus courts que les pétals ; anthères oblongues. — **Stigmates** nombreux, linéaires. — **Fruit** ovoïde, anguleux, portant des restes de sépals. — **Graines** réniformes. Cotyles soudés. Racine obtuse.

Synon. — *Phyllocactus.* Link, handb. 3, p. 11 ; Endl. gen. p. 944, (1839); Walp. rep. 2, p. 341 (1843). — *Epiphyllum.* Herm. parad. lugd. batav. add.; Haw. syn. 197, en excluant quelques espèces. — *Phylarthus.* Neck. elem. n° 742. — *Phyllanthus.* Miq. bull. brux. p. 112 (1839). — *Cerei alati.* A. P. de Cand. 3, p. 469 (1828). Voir le complément de la synonymie aux espèces.

Espèces du genre PHYLLOCACTE *(Phyllocactus).*

1. Phyllocacte Ackermann.	5. Phyllocacte brillant.
2. — phyllanthoïde.	6. — Hooker.
3. — pointu.	7. — phyllanthe.
4. — à larges rameaux.	8. — festonné.

1. Phyllocacte Ackermann. — *Phyllocacte Acker-manni.* (Link.)

Tige diffuse, rameuse, garnie de quelques petites saillies cotonneuses et de quelques soies très-courtes. — **Rameaux** vert-pâles, allongés, cylindriques à leur base, ailés, festonnés et ondulés en-dessus, quelques-uns à 3 ou 4 angles, arqués et garnis de quelques soies. **Fleurs** naissant des échancrures des rameaux. Tube vert, nuancé de brun, garni de quelques rudiments de sépals ovés, mous et membraneux. — **Pétals** grands, oblongs, pointus, écarlates et lustrés. — **Étamines** plus courtes

que les pétals, à filets rouges et anthères blanches.— **Stigmates**
8, rayonnants. = Habite le Mexique. MM. Hitchin et Ackermann.
Fleurit en juin et juillet en Europe. (1) La *Revue horticole* (1832
à 33, p. 26) note que c'est à M. Lamon que l'on doit son introduc-
tion en France.

SYNON. — *Ph. Ackermanni.* Link, selon Walp. rep. 2, p. 341
(1843). — *Cereus Ackermanni.* Lindl. bot. reg. tab. 1331 ; bot.
mag. tab. 3598 (1837) ; flor. serr. angl. 5, p. 111, pl. 25, fig. 1
(1837), en excluant la syn. de de Candole.

2. **Ph. phyllantoïde. — *Ph. phyllantoides*** (Link.)

Tige très-rameuse. — **Rameaux** anciens ligneux, les nouveaux largement ailés, surtout dans leur partie supérieure ;
ailes festonnées ; ailes des rameaux de l'année luisants sur les
deux faces. — **Fleurs** à tube vert garni de lames rouges, partant des échancrures supérieures des ailes. — **Pétals** ovales-
spatulés, rose-foncé, les inférieurs un peu réfléchis. — **Étamines**
et **Carpels** de la longueur des pétals, blanchâtres. — **Stigmate**
commun à 8 rayons. = Habite le tronc des vieux arbres, aux
environs de Carthagène, où il a été découvert en avril 1801
(Humb. et Bonpl.). A fleuri pour la première fois en France en
mars 1811 (jard. Malm.), mais ordinairement en mai et juin.
Se multiplie facilement de bouture.

SYNON. — *Phyllocactus.* Link, mss. selon Walp. rep. 2, p. 351
(1843). — *Cactus phyllantoides.* A. P. de Cand. cat. monsp. p. 84
(1813) ; Bonpl. jard. nav. et malm. p. 8, pl. 3 (1813-1816). —
C. speciosus. Loisel. Desl. herb. gén. amat. 4, pl. 244 (1820) ;
bot. mag. tab. 2092 ; bot. reg. tab. 304. — *C. alatus.* Willd. enum.
suppl. 35 (1813). — *C. elegans.* Link, enum. 2, p. 25. — *Cereus*
phyllantoides. A. P. de Cand. prodr. 3, p. 469 (1828). — *Epiphyl-*
lum speciosum. Haw. suppl. p. 84. — *E. phyllantoïdes* des jard.
(V.V. jard. Lyon.)

3. **Ph. pointu. — *Ph. oxypetalus*.** (Link.)

Tige très-rameuse. — **Rameaux** à ailes larges, festonnées. —
Fleurs naissant des échancrures supérieures des rameaux,
d'environ 1 décimètre de longueur. — **Tube commun** allongé,

peu évasé vers le bord, garni de lames étroites, aiguës. — **Sépals** oblongs-linéaires, à pointe très-allongée. — **Pétals** rougeâtres en dehors, blanchâtres en dessus, acuminés. — **Fruit** oblong, relevé de côtes, aminci aux extrémités. = Habite le Mexique, sur les arbres? et Guatimala.

Synon. — *Phyll. oxyacanthus.* Link, selon Walp. rep. 2, p. 341 (1843). — *Cereus oxypetalus.* A. P. de Cand. rev. cact. dans mém. mus. 17, p. 60, pl. 14 (1828); prodr. 3, p. 470 (1828). — *Cactus oxypetalus.* Moç. et sess. flor. mex. ined. bibl. de Cand. — *Epiphyllum oxypetalum* des jard.

4. Ph. à larges rameaux. — *Ph. latifrons.* (Link.)

Rameaux largement ailés, très-verts, obtus au sommet; bords à échancrures écartées, un peu ondulés. = Habite le Mexique.

Synon. — *Ph. latifrons.* Link, selon Walp. rep. 2, p. 341 (1843). *Cereus latifrons.* Pfeiff, enum. cact. 125; Pfeiff. et Ott. abbild. cact. t. 10, fig. 1.

5. Ph. brillant. — *Ph. splendens.* (Sering.)

Tige et Rameaux articulés; articles largement ailés et comme tronqués au sommet, quelquefois épineux; ailes larges et festonnées, glauques dans leur jeunesse, traversées par une grosse fibre rouge. — **Fleurs** larges, d'un beau rouge vif. — **Tube commun** vert, garni de lames lancéolées, aiguës, étroites, rouges. — **Pétals** lancéolés-oblongs, pointus, ondulés, d'un beau carmin foncé. — **Etamines** nombreuses; filets rouges; anthères blanches n'atteignant pas la moitié de la longueur des pétals. — **Style commun** dépassant les anthères. — **Stigmate commun** en *forme de gobelet demi-sphérique bordé de 7 à 8 dents égales.* = Habite.... — Cette espèce qui paraît avoir des rapports avec le *Phyllocacte à larges rameaux* (*Ph. latifrons*), offre un caractère très-marqué dans son stigmate commun, qu'on n'observe pas dans les autres espèces. D'ailleurs le nombre des dents stigmatiques ne permet pas de le transporter dans les *Epiphylles*. Elle a été communiquée à M. Jacquin par M. Truffault de Versailles, lequel l'avait reçue sous le nom de *E. splendens.*

Synon. — *Ph. splendens.* Sering. mss. — *Epiphyllum splendens.*
Jacquin aîné, ann. flor. et pom. 1838 à 39, p. 345, avec planche.

6. **Ph. Hooker.** — *Ph. Hookeri.* (Link.)

Rameaux largement ailés, allongés, dressés, irrégulièrement
festonnés, lisses, souvent bordés de rouge. = Habite le Brésil.

Synon. — *Ph. Hookeri.* Link, selon Walp. rep. 2, p. 341 (1843).
— *Cereus Hookeri.* Ott. dans Pfeiff. enum. cact. p. 125. —
C. phyllanthus. flore majore ; A. P. de Cand. prodr. 3, p. 469,
— *C. phyllanthus.* Hook. bot. mag. tab. 2692. — *Epiphyllum
Hookeri.* Haw. phil. mag. août 1829.

7. **Ph. phyllante.** — *Ph. phyllanthus.* (Link.)

Tige presque dressée ; rameaux étalés, très-longs, ailés et
imitant en quelque sorte des feuilles de *Scolopendre*, verts,
souvent bordés de rouge dans leur jeunesse ; bords irrégulièrement ondulés et échancrés. — **Tube commun** très-allongé,
garni d'un petit nombre de lames sépaloïdes. = Habite le Brésil,
Surinam et la Guadeloupe.

Synon. — *Ph. phyllanthus.* Link, selon Walp. rep. 3, p. 342
(1843). — *Cer. phyllocactus.* A. P. de Cand. prodr. 3, p. 469. —
Epiphyllum phyllanthus. Haw. syn. p. 197, suppl. 84. — *Cact.
phyllanthus.* Linn. spec. 670 (1764). — *Cereus scolopendriifolio
brachiato.* Dill. hort. eltam. fig. 74 (1774).

8. **Ph. festonné.** — *Ph. crenatus.* (Walp.)

Tige de 65 centimètres, semblable à celle du *Cierge très-beau*,
cylindrique, presque anguleuse d'abord. — **Rameaux** dressés,
larges, comprimés, verts, à bords festonnés et munis de quelques soies à leur base. — **Articles** coriaces, de 30 à 50 centim.
de longueur sur 7 à 8 de largeur, minces sur les bords, épais
au milieu. — **Fleurs** très-grandes et très-élégantes, naissant
plusieurs ensemble de la 1re ou de la 2e échancrure du feston,
mais une seule se développant ordinairement, atteignant 13
centimètres de diamètre. — **Sépals** linéaires-lancéolés, aigus,
de 10 centimètres de longueur sur 2 de largeur, unis en tube
garni d'écailles qui se transforment graduellement en pétals;
les extérieurs d'un brun foncé. — **Pétals** environ 18, sur 3 ou

4 rangs, ovales-oblongs, acuminés, épais à leur base rétrécie, d'environ 8 centimètres de long sur 2 1/2 de large; les intérieurs plus petits. — **Étamines** très-nombreuses, égalant la longueur de quelques pétals; filets blancs; anthères ovées, obtuses, vert foncé. — **Colonne des Styles** de la longueur des pétals; stigmates en bouclier, 9, portés sur l'extrémité libre des styles. — **Fruit** petit, d'un vert jaune, à 5 angles. = Habite Honduras.

SYNON. — *Ph. crenatus.* Walp. rep. 5, p. 820 (1846). — *Cereus crenatus.* Lindl. bot. reg. (ser. nouvel) 17, tab. 31.

Table alphabétique latine du genre PHYLLOCACTE.

Ackermanni (Link).	 1	oxypetalus (Link) 3
crenatus (Walp.).	 8	phyllanthoïdes (Link). 2
Hookeri (Link) .	 6	phyllanthus (Link). 7
latifrons (Link).	 4	splendens (Sering.) 5

Genre 10. **Echinopsis.** — **Echinopsis.** (Zucc.)

Tige courte, ovoïde ou sphéroïdale, comme dans le genre *Echinocacte.* — **Feuilles** nulles. — **Tube commun** prolongé, s'évasant graduellement en entonnoir bien au-dessus des carpes, auxquels il adhère (de la longueur des carpes dans les *Echinocactes*), tandis que celle qui ne leur est pas adhérente tombe pendant la maturation; couvert dans toute son étendue d'écailles sépaloïdes plus ou moins durement ciliées ou même épineuses. — **Étamines** très-nombreuses, déjetées aussi (comme dans le genre *Cierge* ou *Cercus*) vers la partie inférieure de l'orifice de la fleur; anthères oblongues. — **Stigmates** très-nombreux (aussi comme dans le genre *Cierge*). — **Embryon** ovoïde, à cotyles soudés, à racine très-obtuse. = Ce genre a les tiges des *Echinocactes* et les fleurs des *Cierges* (*Cerei*), cependant celles-ci ne s'ouvrent qu'une fois (éphémères) et durent peu de temps, tandis que celles des *Echinopsis* s'ouvrent et se ferment plusieurs jours de suite. Ces caractères sont bien suffisants pour chercher à multiplier les genres dans une famille qui augmente journellement en espèces. En outre, les cotyles sont soudés dans les *Echinopsis*, tandis qu'ils sont libres dans les *Cierges*. — Ces espèces habitent le Brésil et le Chili ; elles ont leur tronc sphérique ou déprimé, globuleux, à côtes anguleuses.

Synon. — *Echinopsis*. Zucc. dans Abhandl. münch. acad. 7, p. 675 ; Otto et Pfeiff. abbild. cact. tab. 4 ; Miq. bull. brux. 1839. — *Echinonyctanthus*. Lemair. nov. gen. et spec. cact. 10 (1836). — Quelques espèces de *Cerei globosi* (1) ou *Cierges globuleux* Pfeiff. enum. 70.

Tableau des espèces du genre Echinopsis.

§ 1. Espèces à grands aiguillons (*Macracanthés*, Walp.)

1. Echinopsis très-rameux.	3. Echinopsis à fleurs blanches.
2. — Zuccarini.	4. — à aiguillons noirs.

§ 2. Espèces à courts aiguillons (*Micracanthés*, Walp.)

5. — Decaisne.	10. — fléchi.
6. — en toupie.	11. — agréable.
7. — Eyries.	12. — peigne.
8. — Scheidas.	13. — panachée.
9. — tranchant.	

§ 1. Espèces à grands aiguillons (*Macracanthés*, Walp.)

1. E. très-rameux. — *E. multiplex*. (Pfeiff.)

Tige globuleuse, très-rameuse, d'un vert pâle, ligneuse par sa base, qui est amincie. — **Côtes** 13, verticales, tranchantes. — **Aréoles** ovales, munies de poils cotonneux d'un gris jaunâtre. — **Aiguillons** droits, très-aigus, raides ; 9-10 extérieurs très-courts, minces et jaunâtres, irrégulièrement radiés ; les supérieurs manquant quelquefois et les inférieurs petits ; ceux du centre au nombre de 4, noirâtres à leur base et à leur sommet. ═ Habite le Brésil méridional.

Synon. — *E. multiplex*. Pfeiff. et Otto, abbild. cact. tab. 4 ; Hook. bot. mag. tab. 3789. — *Cereus multiplex*. Pfeiff. enum. cact. p. 70. — *Echinocactus multiplex* jard. de berl. (anciennement). — *Echinonyctanthus multiplex*. Lemair. nov. gen. et spec. cact. 85. — *Echinocactus sulcatus* des jard. synonym. d'après Walp. rep. 2, p. 324 (1843), qui adopte le nom que nous avons admis.

2. E. Zuccarini. — *E. Zuccarinii*. (Pfeiff.)

Tige globuleuse, d'un vert brillant, à peine amincie à sa base ; sommet déprimé. — **Côtes** 10 comprimées. — **Sinus** aigus, presque effacés à la base de la plante. — **Aréoles** assez distantes, proéminentes. — **Aiguillons** droits, minces, presque raides, naissant d'un duvet cotonneux blanc ; les extérieurs au nombre de 7-9, plus courts que les autres, allongés et très-étalés ; ceux du centre 1-3, jaunâtres, noirs à leur base et à leur sommet. = Habite....

Synon. — *E. Zuccarinii*. Pfeiff. et Otto, abbilld. cact.; Walp. rep. 2, p. 324 (1843). -- *Cereus tubiflorus*. Pfeiff. enum. cact. p. 71. — *Echinocactus tubiflorus* des jardins.

3. E. à fleurs blanches. — *E. leucantha*. (Walp.)

Tige globuleuse ou presque conique. — **Côtes** 12-14, verticales, comprimées — **Aréoles** rapprochées, oblongues, presque laineuses et blanchâtres dans leur jeunesse. — **Aiguillons** en alène, très-raides, bruns à leur base, jaunâtres au milieu et noirs au sommet ; extérieurs 8 rayonnants, et 1 plus fort au centre ; tous recourbés à leur extrémité libre. = Hab. le Chili.

Synon. — *E. leucantha*. Walp. rep 2, p. 324 (1843), qui cite Lindl. bot. reg. nouv. ser. 13, tab. 13, sans indiquer sous quelle dénomination. — *Cereus leucanthus*. Pfeiff. enum. cact. 71. — *Echinocactus leucanthus*. Gill.; Salm-Dyck, hort. Dyck. p. 341. — *Melocactus ambiguus* et *M. elegans* des jard. — *Cereus incurvispinus*. jard. de Darmst.; Otto et Dietr. gartenz. 1835, p. 244.

4. E. à aiguillons noirs. — *E. nigrispina*. (Walp. rep. 2.)

Synon. — *Echinonyctanthus nigrispinus*. Lemair. nov. gen. et spec. cact. p. 83. — Espèce nommée, mais dont la description m'est inconnue.

§ 2. Espèces à courts aiguillons (*Micracanthés*, Walp.)

5. E. Decaisne. — *E. Decaisniana*. (Walp.)

Tige presque globuleuse, d'un vert cendré, enfoncée au sommet. — **Côtes** 14, comprimées et anguleuses; angles presque tranchants et arqués, un peu soulevés sous les aréoles. — **Sinus** aigus. — **Aréoles** petites, arrondies, enfoncées, poils cotonneux longtemps persistants. — **Aiguillons** très-petits, droits, uniformes, à peine visibles, les uns brunâtres, les autres noirs, tous très-pointus. ⚌ Habite....

Synon. — *E. Decaisniana*. Walp. rep. 2, p. 324 (1843). — *Echinonyctanthus Decaisnianus*. Lemair. nov. gen. et spec. cact. p. 84.

6. E. en toupie. — *E. turbinata*. (Pfeiff.)

Tige ovoïde en massue, très-verte, à sommet presque convexe. — **Côtes** 15-18. — **Sinus** aigus, comprimés, ondulés-crénelés.—**Aréoles** rapprochées, laineuses, blanches.— **Aiguillons** centraux 6, très-courts, noirs; les extérieurs, 10-12, plus longs, blancs et en forme de soies. ⚌ Habite...

Synon. — *E. turbinatus*. Pfeiff. dans Otto et Dietr. allgem. gart. 1835, p. 50; Walp. rep. 2, p. 324 (1845). — *Echinonyctanthus turbinatus*. Lemair. nov. gen. et spec. cact. p. 84.

7. E. Eyries. — *E. Eyriesii*. (Walp.)

Tige globuleuse ou globuleuse-déprimée, d'un vert pâle. — **Côtes** 12-18, verticales, presque tranchantes, ondulées. — **Sinus** larges. — **Aréoles** distantes, d'abord jaunâtres, puis cotonneuses et grises. — **Aiguillons** très-courts, piquants, droits; les extérieurs 11, et 4 au centre. ⚌ Habite Bonaria.

Synon. — *E. Eysiesii*. Walp. rep. 2, p. 324 (1843). — *Echinocactus Eyriesii*. Turp. obs. p. 58, tab. 2; bot. reg. tab 1707; bot. mag. tab. 3411 (1835). — *Cereus Eyriesii*. Otto, dans Pfeiff. enum. cact. p, 72. — *Echinonyctanthus Eyriesii*. Pfeiff et Otto, abbild cact.

8. E. Schelhas. — *E. Schelhasii*. (Walp.)

Tige globuleuse, à peine amincie à sa base, verte, légèrement enfoncée au sommet. — **Côtes** 15-18, verticales, très-tranchantes, irrégulièrement tubéreuses. — **Sinus** profonds, très-aigus vers le haut et arqués. — **Aréoles** éloignées, larges, souvent sans aiguillons, ou en étant à peine munies, d'autres individus enfin en sont très-garnis. — **Aiguillons** très-courts, noirs et très-raides, très-piquants, naissant parmi des poils cotonneux gris et courts; les extérieurs 11-13, et au centre 5-7 plus courts. == Habite....

SYNON. — *E. Schelhasii*. Walp. rep. 2, p. 324 (1843). — *Cereus Schelhasii*. Pfeiff. dans Otto et Dietr. allgem. gartenz. 1835, p. 311. — *Echinonyctanthus Schelhasii*. Lemair. nov. gen. et spec. p. 84.

9. E. tranchant. — *E. oxygona*. (Pfeiff.)

Tige en massue renversée, presque globuleuse, glaucescente, se ramifiant quelquefois par sa base. — **Côtes** 15, verticales, comprimées, tranchantes, renflées autour des aréoles. — **Sinus** arqués. — **Aréoles** éloignées, arrondies, cotonneuses, d'abord jaunâtres, ensuite grises. — **Aiguillons** dans la plante adulte peu nombreux, en alène, inégaux, étalés, bruns. == Habite le Brésil méridional. — L'un des individus de M. MONVILLE a fleuri en 1839; il avait 3 fleurs presque gigantesques et dont les plus riches couleurs dépassaient celles des plus beaux *Cierges*.

SYNON. — *E. oxygona*. Pfeiff. et Otto, dans Dietr. allgem. gart. 1835, p. 59. — *Echinocactus oxygonus*. Link, verhandl. des gartenb. 6, p. 419, tab. 1; bot. reg. tab. 1717. — *Echinonyctanthus oxygonus*. Lemair. nov. gen. et spec. cact. p. 70.

10. E. fléchi. — *E. campylacantha*. (Pfeiff. et Otto.)

Tige globuleuse ou presque conique. — **Côtes** 12-14, verticales, comprimées. — **Sillons**.... — **Aréoles** rapprochées, oblongues, presque laineuses et blanches dans leur jeunesse. — **Aiguillons** en alène, très-raides, bruns à leur base, jaunes au milieu et noirs au sommet; 8 extérieurs rayonnants, et 1 central plus fort; tous courbés en arrière. == Habite le Chili.

SYNON. — *E. campylacantha*. Pfeiff. et Otto, abbild. cact. selon Walp. rep. 2, p. 345. — *Echinocactus campylacanthus*. Gill. selon

Salm-Dyck, hort. Dyck, p. 341. — *E. leucanthus.* Pfeiff. enum.
cact. p. 71. — *Melocactus ambiguus* et *M. elegans* des jard. —
Cereus curvispinus. hort. Darmst.; Otto et Dietr. allgem. gartenz.
1835, n° 244.

11. E? agréable. — *E? amœna.* (Scheidw.)

Tige obovée en massue, vert-pâle, arrondie au sommet,
d'environ 16 centimèt. — **Sinus** 11-12, obtus. — **Tubercules**
distants. — **Aiguillons** 7, courts, naissant d'un duvet cotonneux, blanc-grisâtre dans leur jeunesse, dont 2 supérieurs très-
petits, parallèles, 2 autres de chaque côté, dont le supérieur
est plus court que l'autre, et 1 inférieur. Le plus long a 7 millimètres. — **Fleurs** latérales, solitaires, de près de 3 centim.
— Tube des **sépals** d'environ 1 centimètre, couvert d'écailles
laineuses, larges, obtuses, verdâtres, les supérieures plus longues, sans aiguillons, bordées de rouge et à dorsale brune. —
Pétals 20, les uns d'un pourpre pâle, d'autres foncés, lancéolés
mucronés, d'environ 1 centimètre de long. — **Étamines** moitié
plus courtes que les pétals, à peine rougeâtres; anthères jaunes.
— Colonne des **styles** filiforme, blanche, égalant les étamines.
— **Stigmates** 5, un peu épais, d'un vert jaunâtre. = Habite
le Mexique.

Synon. — *E. amœna.* Scheidw. dans Otto et Dietr. allgem.
gartenz. 12, p. 187, selon Walp. rep. 5, p. 818 (1846). —
E. pulchella?

12. E? peigne. — *E? pectinata.* (Fennel.)

Rameaux nombreux à la partie supérieure de la tige, cylin
driques, vert-pâle, à sommet déprimé. — **Côtes** 20-22, comprimées, tuberculeuses et tranchantes. — **Aréoles** linéaires, enfoncées, d'un cendré obscur, finement ponctuées de blancs ou
pulvérulentes. — **Aiguillons** extérieurs 30, inégaux, disposés
sur 2 rangs, rayonnants, d'un joli rose dans leur jeunesse, presque blanchâtres, roses à leur base; 3 d'entre eux partent du
centre, ils sont droits et comprimés, quelquefois comme unis
et bruns à leur base. = Habite le Mexique.

Synon. — *E. pectinata.* Fennel, dans Otto et Dietr. allgem.
gartenz. 11, p. 282, d'après Walp. rep. 5, p. 818 (1846). — *Echi-*

nocactus pectinatus. Scheidw. bull. brux. 5, p. 492. — *E. pectiniferus.* Lemair.?

13. E. panachée. — *E. picta.* (Walp.)

SYNON. — *E. picta.* Walp. rep. 2, p. 324 (1843). — *Echinonyctanthus picta.* Lemair. nov. gen. cact. p. 84, sans indication de description, ni de patrie.

Table alphabétique latine du genre ECHINOPSIS.

Amœna (Scheidw.)	11	oxygona (Pfeiff.)	9
campylacantha (Pfeiff et Ott.)	10	pectinata (Fenn.)	12
Decaisniana (Walp.)	5	picta (Walp.)	13
Eyriesii (Walp.)	7	Schelhasii (Walp.)	8
leucantha (Walp.)	3	turbinata (Pfeiff.)	6
multiplex (Pfeiff.)	1	Zuccarinii (Pfeiff.)	2
nigrispina (Walp.)	4		

Genre 11. Discocacte. — Discocactus. (PFEIFF.)

Tige très-simple, en forme de palet à côtes. — **Côtes** obtuses, munies d'aréoles portant des aiguillons. — **Fleurs** naissant de touffes cotonneuses, occupant le sommet, en forme de tête, et s'ouvrant une seule fois et la nuit. — **Tube commun** cylindrique, mince, nu à sa base, se prolongeant bien au-dessus des carpes. — **Sépals** nombreux, allongés, lancéolés, recourbés, colorés. — **Pétals** plus courts que les sépals, sur 2 rangs, rayonnants, imitant un tube de pétals court. — **Etamines** adhérentes, remplissant l'orifice. — **Colonne des styles** filiforme, renflée au sommet, plus courte que les Etamines. — **Fruit** et **Graines** (voir l'espèce).

SYNON. — *Discocactus.* Pfeiff. nov. act. cæs. leop. carol. 19, part. 1, p. 119, tab. 15; Salm-Dyck, cact. dans jard. Dyck, 1845, p. 23; Walp. rep. 5, p. 815 (1846).

Discocacte biforme. — *Discocactus biformis.* (Lindl.)

Arbrisseau débile, presque couché. — **Rameaux** adultes cylindriques, garnis d'épines en étoiles, les jeunes ailés, articulés et festonnés, ceux qui portent fleur lancéolés, mais cylindriques

à leur base, les stériles oblongs et sessiles. — **Fleurs** petites,
roses. — **Sépals** 4, linéaires, en alène, de 2 à 4 centimètres,
recourbés au sommet (1). — **Pétals** en même nombre, égaux
et lancéolés, étalés au sommet. — **Fruit** couleur de sang, ovale
en bouteille. — **Graines** luisantes. Exoderme très-fragile, faiblement arqué. = Habite Honduras.

SYNON. — *Discocactus biformis.* Lindl. bot. reg. (new. ser.) 18,
tab. 9, et *Cereus biformis*, Lindl. bot. reg. (new. ser.) 16, pl.:
misc. 66, d'après Walp. rep. 5, p. 817 (1846).

Genre 12. **Cierge. — Cereus.** (MILL.)

Arbustes d'abord charnus, mais dont les parties ligneuse
et médullaire sont bientôt très-distinctes. — **Tige** souvent
comme sarmenteuse, à écorce charnue et relevée de côtes,
séparées par des stries. — **Aréoles** épineuses, développées
d'abord à l'aiselle des feuilles, qui sont très-caduques. —
Fleurs naissant du milieu des groupes de soies ou d'aiguillons.
— **Sépals** très-nombreux, unis, sur bien des rangs, formant
avec les autres organes floraux un grand tube garni d'écailles
nombreuses, souvent piquantes, adhérent aux carpes, mais non
au style. = Rien dans l'appareil floral ne distingue ce genre
des *Echinopses*; mais les cotylédons sont libres et foliacés dans
les *Cierges (Cerei)*, tandis qu'ils sont soudés entre eux dans le
genre *Echinopsis*.

SYNON. — *Cereus.* Mill. dict. jard. éd. franç. 1785, 2, p. 302;
Haw. syn. 173 (1812); A. P. de Cand. prodr. 3, p. 463
(1828), en excluant quelques espèces, et rev. cact. dans mém.
mus. 17, p. 39 (1828); mém. cact. p. 115 (1834); Pfeiff.
enum. cact. 69, en excluant les § 1 et 7 ; Miq. bull. brux.

(1) Il y a sûrement plusieurs erreurs dans la description de la seule espèce
rapportée à ce genre, dans le nombre des organes floraux. Comment se fait-il
aussi qu'on ne décrive ni le fruit ni la graine dans le genre, et que dans l'espèce
on les mentionne. Le nom du genre et la forme de la tige, ou même des rameaux, semblent aussi très-disparates.

p. 111 (1839). — *Cirinosum.* Neck. elem. n° 740 ; Endl. gen.
p. 944 (1839) ; Walp. rep. 2, p. 325 (1843).

Espèces du genre CIERGE *(Cereus).*

§ 1. **Céréastres.** — Tige et Rameaux fermes et dressés.

*1. *Côtes de 3-5.*

1. ponctué.
2. vert-de-mer.
3. gladiateur.
4. horrible.
5. hameçonné.
6. à bec.
7. obtus.
8. Fernambouc.
9. variable.
10. valide.
11. élégant.
12. Jamacaru.
13. vert-pâle.
14. grand.
15. tétragone.
16. laineux.
17. calleux.
18. à cinq crêtes.
19. transparent.
20. prince.
21. nocturne.

* 2. *Côtes de 5-10.*

22. vert.
23. livide.
23* luisant.
24. à soies.
24* Beneck.
25. glauque.
25* farineux.
26. à angles ailés.
27. régulier.
28. calticoché.
29. bordé.
30. à soies inégales.
31. orné.
32. Haworth.
33. Péruvien.
34. à aiguill. courbés.
35. laineux.
36. Dumortier.

37. Portalègre.
38. azuré.
39. bleu.
40. Ehrenberg.
41. sans aiguill. central.
42. jaunâtre.
43. armé.
44. tortueux.
45. renversé.
46. soies géminées
47. chevelure jaune.
48. à aiguil. jaunes.
49. Pfeiffer.
49* Pepin.
50. noir.
51. ivoire.
52. chauve.
53. doré.
54. Moritz.
55. raide.
56. dénudé.
57. cendré.
58. denticulé.
59. Surinam.
60. Aréquipa.
61. Curtis.
62. bleuâtre.
63. porte-laine.
64. conique.
65. ténu.
66. tubéreux.
67. Martius.
68. Dyck.
69. dressé.
70. Mæleni.
71. hérisson.
72. Royen.
73. aiguillons fauves.
74. étoilé.
75. barbe épineuse.
76. frangé.
77. aiguillons blancs.
78. laineux.

79. royal.
80. festonné.
81. Olfers
82. plissé.
83. noircissant.
84. violet.
85. arqué.
86. divergent.
87. divariqué.
88. blanchâtre.
89. cambré
90. ambigu.
91. Terschecki.
92. ondulé.
92* porte alène.
93. Euphorbe.
94. floconneux.
94* Donkelaar.

* 3. *Côtes de 10-20.*

95. grand.
96. barb. rousse.
97. des haies.
98. polygone.
99. à fruit pâle.
100. Chilien.
100* pycnacanthe.
101. jaunâtre.
101* à longs aiguillons.
102. à petites soies.
103. joli.
104. vert-brillant.
105. bossu.
106. à petits aiguillons.
106* Lima.
107. fluminalis.
108. à chevelure.
108* gris.

* 4. *Côtes nombreuses.*

109. amaigri.
110. polylophe.
111. féroce.

112. à deux couleurs.	116. colonne trajanne.	* 5. *Espèces incomplète-*
113. Lecchi.	117. réduit.	*ment décrites.*
114. à angl. nombreux.	118. fovéolé.	
115. vieux.	119. lainé.	120. mince.
115* militaire.		121. candélabre.

§ 2. Serpentins. — Tige et Rameaux minces, flexueux et comme sarmenteux.

* 1. *Côtes de 3 à 6.*	132. sans aiguillons.	143. à angles aigus.
122. étendu.	133. humble.	144. serpentant.
123. sétacé.	134. à soies blanches.	
124. magnifique.	135. Napoléon.	*2. *Côtes de 7 et plus.*
125. triangulaire.	136. triquètre.	145. à grandes fleurs.
126. Schrank.	137. à trois angles.	146. petit serpent.
127. écarlate.	138. à trois ailes.	147. serpentin.
128. prismatique.	139. caripe.	148. Humboldt.
129. s'enracinant.	140. en fouet.	149. serpent.
130. à aiguillons minces.	141. lombric.	150. à vingt angles.
131. porte soie.	142. Smith.	151. nain.

§ 3. Moniliformes. — Tige et Rameaux resserrés de distance en distance, de manière à imiter un chapelet.

152. rameux.	156. Bonpland.	160. en chapelet.
153. pentagone.	157. Baxanien.	161. articulé.
154. paniculé.	158. agréable.	162. ové.
155. délicat.	159. Syringa.	

§ 1. Céréastres (A. P. de Cand.). Tiges et rameaux fermes, dressés, non sarmenteux. — CEREUS sect. 1. CEREASTRI, A. P. de Cand. prod. 3, p. 463 (1828). — CEREUS, sect. 1. *Cephalophorus,* et sect. 2. *Eucereus,* Miq. bull. brux. p. 111 et 112 (1839), en partie.

*1. *Côtes ou angles de 3 à 5.*

1. Cierge ponctué. — *Cereus ponctatus.* (Sering.)

Tige dressée, glauque, *finement ponctuée.* — **Côtes** 4, comprimées, aiguës, arquées. — **Sinus** larges. — **Aréoles** hémisphériques, cotonneuses et noires. — **Aiguillons** forts, très-raides, cendrés, 10 à 12 extérieurs, sur deux rangs, et 3 au centre, très-longs et divergents. == Habite Curaçao.

SYNON. — *C. punctatus.* Sering. mss. — *C. horridus.* Otto et Dietr. non Otto (voir n° 4) ; Walp. rep. 2, p. 340 (1843).

2. C. vert-de-mer. — *C. thalassinus.* (Ott. et Dietr.)

Tige dressée, rameuse, vert-glauque. — **Côtes** 4-6, comprimées, aiguës. — **Sinus** profonds, arrondis. — **Aréoles** rapprochées, cotonneuses et blanches, un peu laineuses. — **Aiguillons** droits, raides, roux ; 1 central et 3-9 extérieurs plus courts. = Habite la Guayra.

Synon. — *C. thalassinus.* — Otto et Dietr. allgem. gartenz. 6, p. 34.

3. **C. gladiateur. — *C. gladiator*.** (Otto et Dietr.)

Tige dressée, simple, à 3, 5 ou 6 angles. — **Côtes** presque triangulaires, tuberculées et arquées. — **Sinus** larges. — **Aréoles** distantes, arrondies, courtement cotonneuses et blanches. — **Aiguillons** 4-5, rayonnants, courts et aplatis, larges à leur base ; le central *très-grand, comprimé, un peu arqué en sabre;* tous d'un noir cendré, couverts d'une efflorescence glauque. = Habite le Mexique.

Synon. — *C. gladiator.* Otto et Dietr. allgem. gartenz. 6, p. 34, — *C. pugioniferus.* Lemair. cact. monv. p. 30 (1838).

4. **C. horrible. — *C. horridus*.** (Otto.)

Tige dressée, forte, à 4 angles, d'un vert obscur. — **Côtes** obtuses, pleines, presque arquées, plissées en travers. — **Sinus** larges, arqués. — **Aréoles** presque enfoncées, assez laineuses, grandes, fauves, et enfin cotonneuses et grises. — **Aiguillons** du centre 3-4, forts, droits, divergents ; 6 à 8 autres plus petits, rayonnants ; tous fauves et enfin cendrés. = Habite la Guyara.

Synon. — *C. horridus.* Otto selon Pfeiff. dans Otto et Dietr. allgem. gartenz. 5, p. 370 ; Walp. rep. 2, p. 339 (1843).

5. **C. hameçonné. — *C. hamatus*.** (Scheidw.)

Tige presque dressée, rameuse, à 3-4 angles, verte et produisant des racines adventives. — **Côtes** aiguës dans leur jeunesse, obtuses plus tard, presque droites, mais un peu courbées en hameçon. — **Aréoles** de la partie supérieure communiquant les unes aux autres. — **Aiguillons** 6-8, minces, blancs, fasciculés. = Habite le Mexique.

Synon. — *C. hamatus.* Scheidw. selon Pfeiff. dans Otto et Dietr. allgem. gartenz. 5, p. 371 ; Walp. rep. 2, p. 339 (1843).

6. **C. à bec. — *C. rostratus*.** (Lemair.)

Tige longue, comme articulée, presque carrée, d'un vert

pâle; rameaux jeunes à sinus peu marqués, avec l'âge presque exactement à 4 angles. — **Aréoles** petites, très distantes, d'abord brunes, ensuite grises, placées à la base d'autant d'espèces de petites feuilles à peine visibles, et d'où naissent 5-6 **Aiguillons**, dont les uns sont sétacés, blancs et caducs, les autres plus fermes, bruns, et dans leur vieillesse 2 ou 3 en alènes, saillant de la base sur la bosse de l'aréole comme un bec. = Hab. le Mex.

Synon. — *C. rostratus.* Lemair. cact. monv. 20. — *C. hamatus.* Scheidw.? selon Walp. rep. 2, p. 339 (1843). — Cette espèce est-elle synonyme de la précédente? (*C. hamatus*, Scheidw.)

7. **C. obtus.** — *C. obtusus* (Haw.)

Tige droite, ferme, rarement rameuse, à 3 ou 4 angles obtus, d'un vert grisâtre, de 6 à 7 centimètres de diamètre. — **Aréoles** éloignées de 3 à 5 centimètres, munies d'une laine fauve, courte, et de 4 aiguillons rayonnants, longs de 6 à 7 millimètres, et un 5e plus long, central, dressé; tous fauves. — **Fleurs** de 11 à 13 centimètres de diamètre, sortant des aréoles entre les aiguillons; tube de 30 à 36 centimètres; y compris le **Tube des sépals**, qui est cylindrique, d'un vert à peine jaunâtre; écailles très-peu nombreuses et à peine apparentes, un peu pourprées au sommet; supérieures sensiblement plus grandes. lancéolées. — **Lames des Sépals** linéaires-lancéolées, un peu réfléchies. — **Pétals** sur 2 rangs, les extér. pâles, verdâtres, les intérieurs de 6 centimètres de long et 15 millimètres de large, d'un assez beau blanc, assez ouverts et denticulés. — **Etamines** très-nombreuses, filets blancs, un peu plus courtes que les pétals; anthères jaunes; style commun épais, cylindrique, glabre, aussi long que les étamines. — **Stigmates** 14, arrondis; terminant la colonne des styles, blancs et ouverts. = Habite le Brésil. — Cette espèce a épanoui ses fleurs à Neuilly, dans la serre chaude, le 15 septembre 1839; elle était fermée le 16. Elle était inodore. Cet individu avait 2 mètres; il a été obtenu d'un semis fait en 1830. Les graines venaient du Brésil. Sa culture est la même que celle du *Cierge du Pérou* et de beaucoup d'autres espèces.

Synon. — *C. obtusus.* Haw. rev. 76; de Cand. prodr. 3. p. 467

(1828). — *C. variabilis*. Pfeiff. selon Lemair. cact. nov. gen. et spec. 1839, et hort. univ. 1, p. 174 (1839) ?

8. **C. Fernambouc.** — *C. Fernambucensis*. (Lemair.)

Plante voisine du *C. variable*, dont il se distingue cependant par un vert pâle un peu glauque, par une stature plus robuste, des **Aiguillons** plus longs, des **Aréoles** beaucoup plus saillantes, un duvet cotonneux plus abondant, roux dans sa jeunesse, devenant blanchâtre ensuite et plus persistant. = Habite....

Synon. — *C. Fernambucensis*. Lemair. nov. gen. et spec. cact. p. 58.

9. **C. variable.** — *C. variabilis*. (Pfeiff.)

Tige presque dressée, simple et présentant quelques articulations, plus rarement rameuse par sa base, verte ou glaucescente. — **Côtes** 3-5, presque comprimées, obtuses, un peu arquées. — **Aréoles** variables dans leur écartement, garnies de poils cotonneux, blancs ou bruns, et de quelques poils laineux. — **Aiguillons** droits, raides ; les extérieurs 6-8, et 1 ou 2 au centre, blancs, jaunâtres ou noirâtres. — **Fleur** blanchâtre, de 21 centimètres de long, s'épanouissant la nuit. — **Fruit** écarlate, luisant, du volume d'un œuf de poule, à pulpe blanche. = Habite le Mexique , le Pérou , le Brésil et l'Inde orientale.

Synon. — *C. variabilis*. Pfeiff. enum. cact. p. 105 (1837). — *C. Pitajaya*. A. P. de Cand. prodr. 3, p. 466 (1828); Hook. bot. mag. 4684. — *C. undulatus*. A. P. de Cand. rev. cact. p. 46 (1828); prodr. 3, p. 467 (1828); synon. d'après Pfeiff. l. c. — *C. lævivirens*. Salm-Dyck, hort. Dyck, p. 336. — *C. quadrangularis, trigonus, prismatiformis, hexangularis, cognatus, affinis, glaucus, speciosus* des jardins européens. — M. Lemaire le rapporte au *C. obtusus*, Haw. — *Cactus Pitajaya*. Jacq. stirp. select. amer. p. 151 ; Plum. ed. burm. tab. 199, fig. 1. — *Jamacaru*. Pison. inst. nat. bres. 100, fig. 1?

10. **C. valide.** — *C. validus*. (Haw.)

Tige à 4 angles, ferme, glauque au sommet, à côtés presque planes ou d'abord un peu convexes, par l'obtusité des angles. —

Aiguillons peu nombreux. = Habite l'Amérique méridionale.

Synon. — *C. validus*. Haw. phil. mag. 1831, vol. 10, p. 414.

11. C. élégant. — *C. formosus* (des jard.) (1).

Tige dressée, comme articulée, bleuâtre. — **Côtes** 5, comprimées. — **Sinus....** — **Aréoles** assez larges, cotonneuses et brunâtres, peu poilues. — **Aiguillons** 6, rayonnants, jaunes, assez forts, dont 2 supérieurs plus longs que celui qui occupe le centre.

Synon. — *C. formosus* des jardins, non celui du cat. de Münich. -- *C. lætus*. Salm-Dyck, hort. Dyck, p. 336, non A. P. de Cand.

12. C. Jamacaru. — *C. Jamacaru*. (Dyck.)

Tige dressée, élevée, bleuâtre. — **Côtes** 4-5, comprimées, arquées. — **Sinus** larges. — **Aiguillons** fauves, naissant d'une **Aréole** large, cotonneuse et grise ; les antérieurs, 7-9, rayonnants ; 4 au centre, forts et très-raides. = Habite le Brésil.

Synon. — *C. Jamacaru*. Salm-Dyck, hort. Dyck, p. 336. — *C. glaucus* des jardins, selon Walp. rep. 2, p. 332 (1843).

13. C. vert-pâle. — *C. laetevirens*. (Otto.)

Tige dressée, simple, bleuâtre, et plus tard d'un vert trèspâle. — **Côtes** 4, obtuses. — **Sinus** planes. — **Aréoles** convexes, cotonneuses, assez entassées. — **Aiguillons** bruns, minces, presque inégaux ; 4 au centre et 10-12 extérieurs. = Habite....

Synon. — *C. lætevirens*. Otto, selon Pfeiff. enum. cact. p. 99, non Dyck, selon Walp. rep. 2, p. 332 (1843).

14. C. grand. — *C. grandis*. (Haw.)

Tige élevée, exactement à 4 angles, simple et dressée. — **Aiguillons** souvent crochus, fortement divariqués et entrecroisés. = Habite le Brésil.

Synon. — *C. grandis*. Haw. suppl. p. 76 ; Walp. rep. 2, p. 332.

---

(1) 2 espèces qui paraissent différentes ne pouvant rester sous le même nom, comme M. Walpers les a présentées (rep. 2, p. 334 (1843), je me suis vu forcé de laisser le nom de *C. lætus* à celui de Humb. Bonpl. et Kunth, et d'adopter celui-ci, pour ne pas donner un nouveau nom inutile, puisque la plante est déjà dans les jardins sous le nom de *C. formosus*.

15. **C. tétragone.** — *C. tetragonus.* (Haw.)

Tige dressée, longue, à 4 angles, verte, très-rameuse ; rameaux naissant de sa base et sur les côtés du tronc, et partant parallèlement à lui. On observe le plus souvent 4 angles, rarement 5, plus rarement encore 3-6. — **Côtes** comprimées, plissés transversalement. — **Sinus** planes. — **Aréoles** rapprochées, à peine laineuses et blanches. = Habite l'Amérique méridion.

Synon. — *C. tetragonus.* Haw. syn. p. 180. — *Cactus tetragonus.* Linn. spec. 667 (1765), et Vell. flor. flumin. 5, p. 23. = Var. **naine** (*C. tetragonus minor*). Salm-Dyck, hort. Dyck, p. 337. — *Cact. pentagonus.* Willd. enum. suppl. 33 (1813). Tige plus mince et plus basse, souvent pentagone.

16. **C. laineux.** — *C. sublanatus.* (Salm-Dyck.)

Tige dressée, d'un vert pâle. — **Côtes** 4-5, larges. — **Aréoles** rapprochées, petites, garnies de poils cotonneux fauves, et de poils laineux gris, longs et persistants. — **Aiguillons** extérieurs 7, rayonnants, petits, dont les 2 supérieurs manquent quelquefois, et 1 central fort et dressé. = Habite....

Synon. — *C. sublanatus.* Salm-Dick, hort. Dyck, p. 337.

17. **C. calleux.** — *C. tylophorus.* (Pfeiff.)

Tige dressée, verte. — **Côtes** 3, obtuses et comme renflées sous les aréoles. — **Sinus** larges. — **Aréoles** assez distantes, munies de flocons laineux blancs. — **Aiguillons** fauves, droits ; 6-8 extérieurs, et 1 central plus long. = Habite....

Synon. — *C. tylophorus.* Pfeiff. dans Otto et Dietr. allgem. gartenz. 1835, p. 380. — *C. retroflexus* des jardins.

18. **C. à cinq crêtes.** — *C. pentalophus.* (A. P. de Cand.)

Tige dressée, d'un vert cendré, obtuse. — **Côtes** 5, verticales, obtuses. — **Aréoles** jaunes, veloutées, rapprochées. — **Aiguillons** 5-7, sétacés, divergents, d'un blanc jaunâtre dans leur jeunesse, et gris plus tard. = Habite le Mexique (Coulter).

Synon. — *C. pentalophus.* A. P. de Cand. rev. cact. dans mém. mus. 17, p. 117 (1828). = Var. **1, simple** (*C. pentalophus simplex*). A. P. de Cand. l. c. — Tige simple. Sinus larges, obtus. Côtes

peu prononcées. Aiguillons blanchâtres. Aréoles presque nues.
= Var. 2, **articulée** (*C. pentalophus articulatus*). A. P. de Cand.
— Tige très-rameuse, presque articulée. Côtes irrégulières,
tuberculées. Sinus plus étroits. Aiguillons jaunes dans leur jeunesse. Aréoles laineuses et blanches. = Var. 3, **s'enracinant**
(*C. pentalophus radicans*). A. P. de Cand. l. c. — Tige poussant
des racines. Côtes larges, courtes. Jeunes aiguillons jaunâtres.

19. C. transparent. — *C. pellucidus.* (Otto.)

Tige presque dressée, rameuse par la base, à 5 angles, d'un
vert transparent. — **Côtes** aiguës dans leur jeunesse, presque
membraneuses, devenant obtuses plus tard, renflées au-dessous
des aréoles. — **Aréoles** presque nues. — **Aiguillons** droits, dorés
dans leur jeunesse et plus tard fauves ; 9 rayonnants et 1 central
plus long. = Habite l'île de Cuba.

Synon. — *C. pellucidus.* Otto, selon Pfeiff. enum. cact. p. 108.

20. C. prince. — *C. princeps.* (hort. Würzb.)

Tige rameuse, dressée, comme articulée, à 3-4-5 angles. —
Côtes comprimées, renflées au-dessous des aréoles. — **Sinus**
planes. — **Aréoles** un peu distantes, munies d'un court duvet
cotonneux, blanchâtre. — **Aiguillons** droits, un peu épais, jaunâtres ou blancs ; 3 au centre et 7-8 extérieurs ; le supérieur
très-court ou nul. = Habite....

Synon. — *C. princeps.* hort. Würzb., d'après Pfeiff. enum. cact.
p. 108.

21. C. nocturne. — *C. nycticallus.* (Link.)

Tige presque dressée, très-allongée, s'enracinant en l'air. —
Rameaux de formes variables ; les uns presque cylindriques,
avec 4-5 rangées de faisceaux d'aiguillons ; d'autres à 4-6 angles.
— **Côtes** jeunes à peine obtuses. — **Aréoles** variables dans leur
écartement. — **Aiguillons** 1-4, très-petits, raides, accompagnés
de quelques soies ; blancs et souvent caducs. = Hab. le Mexiq.

Synon. — *C. nycticallus.* Link, verhandl. des gartenb. 10,
p. 873, tab. 4. — *C. brevispinulus.* Sal-Dyck, hort. Dyck, p. 339.
— *C. Antoini.* hort. vind. — *C. obtusus* et *C. rosaceus* des jard.

* 2. *Côtes en angles de 5-10.*

22. **C. vert.** — *C. virens*. (A. P. de Cand.)

Tige dressée, simple. — **Côtes** 5, arrondies. — **Sinus** aigus,
cependant planes. — **Aréoles** un peu écartées, fauves, à peine
saillantes, laineuses. — **Aiguillons** 4-5, en alènes, fauves, très-
courts, réfléchis; 1 central horizontal, brun et rigide. — Habite
le Mexique.

Synon. — *C. virens*. A. P. de Cand. rev. cact. dans mém. mus.
17, p. 110. — *C. exerens*. Link. — *C. affinis*. jard. berl.

23. **C. livide.** — *C. lividus*. (Pfeiff.)

Tige dressée, très-robuste, d'un vert grisâtre, à 4 ou 5 angles,
très-large, à faces creusées en un large canal. — **Côtes** à peine
ondulées, épaisses, distantes de 9 centimètres l'une de l'autre,
légèrement sinueuses. — **Sinus** garnis de houpes de poils cotonneux, du milieu desquels partent 6 à 7 aiguillons divergents,
droits, bruns. — **Fleurs** très-grandes, très-belles, inodores,
blanches, légèrement teintées de vert, ressemblant beaucoup
au *C. à grandes fleurs*, mais à **Sépals** et **Pétals** plus larges, plus
obtus et moins nombreux. Tube relevé de quelques bourrelets
demi-circulaires, mais non garnies d'aiguillons. — **Étamines**
s'élevant un peu au-dessus de l'orifice du tube, mais également
dispersées tout autour. — **Style commun** épais, dépassant les
étamines, et terminé par une quinzaine de rayons stigmatiques
divergents, jaunes et légèrement arqués. — **Fruit** inconnu. —
Cette magnifique espèce, spontanée au Brésil et à la Colombie,
couvre, avec d'autres plantes de la famille, d'immenses plaines
nommées *Pampas*. Elle a été rapportée par Perrotet, il y a une
vingtaine d'années, et placée dans l'une des serres du Musée de
Paris, dans lequel elle a été connue depuis cette époque sous
le nom de *C. Perrottetii*.

Synon. — *Cereus lividus*. Pfeiff. dans Otto et Dietr. allgem.
gartenz. (1835), n° 48, p. 380; enum. diag. cact. p. 98; Salm-
Dyck, cat. hort. Dyck, p. 31 (1842); Walp. rep. 2, p. 332 (1843).
— *C. glaucus*. Salm-Dyck, hort. Dyck, p. 31 (1842), d'après l'au-

teur lui-même. — *C. Perrottetii*. hort. par. — Lemair. icon. cact
liv. 4, n° 8* (1845), avec une très-belle figure.

23*. **C. luisant. — *C. nitens*.** (Salm-Dyck.)

Tige dressée, épaisse, d'un vert très-luisant, rameuse à sa
base. — **Côtes** 9-10, obtuses, larges, à sinus peu marqués, festonnées entre les aréoles enfoncées, larges, cendrées, cotonneuses. — **Aiguillons** minces, raides, pourpres inférieurement,
souvent d'un jaune pâle ; ceux du centre, 4, un peu plus forts ;
l'inférieur plus long, les extérieurs, 9-10, rayonnants. = Habite
Bolivia. — Diffère du *C. blanchâtre* par sa tige plus mince, plus
lisse, et par ses côtes dont les intervalles des aréoles sont plus
renflés ; par ses aiguillons plus courts et plus minces, pourpre-
brun depuis la base jusqu'à leur milieu, et blanchâtres au
sommet.

Synon. — *C. nitens*. Salm-Dyck, dans Otto et Dietr. allgem.
gartenz. 13. p. 354, selon Walp. rep. 5, p. 818 (1846).

24. **C. à soies. — *C. polychaetus*.** (Reichenb.)

Tige dressée, d'un vert obscur. — **Côtes** 5, comprimées,
continues. — **Aréoles** arrondies, convexes, très-cotonneuses. —
Aiguillons sétacés, 8-9, étalés, roux, entrecroisés en dessus ; le
central plus long et pendant. = Habite.

Synon. — *C. polychaetus*. Reichenb. dans Terscheck, suppl.
cact. 4. — *C. chalybæus*. Otto mss. Voisin du *G. alacripontus*.

24*. **C. Beneck. — *C. Beneckii*.** (C. Ehrenb.)

Tige dressée, vert-pâle, de 9 centimètres de hauteur sur 4
à 6 d'épaisseur, couverte d'une poussière glauque. — **Côtes** 7,
arrondies, épaisses, tuberculeuses, très-arquées, festonnées vers
le milieu de leur courbure et très-obtuses. — **Aréoles** distantes,
petites, cotonneuses noirâtres. — **Aiguillons** 5, très-inégaux ;
5 inférieurs étalés, courts, coniques, très-raides, bruns ; le supérieur très-pâle, très-long, en alène, dressé. = Hab. le Mex.

Synon. — *C. Beneckii*. C. Ehrenb. dans Schlecht. et Mohl, bot.
zeitung. 2, p. 835, selon Walp. rep. 5, p. 819 (1846).

25. **C. glauque.** — *C. glaucus*. (Salm-Dyck.)

Tige dressée, glaucescente. — **Côtes** 5, comprimées. — .sinus larges et profonds.—**Aréoles** rapprochées.— **Aiguillons** courts, assez forts, jaunâtres, naissant d'un duvet cotonneux blanchâtre; 6-8 extérieurs rayonnants et 3 au centre à peine plus longs. = Habite....

Synon. — *C. glaucus*. Salm-Dyck, dans hort. Dyck, p. 335.

25*. **C. farineux.** — *C. farinosus*. (Haage.)

Tige dressée, vert-pâle, couverte d'une couche épaisse de glauque. — **Côtes** 7, arrondies, épaisses, tuberculeuses et arquées. — **Aréoles** assez distantes, petites, cotonneuses et noirâtres. — **Aiguillons** 2, très-minces, bruns, l'un ascendant, l'autre descendant. = Habite le Mexique. — Diffère de l'espèce précédente, avec laquelle Ehrenberg paraît l'avoir confondue, par sa pulvérulence farineuse et par ses 2 aiguillons très-minces.

Synon. — *C. farinosus*. Haage, selon Salm-Dyck, dans Otto et Dietr. allgem. gartenz. 13, p. 355, selon Walp. rep. 5, p. 820.

26. **C. à angles ailés.** — *C. pterogonus*. (Lemair.)

Tige dressée ou rampante, à longs articles, d'un vert pâle. — **Angles** 5-6, très-comprimés, presque arqués. — **Aréoles** enfoncées, petites, à peine garnies de poils cotenneux.—**Aiguillons** 7-8, dont 4 en forme d'alène et de 24 millimètres, et 3-4 autres en forme de soie, caducs et beaucoup plus courts. = Habite le Mexique, près Carthagène.

Synon. — *C. pterogonus*. Lemair. nov. gen. et spec. cact. p. 59.

27. **C. régulier.** — *C. geometrizans*. (Mart.)

Tige dressée, simple, bleuâtre. — **Côtes** 5-6, obtusément anguleuses, tuberculées et arquées. — **Sinus** larges, presque planes. — **Aréoles** distantes, rondes, blanches; 9 armées de poils courts et cotonneux. — **Aiguillons** 3 (rarement 4-6), inégaux, rigides, noirs, et ensuite cendrés, épais à leur base, l'inférieur plus court, les supérieurs 1-2 (manquant souvent) trèscourts. = Habite le Mexique

Synon. — *C. geometrizans*. Mart. selon Pfeiff. enum. cact. 89.
— *C. aquicaulensis* des jardins, d'après Walp. rep. 2, p. 329.

28. C. callicoché. — *C. callicoche*. (Scheidw.)

Tige globuleuse-déprimée, glauque, écailleuse. — **Côtes** 5-7,
charnues, épaisses, presque verticales. — **Sinus** larges. —
Aréoles rapprochées, enfoncées au-dessous du sommet du tubercule, laineuses, dont les poils gris, mais orangés à leur base,
disparaissent plus tard. = Habite le Mexique, près Moran.

Synon. — *C. callicoche*. Scheidw. bull. brux. 6, n⁰ 2. — *C. inermis*. Scheidw. mss. non Otto.

29. C. bordé. — *C. marginatus*. (A. P. de Cand.)

Tige simple ou rameuse au sommet, dressée et d'un vert
obscur, obtuse au sommet. — **Côtes** 5-7, verticales, crête obtuse.
— **Sinus** aigus. — **Aréoles** ovales, confluentes, cotonneuses,
blanches ou grises, laineuses dans toute la longueur de la plante.
— **Aiguillons** 7-9, coniques, raides, gris, courts ; le central à
peine distinct des autres. = Habite le Mexique.

Synon. — *C. marginatus*, A. P. de Cand. rev. cact. dans mém.
mus. 17, p. 116 (1828). — *C. incrassatus*. jard. berl. — *C. cupu-
latus* des jardins.

30. C. à soies inégales.—*C. anisacanthus*. (A. P. de Cand.)

Tige simple, dressée, d'un vert foncé. — **Côtes** 5-6. — **Sinus**
et crête aigus. — **Aréoles** jeunes convexes, veloutées. —
Aiguillons 10-20, sétacés, jaunâtres, raides, très-inégaux ; le
extérieurs divergents-radiés. = Habite le Mexique.

Synon. — *C. anisacanthus*. A. P. de Cand. rev. dans mém. mus.
17, p. 116 (1828). = Var. 1, **droit** (*C. anisacanthus ortholophus*,
Walp. rep. 2, p. 331 (1843). Côtes 6, verticales. Aiguillons 10.
C. gemmatus. Zucc.? = Var. 2, **spiralé** (*C. anisacanthus subspi-
ralis*, Walp. l. c.). Côtes 5, presque spiralées. Aiguillons 20.

31. C. orné. — *C. gemmatus*. (Zucc.)

Tige dressée, d'un vert pâle, rameuse à sa base — **Côtes** 5-6,
comprimées, à crêtes obtuses. — **Sinus** presque planes. —
Aréoles rapprochées, ovales, veloutées et blanches dans leur

jeunesse. — **Aiguillons** 8-10, courts, cendrés, rayonnants ; 1 ou
2 au centre, à peine dissemblables. = Habite le Mexique.

SYNON. — *C. gemmatus.* Zucc. selon Pfeiff. enum. cact. p. 96.

32. **C. Haworth.** — *C. Haworthii* (A. P. Decand.)

Tige dressée, simple. — **Côtes** 5 (rarement 6), comprimées
et arquées dans leur jeunesse, s'effaçant avec l'âge. — **Sinus**
planes. — **Aréoles** assez rapprochées, laineuses, blanches. —
Aiguillons extérieurs, environ 10, minces, irrégulièrement
rayonnants ; ceux du centre, 3-4, plus longs, plus fermes et
fauves. Plante d'un aspect très-féroce par la grandeur de ses
aiguillons. = Habite les îles Caraïbes.

SYNON. — *C. Haworthii.* A. P. de Cand. prodr. 3, p. 465 (1828).
— *Cactus Haworthii.* Spreng. syst. 2, p. 495. — *Cereus nobilis.*
Haw. syn. 179 (1812), non Linn. ni Lamk.

33. **C. péruvien.** — *C. peruvianus.* (Tabern.)

Tige dressée, épaisse, très-élevée, d'un vert obscur, glauque
dans la jeunesse, peu rameuse. — **Côtes** 5-8, verticales. —
Sinus larges, arqués. — **Aréoles** assez serrées. — **Aiguillons**
naissant du milieu de poils cotonneux, gris ou bruns, raides ;
6-8 extérieurs, et 1-3 partant du centre et un peu plus longs.
= Habite le Pérou, ainsi que sa variété.

SYNON. — *C. Peruvianus.* Tabern. kreut. 705. fig. 14 ; A. P. de
Cand. pl. grass. tab. 58. — *Cactus Peruvianus, heptagonus, hexagonus* et *pentagonus.* Linn.? — *C. hexagonus.* Willd. enum.
suppl. 22 (1813). — *C. heptagonus* et *hexagonus* des jardins. —
Cact. hexagonus et *C. heptagonus.* Vell. flor. flum. tab. 18 et 19.
= Var. **monstrueuse** (*Cer. Peruvianus monstruosus,* A. P. de Cand.
prodr. 3, p. 361 (1828). Tige à côtes très-irrégulières, ainsi que
la distance que laissent les aréoles entre elles. Aiguillons extérieurs 6-8, et 1 ou 2 un peu plus longs au centre ; tous plus
courts que dans l'espèce. — *Cact. abnormis.* Willd. enum. sup.
31 (1813). — *Cereus monstruosus* des jard. (V.V. jard. de Lyon.)

34. **C. à aiguillons courbés.** — *C. curvispinus.* (Bertero.)

Semblable au *C. du Pérou,* présentant une tige de 6 mètres ;
des fleurs de 12 à 15 millim. de longueur. — Habite le Pérou.

Synon. — *C. curvispinus*. Bertero, dans Meyen Reize um die welt. 1, p. 289.

55. C. à chevelure laineuse. — *C. eriocomus*. (Reichenb.)

Tige dressée, d'un vert pâle. — **Côtes** 6, à peine arquées, comprimées au sommet. — **Aréoles** arrondies, les supérieures très-laineuses. — **Aiguillons** 9, en forme de soies, couleur paille ; 4 de chaque côté et divergents, 1 seul qui s'avance de 2 à 3 millimètres au centre.

Synon. — *C. eriocomus*. Reichenb. dans Terscheck, suppl. cact. 3, d'après Walp. rep. 2, p. 340 (1843).

36. C. Dumortier. — *C. Dumortieri*. (Scheidw.)

Tige simple, de 30 à 35 centimètres de haut et de 8 de diamètre, à 6 angles, d'un vert pâle, presque luisant. — Crête des **Côtes** comprimée, ondulée. — **Sinus** larges. — **Aréoles** ovales, rapprochées (9 millimètres les unes des autres), à peine saillantes, munies d'un duvet gris, nues dans leur vieillesse. — **Aiguillons** 10, droits, très-étalés, couleur paille ou cornés, concolores, inégaux ; le supérieur réfléchi, le central droit ou réfléchi, manquant quelquefois, longs de 6 à 26 millimètres. = Habite Bonaria.

Synon. — *C. Dumortierii*. Scheidw. bull. brux. 6, n° 2.

37. C. portalègre. — *C. alacripontanus*. (Mart.)

Tige dressée, simple, d'un vert obscur, et bleuâtre au sommet. — **Côtes** 6, comprimées, droites. — **Aréoles** rapprochées, à peine saillantes, munies de quelques poils cotonneux et laineux, brunâtres. — **Aiguillons** très-aigus, droits, bruns, jaunes au sommet ; 1 au centre et 7-8 extérieurs, très-étalés. = Habite le Brésil (Porto-Alegre).

Synon. — *C. alacripontanus*. Mart. selon Pfeiff. enum. cact. 87.

38. C. azuré. — *C. azureus*. (Parm.)

Tige dressée, amincie, garnie d'une poussière azurée. — **Côtes** 6, obtuses, courbées. — **Sinus** aigus. — **Aréoles** éloignées, garnies de poils laineux bruns et gris. — **Aiguillons** extérieurs

8, rayonnants, blancs, à sommet terne ; 1-3 au centre, plus forts et bruns. = Habite le Brésil.

SYNON. — *C. azureus.* Parm. selon Pfeiff. enum. cact. 86 (1827).

39. **C. bleu. — *C. cæsius*.** (Salm-Dyck.)

Tige dressée. — **Côtes** 6, un peu comprimées, obtuses, droites. — **Sinus** profonds. — **Aréoles** grandes, blanches, un peu laineuses. — **Aiguillons** un peu raides, très-aigus ; 10 extérieurs, jaunâtres, bruns à leur base ; 4-5 au centre, plus longs et bruns.

SYNON. — *C. cæsius.* Salm-Dyck, selon Pfeiff. enum. cact. p. 89. — *Cer. glaucus* des jardins.

40. **C. Ehrenberg. — *C. Ehrenbergii*.** (Pfeiff.)

Tige presque dressée, d'un vert jaune. — **Côtes** 6, obtuses, arquées-tuberculeuses. — **Aréoles** assez distantes, munies de poils cotonneux courts et blancs. — **Aiguillons** extérieurs 8-10, rayonnants et appliqués, et 4 plus longs au centre ; tous presque droits, couleur paille faible, minces et raides. = Habite le Mexique.

SYNON. — *C. Ehrenbergii.* Pfeiff. dans Otto et Dietr. allgem. gartenz. 8, p. 282 ; Walp. rep. 2, p. 341 (1843).

41. **C. sans aiguillon central. — *C. deficiens*.** (Ott. et Diet.)

Tige dressée, simple, oblongue, glaucescente. — **Côtes** 6-7, aiguës. — **Sinus** profonds. — **Aréoles** presque distantes, hémisphériques, garnies d'un duvet cotonneux très-court et blanc. — **Aiguillons** 7, tous rayonnants, droits et blancs, noirs au sommet ; le central manquant (d'où lui est venu son nom latin). = Habite Caracas.

SYNON. — *C. deficiens.* Otto et Dietr. allgem. gartenz. 6, p. 27.

42. **C. jaunâtre. — *C. lutescens*.** (S.-Dyck.)

Tige dressée, verte. — **Côtes** 6-7, comprimées, à peine courbées, à bord obtus. — **Sinus** presque aigus. — **Aréoles** peu distantes, un peu saillantes, d'un gris jaunâtre, garnies de quelques poils laineux blancs. — **Aiguillons** extérieurs 10-12, inégaux, couleur paille ; les centraux, 4-6, une fois plus longs et

plus épais; tous droits, raides, minces et jaunes. = Habite....
Synon. — *C. lutescens.* Salm-Dyck, selon Pfeiff. enum. cact.
p. 84. — *Cercus aureus pallidior.* jard. Salm-Dyck.

43. C. armé. — *C. armatus* (Otto.)

Tige dressée, d'un vert pâle, à peine glaucescente. — **Côtes**
7, presque comprimées. — **Sinus** larges. — **Aréoles** rapprochées, floconneuses. — **Aiguillons** 8-10, inégaux, divergents,
jaunes, minces et raides. = Habite l'ile de Saint-Thomas.
Synon. — *C. armatus.* Otto, d'après Pfeiff. enum. cact. 81.

44. C. tortueux. — *C. tortuosus.* (Forbès.)

Tige dressée, tortueuse, à 7 angles. — **Côtes** obtuses. —
Aréoles rapprochées, cotonneuses et blanches. — **Aiguillons**
sétacés, droits, blancs et noirs; 8 extérieurs rayonnants, le
central solitaire et plus long. — Habite Buenos-Ayres.
Synon. — *C. tortuosus.* Forbès, dans Otto et Dietr. allgem.
gartenz. 6, p. 35.

45. C. renversé. — *C. resupinatus.* (S.-Dyck.)

Tige en colonne, simple, d'un vert glaucescent. — **Côtes** 7,
larges, obtuses. — **Aréoles** un peu distantes, circulaires, grandes, cotonneuses et grisâtres, sans poils laineux. — **Aiguillons**
7-8 (le supérieur manquant quelquefois), droits, rayonnants,
étalés; l'inférieur très-court, le central très-fort, infléchi, ascendant; tous blancs, à sommet noir.
Synon. — *C. resupinatus.* Salm-Dyck, dans Otto et Dietr.
allgem. gartenz. 8, p. 10 ; Walp. rep. 2, p. 330 (1843).

46. C. à soies géminées. — *C. geminisetus.* (Reichenb.)

Tige dressée, d'un vert pâle. — **Côtes** 7, arquées, comprimées vers le haut, obtuses. — **Aréoles** arrondies, cotonneuses
et blanches. — **Aiguillons** 10, très-pâles; les supérieurs (soies)
jumeaux, plus petits, les autres très-étalés et ascendants, ainsi
que le central. = Habite....
Synon. — *C. geminisetus.* Reichenb. dans Terscheck, suppl.
cact. 3.

47. **C. chevelure jaune.** — ***C. xanthochaetus***. (Reich.)

Tige dressée, d'un vert pâle. — **Côtes** presque continues, 7, comprimées et obtuses au sommet. — **Aréoles** presque circulaires, cotonneuses et jaunes. — **Aiguillons** 21, aggrégés, minces, droits, jaunes; ceux du haut ainsi que ceux du centre très-longs; les inférieurs 3-4. = Habite....

Synon. — *C. xanthochætus*. Reichenb. dans Terscheck, suppl. cact. 4; Walp. rep. 3, p. 340 (1843).

48. **C. à aiguillons jaunes.** — ***C. flavispinus***. (Dyck.)

Tige dressée, simple, verte. — **Côtes** 6-7, obtuses. — **Aréoles** rapprochées, laineuses et blanches. — **Aiguillons** extérieurs 8-12, jaunâtres, étalés; ceux du centre divergents, fauves, plus longs, le supérieur très grand. = Habite l'Amérique méridion.

Synon. — *C. flavispinus*. Salm-Dyck, obs. bot. 1822, p. 5. — Peut-être cette plante est-elle la même que le *C. flavispinus* Colla, hort. rip. p. 24 (1824).

49. **C. Pfeiffer.** — ***C. Pfeifferi***. (Parm.)

Tige dressée, d'un vert glauque. — **Côtes** 7, obtuses, anguleuses, droites. — **Aréoles** assez distantes, cotonneuses et brunes, munies d'un faisceau de poils laineux, mous et blancs. — **Aiguillons** droits, raides, couleur paille; 1 au centre, et 7-8 extérieurs presque rayonnants; les supérieurs petits. = Habite Buenos-Ayres.

Synon. — *C. Pfeifferi*. Parm. selon Pfeiff. dans Otto et Dietr. allgem. gartenz. 5, p 370; Walp. rep. 2, p. 339 (1843).

49*. **C. Pepin.** — ***C. Pepinianus***. (Salm-Dyck.)

Tige dressée, vert-pâle, légèrement velue, de 3 à 4 centim. sur presque autant de largeur. — **Côtes** 8-9, épaisses, larges, arquées. — **Aréoles** rapprochées, ovales, larges, très-cotonneuses et cendré-noirâtres. — **Aiguillons** très-raides, jaunes d'abord, brunâtres au sommet et grisâtres dans leur vieillesse; les extérieurs, 7-8, rayonnants, recourbés, et 2-4 centraux; celui du sommet et celui de la base très-longs, très-étalés. = Habite Bolivia.

SYNON. — *C. Pepinianus.* Lemair. selon Salm-Dyck, dans Otto et Dietr. allgem. gartenz. 13, p. 355, selon Walp. rep. 5, p. 89 (1846).

50. **C. noir.** — *C. niger.* (Salm-Dyck.)

Tige dressée, simple, d'un vert foncé au sommet, et plus tard noire. — **Côtes** 6-8, presque comprimées, légèrement festonnées. — **Aréoles** rapprochées, peu saillantes, blanchâtres, peu laineuses. — **Aiguillons** droits, inégaux, minces, fauves; les extérieurs 6-8, écartés; ceux du centre, 2-3, plus longs. = Habite l'Amérique méridionale.

SYNON. — *C. niger.* Salm-Dyck, observ. 1822, p. 4. — *Cactus niger.* Spreng. syst. 2, p. 495 (1826). — Le prince Salm-Dyck établit une variété **allongée** (*C. niger gracilior*) dont la tige est plus mince et plus longue.

51. **C. ivoire.** — *C. eburneus.* (Salm-Dyck.)

Tige dressée, simple, glaucescente. — **Côtes** 7-8, obtuses. — **Sinus** planes. — **Aiguillons** raides, allongés, rayonnants; les extérieurs 8-10, l'inférieur très-petit, et 1 central (rarement 3); tous d'abord pourpres, ensuite couleur d'ivoire, et à sommet noir.

SYNON. — *C. eburneus.* Salm-Dyck, obs. 1822, p. 6. — *Cactus eburneus.* Link, enum. 2, p. 22. — *Cact. coquimbanus.* Molina, chil. éd. franç. p. 110. — *Cact. peruvianus.* Willd. enum. suppl. 22 (1813), non Linn. = Var. 1, **à plusieurs angles** (*C. eburneus polygonus*). Walp. rep. 2, p. 330 (1843). Côtes 9-10, plus comprimées. Aiguillons plus courts, cendrés, 3-4 au centre. — *Cer. griseus.* Haw. syn. 182? — *Cer. polygonatus* des jard. = Var. 2, **monstrueuse** (*Cer. eburneus monstruosus.* Salm-Dyck, obs. 1822, p. 7). Côtes oblitérées et faisceaux d'aiguillons spiralés et confluents. = Var. 3, **monstrueux rameaux** (*Cer. eburneus monstruoso-ramosus.* Walp. rep. 2, p. 330 (1843). Rameaux naissants çà et là des aréoles, d'abord réguliers et prenant ensuite une forme monstrueuse. = Habite le Chili. Cette variété sort des jardins belges et vit dans le jardin du prince SALM-DYCK. Elle a beaucoup de rapport avec le *Cierge du Pérou monstrueux.*

52. **C. chauve.** — *C. calvescens*. (A. P. de Cand.)

Tige dressée, simple ou peu rameuse au sommet, verte, à sommet obtus et presque creux. — **Côtes** 7-8, verticales, obtuses. — **Sinus** aigus. — **Aréoles** jeunes convexes, cotonneuses, devenant chauves plus tard, distantes de 12-18 millimètres. — **Aiguillons** 8-9, bruns, raides, divergents ; le central à peine différent des extérieurs. = Habite le Mexique. Espèce très-voisine du *C. du Pérou*.

Synon. — *C. calvescens*. A. P. de Cand. rev. cact. dans mém. mus. 17, p. 116 (1828).

53. **C. doré.** — *C. aureus*. (Salm-Dyck.)

Tige dressée, d'un vert foncé. — **Côtes** 7-8, comprimées, très-hérissées d'aiguillons. — **Sinus** larges. — **Aréoles** rapprochées, grandes, convexes, cotonneuses et dorées, munies de peu de poils. — **Aiguillons** dorés, les extérieurs 8-16, presque égaux ; ceux du centre, 3-4, beaucoup plus longs ; tous droits et raides. = Habite...

Synon. — *C. aureus*. Salm-Dyck, selon Pfeiff. enum. cact. 85, non Parm.

54. **C. Moritz.** — *C. Moritzianus*. (Otto.)

Tige dressée, verte, laineuse au sommet. — **Côtes** 7-8, obtuses, à peine courbées. — **Sinus** larges et aigus. — **Aréoles** blanchâtres, laineuses. — **Aiguillons** minces, droits, raides, blanchâtres ; ceux du centre 3, les extérieurs 6-8. = Habite la Guayra.

Synon. — *C. Moritzianus*. Otto, selon Pfeiff. enum. cact. p. 84,

55. **C. raide.** — *C. strictus*. (A. P. de Cand.)

Tige dressée, robuste, olivâtre. — **Côtes** 7-8, presque comprimées, arquées. — **Sinus** larges et profonds. — **Aréoles** un peu distantes, courtement cotonneuses et blanches. — **Aiguillons** extérieurs 8 ; les 4 du centre plus longs ; tous droits, fauves, bruns à leur base, et gris dans leur vieillesse. = Habite l'Amérique méridionale.

Synon. — *C. strictus*. A. P. de Cand. prodr. 3, p. 465 (1828).

— *Cactus strictus.* Willd. enum. suppl, 32 (1813); Steud. nom. ed. 2, cite aussi les *C. nigricans* et *mollis* des jardins.

56. **C. dénudé. — *C. denudatus*. (Otto.)**

Tige globuleuse, à sommet plane et nu, et d'un vert glaucescent. — **Côtes** 7-8, arrondies, tuberculeuses.—**Aréoles** assez distantes, ovales, blanchâtres. — **Aiguillons** 5, assez raides et un peu courbés, très-appliqués, d'abord jaunes, et blancs ensuite. = Habite le Brésil central.

Synon. — *C. denudatus.* Otto, dans Pfeiff. enum. cact. p. 73 (1837). — *Echinocactus denudatus.* Link et Otto, icon. p. 17, tab. 9.

57. **C. cendré. — *C. cinerascens*. (A. P. de Cand.)**

Tige simple, dressée, d'un vert gris. — **Côtes** 7-8, obtuses, tuberculeuses. — **Sinus** étroits. — **Aréoles** jeunes convexes, veloutées. — **Aiguillons** 14, blancs, raides, sétacés; 10 extérieurs, rayonnants; 4 au centre, dressés et divergents, plus longs et souvent bruns. = Habite le Mexique. (Coulter).

Synon. — *C. cinerascens.* A. P. de Cand. rev. cact. dans mém. mus. 17, p. 116 (1828). — *C. Deppei.* jard. de Berl. hort. Dyck, p. 338. — *C. Jamacaru.* Pison, hist. nat. p. 100? = Var. 1, **épaisse** (*C. cinerascens crassior*). A. P. de Cand. lieu cit. — *C. aciniformis.* hort. berol. Faisceaux d'aiguillons plus distants que dans l'espèce, et tige plus épaisse. = Var. 2, **mince** (*C. cinerascens tenuior*). A. P. de Cand. lieu cit. Tige plus mince. Côtes plus rapprochées.

58. **C. denticulé. — *C. serruliflorus* (Haw.)**

Tige dressée, simple. — **Côtes** 8, comprimées. arrondies, presque arquées. — **Aréoles** distantes. — **Aiguillons** 12-13, minces, rayonnants. = Habite l'Inde orientale.

Synon. — *C. serruliflorus.* Haw. phil. magaz. 1830, p. 109, en excluant le *C. fimbriatus*, rapporté à tort à cette espèce. — *Melocactus arborescens, cereiformis* et *spinosissimus.* Plum. ed. Burm. p. 188, tab. 195, f. 1.

59. **C. Surinam.** — *C. monoclonos* (A. P. de Cand.)

Tige dressée, longue. — **Côtes** 8, obtuses, comprimées. — **Aiguillons** presque égaux, en étoile. = Habite Surinam et les îles Caraïbes. Introduit de Surinam en 1681, d'où il s'est répandu dans les jardins européens. Miller a cité une terre très-favorable à cette espèce : c'est un mélange, par tiers, de terre ordinaire, de sable de mer et de platras criblés ensemble. — Cette espèce a de très-grands rapports avec le *C. du Pérou*, et elle a plus souvent 8 côtes que 6 ; ses pétals sont obtus et presque en cœur à leur sommet, blancs en dessus ; les stigmates sont très-saillants hors de la fleur, qui s'épanouit en juillet dans l'Europe.

Synon. — *C. monoclonos*. A. P. de Cand. rev. cact. dans mém. mus. 17, p. 46. — *Cact. hexagonus.* Lamk. enc, bot. 1, p. 538 (1783). — *Cer. hexagonus.* Mill. dict. jard. ed franç. (1785)? p. 303 , nᵒ 1. — *Melocactus monoclonus*, etc. Plum. spec. 19, tab. 191. — *Cer. surinamensis.* Ephem. nat. 3, p. 349. — On le nomme aussi *Cierge épineux*.

60. **C. Aréquipa.** — *C. Arequipensis.* (Meyen.)

Tige dressée, à 8 angles, de 7 à 8 mètres de longueur. — **Côtes** 8, tuberculeuses. — **Aiguillons** naissant avec les poils des aréoles placés sur les tubercules. — **Fleurs** allongées, blanches. = Habite Arequipa.

Synon. — *C. Arequipensis.* Meyen Reise in die Welt. 2, p. 41.

61. **C. Curtis.** — *C. Curtisii.* (Otto.)

Tige dressée, d'un vert obscur. — **Côtes** 8, comprimées. — **Sinus** profonds. — **Aréoles** convexes, munies de poils cotonneux bruns, et d'autres laineux, blancs et soyeux. — **Aiguillons** droits, aciculaires, bruns ; ceux du centre 4, et 8 ou 10 autour ; les supérieurs petits. = Habite Grenade.

Synon. — *C. Curtisii.* Otto, selon Pfeiff. enum. cact. p. 81; Otto et Pfeiff. abbild. cact. tab. 11. — *Cactus Royeni.* bot. mag. tab. 3125, non Linn. — *Cereus octogonus*, jard. angl.

62. **C. bleuâtre.** — *C. cærulescens.* (A. P. de Cand.)

Tige dressée, amincie, bleuâtre. — **Côtes** 8, obtuses. —

Aréoles rapprochées. — **Aiguillons** blancs ou noirs, en forme de soies, naissant de poils cotonneux noirâtres, dont 12 extérieurs rayonnants; 3-4 partant du centre et souvent plus forts. = Habite le Brésil.

Synon. — *C. cærulescens.* Salm-Dyck, hort. Dyck, p 335. — *C. Æthiopis.* Haw. phil. mag. 1830, p. 109? — *C. Mendory* des jardins.

63. **C. porte-laine. — *C. eriophorus*.** (Otto.)

Tige dressée, simple, très-verte. — **Côtes** 8, obtuses, sinueuses, arquées. — **Sillons** d'abord aigus, et s'effaçant bientôt après. — **Aréoles** distantes, ovales, blanches. — **Aiguillons** naissants entremêlés avec des poils cotonneux courts; 8 extérieurs, et 1 central un peu plus long; tous droits, très-pointus noirs au sommet. = Habite Cuba.

Synon. — *C. eriophorus.* Otto, selon Pfeiff. enum. cact. p. 94. — *C. cubensis.* Zucc. — *C. subrepandus* des jardins. = Var. **vert-pâle** (*C. eriophorus lætevirens*). Salm-Dyck, hort. Dyck, p. 335.

64. **C. conique. — *C. conicus*.** (Pfeiff.)

Tige dressée, épaisse, d'un vert pâle, amincie à son sommet. — **Côtes** 8, comprimées, presque arquées. — **Sinus** larges, aigus. — **Aréoles** rapprochées, grises, à peine laineuses. — **Aiguillons** 2, noirs en naissant et bientôt cendrés, à sommet noir, droits, raides; le supérieur horizontal; l'inférieur beaucoup plus petit et défléchi. = Habite le Mexique.

Synon. — *C. conicus.* Otto, dans Pfeiff. enum. cact. p. 97.

65. **C. ténu. — *C. tenuis*.** (Pfeiff.)

Tige dressée, mince, à 8 angles, d'un vert brillant. — **Côtes** arquées, renflées près des aréoles. — **Aréoles** rapprochées, petites, cotonneuses et blanches, portant en outre des poils laineux et des aiguillons très-minces, très-pointus et jaunes; 8 plus intérieurs, et 1 seul au centre. = Habite....

Synon. — *C. tenuis.* Pfeiff. dans Otto et Dietr. allgem. gartenz. 8, p. 407.

66. **C. tubéreux. — *C. tuberosus*.** (Pfeiff.)

Tige dressée, verte. — **Côtes** 8, obtuses. — **Sinus** aigus, ondulés. — **Aréoles** un peu distantes, placées sur les tubercules des côtés, laineuses et blanches. — **Aiguillons** 9-10, minces, très-étalés, presque égaux, rougeâtres et ensuite blancs, à sommet brun ; le central nul. = Habite le Mexique.

Synon. — *C. tuberosus*. Pfeiff. enum. cact. p 102 (1837).

67. **C. Martius. — *C. Martianus*.** (Zucc.)

Tige presque dressée. — **Côtes** 8, à peine saillantes. — **Sinus** assez larges. — **Aréoles** rapprochées, naissant de la crête des tubercules. — **Aiguillons** extérieurs 6-8, en forme de soies, blanchâtres, rouges d'abord, rayonnantes, et 2-3 centraux, à peine plus grands. = Habite le Mexique.

Synon. — *C. Martianus*. Zucc. selon Pfeiff. enum. cact. 335.

68. **C. Dyck. — *C. Dyckii*.** (Mart.)

Tige dressée, verte. — **Côtes** 8, verticales, un peu comprimées. — **Sinus** larges et aigus. — **Aréoles** un peu enfoncées, ovales, cotonneuses et grises. — **Aiguillons** extérieurs 10-11, courts, blancs, raides, très-étalés ; ceux du centre 3, l'inférieur plus long, blancs, brunâtres à leur base et au sommet. = Habite le Mexique.

Synon. — *C. Dyckii*. Mart. selon Pfeiff. enum. cact. 87 (1837).

69. **C. dressé. — *C. erectus*.** (Haw.)

Tige dressée, simple, presque cylindrique, verte. — **Côtes** 8, très-obtuses ou un peu ondulées. — **Aréoles** assez distantes, grises. — **Aiguillons** naissant du milieu de poils courts et cotonneux ; 8-9 extérieurs, blanchâtres, à sommet noir, et 1-3 centraux plus longs et plus bruns ; tous droits, raides. = Habite le Mexique. — Grande et belle fleur de 2 décimètres de long. blanchâtre, à odeur de *Crinum*, à sépals fauves, et qui s'est épanouie chez M. de Monville.

Synon. — *C. erectus*. Karw. selon Pfeiff. enum. cact. p. 95.

70. **C. Mœleni. — *C. Mœlenii*.** (Pfeiff.)

Tige presque dressée, d'un vert pâle. — **Côtes** 8, composées

de tubercules oblongs, confluents. — **Sinus** aigus et ondulés.
— **Aréoles** naissant de la partie supérieure des tubercules, au-
dessus du faisceau d'aiguillons; tomenteuses et blanches dans
leur jeunesse, à base rougeâtre, devenant ensuite cendrée. —
Aiguillons extérieurs 9-10, raides, très-étalés, droits, les supérieurs plus longs, le central épais, courbé en dedans. ⸗ Habite
le Mexique.

Synon. — *C. Mælenii.* Pfeiff. dans Otto et Dietr. allgem.
gartenz. 5, p. 379; Walp. rep. 2, p. 339 (1844). — Serait-ce
une *Mammillaire?*

71. C. hérisson. — *C. hystrix.* (S.-Dyck.)

Tige dressée, d'un brun olivâtre, luisante. — **Côtes** 8-9,
presque aiguës. — **Aréoles** saillantes, cotonneuses et grises. —
Aiguillons raides, droits, panachés de blanc et de brun; les
extérieurs 9-10, les supérieurs petits, et 3-4 partant du centre
et plus forts. ⸗ Habite les antilles.

Synon. — *C. hystrix.* Salm-Dyck, obs. 1822, p. 7.

72. C. Royen. — *C. Royeni.* (Haw.)

Tige dressée, simple, bleuâtre, et d'autres fois d'un vert
pâle. — **Côtes** 8-9, obtuses. — **Aréoles** rapprochées, garnies
de poils laineux blancs ou bruns, persistants et crépus. —
Aiguillons minces, droits, légèrement bruns, à peine plus
longs que les poils; extérieurs 10, centraux 3-4, un peu plus
forts. ⸗ Habite les îles Caraïbes et les Antilles.

Synon. — *C. Royeni.* Haw. syn. p. 182 (1812). — *Cactus
Royeni.* Linn. spec. 668 (1764), non celui des jardins. — *Cereus
lanuginosus.* Mill. dict. jard. ed. franç. 1785, 2, p. 303 (1785).
— *Cer. gloriosus* des jardins.

73. C. à aiguillons fauves. — *C. fulvispinus.* (Haw.)

Tige dressée, allongée, rameuse. — **Côtes** 8-9. — **Aiguillons**
forts, fauves, les plus âgés presque crochus. ⸗ Habite l'Amérique méridionale.

Synon. — *C. fulvispinus.* Haw. syn. p. 183. — *Cact. Royeni.*
Mill. dict. jard. ed. franç. de 1785, vol. 2, p. 304, non Linn.
Voisin du *C. Curtis.*

74. **C. étoilé.** — *C. stellatus*. (Pfeiff.)

Tige dressée, robuste, d'un vert pâle. — **Côtes** 9, comprimées, obtuses. — **Sinus** aigus. — **Aréoles** rapprochées, enfoncées dans l'écorce, cotonneuses et blanchâtres. — **Aiguillons** extérieurs 8-10, minces: 4-6 au centre, le supérieur très-grand; tous blancs, droits, raides. = Habite le Mexique.

Synon. — *C. stellatus*. Pfeiff. dans Otto et Dietr. allgem. gart. 1836, p. 258; Walp. rep. 2, p. 328 (1843).

75. **C. barbe épineuse.** — *C. spinibarbis*. (Otto.)

Tige dressée. — **Côtes** 9, obtuses, légèrement courbées. — **Aréoles** grandes, ovales, blanches, presque laineuses, enfoncées. — **Aiguillons** droits, raides, cendrés, noirs au sommet; 2-4 au centre, plus épais que les 8 extérieurs, rayonnants. = Habite le Chili, à Coquimbo.

Synon. — *C. spinibarbis*. Otto, selon Pfeiff. enum. cact. 86.

76. **C. frangé.** — *C. fimbriatus*. (A. P. de Cand.)

Tige très-élevée, simple, épaisse. — **Côtes** 8-10, obtuses, ondulées. — **Sinus** anguleux. — **Aréoles** grandes, assez distantes. — **Aiguillons** 10-14, très-forts, de 48 à 50 millimètres, très-aigus et presque droits, irrégulièrement rayonnants, blanchâtres. — **Pétales** oblongs, frangés, roses. — **Stigmates** beaucoup plus élevés que les étamines. — **Fruit** globuleux, du volume d'une orange ordinaire, d'un rouge vif et luisant; chair d'un rouge-feu très-vif. — **Graines** très-noires. — Habite l'Inde occidentale.

Synon. — *C. fimbriatus*. A. P. de Cand. prodr. 3, p. 464 (1828). — *C. grandispinus*. Haw. phil. mag. (1830), p. 109 (1). — *Opuntia altissima cerciformis,* etc. Plum. cat. p. 5, éd. Burm. p. 188, t. 195, fig. 2. — *Cactus fimbriatus*. Lamk. enc. bot. p. 539 (1783).

(1) Nous rétablissons ici l'ordre chronologique, et nous devons rapporter le *Cereus grandispinus*. Haw. (1830), au *C. fimbriatus* de Cand. (1828), d'autant plus que déjà Lamarck (1783) avait établi cette espèce sous le nom de *Cactus fimbriatus*. La synonymie est involontairement déjà assez immense, sans l'augmenter encore sciemment.

77. C. à aiguillons blancs. — *C. albispinus*. (S.-Dyck.)

Tige dressée, simple, ou rarement rameuse par la base, d'un vert cendré. — **Côtes** 8-10, obtuses. — **Sinus** peu marqués. — **Aréoles** rapprochées, cotonneuses et grises. — **Aiguillons** raides, minces, blancs, noirâtres au sommet; les extérieurs 10-13, ceux du centre 2 à 4, plus longs. = Habite l'Amérique méridion.

Synon. — *C. albispinus*. Salm-Dyck, obs. p. 5 (1822). — *C. octogonus* et *decagonus* des jardins.

78. C. laineux. — *C. lanuginosus*. (Haw.)

Tige dressée, verte. — **Côtes** peu marquées, 8-10. — **Aréoles** laineuses, assez rapprochées. — **Aiguillons** jaunes, allongés, dont 3 partant du centre, et 10-12 égalant les poils laineux qui s'y trouvent mélangés. = Habite les îles Caraïbes et l'Amérique équinoxiale.

Synon. — *C. lanuginosus*. Haw. syn. p. 182 (1812). — *Cactus lanuginosus*. Linn. spec. 667 (1764); Herm. lugd. batav. tab. 115, sans fleur. — *Cereus repandus*. Mill. dict. jard. éd. franç. de 1785, vol. 2, p. 303. = Var. glaucescente (*C. lanuginosus glaucescens*). Walp. rep, 2, p. 327 (1843). Tige glaucescente. Aiguillons jaunes. — *C. Royeni*, hort. gœtt.

79. C. royal. — *C. regalis*. (Haw.)

Tige grande, simple, dressée. — **Côtes** 9, à **Sinus** très-profonds. — **Aiguillons** fauves, allongés; les jeunes égalant les poils laineux. = Habite l'Amérique tropicale. — Très-voisine du *C. blanchâtre*.

Synon. — *C. regalis*. Haw. suppl. p. 75.

80. C. festonné. — *C. crenulatus* (1). (S.-Dyck.)

Tige dressée, d'un vert cendré. — **Côtes** 9, presque comprimées, festonnées. — **Sinus** aigus. — **Aréoles** assez rapprochées,

(1) Nous trouvons dans le Journal d'horticulture pratique de M. Schœidweiler, ann. 4, p. 76, une Notice de cet auteur dans laquelle il cite comme hybride du *Cereus crenatus* (mot peut-être écrit pour *crenulatus*, à moins que ce soit une dénomination donnée par les horticulteurs à une autre espèce) des variétés prétendues hybrides. Il n'est probablement pas plus prouvé pour M. Schœidweiler

grandes, cotonneuses et grisâtres, à poils peu nombreux. — **Aiguillons** extérieurs 9-12, les supérieurs très-petits, et 1 central 2 fois plus long que les autres ; tous raides, fermes, cendrés, à sommet noir. — Habite l'Amérique méridionale Curaçao.

Synon. — *C. crenulatus.* Salm-Dyck, obs. 1822, p. 6. — *Cactus Royeni.* Willd. enum. suppl. p. 32 (1845), non Haw.

Variété **1, remarquable** (*spectabilis,* Scheidw. lieu cité). Face interne des pétals comme dans le *speciosus,* mais leur milieu est cramoisi. — Var. **2. aimable** (*amabilis*) ? Toute la fleur, d'ailleurs semblable à celle de la variété précédente, est d'un rouge brillant et uni. — Var. **3. orgueilleux** (*superbiens ?*) Fond des pétals pourpre, tandis que leur surface supérieure est écarlate. — Var. **4, briqueté** (*lateritius*). Pétals de la couleur de l'*Azalea lateritia.* — Var. **5. grise** (*C. crenulatus griseus,* Salm-Dyck). Tige de couleur plus foncée et à aiguillons plus longs.

81. C. Olfers. — *C. Olfersii.* (Otto.)

Tige dressée, d'un vert pâle. — **Côtes** 9, comprimées, à larges sinus. — **Aréoles** presque nues. — **Aiguillons** rayonnants, fauves ; 3 supérieurs, sétacés, caducs ; 3 inférieurs, persistants, raides ; l'inférieur très-long et défléchi. = Habite le Brésil.

Synon. — *C. Olfersii.* Otto, dans Salm-Dyck, hort. Dyck, p. 335.

82. C. plissé. — *C. polyptycus.* (Lemair.)

Tige dressée, très-grosse, d'un vert plus ou moins intense. — **Côtes** 9, épaisses, pliées à chaque aréole. — **Sinus** obtus,

que pour nous qu'un globule de pollen, absorbé par le stigmate, sera la cause d'une teinte commune à un pétale, et encore moins, je pense, à des panachures quelconques, à des ponctuations. Ainsi les panachures d'un Liseron rayé, d'un Muflier rayé, d'un OEillet rayé ou ponctué, pourront bien se développer sans que d'autres *espèces botaniques* y ait contribué. L'*Hortensia* bleu est-il de cette couleur parce qu'une autre espèce en a fructifié la graine qui l'a produit. Il est bien temps que les horticulteurs cherchent à comprendre ce qu'est une espèce et une variété, et ce que c'est qu'un métis (croisement de 2 variétés ou variations) qui seul existe dans les végétaux, tandis que les *vraies hybrides* sont propres aux animaux (cheval et âne produisent le mulet). Quoi qu'il en soit, nous présentons ci-dessus les variations indiquées avec les dénominations et les caractères que l'auteur bruxellois a donnés.

très-larges. — **Aréoles** rapprochées, arrondies, munies à leur partie supérieure d'un duvet cotonneux gris, dont chaque poil est roux au sommet. — **Aiguillons** 8 ou plus, inégaux, rayonnants ; 1 au centre, à peine plus fort ; jaunâtres dans leur jeunesse et cendrés à l'âge adulte. = Habite.... — Voisin du *C. noircissant* (*C. nigricans*), selon Walp. rep. 2, p. 338 (1843).

SYNON. — *C. polyptycus*. Lemair. nov. gen. et spec. cact. 56.

83. **C. noircissant.** — *C. nigricans*. (Lemair.)

Diffère du précédent par ses articles dont le sommet est d'un vert plus intense, non de couleur noire, mais d'un roux brun, d'une apparence plus robuste, et les aréoles brunes et plus laineuses. = Habite....

SYNON. — *C. nigricans*. Lemair. nov. gen. et spec. cact. p. 56.

84. **C. violet.** — *C. violaceus*. (Lemair.)

Diffère du *C. noircissant* par une stature moitié moins forte, par le sommet des articles d'un vert intense, passant au violet ensuite ; par la couleur brune des **Aréoles**, assez saillantes au-dessus des tubercules ; par des **Aiguillons** plus courts, plus raides et plus forts, et dont les angles sont plus marqués. = Habite....

SYNON. — *C. violaceus*. Lemair. nov. gen. et spec. cact. 57, d'après Walp. rep. 2, p. 338 (1843).

85. **C. arqué.** — *C. repandus*. (Haw.)

Tige dressée, élevée, simple, verte. — **Côtes** 8-9, très-arrondies. — **Sinus** aigus, un peu ondulés. — **Aréoles** un peu distantes, cotonneuses et blanches. — **Aiguillons** presque égaux, courts, raides, blancs ; les extérieurs 7-8, et 2 au centre. — **Fleurs** presque inodores, grandes, horizontales. — **Tube commun** (formé de très-nombreux sépals), couvert de tubercules oblongs qui diminuent à mesure que les sépals deviennent bien distincts (de Cand. rev. cact. pl. 13). — **Sépals** supérieurs très-longs, linéaires, aigus. — **Pétals** oblongs, d'un blanc pur, un peu pointus au sommet, plus courts que les sépals, et très-nombreux. — **Style commun** creux au centre, terminé par

8-10 stigmates peu étalés, linéaires, pointus et verdâtres. =
Habite les antilles et les îles Caraïbes.

SYNON. — *C. repandus*. Haw. syn. p. 183, suppl. p. 78 ; A. P. de
Cand. prodr. 3, p. 466 (1328); rev. cact. dans mém. mus. 17,
p. 44*, tab. 13 (1828). — *Cactus repandus*. Linn. spec. 667 (1764).
— *Cer. gracilior*. Mill. éd. franç. 1785, 2, p. 804, n° 8, bot. reg.
t. 336.

86. **C. divergent**. — *C. divergens*. (Otto.)

Tige dressée. — **Côtes** 9, obtuses, arquées. — **Sinus** presque
aigus. — **Aréoles** un peu distantes, laineuses, blanches. —
Aiguillons nombreux, minces, blancs, raides, placés à la partie inférieure de l'aréole, et 5 plus grands, divergents, jaunâtres; le central très-grand, dressé, fauve. = Habite l'île de
Saint-Domingue.

SYNON. — *C. divergens*, Otto, selon Pfeiff. enum. cact. p. 94.

87. **C. divariqué**. — *C. divaricatus*. (A. P. de Cand.)

Tige dressée. — **Côtes** 9, obtuses, s'effaçant ensuite. —
Sinus aigus, ondulés. — **Aréoles** un peu distantes, petites, peu
cotonneuses. — **Aiguillons** presque égaux; 8-10 extérieurs,
blancs, ceux du sommet raides; les 4 du centre plus longs et
plus bruns. = Habite Saint-Domingue.

SYNON. — *C. divaricatus*. A. P. de Cand. 3, p. 446 (1828). —
Cactus divaricatus. Lamk. encycl. bot. 1, p. 540 (1783); Plum.
éd. Burm. tab. 193. — *C. fimbriatus* des jardins.

88. **C. blanchâtre**. — *C. candicans*. (Gill.)

Tige dressée, d'un vert pâle. — **Côtes** 9-10, larges, obtuses.
— **Aiguillons** jaune-pâle, naissant d'**Aréoles** larges, cotonneuses
et blanches; les extérieurs 9-10, rayonnants; 4 centraux, plus
forts, surtout l'inférieur. = Habite les Andes de Mendoze.

SYNON. — *C. candicans*. Gill. selon Salm-Dyck, hort. Dyck,
p. 335. — *Echinocactus candicans* des jard. — *C. gladiatus*.
Lemair. cact. monv. 28. = **Var. à petits aiguillons** (*C. candicans tenuispinus*). Walp. rep. 2, p. 330 (1843). — *C. Montezumæ*
des jardins.

89. **C. cambré.** — *C. subrepandus*. (Haw.)

Tige dressée. — **Côtes** 8-12, obtuses, serrées, renflées sous les aréoles rapprochées. — **Sinus** aigus. — **Aiguillons** 6-8, naissant parmi des poils cotonneux courts, inégaux, à sommet noir, et divergents ; 1 au centre, manquant quelquefois, à peine plus long que les autres. = Habite les îles Caraïbes.

Synon. — *C. subrepandus*. Haw. suppl. p. 78 ; A. P. de Cand. prodr. 3, p. 466, qui trouve cette espèce voisine du *C. festonné* (*crenatus*). — *C. imbricatus* des jardins, d'après Walp. rep. 2, p. 330 (1843).

90. **C. ambigu.** — *C. ambiguus*. (A. P. de Cand.)

Tige dressée, longue. — **Côtes** 9-11, très-obtuses. — **Aiguillons** en forme de soies, très-pointus, plus longs que les poils laineux qui les accompagnent. — **Tube floral** portant de nombreuses soies à sa base.

Synon. — *C. ambiguus*. A. P. de Cand. prodr. 3, p. 467 (1828). — *Cact. ambiguus*. Bonpl. jard. nav. tab. 36 ; Reichenb. flor. exot. 179.

91. **C. Terschecki.** — *C. Terscheckii*. (Parm.)

Tige dressée, simple, à 9 ou 12 angles, d'un vert brun. — **Côtes** obtuses, droites. — **Sinus** aigus. — **Aréoles** grandes, garnies de poils cotonneux et laineux. — **Aiguillons** extérieurs 12, rayonnants ; le supérieur très-court, l'inférieur très-long ; 3 au centre ; tous minces, raides, droits et fauves. = Habite Buenos-Ayres.

Synon. *C. Terscheckii*. Parm. selon Pfeiff. dans Otto et Dietr. allgem. gartenz. 5, p. 570, selon Walp. rep. 2, p. 339 (1843).

92. **C. ondulé.** — *C. undatus*. (Otto.)

Tige dressée, mince, d'un vert sombre. — **Côtes** 10, obtuses, ondulées. — **Aréoles** rapprochées, blanches. — **Aiguillons** extérieurs 6-8, blancs ; 3-4 au centre, plus longs, brunissants, tous raides, droits. = Habite....

Synon. — *C. undatus*. Otto, selon Pfeiff. enum. cact. p. 94.

92*. **C. porte-alène.** — *C. subuliferus*. (Salm-Dyck.)

Tige dressée, vert-pâle, légèrement veloutée, basse. — **Côtes** 9-10, épaisses, arrondies, tuméfiées près des aréoles. — **Aréoles** rapprochées, très-larges, ovales, convexes, presque demi-sphériques, très-cotonneuses, noirâtres. — **Aiguillons** 6, lâches, raides, en alène, cendré-brun ; le supérieur dressé, très-fort, une fois plus long et plus gros que les autres, de la grosseur d'une plume de pigeon. = Habite Bolivia.

Synon. — *C. subuliferus*. Salm-Dyck, dans Otto et Dietr. allgem. gartenz. 13, p. 354, selon Walp. rep. 5, p. 819 (1846).

93. **C. euphorbe.** — *C. euphorbioides*. (Haw.)

Tige dressée. — **Côtes** 10, très-prononcées. — **Aiguillons** pâles, de longueur médiocre, 1-3, dont deux d'environ 4 millimètres et 1 de 14 millimètres, partant d'**Aréoles** à peine laineuses. = Habite l'Amérique tropicale.

Synon. — *C. Euphorbioïdes*. Haw. suppl. p. 75.

94. **C. floconneux.** — *C. floccosus*. (Otto.)

Tige dressée. — **Côtes** 10, comprimées, arquées. — **Sinus** profonds, aigus. — **Aréoles** rapprochées, cotonneuses, garnies aussi de poils laineux nombreux. — **Aiguillons** extérieurs 8-10, inégaux ; ceux du centre, 3-4, plus longs ; tous droits, assez rigides, bruns. = Habite les îles de St-Thomas et de Tortola.

Synon. — *C. floccosus*. Otto, d'après Pfeiff. enum. cact. p. 81.

94*. **C. Donkelaar.** — *C. Donkelaarii* (S.-Dyck.)

Tige cylindrique, vert foncé ou pourprée, poussant des racines adventives, longue de 30 à 40 centimètres et de 1 à 2 de diamètre à sa base. — **Côtes** 7-8, presque saillantes, aiguës. — **Aréoles** très-petites, très-rapprochées, munies d'un duvet cotonneux blanc ou de laine soyeuse et crêpue. — **Aiguillons** extérieurs 9-10, rayonnants, très-courts, apprimés, sétacés blancs, et 2-3 centraux encore plus petits, raides et brunâtres. = Habite Bolivia.

Synon. — *C. Donkelaarii*. Salm-Dyck, dans Otto et Dietr. allgem. gartenz. 13, p. 355, selon Walp. rep. 5, p. 820 (1846).

*** 3. *Côtes ou angles de 10 à 20.***

95. **C. grand. — *C. magnus.*** (Haw.)

Tige très-forte, simple. — Côtes 10-12. — **Sinus** profonds.
— **Aiguillons** inégaux, courts, très-raides, bruns. = Habite l'île
St-Dominique.

Synon. — *C. magnus.* Haw. philos. mag. p. 109 (1830). —
Peut-être à rapporter à l'*Echinopsis Eyries?*

96. **C. barbe-rousse. — *C. fulvibarbis.*** (Otto et Dietr.)

Tige dressée, simple, en colonne, verte, légèrement cotonneuse. — **Côtes** 10-13, larges, très-obtuses. — **Aréoles** distantes,
oblongues. — **Aiguillons** droits, brun-blanchâtre, naissant
parmi des poils cotonneux très-courts, blancs à leur base et
bruns au sommet; ceux de la circonférence, 12-15, divariqués;
4 au centre, disposés en croix.

Synon. — *C. fulvibarbis.* Otto et Dietr. allgem. gartenz. 6,
p. 28. — *C. chilensis* des jardins.

97. **C. des haies. — *C. sepium.*** (A. P. de Cand.)

Tige dressée, à 11 angles. — **Aiguillons** en faisceaux sur les
côtes. — **Étamines** et **Styles** de même longueur et dépassant
un peu les pétals. — **Stigmates** 8. — **Fruit** rouge. = Habite
les environs de Quito, dans les sables, près de Riombamba, à
la base du Chimborazo, où il est nommé *Pitahaya.*

Synon. — *C. sepium.* A. P. de Cand. prodr. 3, p. 467 (1828).
—*Cact. sepium*, H. B. et Kunth, nov. gen. et spec. am. 6, p. 66.

98. **C. polygone. — *C. polygonus.*** (A. P. de Cand.)

Tige dressée, presque articulée, rameuse, à écorce grisâtre,
de la nature du liège dans son âge avancé. — **Côtes** environ 11, comprimées, verticales. — **Sinus** arqués. — **Aréoles**
grandes, rapprochées. — **Aiguillons** 10-13, minces, droits,
rayonnants, gris. — **Fruits** rouges, même à l'intérieur. —
Graines noires. = Habite Saint-Domingue.

Synon. — *C. polygonus.* A. P. de Cand. prodr. 3, p. 466
(1828). — *Cact. polygonus.* Lamk. enc. bot. 1, p 539 (1763). —
Plum. ed. Burm. p. 189, tab. 196.

99. **C. à fruit pâle. — *C. chlorocarpus*.** (A. P. de Cand.)

Tige dressée? rameuse; rameaux en faisceaux. — **Côtes** 10-12, tuberculées. — **Tubercules** surmontés d'**Aiguillons** en étoile; aiguillon central quatre fois plus long que les autres. = Habite Quito.

Synon. — *C. chlorocarpus*. A. P. de Cand. prodr. 3, p. 466 (1828). — *Cactus chlorocarpus*. Humb. Bonpl. et Kunth, nov. gen. am. 6, p. 68.

100. **C. Chilien. — *C. Chilensis*.** (Colla.)

Tige dressée, épaisse, simple. — **Côtes** 10-12, arrondies. — **Sinus** peu marqués. — **Aréoles** distantes, oblongues, grandes. — **Aiguillons** naissant de poils cotonneux, courts et cendrés; 8 à 10 en cercle, forts, d'un blanc brun, droits, écartés, inégaux; 1-2 centraux, très-forts, coniques, droits, bruns, à base large. = Habite le Chili.

Synon. — *C. chilensis*. Colla, hort. rip. app. 2, p. 342, selon A. P. de Cand. prodr. 2, p. 465. — *C. coquimbanus* des jardins, non Molina. — *C. quintero*. jard. Gœtt. — *Echinocactus pyramidalis* et *E. elegans* des jardins, ainsi que *Cereus subrepandus* des jardins, d'après Walp. rep, 2, p. 328 (1843).

100*. **C. pycnacanthe. — *C. pycnacanthus*.** (Salm-Dyck.)

Tige dressée, vert-sale, légèrement veloutée. — **Côtes** 10, épaisses, arrondies, tuméfiées près des aréoles et presque festonnées. — **Aréoles** un peu écartées, très-larges, convexes, ovales, densément cotonneuses et noirâtres. — **Aiguillons** raides, en alène, brun-cendré; 11 à 13 extérieurs, rayonnants, très-étalés; les inférieurs graduellement plus longs, et 4 centraux étalés, dont le supérieur et l'inférieur beaucoup plus forts, celui du milieu s'avançant. = Habite Bolivia.

Synon. — *C. pycnacanthus*. Salm-Dyck, dans Otto et Dietr. allgem. gartenz. 13, p. 355, selon Walp. rep. 5, p. 819 (1846).

101. **C. jaunâtre. — *C. flavescens*.** (Otto.)

Tige presque dressée, mince, rameuse à sa base, de 24 à 30 millimètres de diamètre. — **Côtes** 10-16, obtuses. — **Aréoles**

serrées, petites, brunes ou jaunes. — **Aiguillons** nombreux,
un peu fermes, jaunâtres et imitant des poils, de 8 millimètres
de long. = Habite....

Synon. — *C. flavescens.* Otto. selon Pfeiff. enum. cact. p. 79,

101*. **C. à longs aiguillons. — *C. longispinus*** (S.-Dyck.)

Tige dressée, épaisse, chauve, d'environ 32 centim. de hauteur et 8 à 9 de diamètre, glauque. — **Côtes** 12, tuméfiées près
des aréoles, arrondies, sillonnées en travers. — **Aréoles** de plus
d'un centim. de distance, cotonneuses, très-larges. — **Aiguillons**
12-15, irrégulièrement disposés, très-inégaux, fort divergents,
dont 4-5 très-allongés, les autres plus courts ou très-courts, tous
minces, flexibles, droits et piquants, noirâtres dans leur jeunesse et cendrés plus tard. = Habite Bolivia.

Synon. — *C. longispinus.* Salm-Dyck, dans Otto et Dietr.
allgem. gartenz. 13, p. 354, d'après Walp. rep. 5, p. 818 (1816).

102. **C. à petites soies. — *C. parvisetus*.** (Otto.)

Tige dressée, indivise, mince, de 12 à 15 millimètres de diamètre. — **Côtes** 12, presque comprimées. — **Aréoles** rapprochées, blanchâtres. — **Aiguillons** supérieurs, 4-5, bruns ; les
inférieurs, 6-8, blancs, en forme de poils. = Habite le Brésil.

Synon. — *C. parvisetus.* Otto, selon Pfeiff. enum. cact. p. 79.

103. **C. joli. — *C. pulchellus*.** (Pfeiff.)

Tige ovale-cylindracée, un peu plus étroite à sa base, glaucescente, à sommet un peu déprimé. — **Côtes** 12, obtuses,
tuberculées par intervalles. — **Aréoles** peu laineuses. —
Aiguillons 4-5, courts, droits, jaunâtres, obliques, étalés ; le
supérieur plus long. = Habite le Mexique, près de Pachuca.

Synon. — *C. pulchellus.* Pfeiff. enum. cact. p. 74 (1837). —
Echinocactus pulchellus. Mart. nov. act. cur. 16, par. 1. p. 342,
tab. 23, fig. 2.

104. **C. vert-brillant. — *C. lamprochlorus*.** (Lemair.)

Tige dressée, forte, à beaucoup d'angles, d'un beau vert
brillant. — **Côtes** 12-15, échancrées, arquées, renflées vers les
aréoles. — **Sinus** onduleux, presque aigus au sommet de la

plante, presque planes au bas de la tige, et alors marqués d'une ligne d'un vert foncé. — **Aréoles** distantes de 8-12 millimètres, ovales, d'où partent 2 replis cotonneux d'un blanc brunâtre. — **Aiguillons** nombreux, droits, forts, piquants, presque bruns, et dans leur jeunesse d'un jaune transparent et bruns au sommet; 12-15 extérieurs, rayonnants, de 6 à 8 millimètres de long, et 4 au centre, disposés en croix, plus robustes et plus longs, dont l'inférieur, réfléchi, a près de 24 millimètres de longueur. = Habite....

Synon. — *C. lamprochlorus.* Lemair. cact. monv. p. 30 (1838).

105. **C. bossu.** — **C. *gibbosus*.** (S.-Dyck.)

Tige presque globuleuse, amincie à la base, glaucescente. — **Côtes** 12-16, presque verticales, larges et tuberculeuses. — **Aréoles** larges, cotonneuses et blanches, placées entre les tubercules. — **Aiguillons** 6, divergents, droits, raides, d'un brun cendré ; les supérieurs très-petits. = Habite la Jamaïque.

Synon. — *C. gibbosus.* Salm-Dyck, selon Pfeiff. enum. cact. p. 74. (1837). — *Cactus gibbosus.* Haw. syn. p. 173 (1812). — *Echinocactus gibbosus.* A. P. de Cand. prodr. 3, p. 461 ; bot. reg. tab. 137 ; Reichenb. flor. exot. 326 ; Lemair. icon. cact. fasc. 5, tab. 1, d'après Walp. rep. 5, p. 817 (1846).

106. **C. à petits aiguillons.** — **C. *micracanthus*.** (de Cand.)

Tige rameuse par sa base, ovée-oblongue, épaisse, verdâtre, obtuse, très-courte. — **Côtes** 13, verticales, presque obtuses, à larges **sinus** à peine aigus. — **Aréoles** cotonneuses; rapprochées. — **Aiguillons** 3, en forme de soies, divergents. = Habite le Mexique.

Synon. — *C. micracanthus.* A. P. de Cand. rev. dans mém. mus. 17, p. 115 (1828),

106*. **C. Lima.** — **C. *Limensis*.** (S. Dyck.)

Tige dressée, épaisse, très-verte, indivise dans sa jeunesse, de 18-21 centimètres de longueur sur 5 de diamètre. — **Côtes** 12, obtuses, presque arquées. — **Aréoles** rapprochées. ovales, presque cotonneuses, fauves. — **Aiguillons** minces, aigus, fermes, droits, de près d'un centimètre de longueur, ceux du

centre de 8-10, divergents, brun-rougeâtre ; 1 ou 2 plus longs ;
les extérieurs 20-25, rayonnants, ceux du sommet d'un rouge
brun, les inférieurs blanchâtres. = Habite Bolivia.

Synon. — *C. Limensis.* Salm-Dyck, dans Otto et Dietr. allgem.
gart. zeit. 13, p. 353.

107. C. fluminensis. — *C. fluminensis*. (Miq.)

Tige forte, de 13-16 angles. — **Côtes** très-aiguës, les supérieures divisées en 2 branches. — **Sinus** aigus. — **Aréoles** rapprochées, laineuses? blanches. — **Aiguillons** 6-11, minces,
courts ; 6-10 extérieurs ; 1 ou plusieurs au centre et de même
longueur. — **Fleurs** rassemblées au sommet du tronc, à tube
court ; lames très-étalées. — **Sépals** très-aigus. — **Pétals** fort
nombreux, dépassant les étamines et les carpels. — **Stigmates**
(3 ?) épais. — **Fruit** globuleux, chauve. = Habite le Brésil.

Synon. — *C- fluminensis.* Miq. bull. brux. 1838, p. 48.

108. C. à chevelure. — *C. cometes*. (Scheidw.)

Tige dressée, cylindrique, couverte dans plusieurs variétés
d'une laine jaunâtre, disposée par faisceaux et imitant une chevelure. — **Côtes** 15, verticales, légèrement tuberculées et obtuses. — **Aréoles** rapprochées, arrondies. — **Aiguillons** inégaux, droits, divergents, couleur de chair et gris dans leur âge
avancé, disposés en cercle, de 8 à 12 millimètres de longueur.
= Habite....

Synon. — *C. cometes.* Scheidw. dans Otto et Dietr. allgem.
gartenz. 8, p. 339.

108*. C. gris. — *C. giletus* (Salm-Dyck.)

Tige épaisse, vert-jaunâtre, légèrement veloutée, de 13-15
centimètres sur un diamètre presque égal de 3 centim. — **Côtes**
11, larges, très-obtuses, arquées, dilatées près des aréoles, à
peine festonnées. — **Aréoles** distantes, ovales-oblongues, cotonneuses, grisâtres. — **Aiguillons** très-raides, très-forts, presque flexueux, grisâtres ; 11 extérieurs, recourbés-étalés, et 4
presque dressés, renflés à leur base ; le supérieur et l'inférieur
plus longs = Habite Bolivia.

Synon. — *C. gilvus.* Salm-Dyck, dans Otto et Dietr. allgem. gart. zeit, 13, p. 353, selon Walp. rep. 5, p. 819 (1646).

**4. Côtes nombreuses.*

109. **C. amaigri. — *C. strigosus*.** (S.-Dyck.)

Tige dressée, rameuse à sa base. — **Côtes** 15-18, approchées, obtuses. — **Aiguillons** partant d'**Aréoles** cotonneuses et raides ; les extérieurs, 13-16, rayonnants, pointus, jaunes ; les centraux 4, plus longs, l'inférieur surtout, plus forts et brunâtres. = Habite le Chili.

Synon. — *C. strigosus.* Salm-Dyck, hort. Dyck, p. 334. — *C, myriophyllus.* Gillies ? selon Walp. rep. 2, p. 326 (1843).

110. **C. polylophe. — *C. polylophus*.** (A. P. de Cand.)

Tige très-simple, dressée, cylindrique, verte. — **Côtes** 15-18, verticales, à **Sinus** aigus et à crêtes arquées. — **Aréoles** jeunes convexes et cotonneuses, rapprochées. — **Aiguillons** 7-8, jaunâtres, droits, divergents ; le central plus long et dressé. = Habite le Mexique.

Synon. — *C. polylophus.* A. P. de Cand. rev. dans mém. mus. 17, p. 115 (1828) ; Walp. rep. 2, p. 326, pense que le *C. colonne-de-Trajan* de Karw. pourrait bien être la même espèce que celui-ci.

111. **C. féroce. — *C. ferox*.** (Haw.)

Tige oblongue-cylindroïde. — **Côtes** environ 18. — **Aiguillons** divariqués, bruns, très-nombreux et couvrant la plante. = Habite le Brésil.

Synon. — *C. ferox.* Haw. philos. mag. p. 109 (1830).

112. **C. à deux couleurs. — *C. dichroacanthus*.** (Mart.)

Tige dressée, d'un vert obscur. — **Côtes** 18, presque verticales, comprimées et tuberculeuses entre les aréoles. — **Sinus** aigus. — **Aréoles** rapprochées, ovales, cotonneuses et blanches. — **Aiguillons** extérieurs 12, blancs, raides, très-minces et étalés ; ceux du centre, 5-6, plus raides, plus longs, noirs d'abord, ensuite pâles. = Habite le Mexique.

Synon. — *C. dichroacanthus.* Mart. selon Pfeiff. enum cact. 76

113. **C. Lecchi.** — *C. Lecchii.* (Pfeiff.)

Tige ovée-dressée, glauque. — **Côtes** 26, rapprochées, obtuses. — **Aiguillons** jaune-d'or, plus longs que les poils laineux qui les accompagnent.

SYNON. — *Cereus Lecchii.* Pfeiff. enum. cact. 78. — *Cactus Lecchii* (1). Colla, hort. rip. p. 25 (1824). — *C. lanuginosus aureus.* hort. Mediol.

114. **C. à angles nombreux.** — *C. multangularis.* (Haw.)

Tige dressée, épaisse, verte, rameuse par la base. — **Côtes** 18-20, rapprochées, arrondies. — **Aréoles** saillantes, un peu cotonneuses et blanchâtres. — **Aiguillons** centraux 4-6, rigides, longs, jaunes, bruns au sommet; ceux de la circonférence très-nombreux, jaunâtres; les 4-6 supérieurs très-aigus; 16 à 20 inférieurs en forme de soie; tous droits. = Habite l'Amérique équinoxiale.

SYNON. — *C. multangularis.* Haw. suppl. p. 75. — *C. multangularis.* Willd. enum. suppl. 33. — *C. Kageneckii.* Gmel. hort. caris. = Var. **plus pâle** (*C. multangularis pallidior*). Walp. rep. 2, p. 326 (1843). Aiguillons extérieurs blanchâtres, ceux du centre d'un jaune pâle.

115. **C. vieux.** — *C. senilis.* (A. P. de Cand.)

Tige dressée, épaisse, presque cylindroïde-en-massue. — **Côtes** 20 à 25, verticales, tuberculées. — **Aiguillons** 15-20, très-longs, imitant une crinière crépue, disposés en faisceaux nombreux, nus à leur base et très-irrégulièrement rayonnants; 1 seul central, droit et raide. = Habite le Mexique, Guatimala, et, selon Lehm., le Brésil.

SYNON. — *Cereus senilis.* A. P. de Cand. prodr. 3, p. 464 (1828). Pfeiff. enum. cact. p. 69 (1837). — *Cactus sessilis.* Haw. Till. philos. mag. 63. p. 41. — *C. bradypus.* Lehm. act. nov. cur. 16, par. 1, p. 315, tab. 12. — *Pilocereus sessilis.* Lemair. nov. gen. et spec. cact. p. 7 (1839). (V. V. C. sans fleur.)

---

(1) Dédiée par A. COLLA, habile jurisconsulte de Turin, et auteur de plusieurs ouvrages en botanique, à son ami BERNARD LECCHI, amateur distingué de botanique.

113*. **C? militaire.** — *C? militaris*. (Audot.)

Tige à 15-16 côtes, mais au moment où la coiffure se déve-
loppe on n'en observe plus que 6-8. — **Fleurs** assez grandes,
d'un beau jaune, durant longtemps, répandant une odeur de
vanille, et naissant de la touffe de poils qui termine la plante
et qui ressemble à un bonnet de grenadier. = Habite le Mexique, où l'a découvert M. Joseph Vandyck, qui l'a envoyé à
M. Jonghe de Bruxelles. Cette singulière espèce paraît être voisine du *C. vieux* ?

Synon. — *Cereus militaris*. Audot, dans rev. hort. 1er décemb.
1845, p. 307.

116. **C. colonne de Trajan.** — *C. columna Trajani*. (K.)

Tige dressée, forte, très-élevée, à angles nombreux et verts.
— **Sinus** verticaux, aigus. — **Côtes** très-nombreuses, presque
comprimées, à peine courbées. — **Aréoles** oblongues, cotonneuses et brunes. — **Aiguillons** extérieurs 8-10, rayonnants,
les supérieurs plus courts; 1 central plus fort, très-allongé, défléchi; tous raides, cornés et blanchâtres, à base et sommet
bruns. = Habite le Mexique.

Synon. — *C. columna Trajanis*. Karw. dans Pfeiff. enum. cact.
p. 76 (1837). — *Pilocactus columna Trajani*. Lemair. nov. gen.
et spec. cact. p. 7; Walp. rep. 2, p. 325 (1843).

117. **C. réduit.** — *C. reductus*. (A. P. de Cand.)

Tige dressée, épaisse, d'un brun vert, à sommet nu. —
Côtes nombreuses, arrondies, interrompues-tuberculées. —
Tubercules coniques, nus. — **Aréoles** larges, cotonneuses, enfoncées. — **Aiguillons** en alène, bruns, très-raides, à sommet
corné: 1 central (manquant rarement); les extérieurs, 7-9, divergents; les supérieurs plus petits. = Habite le Mexique et
Guatimala.

Synon. — *C. reductus*. A. P. de Cand. prodr. 3, p. 463 (1838);
Pfeiff. enum. cact. p. 75 (1837). — *Cactus reductus*. Link, enum.
2, p. 21. — *Cact. nobilis* Haw. syn p. 174 (1812).

118. C. fovéolé (1). — *C. foveolatus*. (Haage.)

Tige dressée, robuste. — **Côtes** nombreuses, obtuses, alternativement renflées et déprimées; crêtes arquées. — **Aréoles** des côtes renflées-ovales et grises. — **Aiguillons** droits et blancs; ceux du centre, 4-5, longs et raides; les extérieurs, 12-16, minces et plus courts. = Habite....

SYNON. — *C. foveolatus.* Haage, dans Pfeiff. enum. cact. p. 77.

119. C. laineux. — *C. lanatus*. (A. P. de Cand.)

Tige dressée, rameuse. — **Côtes** nombreuses, anguleuses, membraneuses, tuberculées. — **Aiguillons** disposés en étoile; celui du centre 8 fois plus long. = Habite Quito, près Rio-Aranza et Guancabamba.

SYNON. — *C. lanatus.* A. P. de Cand. prodr. 3, p. 464. — *Cactus lanatus.* Humb. Bonpl. et Kunth, nov. gen. amer. 6, p. 68.

*5. *Espèces trop incomplètement décrites pour être rapportées aux divisions.*

120. C. mince. — *C. gracilis*. (Haw.)

Tige presque dressée, cylindroïde. — **Aiguillons** anciens solitaires ou géminés, droits, blancs. = Habite l'Amér. mérid.

SYNON. — *C. gracilis.* Haw. phil. mag. 1827, p. 125, selon A. P. de Cand. prodr. 3, p. 470.

121. C. candélabre. — *C. candelaris*. (Meyen.)

Tige dressée, épaisse, nue inférieurement et rameuse au sommet. — **Côtes** peu prononcées. — **Aiguillons** très-serrés, d'un brun noir, couvrant la tige. = Habite le Pérou.

SYNON. — *C. candelaris.* Meyen, reise um die welt. 1, p. 447.

(1) Présentant des enfoncements ou fossettes.

§ 2. **Serpentins** (A. P. de Cand.). Tige et rameaux minces, flexueux, comme
sarmenteux, et donnant souvent naissance dans l'air à des racines adventives.
— CEREUS § 2. SERPENTINI, A. P. de Cand. prodr. 3, p. 467 (1828). —
CEREUS, sect. 2. *Eucereus* (en partie). Miq. bull. brux. p. 112 (1839).

* 1. *Côtes ou angles de 3-5 ou 6.*

122. **C. étendu.** — *C. extensus.* (Salm-Dyck.)

Tige longuement articulée, poussant des racines adventives
et triangulaires. — **Côtes** presque tranchantes. — **Aréoles** distantes, cotonneuses et fauves. — **Aiguillons** raides, un peu
courbés, presque aigus, courts et fauves, 2-3-4, et dans ce dernier cas disposés en croix; quelquefois 1 central; mêlés avec
quelques soies blanches, le plus souvent caduques. = Hab..... .
SYNON. — *C. extensus.* Salm Dyck, selon A. P. de Cand. prodr.
3, p. 469 (1828). — *Cer. subsquammatus.* Pfeiff. dans Otto et
Dietr. allgem. gartenz. 1835, p. 380? — *Cer. horridus* des jard.?

123. **C. sétacé** (1). — *C. setaceus.* (S.-Dyck.)

Tige articulée, presque dressée, produisant des racines adventives; articles triangulaires, allongés, divergents, très-verts;
pourprée sur les angles dans sa jeunesse. — **Côtes** aiguës, presque droites. — **Aréoles** à peine convexes, cotonneuses et blanches. — **Aiguillons** fauves, 2-4, minces, raides; soies 8-10, plus
longues, apprimées de chaque côté. — **Fleurs** nombreuses,
écarlates, grandes. = Habite le Brésil.
SYNON. — *C. setaceus.* Salm-Dyck, dans A. P. de Cand. prodr.
3, p. 469 (1828). = Var. **vert** (*C. setaceus viridior*). Salm-Dyck,
hort. Dyck, p. 65. — *C. coccineus.* Salm-Dyck, selon A. P. de
Cand. prodr. 3, p. 469 (1828).

124. **C. magnifique.** — *C. speciosissimus.* (A. P. de Cand.)

Tige et **Rameaux** droits, charnus, verticaux, à 3 ou 4 angles
de 2 à 5 centimètres, creusés en long, lisses sur les faces, dentés
sur les angles. Sur chaque dent naît un faisceau d'aiguillons
divergents, inégaux, d'un jaune pâle, entourés d'un duvet blanc,

(1) Se dit d'aiguillons longs, minces, fermes et raides comme le crin du porc.

court et très-serré (6 à 8 supérieurs et 2-3 inférieurs plus petits). — **Fleurs** horizontales ou un peu inclinées, naissant des
angles des tiges ou de leurs ramifications, très-grandes et extrêmement belles. — **Sépals** unis par le bas en un tube cylindrique sillonné; lames membraneuses sur les bords, vertes aux
dorsales, sur plusieurs rangs; les extér. plus petits, ovales; les
intér. lancéolés, concaves, inégaux, nuancés de rose. — **Pétals**
étalés, nombreux, grands, rouge-de-sang très-vif, adhérents au
tube des sépals; extér. lancéolés-aigus; intér. ovales-oblongs,
plus larges, chatoyants, d'un rose violet sur les bords. —
Étamines très-nombreuses, à filets minces, d'un blanc rosé,
déjetées vers la partie inférieure de la fleur, adhérentes au
tube. Anthères petites, oblongues. Pollen blanc sphérique. =
Les fleurs restent ouvertes pendant plusieurs jours. Elle a fleuri
à Paris en juin, dans le jard. du Roi. Elle venait de celui de Madrid,
et avait été donnée par le prince de Salm. On croit qu'elle pro-
venait du Mexique. — On a vu à Jersey, chez M. Pierre Pequin,
2 énormes *C. speciosissimus* couvrant un mur de 15 mètres de
long, et présentant plus de 200 fleurs ou boutons. (Rev. hort.
vol. 6, p. 4, 1844.)

Synon. — *C. speciosissimus.* A. P. de Cand. prodr. 3, p. 468
(1828). —*Cact. speciosissimus.* Desf. mém. mus. 3, p. 190, tab. 9.
— *Cact. speciosus.* Willd. enum. suppl. p. 31 (1813); Coll. hort.
rip. pl. 10 (1824); bot. reg. tab. 486; Reichenb. exot. flor.
180. = Var. 1. **briqueté** (*C. speciosissimus lateritius*). Walp. rep.
2, p. 338 (1843), qui cite pour synon. bot. mag. tab. 1596. —
Cer. hybridus. hort. Berol. — *Epiphyllum hybridum* des jard.
= Var. 2, **Jenkinson** (*C. speciosissimus Jenkinsonii* des jard.
angl.). Rameaux à 3 angles, garnis de soies ou planes et sans
piquants. = Var. 3, **Vandes** (*C. speciosissimus Vandesii,* jard.
angl.). = Var. 4, **couleur de feu** (*C. speciosissimus ignescens,*
jard. de Dresde). = Var. 5, **Guillardet** (*C. speciosissimus Guilar-
deti*). Walp. l. c. — *Epiphyllum Guillardeti.* Bon jard. de **1845,**
p. 420. — A été obtenue par M. Guillardet, et a fleuri pour la
première fois en 1831. Cette autre déformation n'a que des rameaux plats, comme les *Phyllocactes;* elle pousse avec une
grande vigueur, produit un très-grand nombre de fleurs qui

naissent des petites échancrures des ailes. Leur couleur est d'un rouge éclatant et manque de glacé violet. — On dit aussi avoir obtenu une variété à fleur parfaitement bleue, ce qui ne paraît guère probable, cette couleur ne s'étant pas encore présentée dans cette famille. C'est probablement encore ici qu'il faut rapporter les *Epiphyllum Vandesii, undulatiflora, rosea alba, coccinea, atropurpurea, fulgens.* = Var. 6, **Curtis** (*C. speciosissimus Curtisii*). = Var. 7, **Boydi.** = Var. 8, **Desvaux.** = Var. 9, **Loth** (*C. speciosissimus Lothii*). = Var. 10, **Eugénie** (*C. speciosissimus Eugenia*). — Var 11, **May lly.** = Var. 12, **Makoy** (*C. speciosissimus Makoyi*). = Var. 13, **orangé** (*C. speciosissimus aurantiacus*). = Var. 14, **à fleurs blanches?** = Var. 15, **à grandes fleurs** (*C. speciosissimus grandiflorus*). — Toutes ces variétés et leurs synonymies sont établies par Walp. l. c.

C'est probablement encore à cette espèce qu'on doit rapporter, comme variétés ou comme variations, les modifications suivantes, que l'on attribue à l'hybridité (expression trèsélastique). = 16. **Stevens**, attribué au *Phyllocactus alatus* fructifié? par le *C. speciosissimus ;* forme de l'*alatus*, mais tige glauque, à côtes rougeâtres. Plante de 80 centimètres environ. Pétals extérieurs écarlates, étroits, les intérieurs imbriqués, lancéolés, mucronés, à fond carminé, nuancés de vermillon Etamines rougeâtres, de la longueur des pétals. Anthères blanchâtres. Styles et stigmates rouge-pâle (1). (Il est probable que cette modification devra être rapportée au *Phyllocactus phyllanthoïdes*, Link.) — Synon. *Phyllocactus hybridus Stevensii.* Scheidweiler, journ. hort. prat. brux. 2, p. 105 (1845). = 17. **agréable.** Attribué au *P. Ackermanni*, fructifié par le *C. speciosissimus.* Plante de 1 mètre de hauteur, et ressemblant au *P. Ackermanni.* Fleurs de 13 centimètres de longueur. Pétals imbriqués, ouverts, spatulés, mucronés; fond carminé, nuancé de cramoisi clair; les extérieurs blanc-rosé à l'extrémité. Synon. *Phyllocactus hybridus amœnus.* Scheidw. journ.

(1) Je n'émets ici que l'opinion de M. Stevens, dont je transcris les descriptions, mon opinion est à la fin des articles, entre parenthèse.

) hort. prat. brux. 2, p. 105 (1845). (C'est très-probablement une simple modification du *Phyllocactus Ackermanni*, Link.) = 18. **Scheidweiler.** Attribué au *Cereus speciosissimus*, fructifié par le *C. flagelliformis*. Tige cylindrique, vert-obscur, à 6 ou 7 côtes, de 5 centimètres de diamètre. Fleur ressemblant à celle du *C. flagelliformis*, de 13 centimètres de long sur autant de diamètre. Tube commun rouge violacé. Pétals lancéolés, carminés, violets sur leurs bords; les extérieurs recourbés. — Synon. *Cereus hybridus*. Scheidw. journ. hort. prat. brux. 2, p. 105 (1845). (Probablement une modification du *Cereus speciosissimus*). = 19. **Conway's.** Cette variation, que l'on dit devoir à la fructification du *speciosissimus* par l'*Ackermanni*, a été obtenue en Angleterre et a été payée 2 livr. sterling. Sa fleur a 22 centimètres de diamètre, elle est écarlate; ses stigmates sont d'un violet luisant. (La description qui en est donnée est trop incomplète pour indiquer à quelle espèce elle appartient réellement. C'est probablement au *Cereus speciosissimus*). = 20. **rose.** On cite MM. Davies et Cᵉ. comme ayant obtenu cette prétendue hybride du *C. grandiflorus* et du *C. speciosissimus*. C'est plutôt au *grandiflorus* qu'elle appartient (1).

123. C. triangulaire. — *C. triangularis*. (Haw.)

Tige presque dressée, poussant des racines adventives, articulée et d'un vert pâle. Articles larges, allongés, à 3 angles, rarement à 4. — **Côtes** très-comprimées et presque ailées, avec 1 sinus presque plane et 2 autres profonds. — **Aréoles** assez distantes, presque nues. — **Aiguillons** 2-4, noirâtres, presque

(1) Il reste encore à rapporter ici un certain nombre de modifications obtenues dans les jardins. En voici quelques-unes : *Epiphyllum erubescens*, bon jard. 1845, p. 409, obtenue de graines par M. Jacques. Les tiges sont triangulaires, et les rameaux applatis comme les *Phyllocactes* et les *Epiphylles*. Elle a fleuri pour la première fois en mai 1852, sur des rameaux filiformes, et en 1855, sur des rameaux triangulaires. Elle a la couleur rouge du *C. speciosissimus*, mais n'offre pas la teinte violette de ses bords. — L'*Epiphyllum semperflorens*, bon jard. 1845, obtenu aussi du *C. speciosissimus*, par M. Loth, ne conserve pas ses tiges tri ou quadrangulaires, et il offre le grand avantage de fleurir 3-4 fois par an.

en croix, courts, raides, recourbés; l'inférieur très-long. =
Habite le Mexique et les îles Caraïbes.

Synon. — *C. triangularis.* Haw. syn. p. 180 (1812). — *C. compressus.* Mill. dict. jard. éd. franç. de 1785, 2, p. 305, n° 10. —
Cact. triangularis. Well. flor. flum. 5, t. 24; Tuss. flor. antil. 4,
p. 76, t. 26. — *Cact. triangularis aphyllus.* Jacq. amer. 152;
Plum. éd. Burm. tab. 200, fig. 1; bot. reg. tab. 1807. = Var. 1,
grand (*C. triangularis major*). Walp. rep. 2, p. 337 (1843). Une
fois plus grande que la précédente. — *Cer. nudulatus.* Haw.
phil. mag. 1830, p. 109. = Var. 2, **panaché** (*C. triangularipictus,* Walp. l. c.). Quelques articles entièrement jaunes, d'autres panachés de jaune et de vert. — Aiguillons souvent en
forme de soies, non raides.

126. C. Schrank. — *C. Schrankii.* (Zucc.)

Tige presque rameuse; rameaux à 3 ou 4 angles, verts, longs,
minces et divergents. — **Côtes** presque tranchantes. — **Aréoles**
distantes, convexes, cotonneuses et blanches. — **Aiguillons** 6-8,
droits, un peu raides, fauves, inégaux, mélangés de quelques
soies caduques dans la partie inférieure des aréoles. = Habite
le Mexique.

Synon. — *C. Schrankii.* Zucc. selon Pfeiff. enum. cact. p. 122
(1837). — *C. formosus.* cat. cact. monac. 1834.

127. C. écarlate. — *C. coccineus.* (Salm-Dyck.)

Tige diffuse, presque dressée, rameuse, à 3-4 angles. —
Côtes dentées. — **Aréoles** saillantes, presque cotonneuses et
blanches. — **Aiguillons** 4-6, les supérieurs très-courts, en
alène, bruns; les inférieurs, 4-8, plus longs et sétacés. = Habite le Mexique.

Synon. — *C. coccineus.* Salm-Dyck, selon Pfeiff. enum. cact. 2,
p. 122. — *C. bifrons.* Haw. suppl. p. 76?

128. C. prismatique. — *C. prismaticus.* (Salm-Dyck.)

Tige articulée, presque dressée, poussant des racines adventives, verte et triangulaire. — **Côtes** portant des faisceaux d'aiguillons serrés. — **Aiguillons** inégaux, fauves, accompagnés de
poils cotonneux fauves; 7-10 supérieurs, dont 3 à 4 partant du

3: centre, et 3-6 plus minces et plus courts. = Hab. l'Amér. tropic.

Synon. — *C. prismaticus.* Salm-Dyck, selon A. P. de Cand.
.t prodr. 3, p. 469 (1828).

129. C. s'enracinant. — *C. radicans.* (A. P. de Cand.)

Tige couchée, articulée, développant des racines adventives.
Côtes 3-5. — **Aiguillons** 6-9, raides, minces, roux, rayonnants,
9 et 1 central allongé. = Habite les Antilles.

Synon. — *C. radicans.* A. P. de Cand. prodr. 3, p. 468 (1828).
— *C. reptans.* Salm-Dyck, non Willd. — *C. biformis* des jardins.

130. C. à minces aiguillons. — *C. spinulosus* (de Cand.)

Tige presque dressée, à rameaux divergents. — **Côtes** 4-5,
presque tranchantes, et plus tard obtuses, à faces planes. —
Aréoles veloutées et brunes. — **Aiguillons** extérieurs 6-8, cornés, presque raides, très-courts, 2 inférieurs très-longs et
minces, jaunâtres, et 1 central, égal aux autres en longueur.
= Habite le Mexique.

Synon. — *C. spinulosus.* A. P. de Cand. rev. cact. dans mém.
mus. 17, p. 117 (1828).

131. C. porte-soie. — *C. setiger.* (Haw.)

Tige presque dressée, peu rameuse. — **Côtes** 4, garnies chacune d'envion 20 faisceaux de soies, chacun d'eux formé de
3-4 soies linéaires, presque égales, rayonnantes et pâles. =
Habite le Brésil. Cette espèce rappelle un peu le *Stapélia
asterias.*

Synon. — *C. setiger.* Haw. phil. mag. 1830, p. 100.

132. C. sans aiguillons. — *C. inermis.* (Otto.)

Tige rampante, verte, à 4 ou 5 angles comprimés ; rameaux
jeunes, couverts d'aréoles et de soies, et complètement chauves
à l'état adulte. = Habite la Guayra.

Synon. — *C. inermis.* Otto, dans Pfeiff. enum. cact. p. 116.

133. C. humble. — *C. humilis.* (A. P. de Cand.)

Tige presque dressée, rameuses, à 4-5 angles. — **Côtes** presque aiguës. — **Aréoles** peu poilues. — **Aiguillons** extérieurs

8-12, et **4** au centre, un peu plus raides, bruns dans leur jeunesse et blancs plus tard. = Habite l'Amérique méridionale.

Synon. — *C. humilis* A. P. de Cand. prodr. 3, p. 468 (1828). — *C. gracilis*. Salm-Dyck. — M. Walp. rep. 2, p. 336 (1843), établit une variété et sa synon. = Var. **petite** (*C. humilis minor*). — *C. myriacauton*. Mart. — *C. mariculi* hort. — Rameaux plus minces. Aiguillons presque sétacés.

134. **C. à soies blanches. — *C. albisetosus*.** (Haw.)

Tige rampante, verte, à 5 angles. — **Aiguillons** en forme de soies, blancs, étalés en étoile, et plus courts que la laine rousse qui part des **Aréoles** = Habite l'île de St-Domingue.

Synon. — *C. albisetosus*. Haw. suppl. p. 77.

135. **C. Napoléon. — *C. Napoleonis*.** (Graham.)

Tige longue, articulée, verte, presque dressée; articles minces, à 3 faces planes. — **Côtes** tuberculées, ondulées. — **Aréoles** éloignées, à peine cotonneuses à la partie supérieure des tubercules. — **Aiguillons** 3-4, inégaux, en alène, droits, noirs, l'inférieur le plus souvent très-long, et mêlés parfois de quelques soies blanches. — **Fleurs** plus courtes, mais au moins aussi larges que celles du *C. à grandes fleurs*, d'une odeur aussi suave qu'elles; écailles du **Tube commun** rosées au sommet. — **Sépals** oblongs-linéaires, aigus, verdâtres. — **Pétals** ovales-lancéolés, acuminés, blancs, portant souvent 1 ou 2 échancrures près du sommet, et moins longs que les pétals. — **Etamines** et **Stigmates** très-nombreux.

Synon. — *C. Napoleonis*. Graham, dans bot. mag. t. 3458 (1836); flor. des serr. d'angl. vol. 4, p. 9, tab. 1, fig. 1 (1836). — *Cer. triangularis major*. Salm-Dyck; Plum. éd. Burm. p. 191, tab. 199, fig. 2.

136. **C. triquètre. — *C. triqueter*.** (Haw.)

Tige presque dressée, articulée, triangulaire. — **Sinus** planes. — **Côtes** aiguës. — **Aréoles** petites, cotonneuses, grises. — **Aiguillons** 4-6, fauves, un peu raides; les 2-3 inférieurs minces, allongés et blancs. = Habite l'Amérique méridionale.

Synon. — *C. triqueter*, Haw syn. p. 181 (1812). — *Cact. tri-*

queler. Haw. dans misc. nat. p. 189. — *Cact. prismaticus.* Desf. hort. par.

137. C. à trois angles. — *C. trigonus*. (Haw.)

Tige rampante, triangulaire, à peine canaliculée. — **Aiguillons** 5-7, presque linéaires, disposés en faisceaux étoilés. = Habite les îles Caraïbes.

S ʏ ɴ ᴏ ɴ . — *C. trigonus.* Haw. syn. p. 181. — *Cact. triangularis,* var. 2. Haw. dans misc. nat, p. 190 ; Plum. éd. Burm. tab. 200, fig. 2. — *Cact. triangularis foliosus.* Jacq. amer. 152 ; Lamk. encycl. bot. 1, p. 541 (1783). = Var. **quadrangulaire** (*Cer. trigonus quadrangularis*). Haw. syn. p. 181 (1812) ; Plum. éd. Burm. tab. 199, fig. 1.

138. C. à trois ailes. — *C. tripteris*. (S.-Dyck.)

Tige articulée, presque dressée, poussant des racines adventives, à 3-4 angles. — **Côtes** très-comprimées. — **Aiguillons** serrés, fasciculés, presque nus à leur base, égaux, blanchâtres, rayonnants ; 8 à la circonférence des aréoles, et 3 un peu raides au centre. = Habite.... — Voisin du *Cierge mince* (*C. gracilis*) dont il diffère par une tige plus dressée, des articles plus longs et plus larges et des aiguillons plus longs.

S ʏ ɴ ᴏ ɴ . — *C. tripteris.* Salm-Dyck, d'après A. P. de Cand. prodr. 3, p. 468.

139. C. Caripe. — *C. Caripensis*. (A. P. de Cand.)

Tige rameuse, fasciculée, allongée, rampante, presque tétragones. — **Angles** garnis de tubercules portant des faisceaux d'aiguillons étalés. = Habite dans la Nouvelle-Andalousie, sur les arbres décomposés, aux environs de Caripe.

S ʏ ɴ ᴏ ɴ . — *C. Caripensis.* A. P. de Cand. prodr. 3, p. 467. — *Cact. Caripensis.* H. B. et Kunth, syn. 3, p. 370 (1824). — *Cact. quadrangularis.* Haw. syn. p. 181 ? (1812).

140. C. en fouet. — *C. flagriformis*. (Zucc.)

Tige rampante, très-rameuse ; rameaux à 11 angles, verts. **Côtes** obtuses, tuberculées. — **Sinus** peu distincts. — **Aréoles** assez distantes. — **Aiguillons** extérieurs, 6-8, rayonnants, min-

ces, cornés, et 4-5 centraux plus courts, plus raides, bruns. =
Habite le Mexique.

Synon. — *C. flagriformis.* Zucc. selon Pfeiff. et Otto, abbild.
cact. tab. 15.

141. **C. lombric.** — ***C. lombricoïdes.*** (Lemair.)

Tige moitié moins volumineuse que le *C. flagelliforme.* —
Côtes moitié moins nombreuses. — **Aréoles** beaucoup plus
petites, transversalement ovales, munies de poils cotonneux
blancs. — **Aiguillons** beaucoup moins nombreux, transparents,
légèrement rouges ou olivâtres. — Habite Montevideo.

Synon. — *C. lumbricoïdes.* Lemair. nov. gen. et spec. cact. 60.

142. **C. Smith.** — ***C. Smithii.*** (hort. angl.)

Tige presque dressée, rameuse, verte, à 6 angles ; rameaux
jeunes pourpres. — **Sinus** larges, anguleux — **Côtes** verticales.
— **Aréoles** assez distantes, convexes. — **Aiguillons** naissant
parmi des poils cotonneux et blancs ; 5-6 centraux divergents,
raides et brunâtres ; les extérieurs sétacés, jaunes, dirigés en
arrière. = Habite....

Synon. — *C. Smithii.* hort. angl. d'après Pfeiff. enum. cact.
111. — *Cereus crimson creeping.* bot. reg. tab. 1565. — *C. Mal-
lisoni* des jard.

143. **C. à angles aigus.** — ***C. acutangulus.*** (Otto.)

Tige presque dressée, comme articulée, à 4 angles, très-
verte et brillante. — **Côtes** très-comprimées, légèrement renflées sous les aréoles. — **Sinus** larges , profonds , et planes
plus tard. — **Aréoles** distantes, elliptiques transversalement,
garnies de poils cotonneux, courts, légèrement bruns. —
Aiguillons 4-6, rayonnants, dont 2 inférieurs toujours petits,
et le plus souvent 1 central, en alène et cendré. = Habite le
Mexique

Synon. — *C. angulatus.* Otto, selon Pfeiff. enum. cact. p. 107.
— *C. undulatus.* hort. Dresd.; Walp. rep. 2, p. 334 (1843).

144. **C? serpentant.** — ***C? serpens.*** (A. P. de Cand.)

Tige rampante, rameuse, presque anguleuse ; articles à 6
angles, aiguillonnés au sommet. = Habite Quito.

Synon. — *C ? serpens*. A. P. de Cand. prodr. 3, p. 470 (1828).
— —*Cact. serpens.* Humb. Bonpl. et Kunth, nov. gen. am. 6, p. 68.

**2. Côtes ou angles 7 et au-dessus.*

145. C. à grandes fleurs. — *C. grandiflorus*. (Mill.)

Tige rampante, presque cylindrique, étalée, d'un vert pâle,
très-longue et flexueuse, donnant naissance à des racines adventives. — **Côtes** 7-10. — **Sinus** peu profonds. — **Aiguillons**
rayonnants 4-8, courts, à peine piquants, jaunâtres ou blancs ;
1-4 au centre égalant les soies blanches qui les accompagnent.
— **Fleurs** très-grandes, très-élégantes, d'une odeur suave, s'é-
panouissant en juillet et août, à sépals orangés et pétals blancs,
ne s'ouvrant qu'une fois et pendant la nuit. Les fruits mûrissent
rarement dans nos serres ; ils sont du volume d'une poire de
moyenne grosseur. = Habite les îles Caraïbes et les Antilles. —
Cette belle espèce, étendue à demeure dans une serre, la tapisse au loin et produit un effet magnifique lorsqu'elle est
en fleur.
Synon. — *C. grandiflorus.* Mill. dict. jard. éd. franç. 1785,
vol. 2, p. 305 et 308*. = Var. 1, **blanche** (*alba*). Pétals blancs. —
Synon. *Cereus grandiflorus.* Mill. l. c. = Var. 2, **carnée** (*carnea*).
Fleur couleur de chair, très-large et très-belle. — On dit ce
Cierge hybride du *Cierge à grande fleur* et du *C. serpent ;* mais
tout porte à croire que ce n'est qu'une simple variation du *C. à
grande fleur,* qui n'a pas plus besoin, pour avoir les pétals roses,
d'être fructifié par le *C. serpent,* que l'*Hortensia rose* n'a besoin
d'aucune autre espèce voisine (qui n'existe pas) pour produire
des fleurs bleues. Il serait temps que les horticulteurs et même
les botanistes commençassent à se défaire de cette malheureuse
idée d'hybrides végétaux, cause de bien des absurdités. (Voir
Cereus speciosissimus).
Synon. — *Cereus Malisonii.* Bon jardinier de 1845, p. 418.

146. C. petit serpent. — *C. leptophis*. (A. P. de Cand.)

Tige cylindrique, serpentant, s'enracinant facilement. —
Côtes 7-8, très-obtuses. — **Sinus** étroits. — **Aréoles** veloutées

et convexes même adultes. — **Aiguillons** 12 à 13, sétacés, peu
fermes, jaunâtres, rayonnants, et 2-3 centraux, un peu dressés.
— Il ressemble beaucoup au *C. serpent*, dont il pourrait bien
n'être qu'une variété. Ses fleurs sont aussi élégantes, de même
couleur et de même forme, mais plus petites, et elles ont
4 stigmates. ⸗ Habite le Mexique.

SYNON. — *C. leptophis*. A. P. de Cand. rev. cact. dans mém.
mus. 17, p. 117 (1828); mém. cact. p. 21, tab. 12.

147. **C. serpentin.** — *C. serpentinus.* (Lagasc.)

Tige presque dressée, flexueuse et presque grimpante, rameuse, verte. — **Côtes** 11, comprimées, presque droites, à
sillons disparaissant bientôt. — **Aréoles** assez rapprochées, petites, cotonneuses et blanches-rougeâtres. — **Aiguillons** longs,
droits, minces, un peu fermes; 9-12 extérieurs; 1 central; roses,
plus tard blancs, et parfois quelques-uns bruns. — **Fleurs**
grandes (16 décimètres sur 10), formant un angle aigu avec les
rameaux, rouges en dehors, d'un blanc rosé en dedans, à peine
odorantes. — **Sépals** et **Pétals** linéaires-oblongs, pointus. —
Étamines atteignant la moitié de la hauteur des lames des pétals. — **Fruit** verdâtre (non mûr). — **Graines** entourées de leur
funicule.

SYNON. — *C. serpentinus*. Lagasc. an. cien. nat. Madrid, 1801,
p. 261; A. P. de Cand. prodr. 3, p. 467 (1828); rev. cact. dans
mém. mus. 17, p. 51*, tab. 12 (1828); Link et Otto, icon. tab.
42; Hook. bot. mag. tab. 3566; flor. serr. angl. 5, p. 44, tab.
10, fig. 4 (1837).

148. **C. Humboldt.** — *C. Humboldtii.* (A. P. de Cand.)

Tige rampante. — **Côtes** 10-12, chauves, tuberculeuses. —
Sinus.... — **Aréoles** portant des soies raides. — **Style** dépassant beaucoup les pétals. — Cette espèce est aussi très-voisine
du *C. serpent*. ⸗ Habite Quito, près de Fondorillo et San-Felipe.

SYNON. — *C. Humboldtii*. A. P. de Cand. prodr. 3, p. 467 (1828).
— *Cact. Humboldtii*. H. B. et Kunth, nov. gen. am. 6, p. 66.

149. **C. en serpent.** — *C. flagelliformis.* (Mill.)

Tige rampante, mince, très-rameuse, rameaux presque cylindriques, munie de 10-12 rangs de tubercules formant des
côtes peu prononcées. — **Aréoles** à peine cotonneuses. —
Aiguillons courts, un peu raides, 8-12 brunâtres, disposés en
étoile, et 3-4 au centre, dorés au sommet et un peu plus longs.
— **Fleurs** très-nombreuses, fort élégantes, d'un rose carminé.
= Habite l'Amérique méridionale. — Introduit du Pérou au
jardin de Paris par Bernard de Jussieu (1734), qui en envoya à
Miller. Il supporte l'orangerie sèche.

Synon. — *C. flagelliformis.* Mill. dict. jard. éd. franç. de 1785,
vol. 2, p. 305, 307 et 309, n° 12. — *Cact. flagelliformis.* Linn. spec.
668 (1764); A. P. de Cand plant. grass. pl. 127; bot. mag. tab.
17. = Var. **nain** (*C. flagelliformis minor.* Salm-Dyck, selon Walp.
rep. 2, p. 335). Tige et rameaux moitié moins gros. (V. V.)

150. **C. à vingt angles.** — *C. icosigonus.* (A. P. de Cand.)

Tige courbée, simple. — **Côtes** 20, garnies de faisceaux de
soies. — **Style commun** de la longueur des pétals, terminé par
8 stigmates ou rayons stigmatiques. = Habite les parties sèches
des environs de Quito.

Synon. — *C. icosigonus.* A. P. de Cand. prodr. 3, p. 467 (1828).
— *Cact. icosigonus.* H. B. et Kunth, nov. gen. et spec. 6, p. 66.

151. **C? nain.** — *C? nanus.* (A. P. de Cand.)

Tige rampante, articulée. — **Articles** cylindriques, presque
comprimés, peu divisés, munis d'**Aréoles** aiguillonnées. = Habite Quito.

Synon. — *C? nanus.* A. P. de Cand. prodr. 3, p. 470. — *Cact.
nanus.* Humb. Bonpl. et Kunth, nov. gen. amer. 6, p. 68.

§ 3. Moniliformes. Tiges et rameaux rétrécis et comme étranglés de distance en distance, de manière à imiter un chapelet.

152. **C. rameux.** — *C. ramosus.* (Karw.)

Tige presque dressée et comme articulée; articles de formes
diverses, de 3 à 5 angles et très-verte. — **Côtes** comprimées. —

Sinus planes. — **Aréoles** non proéminentes, à peine cotonneuses. — **Aiguillons** blancs, 5-6 inférieurs très-courts, et 3-4 naissant du centre, en alènes et à peine plus longs que les autres. = Habite le Mexique.

SYNON. — *C. racemosus.* Karw. selon Pfeiff. enum. cact. 108.

153. **C. pentagone. — *C. pentagonus*.** (Haw.)

Tige presque dressée, articulée, rameuse ; rameaux à 3-5 angles (rarement 6-7). — **Côtes** comprimées, s'effaçant avec l'âge. — **Aréoles** cotonneuses, blanches, plus ou moins distantes. — **Aiguillons** des rameaux robustes, raides, noirs d'abord et bientôt après blancs, rayonnants ; 5-6 à la circonférence et 1 au centre ; dans les rameaux minces 6-7, rayonnants, et 1 central ; tous bruns et imitant des soies. = Hab. l'Amér. mérid.

SYNON. — *C. pentagonus.* Haw. syn. p. 180. — *C. reptans* et *prismaticus.* Haw. suppl. p. 77, d'après Walp. rep. 2, p. 335 (1843). — *Cact. pentagonus.* Vell. flor. flum. 5, tab. 23 ? — *Cact. prismaticus* et *C. repens.* Willd. enum. suppl. p. 32.

154. **C. paniculé. — *C. paniculatus*.** (A. P. de Cand.)

Tige dressée, articulée à sa base, à 4 angles ; rameaux naissant du sommet en formant une panicule ; angles presque festonnés. — **Aiguillons** courts, en faisceaux. — **Fleurs** à pétals arrondis, crénelés, très-blancs, légèrement rayés de rose. — **Étamines** blanches. — **Fruit** ovoïde, un peu plus gros qu'un œuf d'oie, jaunâtre à l'extérieur, avec de petits tubercules épineux et rougeâtres ; chair blanche. — **Graines** couleur marron tirant sur le noir. = Habite....

SYNON. — *C. paniculatus.* A. P. de Cand. prodr. 3, p. 466 (1828). — *Cact. paniculatus.* Lamk. encycl. bot. 1, p. 540 (1783). — *Melocactus arborescens tetragonus,* etc. Plum. cat. p. 10, et Plum. ed. Burm. t. 192.

155. **C. délicat. — *C. tenellus*.** (Salm-Dyck.)

Tige presque dressée, articulée, mince. — **Côtes** 4-5, presque comprimées. — **Sinus** planes. — **Aréoles** assez rapprochées, nues. — **Aiguillons** 3-4, en forme de soies, bruns, courts, étalés ; les supérieurs appliqués sur la plante. = Habite le Brésil.

Synon. — *C. tenellus* Salm-Dyck, selon Pfeiff. enum. cact.
109. — *Cer. candelabris* des jard. selon Walp. rep. 2, p. 335.

156. C. Bonpland. — *C. Bonplandii.* (Parm.)

Tige dressée, comme articulée, glaucescente. — **Côtes** 4-5,
presque rectangulaires; crêtes obtuses, ondulées. — **Sinus**....
— **Aréoles** un peu distantes, poils cotonneux, très-courts et
gris. — **Aiguillons** raides, blanc-d'ivoire, épais à leur base et à
sommet noir; 1 central et 5-6 extérieurs, dont les 2 supérieurs
plus grands, et les 3-4 inférieurs très-courts. = Hab. le Brésil.

Synon. — *C. Bonplandii.* Parm. selon Pfeiff. enum. cact. 108.

157. C. Baxanien. — *C. Baxaniensis.* (Karw.)

Tige presque dressée, comme articulée, rameuse, très-verte.
— **Côtes** 5, comprimées. — **Sinus** larges. — **Aréoles** rapprochées, blanches, petites. — **Aiguillons** extérieurs 6-8, très-
minces, blancs, et 4 au centre brunâtres et plus long que les
extérieurs; tous raides. = Habite.... — Il a quelques rapports
avec le *C. rameux.*

Synon. — *C. Baxaniensis.* Karw. selon Pfeiff. enum cact. 109.

158. C. agréable. — *C. lætus.* (A. P. de Cand.)

Tige dressée, articulée, d'un vert pâle. — **Côtes** des articles
tuberculées. — **Aréoles** portées sur autant de tubercules et qui
produisent des faisceaux d'aiguillons. = Habite Quito.

Synon. — *C. lætus.* A. P. de Cand. prodr. 3, p. 466 (1828), non
Salm-Dyck. — *Cactus lætus.* Humb. Bonpl. et Kunth, nov. gen.
6, p. 68, syn. 3, p. 371 (1824).

159. C. syringa. — *C. syringacanthus.* (Pfeiff.)

Tige presque dressée, articulée, verte; articles presque globuleux, naissant du sommet de la tige. — **Côtes**.... — **Sinus**....
— **Aréoles** grandes, portant un faisceau de soies brunes et 1 ou
2 aiguillons flexibles et bruns. = Habite Mendoza.

Synon. — *C. Syringacanthus.* Pfeiff. enum. cact. 103. —
Opuntia platyacantha des jard. angl.

160. **C. en chapelet. — *C. moniliformis*.** (A. P. de Cand.)

Tige articulée, couchée ; rameaux globuleux, étalés. — **Aréoles** rapprochées — **Aiguillons** allongés, en alènes, très-aigus, solitaires, ou 3-5 et divergents, hérissant chaque globule. — **Fleurs** solitaires, rouges. — **Style commun** très-saillant. — **Fruits** d'un beau rouge brillant, du volume d'un œuf de pigeon, munis d'écailles à pointes jaunâtres. ⹀ Habite Saint-Domingue.

Synon. — *C. moniliformis*. A. P. de Cand. rev. cact. dans mém. mus. 17, p. 60 (1828); prodr. 3, p. 470 (1828). — *Cact. moniliformis*. Linn. spec. 668 (1764); Lamk. encycl. bot. 1, p. 541* (1783). — *Melocactus ex pluribus globulis*, etc. Plum. ed. Burm. p. 191, tab. 198.

161. **C. articulé. — *C. articulatus*.** (Otto.)

Tige articulée, articles oblongs-globuleux, glaucescents, tuberculés, de 36 à 48 millimètres de longueur et presque autant de diamètre. — **Aréoles** disposées en séries presque verticales, enfoncées, munies de poils cotonneux blancs, très-courts, et de soies brunes qui les dépassent à peine. ⹀ Habite Mandoza.

Synon. — *C. articulatus*. Otto et Dietr. allgem. gartenz. 1833, p. 116. — *Opuntia articulata*. Otto, gartenz. 1833, n⁰ 46. — *O. polymorpha* des jard. angl.; selon Walp. rep. 2, p. 333 (1843).

162. **C. ové. — *C. ovatus*.** (Pfeiff.)

Tige articulée ; articulations épaisses, ovées, glauques, chauves et tubéreuses. — **Aréoles** placées au sommet des tubérosités, distantes, cotonneuses. — **Aiguillons** de deux formes, 8-10 courts, à soies rousses, dépassant à peine les poils cotonneux, et 2-6 inégaux, forts, divergents, droits, noirâtres ou cendrés. ⹀ Habite Mandoza.

Synon. — *C. ovatus*. Pfeiff. enum. cact. p. 112 (1837). — *Opuntia ovata* des jard. angl. — *O. Gilliesii*. cat. cact. hort· berol. 1833.

Table alphabétique latine des espèces du genre CIERGE *(Cereus).*

§ 2. *Feuilles distinctes.*

Genre 13. **Opontie** (1). — **Opontia**. (Tournef.)

Arbustes formés de rameaux plus ou moins aplatis (que quelques personnes regardent à tort comme des feuilles), et qui, avec l'âge, prennent une forme cylindrique et ligneuse au centre. — **Aiguillons** ou soies très-fragiles, disposés en faisceaux, dans l'ordre quinconcial, en spirale, naissant de l'aisselle des feuilles, laquelle donne naissance aux rameaux et aux fleurs. — **Feuilles** oblongues-coniques, allongées, charnues, semblables à celles de quelques *Vermiculaires (Sedum)*, n'existant que pendant quelques mois sur les rameaux de l'année. — **Fleurs** jaunes ou rouges, s'ouvrant et se fermant plusieurs jours de suite. — **Sépals** nombreux, unis en tube campaniforme–oblong, hérissé de groupes de poils ou de soies, jusqu'à la maturité, *adhérant dans toute son étendue aux carpes*, et ne se prolongeant pas au-dessus. — **Pétals** larges, persistants pendant quelque temps après la fleuraison, se détachant ensuite circulairement, et laissant au sommet du fruit des cicatrices circulaires qui indiquent les rangées d'organes floraux détachés. — **Style commun** cylindracé, étranglé à sa base. — **Stigmates** dressés, épais. — **Fruit** ové, très-charnu, succulent même, creusé de sillons circulaires au sommet, et sou-

(1) C'est ce que beaucoup de personnes nomment *Figue d'Inde* ou *Raquette*. Ce genre a été connu en Europe, lors de la découverte de l'Amérique, dont il habite les parties chaudes. Il a été naturalisé dans les régions méditerranéennes. Son nom vient d'une plante épineuse citée par Théophraste, et qui croissait près d'Opus, dans le pays des Opuntiens, voisin de la Thessalie, ou près d'Opuntium, en Béotie.

vent très-aiguillonneux. — **Graines** *réniformes*. — **Embryon**
presque cylindrique, roulé en crosse sur les faces des cotyles
demi-cylindriques, foliacés à la germination.

SYNON. — *Opuntia*. Tournef. inst. 239, t. 122 (1719) ;
Gærtn. fruit 2, p. 265, tab. 138 ; Haw. syn. 187 ; A. P. de
Cand. prodr. 3, p. 471 (1828) ; rev. cact. dans mém. mus. 17,
p. 61 (1828) ; Pfeiff. enum. p. 143 ; Miq. bull. brux. p. 116
(1839) ; Walp. rep. 2, p. 346 (1843). — *Tuna*. Dill. hort.
elth. fig. 380.

Explication de la planche IX.

OPONTIE A FLEURS NOMBREUSES.

1. Rameau de grandeur naturelle, portant des boutons de divers âges, une
fleur épanouie et un jeune fruit (à gauche).
2. Feuille de grandeur naturelle, tombant très-vite des rameaux de l'année.
3. Sépal extérieur.
4. Petit pétal (extérieur).
5. Autre pétal beaucoup plus grand, d'un rang intérieur.
6. Fleur coupée en long, pour montrer en S le tube commun adhérent aux
carpes ; E étamines ; C''' stigmates libres, portés par la colonne des styles
unis C''.
7. Portion de la colonne des styles, terminée par les stigmates grossis.
8. Coupe transversale du fruit, dont les carpels, l'intermède et le tube des sépals
sont unis et adhérents.
9. Graine avec son funicule.

Espèces du genre OPONTIE (Opuntia).

SOUS-GENRE 1. — ARTICULÉS.

§ 1. Articles cylindriques.

*1. *Articles agglomérés*.*
1. soufrée.
2. ovée.
3. ridée.
4. naine.
5. à longs aiguillons.
6. agglomérés.
7. des Andes.
8. tubéreuse.
9. mésacanthe.
10. gazonnante.
11. Darwin.
11 a. Pentland.
11 b. Bolivien.
11 c. floconneuse.
11 d. vêtue.

*2. *Articles arrondis ou linéaires-lancéolés*
12. fragile.
13. Otto.
14. orangée.
15. allongée.
16. feuillée.
17. Curaçao.
18. pubescente.
19. Parmentière.
20. réfléchie.
21. vermiforme.
22. diadème.
23. Turpin.
24. ivoire.

Gentianées

Opuntie à fleurs nombreuses.

§ 2. **Articles comprimés.**

* 1. *Articles chauves.*

25. commune.
26. intermédiaire·
27. à cochenille.
28. tuberculée.
29. raide.
30. lancéolée.
31. géante.
32. élevée.
33. Figue d'inde.
34. épaisse.
35. petite.
36. Hernandez.

* 2. *Aréoles cotonneuses.*

Espèces sans aiguillons.

37. à petites soies.
38. couchée.
39. glaucescente.

Espèces portant des crins.

40. à crin blanc.
41. porte crin.

Espèces à aiguillons blancs.

42. spinuleuse.
43. Missouri.
44. intermédiaire.
45. splendide.
46. amiclée.
47. déjetée.
48. candélabre.
49. épine velue.
50. à grands aiguillons.
51. cotonneuse.
52. oblongue.
53. grande.
54. veloutée.
55. Auber.

Espèces à aiguillons jaunes.

56. Tuna.
57. faux Tuna.
58. à articles glauques.
59. horrible.
60. Dillen.
61. à fleurs nombreuses.
62. à trois aiguillons.
63. jaunâtre.
64. tortillée.
65. blanchâtre.
66. orbiculaire.
67. soyeuse.

Espèces à aiguillons fauves.

68. fauve.
69. à un aiguillon.
70. noirâtre.
71. élevée
72. robuste.
73. galapageïna.

SOUS-GENRE 2. — INARTICULÉS.

§ 1. **Tige comprimée.**

74, rougeâtre.
75. catocantha.
76. aiguillonneuse.
77. féroce.
78. à aiguillons blancs.
79. à feutre blanc.

§ 2. **Tige cylindrique.**

*1. *Rameaux comprimés.*

80. Brésilienne.

*2. *Rameaux cylindriques.*

81. cylindrique.
82. imbriquée.
83. dépouillée.
84. tuniquée.
85. rose.
86. Stapélie.

87. Klein.
88. trompeuse.
89. mince.
90. Salm.
91. menue.
92. ramulifère.
93. clavaire.
94. Pœppig.
95. à larges aiguillons.
96. pulvérulente.

SOUS-GENRE 1. — ARTICULÉS (*ARTICULATI*). (Pfeiff.)

§ 1. **Articles cylindriques.**

*1. *Articles agglomérés.* — Plantes basses, à tiges et rameaux articulés-cylindriques. Articles presque globuleux ou cylindracés. Aiguillons en forme de crins ou raides.

1. **Opontie soufrée. — *Opuntia sulphurea.*** (Gill.)

Articles dressés, presque globuleux, vert-pâle, d'environ 5 centimètres sur 3 à 4 de large. — **Aréoles** très-rapprochées. — **Aiguillons** de 2 formes, partant d'un duvet cotonneux pâle ; les supérieurs sétacés, d'un brun pourpre, très-petits, réunis

en faisceau ; les inférieurs 6-12. allongés, très-aigus, blanchâtres,
à sommet pourpre ; le central très-long. = Habite le Chili.

Synon. — *O. sulphurea.* Gill. jard. Dyck, p. 300 ; Pfeiff. enum.
cact. p. 144 ; Walp. rep. 2, p. 346 (1843).

2. O. ovée. — *O. ovata.* (Pfeiff.)

Articles ovés, verts, chauves, de 3 à 4 centimètres sur un
peu plus d'un de largeur. — **Feuilles** d'environ 1 millimètre,
vertes, presque coniques. — **Aréoles** rapprochées, grandes,
très-cotonneuses et rousses. — **Aiguillons** 7-8, inégaux, raides,
droits, très-bruns dans leur jeunesse, et plus tard blancs. ==
Habite les Andes du Chili.

Synon. — *O. ovata.* Pfeiff. enum. cact. p. 144.

3. O. ridée. — *O. corrugata.* (hort. angl.)

Articles dressés, cylindriques, amincis aux extrémités, vert-
pâle. — **Aréoles** rapprochées. — **Aiguillons** de 2 formes, radiés, partant d'un coton pâle ; les supérieurs sétacés, très-petits,
brunâtres ; les inférieurs, 6-8, allongés, très-pointus, blancs. = =
Habite.....

Synon. — *O. corrugata* des jard. anglais, selon Salm-Dyck,
p. 360 ; Pfeiff. enum. cact. p. 144

4. O. naine. — *O. pusilla.* (Salm-Dyck.)

Tige couchée, divariquée, d'un vert sale. — **Articles** cylindriques, en forme de concombre, de 2 à 3 centimètres 1/2 sur
1 de diamètre. — **Aiguillons** en faisceaux serrés, sétacés, blancs,
quelques-uns allongés et dressés. — Habite l'Amériq. méridion.

Synon. — *O. pusilla.* Salm-Dyck, obs. bot. (1822), p. 10 ;
Pfeiff. enum. cact. p. 45.

5. O. à longs aiguillons. — *O. longispina.* (Haw.)

Articles cylindriques-comprimés. — **Aiguillons** pourpres,
mêlés de quelques autres plus petits et bruns, et d'autres très-
petits ; les vieux de 8 centimètres. = Habite les Andes du Pérou.

Synon. — *O. longispina.* Haw. phil. mag. (1830), p. 109 ;
Pfeiff. enum. cact. 145 ; Walp. rep. 2, p. 346 (1843).

6. O. aglomérée. — *O. glomerata*. (Haw.)

Rameaux serrés, en touffe, d'environ 2 centimètres de long et lancéolés, les latéraux moitié plus petits. — **Aiguillons** du centre de chaque aréole linéaires, acuminés, aplatis, cornés et très-longs. = Habite les Andes du Chili.

Synon. — *O. glomerata.* Haw. phil. mag. 1830, p. 100; Pfeiff. enum. cact. p. 145; Spach, suit. buff. 13, p. 397 (1846).

7. O. des Andes. — *O. Andicola*. (hort. angl.)

Tige couchée, très-rameuse. — **Articles** en forme de Concombre (1), allongés, amincis aux extrémités, d'un vert brun et luisant, et enfin ligneux. — **Aréoles** assez rapprochées, garnies de soies raides, minces, au nombre de 3-4, blanches, et portant 1 ou 2 aiguillons plus longs, blancs, et aplaties à leur base. — Habite les Andes du Chili.

Synon. — *O. Andicola.* hort. angl. et Pfeiff. enum. cact. p. 145. — *O. horizontalis.* Gillies, selon Walp. rep. 2, p. 346.

8. O. tubéreuse. — *O. tuberosa*. (Pfeiff.)

Articles cylindracés, étalés, bruns, garnis de tubercules imbriqués, de 5 à 8 centimètres, sur 9 millimètres de diamètre. — **Aréoles** petites, blanches, placées au sommet des tubercules. — **Aiguillons** 7-8, courts, sétacés, blanchâtres. — **Feuilles** petites, brunes. = Habite les Andes du Chili.

Synon. — *O. tuberosa.* Pfeiff. enum. cact. p. 145. — *O. alpina.* Gillies, d'après Walp. rep. 2, p. 346 (1843). = Var. **très-épineuse** (*O. tuberosa spinosa,* Walp.). Aiguillons allongés. — Synon. *O. platyacantha* des jard. angl. selon Walp. rep. 2, p. 346 (1843).

9. O. mésacanthe. — *O. mesacantha*. (Nutt.)

Tige basse, couchée. — **Articles** arrondis. — **Aiguillons** en faisceaux et roussâtres, dont un central plus long. — **Fleurs** jaunes. — **Fruit** ové, solitaire, garni d'écailles épineuses. = Habite le Kentucky.

Synon. — *O. mesacantha.* Nutt. dans Sering. bull. bot. 1831, p. 216; Linnæa 8 literb. p. 81; Pfeiff. enum. cact. p. 145.

(1) *Cucumis sativus.*

10. **O. Gazonnante.** — *O. cæspitosa*. (Nutt.)

Plante basse, gazonnante. — **Articles** obovés, concaves. — **Aiguillons** en faisceaux, très-petits, roux. recourbés; le central le très-long. = Habite le Kentucky.

Synon. — *O. cæspitosa*. Nutt. dans Sering. bull. bot. 1831, p. 216; Linnæa 8 literb. p. 81; Pfeiff. enum. cact. p. 146. — *O. humifusa*. Nutt. dans Pfeiff. enum. p. 146?

11. **O. Darwin.** — *O. Darwinii*. (Hens.)

Tige garnie de cicatrices. — **Articles** globuleux-ovés ou presque cylindracés. — **Aiguillons** forts, allongés, à 3 pointes. — **Fleurs** grandes, solitaires. = Habite l'Amérique australe.

Synon. — *O. Darwinii*. Henstow. mag. of zoolog. and. bot. 1, p. 466, tab. 14, fig. 1.

11ᵃ. **O. Pentland.** — *O. Pentlandii*. (S.-Dyck.)

Tige basse, articulée-rameuse, vert-pâle, de 16 à 20 centimètres. — **Articles** allongés, amincis aux extrémités, faiblement tuberculés, de 7 à 9 centimètres. — **Aréoles** laineuses à leur partie supérieure. — **Tubercules** écartés. — **Feuilles** en forme de grain de Froment, cotonneuses, tombant de bonne heure, en forme d'aiguillon en dessous. — **Aiguillons** 4-6, minces, sétacés, raides, blanchâtres, étalés et défléchis. = Habite Bolivia.

Synon. — *O. Pentlandii*. Salm-Dyck, dans Otto et Dietr. allgem. gartenz. 13, p. 387, selon Walp. rep. 5, p. 821 (1846).

11ᵇ. **O. Bolivienne.** — *O. Boliviana*. (S.-Dyck.)

Tige articulée, presque dressée, lâchement rameuse, de 32 centimètres de long. — **Articles** ovés oblongs, lisses, d'un vert très-pâle, jaunâtres à l'état parfait de développement, de 5 à 7 centimètres sur 3 centimètres de diamètre à leur base, beaucoup plus petites au sommet, vert-pâle et ponctuées de blanc (à la loupe); d'une teinte sale avec l'âge, très-lisses. — **Aréoles** assez distantes, accompagnées d'une petite feuille aiguë, déprimées, arrondies, garnies d'un duvet cotonneux et crépu, d'un cendré jaunâtre, qui tombe de bonne heure. —

Aiguillons 1-4, dressés, divergents, très-longs, linéaires, d'un rose très-pâle à leur base, et d'un brun sale, piquants à leur sommet, de près de 3 centimètres et plus de long, flexibles, blanchâtres, presque transparents, très-flexibles et très-piquants. = Habite Bolivia.

Synon. — *O. Boliviana*. Salm-Dyck, dans Otto et Dietr. allgem. gartenz. 13, p. 388, selon Walp. rep. 5, p. 821 (1846).

11ᶜ. **O. floconneuse.** — **O. floccosa.** (S.-Dyck.)

Tige très-rameuse à la base, épaisse, en massue, très-verte, relevée de crêtes tuberculeuses, haute de 10 à 13 centimètres. Aréoles axillaires, allongées, laineuses, rapprochées, portant des Feuilles très-épaisses, assez persistantes ; laine soyeuse, raide, blanche, très-longue sur les anciennes aréoles, dans laquelle sont mélangés 1-3 aiguillons de près de 3 centimètres de longueur ; garnis en dessous de longs poils laineux. = Habite Bolivia.

Synon. — *O. floccosa*. Salm-Dyck, dans Otto et Dietr. allgem. gartenz. 13, p. 388, d'après Walp. rep. 5, p. 822 (1846).

11ᵈ. **O. vêtue.** — **O. vestita.** (S. Dyck.)

Tige dressée. élevée, cylindracée, amincie au sommet, enfin rameuse et d'un vert foncé brillant, de 16 centimètres de hauteur, de près de 2 centimètres d'épaisseur et amincie au sommet. — **Tubercules** aplatis, rassemblés, portant autant de feuilles oblongues, obtuses, un peu étalées, et d'environ 1 centimètre de longueur. — **Aréoles** axillaires, arrondies, munies d'un duvet cotonneux gris, d'aiguillons sétacés et de poils laineux crépus et blancs ; poils de la partie supérieure de l'aréole au-dessus des aiguillons ou soies courts, tandis que ceux de dessous sont laineux et crépus, = Habite Bolivia.

Synon. — *O. vestita*. Salm-Dyck, dans Otto et Dietr. allgem. gartenz. 13, p. 388, d'après Walp. rep. 2, p. 422 (1846).

*2 *Articles presque comprimés, arrondis ou linéaires-lancéolés, divergents.*

12. **O. fragile.** — **O. fragilis.** (Haw.)

Articles courts, comprimés-cylindriques, minces et planes, longs d'environ 2 centimètres sur 1 de diamètre. — Aiguillons

très-variables, très-nombreux, étalés-dressés, non réfléchis ; les
anciens d'environ 1 centimètre de long. — **Fleurs** petites, solitaires, naissant du sommet des rameaux. = Habite les plaines
du Missouri.

Synon. — *O. fragilis*. Haw. suppl. p. 82 ; Pfeiff. enum. cact.
p. 147. — *O. sabini* des jardins, selon Walp. rep. 2, p. 347 (1843).
— *Cactus fragilis*. Nutt. gen. amer. 1, p. 296.

13. O. Otto. — *O. Ottonis*. (Sering.)

Tige couchée. — **Articles** courts, cylindriques-comprimés, à
peine tuberculés, fragiles et vert-brillant. — **Aréoles** assez distantes, convexes, cotonneuses et blanches. — **Aiguillons** blanchâtres, inégaux, divergents, dont 6-8 centraux plus raides.
— **Feuilles** minces, aiguës, rougeâtres. = Habite....

Synon. — *O. fragilis*. Haw. selon Pfeiff. dans Otto et Dietr.
gartenz, 6, p. 276. — Haworth avait donné le nom de *fragilis* à
une espèce qui paraît différente de celle-ci, autant qu'on peut
en juger par les deux descriptions qui en sont données, et sur
lesquelles il est cependant assez difficile de se prononcer.

14. O. orangée. — *O. aurantiaca*. (Gillies).

Plante d'environ 1 mètre au plus, à rameaux de 18 à 21 centimètres. — **Articles** linéaires ou linéaires-lancéolés, étalés,
comprimés au sommet, cylindriques à leur base et verts, tachés d'un vert foncé autour des aréoles. — **Aréoles** grandes, convexes, cotonneuses et blanchâtres. — **Aiguillons** inégaux,
3 longs (environ 2 centimètres), raides, bruns, divergents ; 2-3
inférieurs plus petits, blancs, courts, et imitant des soies. —
Fleurs solitaires. — **Pétals** d'environ 2 centimètres, jaunes,
obovales, à bords infléchis. — **Étamines** blanches, plus courtes
que les pétals. — **Stigmates** 7, verdâtres. = Habite le Chili.

Synon. — *O. aurantiaca*. Gillies, dans bot. reg. tab. 1606 ;
Pfeiff enum. cact. p. 147.

15. O. allongée. — *O. extensa*. (Salm-Dyck.)

Plante rameuse. — **Articles** linéaires, de 5 à 20 centimètres
de longueur sur 1 de diamètre. — **Aréoles** distantes, saillantes,
garnies d'un faisceau de soies roussâtres, et de 1-4 aiguillons

blanchâtres ou roux, raides et inégaux. — **Aiguillons** de 7-14 millimètres, souvent rougeâtres au sommet. = Habite....

Synon. — *O. extensa*. Salm-Dyck, selon Pfeiff. enum. cact. p. 147; Spach, suit. buff. 13, p. 598 (1846).

16. **O. feuillue. — O. foliosa**. (Salm-Dyck.)

Articles presque lancéolés, comprimés, d'un vert gai; les jeunes garnis de feuilles, les anciens d'aiguillons; longs de 13-16 centimètres, sur 1 ou 2 de diamètre. — **Feuilles** de 7 millim. de longueur. — **Aiguillons** 1-2, allongés, forts, d'un blanc jaunâtre, entourés de poils cotonneux jaunâtres. — **Fleurs** nombreuses, terminales, semblables à celles de l'*Opontie commune*, — **Sépals** 5, inégaux. — **Pétals** 7-8, oblongs en coin, obtus, luisants. — **Étamines** nombreuses, dressées; filets roux; anthères blanches. — Colonne des **Styles** grosse, cylindrique, blanchâtre, dépassant à peine les anthères. — **Stigmates** 3-4, blancs. = Habite....

Synon. — *O. foliosa*. Salm-Dyck, selon A. P. de Cand. prodr. 3, p. 471 (1828); Pfeiff. enum. cact. 148; Pfeiff. et Otto, abbild. cact. tab. 18. — *O. hystrix* des jardiniers. — *O. pusilla*. Haw. syn. p. 195, non Salm-Dyck. — *Cactus foliosus*. Willd. enum. suppl. 32. — *C. pusillus*. Haw. misc. p. 189.

17. **O. Curaçao. — O. Curassavica**. (Mill.)

Tige dressée. — **Articles** ventrus, comprimés, très-étalés, fragiles, d'un vert foncé, longs de 2 à 4 centimètres, sur 1-2 de diamètre. — **Aréoles** rapprochées, blanches, cotonneuses, presque laineuses. — **Aiguillons** 3-5, inégaux, roux et enfin blanchâtres, longs de 10 à 14 millimètres. — **Feuilles** courtes, rougeâtres. — **Fleurs** éphémères, solitaires. — **Pétals** sur 2 rangs, lancéolés, d'un jaune sale. — **Étamines** jaune-sale, larges de 2 à 4 centimètres. — Colonne des **Styles** blanche. — **Stigmates** 3 à 5, à peine saillants. = Habite Curaçao.

Synon. *O. curassavica*. Mill. dict. jard. éd. franç. (1785), vol. 5, p. 319, n° 7; Pfeiff. enum. p. 148. — *Cactus curassavicus*. Linn. spec. 670 (1764). = Var. 1, **normale** (*O. curassavica normalis*). Caractères de l'espèce. = Var. 2; **moyenne** (*O. curassavica me-*

dia). Haw. syn. p. 196. Rameaux et aiguillons un peu plus petits. = Var. 3, **petite** (*O. curassavica minor*). Haw. suppl. p. 176, 4.
Rameaux beaucoup plus petits, presque sans aiguillons et pourprés dans leur jeunesse. Feuilles très-petites. = Var. 4. **longue**
(*O. curassavica longa*). Haw. revis. p. 71. Rameaux grands,
fermes, une fois plus longs, moins étalés et à aiguillons plus
longs. Feuilles très-minces, rougeâtres. Habite le Brésil. Serait-
ce une espèce ?

18. **O. pubescente. — *O. pubescens*. (Wendl.)**

Tige presque redressée. — **Articles** cylindriques, divergents, amincis aux extrémités, verts, veloutés et presque tuberculés. — **Aréoles** assez distantes , convexes , blanches. —
Aiguillons linéaires 4-6, longs, dont 2 plus longs, blancs, droits
et minces. = Habite le Mexique.

Synon. — *O. pubescens*. Wendl. cat. hort. Herrnhus, 1836 ;
Pfeiff. enum. cact. p. 149.

19. **O. Parmentier. — *O. Parmentieri* (Pfeiff.)**

Articles en forme de Concombre, vert-pâle. — **Aréoles** disposées en spirales, convexes, cotonneuses, d'un brun rougeâtre,
munies à leur partie inférieure de soies courtes, d'un blanc
paille. — **Feuilles** minces, d'un rouge brun. = Habite le
Paraguay.

Synon. — *O. Parmentieri*. Pfeiff. dans Otto et Dietr. gartenz.
VI, p. 276.

20. **O. réfléchie. — *O. retrospinosa*. (Lemair.)**

Tige gazonnante, très-rameuse, basse, vert-foncé, et d'un
brun pourpré autour des aréoles. — **Articles** nombreux, en
forme de Concombre, à aréoles un peu saillantes, cylindracés,
étalés, de 3-4 centimètres de long, sur environ 1 de diamètre,
larges, serrés, amincis de la base au sommet. — **Aréoles** petites, garnies d'un duvet blanc à peine visible à cause de sa
finesse. — **Aiguillons** de 2 formes, les uns nombreux, en forme
de soies, de 5 à 7 millimètres de long et jaunâtres, réunis en
faisceau à leur base et divergents au sommet, les autres de 2,
rarement 3-4, noirs, assez raides, réfléchis d'une aréole à l'au-

ı. tre, souvent de manière à se croiser. = Habite.... — Voisine
ı. de l'*O. pusilla*, A. P. de Cand.

Synon. — *O. retrospinosa*. Lemair. aliq. nov. cact. 35.

21. **O. vermiforme (?).** — *O. acracantha*. (Lemair.)

Tige très-grosse, forte et presque dressée, et ensuite très-
rameuse, vert-cendré. — **Articles** presque entassés, ovoïdes,
tuberculés, vert-olivâtre dans leur jeunesse, et plus tard cendrés, longs de 5-8 centimètres. — **Tubercules** se prolongeant
légèrement en mamelons. — **Aréoles** petites dans leur jeunesse, munies d'un coton grisâtre. — **Aiguillons** de 2 formes,
les uns roulés en crosse, très-courts, en forme de soies, gris-
roux ; d'autres très-forts, droits, divergents, inégaux, tordus en
spirale, aplatis et très-rugueux, longs de 1 à 2 centimètres, gris
et quelquefois bruns. = Habite...

Synon. — *O. acracantha*. Lemair. cact. aliq. nov. 34.

22. **O. diadème.** — *O. diademata*. (Lemair.)

Tige articulée, presque dressée, tuberculée, d'un vert cendré
pourpré, à ponctuation blanche et serrée. — **Articles** presque
sphériques (surtout dans leur jeunesse), tuberculés, environ de
5 centimètres de large, les anciens plus gros, égalant la forme
et la grosseur d'un œuf de pigeon, circulairement marqués
d'une bande vert-brun. — **Feuilles** très-petites, dressées, aiguës.
— **Aiguillons** de 2 formes ; dans l'une, nombreux, en pinceau,
partant du milieu de poils d'un brun violet, longs d'environ
2 millimètres ; d'autres, au nombre de 1 ou 2, partant de la
même aréole, mais longs de 3 centimètres environ, blancs-bru-
nâtres, et noirâtres au sommet. = Habite....

Synon. — *O. diademata*. Lemair. cact. aliq. nov. 36.

23. **O. Turpin.** — *O. Turpinii* (Lemair.)

Tige articulée, dressée. — **Articles** globuleux-ovoïdes, nombreux, d'environ 5 centimètres dans leur jeunesse, de la grosseur et de la forme d'un œuf de poule dans leur complet développement. — **Tubercules** visibles dans leur jeunesse, s'effaçant
avec l'âge. — **Aréoles** circulaires, à environ 7 à 9 millimètres
l'une de l'autre, garnies d'un coton blanchâtre, devenant gri-

sâtre avec l'âge. — **Aiguillons** de 2 formes ; les uns d'un violet brun, imitant des poils, disposés en demi-cercle au haut de l'aréole, et 1 seul plus fort, dressé, de 9 millimètres de long, noirâtre au sommet. ⹀ Habite le Chili.

Synon. — *O. Turpinii.* Lemair. cact. aliq. nov. 36. — *O. poly-morpha.* hort. angl. — *Cereus articulatus.* Pfeiff.

24. **O. ivoire. — *O. eburnea.*** (Lemair.)

Tige très-rameuse, couchée, gazonnante, vert-pâle. — **Articles** ovales-elliptiques, comprimés, de 3 à 5 centimètres de longueur, sur 1-3 de diamètre. — **Aréoles** circulaires, à environ 2 centimètres de distance l'une de l'autre, garnies d'un coton brun, court. — **Aiguillons** de 2 formes ; les uns en forme de poils, jaunâtres, très-courts, réunis en pinceau au haut de l'aréole ; les autres divergents, inégaux, brillants et transparents, blancs, groupés par 8 ou 10, dont 6-8 de plus d'un centimètre ou un peu plus grands, et d'autres de 8 à 12 centimètres. ⹀ Habite....

Synon. — *O. eburnea.* Lemair. cact. aliq. nov. p. 33.

§ 2. **Articles comprimés, larges, planes, lancéolés-ovales ou circulaires, charnus, garnis d'aréoles cotonneuses, de soies ou d'aiguillons.**

*1. *Articles chauves.*

25. **O. commune. — *O. vulgaris.*** (Mill.)

Tige couchée, divariquée et d'un vert gai. — **Articles** obovés-comprimés, assez petits, de 5 centimètres de long et presque autant de large. — **Aiguillons** à peine sétacés, simulant un coton grisâtre, égalant le coton des aréoles. — **Fleurs** de peu de durée, jaunes, de 5 centimètres de diamètre. — Lames des **Sépals** petites, d'un brun roux ; les extérieures mucronées, rouges en dessous, et les inférieures échancrées. — **Pétals** très-étalés. — **Étamines** infléchies. Filets orangés. Anthères oblongues, d'un jaune pâle. — Colonne des **Styles** grosse, jaune, de la longueur des étamines. — **Stigmates** 5, blanchâtres. — **Fruit** écarlate, de 2 centimètres 1/4 de longueur. ⹀ Habite le Pérou et le Mexique. Introduite en Europe en 1596, très-répandue actuellement dans le Midi, où elle est employée comme clôture, ainsi que l'*Agavé d'Amérique*. Son fruit, privé de sa pelure (tube des sépals, etc.) et des faisceaux de petits aiguillons fragiles qu'il porte, sert d'aliment rafraîchissant. Il contient une certaine quantité de matière sucrée; il colore l'urine en rouge sans nuire à la santé des personnes qui le mangent.

SYNON. — *O. vulgaris*. Mill. dict. jard. éd. franç. (1785), vol. 5, p. 318. n° 1; Pfeiff. enum. cact. p. 149. — *Cactus Opuntia*. Linn. spec. 669 (1764). — *C. Opuntia* et *C. nana*. A. P. de Cand. plant. grass. n° 138 et tabl. — Franç. *Raquette, Figuier d'Inde, Cardasse*. — Angl. *Common Indian Fig*. (V. V. C. et S.)

26. **O. intermédiaire. — O. *intermedia*.** (S.-Dyck.)

Articles presque ascendants, très-comprimés, oblongs-ovales. très-verts et luisants. — **Aréoles** distantes. — **Aiguillons** très petits, en forme de soies. = Habite l'Europe australe? et la Dalmatie?

SYNON. — *O. intermedia*. Salm-Dyck, jard. Dyck, p. 364; Pfeiff. enum. cact. p. 159; Walp. rep. 2, p. 347 (1846).

27. **O. à cochenille. — O. *coccinellifera*.** (Mill.)

Grand arbuste dont la tige ancienne est souvent cylindrique. — **Articles** ovés-oblongs comprimés, gros, presque sans aiguillons, de la longueur de 16 à 32 centimètres, et larges de 5 à 10. — **Feuilles** réfléchies, rougeâtres. — **Fleurs** rouges, à peine ouvertes, larges d'environ 2 à 3 centimètres. — **Sépals** courts. pointus, écarlate-sale, jaunâtres au bord. — **Pétals** dressés sur 2 rangs, acuminés. — **Etamines** plus longues que les pétals. à filet d'un rouge vif. Anthères jaunâtres. — Colonne des **Styles** couleur de chair. — **Stigmates** jaune-verdâtre. — **Fruit** obové, d'abord d'un vert foncé. = Habite l'Amérique tropicale. Introduite en Europe en 1688. Elle est cultivée en grand aux Antilles, sous le nom de *Cactier de campêche*, pour la nourriture de la cochenille, tandis qu'au Mexique et au Brésil ou donne la préférence à l'*Opontie Tuna*.

SYNON. — *O. coccinellifera*. Mill. dict. jard. éd. franç. (1785), vol. 5, p. 319, sous le nom de *O. cochenillifera*; Pfeiff. enum. p. 150.

28. **O. tuberculée. — *O. tuberculata* (Haw.)**

Articles très-comprimés, ovales-oblongs, rétrécis aux extrémités, fibreux et un peu tuberculeux, longs de 10 à 16 centim.
sur 5 à 8 de largeur. — **Aréoles** assez distantes, garnies d'un
faisceau d'aiguillons sétacés très-courts. — **Feuilles** longues de
7 millimètres et vertes. — **Fleurs** larges de 8 centimètres. —
Lames des **Sépals** étroites, vertes. — **Pétals** larges, jaunes,
mucronés. — Filets des **Etamines** jaunes. — Colonne des **Styles**
dépassant les étamines. — **Stigmates** 3, jaunâtres. ═ Habite
l'Amérique équatoriale.

Synon. — *O. tuberculata.* Haw. suppl. p. 80 ; Pfeiff. enum.
cact. p. 151. — *Cactus tuberculatus.* Willd. enum. suppl. 34.

[29. **O. raide. — *O. stricta.* (Haw.)**

Tige dressée, droite. — **Articles** ovales-elliptiques, charnus,
vert-pâle. — **Aiguillons** très-fins, en forme de poils raides,
uniformes et très-nombreux. — **Fleurs** larges de 8 à 13 centimètres. — **Pétals** jaunes, rétrécis à leur base. — Colonne des
Styles à peine plus longue que les étamines. ═ Habite l'Amérique équatoriale.

Synon. — *O. stricta.* Haw. syn. p. 191 ; Pfeiff. enum. cact.
151. — *Cactus Opuntia inermis.* A. P. de Cand. plant. grass.
n° 138, fig. — *Cactus strictus.* Haw. misc. p. 18.

30. **O. lancéolée. — *O. lanceolata.* (Haw.)**

Tige presque dressée. — **Articles** lancéolés, chauves, verts,
charnus, de 13 à 16 centimètres de longueur et larges de 2-3.
— **Aréoles** distantes, sans aiguillons ou sétacées et jaunes. —
Feuilles longues de 7 millimètres, nombreuses et rougeâtres
sur les jeunes articles. — **Fleurs** semblables à celles de l'*Opon-
tie commune*, larges de 2 à 3 centimètres, d'un jaune brillant.
— **Etamines** jaunes, une fois plus courtes que les pétals. —
Colonne des **Styles** blanchâtre, de la longueur des étamines. ═
Habite l'Amérique méridionale.

Synon. — *O. lanceolata.* Haw. syn. p. 152 ; Pfeiff, enum.
p. 152. — *Cactus lanceolatus.* Haw. misc. p. 188.

31. **O. géante.** — *O. maxima*. (Mill.)

Articles ovales-oblongs, obtus, longs de 40 à 50 centimètres et larges de 20 à 25. — **Aiguillons** de la longueur du duvet cotonneux des aréoles, et caducs. — **Feuilles** minces, comme rouillées au sommet. — **Fleurs** d'un orange terne. = Habite l'Amérique méridionale. — Cette espèce, établie par HAWORTH, avait été désignée antérieurement par MILLER. Il a donc fallu reprendre cette ancienne dénomination, qui d'ailleurs désigne nettement un caractère bien saillant (la grandeur).

SYNON. — *O. maxima*. Mill. dict. jard. éd. franç. (1785), vol. 5, p. 319, n° 5. — *O. decumana*. Haw. syn. suppl. p. 71 ; Pfeiff. enum. cact. 152. — *Cactus decumana* et *C. elongatus*. Willd. enum. suppl. p. 34 (1813).

32. **O. élevée.** — *O. elata*. (Otto.)

Articles oblongs, dressés, grands, très-verts, longs de 27 centimètres sur 10 à 13 de largeur. — **Aréoles** larges, distantes, cotonneuses, blanchâtres, sans aiguillons ou munies d'un aiguillon en alène et dressé. = Habite le Brésil.

SYNON. — *O. elata*. Otto, selon jard. Dyck, p. 361 ; Pfeiff. enum. cact. p. 152.

33. **O. figue-d'Inde.** — *O. ficus-Indica*. (Mill.)

Tige dressée, cylindrique avec l'âge et ligneuse. — **Articles** grands, verts, elliptiques, amincis sur les bords, longs de 50 centimètres et larges de 32. — **Aréoles** régulièrement disposées, enfoncées, sans aiguillons, ou plus rarement garnies d'un petit aiguillon solitaire. — **Feuilles** petites, rougeâtres. — **Fleurs** à pétals, d'un jaune pâle. = Habite l'Amérique méridionale. Introduite en Europe en 1731, et cultivée dans la Sicile et l'Italie méridionale, comme arbre fruitier.

SYNON. — *O. Ficus-Indica*. Mill. dict. éd. franç. (1785), vol. 5, p. 318 et 321, n° 2 ; Haw. syn. p. 191; Pfeiff. enum. cact. 152. — *O. vulgaris*. Tenor. syll. flor. neap. p. 23. — *Cactus Ficus-Indica*. Linn. spec. 669 (1764); Willd. enum. suppl. 239, en excluant la synonymie (1813). — *C. Opuntia*. Guss. prodr. flor. sicul. p. 559, en excluant les synonymes (1827).

34. **O. épaisse. — *O. crassa*.** (Haw.)

Tige dressée. — **Articles** ovales-oblongs, quelquefois circulaires, d'un vert glauque, très-gros, longs de 8 à 10 centimètres, sur 5 à 8 de largeur. — **Aréoles** distantes, rousses, presque toujours sans aiguillons (rarement munies de 1 à 2, blancs et droits). — **Feuilles** pointues, ferrugineuses au sommet. = Habite le Mexique.

Synon. — *O. crassa*. Haw. suppl. p. 81; Pfeiff. l. c. p. 153. = Var. **grande** (*O. crassa major*). Walp. rep. 2, p. 348 (1843). Articles beaucoup plus grands. Aréoles presque chauves. Feuilles rougeâtres.

35. **O. petite. — *O. parvula*.** (S.-Dyck.)

Articles presque dressés, ovales-oblongs, épais, petits, d'un vert glauque, longs de 5 centimètres sur 2 1/4 de largeur. — **Aréoles** petites, cotonneuses, roussâtres, à soies très-courtes, jaunâtres assez rapprochées. = Habite le Chili.

Synon. — *O. parvula*. Salm-Dyck, hort. Dyck, p. 364; Pfeiff. enum. cact. p. 153. — *O. glauca* des jardins, selon Walp. rep. 2, p. 348 (1843).

56. **O. Hernandez. — *O. Hernandezii*.** (A. P. de Cand.)

Tige dressée. — **Articles** gros, obovales-arrondis, verts, longs de 5 à 8 centimètres, sur 2 à 4 de largeur. — **Aréoles** rapprochées, sans aiguillons, garnies de soies roussâtres. — **Étamines** rougeâtres, plus courtes que la colonne des styles. — **Stigmates** 5, jaunes. = Habite le Mexique, selon Moçino, flor. mex. inéd. dans bibl. de Cand. Le botaniste espagnol dit qu'on la cultive principalement dans les parties tempérées de la Nouvelle-Espagne, voisines de la mer pacifique, pour élever la cochenille. Elle diffère d'ailleurs de celle qui porte le plus souvent cet insecte par sa fleur ouverte, ses étamines plus courtes que les pétals et que la colonne de ses styles. Ses articles sont aussi dégarnis d'aiguillons.

Synon. — *O. Hernandezii*. A. P. de Cand. rev. cact. p. 69, tab. 16, dans mém. mus. 17. — *Nopalnochetzli* Hernandez, mer. p. 78. — *Nopal sylvestre*. Thierry de Menonvilles, voy. à Guaxaca 2, p. 277 et figure.

2. Articles comprimés, garnis d'aréoles cotonneuses. Aiguillons nuls ou solitaires.

Espèces sans aiguillons.

37. **O. à petites soies.** — *O. microdasys.* (Lehm.)

Tige presque dressée-étalée. — **Articles** ovales ou lancéolés, verts, épais à leur base, longs de 10 à 16 centimètres, larges de 5-8. — **Aréoles** régulièrement rapprochées, garnies d'un faisceau de soies jaunes. — **Soies** longues de 5 à 7 millimètres. = Habite le Mexique.

Synon. — *O. microdasys.* Lehm. index sem. hamb. 1827 ; nov. act. nat. cur. 16, part. 1, p. 317 ; Pfeiff. enum. cact. p. 154. = Var. **petite** (*O. microdasys minor*). Salm-Dyck, hort. Dyck, p. 187. — *O. pulvinata.* A. P. de Cand. rev. p. 119, dans mém. mus. vol. 17.

38. **O. couchée.** — *O. decumbens.* (S.-Dyck.)

Tige presque couchée. — **Articles** obovales-comprimés, verts, plus foncés autour des aréoles, gros, longs de 16 à 19 centimètres, larges de 8 à 11, très-nombreux. — **Aréoles** rapprochées, laineuses. — **Aiguillons** de 2 formes, les supérieurs sétacés, jaunâtres ; les inférieurs, 1-2, allongés, très-aigus et blancs. — **Fleurs** rouges. = Habite le Mexique.

Synon. — *O. decumbens.* Salm-Dyck, hort. p. 361 ; Pfeiff. enum. cact. p. 154. — *O. repens.* Karw. et *O. irrorata.* Mart. selon Walp. rep. 2, p. 349 (1843).

39. **O. glaucescente.** — *O. glaucescens.* (Otto.)

Articles dressés, oblongs, glaucescents, longs de 13 à 16 centimètres, larges de 5, rétrécis aux extrémités. — **Aréoles** assez rapprochées. — **Aiguillons** de 2 formes, partant d'un duvet cotonneux grisâtre ; les supérieurs en forme de soies en faisceau, d'un rose brunâtre ; les inférieurs, 1-4, allongés, très-minces et blancs. — **Feuilles** petites, ferrugineuses. = Habite le Mexique.

Synon. — *O. glaucescens.* Otto, dans jard. Dyck, p. 362 ; Pfeiff. enum. cact. p. 155.

Espèces portant des crins.

40. **O. à crin blanc. — *O. leucotricha*.** (A. P. de Cand.)

Articles oblongs, dressés, veloutés dans leur jeunesse, ainsi que les **Aréoles** convexes, longs de 16 à 18 centimètres, larges de 6 à 18. — **Aiguillons** de 2 formes, 2-3 très-longs, fins, obtus, blancs et étalés ; 4-5 petits, imitant des soies, droits, blancs, et longs de 2 à 5 centimètres. ⹀ Habite le Mexique.

Synon. — *O. leucotricha.* A. P. de Cand. rev. cact. dans mém. mus. 17, p. 119 ; Pfeiff. enum. cact. p. 156.

41. **O. porte-crin. — *O. crinifera*.** (S.-Dyck.)

Tige presque dressée. — **Articles** ovales ou allongés, minces, d'un vert foncé, longs de 5 à 13 centimètres et larges de 2-5. — **Aréoles** assez rapprochées, convexes, blanches, garnies dans le bas de 3-4 **aiguillons** très-minces, assez raides, roux, et dans le haut, d'un faisceau de soies blanches, pendantes, de 2 à 3 centimètres et imitant des crins. — **Feuilles** de 2 à 3 centimètres, recourbées, rougeâtres au sommet. ⹀ Hab. le Brésil.

Synon. — *O. crinifera.* Salm-Dyck, d'après Pfeiff. enum. cact. p. 157. — *O. senilis.* Parm. selon Walp. rep. 2, p. 349 (1843). ⹀ Var. **laineuse** (*O. crinifera lanigera*). Parm. selon Walp, rep. 2, p. 349. Articles d'un vert pâle ; duvet cotonneux, de couleur ferrugineuse, court et frisé. Aiguillons presque nuls, laineux. — Est-ce une espèce particulière.

Plantes dont les artoles sont munies d'aiguillons plus ou moins nombreux et assez forts, blancs, jaunes, fauves ou noirs.

Espèces à aiguillons blancs.

42. **O. spinuleuse. — *O. spinulifera*.** (S.-Dyck.)

Articles presque dressés, ovales, épais, d'un vert glauque, longs de 10-13 centimètres, larges de 5-8. — **Aréoles** assez rapprochées, petites. — **Aiguillons** sétacés, petits, blancs, longs de près d'un centimètre, inégaux, entourés d'un coton grisâtre. ⹀ Habite le Mexique.

Synon. — *O. spinulifera.* Salm-Dyck, hort. pag. 364 ; Pfeiff. enum. p. 157. — *O. oligacantha.* Jacq. hort. vind.

43. O. Missouri. — *O. Missouriensis.* (A. P. de Cand.)

Articles étalés, ovales-arrondis, comprimés, d'un vert gai, presque tnberculeux, longs de 8 centimètres et larges de 5. — **Aréoles** très-rapprochées. — **Aiguillons** de 2 formes, accompagnés d'un coton roussâtre ; les supérieurs sétacés, roux ; les inférieurs, 8-10, forts, presque rayonnants, appliqués, blancs : le central plus long et défléchi. — **Fleurs** nombreuses, d'un jaune pâle. — **Stigmates** 8-10, verdâtres. — **Fruit** sec (?), garni d'aiguillons. = Hab. les plaines arides qui bordent le Missouri.

Synon. — *O. Missouriensis.* A. P. de Cand. prodr. 3, p. 472 (1828); hort. Dyck, p. 363 ; Pfeiff. enum. cact. p. 138. — *O polyacantha.* Haw. suppl. p. 82. — *Cactus ferox.* Nutt. gen. amer. 1, p. 296, non Willd.

44. O. intermédiaire. — *O. media.* (Haw.)

Articles ovales-oblongs, comprimés, longs de 5 centimètres, larges de 3 à 3 1/2. — **Aiguillons** très-nombreux, variables, blancs, inégaux ; 2-3 des anciens étalés-défléchis, longs d'un centimètre. — **Feuilles** longues de 2 à 3 millimètres, très-pointues, rouges au sommet. = Habite l'Amérique septentr.

Synon. — *O. media.* Haw. suppl. p 82 ; hort. Dyck, p. 363 ; Pfeiff. enum. cact. 158.

45. O. splendide. — *O. splendens.* (hort. angl.)

Articles très-petits. — **Aréoles** presque entassées, à coton blanc. — **Aiguillons** très-blancs, courts, presque flexueux, rayonnants, au nombre de 7, et 1 ou 2 au centre. = Habite....

Synon. — *O. splendens* des jard. angl. selon Pfeiff. enum. cact. p. 159 ; Walp. rep. 2, p. 350 (1843).

46. O. amyclée. — *O. amyclœa* (1) (Tenor.)

Tige dressée, articulée, très-rameuse et glauque, — **Articles** elliptiques, très-larges, planes, aplatis. — **Aiguillons** forts,

(1) Ville d'Italie, près de Terracine.

divergents, cylindriques, très-blancs. — Aréoles laineuses. =
Habite les rochers calcaires, près d'Amyclée ou Monticelli. —
Tout porte à croire que ce n'est qu'une modification d'espèce
qui aura été opérée par le temps et la localité, mais non une
espèce d'Italie.

SYNON. — *O. amyclæa*. Tenore neap. app. 5 (1826); sylloge,
p. 240; Pfeiff. enum. cact. 159.

47. O. déjetée. — *O. dejecta*. (S.-Dyck.)

Articles étalés, très-comprimés, verts, longs de 16 à 18 centimètres sur 2-3 de largeur. — Aréoles distantes, à peine cotonneuses. — Aiguillons de 2 formes ; les supérieurs sétacés
blanchâtres ; les inférieurs, 5-6, blancs, inégaux ; les plus longs
atteignent 2 centimètres. = Habite Cuba.

SYNON. — *O. dejecta*. Salm-Dyck, hort. p. 361 ; Pfeiff. enum.
cact. p. 159. — *O. diffusa* et *O. horizontalis* des jardiniers.

48. O. candélabre. — *O. candelabriformis*. (Mart.)

Presque dressé. — Articles obovales ou elliptiques; d'un
vert glauque, longs de 16 à 18 centimètres et larges de 8 à 10.
— Aréoles assez rapprochées, enfoncées, garnies d'un faisceau
de soies courtes et blanches et de 4-5 Aiguillons blancs, plus
longs et défléchis. — Feuilles allongées, rougeâtres au sommet. = Habite le Mexique.

SYNON. — *O. candelabriformis*. Martius, selon Pfeiff. enum.
cact. p. 159.

49. O. épine velue. — *O. lasiacantha*. (Dieffenb.)

Articles ovales-oblongs, pleins, verts, à peine renflés. —
Aréoles assez distantes, hérissées de soies blanchâtres et d'aiguillons blancs, minces; les supérieurs 3-4, l'inférieur très-
long. = Habite....

SYNON. — *O. lasiacantha*. Dieffenb. selon Pfeiff. enum. cact.
p. 160. — *O. leucacantha*. Salm-Dyck, hort. p. 362?

50. O. à grands aiguillons. — *O. megacantha*. (S.-D.)

Articles ovales-oblongs, pleins, verts, à peine tuberculeux,
longs de 10 à 13 centimètres, larges d'environ 5. — Aréoles

assez distancées, garnies d'Aiguillons et de soies, tous deux blancs. — Aiguillons grêles, droits; 3-4 supérieurs courts, et l'inférieur long d'un centimètre. — Feuilles courtes, rougeâtres. = Habite le Mexique.

Synon. — *O. megacantha*. Salm-Dyck, hort. p. 363; Pfeiff. enum. cact. 160. — *O. Mexicana* des jardiniers.

51. O. cotonneuse. — *O. tomentosa*. (S.-Dyck.)

Tige presque dressée, d'un vert gai, cotonneuse. — Articles lancéolés, comprimés. — Aiguillons tous sétacés, atteignant à peine le duvet cotonneux des aréoles; les inférieurs longs de près d'un centimètre, défléchis. — Feuilles pointues, ferrugineuses au sommet. — Fleurs rougeâtres. = Habite l'Amérique équatoriale.

Synon. — *O. tomentosa*. Salm-Dyck, obs. bot. de 1822, p. 8; Pfeiff. enum. cact. p. 160. — *Cactus tomentosus*. Link, enum. 2, p. 21.

52. O. oblongue. — *O. oblongata*. (Wendl.)

Tige dressée. — Articles oblongs ou oblongs-obovés, d'un vert foncé, presque veloutés, longs de 10-16 centimètres, sur 5-8 de large. — Aréoles assez distantes, cotonneuses, grisâtres, garnies dans leur partie supérieure de soies brunes, très-courtes, et inférieurement de 2-6 aiguillons blancs, assez raides, droits, et longs d'environ 1 centimètre. = Habite le Mexique.

Synon. — *O. oblongata*. Wendl. cat. hort. herrnh. 1835; Pfeiff. enum. cact. p. 161.

53. O. grande. — *O. grandis*. (hort. angl.)

Articles ovales ou elliptiques, comprimés, d'un vert glauque, longs de 10-13 centimètres, sur 8 de large, d'un beau bleu dans leur jeunesse. — Aréoles presque également distantes, partant des tubercules verts, garnis de faisceaux de soies noirâtres et de 2 aiguillons blancs et raides, dont l'un est de 2 centimètres, l'autre d'environ 1. — Feuilles rouges, pointues. = Habite le Mexique.

Synon. — *O. grandis* des jard. anglais, selon Pfeiff. enum.

cact. p. 155. — *O. glaucescens* des jardiniers, non Salm-Dyck, ;
selon Walp. rep. 2, p. 349 (1843).

54. **O. veloutée. — O. puberula.** (Dieffenb.)

Articles obovales, épais, verts, veloutés, longs de 8 à 13 centimètres. — **Aréoles** assez distantes, à peine convexes, entourées
d'une tache rouge, garnies d'un faisceau de soies rousses très-
courtes et de 3-4 **aiguillons** inégaux, minces, blanchâtres, divergents. — **Feuilles** pointues, rougeâtres au sommet. ⹀ Habite
le Mexique.

SYNON. — *O. puberula.* Dieffenb. selon Pfeiff. enum. cact. 156.

55. **O. Auber. — O. Auberi.** (Pfeiff.)

Plante dressée, grande. — **Articles** glaucescents, oblongs-
ovales, épais, à bords ondulés. — **Aréoles** distantes, portant un
coton gris peu épais et des tubercules. — **Aiguillons** le plus
souvent 4, minces et aigus, blancs, anguleux, dont 1 ou 2 plus
grands. ⹀ Habite l'île de Cuba.

SYNON. — *O. Auberi.* Pfeiff. dans Otto et Dietr. gartenz. 8,
p. 282; Walp rep. 2, p. 354 (1843).

Espèces à aiguillons jaunes.

56. **O. Tuna. — O. Tuna.** (Mill.)

Tige dressée. — **Articles** grands, elliptiques, un peu échancrés, longs de 10 à 22 centimètres, sur à peu près la même largeur. — **Aréoles** distantes, cotonneuses, grisâtres, garnies dans
leur partie supérieure d'un faisceau de **soies** roussâtres, et
dans le bas de 4-6 **aiguillons** raides, en alène, jaunes, inégaux, de près d'un centimètre de long. — **Feuilles** vertes,
pointues, longues de 7 à 8 millimètres. — **Pétals** obtus, mucronés. — **Etamines** jaunes. — Colonne des **Styles** rougeâtre.
— **Stigmates** 5, verts. ⹀ Habite le Mexique. Introduit en
Europe en 1731. C'est cette espèce qu'on cultive au Mexique et
dans l'Amérique méridionale, sous le nom de *Nopal,* pour élever
la cochenille.

SYNON. — *O. Tuna.* Mill. dict. jard. éd. franç. (1785) 5, p. 318,
n° 3; Tuss. flor. ant. 2, p 113, pl. 31; Pfeiff enum. cact. p. 161.

— *O. coccinillifera.* A. P. de Cand. plant. grass. t. 137. — *O. coc-cinea* des jardiniers. — *Cactus Tuna.* Linn. spec. 669. (1764). — *C. Tuna,* var. a, Ait. hort. Kew. ed. 2, vol. 3, p. 179. — *C. Bon-plandii.* H. B. et Kunth, nov. gen. amer. 6, p 60. — *Tuna major spinis validis flavicantib. flore gibo.* Dill. elth. p. 396, fig. 380. = Var. **plus lisse** (*O. Tuna lævior*). Salm-Dyck, hort. Dyck, p. 186. — Aréoles plus écartées. Aiguillons rares. — *O. flexibilis* et *O. Bonplandii* des jardins, selon Walp. rep. 2, p. 350 (1843).

57. O. faux-Tuna. — *O. pseudo-Tuna*. (S.-Dyck.)

Tige rameuse, d'un vert pâle. — **Articles** obovales-compri-més, épais, très-grands. — **Aréoles** distantes. — **Aiguillons** sétacés, rassemblés en pinceau ; l'inférieur en alène et fort. = Habite l'Amérique méridionale.

SYNON. — *O. pseudo-Tuna.* Salm-Dyck, obs. bot. 1822, p. 7; Pfeiff. enum. cact. p. 162 ; Walp. rep. établit en outre 2 varié-tés, l'une qu'il nomme *spinosior* (H. Dyck), **plus épineuse**, et l'autre *elongata* (S.-Dyck), ou **allongée**.

58. O. à articles glauques. — *O. glaucophylla*. (Wendl.)

Tige dressée. — **Articles** obovales, légèrement ondulés, glauques. — **Aiguillons** 1-2, en alène, d'environ 3 centimètres, sortant d'un duvet soyeux et jaunâtre. = Habite....

SYNON. — *O. glaucophylla.* Wendl. cat. hort. Herrnh. (1835); Pfeiff. enum. cact. p. 162. Diffère-t-elle réellement de l'*O. faux Tuna.*

59. O. horrible. — *O. horrida*. (S.-Dyck.)

Tige dressée. — **Articles** ovales-en-coin, un peu sinués. — **Aréoles** espacées. — **Aiguillons** dissemblables, jaunes, panachés de brun, forts, accompagnés d'un coton jaunâtre, 1 ou 2 fois plus longs. — **Fleurs** d'un jaune pâle, larges d'environ 2 déci-mètres. — **Sépals** d'un rouge verdâtre. — **Pétals** sur 2 rangs, mucronés. — **Étamines** nombreuses, jaunes. — Colonne des **Styles** saillante, grosse, rouge. — **Stigmates** 5-6, jaunes. — **Fruit** en forme de poire, pourpre-noirâtre, long d'environ 8 centimètres. = Habite l'Amérique méridionale.

SYNON. — *O. horrida.* Salm-Dyck, d'après A. P. de Cand.

prodr. 3, p. 472 (1828); Pfeiff. enum. cact. p. 162. — *O. humilis.*
Haw. syn. 189. — *Cactus humilis.* Haw. misc. p. 187.

60. **O. Dillen.** - **O. Dillenii.** (A. P. de Cand.)

Tige dressée. — **Articles** ovales-arrondis, ondulés, longs de
10 à 16 centimètres, larges d'environ 1. — **Aréoles** cotonneuses,
garnies d'un faisceau de soies d'abord jaunes, plus tard rousses,
ainsi que le duvet. — **Aiguillons** divariqués, jaunâtres, dont
1 fort et long de près de 3 centimètres, et 3 à 5 plus petits,
atteignant un centimètre. — **Pétales** obcordiformes, sur 2 rangées. — **Étamines** jaunâtres. — Colonne des **Styles** grosse. —
Stigmates 6, verts. — **Fruit** ovoïde, d'un pourpre foncé. =
Habite l'Amérique équatoriale.

SYNON. — *O. Dillenii.* A. P. de Cand. prodr. 3, p. 472 (1828);
Pfeiff. enum. cact. p. 162; Wight, ill. of ind. bot. 2, pl. 114. —
O. Tuna. β. Haw. syn. p. 188. — *Cactus Dillenii.* bot. reg. tab.
255. — *Tuna major spinis viridis flavescentibus flore sulphureo.*
Dill. hort. elth. fig. 382 (1774).

61. **O. à fleurs nombreuses.** — **O. polyantha.** (Haw.)
Planche IX, p. 430.

Tige presque dressée. — **Articles** oblongs, rétrécis aux extrémités, à peine tuberculeux, longs de 16 centimètres, larges
de 7 à 8. — **Aréoles** assez distantes, garnies d'un faisceau de
soies jaunâtres, et de 4-6 **aiguillons** presque égaux, jaunes ou
panachés de jaune et de brun, et longs d'environ 2 centimètres.
— **Fleurs** d'un jaune pâle, larges de près de 8 centimètres. —
Pétales 7-8, larges et obtus. — **Étamines** blanches — Colonne
des **Styles** blanche. — **Stigmates** 5-7. = Habite l'Amér. équat.

SYNON. — *O. polyantha.* Haw. syn. 190. A. P. de Cand. plant.
grass. tab. 138. — Pfeiff. enum. cact. 163. — *Cactus polyanthos.*
bot. mag. tab. 2691. (V. V. jard. Lyon.)

62. **O. à 3 aiguillons.** — **O. triacantha.** (A. P. de Cand.)

Tige dressée. — **Articles** ovales-elliptiques, verts, planes.
— **Aréoles** assez rapprochées, convexes, garnies dans le milieu
d'un faisceau de soies rousses et de 3 4 aiguillons. — **Aiguillons**
raides, droits, jaunâtres, le supérieur très-long, les autres presque égaux entre eux. = Habite l'Amérique équatoriale.

Synon.— *O. triacantha.* A. P. de Cand. prodr. 3, p. 473 (1828); Pfeiff. enum. cact. 163; Miquel, bull. brux. 184, p. 49. — *Cactus triacanthos.* Willd. enum. p. 34 (1813). — *C. urumbeba.* Vell. flor. flum. 5, pl. 32.

63. **O. jaunâtre. — *O. flavicans*.** (Lemair.)

Tige très-agréablement glaucescente, azurée, grande, très-forte, très-épaisse. — **Articles** arrondis, à larges aiguillons. — **Aréoles** arrondies, très-distantes, peu nombreuses, à coton noirâtre. — **Aiguillons** de deux formes ; les uns très-petits, disposés en pinceau, ne dépassant pas le duvet des aréoles ; d'autres, d'environ 5 centimètres, flexueux, droits, jaunâtres, souvent disposés en spire. = Habite....

Synon. — *O: flavicans.* Lemair. cact. nov. gen. et spec. 61.

64. **O. tortillée. — *O. streptacantha*.** (Lemair.)

Tige élevée, articulée, très-grosse. — **Articles** très-forts, épais, ovales-elliptiques. — **Aréoles** très-petites, ovales, d'un violet roussâtre. — **Aiguillons** de deux formes ; les uns très-courts, jaunâtres, en pinceau, naissant de la partie supérieure, et 1-3 plus grands, inégaux, appliqués, blanchâtres et tortillés, presque de 3 centimètres. = Habite....

Synon. — *O. streptacantha.* Lem. cact. nov. gen. et spec. 62.

65. **O. blanchâtre. — *O. albicans*.** (S.-Dyck.)

Articles dressés, comprimés, oblongs-étroits, presque glauques, de 13-16 centimètres, sur une largeur de 2. — **Aréoles** rapprochées. — **Aiguillons** de 2 formes ; les supérieurs très-nombreux, sétacés, jaunes ; les inférieurs de 1-4, allongés, très-pointus, blancs, de 2 centimètres. — **Feuilles** petites, d'un vert roussâtre. = Habite le Mexique.

Synon. — *O. albicans,* Salm-Dyck, jard. p. 361, Pfeiff. enum. cact. p. 155 ; Walp. rep. 2, p. 349 (1843).

66. **O. orbiculaire. — *O. orbiculata*.** (S.-Dyck.)

Tige dressée, peu rameuse. — **Articles** circulaires, épais, très-verts, larges de 10-13 centimètres. — **Aréoles** régulièrement distantes, garnies d'un faisceau de soies brunes et de 4-5

aiguillons inégaux, minces, d'un jaune pâle, roussâtres à leur
base, horizontaux, longs de 2 à 2 1/2 centimètres. — **Feuilles**
vertes, pointues. ☰ Habite le Chili?

Synon. — *O. orbicularis.* Salm Dyck, selon Pfeiff. enum. 156.
— *O. sericea.* Walp. rep. 2, p. 349 (1843). — *O. orbiculata lon-*
gispina. hort. Dyck, p. 363. — *O. longispina* des jard. selon
Walp. rep. 2, p. 349 (1843).

67. **O. soyeuse. — O. sericea.** (Don.)

Articles dressés, ovales-oblongs, comprimés, verts, longs de
8 à 10 décimètres, larges d'environ 2 1/4. — **Aréoles** rapprochées, convexes. — **Aiguillons** de deux formes, naissant d'un
duvet cotonneux gris; les supérieurs en forme de soies, nombreux, roux-orangé; le central ou l'inférieur plus long, souvent réfléchi, de 1 à 2 centimètres. — **Feuilles** courtes, vertes.
☰ Habite le Chili.

Synon. — *O. sericea.* Don, dans Salm-Dyck, jard. S.-Dyck,
p. 363; Pfeiff. enum. cact. 155. — *O. cœrulea.* Gillies.

Espèces à aiguillons fauves.

68. **O. fauve. — O. fulvispina.** (S.-Dyck.)

Tige dressée. — **Articles** elliptiques, très-verts, assez gros,
longs d'environ 5 centimètres. — **Aréoles** grandes, brunes,
cotonneuses, garnies de soies. — **Aiguillons** 12-16, inégaux,
roussâtres, dont 3 ou 4 centraux, 1 ou 2 fois plus longs, minces,
aigus; les inférieurs réfléchis. — **Feuilles** vertes, pointues. ☰
Habite....

Synon. — *O. fulvispina.* Salm-Dyck, d'après Pfeiff. enum. cact.
p. 164. — *O. elongata.* Haw. suppl. p. 81? ☰ Walp. rep. 2,
p. 351, établit une variété, sous le nom de **lævior,** Salm-Dyck,
mss., auquel il donne pour synonyme *Opuntia Tuna uno latere*
læviore. hort. Dyck, p. 186.

69. **O. à un aiguillon. — O. monacantha.** (Haw.)

Tige dressée. — **Articles** elliptiques ou ovales-oblongs,
grands, très-comprimés, glabres, très-verts, longs de 32 centimètres, larges de 11 à 13. — **Aréoles** écartées, garnies de poils

cotonneux gris, sétacés, très-courts. — **Aiguillon** 1, raide, brun, jaune au sommet, long de près de 3 centimètres. — **Fleurs** larges de 8 centimètres. — **Sépals** courts, pourpres. — **Pétals** ovés, obtus, amincis, sur 2 rangs, les extérieurs pourpres à la dorsale. — **Etamines** jaunes, très-étalées. — Colonne des **Styles** grosse, jaune. — **Stigmates** courts, dressés. ☰ Habite le Brésil.

SYNON. — *O. monacantha.* Haw. suppl. p. 81 ; Pfeiff. enum. cact. p. 164. — *Cactus monacanthos.* Willd. enum. suppl. 33 (1813). — *C. Opuntia Tuna.* A. P de Cand. plant. grass. t. 138 ; bot. reg. tab. 1726.

70. **O. noirâtre. — *O. nigricans*.** (Haw.)

Tige dressée. — **Articles** ovales ou lancéolés, d'un vert foncé, longs de 32-48 centimètres et larges de 16 à 21. — **Aréoles** écartées, rousses. — **Aiguillons** 2-3, inégaux, divergents, droits, raides, noirâtres, longs de 1 à 8 centimètres, d'un roux terne dans leur jeunesse. — **Feuilles** petites, presque planes, étalées, ferrugineuses au sommet. — **Fleurs** larges de 5 centimètres. — **Sépals** roses, en coin. — **Pétals** d'un jaune roussâtre. — **Etamines** très-nombreuses, d'un rose vif. — Colonne des **Styles** grande, blanchâtre, terminée par 5 **Stigmates** épais, d'un jaune verdâtre. — **Fruit** en poire, pourpre, aréolé, long de 6 à 7 centimètres. ☰ Habite l'Amérique équatoriale.

SYNON. — *O. nigricans.* Haw. syn. 189, misc. p. 187 ; Pfeiff. enum. cact. p. 165. — *O. coccinillifera.* A. P. de Cand. plant. grass. tab. 137. — *Cactus Tuna nigricans.* bot. mag. tab. 1557. — *C. pseudo-coccinellifer.* Bert. esc. p. 11 ; virid. 1824, p. 4, en excluant la synonymie ?

71. **O. élevée. — *O. elatior*.** (Mill.)

Tige dressée. — **Articles** largement ovales-oblongs, glaucescents, longs de 18 à 27 centimètres, larges de 8-13. — **Aiguillons** en alêne, d'un brun noirâtre, inégaux, presque dépourvus de matière laineuse à leur base, longs de 1 à 3 centimètres. — **Fleurs** d'environ 5 centimètres de diamètre. — **Pétals** larges, acuminés, d'un jaune pourpré. — **Etamines**

pourpres. — **Stigmates** 5. — **Fruit** ovoïde, rouge, long de 3 centimètres environ. = Habite l'Amérique méridionale. — Plante voisine de *l'O. noirâtre.*

Synon. — *O. elatior.* Mill. dict. jard. éd. franç. 1785, vol. 5, p. 318 et 321, n° 4 ; Pfeiff. enum. cact. p. 165. — *Tuna elatior spinis validis negricantibus.* Dill. hort. elth. fig. 379 (1774).

72. **O. robuste.** — **O. robusta.** (Wendl.)

Tige dressée. — **Articles** ovales-oblongs, pulvérulents, glauques, longs de 21 à 27 centimètres, larges de 10-13. — **Aiguillons** 8-12, de formes diverses, forts, d'un brun roux à leur base, blanchâtres au sommet, longs de 5 centimètres, accompagnés de coton sétacé d'un brun roux. — **Feuilles** rougeâtres ou jaunâtres, longues de 5 millimètres. = Habite le Mexique.

Synon. — *O. robusta.* Wendl. cat. hort. herrh. 1835 ; Pfeiff. enum. cact. p. 165.

73. **O. Galapageïa.** — **O. Galapageia.** (Henslow.)

Articles comprimés (au moins dans leur jeunesse), obovales-circulaires. — **Aiguillons** en forme de longues soies, disposés en pinceau. — Tube des **Sépals** couvert d'une laine épaisse. = Habite James Island.

Synon. — *O. Galapageia.* Henslow, mag. zool. and botany 1, p. 467, tab. 14, fig. 2 ; Walp. rep. 2, p. 354 (1843).

SOUS-GENRE 2. — **INARTICULÉS** (*INARTICULATI*). (Pfeiff.)

Tiges et Rameaux continus, sans articulations notables.

§ 1. **Tige comprimée.**

74. **O. rougeâtre.** — **O. rubescens.** (S.-Dyck.)

Tige dressée, comprimée, sans articulations, environ d'un mètre, sur 5 centimètres de diamètre. — **Rameaux** latéraux allongés, presque opposés, d'un rouge verdâtre, presque tuberculeux. — **Aréoles** cotonneuses, non aiguillonneuses, blanchâtres, larges, rapprochées. — **Feuilles** très-petites, non accompagnées d'aiguillons, ou rarement munies d'aiguillons courts, raides, minces et cotonneux. = Habite le Brésil.

Synon. — *O. rubescens.* Salm-Dyck, hort. p. 360 ; Pfeiff. enum.
cact. p. 166.

75. **O. catocantha.** — *O. catocantha.* (Otto.)

Tige dressée, non articulée, comprimée, rouge, peu tuberculée au sommet, à peine lisse. — **Aréoles** assez distantes,
oblongues, cotonneuses et blanchâtres. — **Aiguillons** 6-8, inégaux, très-minces et divergents, blancs, droits, assez fermes.
= Habite l'île Saint-Thomas.

Synon. — *O. catocantha.* Otto, selon Pfeiff. enum. cact. p. 166.

76. **O. aiguillonneuse.** — *O. spinosissima.* (Mill.)

Tige inarticulée, très-élevée, comprimée, haute de 3 à 4
mètres. — **Rameaux** opposés, croisés. — **Aréoles** rapprochées,
cotonneuses, garnies à leur partie supérieure d'un faisceau de
soies rousses, et dans le bas de 6-8 aiguillons raides, inégaux,
jaunes. — **Aiguillons** longs de 2 à 5 centimètres, entrecroisés
sur le tronc dans la vieillesse de la plante. — **Feuilles** très-
petites, rougeâtres. = Habite les Antilles et la Jamaïque.

Synon. — *O. spinosissima.* Mill. dict. jard. éd. franç. de 1785,
vol. 5, p. 319 et 322, nº 8 ; Pfeiff. enum. cact p. 166. — *Cactus
spinosissimus.* Lamk. enc. bot. 1, p. 513 (1783). — Franç. *Croix
de Lorraine,* selon Lamark, lieu cité.

77. **O. féroce.** — *O. ferox.* (Haw.)

Tige non articulée, comprimée, rameuse sur les bords, tuberculeuse, large de 3 à 5 centimètres. — **Aréoles** assez rapprochées, convexes, munies dans leur partie supérieure d'un
faisceau de soies jaunes, et dans le bas de 4-6 aiguillons inégaux, aciculaires, blanchâtres, roses dans leur jeunesse, d'environ 2 centimètres 1/4. — **Feuilles** petites, vertes. = Habite
l'Amérique équatoriale.

Synon. — *O. ferox.* Haw. suppl. p. 82 ; Pfeiff. enum. cact. 167.
— *Cactus ferox.* Willd. enum. suppl. 35, non Nuttal.

78. **O. à aiguillons blancs.** — *O. leucacantha.* (Otto.)

Tronc dressé, non articulé, comprimé, presque imbriqué à
sa surface, long de 32 à 40 centimètres, large de 5. — **Aréoles**

rapprochées, garnies d'un faisceau de soies jaunâtres et d'aiguillons minces, pointus, droits, blancs, inégaux (3-4 courts, 1-3 plus longs), de 5 à 7 millimètres. — **Feuilles** petites, vertes. = Habite le Mexique.

Synon. — *O. leucacantha.* Otto, non Salm-Dyck, selon Pfeiff. enum. p. 167. — *O. subferox.* Schott, selon Walp. repert. 2, p. 352 (1843).

79. **O. à feutre blanc.** — **O. leucosticta.** (Wendl.)

Tige dressée, comprimée, rameuse, presque plane. — **Aréoles** assez rapprochées, régulièrement disposées, cotonneuses, blanchâtres, convexes, garnies à leur partie supérieure d'un faisceau de soies brunes très-courtes. — **Aiguillons** 4-5, courts, inégaux, blancs, minces et aigus, de 1/2 à 1 centim., et 1 ou 2 plus longs, de 1 à 2 centimètres. — **Feuilles** petites, d'un pourpre noirâtre. = Habite le Mexique.

Synon. — *O. leucosticta.* Wendl. cat. hort. herrenh. 1835 ; Pfeiff. enum. cact. p. 167.

§ 2. **Tige cylindrique.**

*1. *Rameaux comprimés.*

80. **O. brésilienne.** — **O. brasiliensis.** (Haw.)

Tige arborescente, cylindrique, grosse, très-élancée, ligneuse. de 4-8 mètres. — **Rameaux** horizontaux, ovales, souvent amincis à leur base, presque membraneux, tuberculeux, longs de 16 à 27 centimètres, portant des articles d'un vert luisant, longs de 13 à 16 centimètres, larges de 5 à 13. — **Aréoles** distantes, presque cotonneuses, garnies de 1-3 longs **Aiguillons** blancs. — **Fleurs** larges de 2-4 centimètres. — **Sépals** gros, courts, jaune-verdâtre. — **Pétals** environ 15, citron, inégaux, assez épais; les intérieurs plus grands, rétrécis vers leur base. — **Étamines** nombreuses, étalées; filets jaune-pâle; anthères blanchâtres. — Colonne des **Styles** jaune, terminée par 5 stigmates velus en dessous. — **Fruit** ovoïde, de 3-5 centimètres de diamètre, jaune, transparent, garni de faisceaux de soies brunes; pulpe succulente, acidule. — **Graines** 2-4, arrondies, larges de près d'un centimètre. = Habite le Brésil.

Synon. — *O. Brasiliensis.* Haw. suppl. p. 79; bot. mag. tab. 3293; Miq. bull. brux. 1838, p. 48 ; Pfeiff. enum. cact. p. 168. — *Cactus Brasiliensis.* Willd. enum. suppl. 33. — *C. paradoxus.* Hornem. hort. hafn. 2, p. 443; Pison. de medic. brasil. p. 100, tab. 2. = Walp. rep. 2, p. 352 (1843), établit 2 variétés, l'une **plus épineuse** (*spinosior*, hort. berol.), et l'autre **petite** (*minor*, hort. Dyck). Il rapporte à cette dernière le *C. arboreus*, Well. flor. flumin. 5, tab. 28.

**2. Tige et Rameaux cylindriques.*

81. **O. cylindrique. — O. cylindrica.** (A. P. de Cand.)

Tige très-élevée, semblable à celle d'un *Cierge*, très-verte, cylindrique et devenant rameuse et ligneuse, de 3 à 7 mètres, sur 5 à 7 centimètres de diamètre. — **Tubercules** rhomboïdaux, portant à leur sommet une **Aréole** garnie de laine blanchâtre et d'aiguillons. — **Aiguillons** 4-6, droits, blanchâtres, réfléchis, inégaux, dont 1 ou 2 allongés. — **Feuilles** épaisses, vertes, longues de près d'un centimètre. — **Fleurs** terminales, de près de 3 à 5 centimètres. — **Sépals** épais, en alène. — **Pétals** courts, disposés en rose, dressés, écarlates. — **Etamines** nombreuses, infléchies ; anthères blanches. — Colonne des **Styles** cylindrique, d'un vert pâle. — **Stigmates** 8, verts. = Habite le Pérou.

Synon. — *O. cylindrica.* A. P. de Cand. prodr. 3, p. 471 (1828); Pfeiff. enum. cact. p. 169. — *Cactus cylindricus.* Lamk. enc. bot. 1, p. 539, non Orteg. — *Cereus cylindricus.* Haw. syn. 183; bot. Mag. tab. 3301.

82. **O. imbriquée. — O. imbricata.** (A. P. de Cand.)

Tige dressée, cylindroïde, non sillonnée, tachetée d'écailles presque imbriquées. = Habite le Mexique. — Espèce très-voisine de la suivante, dont elle n'est peut-être qu'une variété.

Synon.— *O. imbricata.* A. P. de Cand. prodr. 3, p. 471 (1828); Pfeiff. enum. cact. p. 170. — *Cereus imbricatus.* Haw. rev. p. 79.

83. **O. dépouillée. — O. exuviata.** (A. P. de Cand.)

Tige rameuse, cylindroïde. — **Rameaux** munis de tubercules comprimés ou irrégulièrement en crête, presque à 5 angles. — **Aréoles** circulaires, veloutées, placées à l'aisselle des tubercules, portant 6-12 aiguillons couleur paille, raides et droits, tombant avec l'épiderme de la plante, lorsqu'elle est avancée en âge. = Habite le Mexique.

SYNON. — *O. exuviata.* A. P. de Cand. rev. cact. dans mém. mus. vol. 17, p. 118 (1828); Pfeiff. enum. cact. p. 170. — *O. undulata* des jardiniers. — *O. decipiens major.* Jard. de Vienne. = Walp. rep. vol. 2, p. 352 (1843); rapporte deux variétés à cette espèce, l'une sous la dénomination de **angustior** (plus étroite), à laquelle il assigne un tronc plus étroit, un moins grand nombre d'aiguillons et des aréoles plus petites; l'autre, au contraire, avec la dénomination de **spinosior** (plus épineuse), dont la tige est noire, les aiguillons plus longs, plus nombreux.

84. **O. tuniquée. — *O. tunicata*.** (Otto.)

Tige presque dressée, très-rameuse, haute d'environ 32 centimètres et de 2-4 centimètres de diamètre. — **Rameaux** d'un vert foncé, divergents, amincis à leur base, tuberculeux. — **Articles** de 1 à 2 centimètres de diamètre. — **Aréoles** oblongues, cotonneuses, blanches, situées au sommet des tubercules oblongs et obtus. — **Aiguillons** naissant de la base des aréoles, 4 à 6 grands de 2 à 5 centimètres, et 2 à 5 (inférieurs) courts, tous blancs, revêtus d'une membrane presque transparente. — **Feuilles** courtes, vertes. = Habite le Mexique.

SYNON. — *O. tunicata.* Otto, d'après Pfeiff. enum. cact. 170. — *O. furiosa.* Wendl. cat. hort. herrenh. 1835. — *Cereus tunicatus.* Lehm. nov. act. cur. 16, part. 1, p. 319.

85. **O. rose. — *O. rosea*.** (A. P. de Cand.)

Tige dressée, rose, tuberculeuse, ainsi que les rameaux, qui sont divergents et portent les fleurs à leur sommet. — **Tubercules** oblongs, déprimés, disposés en spirale, garnis de feuilles caduques et d'aiguillons droits, fasciculés, blancs. — **Fleurs** souvent 4 à 4, larges de 3-4 centimètres. — **Pétals** acuminés, roses. — Filets des **étamines** rouges; anthères jaunes. — Colonne des **styles** rouge. — **Fruits** presque globuleux, tuberculeux, d'un brun roux pâle, de 2-4 centimètres de diamètre. = Habite le Mexique.

Synon. — *O. rosea.* A. P. de Cand. rev. cact. dans mém. mus. vol. 17, p. 66, tab. 15 (1828); Pfeiff. enum. cact. p. 171.

86. **O. Stapélie. — *O. Stapelia.*** (A. P. de Cand.)

Tige de 15 millimètres de diamètre. — **Rameaux** irrégulièrement disposés, touffus, articulés, d'un vert vif. — **Articles** ovales ou oblongs. — **Aréoles** petites, cotonneuses, situées aux aisselles des tubercules. — **Aiguillons** 5-6, raides, d'un jaune pâle, sétacés, d'un centimètre de diamètre, tombant avec l'épiderme dans la vieillesse. — **Feuilles** courtes, vertes, ferrugineuses au sommet. = Habite le Mexique.

Synon. — *O. stapelia.* A. P. de Cand. rev. cact. dans mém. mus. 17, p. 117 (1828); Pfeiff. enum. cact. p. 171.

87. **O. Klein. — *O. Kleiniæ.*** (A. P. de Cand.)

Tige dressée, rameuse, vert-cendré, de la grosseur du doigt, semblable à celle de la *Cacalia Kleinia.* — **Rameaux** dressés, cylindriques, tuberculeux, longs de 32 à 40 centimètres. — **Tubercules** rangés en spirale. — **Aréoles** veloutées. — **Aiguillons** de 2 formes, les uns sétacés, très-nombreux, roux-blanchâtre; les autres solitaires, réfléchis, grêles, blanchâtres; ceux-ci longs de près de 3 centimètres. — **Feuilles** vertes, oblongues, caduques. = Habite le Mexique.

Synon. — *O. Kleiniæ.* A. P. de Cand. rev. cact. dans mém. mus. 17, p. 118 (1828); Pfeiff. enum. cact. p. 171.

88. **O. trompeuse. — *O. decipiens.*** (A. P. de Cand.)

Tige dressée, rameuse, verte. — **Rameaux** étalés, cylindriques, amincis à leur base. — **Tubercules** peu nombreux, rangés en spirale. — **Aréoles** petites. — **Aiguillons** de 2 formes, 5 ou 4 petits, en forme de soies, presque rayonnants, 1 central, très-grand, jaune, défléchi, tuniqué. = Habite le Mexique.

Synon. — *O. decipiens.* A. P. de Cand. rev. cact. dans mém. mus. 17, p 118 (1828); Pfeiff. enum. cact. 172. = Walp. rep. 2, p. 353 (1843) établit une variété **petite** (*minor*), d'après le jard. Salm-Dyck.

89. **O. mince**. — *O. gracilis*. (Mart.)

Tige et **Rameaux** cylindriques, minces et allongés. — **Aréoles** distantes, cotonneuses et blanches, naissant à l'aisselle d'autant de tubercules, garnies à leur partie supérieure d'un petit faisceau de soies brunes, très-courtes, et inférieurement d'un aiguillon solitaire, raide, horizontal, long d'un pouce, corné, blanc au sommet, revêtu d'une membrane jaune. ═ Habite le Mexique.

Synon. — *O. gracilis*. Mart. dans Pfeiff. enum. cact. p. 172. Peut-être n'est-ce qu'une variété de l'espèce précédente (*O. trompeuse*).

90. **O. Salm**. — *O. Salmiana*. (Parm.)

Tige dressée, rameuse, vert-gai, tirant sur le gris, longue de 60 à 70 centimètres, du volume du petit doigt, à écorce lisse. — **Rameaux** cylindriques, non tuberculeux, amincis par le haut, qui porte les fleurs. — **Aréoles** assez rapprochées, cotonneuses, blanchâtres; les vieilles globuleuses, saillantes, garnies à leur partie inférieure de 3-4 aiguillons sétacés, d'un brun roux, longs d'environ 1 centimètre. — **Boutons** rouge-cerise, très-obtus. — **Fleurs** blanchâtres, teintées de rouge en dehors, de la grandeur de celle des *Peirescies*. ═ Habite le Brésil.

Synon. — *O. Salmiana*. Parm. d'après Pfeiff. enum. cact. p. 172; Pfeiff. et Otto, abbild. cact. tab. 6, fig. 1 (V. V. jard. Lyon, avec fig.).

91. **O. menue**. — *O. leptocaulis*. (A. P. de Cand.)

Tige dressée, rameuse, du volume du petit doigt. — **Rameaux** dressés, cylindriques, tuberculeux, de 7-8 millimètres de diamètre. — **Aréoles** disposées en spirales, cotonneuses, garnies dans leur jeunesse d'un grand nombre de poils blancs et longs. — **Aiguillons** de 2 formes; les 3 ou 4 inférieurs sétacés, noirâtres, réfléchis, de 5 à 7 millimètres de longueur; les autres touffus, plus fins, roussâtres. — **Feuilles** une fois plus longues que les aiguillons, très-pointues, rouges au sommet. ═ Habite le Mexique.

Synon. — *O. leptocaulis*. A. P. de Cand. rev. cact. dans mém.

mus. 17, p. 118 (1828); Pfeiff. enum. cact. p. 173. — *O. vir-gata.* Jard. de Berlin.

92. **O. ramulifère.** — *O. ramulifera.* (S.-Dyck.)

Tige dressée, très-rameuse. — **Rameaux** grêles, amincis à leur base, presque tuberculeux. — **Aréoles** nues, rapprochées. — **Aiguillons** d'un brun roux; les extérieurs, 6-8 et 1 central, plus forts, revêtus d'un épiderme lâche, longs de 9 à 16 milli-mètres. — **Feuilles** 1 fois plus courtes que l'aiguillon central des aréoles, ferrugineuses au sommet. = Habite le Mexique.

SYNON. — *G. ramulifera.* Salm-Dyck, hort. Dyck, p. 360; Pfeiff. enum. cact. p. 173.

93. **O. clavaire.** — *O. clavarioïdes.* (Otto.)

Tige cylindrique, inégale, presque dressée. — **Rameaux** étalés. — **Articles** verts, allongés, minces, cylindracés ou en massue. — **Aréoles** régulièrement rapprochées, laineuses, blanches. — **Aiguillons** 8-10, d'un rouge jaunâtre ou blan-châtres, très-fins, apprimés en étoile, longs de 2-5 millimètres. — **Feuilles** petites, rougeâtres, en alène. = Habite le Chili.

SYNON. — *O. clavarioïdes.* Otto, selon Pfeiff. enum. cact. 173.

94. **O. Pœppig.** — *O. Pœppigii.* (Otto.)

Tige basse, dressée, mince, irrégulièrement cylindracée, ligneuse à sa base, à 1 centimètre de diamètre, longue de 16 à 21 centimètres. — **Rameaux** cylindriques, divergents, verts. — **Aréoles** assez rapprochées, cotonneuses, blanches. — **Aiguillons** assez raides, blancs, généralement trois à trois; les 2 latéraux courts, de 5 à 7 millimètres; le central plus long, dressé. — **Feuilles** cylindracées, vertes, longues de 7 millim. — Habite le Chili.

SYNON. — *O. Pœppigii.* Otto, selon Pfeiff. enum. cact. p. 174.

95. **O. à larges aiguillons.** — *O. platyacantha.* (S.-Dyck.)

Tige humble, rameuse. — **Rameaux** étalés, cylindriques, un peu tuberculeux, d'un brun luisant. — **Aréoles** grandes, dé-primées, garnies de duvet cotonneux et sétacé, et d'aiguillons de formes diverses. — **Aiguillons** inférieurs 3-4, minces,

blancs, appliqués, et 2 à 3 supérieurs plus longs, gris. = =
Habite le Chili.

SYNON. — *O. platyacantha.* Salm-Dyck, selon Pfeiff. dans Pfeiff.
et Ott. gartenz. 5, p. 371.

96. **O. pulvérulente. — *O. pulverulenta*.** (Pfeiff.)

Tige dressée, cylindrique, d'un cendré bleuâtre pâle et
comme pulvérulent. — **Tubercules** oblongs, rhomboïdaux à
leur base. — **Aréoles** placées au sommet des tubercules grands
et arrondis, et portant des faisceaux de soies raides et 2 aiguillons cendrés, cornés à leur sommet, horizontaux, et un autre
bien plus grand partant du centre. = Habite l'Amériq. tropic.

SYNON. — *O. pulverulenta.* Pfeiff. dans Otto et Dietr. gartenz. 8,
p. 47, et Walp. rep. 2, p. 354 (1843).

Table alphabétique latine du genre OPUNTIA.

Genre 14. **Peirescie** (1). — **Peirescia** (2). (Plum.)

Arbustes ou **arbres** à rameaux cylindriques, ordinairement chauves. — **Feuilles** *larges, ovales ou lancéolées, traversées par une dorsale.* — **Aiguillons** ou soies en faisceaux

(1) Prononcez *Péreskie* et *Péreskia*.

(2) Nous adoptons l'orthographe régulière de ce genre, dédié par Plumier à Peiresc (Nicolas-Fabricius), membre du parlement d'Aix en Provence et amateur de botanique.

ou solitaires aux aisselles des feuilles. — **Fleurs** ordinairement terminales ou presque latérales, rouges ou jaunes. —
Sépals plusieurs, étroits, unis par *leur* base. — **Pétals**
étalés, larges, comme dans les *Oponties*. — **Etamines** nombreuses, concourant, ainsi que les pétals, à former le tube
adhérant. — **Stigmates** *disposés en spirale.* — **Fruit** charnu,
globuleux ou ové. = Ce genre, dont les espèces sont encore
peu répandues dans nos jardins, se rapproche des *Oponties*
par la forme de ses fleurs dont les pétals sont moins nombreux que dans les *Oponties*, mais il s'en distingue par ses
stigmates en spirales, ascendants ou un peu étalés dans les
Oponties, et surtout par ses feuilles, ressemblant à celles de
beaucoup d'autres plantes appartenant à la plupart des familles, tandis que ces organes, très-fugaces dans les *Oponties*,
sont oblongues-cylindriques comme celles de quelques *Vermiculaires (Sedum).* — Toutes les espèces de ce genre, très-distinctes des autres *Opontiacées,* se multiplient facilement de
boutures faites pendant tout l'été, ou de marcottes.

Synon. — *Peirescia* ou *Peireskia.* Plum. gen. p. 35, tab. 26,
Linn. gen. éd. 1, n° 402; Mill. dict. éd. franç. de 1785,
vol. 5 p. 496; Haw. syn. p. 197 ; A. P. de Cand. prodr. 3,
p. 474 (1828); rev. cact. dans mém. mus. 17, p. 73 (1828);
Endl. gen. p. 945 (1839); Walp. rep. 2, p. 355 (1843). —
Cactus Peireskiæ. A. P. de Cand. cat. monsp. 1813; Willd.
enum. suppl. p. 35 (1813); Spreng. syst. 2, p. 498 (1825).

Espèces du genre Peirescie.

1. aiguillonnée.	8. Opontie.
2. spatulée.	9. ronde.
3. Pititaché.	10. Pourpier.
4. Bléo.	11. horrible.
5. à grandes fleurs.	12. aglomérée.
6. Zinnie.	13. Plaintain.
7. Lychnis.	14. à fruit piquant.

1. Peirescie aiguillonnée. — *P. aculeata*. (Plum.)

Arbuste dressé, s'élevant parfois en arbre ; à rameaux minces, longs, lisses, parfois grimpants. — **Feuilles** lancéolées-acuminées, chauves, un peu fléchies sur la dorsale, et légèrement arquées du sommet à la base, longues d'environ 4-7 centim., fermes, épaisses. Pétiole cylindroïde, très-court, nu autour de sa base, mais portant à son aisselle 1 aiguillon crochu, à pointe dirigée en bas (rarement plusieurs droits), et parfois entouré de quelques poils longs et laineux. — **Aréoles** presque laineuses. — **Fleurs** blanches, de la grandeur du *Chrysanthème Marguerite*, disposées en petites grapes. — **Sépals** ovales-obtus, de nature foliacée. — **Pétals** obovales-oblongs. — **Fruit** jaune et acide, du volume d'une grosse noisette, formé extérieurement du tube des sépals, que les lames oblongues-spatulées accompagnent. = Habite les Indes occidentales.

Synon. — *Peirescia aculeata*. Plum. nov. gen. 37 ; Mill. dict. éd. franç. 1785, 5, p. 496 ; Dill. hort. Eltham. fig. 294 (1774) ; Haw. syn. p. 198 ; Pfeiff. enum. cact. 175 ; A. P. de Cand. prod. 3. p. 474 (1828). — *Cactus Pereskia*. Linn. spec. 671 (1764) ; Dum. cours. bot. cult. 5, p. 316 (1811). — *Portulaca Americana*, etc. Pluk. alm. 135, tab. 215, fig. 6. — Franç. *Peirescie aiguillonnée, Groseiller des Barbades, G. d'Amérique, G. des Antilles*. (V. V. jard. de Lyon, sans fleurs). = Var. 1, **verte** (*P. aculeata virescens*, Walp.). Feuilles ovales, vertes sur les deux faces. = Var. 2, **rubescente** (*P. aculeata rubescens*, Walp.). Aréoles de l'aisselle des feuilles grandes. Feuilles ovales, acuminées, rougeâtres en dessous, d'environ 6-7 centimètres de long, sur 3 de large. = Var. 3, **ronde** (*P. aculeata rotundifolia*, hort. Dyck). Aréoles presque laineuses. Feuilles arrondies-acuminées, rougeâtres en dessous vers leur base, et de la grandeur de celles de la var. 2. Walp. rep. 2, p. 356 (1843). — *P. acardia*. Parm. selon Walp. lieu cité. = Var. 4, **lancéolée** (*P. aculeata lanceolata*, Walp. l. c.). Feuilles lancéolées, très-acuminées. Aréoles peu laineuses, rouges en dessous, longues d'environ 2 décimètres, sur 15 à 20 millimètres de large. — *P. Brasiliensis*. jard. Humb. — *P. longispina*. Haw. syn. p. 198 ? = Var. 5, **à longs aiguillons** (*P. acu-*

leata longispina, A. P. de Cand). Aiguillons de 2 à 3 centim , géminés, très-cotonneux. A. P. de Cand, prodr. 3, p 475 (1828). — *P. longispina*. Haw. syn. 178.

2. **P. spatulée. — *P. spathulata*. (Otto.)**

Tige ascendante, de 1 à 2 mètres, faible et devenant ligneuse avec l'âge ; rameaux épars et réfléchis. — **Feuilles** spatulées, très-vertes et épaisses. — **Aréoles** distantes, cotonneuses (laineuses dans leur jeunesse), portant 1 ou 2 aiguillons blanchâtres à leur partie inférieure, et un faisceau d'autres aiguillons à l'aisselle de la feuille. = Habite le Mexique.

Synon. — *P. spathulata*. Otto, selon Pfeiff. enum. cact. 176. — *P. crassicaulis*. Zucc, selon Walp. rep. 2, p. 356 (1843).

3. **P. Pititaché. — *P. Pititache*. (Karw.)**

Tige ligneuse, dressée, très-aiguillonneuse ; rameaux divergents. — **Feuilles** lancéolées-ovales, charnues, très-vertes. — **Aréoles** rapprochées, cotonneuses. — **Aiguillons** 3-6, inégaux, droits et raides. = Habite le Mexique.

Synon. - - *P. Pititache*. Karw, selon Pfeiff. cat. cact. p. 170, et Walp. rep. 2, p. 356. — Vulgairement nommé *Pititaché*.

4 **P. Bléo. — *P. Bleo*. (A. P. de Cand.)**

Tige arborescente rameuse ; rameaux cylindriques, très-verts. — **Feuilles** obovales-acuminées, vertes, rudes en dessous par les saillies de leur ponctuation. — **Aréoles** distantes, cotonneuses et brunes. — **Aiguillons** 7-8. inégaux, noirs, raides, presque en faisceau. — **Fleurs** couleur de chair. — **Pétals** terminant les rameaux latéraux, obovales, légèrement échancrés. — **Étamines** rouges, blanches à leur base. — **Stigmates** 5-7. = Habite le Mexique et la Nouvelle-Grenade (où on le nomme *Bleo*).

Synon. — *P. Bleo*. A. P. de Cand. prodr. 3, p. 475 (1828); Pfeiff. cat. cact. 176. — *P. cruenta* des horticult. — *Cactus Bleo*. Humb. Bonpl. et Kunth, nov. gen. amer. 6, p. 69 ; bot. reg. tab. 1473, bot. mag. tab. 3478 ; Reichenb. flor. exot. tab. 326.

5. **P. à grandes fleurs. — *P. grandiflora*. (Haw.)**

Tige arborescente, rameuse, très-épineuse. — **Feuilles** oblongues-lancéolées, vertes, rosées en dessous. — **Aréoles** rapprochées, cotonneuses et brunes. — **Aiguillons** 8-10, bruns, inégaux. = Habite le Brésil.

SYNON. — *P. grandiflora.* Haw. suppl. p. 85 ; Pfeiff. cat. cact. 177. — *Cereus grandiflorus.* Link, enum. 2, p. 25 ; Spreng. syst. 2, p. 498 ; Reichenb. flor. exot. tab. 329.

6. **P. Zinnie.** — *P. Zinniæflora.* (A. P. de Cand.)

Tige arborescente ; cicatrices que laissent les vieux rameaux bordées de 3-5 aiguillons. — **Feuilles** ovales, pointues, ondulées, rétrécies à leur base en court pétiole ; celles des rameaux munies de chaque côté d'un aiguillon droit et brun-rougeâtre. — **Fleurs** solitaires, terminales, assez semblables à celles de la *Zinnie élégante.* — **Pétals** obcordiformes-oblongs, étalés, pourpres en dessus, verts en dessous. — **Etamines** à filets rouges, et anthères jaunes, plus longues que la colonne des styles. — **Fruit** non garni par les lames des sépals.

SYNON. — *P. Zinniæflora.* A. P. de Cand. rev. cact. dans mém. mus. 17, p. 75, pl. 17 (1828) ; prodr. 3, p. 475 (1828). — *Cactus Zinniæflorus.* Moç. et Sess. flor. mex. mss. dans bibl. de Cand.

7. **P. Lychnis.** — *P. Lychnidiflora.* (A. P. de Cand.)

Rameaux cylindriques, ligneux, un peu charnus. — **Feuilles** ovales, pointues, sessiles, grandes, planes. — **Aiguillon** solitaire, raide, axillaire, étalé. — **Fleurs** solitaires et terminales, grandes. — **Pétals** 15-20, en coin, tronqués, frangés au sommet, de couleur jaune-abricot-orangé, et rappelant le *Lychnis à grandes fleurs.* — **Stigmate** capité. — **Fruit** garni des lames foliacées des sépals, mais ne portant pas d'aiguillons. = Habite le Mexique.

SYNON. — *P. Lychnidiflora.* A. P. de Cand. rev. cact. dans mém. mus. 17, p. 75, pl. 18 (1838) ; prodr. 3, p. 475 (1838). — *Cactus fimbriatus.* Moç. et Sess. flor. mex. inéd. fig. (non des auteurs.)

8. **P. Opontie.** — *P. Opontiæflora.* (A. P. de Cand.)

Tige.... — **Feuilles** obovales, mucronées, planes, un peu rétrécies en pétiole d'environ 3 centimètres, quelquefois géminées. — **Aiguillon** axillaire, mince, raide, solitaire, étalé, 2 fois plus long que la feuille. — **Fleurs** terminales, courtement pédicellées, semblables à celle des *Oponties*. — Tube des **Sépals** garni de tubercules ou de faisceaux de poils avortés ; lames 5-10, foliacées, ovales, obtuses, verdâtres, bordant le tube — **Pétals** ovales, étalés, entiers, d'un jaune rouge terne. — **Stigmate** en tête, entouré des anthères jaunes. = Habite le Mexique.

Synon. — *P. opuntiæflora.* A. P. de Cand. rev. cact. dans mém. mus. 17, p. 76, tab. 19 (1828), prodr. 3, p. 475 (1838) ; Pfeiff. enum. p. 178. — *Cactus opuntiæflorus.* Moç. et Sess. flor. mex. inéd.

9. **P. ronde. — *P. rotundifolia*.** (A. P. de Cand.)

Tige ligneuse, cylindrique, rameuse ; rameaux étalés. — **Feuilles** orbiculaires, sessiles, terminées en pointe très-courte. — **Aiguillon** solitaire, axillaire, plus long que la feuille. — **Fleurs** solitaires, naissant de rameaux latéraux, très-courts. — Tube des **Sépals** garni de lames semblables aux feuilles. — — **Pétals** 8-10, arrondis, étalés, courtement pointus, jaune-vif tirant sur l'orange-vif. — Colonne des **Styles** épaisse, rouge, terminée par des stigmates unis en tête. — **Fruit** obové-tronqué, rouge, dépourvu de lames foliacées, moins chargé de petits tubercules desquels naissent des petits faisceaux de poils raides peu apparents. = Habite le Mexique.

Synon. — *P. rotundifolia.* A. P. de Cand. rev. cact. dans mém. mus. 17, p. 77, pl. 20 (1828) ; prodr. 3, p. 475 (1828) ; Pfeiff. enum. p. 178. — *Cactus rotundifolius.* Moç. et Sess. flor. mex. inéd. fig.

10. **P. Pourpier. — *P. Portulacæfolia*.** (A. P. de Cand.)

Arbre de la grandeur d'un Pommier. — **Feuilles** obovales en coin, semblables à celles du Pourpier. — **Aiguillons** noirs, solitaires, et ensuite fasciculés sur la tige ou sur les rameaux dénués de feuilles. — **Fleurs** solitaires, terminales, pourpres. — **Pétals** presque circulaires, échancrés. — **Fruit** pyriforme-tronqué, verdâtre, à chair blanchâtre. — **Graines** nombreuses, noires. = Habite les îles Caraïbes.

Synon. — *P. portulacæfolia*. Haw. syn. 199, dans les anotations, et A. P. de Cand. prodr 3, p. 475. — *Cactus portulacæfolius*. Linn. spec. 671 ; Lamk. dict. encycl. 1, p. 543 ; Lun. hort. jam. 2, p. 256. — *Opuntia arbor spinosissimus foliis portulacæ cordatis*. Plum. cat. p. 6, ed. Burm. p. 190, tab. 197, fig. 1.

11. P. horrible. — *P. horrida*. (A. P. de Cand.)

Tige.... — **Feuilles** oblongues, aiguës à leurs extrémités. — **Aiguillons** 1-3, partant de l'aisselle de chaque feuille et d'une touffe de poils laineux. — **Fleurs** 2-5, pédicellées, naissant au-dessus des aréoles laineuses, petites, rouges, à 3 ou 4 stigmates. ⸗ Habite les collines sèches de la province de Jaen de Bracamores, au Brésil.

Synon. — *P. horrida*. A. P. de Cand. prodr. 3, p. 475 (1828). — *Cactus horridus*. Humb. Bonpl. et Kunth, nov. gen. amer. 6, p. 79.

12. P. agglomérée. — *P. glomerata*. (Pfeiff.)

Tige basse , très - épineuse. — **Feuilles** très - serrées. — **Aiguillons** axillaires, de 5 à 6 centimètres, bruns. ⸗ Habite les Andes du Pérou.

Synon. — *P. glomerata*. Pfeiff. dans le voyage de Meyen, 1, p. 452, et dans cat. cact. 179, d'après Walp. rep. 2, p. 356.

13. P.? Plantain. — *P.? Plantaginea*. (hort. Gœtt.)

Plante à peine connue, que l'on dit nouvelle.

Synon. — *P.? plantaginea*. Hort. gœtt. Pfeiff. cat. cact. p. 179, et Walp. rep. 2, p. 856 (1843).

14. P. fruit piquant. — *P. orhmacarpa*. (Miq.)

Tige arborescente, rameuse ; rameaux à angles obtus. — **Feuilles** grandes de 5 à 10 centimètres, ovales-elliptiques, acuminées. — **Aiguillons** 3, forts, divergents, au-dessous de la naissance de la feuille, et moitié moins longs qu'elle. — **Fleurs** terminant les rameaux latéraux, de 2 à 3 centimètres de diamètre. — **Pétals** largement ovales, égalant en longueur les autres organes floraux. — Colonne des **Styles** reflée ; **Stigmates** 6, rayonnants, quelques-uns étalés et un peu épais. — **Fruits**

pyriformes, pendants, anguleux, grands, garnis d'aiguillons et de lames des sépals. = Habite le Brésil.

Synon. — *P. ochnacarpa.* Miquel, bull. de brux. (1828), p. 48. — *Cactus Rosa.* Velloso, flor. flum. 5, tab. 27.

Genres incomplètement connus.

Genre 15. **Pfeifférie. — Pfeifferia.** (Jos. S.-Dyck.)

Tube des sépals à peine prolongé au-dessus des carpes. — **Sépals** 5 à 6, foliacés, courts. — **Pétals** rapprochés en entonnoirs, obliquement ascendants. — **Étamines** nombreuses; les extérieures plus longues que les intérieures, mais n'atteignant pas le sommet des pétals. — **Colonne des styles** dépassant les étamines. — **Stigmates** 5 à 6, rayonnants. — **Capitel des carpels** dépassant d'abord le tube commun, qui est garni d'aréoles. — **Fruit** transparent à sa maturité, couronné par les lames des sépals et des pétals. — **Cotyles** courts, aigus, presque unis. = Ce genre me paraît appuyé sur de bien faibles caractères. Cependant, présenté par le fils d'un prince qui s'occupe depuis si longtemps de la famille des Opontiacées, l'on doit penser qu'il est distinct de ceux déjà admis.

Pfeifférie cierge. — *Pfeifferia cereiformis.* (J. S.-D.)

Tige de 32 centimètres, ressemblant à un *Cierge*, rameuse à sa base et à son sommet, dressée, à 3 ou 4 angles; angles festonnés. — **Festons** garnis de petites écailles charnues et d'aréoles munies d'aiguillons. — **Aiguillons** et soies 6 à 7. — **Fleurs** latérales ou quelquefois terminales, de grandeur médiocre, blanchâtres, s'ouvrant plusieurs jours de suite. — **Fruit** d'abord à 5 angles obtus, puis exactement sphérique, de 7 à 14 millimètres, transparent, violet-rosé à la maturité. = Habite....

Synon. — *P. cereiformis.* Jos. de Salm-Dyck, cat. jard. Dyck, 1844, p. 40, et Walp. rep. 5, p. 421 (1846). — *Cereus janthothele.* Monv. selon Walp. lieu cité.

Genre 16. **Pélécyphore.** — **Pelecyphora.**
(Carl. Ehrenb.)

Tige en massue, basse, rameuse avec l'âge, couverte de tubercules. — **Tubercules** très-serrés et en spirales, garnis à leur aisselle de poils laineux, un peu anguleux à leur base, et plus tard déprimés, presque dilatés et obtus à leur sommet. — **Aréoles** cartilagineuses, elliptiques, comprimées, creusées d'un sillon longitudinal et garnies sur les bords de franges cartilagineuses, nombreuses, très-petites, blanchâtres, simulant les pates d'un lièvre. — **Fleurs....** — **Carpels** enveloppés par le tube commun.

P. aselliforme. — *P. aselliformis*. (C. Ehrenb.)

Plante charnue, d'un vert gris, de 5 centimètres de hauteur et de 2 à 3 centimètres vers le sommet, et inférieurement presque linéaire, garnie de tubercules mamelonnés. = Habite....

Synon. — *P. aselliformis*. C. Ehrenberg, dans Scklechtendhal, bot. zeit. 1, p. 737, d'après Walp. rep. 5, p. 822 (1846).

*Table alphabétique des genres d'*Opontiacées.

FAM. 15. LOASACÉES. — LOASACEÆ (Lindl.)

Plantes souvent herbacées et annuelles ou bisanuelles, à Tige souvent grimpante, *privées de vrilles et de stipules*, et presque toujours couvertes de *poils gros, courts, coniques, produisant la douleur que causent ceux des Orties*. Suc aqueux. — Feuilles opposées, rarement alternes, presque toujours à fibres palmées et souvent simplement ou doublement lobées, dentées. — Fleurs régulières, carpanthérées, blanches, jaunes ou rouges, ordinairement solitaires au sommet des rameaux ou aux aisselles des feuilles ; pédicelles plus ou moins longs, munis de 1-2 bractéoles. — Sépals unis dans une partie de leur longueur en un tube cylindrique ou oblong, souvent relevé de côtes, adhérent aux organes intérieurs et souvent manifestement tordu sur lui-même, couronné par 4-5 *lames* linéaires *persistantes*, souvent fibrées, bord sur bord. — Pétals 4-5, libres dans leur partie visible, sur un rang, ou 10, et alors sur 2 rangs alternes l'un avec l'autre, quelquefois en forme d'écailles ou de plus petits pétals, alternes avec les sépals, adhérents à l'orifice du tube commun, d'où ils se désarticulent à la fin de la fleuraison, le plus souvent *capuchonnés en dessus et appliqués côte à côte par leur face inférieure*, rarement planes, tordus avant l'épanouissement. — Étamines devant les pétals, en nombre généralement grand, parfois unies par les filets, et 5 faisceaux ; les intérieures souvent imparfaites. Anthères *ovales ou oblongues, ouvrant en dedans et en long, libres, fixées au sommet sur le milieu du dos*. Pollen presque globuleux, lisse. — Carpels 3-5, ablamellaires, adhérents au tube commun par leur carpe et grandissant avec lui, ouvrant longitudinalement en entraînant la déchirure du tube. Styles et Stigmates unis. — Graines nombreuses, pendantes, ovées ou comprimées, réticulées ou bien velues. — Embryon droit, au milieu de l'albumen charnu (nul dans les Cucurbitacées). — Racine au hile.

Plantes habitant l'Amérique méridionale. — Cette famille est voisine des Cucurbitacées, mais elle s'en distingue par l'absence des vrilles, la persistance des lames des sépals, l'ouverture des carpels secs, ainsi que l'intermède qui n'est pas apparent, par la présence de l'albumen, qui manque aux Cucurbitacées, et par les poils piquants qui causent une douleur aussi vive que celle que produisent les *Orties*.

Synon. — *Loasacées*. Lindl. introd. bot. ed. 2, p. 53. — *Loasées*. A. L. de Juss. ann. mus. V, p. 18 ; A. P. de Cand. prodr. 3, p. 339 (1828). — *Loaseæ veræ*. H. B. et Kunth, nov. gen. amer. 6, p. 115.

Tableau des genres de la famille des Loasacées

1. **Loase** (*Loasa*). Plantes grimpantes. Feuilles opposées. Sépals unis par leur moitié inférieure en tube tordu. Pétals 10, dont 5 plus petits, divisés en lobes linéaires et infléchis, les grands capuchonnés. Étamines nombreuses, déjetées sur les grands pétals. Fruit tordu, très-allongé.

2. **Blumenbachie** (*Blumenbachia*). Plantes dressées. Feuilles opposées. Tube des sépals en toupie ou presque globuleux. Pétals 10, dont 5 plus petits, divisés en lobes infléchis, les grands capuchonnés. Étamines déjetées vers les grands sépals. Fruit court et tordu.

3. **Mentzélie** (*Mentzelia*). Plantes dressées. Feuilles alternes. Sépals unis par leur tiers inférieur, à longues lames. Pétals 5, presque circulaires, acuminés, finement fibrés, non capuchonnés. Étamines nombreuses, toutes bien conformées, non disposées en faisceaux. Carpels ouvrant au sommet.

Genre 1. **Loase.** — **Loasa.** (Adans.)

Plantes grimpantes, spontanées au Pérou et au Chili, annuelles ou bisannuelles. — **Feuilles** plus ou moins lobées,
garnies, ainsi que le reste de la plante, de poils épineux, raides
et brûlants. — **Fleurs** ordinairement axillaires et solitaires,
jaunes ou rouge-brique. — **Tube commun** oblong-cylindrique, à côtes tordues, terminé par 5 lames linéaires, persistantes, souvent denticulées, plus courtes ou égalant la longueur
du tube. — **Pétals** 5-10, dont 5 *grands, en capuchon*, alternant avec les sépals. — **Étamines** nombreuses ; les extérieures
sans anthères, naissant devant les petits pétals, tandis que les
intérieures fertiles sont en faisceaux devant les pétals capuchonnés ; filets filiformes ; anthères ovales-obtuses, ouvrant en
long en dedans. — **Carpels** unis par leur carpe, et leur style,
qui forment une colonne commune, terminée *par 3 stigmates
assez distincts.* — **Fruit** oblong ou cylindrique, tordu, relevé
de fibres nombreuses, couronné par les lames des sépals plus
ou moins déformés, s'ouvrant aux dorsales qui entraînent la
déchirure du tube spiralé. — **Graines** réticulées , très-
petites.

Synon. — *Loasa.* Adans. fam. 2, p. 50 ; Jacquin. obs. 2,
p. 15, tab. 33 ; A. L. de Juss. gen. 322 (1789) ; A. P. de
Cand. 3, p. 340 (1838), en excluant la section 1re ; Endl. gen.
p. 931 (1839).

Espèces du genre Loase.

1. L. briquetée.	Loasa lateritia (Hook).
2. L. orangée.	L. aurantiaca (Alph. de Cand.).
3. L. tricolore.	L. tricolor (bot. reg.),
4. L. Placé.	L. Placei (Lindl.).

1. Loase briquetée (1). — ***Loasa lateritia***. (Hook.)

Tiges très-longues, grimpantes, couvertes, ainsi que le reste de la plante, de poils raides et brûlants comme ceux des *Orties*. — **Feuilles** opposées, en cœur, largement palmatilobées et bordées de quelques larges dents anguleuses. — Lames des **Sépals** étalées d'abord, puis réfléchies, garnies de 2 à 4 dents glanduleuses; tube très-poilu. — **Pétals** obovales, capuchonnés, à onglets étroits et courts, rouge-brique. Appendices trilobés, tronqués, munis à l'intérieur de 2 soies; les petits pétals jaunes. **Fruit** cylindrique, tordu, surmonté dans la jeunesse de la colonne des styles et de 3 stigmates rayonnants, vers lesquels sont infléchis les appendices des pétals. ⚌ Habite Tucamana. ⚌ Var. **à lobes étroits** (*L. lateritia angustiloba*). Introduite au jardin de Glasgow en 1815, par M. Tweidie. Se multiplie facilement de graines, et est susceptible de couvrir de vastes treillages. — *Loasa lateritia.* Hook. bot. mag. pl. 3632 (fév. 1838); flor. jard. angl. 6, p. 17, pl. 5, fig. 1 (1838). ⚌ Var. **à lobes larges** (*L. lateritia latiloba*). — *Loasa lateritia.* bot. reg. pl. 22 (avril 1828); flor. jard. angl. 6, pl. 16, fig. 5 (1838). (V. V. et S.C.)

2. L. orangée. — ***L. aurantiaca*** (des jardins).

Plante grimpante, veloutée et poilue. — **Feuilles** opposées, comme pennatilobées, découpées en serpe (roncinées) et acuminées au sommet; lobes irrégulièrement lancéolés et dentés. — **Pédicelles** allongés, terminaux. — Tube des **Sépals** cylindracé, hérissé de pointes, lames linéaires, réfléchies. — **Pétals** écarlates. ⚌ Habite....

Synon. — *Loasa aurantiaca* des jardins, et Alph. de Cand. not. plant. jard. gen. dans mém. soc. phys. Genèv. vol. 9, 1re part. p. 101.

3. L. tricolore. — ***L. tricolor*.** (bot. reg.)

Tige dressée, très-hispide. ainsi que les autres parties de la plante. — **Feuilles** opposées, échancrées en cœur à leur base, à lobes nombreux, aigus, dentés; les inférieures souvent pennatilobées; celles du sommet sessiles. — **Pédicelles** axillaires,

(1) D'un rouge sale et jaunâtre.

— Lame des **Sépals** oblongue , acuminée , atteignant la longueur des pétals. — **Pétals** réfléchis, jaunes, rouges à leur base, ainsi que les plus petits pétals. — Faisceaux d'**Étamines** par 10·
= Habite le Chili, à Valparaiso. — M. Hooker regarde cette plante comme une variété de la *Loase· brillante* (*L. nitida*), mais elle paraît en différer par des feuilles beaucoup plus profondément divisées (si ce caractère est de quelque valeur).

4. L. Place. — *L. Placei*. (Lindl.)

Tige herbacée, s'élevant à plus d'un mètre, couverte, ainsi que le reste de la plante, de poils (fourchus?) glanduleux. — **Feuilles** inférieures, alternes, en cœur, pétiolées, irrégulièrement divisées en 11-15 lobes; les supérieures opposées, sessiles. lancéolées, toutes d'un vert brillant en dessus, pâles en dessous. — **Fleurs** axillaires, portées sur un pédicelle à peine plus long qu'elles. — Lames des **Sépals** linéaires-aigus, réfléchis. — **Pétals** obovales-étalés, jaunes. = Graines reçues d'Aconcagna, au Chili, du docteur Gillies, qui les a envoyées au jardin botanique de Glascow, où la plante a fleuri pendant tout l'été de 1833.

Synon. — *Loasa Placei*. Lindl. trans. hort. lond. 6, p. 95; bot. mag. pl. 3218 (avril 1833); flor. jard. angl. 1, p. 17, pl. 4, fig. 3 (1834).

Genre 2. **Blumenbachie** (1). — **Blumenbachia.**
(Schrad.)

Plantes à rameaux minces et peu prolongés, garnies de poils piquants et produisant, comme les *Loases*, une douleur brûlante , quand on les touche. — **Feuilles** opposées. — **Fleurs** axillaires , solitaires. — **Tube commun** en toupie ou bien presque globuleux, à côtes produites par les fibres des sépals, et terminé par 5 lames persistantes. — **Pétals** 10, dont 5 grands, alternants avec les sépals et capuchonnés. — **Étamines** moins nombreuses que dans les *Loases*, mais disposées comme dans ce genre. — **Carpels** unis dans toute leur longueur et terminés comme par un seul stigmate

(1) Prononcez *Blou-men-ba-kie* (la seconde syllabe comme en latin).

pointu, s'ouvrant aux dorsales et entrainant la déchirure du tube. — **Graines** peu nombreuses, réticulées. = Ce genre est à peine distinct des *Loases*.

SYNON. — *Blumenbachia.* Schrad. comment. Gœtting. 6, p. 92, tab. 1 ; Reichenb. icon. exot. tab. 121 ; A. P. de Cand. prodr. 1, p. 340.

Bl. insigne. — *Bl. insignis.* (Schrad.)

Tiges à 4 angles, éffilées, nombreuses, peu prolongées, hérissées de poils raides, gros, coniques et piquants. — **Feuilles** profondément et doublement palmatilobées, presque bullées, ressemblant à celles du *Pelargonium à odeur de rose.* Pétiole creusé d'un canal, plus court que la lame. — **Fleurs** blanches, *accompagnées d'une seule bractéole.* — **Pétals** garnis de quelques poils mous. = Habite le Chili et Montevideo.

SYNON. — *Blumenbachia insignis.* Schrad. comment. de Blumenbachia, p. 9, tab. 1 ; Hook, bot. mag. pl. 3599 (septembre 1837); Sweet, brit. flow. gard. 2, tab. 171 ; flor. jard. angl. 5, p 112, pl. 25, fig. 2 (1837); Reichenb. icon. exot. tab. 121 ; Walp. rep. 5, p. 781 (1846).

Bl. multifide. — *Bl. multifida.* (Hook.)

Tiges effilées, nombreuses, peu étendues, hérissées de poils raides et piquants, comme tout le reste de la plante. — **Feuilles** profondément et doublement palmatilobées, presque bullées, ressemblant à celles du *Pelargonium à odeur de rose.* — **Fleurs** blanchâtres, accompagnées de 2 *bractéoles* et portées sur des pédicelles plus longs que dans les *B. insigne* — **Pétals** garnis de poils raides et piquants. = Plante d'abord découverte par le docteur GILLIES, à Buenos-Ayres. Elle a ensuite été retrouvée dans les pampas de la même localité, et des graines en ont été envoyées par M. TWEEDIE au jardin botanique de Glasgow. Elle est plus vigoureuse et plus piquante que la *B. insigne*, avec laquelle elle a les plus grands rapports.

SYNON. — *Blumenbachia multifida.* Hook. bot. mag. pl. 2865, à l'occasion de la *B. insigne*, et pl. 3599 (sept. 1837); flor. jard. angl. 5, p. 112, pl. 25, f. 2 (1837).

Genre 3. **Mentzélie.** — **Mentzelia.** (Plum.)

Plantes herbacées, garnies de poils longs, gonflés à leur base. — **Feuilles** alternes, à fibres pennées. — **Fleurs** ordinairement solitaires aux embranchements des rameaux ou terminales. — **Sépals** unis en tube par environ leur tiers inférieur; lames grandes, linéaires-lancéolées, de la longueur des pétals et alternes avec eux. — **Pétals** 5, grands, jaune-doré, presque circulaires, acuminés, finement fibrés. Fibres très-nombreuses, presque parallèles, divisées au sommet en formant des angles extrêmement aigus (est-ce toujours?), d'abord courbés en dessus par leurs bords. — **Étamines** nombreuses, à filets filiformes, adhérentes, ainsi que les onglets des pétals, à la face interne du tube commun et des carpes. Anthères ovales-sphéroïdales, toutes bien conformées. — **Carpels** 3, ablamellaires et adhérents aux organes extérieurs par leur carpe, et formant un capitel cylindroïde, entouré du tube des sépals, et s'ouvrant sur la dorsale, entre la base des lames des sépals. Styles unis entre eux et comme tordus. Stigmates parallèles, filiformes. — **Graines** plus ou moins nombreuses, ovales ou oblongues, anguleuses ou rugueuses. Embryon droit, dans un albumen charnu. Racine au hile.

Synon. — *Mentzelia.* Plum. nov. gen. 40, tab. 6; Linn. gen. n° 670 ; A. L. de Juss. ann. mus. 5, p. 24 ; Lamk. ill. tab. 425 (1793) ; H. B. et Kunth, nov. gen. am. 5, p. 119.

Mentzélie Lindley. — *Mentzelia Lindleyi.* (Torr. et Gr.)

Plante herbacée, annuelle, dressée, d'environ 1 mètre de haut, couverte de poils raides. — **Rameaux** presque succulents. — **Feuilles** alternes, ovales-lancéolées, inégalement dentées ou à lobes plus ou moins profonds et de largeur très-variable. — **Bractée** ovale-pennatilobée, enveloppant d'abord la fleur. — **Pétals** obovales, acuminés, plus grands que les sépals, *jaunes* et lustrés, rougeâtres à leur base et parfois pointillés. —

Étamines à anthères tordues après la sortie du pollen. ==
Habite la Californie. Cultivée, en 1840, par M. Vilmorin. — A
semer sur couche au printemps, et à planter en mai. Ses fleurs,
qui se succèdent long-temps, produisent un charmant effet,
mêlées avec des Coquelicots et des Balsamines.

Synon. — *Mentzelia Lindleyi*. Torr. et Grah. flor. nord amer. 1,
p. 533, selon Walp. rep. 2, p. 224 (1843). — *Bartonia aurea*.
Lindl. bot. reg. pl. 1831 (voir le reste de la synonymie aux
variétés). == Var. 1, **dentée** (*Mentzelia Lindleyi dentata*. Sering.
mss.). Feuilles lancéolées, non lobées, aigument et inégalement
dentées. — *Mentzelia*, p. 425 Lamk. ill.? (1793). == Var. 2,
à larges lobes (*Mentzelia Lindleyi latiloba*, Sering. mss.). Feuilles
à lobes larges, lancéolés-triangulaires, peu profonds. — *Bartonia
aurea*. Lindl. bot. reg. article 1831 ; Sims, bot. mag. tab. 1487
(1838) ; Sweet, brit. flow. gard. série 2, tab. 357 ; Lemair. hort.
univ. 3ᵉ ann. n° 5, septemb. p. 135 et fig. et herb. gen. amat. 3,
tab. 22 (1843). == Var. 3, **à lobes linéaires** (*M. Lindleyi linea-
riloba*, Sering. herb.). Feuilles profondément et étroitement
lobées, très-poilues. Fleurs moitié moins grandes que celles de
la variété précédente. (V. S. communiquée , en 1843, par
M. Bourgeau, qui la tenait du jardin de M. Webb.)

FAMILLE 16. CUCURBITACÉES. — CUCURBITACEÆ.
(A. L. de Juss.) == *Flor. jard.*, pl. X, XI.

Plantes annuelles ou sous-arbrisseau, souvent grimpants, cylindriques ou anguleux ; à tissu utriculeux,
presque toujours lâche, souvent garnis de poils durs
et presque piquants, ce qui donne à leur surface une
grande rudesse. — **Racines** fibreuses, plus rarement
tubéreuses. — **Feuilles** alternes, simples, *à fibres pédalées* et souvent plus ou moins variablement lobées,
échancrées à leur base. — **Vrille** *accompagnant le plus
souvent la feuille*, tantôt à sa droite, tantôt à sa gauche,
roulée en spirale cylindrique, ramifiée le plus souvent.

— Fleurs anthérées ou fleurs carpellées, tantôt sur le même individu, parfois sur 2 ; très-rarement et accidentellement carpanthérées, solitaires ou en petites grappes, jaunes, rarement blanches ou rouges, se rompant circulairement au-dessus des carpes après la fleuraison, et alors les lames des sépals, une fort petite partie du sommet du tube, la partie apparente des pétals, des étamines, les styles et stigmates, tombent. Les fleurs anthérées se désarticulent du sommet du pédicelle et plus rarement de sa base. — Sépals 5, unis en tube qui s'accroît beaucoup dans les fleurs carpellées, et très-court dans les anthérées ; lames irrégulièrement bord sur bord. — **Pétals** 5, unis plus ou moins haut et souvent en cloche (1), adhérents au tube commun ainsi qu'aux carpes, alternes avec les sépals, se détachant du tube avec ses lames. Lames souvent très-obtuses. — **Étamines** 5, adhérentes au tube commun et aux carpes, unies 2 à 2 par les filets ; la 5e seule. Anthères unies de même, et d'autres fois toutes ne formant qu'une seule masse, présentant fréquemment diverses courbures, à deux loges très-souvent difficiles à apercevoir, ouvrant en dehors, rarement surmontées d'un appendice du filet. — **Intermède** très-utriculeux et très-succulent, constituant en grande portion la partie mangeable de ces fruits, compliqués par la persistance d'une portion de toutes les parties florales. — **Fruit** très-variable de forme et de vo-

(1) Dans la 1re sous-famille (Bexincasées) les pétals ne sont qu'adhérents aux sépals et aux carpes, sans être unis ; mais dans la sous-famille 2 (Cucurbitées) l'adhérence des pétals a lieu comme dans la précédente, de plus ces pétals sont unis (entre eux) de manière à former un tube plus ou moins prononcé. En conséquence, ces caractères lient les végétaux ABLAMELLAIRES CARPO SÉPALS aux PÉTALO CARPO-SÉPALS.

lume. — Carpels ablamellaires, adhérents à tous les organes floraux, donnant naissance, par leurs carpes, non seulement aux graines, mais encore à une cloison utriculeuse, plus ou moins charnue, qui part de la dorsale et va atteindre le centre (comme dans les CRUCIACÉES) (pl. X, XI). — Graines ordinairement ovales-oblongues, comprimées, entourées d'une pellicule blanchâtre, fragile, due à une arille presque aqueuse d'abord et qui disparaît facilement. Derme coriace, souvent luisant, présentant, dans le genre *Cucurbite*, un bourrelet qui en limite les bords , et dont le renflement est dû au passage du funicule interne qui vient aboutir tout près de son entrée, après en avoir parcouru tout le contour. Hile oblique, situé à la base de la graine. (pl. X, fig. 5) — Embryon droit, oblong-comprimé, à cotyles fibrés et devenant verts après la germination.

La plupart des CUCURBITACÉES appartiennent à la zone équatoriale. Elles manquent presque complètement dans les contrées boréales; mais, comme presque toutes sont annuelles, on peut le plus souvent les faire mûrir dans nos climats, surtout si on les sème en serre et qu'on hâte leur premier développement avant de les livrer à la pleine terre, où l'on peut encore en hâter la végétation au moyen de chassis mobiles que l'on soulève de temps à autre et que l'on enlève plus tard.

Elles ont beaucoup de rapports avec les PASSIFLORACÉES, par leur tige sarmenteuse, leurs feuilles à fibres pédalées, mais elles s'en distinguent par la position de leur vrille et l'organe qui la forme, par leur organisation florale surtout, mais principalement par la forme de leur fruit et surtout l'adhérence de tous les organes floraux et l'accroissement de la plupart d'entre eux ; tandis que, dans les Passifloracées, les carpes seuls grandissent, et que les autres organes se fanent aussitôt et souvent persistent.

Tableau des genres de la famille des Cucurbitacées.

SOUS-FAM. 1. BÉNINCASÉES. Pétals libres au-dessus de l'orifice du tube des sépals, mais tapissant toute sa face interne.

Genre 1. **Lagénaire** (*Lagenaria*). Fleurs blanches. Etamines en 3 faisceaux. Graines tronquées, bordées d'un large bourrelet.

2. **Cucumis** (*Cucumis*). Fleurs jaunes. Filet prolongé au-dessus de l'anthère. Etamines unies en 3 faisceaux.

3. **Citrulle** (*Citrullus*). Fleurs jaunes. Filet non prolongé. Étamines unies en 3 faisceaux.

4. **Louffe** (*Luffa*). Fleurs jaunes. Etamines libres.

5. **Benincase** (*Benincasa*). Fleurs jaunes. Filets unis en 3 faisceaux. Graines transversalement tronquées.

6. **Cyclanthère** (*Cyclanthera*). Fleurs jaunes. Etamines unies en un seul faisceau par les filets et les anthères.

SOUS-FAM. 2. CUCURBITÉES. Pétals unis au-dessus de l'orifice du tube des sépals.

Genre 7. **Cucurbite** (*Cucurbita*). Etamines unies par les anthères en un seul faisceau, et les filets en 3. Fruit non ouvrant.

8. **Séchic** (*Sechium*). Orifice du tube des sépals des fleurs anthérées creusé de 10 fossettes. Fruit non ouvrant.

9. **Bryone** (*Bryonia*). Etamines unies en 3 faisceaux. Orifice du tube des sépals très-étroit, non creusé de fossettes. Fruit non ouvrant.

10. **Ecbalie** (*Ecbalium*). Fruit elliptique, couvert de petits tubercules nombreux, se détachant avec élasticité du sommet du pédicelle, et lançant le suc et les graines qu'il renfermait.

11. **Momordique** (*Momordica*). Fruit oblong, relevé de gros tubercules et se déchirant en long.

Explication de la planche X. (Melon, Lagénaire, Potiron.)

1. 2. Cucumis Melon de grandeur naturelle, ainsi que toutes les autres figures.

1. Fruit jeune, dont les 3 carpes sont presque en contact ; chacun d'eux est partagé par une membrane qui, de la dorsale, va vers le centre du capitel. Au-delà des graines, qui naissant des 2 bords du carpel, part de chaque côté une membrane, qui vont clore chaque carpe.

2. La même figure, d'un fruit plus avancé, dont les carpes, plus écartés les uns des autres, laissent un vide marqué au centre du capitel.

3. Fruit jeune de *Lagénaire commune* dont les 3 carpes sont en contact, et dont la membrane, qui se prolonge de chaque côté du point de départ des graines, s'étend jusqu'au centre. La prolongation de la dorsale, bien marquée dans les 2 exemplaires précédents, n'est pas développée ici.

4. Graines de la Courge Potiron avec leurs longs funicules, qui se confondent plus haut avec la chair de l'intermède.

5. La même, dont le funicule se détache du hile.

6. Embryon droit, mis à nu par l'enlèvement du derme, et vu par l'une de ses faces.

7. [illegible] vu par l'un de ses bords.

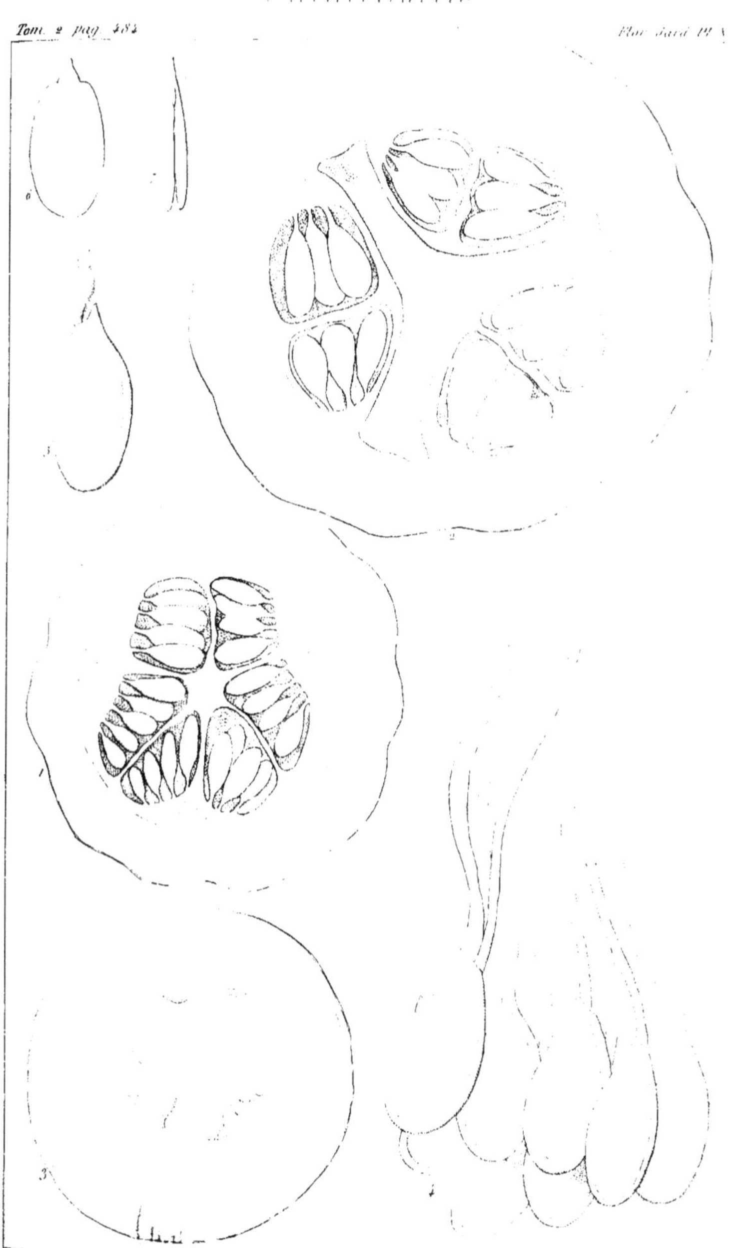

1. 2. *Melon.* 3. *Lagenaire.* 4. 5. 6. 7. *Courge Potiron.*

Tom. 2 pag. 485.

Flor. Jard. Pl. XI

Echalie officinale.

Explication de la planche XI.

ECBALIE OFFICINALE.

1. Port de la plante de grandeur naturelle.

 Fl. E. Fleur à Etamines, portée, ainsi que d'autres existantes ou déjà tombées, sur un pédoncule où elles sont disposées en grappe lâche.

 Fl. à C. Fleur à Carpels, solitaire et axillaire. Capitel presque mûr, du sommet duquel sont détachés les lames des sépals, les pétals et la colonne des styles.

2. Coupe transversale d'une fleur anthérée, pour montrer, en S, les 5 sépals ; en P, les 5 pétals ; en E, les 5 étamines unies 2 à 2 par les files et les anthères. Celle accompagnée d'un * est libre.

3. Fleur anthérée de grandeur naturelle, privée des lames de ses sépals ainsi que de ses pétals.

4. Lame d'un sépal de grandeur naturelle.

5. Pétal de grandeur naturelle.

6. Coupe longitudinale d'une fleur carpellée de grandeur naturelle, pour montrer la position des graines. Au sommet sont les stigmates.

6* Fleur carpellée coupée en travers et grossie, pour montrer, en S, les sépals ; en P, les pétals alternes ; en 5, les 3 carpes, et en G, les graines.

7. 2 Etamines unies par leur filet et leur anthère, grossies.

8. La 5ᵉ étamine de la fleur anthérée libre.

9. Capitel à peine grossi, pour montrer l'adossement des 3 carpes, dont la membrane, qui se prolonge au-delà du bord qui porte les graines, vient s'unir à celle prolongée aussi de l'autre bord, et renferme complétement les graines, quoique les bords séminifères soient écartés et constituent réellement des carpes ablamellaires.

10. Graine grossie, présentant un bourrelet peu saillant produit par la continuation du funicule qui circule autour de la graine.

11. Embryon droit, grossi, privé de son derme.

SOUS-FAMILLE. BÉNINCASÉES. — BENINCASEÆ. (SERING.)

Pétals unis et adhérents au tube commun, mais libres au-dessus de son orifice.

SYNON. — *Benincaseæ.* Sering. mém. cucurb. dans mém. soc. phys. et hist. nat. gen. 3, p. 25 (1825).

Genre 1. **Lagénaire.** — **Lagenaria.** (Sering.)

Plante entièrement couverte de poils fins, mous, d'une odeur fétide dominée par une autre odeur musquée persistante. — **Racines** fibreuses. — **Tige** sarmenteuse, anguleuse, portant des vrilles palmées. — **Fleurs** solitaires, à étamines ou à carpels sur le même individu, mais partant d'aisselles différentes et longuement pédicellées. — **Tube** des sépals campanulé dans les fleurs anthérées. couronné de 5 lames linéaires de même longueur que lui ; cylindrique-oblong dans les fleurs carpellées ; devenant très-dur à la maturité· — **Pétals** blancs, largement obovales-acuminés, très-étalés, libres entre eux, mais adhérents au tube commun et aux carpels. — **Étamines** 5, dont 4 unies 2 à 2 dans toute leur longueur, la 5ᵉ libre, à anthères flexueuses, d'un blanc jaunâtre et dont les circonvolutions laissent des vides ; filets non prolongés au-delà de l'anthère. — **Carpels** 3, unis et adhérents ; colonne des styles courte, terminée par 3 stigmates épais et papilleux. — **Fruit** de forme très-variable dans la seule espèce cultivée, tantôt globuleux, très-déprimé, ou bien à deux renflements superposés, ou affectant la forme d'une bouteille, ou bien s'allongeant en massue. On observe en outre toutes les formes intermédiaires, — **Graines** irrégulièrement ovales, tronquées, bordées d'un bourrelet très-saillant.

Synon. — *Lagenaria*. Sering. mém. cucurb. dans mém. soc. de phys. et hist. nat. Genève, 3, p. 29, tab. II (1825) ; A. P. de Cand. prodr. 3, p. 299 (1828) ; Meisn. gen. 127 ; Endl. gen. p. 938 (1839) ; Spach, suit. buff. 6, p. 194 (1838). — *Cucurbita Lagenaria*. Linn, spec. 1434 (1764).

Lagénaire commune. — *L. vulgaris*. (Sering.)

Tige grimpante. — **Vrilles** palmées, à 3 ou 4 embranchements. — **Feuilles** en cœur, presque entières, ondulées, mollement poilues, glaucescentes, munies à leur base de 2 glandes.

— **Fruits** mollement veloutés et musqués, comme tous les autres organes de nature foliacée, presque jusqu'à la maturité. (Voir d'ailleurs les caractères du genre.) = Habite l'Asie et l'Afrique tropicale ; elle est répandue actuellement dans tous les jardins de l'Europe, comme plante d'ornement ou pour ses fruits utiles pour renfermer des liquides. Elle a été apportée de l'Inde en 1597.

Synon. — *Lagenaria vulgaris*. Scring. mém. cucurb. parmi ceux de soc. phys. et hist. nat. gen. 3, p. 29, tab. II (1825), et dans A. P. de Cand. prodr. 3, p. 299 (1828). — *Cucurbita Lagenaria*. Linn. spec. 1438 (1764), et la plupart des auteurs plus récents. — *C. leucantha*. Duch. selon Spach, suit. buff. 6, p. 194* (1838). (V. V. et S. cult.)

Les singulières et nombreuses variétés que présente cette plante, dont l'espèce est bien déterminée, peut donner une idée des nombreuses modifications qu'offrent les fruits de cette famille (1). Elle a besoin d'une température élevée ou d'une exposition chaude pour bien mûrir (2). Après leur dessiccation complète, on les met, à plusieurs reprises, bouillir dans le vin, ou bien on les place dans une cuve pendant la fermentation du suc du raisin. L'immersion dans le vin ne suffit pas pour développer la jolie teinte brune qu'ils présentent ordinairement ; mais il faut pour la leur donner les enduire d'acide azotique (ou eau forte) et, quelques heures après, de les frotter avec un morceau d'étoffe de laine fine.

(1) Les changements de forme des fruits de cette plante ne viennent que de la tendance que tel ou tel individu a à développer la pulpe de son intermède et ses graines. Les parties étroites ou allongées sont, dès le commencement de la maturation, comme atrophiées, et prennent peu de développement, tandis que les autres s'accroissent rapidement et distendent les parties correspondantes des parois du tube commun.

(2) Les vases qu'on en fait sont dus au tube des sépals et à une très-petite partie de la chair de l'intermède ou torus. Ils joignent à une grande légèreté une longue durée.

Tableau des variétés de la LAGÉNAIRE COMMUNE.

Variété 1. Gourde.	*L. vulgaris Gourda.*
2. Cougourde.	*L. vulgaris Cougourda.*
3. déprimée.	*L. vulgaris depressa.*
4. turbinée.	*L. vulgaris turbinata.*
5. massue.	*L. vulgaris clavata.*

Var. 1, Gourde (*L. vulgaris Gourda*, Sering.). Fruit présentant deux renflements, dont le supérieur est le plus petit. = SYNON. *Lagenaria vulgaris Gourda.* Sering. dans A. P. de Cand. prodr. 3, p. 299 (1828). — Franç. *Gourde des pélerins, Courge-bouteille.* — Angl. *Bottle Gourd* (V. V. et S. C.).

Var. 2, Cougourde (*L. vulgaris Cougourda*, Sering.). Fruit fortement renflé au sommet et se terminant brusquement ensuite en un col allongé dont l'extrémité libre est réellement la base, qui, sur la plante, était continue au pédicelle. = SYNON. *Lagenaria vulgaris Cougourda.* Sering. dans A. P. de Cand. prodr. 3, p. 299 (1828). — *Cucurbita.* Lamk. ill. pl. 795, fig. 26 (bonne); Rumph. herb. amb. 5, p. 398, tab. 144; Braam. icon. chin. tab. 17. — Franç. *Cougourde, Gourde à col, Gourde-bouteille.* — Angl. *Cougourde bottle.* (V. V. et S. C.)

Var. 3, déprimée (*L. vulgaris depressa*, Sering.). — Fruit fortement déprimé de la base au sommet, de manière que ces deux points sont plus rapprochés que les parois latérales. = SYNON. *Lagenaria vulgaris depressa.* Sering. lieu cité 3, p. 299 (1828). — Franç. *Gourde des militaires, Gourde de Corse.* — Angl. *Depressed bottle Gourd.* (V. V. et S. C.)

Var. 4, turbinée (*L. vulgaris turbinata*, Sering.). Fruit médiocrement déprimé, mais acquérant latéralement un certain développement, de manière à devenir campanulée pyriforme. = SYNON. *Lagenaria vulgaris turbinata.* Sering. lieu cité ; Moris. hist. sect. 1, tab. 5, fig. 2 ; Dod. pempt. 669 (la fleur est mal faite). (V. V. et S. C.)

Var. 5, massue (*L. vulgaris clavata*, Sering.). Fruit allongé graduellement, de manière à prendre la forme et la grandeur d'une massue (souvent de plus d'un mètre). = SYNON. *Lage-*

naria vulgaris clavata. Sering. l. c.; Moris. hist. sect. 1, tab. 5, fig. 3 (médiocre); Dod. pempt. 669, fig. 2. — Franç. *Gourde-trompette, G. massue.* — Angl. *Clubbed bottle Gourd.* (V. V. et S. C.)

Genre 2. **Cucumis.** — **Cucumis.** (Linn.)

Plantes couvertes de poils coniques, fermes. — **Tige** cylindique. — **Feuilles** à fibres pédalées, très-ondulées. — **Vrille** simple. — **Fleurs anthérées** ou **carpellées**, parfois **carpanthérées** sur le même individu, solitaires, géminées ou ternées dans la même aisselle. — **Sépals** unis dans leur moitié inférieure en tube campanulé dans les fleurs anthérées, et ovoïdes dans les fleurs carpellées; lames linéaires-cylindroïdes; tube adhérant aux carpels et confondu avec eux. — **Pétals** 5 à 6, alternes, ovales, infléchis sur les bords, à fibres rameuses; ramifications s'unissant et présentant entre elles des bullations. — **Étamines** 5, unies en 3 faisceaux (2 à 2 et 1 seule) dans toute leur longueur. Anthères très-flexueuses, *surpassées par la dorsale prolongée.* — **Capitel** formé de 3 carpels unis par leur carpe et leur style, mais à stigmates bilobés, granuleux et libres. — **Graines** oblongues-comprimées, lisses et presque luisantes, a bourrelet à peine visible, même à la dessiccation, *sans lignes latérales près du hile*, beaucoup plus petites que dans le genre *Cucurbite.*

Synon. — *Cucumis.* Linn. gen. n° 1479; A. L. de Juss. gen. p. 395 (1789); Gaertn. fruct. 2, p. 47, tab. 88 (1792); Jacquin, hort. vindeb. tab. 9; Nees plant. off. suppl. 5, tab. 12-14; Sering. dans mém. soc. phys. gen. 3, p. 29, tab. 1, et dans A. P. de Cand. prodr. 1, p. 299 (1828). — *Cucumis et Melo.* Tournef. inst. p. 104, tab. 31 et 32 (1719). — *Colocynthis.* Tournef. lieu cité, p. 107. — *Rigocarpus.* Neck. elem. bot. n° 386.

Espèces du genre Cucumis *(Cucumis).*

1. C. Melon.	C. *Melo.*
Var. 1. brodé.	
2. Cantaloup.	
3. de Malte.	
2. C. Dudaim.	C. *Dudaim.*
3. C. délicieux.	C. *deliciosus.*
4. C. Abdélaoui.	C. *chate.*
5. C. Concombre.	C. *sativus.*
Var. 1. vert.	
2. jaune.	
3. blanc.	
4. panaché.	
5. en faisceau.	
6 brun.	
6. C. flexueux.	C. *flexuosus.*
Var. 1. sillonné.	
2. serpent.	
7. C. des prophètes.	C. *prophetarum.*
8. C. Cardère.	C. *dipsaceus.*

1. **Cucumis Melon.** — *Cucumis Melo.* (Linn.)

Tige couchée, rude, portant quelques vrilles. — **Feuilles**
réniformes, à 5 lobes obtus, peu marqués, inégalement dentés;
pétioles et fleurs très-velus. — **Fleurs** carpellées et fleurs anthérées naissant de la même aisselle, mais les premières solitaires. Fleurs stériles ou anthérées en petites grappes,
à tube campanulé, couronné par des lames linéaires; les fleurs
carpellées à tube oblong ou ovoïde. — **Fruits** très-variables de
forme et de grosseur, à côtes plus ou moins marquées, lisses ou
brodés, d'abord couverts de longs poils gris et mous, qui tombent bientôt après. — **Graines** oblongues, très-comprimées,
lisses, d'une couleur paille très-faible.

Synon. — *Cucumis Melo.* Linn. spec. 1436 (1764). (Voir le reste
de la synonymie aux variétés.)

Il y a trois modes principaux de culture des melons : sous
panneaux, sous *cloches* et sur *buttes.*

Les Melons printanniers se sèment sous panneaux, dans les
premiers jours de janvier; ceux qui sont plus tardifs, en février.
On prépare pour cela une couche en fumier, moitié nouveau

et autant de demi-décomposé, d'environ 75 centimètres d'épaisseur, on la recouvre de 12 à 15 centimètres de terreau mêlé de bonne terre ; on entoure le cadre de fumier récent, et lorsque la température est arrivée à 25 ou 30 degrés centigrades, on sème une rangée de graines que l'on recouvre légèrement. On place les panneaux et paillassons jusqu'à ce que les graines soient sorties de terre ; alors on découvre tous les jours pendant que le soleil les éclaire où lorsque l'air est calme et qu'il règne une douce température. On transplante ensuite sur une couche les jeunes plants, en pépinière ou en pot de 8 centimètres ; on les enfonce jusque sous les cotyles. On ranime la chaleur en entourant de fumier nouveau. On garantit du soleil et de l'air jusqu'à ce qu'ils soient bien repris. — Une quinzaine de jours après, on prépare une couche dans une tranchée de 70 à 75 centimètres, en fumier frais, passé et d'ancienne couche, en les mélangeant par tiers. On pose les coffres, ou les entoure de fumier nouveau, et on recouvre ce fumier de 25 à 30 centim. de terre prise à côté. On place les panneaux et l'on met sous chacun d'eux deux pieds de melon. En les dépotant ou les transplantant, il faut avoir soin de ne pas les émotter. Il faut placer les jeunes plants sous les vîtres et non près des traverses, afin qu'ils soient mieux éclairés. On verse un peu d'eau à leur pied, et on ne lève pas les chassis pendant quelques jours, afin qu'ils soient dans une atmosphère la plus égale possible.

Lorsque la tige a 4 à 5 feuilles, on la coupe au-dessus de la 3", quoique l'on n'ait besoin que de deux bourgeons ; mais au bout de quelque temps, lorsque tous trois ont pris un certain développement, on coupe le plus faible rameau et on dirige les deux autres en travers, c'est-à-dire l'un en haut et l'autre vers le bas de la couche. Quand ces deux branches ont acquis un certain développement, on les raccourcit de nouveau, comme la première fois, plus ou moins selon la vigueur des pieds. Alors on laisse pousser librement toutes les ramifications qui en partent. Lorsque les arrosements deviennent nécessaires, on arrose les plantes avec de l'eau légèrement tiède, au moyen de la pomme de l'arrosoir. Si les melons poussent vigoureusement, il faut ne commencer les arrosages que quand les jeunes fleurs à carpels sont fructifiées ; car plus ils sont vigoureux, moins ils sont disposés à former des fleurs carpellées. Chaque jour, au moment où le soleil donne, on soulève les panneaux du côté opposé à celui d'où vient le vent. Il faut tâcher de ne pas les ombrager, car par la suite ils continueront à être tendres, et les rayons du soleil un peu forts les détruiront. Il faut avoir soin d'entretenir du fumier nouveau autour des chassis, afin qu'il communique sa chaleur à la couche. On doit d'ailleurs avoir grand soin de ne pas atteindre les racines, qui s'étendent jusque dans les sentiers, si l'on doit raviver la température.

Lorsque les fleurs à carpels sont fructifiées, on choisit sur chaque pied le jeune fruit le plus vigoureux et l'on coupe le rameau au-dessus du second bourgeon. On le garantit par les feuilles environnantes des rayons trop intenses du soleil. Si l'on ne tient pas à avoir de très-beaux fruits, on peut laisser par la suite sur la plante une ou quelques autres fleurs fructifiées, en suivant les principes indiqués. Il est d'ailleurs quelques Melons sur lesquels on en laisse un plus grand nombre (ceux à petits fruits). Les plus précoces mûrissent vers le 15 avril, et les autres en mai et juin. Aussitôt que la température est plus douce, on prend moins de soin à entretenir du nouveau fumier autour des couches, et on supprime bientôt momentanément les panneaux.

Le thermosiphon offre dans cette culture le grand avantage de pouvoir ouvrir les coffres lorsque les panneaux sont mouillés à l'intérieur par la vapeur, lors même que le soleil ne donne pas, et l'atmosphère est changée. On peut aussi se dispenser de renouveler le fumier frais qui entoure les coffres.

Les Melons que l'on veut CULTIVER SOUS CLOCHES se sèment en mai ou au commencement d'avril, sur couche, comme pour la culture précédente. Quelque temps avant la transplantation, on fait une tranchée de 70 à 75 centimètres de largeur, sur 35 centimètres de profondeur: on y prépare une couche de 56 à 60 centimètres de profondeur ; on en élève légèrement le milieu en voûte, et on la couvre d'un lit de terre mêlé de terreau. Lorsque la chaleur y est développée, on plante les Melons sur un rang, à 65 centimètres les uns des autres, et aussitôt après on couvre chaque Melon d'une cloche, et au moment où le soleil donne, on met un peu de litière sur la cloche, pour faciliter la reprise du jeune Melon, et la nuit on la couvre de paillassons. Dès que les plants commencent à végéter, on soulève un peu les cloches pendant le jour, puis on augmente l'écartement jusqu'au moment où on les enlève : c'est celui où les branches ne peuvent plus y être contenues ; mais il faut choisir un beau temps pour cela. On peut continuer la plantation des Melons sous cloche jusqu'à la fin de juin, afin d'avoir des fruits pendant toute la belle saison. D'ailleurs, les soins à leur donner sont les mêmes que pour ceux élevés sous panneaux.

Les arrosages des Melons doivent se faire le soir, avec de l'eau qui a été exposée au soleil. L'eau doit être versée autour de la tige principale, mais non sur elle. Si le sol est couvert de feuilles, l'arrosement doit se faire avec la pomme ; mais dans tous les cas on ne doit arroser que quand les feuilles sont flasques et pendantes entre les fibres. Hors ce cas, le Melon supporte mieux la sécheresse que l'humidité.

La culture des Melons sur buttes est due à M. Loisel (de Clermont-Tonnerre) (1837). On élève les Melons comme il a été indiqué, mais au mois de mai on construit sur le sol des buttes en forme de cône, faites avec du fumier consommé à demi, auquel on ajoute des feuilles et de la mousse. On leur donne de 50 à 60 centimètres de diamètre à leur base, sur 60 de hauteur. On les établit à environ 1 mètre l'un de l'autre. Les fumiers doivent être préparés comme pour les autres modes de culture, c'est-à-dire qu'il faut bien les mélanger et les mouiller s'ils sont trop sec ; puis à mesure qu'on les emploie il faut les fouler de manière à ce que les cônes subissent le moins de tassement possible. On les couvre ensuite de 15 centimètres de bonne terre bien émiettée. On pratique au sommet un creux de 10 centimètres de diamètre que l'on remplit de terreau fin. On sème 3 à 4 graines dans chacun pour ne laisser que la plante la plus vigoureuse, ou bien, ce qui est préférable, on place des jeunes plants tout élevés. On recouvre d'une cloche qu'on laisse jusqu'au moment où elle ne peut plus contenir les ramifications du Melon. On aura jusque-là appliqué tous les soins indiqués ci-dessus, soit pour les arrosements convenables, soit pour soulever les cloches pendant les moments favorables de la journée. Avant d'enlever ces cloches, on aura soin de biner légèrement la terre des cônes ou buttes, en ayant soin de conserver leur forme. On binera aussi le sol qui en entoure la base, puis on couvrira d'un paillis de fumier (1) que l'on peut étendre à un mètre environ tout autour. On dirigera les ramifications en descendant, et on aura soin d'arracher toutes les herbes inutiles. Lorsque les branches auront atteint la moitié du cône, on en coupera l'extrémité. Cette opération hâtera le développement de nouvelles branches aux aisselles des feuilles. Elles porteront bientôt des fleurs et des fruits ; et, lorsque les rameaux atteindront le bas de la butte, on en coupera l'extrémité pour la dernière fois. Arrivées à ce développement, les plantes ne demandent plus que des arrosages. Lorsque les fruits seront à demi-formés, on les placera sur une tuile ou sur un morceau de planche. L'inclinaison des branches, dans ce mode de culture, leur est tellement favorable que chaque butte peut facilement produire 10 à 12 bons melons dans le courant de l'été ; les premiers commencent ordinairement à mûrir dans la seconde quinzaine de juillet, et ils continuent à en produire jusqu'à la fin de septembre.

Beaucoup d'horticulteurs ont écrit sur l'éducation du Melon. On lira avec intérêt et avec fruit les ouvrages suivants : JARQUIN aîné, *Monographie du Melon* (1832). On trouvera dans cet ouvrage une longue indication de variétés et de synonymes, ainsi que beaucoup de figures coloriées, mais diminuées. DUPUITS DE MACONEX, *Traité de la culture du Melon en pleine terre.* Cette brochure a eu plusieurs éditions, la dernière est de 1846. — Miller, dict. jard. éd. franç. (1785), vol. 2, p. 693.

La maturité des Melons se reconnaît en général à la trans-

____

(1) Fumier à moitié décomposé, qui s'émiette un peu et qui entretient l'humidité dans le sol.

formation de la couleur verte en jaune, à leur parfum : quelques variétés à la rupture du sommet de leur pédicelle (queue) ; les *Cantaloups* à la flexibilité du sommet des carpes, au centre de la cicatrice qui les couronne. En général, il est préférable de les prendre au point de maturité parfaite, quand on les cueille pour soi, et quelques jours avant leur maturité s'ils doivent être envoyés au marché. Si on veut les conserver quelques jours, on doit les mettre dans un lieu frais, où ils avancent peu. Le Melon est d'ailleurs un de ces fruits qui gagnent beaucoup à être mangés sortant d'un lieu frais. — Les graines des beaux individus doivent être lavées et séchées à l'ombre. Elles conservent leur faculté de germer 6 à 8 ans et même plus. La Société royale d'horticulture de Londres rapporte des exemples de conservation de leurs graines de 1710 en 1743, et de 1700 en 1741. Les anciennes graines produisent des individus plus fructifères et plus savoureux que les nouvelles, qui donnent des jets plus longs et trop herbacés. Les individus élevés des graines récentes doivent être moins arrosés que ceux obtenus des anciennes.

Variété 1, **Melon brodé** (*Cucumis Melo reticulatus*. Sering. dans A. P. de Cand. prodr. 3, p. 300, 1828). Fruit ovale, à côtes ordinairement peu marquées, relevé de broderies grisâtres plus ou moins saillantes et rudes, imitant un réseau. — *C. Melo vulgaris*. Jacquin aîné, mon. mel. p. 126 (1832). — *Melo*. Blackw. cur. herb. pl. 329 (1739) (1).

Race 1re MARAICHERS. Rameaux courts. Feuilles arrondies, vert-foncé. Fruits peu odorants, à côtes peu marquées, presque couverts d'une broderie grisâtre, en forme de réseau. Écorce mince. Chair rouge, blanche ou verte, assez fondante, quoique un peu filandreuse, peu parfumée. — Leur maturité s'annonce par la teinte un peu jaunâtre que prend le fond sous le réseau, c'est ce que les jardiniers nomment un *Melon frappé*. S'il est destiné à être mangé sans être transporté au loin, on peut encore le laisser sur le pied pendant 24 heures, et il faut

(1) Au lieu de nous contenter de traduire ce que nous avons publié dans le Prodrome de de Candolle, nous empruntons de l'ouvrage de M. Jacquin aîné le travail qu'il a présenté sur les variations groupées en races ; ce travail étant en rapport avec ce que nous avions préparé à cette époque, mais que nous ne pûmes faire connaître, vu les limites assignées au prodrome.

alors le manger. S'il est destiné à être transporté au loin, il doit être cueilli 3 à
5 jours avant la maturité, ou avant qu'il soit légèrement teinté de jaune. Les
fruits de cette race, mangés peu de jours après leur maturité, sont fades et deviennent pâteux. SYNON. — Race 1re, *Maraichers* (*Cucumis Melo vulgaris*). Jacq. aîné,
mon. mel. p. 143 (1832). *Melon maraicher, M. brodés, M. commun, M. français.*

Sous-race A. MARAICHERS VRAI.

Variat. 1, MELON MARAICHER. Fruit sphérique, presque déprimé, sans côtes prononcées ; écorce mince, verte, presque couverte d'une broderie abondante et grisâtre. Chair épaisse, rougeâtre, abondante en eau et peu sucrée. Jeune fruit lisse, d'un
blanc argenté, et se brodant en approchant du terme de sa
grosseur. Feuilles grandes et peu lobées. Rameaux gros et courts.
Mûrit vers la fin de juillet. On ne laisse sur le pied que 3 à
4 fruits. — *M. maraicher.* Jacq. l. c. p. 145, pl. 2, fig. 1. (1832)
— *M. français, M. commun, Gros morin, Tête de Maure.*

Variat. 2, M. DE COULOMMIERS. Ne diffère du précédent que
par sa forme plus allongée ; plus fondant que lui et moins
fibreux ; broderie très-plate et très-rapprochée. Côtes peu prononcées. Plus gros que la variation 1, souvent de 32 centimètres
de longueur. Rameaux et feuilles comme le précédent. Tardif.
— *M. de Coulommiers.* Jacq. l. c. p. 146, pl. 2, fig. 2 (1832).

Variat. 3, M. MORIN. Côtes assez prononcées ; chair plus ferme
que celle des précédents, rouge et de bon goût. Fruit de 21 à
23 centimètres de longueur ; on ne lui en laisse ordinairement
porter que 2 ou 3. — *M. Morin.* Jacq. mon. mel. p. 147, pl. 4,
fig. 1 (1832) (1/4 de grosseur). — *M. maraicher à côtes.*

Variat. 4* (1), M. DES CARMES. Fruit presque sphérique, de 21
à 23 centimètres de longueur (s'allonge un peu quelquefois).
Côtes assez prononcées ; vert olivâtre à sa maturité. Sinus verts
et lisses. Ecorce épaisse, couverte d'une broderie grisâtre peu
élevée, mais large et à réseau lâche. Chair plus ou moins
rouge, aqueuse, assez sucrée. Graines allongées. On ne lui laisse
que 2 à 3 fruits. Plus tardif que les 3 précédents. — Trop rare
dans les cultures. — *M. des Carmes.* Jacq. mon. mel. p. 147,

____

(1) Ce signe indique les bonnes variations, et ** celles qui sont encore
meilleures.

pl. V, fig. 1 (1832) (tiers de grandeur). — Dubois a signalé quelques sous-variations, telles que *le long*, *le rond*, à *écorce blanche*, à *graines blanches*.

Variat. 5. M. DE LANGEAIS. Fruit presque rond, à côtes de 21 centimètres, dont les sinus sont lisses et verts et les saillies couvertes d'une broderie irrégulière, grisâtre, large et épaisse, sur un fond vert-olivâtre. Chair rouge, analogue à celle du n° 2 ; écorce plus épaisse. Pédicelle large à son sommet. Mûrit à l'époque du n° 4. — *M. de Langeais.* Jacq. mon. mel. p. 148, pl. IV, fig. 3 (1832). — *M. de Tours*, *M. d'Angers*, cultivé dans le département d'Indre et Loire.

Var. 6*, M. DE HONFLEUR. Fruit de 28 à 30 centimètres, plus allongé que celui du numéro précédent, auquel il ressemble d'ailleurs beaucoup ; mais le sommet du pédicelle est beaucoup plus petit ; les rameaux qui le portent moins vigoureux. — *M. de Honfleur.* Jacq. mon. mel. p. 149, pl. IV, fig. 2 (1832).

Variat. 7, M. DE GARDANNE. Fruit de 27 à 28 centim., oblong, à sinus lisse, à côtes couvertes d'une broderie fine et serrée. Écorce plus épaisse que dans les autres variations, vert-olivâtre et jaune-orangé en mûrissant. Chair rouge, assez semblable à celle du *M. Coulommier.* Pédicelle très-gros, couvert de broderie. Rameaux vigoureux. Cultivé surtout à Gardanne (Bouches-du-Rhône), où il a été modifié par la localité et le mode de culture. Très-tardif. — *M. de Gardanne.* Jacq. mon. mel. p. 149, pl. VI, fig. 1 (1832). — *M. d'Avignon*, *M. de St-Nicolas-de-la-Grave.*

Variat. 8, M. D'ESPAGNE. Fruit ovoïde, allongé, à côtes. Écorce mince, moins réticulée vers le sommet, à fond vert, qui passe ensuite à l'orangé, tacheté de vert et de jaune. A besoin de la chaleur de l'Espagne pour fructifier. — *M. d'Espagne.* Jacq. aîn. mon. mel. p. 149, pl. V, fig. 3 (1832).

Sous-race B. SUCRINS. Rameaux gros, courts, et nœuds plus rapprochés que dans les *Maraichers.* Feuilles plus longues que larges, à 3 ou 5 lobes, le terminal plus long que les autres. Fleurs carpellées souvent par groupes de 6-8. Jacq. aîn. mon. mel. p. 150 (1832).

*1. *Sucrins à chair plus ou moins rouge.*

Variat. 9, M. SUCRIN DE TOURS. Fruit tardif, sphérique-pyri-

forme, sans côtes, couvert d'une broderie large et épaisse non
réticulée, mais disposée en petits ovales-oblongs, qui cache la
couleur de l'écorce ; très-plein (à l'intérieur). Chair rouge.
Cultivé dans les environs de Tours, d'où lui est venu son nom.
— *Sucrin de Tours*. Jacq. aîn. mon mel. p. 150, pl. III, fig. 1.—
M. Dubois (dans son ouvrage sur les Melons) indique plusieurs
sous-variations : 1° *M. sucrin de Tours, petite espèce*, un peu
plus gros qu'une orange, et mûr à la fin de juin. — 2° *Sucrin
de Tours, grosse espèce*, sphérique, très jolie ; broderie faible et
régulière. — 3° *Sucrin de Tours long*, de forme allongée et
quelquefois très-brodé. — M. Noisette admet aussi ces sous-
variations.

Variat. 10*, *M. petit sucrin de Tours*, sous-variété du n° 9.
Fruit presque sphérique ; broderie à mailles larges, couvrant entièrement l'écorce, excepté vers le pédicelle ou la peau ; à peine
visible entre les mailles de la broderie, verdâtre et passe à
l'orange à la maturité. Chair rouge, fine, pleine de suc agréable.
— Moins tardif que le n° 9. — *Petit Sucrin de Tours*. Jacq. aîné,
mon. mel. p. 151, pl. III, fig. 3 (1832).

Variat. 11, M. de Madère. Fruit de 24 à 27 centimètres de
hauteur, à côtes peu prononcées. Broderie grossière, inégale
et épaisse, à large réseau, qui laisse apercevoir le vert-olivâtre
de l'écorce qui pâlit vers la maturité. Chair rouge, remplissant
tout le fruit. — *M. de Madère*, Jacq. aîné, mon. mel. p. 151,
pl. V, fig. 2 (1852).

Variat. 12, M. sucrin des Barres. Fruit de 15 à 17 centimètres
de hauteur, ovoïde, quelquefois plus arrondi, très-plein. Ecorce
plus épaisse que celle des autres, vert-olivâtre plus ou moins
foncé, sans côtes ; broderie grisâtre, à réseau assez régulier.
Chair rouge, peu sucrée. Graines assez petites. Rameaux très-
divisés, à gros nœuds. Feuilles grandes, par le développement
notable du lobe terminal. Peu hatif. — *Sucrin des Barres* (du
nom de la propriété de M. Vilmorin). Jacq. aîné, mon. mel.
p. 152, pl. III, fig. 2 (1/3 de grandeur) (1832).

Variat. 13 ?** M. sucrin de Provins. Fruit de 18 centimètres de
longueur, presque rond, un peu déprimé, à côtes nombreuses.
Ecorce plus épaisse que dans les *maraichers*, verte et passant

au jaune orangé à sa maturité. Broderie peu épaisse sur la partie saillante des côtes. Pédicelle mince, aboutissant à une espèce de plaque lisse, à bords anguleux et élevée. Rameaux minces. Assez hâtif. — Petite variation excellente, provenue de Provins. Peut-être faudra-t-il la placer dans la variété *Cantaloup*. — *Sucrin de Provins*. Jacq. aîn. mon. mel. p. 152, pl. VI, fig. 2 (1/3 de grandeur) (1832). — *Sucrin à petites graines*.

Variat. 14**, M. DE CHYPRE. Fruit très plein, pyriforme-allongé, de 16 à 18 centimètres, sans côtes, quoique légèrement indiquées par des lignes longitudinales vertes. Ecorce fine, velue, vert argenté, passant ensuite au jaune, et marquée d'un grand nombre de mouchetures vertes ; sommet muni d'une broderie épaisse. Chair rouge, épaisse, sucrée, relevée et ferme. Graines petites. Rameaux très-velus, très-nombreux. Fruit excellent lorsqu'on le mange le jour même où il est mûr ; l'écorce *crie* en la coupant ; se fend facilement. Pas très-précoce, mais productif (laisser 7 à 8 fruits). — *M. de Chypre*. Jacq. aîné. mon. mel. p. 153, pl. VI, fig. 3 (1/3 grandeur) — *Petit sucrin de Chypre*.

*2. *Sucrins à chair blanche ou verte*

Variat. 15*, M. DE GRAMMONT. Fruit ovoïde, de 18 centimètres. Ecorce mince et verte ; sillons très-verts et lisses ; côtes très-brodées, grisâtres et à réseau serré. Chair verte, très-sucrée et juteuse (passe quelquefois au rouge sur le même pied). Pas très-hâtif. Apporté d'Afrique en 1777, chez les moines de Grammont (environ de Rouen), où il est encore en réputation. — *M. de Grammont*. Jacq. aîné, mon. mel. p 153, pl. III, fig. 1 (1/3 de grandeur) (1832). — *Sucrin vert, Melon vert de Rouen.*

Variat, 16*, GROS MELON DE GRAMMONT. Sous-variation du précédent, mais fruit plus gros (24 centimètres). Chair moins verte. Sa chair passe aussi quelquefois au rouge. — *Gros Melon de Grammont*. Jacq. aîné, mon. mel. p. 154, pl. VIII, fig. 2 (1/3 de grandeur) (1832). — *Gros Sucrin vert, gros Melon vert de Rouen.*

Variat. 17*, PETIT MELON DE GRAMMONT. Fruit rond, à côtes peu profondes, broderie moins saillante que celle du précédent. Chair d'un vert pâle, très-sucrée, peu odorante, de laquelle coule un suc épais et transparent, qui se fixe sur la tranche et

la fait paraître glacée. Rameaux très-courts et très-ramifiés.
— Préféré à Rouen, pour la culture sous chassis, où il réussit
très-bien. — *Petit Melon de Grammont.* Jacq. aîné, mon. mel.
p. 154, pl. VIII, fig. 3 (1832). — *Petit Melon à chair verte glacée,
petit melon vert de Rouen.*

Variat. 18*, Sucrin a chair verte. — Fruit hâtif, de 16 centimètres de haut, ovale, parfois sphérique, à côtes nulles ou peu
prononcées, très-brodé en dessous, blanchâtre, et jaunissant
vers la maturité. Sillons vert-foncé d'abord et peu marqués.
Chair très-fondante, sucrée, excellente, blanc-verdâtre, veinée
de vert-foncé près de l'écorce. — *Sucrin à chair verte.* Jacq.
aîn. mon. mel. p. 154, pl. VII, fig. 2 (1832). — *Caroline à chair
verte, Muscade de la Caroline.*

Variat. 19, Sucrin a chair blanche. Fruit ovoïde ou sphérique,
de 24 centimètres de hauteur. Côtes peu profondes, régulières,
jaunissant à la maturité. Chair fondante, épaisse, peu sucrée,
d'un blanc veiné de vert près de l'écorce, peu parfumée. Jeunes
fruits lisses, à côtes, d'un blanc argenté. Hâtif. — *M. sucrin à
chair blanche.* Jacq. aîn. mon. mel. p. 155, pl. VII, fig. 1 (1832).

Variat. 20, M. de Smyrne. Fruit sphérique, à côtes bien marquées, haut de 10 centimètres, brodé sur un fond vert-olivâtre.
Chair assez épaisse, vert-foncé depuis l'écorce jusqu'à la moitié
de son épaisseur et blanchâtre dans l'autre, fondante et assez
brune. Le peu d'étendue des rameaux, à nœuds très-rapprochés
et gros, permet de cultiver cette variété sous châssis. — *Melon
de Smyrne.* Jacq. mon. mel. p. 155, pl. VII, fig. 3 (1/3 de grandeur). — *Melon d'Egypte petit rond.*

Variat. 20 *bis*, M. ananas. Plante très-petite dans toutes ses parties. Fruits nombreux, un peu plus gros que le poing, ronds,
verts, peu brodés, à côtes. Chair verte, très-aqueuse et très-
sucrée, couverte d'une peau assez mince. Très-productif et
très-bon. (V. V. C.)

Variété 2, **Melon Cantaloup** (1) (*Cucumis Melo Cantalupo,*

(1) Ce nom vient, d'après Jacquin aîné, d'une maison de plaisance des papes,
située à quelques lieues de Rome, où ce Melon fut apporté d'Arménie par des
missionnaires. Il fut ensuite envoyé de Florence en France en 1495. De là il
passa en Espagne, en Angleterre et enfin en Hollande.

Sering.). Fruit *sphérique-très-déprimé*, manifestement creusé au centre, tandis qu'il est presque constamment plein dans les brodés, *à côtes fort saillantes*, rarement brodé, souvent relevé de tubercules, et *laissant paraître à l'orifice du tube une partie plus ou moins saillante des carpes.* Chair très-fondante, fine, parfumée, délicieuse, rougeâtre, jaune ou verte. *Ecorce très-épaisse.* Maturité s'annonçant par une odeur suave et une couleur jaune prononcée, même dans les variations très-vertes. Graines ovales, plus arrondies que celles de la variété précédente, peu pleines et un peu contournées. Rameaux généralement plus allongés que dans la variété précédente et moins multipliés. Feuilles d'un vert plus gai. — On ne doit cueillir le fruit que lorsqu'il commence à montrer une teinte jaune, qu'il répand un peu d'odeur, et que la désarticulation du pédicelle (queue) s'annonce par la rupture de la membrane qui recouvre l'écorce. En le récoltant à cette époque, il peut se garder quelques jours, surtout dans un lieu frais, ou mieux encore dans une glacière. Cueilli vert, il mûrit, mais il est moins bon ensuite. On a des exemples de longue conservation de ce fruit récolté, par nécessité, longtemps avant sa maturité.

Race 1, Cantaloups lisses ou rarement brodés, mais sans bosselures.

*1. *Chair rouge ou rougeâtre.*

Variat. 21*, M. Cantaloup hatif. Fruit très-précoce, de 10 à 12 centimètres de hauteur, presque sphérique. Côtes assez profondes. Ecorce lisse, présentant parfois quelques tubercules et quelques broderies, velue d'abord, vert-clair, mouchetée de vert plus foncé, passant ensuite au jaune presque doré. Pédicelle gros et court. Chair rouge, agréable et assez succulente. — *Cantaloup hâtif de vingt jours.* Jacq. aîné, mon. mel. p. 159, pl. X, fig. 1 (1/3 de grandeur). — *Cantaloup de Naples.*

Variat. 22**, M. Cantaloup hatif du Japon. Fruit petit (11 centimètres), rond, à côtes. Ecorce très-verte, jaunissant en mûrissant. Broderie blanchâtre, peu abondante. Chair d'un beau rouge, excellente. Rameaux gros et courts. — Il est sujet à se fendre. — *Cantaloup hâtif du Japon.* Jacq. aîné, mon. mel. p. 160, pl. X, fig. 3 (1/3 de grandeur).

Variat. 23*, M. Cantaloup favori. Fruit petit, de 7 à 8 centimètres de hauteur , rond. Côtes profondes et épaisses, souvent 5. Broderie grise, large et grossière. Carpes jaunissant un peu au sommet à la maturité. Chair rouge, cassante et de bon goût. Pédicelle gros et tordu, implanté dans un enfoncement dû à la réunion des côtes. Rameaux foncés, courts. Fleurs petites. — Venu d'Angleterre Très-avantageux pour les premières cultures sous chassis. — *Cantaloup favori des Anglais.* Jacq. aîn. mon. mel, p. 160, pl. X, fig. 2 (1/3 de grandeur). — *Petit favori écarlate*, *Petit favori roc écarlate*, *Little favorite rock scarlet*.

Variat. 24*, M. Cantaloup noir des Carmes. Fruit le plus souvent rond, de 16 centimètres de hauteur, à côtes peu profondes, quelquefois légèrement brodé et relevé de quelques verrues. Ecorce épaisse, vert-foncé, passant au jaune à la maturité. Orifice du tube terminé par de fines broderies. Chair jaunâtre, très-bonne. Rameaux vigoureux. Feuilles très-vertes —Il exige pour être bon une maturité parfaite. — *Cantaloup noir des Carmes.* Jacq. mon. mel. p. 160, pl. X, fig. 2 (1/3 de grandeur).

Variat. 25, M. Cantaloup noir des Carmes brodé. Fruit rond, petit (12 à 13 centimètres), vert-foncé, passant au jaune à la maturité. Broderie grise, abondante Côtes peu profondes. Chair rouge-jaune, fondante, bonne. — Inférieur au n° 24. — *Cantaloup noir des Carmes brodé.* Jacq. aîné, mon. mel, p. 161, pl. X, fig. 4 (1/3 de grandeur).

Variat. 26, M. Cantaloup orange.** Fruit rond, petit (13 cent.). Côtes unies, peu profondes ; fond blanchâtre, passant au jaune à la maturité ; mouchetures vertes, nombreuses, devenant orange-foncé en mûrissant ; sillons verts. Ecorce très-épaisse. Chair rouge-orangé, sucrée, ferme, agréable. Pédicelle court et gros. Rameaux courts. — *Cantaloup orange.* Jacq. mon. mel. p. 161, pl. XI, fig. 1 (1/3 de grandeur). — *C. orangé, C. d'Orange.*

Variat. 27, M. Cantaloup orange-foncé.** Fruit rond, légèrement déprimé, à côtes, rarement brodé. Ecorce lisse, moins épaisse que dans le n° 26, blanchâtre, mouchetée de plaques vertes devenant orange à la maturité Sillons verts. Chair d'un beau rouge, très-bonne et fondante. Pédicelle moyen, implanté dans un enfoncement lisse et jaune. Rameaux minces, très-verts. — *Cantaloup orange-foncé.* Jacq. aîné, mon. mel. p. 162, pl. XI, fig. 2 (1/3 de grandeur). — *C. à chair rouge de Hollande.*

Variat. 28*, M. CANTALOUP GROS ORANGE. Fruit rond. Côtes bien marquées. Ecorce à fond blanchâtre, pointillée de vert, avec de larges mouchetures de même couleur. Pédicelle gros et court, entouré d'un cercle vert-olive et lisse. Chair jaune-rougeâtre, bonne. — *Cantaloup gros orange.* Jacq. aîné, mon. mel. p. 262, pl. XI, fig. 3 (1/3 de grandeur). — *C. grand de Hollande.*

Variat. 29**, M. CANTALOUP ORANGE BRODÉ. Fruit ovoïde, à côtes, de 13 à 14 centimètres de hauteur. Ecorce mince, d'un vert noirâtre, couverte d'une broderie épaisse et abondante, grisâtre. Chair rouge-orange, ferme, agréable et sucrée. Pédicelle gros et court, élargi à son sommet. — Modification du n° 26. — *Cantaloup orange brodé.* Jacq. aîn. mon. mel. p. 162, pl. X, fig. 5 (1/3 de grandeur). — *Brûlot hâtif.*

Variat. 30*, M. CANTALOUP NATIF D'ANGLETERRE. Fruit petit (11-12 centimètres de hauteur), rond, déprimé. Côtes assez profondes. Sillons lisses et verts. Ecorce olivâtre. Broderie épaisse et grisâtre. Pédicelle gros et contourné, s'élargissant circulairement à son sommet. Chair rouge, sucrée, vineuse, relevée, cassante, très-bonne. — Modification du n° 26, obtenue en Angleterre, et très-hâtif. — *Cantaloup fin hâtif d'Angleterre.* Jacq. aîn. mon. mel. p. 163, pl. X, fig. 6 (1/3 de grandeur) (1832).

2 Chair verte ou blanche.

Variat. 31, M. CANTALOUP A CHAIR VERTE FONDANTE. Fruit peu déprimé, de 11 à 13 centimètres, à côtes. Ecorce vert-olive, pointillé de vert-foncé et de bistre. Pédicelle long et mince. Chair verte, sucrée et très-fondante, blanchissant vers le centre du fruit. Feuilles vert-foncé, petites, roulées en cornet, très-lobées et ondulées. Rameaux très-vigoureux et se ramifiant beaucoup. — Doit être mangé à sa maturité, sans cela il passe vite comme le *C. noir des Carmes.* — *C. à chair verte fondante.* Jacq. aîn. mon. mel. p. 163 pl. XI, fig. 4 (1/3 de grandeur). — *C. de Hollande.*

Variat. 32**, M. CANTALOUP BRODÉ A CHAIR VERTE. Fruit petit

(11-13 centimètres de hauteur), rond, à côtes. Fond de l'écorce jaune-clair à la maturité, vert-olivâtre avant. Broderie épaisse et abondante. Pédicelle gros et s'élargissant circulairement à la bâse du fruit. Chair verte, fine et savoureuse. Varie quelquefois sur le même individu à chair verte et à chair rouge. — *Cantaloup brodé à chair verte.* Jacq. aîné, mon. mel. p. 164, pl. XI, fig. 5 (1832). — *Melon de Hollande à chair verte.*

Variat. 33*, M. Cantaloup du Mogol blanc de lait. Fruit ovoïde (18-19 centimètres de haut), à côtes peu marquées. Ecorce fine et lisse, jaune-nankin clair à la maturité, et d'un vert argenté ou glacé dans la jeunesse. Pédicelle gros, teinté de pourpre à son sommet. Chair très-blanche, bonne qualité. Assez hâtif. — *Cantaloup du Mogol à chair blanc-de-lait.* Jacq. aîn. mon. mel. p. 164, pl. XII, fig. 1 (1/3 de grandeur) (1832).

Race 2, Cantaloups a côtes verruqueuses ou oalleuses.

*1. *A chair plus ou moins rouge.*

Variat. 34* , M. Cantaloup petit Prescott (1) fond noir. Fruit moyen, déprimé (18-19 centimètres de hauteur). Côtes profondes. Ecorce très-épaisse, vert-noirâtre, devenant jaunâtre en mûrissant; couverte de nombreux tubercules vert plus foncé. Pédicelle implanté dans une excavation où viennent aboutir les côtes, comme dans tous les Prescott. Chair rouge-orangé, très-succulente et sucrée. Très-hâtif. — *Cantaloup petit Prescott fond noir.* Jacq. aîn. mon. mel. p. 164, pl. XII, fig. 2 (1/3 de grandeur) (1832).

Variat. 35*, M. Cantaloup rosé. Fruit plus déprimé que celui du précédent (11-12 centimètres de hauteur) et aussi hâtif que lui. Ecorce moins tuberculeuse. Chair rose. — *Cantaloup rosé.* Jacq. aîné, mon. mel. p. 165, pl. XIII, fig. 1 (1/3 de grandeur) (1832). — *Petit hâtif, Boule de Siam hâtive.*

Variat. 36*, M. Cantaloup gros Prescott fond noir. Fruit plus gros que le n° 34 (16-17 centimètres de hauteur). Ecorce blanche, couverte de tubercules vert-foncé avant la maturité, dévenant ensuite vert-clair pointillé de vert-foncé. Côtes pro-

____

(1) Nom d'un jardinier anglais qui l'a obtenu.

fondes. Écorce très-épaisse. Chair peu épaisse, délicate et parfumée. Hâtif. — *Cantaloup gros Prescott fond noir.* Jacq. aîn. mon. mel. p. 165, pl. XII, fig. 3 (1/3 de grandeur).

Variat. 37**, M. CANTALOUP PRESCOTT FOND BLANC. Fruit déprimé, à côtes. Écorce lisse, blanchâtre et velue avant la maturité, avec quelques mouchetures vertes, jaunissant en mûrissant, et pointillé de marron. Sommet des carpes planes visible par l'orifice brodé des sépals. Chair rouge, fine, succulente, sucrée et agréable. Feuilles larges, à lobes aigus et profondément dentés. — *Cantaloup Prescott fond blanc.* Jacq. aîné, mon. mel. p. 165, pl. XIII, fig. 2 (1832).

Variat. 38*, M. CANTALOUP PRESCOTT A OMBILIC SAILLANT. Fruit moyen, à côtes irrégulières, vert-olivâtre (13-15 centimètres de hauteur), jaune en mûrissant et moucheté de vert-foncé. Sommet des carpes saillant hors de l'orifice brodé du tube. Chair rouge et bonne. — *Cantaloup Prescott à ombilic saillant.* Jacq. aîné, mon. mel. p. 166. pl. XIII, fig. 3 (1832) (1/3 de grandeur) — *Prescott cul de singe.*

Variat. 39**, M. CANTALOUP GROS PRESCOTT FOND BLANC. Fruit déprimé, à très-larges côtes, de 16 centimètres de hauteur, vert d'abord, puis jaune-pâle, non verruqueux ni brodé. Chair assez épaisse et rouge. — Autre variation du n° 37, dont elle ne diffère que par le volume. — *Cantaloup gros Prescott fond blanc.* Jacq. aîné, mon. mel. p. 166, pl. XIV, fig. 1 (1832) (1/3 de grandeur).

Variat. 40*, CANTALOUP FOND GRIS. Fruit rond, à peine déprimé, à côtes peu profondes (21 centimètres de hauteur), vert-gris, un peu poilu, pâle d'abord, moucheté de vert plus foncé, puis d'un vert violet, ni brodé, ni verruqueux. Chair d'un beau rouge orangé, parfumée et sucrée. Pédicelle gros et court, s'élargissant à son sommet et entouré d'une auréole jaune à sa base. Il existe des variations intermédiaires que l'on pense être le croisement du *Prescott fond noir* et du *Cantaloup argenté;* elles sont plus ou moins verruqueuses. — *Cantaloup fond gris.* Jacq. aîné, mon. mel. p. 166, pl. XIV, fig. 2 (1/4 de grosseur).

Variat. 41**, M. CANTALOUP ARGENTÉ. Fruit presque rond (19 à 20 centimètres de hauteur). Côtes régulières, à peine bosselées, à fond blanc, jaunissant par la maturation, moucheté de points verts près des sillons. Écorce assez épaisse. Chair rouge, sucrée, fondante et bonne. Rameaux assez gros, médiocrement allongés. Feuilles vert-foncé, larges, lisses, à lobes réguliers et dentés. Peu hâtif. — *Cantaloup argenté*. Jacq. aîné, mon. mel. p. 167, pl. XV, fig. 1 (1832) (1/3 de grandeur).

Variat. 42**, M. CANTALOUP DÉCOUFLÉ (1). Fruit presque sphérique-déprimé (de 16 centimètres de hauteur), blanchâtre, à côtes ridées et bosselées, ponctuées de vert avant la maturité. Sommet des carpes saillant dans l'orifice dilaté et brodé du tube. Écorce d'une épaisseur moyenne. Chair rouge et bonne. Feuilles d'un vert glauque, planes; lobe du milieu large. — Ne paraît être qu'une légère modification du n° 41. Ne se reproduit pas toujours identique. — *Cantaloup Découflé*. Jacq. aîné, mon. mel. p. 168, pl. XV, fig. 1 (1832).

Variat. 43, M. CANTALOUP BOULE DE SIAM. Fruit tardif (16 centim. de hauteur), très-déprimé, à côtes très-profondes, couvertes de mamelons et de tubercules vert-noir, jaunissant par place à la maturité. Sommet des carpes aplati à l'orifice du tube des sépals, dilaté et brodé, comme troué au centre. Écorce épaisse. Chair mince, rouge-orangé, de saveur et de finesse médiocres. — *C. boule de Siam*. Jacq. aîn. mon. mel. p. 168, pl. XVI, fig 1 (1/3 de grandeur) (1832).

Variat. 44*, M. CANTALOUP NOIR DE HOLLANDE. Fruit obovoïde, *de 40 centimètres de hauteur*. Côtes très-profondes. Tubercules vert-foncé, jaunissant à la maturité. Chair rouge-jaunâtre, assez bonne, mais peu épaisse. Pédicelle gros et court. — Tardif comme tous les gros melons, sur le pied desquels on ne doit laisser qu'un ou au plus deux fruits, si l'on veut les avoir beaux. — *Cantaloup noir de Hollande*. Jacq. aîné, mon. mel. p. 169, pl. XVII (1832). — *Cantaloup de Hollande, Gros Cantaloup noir*.

Variat. 45*, M. CANTALOUP TURQUIN. Fruit ovoïde (36 centim. de hauteur), à côtes profondes, d'un vert noirâtre, jaunissant à la maturité, couvert de broderies irrégulières, fines, serrées et grisâtres, principalement sur les mamelons. Écorce épaisse.

____

(1) Nom de l'horticulteur qui l'a obtenu.

Chair d'un beau rouge orangé, sucrée, parfumée, très-fondante et bonne, quoique un peu grossière. C'est une modification du *Cantaloup noir de Hollande*. Il pèse jusqu'à 12 kilogrammes 1/2. Feuilles très-vertes, larges ; lobe du milieu dépassant les latéraux. Rameaux vigoureux. — *Cantaloup turquin*. Jacq. aîné, mon. mel. p. 169, pl. XVIII, fig. 1 (1/4 de grandeur) (1832). — *Turc, Quintal*.

Variat. 46*, M. CANTALOUP DE PORTUGAL. Fruit sphérique-ovoïdal, de 23 à 25 kilogrammes. Côtes profondes, couvertes de tubercules verruqueux. Fond noir, passant au jaune orangé. Chair jaune-rougeâtre, un peu grossière, quoique succulente et bonne. Rameaux vigoureux et allongés, peu divisés. Pédicelle gros et contourné, dilaté au sommet à son implantation, qui est entourée d'une zone gris-argenté. Feuilles assez larges, vert-gai. Varie beaucoup de forme. — *Cantaloup de Portugal*. Jacq. aîn. mon. mel. p. 169, pl. XVI, fig. 2 (1832) (1/3 de grandeur). — *Gros Portugal, Gros galleux, Melon monstrueux de Portugal, M. de Caille*.

Variat. 47, M. CANTALOUP NOIR GROS GALLEUX. Fruit gros, tardif, (de 17-19 centimètres de hauteur), arrondi, un peu déprimé. Côtes très-marquées, relevées de mamelons et de gros tubercules blanchâtres, entourés de vert. Fond vert-noirâtre. Extrémité des carpes unie et enfoncée. Écorce très-épaisse. Chair mince, rouge-jaunâtre, assez bonne. Rameaux vigoureux. — *Cantaloup noir gros galleux*. Jacq. aîné, mon. mel. p. 170, pl. XX, fig. 1 (1/3 de grandeur) (1832 . — *Melon des saints*.

Variat. 48*, M. CANTALOUP DE ROME. Fruit sphérique ovoïde (16 à 19 centimètres de hauteur), vert foncé, jaunissant par place à la maturité. Côtes très-saillantes, garnies de larges plaques brodées blanchâtres, non réticulées. Sillons lisses. Écorce épaisse. Chair d'un beau rouge, de bon goût et sucrée. Rameaux vigoureux. Feuilles moyennes, d'un beau vert. — *Cantaloup de Rome*. Jacq. aîné, mon. mel. p. 170, pl. XVIII, fig. 2 (1/3 de grandeur) (1832). — *Melon noir oblong d'Italie, Romaia*.

Variat. 49. M. CANTALOUP GALLEUX DE MOGOL. Fruit ovoïde-oblong, de 54 centimètres de hauteur, vert-foncé, jaunissant par place à la maturité. Côtes peu profondes, couvertes de nombreux mamelons d'un vert plus foncé. Ecorce très-épaisse. Chair rouge, assez bonne. Lame des sépals et pétals longtemps persistants, ce qui augmente la difformité. Rameaux très-gros et très-divisés. Feuilles d'un vert très-foncé , de grandeur moyenne, roulées en cornet et très-dentées. — *Cantaloup galleux du Mogol.* Jacq. aîné, mon. mel. p. 171, pl. XIX, fig. 2 (1/5 de grandeur) (1832). — *C. long du Mogol, C. du Mogol à grosses galles.*

Variat. 50*, M. Cantaloup du Mogol. Fruit gros (27 centim. de hauteur), ovoïde, presque lisse, blanc verdâtre d'abord et jaune foncé à la maturité. Côtes à peine marquées, relevées de quelques broderies vers la base du fruit. Pédicelle long, gros et contourné, s'élargissant circulairement à son implantation. Ecorce mince. Chair d'un beau rouge-orangé, sucrée, parfumée et fondante. Rameaux assez vigoureux. — *Cantaloup du Mogol.* Jacq. aîné, mon. mel. p. 171, pl. XIX, fig. 1 (1832) (1/3 de longueur). — *C. du Grand-Mogol à petites galles, C. turbiné.*

*2. *Chair verte ou blanche.*

Variat. 51*, M. Cantaloup fin d'Angleterre a chair verdatre. Fruit petit 10-12 centimètres de hauteur), presque sphérique, un peu déprimé, vert-olivâtre. Côtes bien marquées. Broderie peu prononcée. Chair verte, sucrée, agréable. — *Cantaloup fin d'Angleterre à chair verdâtre.* Jacq. aîné, mon. mel. p. 172, pl. XX, fig. 2 (1/3 de grandeur) (1832).

Les variations suivantes paraissent se rapporter à celles déjà décrites, et ne sont probablement que des noms donnés dans diverses localités. Nous nous contentons de les indiquer dans l'ordre alphabétique.

Melon Bossu à chair verte.	Melon doré.
Cantaloup d'Astracan.	du Chili.
Cantaloup ouvragé.	du Quercy.
d'Anjou.	hâtif.
de Couvert.	long.
de Castelnaudary.	noir hâtif long et petit.
de Côte-Rôtie.	noir bossu à chair blanche.
de Pézénas.	Petit renégat.
de Sèvres.	plat.

M. Jacquin assure que les *Cantaloups* ne conservent pas leur qualité sous une température élevée et sur un terrain trop sec. Des graines envoyées deux années de suite à Malaga ont produit de très-beaux fruits, mais leur chair a été pâle et décolorée, sans saveur, et ne pouvait être mangée.

Le même auteur conseille de prendre les petites variétés pour être cultivées comme primeurs, étant les plus hâtives. Elles doivent être mises sous châssis, sur une couche chargée d'un mélange formé de deux tiers de terreau et d'un tiers de terre ordinaire. Cette couche terreuse ne doit avoir que 16 centimètres d'épaisseur. Si on augmente cette épaisseur, les melons deviennent plus gros, mais ils mûrissent plus tard.

Variété 3, **Melon inodore** (*C. Melo inodorus*, Jacq. aîné). Fruit à écorce très-mince, d'abord poilue et ensuite lisse. Orifice du tube des sépals clos. Chair épaisse, très-sucrée et à peine odorante, non verruqueux. Généralement moins brodé que ceux de la 1re variété. — SYNON. *Cucumis Melo inodorus* (1). Jacq. aîné, mon. mel. p. 173 (1832). — *C. Melo Maltensis*. Ser. dans A. P. de Cand. prodr. 3, p. 300 (1828).

Il paraît que cette variété nous vient de l'Orient, où elle aura peut-être subi des modifications assez permanentes pour être nettement distinguée des deux précédentes. Les variations obtenues conservent plus longtemps que les autres leurs poils. La chair présente aussi la diversité de couleur des précédentes; elle est fine, fondante et d'une saveur agréable toute particulière, sans présenter le parfum délicieux des *Cantaloups*. Les graines en sont plus petites, plus ovales et plus plates. Cette variété craint plus l'humidité que les autres; elle a besoin d'être semée de bonne heure, si on veut en obtenir de printaniers. Ses feuilles, assez développées et d'un vert sombre, sont souvent attaquées d'un champignon blanc, qui les épuise beaucoup. Quelques variations mûrissent à la fin de l'été, et l'on

---

(2) Le mot *inodore* (*inodorus*) caractérise si bien cette variété de Melon, qui pourra devenir un jour une espèce, lorsqu'on aura mieux étudié ce genre extrêmement difficile, que j'abandonne la dénomination que j'avais présentée dans le *Prodromus* de de Candolle.

connaît que leurs fruits sont mûrs à leur changement de couleur. Celles dites d'hiver doivent être recueillies par un temps sec et chaud, s'il se peut, et déposées isolément dans un fruitier sec. Leur maturité ne se reconnaît qu'aux légères taches de leur fruit, qu'il faut aussitôt utiliser.

Race 1, MELONS VERTS.

*1. *Chair plus ou moins rouge ou jaune.*

a. Sans côtes.

Variat. 52*, M. DE MALTE D'HIVER. Fruit ovoïde, à fond olivâtre, sans côtes ni sillons, couvert d'une broderie abondante, grisâtre et mince. Pédicelle allongé, se desséchant à la maturité. Chair rouge-orangé, de saveur agréable. Rameaux vigoureux et allongés. Feuilles très cloquées et dentées. — Exige une température élevée. Très-productif. — *M. de Malte d'hiver.* Jacq. aîné, mon. mel. p. 175, pl. XXII, fig. 1 (1832) (1/3 de grandeur). — *M. à chair rouge d'hiver.*

Variat. 53, M. DE SÉVILLE. Fruit ovoïde, de 16 centimètres de hauteur. Écorce lisse, d'un vert plus ou moins foncé, passant au jaune-orangé en mûrissant; sillons simulés par des lignes d'un vert très-foncé. Pédicelle mince, se desséchant avant la maturité. Chair rose. Rameaux minces. Feuilles très-vertes et petites. — *M. de Séville.* Jacq. aîné, mon. mel. p. 176, pl. XXIII, fig. 2 (1/3 de grandeur) (1832).

Variat. 54, M. DE LA CHINE. Fruit ovoïde (10 centimètres de hauteur). Écorce lisse, fine, verdâtre, jaunissant à la maturité. Pédicelle long, courbé, s'élargissant à son sommet. Chair jaune-soufre, de l'odeur d'une pomme trop mûre, pâteuse et d'une saveur fade. — *M. de la Chine.* Jacq. aîné, mon. mel. p. 176, pl. XXII, fig. 1 (1/3 de grandeur) (1833).

b. A côtes.

Variat. 55, M. A ODEUR. Fruit presque en poire (renversée) (10 centimètres de hauteur). Orifice du tube? un peu saillant. Côtes peu profondes, à fond vert-foncé, presque entièrement couvertes d'une broderie mince et comme plaquée. Écorce très-épaisse. Chair d'un beau rouge et assez bonne, peu ou point odorante (peut-être offre-t-elle de l'odeur dans quelques localités. — *M. à odeur*. Jacq. aîné, mon. mel. p. 177, pl. XXII, fig. 4 (1/2 grandeur) (1832).

*2. *Chair plus ou moins verte ou blanche.*

a. Sans côtes.

Variat. 56*, M. D'ITALIE. Fruit oblong (32 à 34 centimètres de hauteur), hâtif, à fond vert plus ou moins foncé. Broderie grise, interrompue, lâche. Chair verte et de bonne qualité. Pédicelle gros et s'élargissant à son sommet. Feuilles très-vertes, longuement pétiolées. Rameaux forts. Se conserve peu de temps. — *M. d'Italie*. Jacq. aîné, mon. mel. p. 177, pl. XXIV, fig. 1 (1/3 de longueur) (1832).

Variat. 57**, M. DE MALTE A CHAIR VERTE. Fruit sphérique (10-11 centimètres), vert foncé et devenant olivâtre à la maturité, conservant longtemps ses poils. Pédicelle courts, gros. Écorce mince, pointillée de gris et marquée de lignes interrompues de même couleur et dans toutes les directions. Chair verte, fondante, sucrée, agréable. — *M. de Malte d'été chair verte*. Jacq. aîné, mon. mel. p. 178, pl. XXV, fig. 4 (1/3 de grandeur) (1832).

Variat. 58**, M. DE MALTE D'HIVER A CHAIR VERTE, Fruit en poire (18-20 centimètres de hauteur), vert-obscur et olivâtre en mûrissant, à peine relevé par quelques lignes distantes en forme de virgule, mais plus brodé au sommet, où l'on remarque de courtes lignes foncées qui rappellent des extrémités de sillons. Chair verte, excellente. — *M. de Malte d'hiver à chair verte*. Jacq. aîné, mon. mel. p. 178, pl. XXVII, fig. 4 (1/3 de grandeur) (1832).

Variat. 59**, M. MUSCADE. Fruit en poire (18 à 20 centimètres de hauteur), vert-foncé et passant au jaune-orangé à sa maturité. Broderie en forme de virgules très-écartées, excepté vers le sommet. Chair verte, fondante, sucrée, agréable. Très-productif. — *M. muscade*. Jacq. aîné, mon. mel. p. 178, pl. XXIII, fig. 4 (1/3 de grandeur) (1832).

Variat. 60*, M. SCIPIONA. Fruit pyriforme-ovoïde (19 à 20 cent. de hauteur). Écorce vert-foncé, à broderie interrompue, imitant de longs accents distants. Pédicelle gros, allongé. Rameaux vigoureux, quoique minces. - *M. de Scipiona.* Jacq. aîné, mon. mel. p. 178, pl. XXII, fig. 3 (1/3 de grosseur) (1832).

Variat. 61*, M. SAGERET. Fruit ovoïde (24 centim. de hauteur), vert-foncé, passant au jaune-orangé en mûrissant, relevé d'une broderie grise, grossière, abondante près du pédicelle, gros à sa base et court, constituées par les courbes en forme d'accent un peu allongé, et non réticulée. Chair verte, bonne. Rameaux vigoureux, allongés. Feuilles très-vertes, à lobes aigus, ondulés et dentés. — *M. Sageret.* Jacq. aîn. mon. mel. p. 179, pl. XXVI, fig. 1 (1/3 de grandeur) (1832).

Variat. 62**, M. DE VALENCE. Fruit ovoïde (21 centimètres de hauteur), vert, pointillé de vert plus foncé. Broderie en lignes courbes continues, rarement réunies et distantes. Pédicelle gros et court, se desséchant à la maturité. Chair blanche, sucrée, agréable. Se conserve jusqu'en février. — *M. de Valence.* Jacq. aîné, mém. mel. p. 179, pl. XXVI, fig. 2 (1/3 de grandeur).

Variat. 63, M. D'AGADÈS. Fruit ovoïde (22 centim. de hauteur). Ecorce mince, vert-jaune, passant au jaune à la maturité, relevée de broderie peu serrée, en lignes oblongues, distantes, isolées, grisâtres. Pédicelle assez gros. Chair très-blanche, fade et de mauvaise qualité. — *M. d'Agadès.* Jacq. aîné, mon. mel. p. 179, pl, XXIV, fig 3 (1/3 de grandeur) (1832).

Variat. 64, M. BLANC D'HYÈRES. Fruit rond, petit (9 centim. de hauteur). Ecorce fine et verte, garnie d'une broderie très-irrégulière dont les lignes arquées sont distinctes les unes des autres. Pédoncule se desséchant à la maturité et s'implantant à la base du fruit, entouré d'une plaque circulaire jaunâtre. Chair blanche et médiocre. — *M. blanc d'Hyères.* Jacq. aîné, mon. mel. p. 180, pl. XXiII, hg. 1 (1/3 de grandeur) (1832).

Variat. 65. M. DE MALTE D'ÉTÉ CHAIR BLANCHE. Fruit sphérique, longtemps velu (16–17 centimètres de hauteur). Ecorce fine, verdâtre, pointillée de vert, jaunissant par place à la maturité. Broderie grise, très-distante, consistant en quelques lignes grisâtres, courbées en croissant. Pédicelle mince et se desséchant pendant la maturation, entouré à son implantation d'une auréole jaune, entourée d'une seconde verte. Chair d'un blanc marbré de vert, bonne. Très-productif. — *M. de Malte d'été chair blanche.* Jacq. aîné, mon. mel. p. 180, pl. XXV, fig. 2 (1/3 de grandeur) (1832). — *M. blanc, M. vert.*

Variat. 66**, M. DE MALTE TRÈS-HATIF. Fruit sphéroïde, un peu déprimé (10 centimètres de hauteur). Écorce fine, verte, passant au jaune en mûrissant, et portant des raies vertes qui simulent des côtes. Orifice du tube des sépals proéminent et brodé. Broderie très-rare et irrégulière. Pédicelle long et mince. Chair blanche et sucrée. Rameaux courts. — *M. de Malte très-hâtif.* Jacq. aîné, mon. mel. p. 180, pl. XXV, fig. 3 (1/3 de grandeur).

Variat. 67**, M. DE TRIPOLITZA. Fruit ovoïde-oblong (36 à 38 centimètres de hauteur), vert foncé, passant au jaune, relevé d'une broderie grise, à larges mailles continues partout, excepté à la base. Pédicelle long et flexueux. Chair blanche, excellente. Rameaux vigoureux, peu divisés. Feuilles vert-clair ou glacé, ondulées et dentées. — *M. de Tripolitza.* Jacq. aîné, mon. mel. p. 131, pl. XXV, flg. 1 (1/1 de grandeur).

Variat. 68*, M. DE CONSTANTINOPLE. Fruit oblong-cylindrique (21-23 centimètres de hauteur). Écorce verte, finement et obscurément mouchetée, jaune en mûrissant. Chair blanche, d'assez bonne qualité. Rameaux vigoureux. Feuilles d'un vert gai. — *M. de Constantinople.* Jacq. aîné, mon. mel. p. 181, pl. XXI, fig. (Rameau).

Variat. 69*, M. D'ESPAGNE. Fruit ovoïde (21-23 centimètres de hauteur), quelquefois à côtes. Écorce fine, lisse, vert-foncé, pointillée de vert noir, surtout vers la base, garnie de quelques traces de broderie blanchâtre. Pédicelle mince et se desséchant à la maturité. Chair blanc-verdâtre, assez bonne. — *M. de Cavaillon* (1). Jacq. aîné, mon. mel. p. 181, pl. XXII, fig. 2 (non des Lyonnais, voir le n° 7). — *M. d'Espagne.*

Variat. 70*, M. ANANAS D'AMÉRIQUE. Fruit sphéroïde, de 8-9 centimètres de hauteur), à côtes. Écorce lisse, mince, vert-olivâtre, puis jaunâtre. Pédicelle assez forts. Rameaux très-divisés. Chair

---

(1) Nous avons adopté la dénomination de *Melon d'Espagne*, ne pouvant admettre celle de *M. de Cavaillon*, donné au *M. de Gardane* dans tout le Lyonnais, où il est vendu en quantité considérable.

verte, bonne. Très-productif. — *M. Ananas d'Amérique.* Jacq. aîné, mon. mel. p. 182, pl. XXVII, fig. 3. (V. V. C.)

Variat. 71**, M. Citron d'Amérique. Fruit sphéroïdal (11-12 centimètres de hauteur), à côtes régulières, lisse dans sa plus grande étendue, à peine relevé de quelques traces de broderie à sa base, se séparant facilement de son pédicelle. Sommet portant parfois quelque broderie. Chair très-verte, sucrée, ayant la saveur de la Pêche. Rameaux vigoureux, disposés sans confusion. Feuilles très-vertes, de moyenne grandeur. — *M. Citron d'Amérique.* Jacq. aîné, mon. mel. p. 182, pl. XXVII, fig. 2 (1/3 de grandeur).

Variat. 72**, M. du Pérou. Fruit ovoïde (17-20 centimètres de hauteur), vert-foncé, très-velu dans sa jeunesse. Côtes peu profondes. Broderie grise, interrompue. Chair blanche, bonne. Fleurs anthérées souvent en petites grappes. Demande beaucoup de chaleur. — *M. du Pérou.* Jacq. aîné, mon. mel. p. 182, pl. XXVII, fig. 1 (1/3 de hauteur) (1832).

Race 2, Melons a fond blanc ou jaune.

*1. *A chair plus ou moins rouge ou jaune.*

a. Sans côtes.

Variat. 73**, M. de Kasauba. Fruit ovoïde, sans côtes (15-18 centimètres de hauteur), garni de quelques lignes courbes de broderie, formant aussi parfois quelques plaques rayonnantes, une surtout le termine. Pédicelle gros et contourné. Chair rouge, sucrée, fondante, agréable. Feuilles larges, vert-foncé. — *M. Kasauba.* Jacq. aîné, mon. mel. p. 183, pl. XXVIII, fig. 1 (1/3 de hauteur) (1832).

Variat. 73 *bis*, M. Algérien. Fruit sphéroïdal-déprimé, à côtes régulières, vert-olive, jaunissant à la maturité. Broderie peu abondante, dont les intervalles sont verts et lisses. Pédicelle gros et court, entouré d'une zone vert-olive à son implantation dans le fruit. — Graine envoyée d'Algérie. Mentionné sans dénomination par Jacq. aîné, mon. mel. p. 183, dans le n° 73.

Variat. 74*, M. d'Estramadure. Fruit sphéroïdal ou presque ovoïde (10-11 centimètres de hauteur). Ecorce fine, blanc-jaune et devenant orange à la maturité, à broderie disposées parallèlement à la longueur du fruit, en larges lignes oblongues, distantes. Pédicelle gros et contourné. Chair jaunâtre, à odeur de Prunes mirabelles. Rameaux peu nombreux. — *M. d'Estramadure*. Jacq. aîné, mon. mel. p. 183, p. XXIX, fig. 5 (1/3 de haut.).

b. A côtes.

Variat. 75, M. BLANC D'AFRIQUE. Fruit sphérique-déprimé, à côtes, blanc-jaunâtre, et sillons verts et lisses (9-12 centimètres de hauteur), portant quelques traces de broderie près de sa base. Pédicelle mince et sec à la maturité. Chair rouge. — *M. blanc d'Afrique*. Jacq. aîné, mon. mel. p. 184, pl. XXVII, fig. 5 (1/3 de grandeur).

Variat. 76. M. D'EGYPTE.** Fruit ovoïde ou rarement sphérique (16 à 18 centimètres de hauteur), à côtes régulières, bien fait, relevé sur toute sa surface de quelques broderies oblongues distantes, excepté à la base et au sommet. Ecorce assez épaisse, d'un blanc jaunâtre. Pédicelle gros et long. Chair rouge, agréable et sucrée. Rameaux courts. — *M. d'Egypte*. Jacq. aîné, mon. mel. p. 184, pl. XXVIII, fig. 4 (1/3 de grandeur) (1832).

Variat. 77*, M. DE MÉQUINEZ. Fruit ovoïde-sphérique (13 centimètres de hauteur), à côtes. jaune doré, à broderie peu abondante, fine et plus foncée. Pédicelle gros et long. Chair jaunesoufre, d'un goût passable. Rameaux vigoureux. — *M. de Méquinez*. Jacq. aîné, mon. mel. p. 184, pl. XXX, fig. 2 (1/3 de grosseur) (1832).

2. Chair plus ou moins verte et blanche.

a. Sans côtes.

Variat. 78, M. DE CANDIE.** Fruit ovoïde-oblong, jaune-orangé (13-15 centimètres de hauteur), sans côtes, portant quelques traces de broderie très-distante, de même couleur que lui. Ecorce mince. Chair vert-foncé, sucrée, fondante, bonne. — *M. de Candie*. Jacq. aîné, mon. mel. p. 185, pl. XXX, fig. 3 (1/2 grandeur) (1832).

Variat. 79*, M. DE RIO-JANEIRO. Fruit sphérique-ovoïde (16 centimètres de hauteur), sans côtes, jaune-pâle, marqué de quelques points vert-noir et de quelques traces oblongues de broderies éparses, creuses. Chair vert-clair, bonne. Rameaux vigoureux. — *M. de Rio-Janeiro*. Jacq. aîné, mon. mel. p. 185, p. XXX, fig. 4 (1/3 de grandeur) (1832).

Variat. 80, M. DE SARDAIGNE. Fruit elliptique (13-15 centim. de hauteur), quelquefois pyriforme. Ecorce assez épaisse, lisse, jaune, sans broderie ni ponctuation. Chair vert-clair, médiocre. Pédicelle mince et long. — *M. de Sardaigne*. Jacq. aîné, mon. mel. p. 185, pl. XXIX, fig. 3 (1/3 de grandeur) (1832). — *M. Sarde*.

Variat. 81*, M. DE PERSE. Fruit pyriforme-allongé (9-10 centimètres de hauteur). Ecorce un peu épaisse, sans côtes, lisse, à fond blanc dans sa jeunesse, devenant ensuite verte et jaune; sommet entouré d'un cercle vert. Chair verte et sucrée, bonne. Lignes de broderie très-longues et peu nombreuses, jaune-sale. Pédicelle courbé. — *M. de Perse*. Jacq. aîné, mon. mel. p. 185, pl XXVI, fig. 3 (1/3 de grandeur) (1832). — *M. d'Odessa*.

VARIAT. 82**, M. DE TIFLIS. Fruit ovoïde (16 à 17 centimètres de hauteur). Ecorce fine, jaune, couverte d'une broderie hiéroglyphique grisâtre. Chair blanc-verdâtre, cassante, succulente, délicieuse (remplissant complètement le fruit) Graines renfermées dans des loges aussi fermes que la chair. Pédicelle renflé à sa base et à son sommet. — *M. de Tiflis*. Jacq. aîné, mon. mel. p. 196, pl. XXIX, fig. 4 (1/3 de grandeur) (1832).

Variat. 83*, M. DE MORÉE Fruit ovoïde-oblong (29 centim. de hauteur), jaune-orangé terne, brunissant à la maturité, portant quelques lignes interrompues d'un vert foncé. Chair blanche, rayée et teintée de vert, assez bonne. Pédicelle mince, large à son sommet. — *M. de Morée*. Jacq. aîné, mon. mel. p. 186, pl. XXIX, fig. 1 (1/3 de grandeur) (1832). — *M. de Morée vert*, *M. de Candie* (Descomb.), *M. d'hiver* des Italiens.

Variat. 84, M. DE KARADAGH. Fruit du volume et de la couleur d'une orange, sphérique (8 centimètres de hauteur), lisse ou crevassé de manière à former un dessin très-irrégulier. Chair blanche, cassante, peu savoureuse. Pédicelle court, arqué, évasé comme celui d'une cerise. — *M. de Karadagh*. Jacq. aîné, mon. mel. p. 187, pl. XXVIII, fig. 3. — *Bouton d'or* (de Bosc).

Variat. 84 *bis***, M. Gromier. Fruit sphérique, lisse, **sans côtes** ni aucune trace de broderie, jaune très-pâle (10 à 12 centim. de hauteur). Peau très-mince, assez ferme. Chair blanc-verdâtre, extrêmement succulente, sucrée et très-agréable. Graines petites, blanches. — Melon présenté à l'exposition du Congrès des vignerons, réuni à Lyon en 1846, par M. le docteur Gromier de Lyon. Sering. mss. et dessins du Conservat. bot. de Lyon.

b. A côtes.

Variat. 85*, M. de Céphalonie. Fruit ové (24 centim. de haut.), à côtes, lisse. Ecorce peu épaisse, jaunâtre, à peine relevé de quelques broderies cernées de vert près de la base. Chair très-verte, bonne. Pédicelle long, courbé. — *M. de Céphalonie.* Jacq. aîné, mon. mel. p. 187, pl. XXIX, fig. 2 (1832).

Variat. 86, M. Sageret fond blanc. Fruit presque sphérique (18 centimètres de hauteur), à côtes régulières, d'une jolie forme. Ecorce un peu épaisse, lisse, à fond jaune dès le premier moment de son développement, moucheté de vert et de jaune-roux. Chair d'un blanc verdâtre. Pédicelle gros et court. Sommet du fruit large. Obtenu de semis par M. Sageret. — *M. Sageret fond blanc.* Jacq. aîné, mon. mel. p. 188, pl. XXX, fig. 1 (1/3 de grandeur) (1832).

Variat. 87**, M. d'Andalousie. Fruit ovoïde, très-obtus (16 centimètres de hauteur), à côtes lisses, excepté près de la base, où se trouvent quelques traces de broderie, vert-glauque et jaunâtre. Chair vert-foncé près de l'écorce, plus clair au centre, sucrée, fondante et bonne. Pédicelle court et gros. — *M. d'Andalousie.* Jacq. aîné, mon. mel. p. 188, pl. XXVIII, fig. 2 (1/3 de grandeur) (1832). — *M. d'Estramadure*, *M. de Morée obrond*.

Variat. 88**, M. d'Ispahan. Fruit sphérique, à côtes irrégulières (14-16 centimètres de hauteur), portant une large auréole verte à sa base. Sillons lisses et verts. Broderie très-rare, et quelques mouchetures vertes ou orangées. Chair blanche, fondante et sucrée. Pédicelle gros, court. — *M. d'Ispahan,* Jacq. aîné, mon. mel. p. 188, pl. XXVIII, fig. 5 (1832).

Variétés et variations du MELON COMMUN *(Cucumis Melo).*

Variété 1, **Melon brodé.**

Race 1, MARAICHERS.

Sous-race *A*. MARAICHERS VRAIS.

Variat. 1. M. maraicher.
2. M. de Coulommiers.
3. M. Morin.
4. M. des Carmes.
5. M. de Langeais.
6. M. de Honfleur.
7. M. de Gardane.
8. M. d'Espagne.

Sous-race *B*. SUCRINS,

*1. *Sucrins rouges.*
9. M. sucrin de Tours.
10. M. petit sucrin de Tours.
11. M. de Madère.
12. M. sucrin des Barres.
13. M. sucrin de Provins.
14. M. de Chypre.

*2. *Sucrins blancs ou verts.*
15. M. de Grammont.
16. Gros Melon de Grammont.
17. Petit Melon de Grammont.
18. M. sucrin à chair verte.
19. M. sucrin à chair blanche.
20. M. de Smyrne.
20 *bis*. M. Ananas.

Variété 2, **Melon Cantaloup.**

Race 1, FRUITS LISSES OU RAREMENT BRODÉS, MAIS SANS BOSSELURES.

*1. *Chair rouge ou rougeâtre.*
Variat. 21. M. Cantaloup hâtif.
22. M. C. hâtif du Japon.
23. M. C. favori.
24. M. C. noir des Carmes.
25. M. C. noir des Carmes brodé.
26. M. C. orange.
27. M. C. orange foncé
28. M. C. gros orange.
29. M. C. orange brodé.
30. M. C. hâtif d'Angleterre.

*2. *Chair verte ou blanche.*
31. M. C. à chair verte fondante.
32. M. C. brodé à chair verte.
33. M. C. du Mogol blanc de lait.

Race 2, FRUITS A CÔTES VERRUQUEUSES OU GALLEUSES.

*1. *A chair plus ou moins rouge.*
34. M. C. petit Prescott fond noir.
35. M. C. rosé.
36. M. C. gros Prescott fond noir.
37. M. C. Prescott fond blanc.
38. M. C. Presc. à ombilic saillant.
39. M. C. gros Presc. fond blanc.
40. M. C. Gros gris.
41. M. C. argenté.
42. M. C. Découlé.
43. M. C. boule de Siam.
44. M. C. noir de Hollande.
45. M. C. turquin.
46. M. C. de Portugal.
47. M. C. noir gros galleux.
48. M. C. de Rome.
49. M. C. galleux du Mogol.
50. M. C. du Mogol.

*2. *Chair verte ou blanche.*
51. M. C. fin d'Angleterre.

Variété 3, **Melon inodore.**

Race 1, MELONS A FOND VERT.

*1. *Chair plus ou moins rouge ou jaune.*
a. Sans côtes.
Variat. 52. M. de Malthe d'hiver.
53. M. de Séville.
54. M. de la Chine.

b. A côtes.
55. M. à odeur.

*2. *Chair plus ou moins verte ou blanche.*
a. Sans côtes.
56. M. d'Italie.
57. M. de Malte d'été chair verte.
58. M. de Malte d'hiver ch. verte.
59. M. muscade.
60. M. de Scipiona.
61. M. Sageret.
62. M. de Valence.
63. M. d'Agadès.
64. M. blanc d'Hyères.
65. M. de Malte d'été ch. blanche.
66. M. de Malte très-hâtif.
67. M. de Tripolitza.

68. M. de Constantinople.
69. M. d'hiver d'Espagne.

b. A côtes.

70. M. Ananas d'Amérique.
71. M. Citron d'Amérique.
72. M. du Pérou.

Race 2, MELONS A FOND BLANC OU JAUNE.

1. Chair plus ou moins rouge ou jaune.

a. Sans côtes.

Variat. 73. M. Kasauba.
  73 *bis.* M. algérien.
  74. M. d'Estramadure.

b. A côtes.

75. M. blanc d'Afrique.
76. M. d'Egypte.
77. M. de Méquinez.

2. Chair plus ou moins verte et blanche.

a. Sans côtes.

78. M. de Candie.
79. M. de Rio-Janeiro.
80. M. de Sardaigne.
81. M. de Perse.
82. M. de Tiflis.
83. M. de Morée.
84. M. de Karadach.
84 *bis.* M. Gromier.

b. A côtes.

85. M. de Céphalonie.
86. M. Sageret fond blanc.
87. M. d'Andalousie.
88. M. d'Ispahan.

2. C. Dudaïm. — *C. Dudaïm*. (Linn.)

Plante hérissée de poils. — **Feuilles** inférieures arrondies ; les supérieures à 5 lobes peu marqués, denticulés, et en cœur à leur base. — **Vrilles** non rameuses, allongées. — Tube des **Sépals** arrondi à sa base dans les fleurs anthérées, et très-évasé au sommet, ovoïde dans les fleurs carpanthérées, velu dans toutes deux. — **Etamines** surmontées de la prolongation du filet. — **Stigmates** 4-6. — **Fruits** globuleux, lisses, panachés, rarement garnis de verrues, un peu échancrés au sommet ; chair blanche, peu odorante, mais peu savoureuse. = Habite la Perse. — Cette espèce est très-voisine de quelques variétés du *Melon.*

SYNON. — *C. Dudaim.* Linn. spec. 1437 (1764). — *C. odora-tissimus.* Mœnch, meth. 654 (1794). — *Melo variegatus aurantii figura odoratissimus.* Dill. hort. elth. fig. 218 (1774). (Il figure une feuille non lobée et une autre à 5 lobes peu profonds.)

3. C. délicieux. — *C. deliciosus*. (Roth.)

Lobes des feuilles obtus. — **Fruits** ovales-arrondis, poilus, de la grosseur d'une orange, panachés de jaune et de vert, à chair blanche, très-odorante et sucrée, recouverte d'une écorce très-mince. = Patrie inconnue, mais cultivé en Espagne. Il exige plus de chaleur que le *Cucumis Melon*, dont il ne diffère peut-être que comme variété.

Synon. — *C. deliciosus*. Roth. cat. 3, p. 327. — Franç. *C. délicieux, Melon de poche ?*

4. **C. Abdélaoui. — *C. Chate*.** (Linn.)

Plante très-velue, à poils mous. — **Tige** couchée, à 5 angles obtus, flexueuse. — **Feuilles** péliolées, cordiformes-arrondies, à angles obtus, denticulées. — **Fleurs** petites, courtement pédicellées. — **Fruits** elliptiques, amincis aux extrémités, poilus. = Habite l'Egypte et l'Arabie, où on en mange les fruits crus ou cuits. On prépare aussi avec la pulpe de son fruit une boisson rafraîchissante.

Synon. — *C. chate*. Linn. spec. 1437 (1764); Alp. plant. ægypt. 54, tab. 40. — *Abdélaoui* des Egyptiens.

5. **C. Concombre. — *Cucumis sativus*.** (Linn.)

Plante rude par les poils raides que l'on trouve sur toutes ses parties, et même longtemps sur ses fruits, portant des vrilles simples bien prononcées. — **Feuilles** en cœur, à 3 ou 5 *lobes bien marqués, aigus, le supérieur plus saillant* que les autres, et triangulaires, tous garnis de dents distantes et aiguës, asseæ longuement péliolées. — **Fleurs** courtement pédicellées, celles à étamines en petites grappes, jaunes, un peu plus grandes que celles des *Melons*. **Fleurs carpellées** à tube oblong, couronnées par les lames étalées ou réfléchies. — **Pétals** ovales, aigus. — **Fruits** *oblongs, à trois faces*, un peu arqués, *lisses et luisants* à leur maturité. Carpels se détachant facilement les uns des autres en les déchirant. Chair blanche, aqueuse, mais non sucrée, d'une odeur propre. — **Graines** oblongues, aplaties, blanchâtres, très-petites. = Habite la Tartarie et l'Asie, d'où l'on croit qu'elle a été transportée en Europe dans le milieu du XVIe siècle. — La culture des Concombres est absolument la même que celle des Melons, mais on les néglige presque autant que les Courges, aussi parviennent-ils à maturité beaucoup plus tard que s'ils étaient très-recherchés.

Synon. — *C. sativus*. Linn. spec. 1437 (1764); Blackw. herb.

tab. 4 ; Lobel, stirp. 363, fig. 1. — *Ketimon* et *Timon* des Indiens.
— Franç. *Concombre*. (V. V. et S. C)

Variét. 1, **Concombre vert** (*C. sativus viridis*, Sering.). Fruits petits, verts, hérissés. = Synon. *C. sativus viridis*. Sering. dans A. P. de Cand. prodr. 3, p. 300 (1828). — Franç. *Concombre vert, Concombre à cornichons*. (V. V. et S. C.)

Variét. 2, **Concombre jaune** (*C. sativus flavus*, Sering.). Fruits oblongs, courbés ou ovés, lisses, luisants. = Synon. *C. sativus flavus*. Sering. dans A. P. de Cand. prodr. 3, p. 300 (1828). — Franç. *Concombre jaune, C. hâtif, C. de Russie.*

Variét. 3, **Concombre blanc** (*C. sativus albus*, Sering.). Fruit allongé, aqueux, blanc. = Synon. *C. sativus albus*. Sering. dans A. P. de Cand. prodr. 3, p. 300 (1828).

Variét. 4, **Concombre panaché** (*C. sativus variegatus*, Ser.). Fruit vert-pâle, panaché de jaune. Chair très-savoureuse. = Synon. *C. sativus variegatus*. Sering. dans A. P. de Cand. prodr. 3, p. 300 (1828). — *C. panaché, C. perroquet.*

Variét, 5, **Concombre en faisceau** (*C. sativus fastigiatus*, Ser.). Tige et entrenœuds courts. Fleurs et fruits fasciculés au sommet. = Synon. *C. sativus fastigiatus*. Sering. dans A. P. de Cand. prodr. 3, p. 300 (1828). — Franç. *Concombre à bouquet.*

Variét. 6. **Concombre brun** (*C. sativus fuscus*, Sering.). Fruit ovoïde-sphérique, à écorce couleur bistre, fendillé de blanc. = *C. sativus fuscus*. Sering. dessins du Conserv. de Lyon. (V.V.C.)

6. **C. flexueux.** — *C. flexuosus*. (Linn.)

Tige mince, flexueuse, étalée sur le sol, comme celle du *Melon*, se ramifiant aussi beaucoup, munie de vrilles minces et non rameuses. — **Feuilles** presque réniformes, rudes, souvent à peine lobées, plus ou moins bordées de dents écartées ; pétiole presque de la longueur de la lame. — **Fleurs** en faisceau, à sépals très-velus. — **Fruits** cylindroïdes-en-massue, souvent très-allongés, et parfois à côtes peu prononcées, blancs ou jaunes, atteignant souvent jusqu'à 1 mètre, surtout quand une grande partie de leur longueur est privée de graines ; laineux pendant la fleuraison. = Habite l'Inde orientale ? — Ses feuilles ressemblent à celles du *Melon*, mais sont plus petites. Ses fruits peuvent se manger, comme les Concombres, crus ou conservés au vinaigre. Cette espèce est introduite depuis longtemps dans nos jardins, pour la forme singulière de son fruit, dont une variété imite un serpent. Latourette le cultivait déjà en 1779, dans le jard. bot. de Lyon !

Synon. — *C. flexuosus*. Linn. spec. 1437 (1764); Lobel, stirp. p. 363, fig. 2 ; Dod. p. 66, fig. 2. — Franç. *C. flexueux, C. serpent*.

Variét. 1, **sillonné** (*C. flexuosus sulcatus*, Sering.). Feuilles à lobes assez prononcés, manifestement dentés. Fruit oblong, plus gros à son sommet qu'à sa base, de 20 à 35 centimètres de long, largement strié et garni de graines dans toute sa longueur. = Synon. *C. flexuosus sulcatus*. Sering. dessins du Conserv. de Lyon. (V. V. et S. C.)

Variét. 2, **serpent** (*C. flexuosus serpentinus*, Sering.). Feuilles réniformes, à peine distinctes, très-faiblement dentées. Fruit cylindroïde très-prolongé, renflé en massue à son extrémité, qui seule est garnie de graines. — Synon. *C. flexuosus serpentinus*. Sering. herb. — *C. flexuosus reflexus*. Sering. dans A. P. de Cand. prodr. 3, p. 300 (1828). — Cette variété, privée de graines dans presque toute sa longueur, s'allonge et se recourbe en forme de serpent ; verte d'abord, elle jaunit ensuite. (V. V. et S. C.)

7. **C. des prophètes. — *C. prophetarum*.** (Linn.)

Tige étalée, striée, très-rameuse, mince. — **Feuilles** en cœur à leur base, à 5 ou 7 lobes très-profonds, obtus, à peine denticulées, d'un vert sombre et glauque. — **Vrilles** rudimentaires. — **Fleurs** très-petites, en petits faisceaux aux aisselles des feuilles ; celles à carpels plus longuement pédicellées, d'un jaune vif. — **Sépals** denticulés. — **Pétals** oblongs-obtus, plus longs que les sépals. — **Fruit** globuleux, hérissé de pointes, du volume d'une Grossulaire à gros fruit, et panaché de lignes blanches et inégales sur un fond vert. = Habite les déserts de l'Arabie. Cultivée dans les jardins, à cause de son feuillage découpé et de ses fruits panachés du volume d'une grosse cerise.

Synon. — *C. prophetarum*. Linn. spec. 1436 (1764); Amœn.

acad. 4. p. 295, dess. du Conserv. de Lyon ; Jacq. hort. vind, tab. 9 ; Blackw. herb. tab. 589. — *C. grossularioïdes* des jard. (V. V. et S. C.)

8. **C. cardère.** — **C. *diplaceus*.** (Ehrenb.)

Toute la plante épineuse. — **Tige** mince, étalée, flexueuse, longue d'un mètre à un mètre et demi. — **Feuilles** en cœur ou circulaires, échancrées à leur base, obscurément trilobées, rudes, denticulées, très-longuement pétiolées, d'un vert glaucescent. — **Vrilles** filiformes, simples. — **Fleurs** carpellées, courtement pédicellées, souvent solitaires. — Tube des **sépals** ovoïde, hérissé de longues pointes nombreuses, molles et non piquantes ; lames presque étalées. — **Pétals** oblongs-ovales, terminés brusquement et longuement en pointe, deux fois plus longs que les sépals. — **Fruit** acquérant le volume d'un œuf de poule, également obtus à ses extrémités, et hérissé de longues soies vertes assez flexibles. = Cette espèce, originaire des bords de la Mer-Rouge, a des fruits si différents des autres Cucurbitacées, qu'on la cultive à cause de leur singularité.

Synon. — *C. dipsaceus.* Ehrenb. selon Spach, suit. buff. 6, p. 211 (1838), et Catalogues des jard. botan. (V. V. et S. C.)

Genre 3. **Citrulle.** — **Citrullus.** (Schrad.)

Plantes couvertes de très-longs poils minces et flexueux. — **Tiges** et **Rameaux** anguleux, faibles et étalés. — **Feuilles** profondément *bi-palmati ou bi-pennatilobées ; lobes obtus,* denticulés. — **Vrilles** composées de 2 ou 3 branches vaguement enroulées. — **Fleurs** jaunes, **anthérées**, **carpellées** ou assez fréquemment **carpanthérées**, plus ou moins complètement sur le même individu, ordinairement solitaires. — **Sépals** unis dans leur moitié inférieure en un tube campanulé dans les fleurs anthérées, presque sphérique dans les carpellées ; lames linéaires ; tube adhérent aux carpels et confondus avec eux. — **Pétals** 5, alternes avec les sépals...... — **Étamines** 5, unies en 3 faisceaux. — **Anthères** *très-*

flexueuses, à dorsale non prolongée au-dessus de leur poche. — **Fruit** formé de 3 carpes unis et adhérents, pulpeux ou comme farineux ; styles unis et stigmates 3, en cœur renversé, épais. **Graines** régulièrement elliptiques-comprimées, mates, *creusées sur chaque face, près du hile, de deux lignes presque droites.*

Synon. — Les espèces de *Cucumis* (Linn.) qui n'ont pas les dorsales prolongées au-dessus des anthères. — Voir le reste de la synonymie aux espèces. D'ailleurs il y a des déplacements d'espèces à opérer dans cette famille, qui est loin d'être complètement étudiée.

Espèces et variétés du genre CITRULLE.

1. C. *Coloquinte.*
2. C. *comestible.*
   Var. 1. Arbouse ou Melon d'eau.
   2. Pastèque.

1. Citrulle Coloquinte.—*Citrullus Colocynthis*. (Sch.)

Tige couchée, anguleuse, presque hispide. — **Feuilles** cordiformes, *palmatilobées*, rudes ; lobes presque égaux, largement festonnés et obtus, le terminal plus long ; poilues et blanches en dessous, longuement pétiolées ; sinus obtus. — **Vrilles** courtes. — Lames des **sépals** étroites. — Lames des **Pétals** ovales, pointues, mucronées. — **Fruit** obové-sphérique, de la grosseur d'une orange, d'abord vert, puis jaune. Ecorce mince, sèche ; pulpe blanchâtre, sèche, amère. — **Graines** courtement ovales-comprimées, deux fois plus petites que celles de la Pastèque (*Citrullus edulis*), brunâtres = Cette espèce, très-voisine, par la découpure de ses feuilles, du *C. Pastèque,* est spontanée en Egypte, en Syrie et dans l'Archipel ; sa chair, très-sèche, est extrêmement amère. Son infusion ou sa décoction est un purgatif très-violent et dangereux.

Synon. — *Citrullus Colocynthis.* Schrad. Chaum. Poir. Chamb. Turp. flor. med. 3, pl. 128, bonne (1833) ; Spach, suit. buff. 6, p 213* (1838). — *Cucumis Colocynthis.* Linn. spec. 1435 (1764) ; Sering. dans A. P de Cand. prodr. 3, p. 302 (1828). — *Coloquin-*

lida et *Colocynthis*. Blackw. cur. herb. tab. 441. — Franç. *Coloquinte, Concombre amer*. — Angl. *Coloquintida, Bitter Apple*. —
Allem. *Coloquinte*.

2. Citrulle comestible. — *Citrullus edulis*. (Spach.)

Tige et Rameaux étalés ou grimpants, un peu rudes, anguleux, canelés, très-longs, atteignant la grosseur du doigt. —
Feuilles en cœur, très-larges, cassantes, profondément 2 ou 3
fois lobées, ondulées ; lobes ascendants, le terminal pointu. —
Vrilles raides, fourchues, poilues, environ de la longueur du
pétiole. — **Pédicelles** dressés, poilus, courts, souvent solitaires.
— Tube des **Sépals** en cloche dans les fleurs anthérées. —
Pétals ovales-oblongs-obtus, 2 fois plus longs que les lames des
sépals. — **Fruit** ovoïde, vert ou panaché, lisse, très-ferme, à
chair rouge, blanche ou verte. — **Graines** ovales-comprimées,
deux fois plus longues que celles de la Coloquinte, rouges ou
noires. = Habite l'Asie équatoriale. Elle ne réussit bien que
dans les contrées méridionales de la France et de l'Europe. Il
lui faut beaucoup plus de chaleur qu'au melon.

Synon. — *Citrullus edulis*. Spach, suit. buff. 6, p. 214* (1838).
— *Cucurbita Citrullus*. Linn. spec. 1435 (1764); Jacq. aîné,
mon. mel. p. 190, pl. XXXI–XXXIII (1832). — *C. anguria*.
Duch. dans Lamk. enc. bot. 2, p. 158* (1786). — *Cucumis Citrullus*. Sering.! dans A. P. de Cand. prodr. 3, p. 301 (1838).

Variété 1, **C. comestible Arbouse** (1) (*C. edulis aquosa*, Sering.)
Chair succulente, très-fondante. Se mange crue. — Franç. *Arbouse* ou *Melon d'eau, Pastèque* des habitants du Midi.

Variat. 1, A. d'ANDALOUSIE. Fruit ovoïde-sphérique (27 centim.
de hauteur). Écorce lisse, verte, marquée de bandes longitudinales, inégales, d'un vert plus foncé. Chair rose, glacée, fondante et assez douce quand le fruit est bien mûr. Graines
noires. — *A. d'Andalousie*. Sering. mss. — *Pastèque d'Andalousie*.

(1) Il est indispensable de distinguer ces 2 variétés ; mais il faut adopter le
mot d'ARBOUSE pour la variété succulente et mangée crue, et n'employer le mot
de PASTÈQUE que pour celle à chair dure, et qui ne peut être mangée que cuite.
Presque partout on applique indistinctement et bien à tort le nom de *Pastèque*
aux deux variétés.

Jacq. aîné, mon. mel. p. 191, pl. XXXIII, fig. 1 (1/3 de grandeur) (1832).

Variat. 2, A. PIQUETÉE D'ANDALOUSIE. Fruit sphérique (16 à 17 centimètres de hauteur), vert-foncé, pointillé de blanc et marqué de raies vertes plus ou moins intenses, figurant des côtes (non pointillé à la base). Peau mince. Chair rose, fondante, sucrée. Graines noires. — *Pastèque piquetée d'Andalousie.* Jacq. aîné, mon. mel. p. 191, pl. XXXIII, fig. 1 (1/3 de grandeur).

Variat. 3, ARBOUSE DE PORTUGAL. Fruit elliptique (38-40 centimètres de hauteur). Écorce vert foncé, rayée longitudinalement en vert-jaune, panachée de vert plus foncé. Pédicelle long et mince. Chair rose, fondante et sucrée. — *Pastèque de Portugal.* Jacq. aîné, mon. mel. p. 191, pl. XXXIII, fig. 2 (1/3 de grandeur) (1832). — *Pastèque cidre.*

Variat. 4, ARBOUSE DU CAUCASE. Fruit sphéroïdal (21 centim. de hauteur), jaune vert, marbré de vert plus foncé. Chair blanche et rouge, assez bonne. Graines rouge-foncé. — *Pastèque du Caucase.* Jacq. aîné, mon. mel. p. 190, pl. XXXII, fig. 2 (1/3 de grandeur). — *P. de Constantinople, P. ronde, P. marbrée à chair rouge.*

Variété 2, **C. comestible Pastèque** (*C. edulis carnosa,* Sering.). Chair ferme et non fondante. Ne se mange que cuit ou confit au sucre ou au vinaigre. — Franç. *Pastèque* (des Parisiens).

Genre 4. **Louffe.** — **Luffa.** (TOURN.)

Tige herbacée-sarmenteuse, anguleuse, — **Feuilles** palmées-lobées, rudes et souvent fétides. — **Vrilles** palmées. — **Fleurs anthérées** en grappe axillaire, souvent accompagnées d'une fleur carpellée. — **Sépals** unis à leur base, et terminés par des lames lancéolées. — **Étamines** 5, *libres entre elles, à anthères très-flexueuses.* — **Fleurs carpellées,** portées sur un long pédicelle cylindrique ; sépals unis en un long tube cylindrique anguleux, couronné par 5 lames lancéolées, persistantes ou caduques, suivant les espèces. — **Pétals** adhérents au tube, mais libres au-dessus, obovales, infléchis, grands et fibreux. — **Etamines** 5, réduites à leur filet, mais sans anthères. — **Carpels** 3, terminés par une colonne des styles courte et par 3 stigmates gros et réniformes. — **Fruit** oblong-obové, à facettes longitudinales peu marquées. Pulpe fibreuse, renfermant beaucoup de graines lisses, comprimées, minces sur les bords, munies de 2 bosselures oblongues au sommet des 2 faces. = Plantes de l'Asie équatoriale.

Synon. — *Luffa*. Tourn. act. R. S. 107 ; Cavan. icon. 1, 7, tab. 9. — *Trevouxia*. Scop. introd. 575. — Quelques espèces du genre *Momordica* (Linn.), à étamines libres entre elles.

Espèces du genre Louffe *(Luffa)*.

1. L. fétide. — *L. fœtida.*
2. L. Papongay. — *L. acutangula.*
3. L. égyptienne. — *L. ægyptiaca.*
4. L. Pétole. — *L. Petola.*

1. Louffe fétide. — *Luffa fetida*. (Cavan.)

Tige anguleuse et striée. — **Feuilles** en cœur à leur base, palmées et à 5 ou 7 angles garnis de quelques larges dents obtuses, couvertes de très-nombreux petits tubercules visibles surtout à la dessication, et répandant l'odeur de la *Dature stramoine* ou *Pomme-épineuse ;* pétiole creusé d'un canal étroit. — **Vrilles** palmées-ombellées, la principale portant une ligne saillante toujours placée sur la convexité des tours de la spire. — **Fleurs carpellées** portées sur 1 long et gros pédicelle cylindrique. Tube des sépals cylindroïde, relevé de 10 lignes longitudinales et garni de poils couchés, surmonté d'une portion de tube campanulé et de 5 lames oblongues-lancéolées, pointues, garnies chacune en dehors de 3-5 *glandes demi-lenticulaires, garnies d'un bourrelet,* et semblable à la fructification d'une *Lécanore* (genre de Lichénacées). — **Fruits** oblongs-obovés, à côtes peu saillantes, de 18 à 36 centimètres de long et tronqués au sommet. = Habite les moissons de l'Inde orientale et les îles de France et de Bourbon. Cultivée, elle acquiert en quelques mois 3 à 4 mètres de long, et des feuilles souvent aussi grandes et même plus grandes que celles de nos vignes.

SYNON. — *Luffa fœtida.* Cavan. icon. 1, p. 7, tab. 9. — *Ojong-Bulustru* des Indiens.

2. L. Papongay. — *L. acutangula.* (Sering.)

Feuilles réniformes, à 5 lobes presque égaux, peu profonds et anguleux, rudes. — Vrilles moins grandes et beaucoup moins rameuses que dans la *L. fétide.* — Fleurs (aussi moitié plus petites (2 centimètres 1/2). — Fruits terminés par les lames des sépals persistantes, jaune-orangé ou rougeâtres à leur maturité. Chair d'abord pulpeuse, spongieuse, et ensuite fibreuse. — Graines oblongues-circulaires, aplaties, noires et brillantes à leur maturité. = Habite l'Inde, où elle paraît vivace. Elle a beaucoup de rapport avec l'espèce précédente. Son fruit a des propriétés émétiques et sa racine est purgative.

SYNON. — *L. acutangula.* Sering. dans A. P. de Cand. prodr. 3, p. 302 (1828). — *Cucumis acutangulus.* Linn. spec. 1436 (1764); Jacq. hort. vindob. 3, tab. 73 et 74. — *Petola Bengalensis.* Rumph. amb. 5, tab. 149; hort. malab. 8, tab. 7. — *Papongay* des Hindous. — *Dringi* des Indiens. (V. S. C.)

3. L. égyptienne. — *L. ægyptiaca.* (Mill.)

Feuilles cordiformes, à 5 lobes triangulaires, pointus, ainsi que les dents inégales qui les bordent. Echancrure de la base très-évasée. — Vrilles très-peu rameuses, à tours très-serrés. — Fleurs d'un jaune pâle, larges de 2 1/2 à 5 centimètres. — Fruit jaunâtre ou verdâtre, long de 13 à 21 centimètres, sur 2 1/4 à 5 centimètres de diamètre. Pulpe fongueuse, mais ensuite fibreuse. — Graines d'environ 1 centimètre sur un peu moins de largeur. = Habite l'Arabie ; mais elle est cultivée, comme la précédente, dans l'Asie équatoriale et en Egypte, comme plante alimentaire peu recherchée.

SYNON. — *Luffa ægyptiaca.* Mill. dict. jard. éd. franç. de 1785, vol. 4, p. 500. — *Momordica Luffa.* Linn. spec. 1433 (1764). — *Luffa arabum.* Alp. plant. æg. p. 199, tab. 58 ; Moris. hist. 2, p. 35, sect. 1, tab. 7, fig. 1-2. — Franç. *Louffe à feuilles de Vignes.*

4. **L. Pétole.** — ***L. Petola***. (Sering.)

Tige cylindrique. — **Feuilles** en cœur, à 5 ou 7 lobes triangulaires, aigus, dentés, celui du milieu très-grand, assez semblables à celles de l'*Erable plane*. — **Vrilles** à deux branches.
— **Sépals** oblongs-obtus. — **Pétals** obcordés, dentés, plus
courts que les sépals. — **Fruits** oblongs-ovales mucronés, laineux et sillonnés ensuite, verts et panachés de blanc, puis
rouges et enfin grisâtres, non fibreux en dedans, du volume
du bras et longs de 65 centimètres. Chair insipide, succulente.
— **Graines** noires. = Cette espèce paraît être spontanée en
Chine, d'où elle a été transportée dans les Moluques. Les Ma-
lais, qui la nomment *Pétola*, font de ses jeunes fruits un de
leurs aliments favoris.

SYNON. — *Luffa Petola*. Sering. dans A. P. de Cand. prodr. 3,
p, 219 (1828); — Rumph. herb. amb. 5, tab. 147.

Genre 5. **Bénincase.** — **Benincasa.** (SAVI.)

Plante grimpante, couverte, pendant sa fleuraison, de longs
poils bruns et mous. — **Feuilles** en cœur, à 5 lobes aigus et
dentés. — **Vrilles** à 2 ou 3 branches, velues. — **Fleurs**
jaunes, à étamines et à carpels sur le même individu. —
Sépals lancéolés, aigus, unis en tube très-court dans les fleurs
à étamines, et en un tube cylindrique et laineux dans celles
à carpels. — **Pétals** obovales, bord sur bord pendant
l'épanouissement, adhérents au tube des sépals, mais libres
au-dessus, fortement fibrés, crépus et ondulés. — **Étamines**
unies 2 à 2, et la 5ᵉ libre. Anthères très-flexueuses sur le filet
dilaté. — **Carpels** unis et adhérents dans les autres fleurs,
accompagnés souvent de rudiment de filets. — **Stigmates**
très-renflés, irréguliers (quelques fleurs sont carpanthérées).
— **Fruits** atteignant jusqu'à 30 à 35 centimètres de longueur,
et couverts d'une épaisse couche de matière cireuse grise, d'où
lui est venu son nom spécifique. — **Graines** à bord épais,
transversalement tronquées. = Habite l'Inde.

Synon. — *Benincasa*. Savi, mém. cucurb. (1818), p. 6, avec fig. méd.; Delil. mém. acad. sc. Paris (1824), p. 395.

Benincase cérifère. — *Benincasa cerifera*. (Savi.)

Voir les caractères du genre, où sont indiqués ceux de la seule espèce qu'il renferme. = Habite les côtes du Malabar, où elle porte le nom de *Cumbulam*. Ses fruits se mangent comme ceux des Concombres.

Synon. — *B. cerifera*. G. Savi, [lieu cité, p. 5 ; Sering. dans A. P. de Cand. prodr. 3, p. 303 (1828), et mém. cucurb. dans mém. soc. phys. de Genève, v. 3, part. 1, p. 32, tab. IV (bonne) (1825); Rhed. hort. malab. 8, tab. 3, figurée de grandeur naturelle et très-bonne. (V. V. et S. C. au jardin de Genève et à celui de Lyon.)

Variété 1, **allongée** (*B. cerifera oblonga*, Sering.). Fruit oblong-cylindrique, obtus aux extrémités, et atteignant alors souvent jusqu'à 60 centimètres (dessin du Conserv. bot. de Lyon).

Variété 2, **tronquée** (*B. cerifera truncata*, Sering.). Fruit court, presque aussi long que large, et comme tronqué aux extrémités (dessin du Conserv. bot. de Lyon).

Genre 6. **Cyclanthère. — Cyclanthera.** (Schrad.)

Tige très-longue, mince, anguleuse, chauve. — **Feuilles** profondément pédatifides; lobes pétiolulés-lancéolés, aigus, et munis de dents larges, profondes et aiguës; les lobes inférieurs lobés eux-mêmes, élégamment réticulées, à mailles carrées et relevées d'un grand nombre de petits points verruqueux. — **Fleurs anthérées** très-petites et très-nombreuses, disposées en grappe composée, portée sur un long pédoncule. — **Sépals** lancéolés, à peine unis, très-petits. — **Pétals?** adhérents au tube des sépals; lames triangulaires aiguës. — **Étamines** *unies en colonne courbe, à anthères unies en bouclier circulaire.* — **Fleurs carpellées** solitaires aux aisselles des mêmes feuilles d'où partent les grappes de fleurs anthérées, formées des sépals unis en tube ovoïde, aminci aux extrémités, et entourant les carpels auxquels il adhère. — **Fruit** charnu, à une loge? devenant ensuite creux. — **Graines** pendantes au bord carpellaire, épaisses, brunes, relevées autour de tubercules allongés et au centre d'une croix formée par les mêmes tubercules verruqueux. — **Embryon** ovale-comprimé.

Synon. — *Cyclanthera*. Schrad. cat. de graines (1831), d'après la Linnæa 12, p. 408; Meisn. gen. 127 ; Endl. gen. p. 939 (1840).

Cyclanthère pédalée. — *C. pedata*. (Schrad.)

Voir les caractères du genre, qui sont aussi ceux de l'espèce. Il se pourrait, quand son fruit sera mieux connu, qu'il constituât une famille particulière qu'a proposée Endlicher, l. c. ; cependant sa graine est bien celle d'une *Cucurbitacée*. = Habite le Mexique, où ses fruits sont utilisés comme les Cornichons. Cette plante pousse très-rapidement dans l'espace de quelques mois. Elle est susceptible de couvrir très-vite des murs, des tonnelles de jardins dans des expositions chaudes. Elle offre un feuillage léger et élégant. (V. V. et S. C)

sous-famille 1. CUCURBITÉES. — CUCURBITEÆ.

Pétals unis au-dessus de l'orifice du tube commun, qu'ils concourent à former.

Synon. — *Cucurbiteæ*. Sering. mém. cucurb. dans mém. soc. phys. et hist. nat. gen. 3, p. 25 (1825), non prodr., ni Endl. gen. p. 935 (1839).

Genre 7. Cucurbite. — Cucurbita. (Linn.)

Plantes ordinairement grandes, couvertes de poils gros et très-durs, ce qui rend les organes verts presque piquants, presque toujours à très-longs rameaux sarmenteux, et munies de vrilles qui naissent latéralement à la base du pétiole. — **Feuilles** très-grandes, peu profondément lobées (en général). — **Fleurs** grandes, solitaires aux aisselles des feuilles supérieures, anthérées ou carpellées sur le même individu; les premières longuement pédicellées ; les carpellées présentant des rudiments de filets à l'orifice du tube. — **Vrille** rameuse, palmée, à 5 ou 6 fibres, d'abord roulées chacune en spirale plate, se déroulant ensuite pour se rouler en cylindre. — **Tube des Sépals** demi-pétaloïde, de sorte qu'il se confond facilement avec les pétals, qui sont unis en cloche. — **Étamines** 5, unies en 3 faisceaux par les filets (2, 2 et 1), mais dont les anthères, qui présentent chacune plusieurs courbures ascendantes et descendantes, sont unies en un seul faisceau ovale-cylindrique. — **Filets** ne se prolongeant pas au-dessus des anthères. — **Stigmates** 3, chacun à 2 gros lobes papilleux. — **Fruits** souvent fort gros, à écorce très-lisse, le plus souvent déprimés. — **Graines** ovales, comprimées, *bordées d'un bourrelet saillant*, circulaire, produit par le passage de la suite du funicule qui en fait tout le tour.

Espèces et variétés du genre Cucurbite.

1. C. Potiron. — *C. maxima.*
   Var. 1. jaune. — 2. vert.
2. C. Courgeron. — *C. Courgero.*
3. C. porte-manteau. — *C. hippopera.*
4. C. melonée. — *C. moschata.*
5. C. Pâtisson. — *C. melopepo.*
6. C. Giraumon. — *C. Pepo.*
7. C. Cougourdette. — *C. ovifera.*
   Var. 1. en poire. — 2. oblongue. — 3. déprimée.
8. C. orange. — *C. aurantia.*
   Var. 1. Orangine. — 2. Coloquinelle.
9. C. verruqueuse. — *C. verrucosa..*

Espèces ou variétés mal connues.

10 Potiron d'Espagne.
11. Coucouzelle ou Courge d'Italie.
12. Courge à la moëlle.
13. C. de Valparaiso.
14. C. crochue.
15. C. sucrière du Brésil.
16. C. sucrine.
17. Potiron Mala-Moco.
18. Citrouille à la moëlle. — *Cucurb. succada.*
19. Courge blanche non coureuse.
20. Sucrière.

1. C. Potiron. — *C. maxima*. (Duch.)

Tige sarmenteuse, rampante, très-rude et s'allongeant beaucoup. — **Feuilles** en cœur, profondément lobées; lobes à sinus très-aigus, se recouvrant par leurs bords à dents aiguës, assez distantes et régulières, non tachées de blanc. — **Tube** des fleurs carpellées très-rétréci près de son orifice, plus brusquement évasé en soucoupe, et tellement adhérent à la base de celui des sépals qu'il se distingue à peine; lames du tube des fleurs anthérées petites, très-linéaires, à peine plus longues que le tube. — **Pétals** grands, unis en cloche, jaunes. — **Fruits** velus dans leur très-jeune âge et sphériques, et ensuite lisses et luisants, sphériques-déprimés, *toujours vides au centre* et à chair jaune (jamais orangée). — **Graines** ovales, comprimées, grosses, relevées sur tout leur bord d'un épais bourrelet. Chair ferme et légèrement sucrée. = Cette plante, qui probablement nous vient de l'Inde, est souvent cultivée sur les fumiers et dans les champs. Elle est d'une culture facile. On coupe souvent le sommet de la tige principale au-dessous de la 3e ou 4e feuille; alors elle se ramifie latéralement. — Les POTIRONS se cultivent comme les Melons, mais ils demandent beaucoup moins de soins. On peut les semer sur la place qu'ils devront occuper, que l'on aura soin de creuser d'abord, pour garnir le trou d'un peu de fumier en partie décomposé et de terreau, ou bien on sème les graines dans autant de très-petits pots. On les fait germer en serre ou sur couche, pour les dépoter ensuite lorsqu'ils ont 3 à 4 feuilles. On les taillera d'ailleurs comme les Melons, afin de leur faire produire des rameaux qui s'étendront circulairement. Souvent on les place sur des fumiers qu'ils couvrent au loin.

SYNON. — *Cucurbita maxima*. Duchesne, dans Lamk. dict. encycl. 2, p. 151 (1786). — *Pepo maximus indicus compressus*. Lob icon. 641. — *P. compressus major*. Bauh. pin. 311. — *Cucurbita Pepo*. Mill. dict. jard. éd. franç. vol. 2, p. 707 et 708, n° 2 (1785). — Franç. *Potiron*. Sauvages, meth. fol. p. 112, n° 209. — *Potiron*, bon jard. 1845, p. 339.

Variété. 1, **C. Potiron jaune** (*C. maxima Potiro*, Sering.).

Tige et rameaux sarmenteux, grimpants, très-longs, entre-
nœuds très-distants. Vrilles très-grandes. Feuilles très-larges,
en cœur, à peine lobées. Fruit globuleux, déprimé, très-gros,
jaune ou bien blanchâtre, creux à la maturité. — Plante
annuelle dont la patrie est inconnue, mais qui est cultivée dans
toute l'Europe. Elle est remarquable par la rapidité de son
accroissement. = Synon. *Cucurbita maxima Potiro.* Sering. dans
A. P. de Cand. prodr. 3, p. 316 (1828). — *Melopepo fructu
maximo albo.* Tourn. inst. p. 106, pl. 34 (fruit très-réduit)
(1719). — *Cucurbita aspera folio non fisso, fructu maximo albo
sessili.* J. Bauh. 2, p. 221. — *C. Pepo Potiro.* Pers. ench. 2,
p. 593 (1807). — Franç. *Potiron jaune, P. commun, Courge,
Citrouille.*

Variété 2, **C. Potiron vert** (*C. maxima viridis,* Sering.). Tige
et rameaux sarmenteux, grimpants, très-longs, entre-nœuds
très-distants. Vrilles très-grandes. Feuilles en cœur, très-
grandes, à peine lobées. Fruit globuleux, déprimé, très-gros,
vert ou ardoise, creux à la maturité. = Synon. *C. maxima viridis.* Sering. dans A. P. de Cand. prodr. 3, p. 306 (1838). —
Franç. *Gros Potiron vert.* (V.V. cult.)

2. **C. Courgeron.** — *C. Courgero.* (Sering.)

Tige et rameaux ascendants, entre-nœuds courts; vrilles
nulles ou à peine rudimentaires. — Feuilles en cœur, à 3 lobes
presque parallèles, et 2 plus petits latéraux (beaucoup plus
petites que celles du *Potiron*); sinus arrondis et bords non re-
couvrants. Pétioles minces. — Fruit petit, vert ou jaune à la
maturité, plein, beaucoup moins gros que les var. du *Potiron*,
et moins aqueux. Il se conserve très-bien.

Synon. — *C. Courgero.* Sering. mss. — *C. maxima Courgero.*
Sering. cucurb. dans mém. soc. phys. et hist. nat. gen. 3, part. 2,
pl. 1 (l'inférieure, elle est de grosseur naturelle pendant la fleuraison). — Franç. *Courgeron, Petit Potiron vert, Courgeron de
Genève.*

3. **C. porte-manteau.** — *C. hippopera.* (Sering.)

Tige et surtout Racine quadrangulaires; angles très-arrondis. — Feuilles réniformes, à 3 angles peu marqués et mucro-

nés, tachées de blanc aux aisselles des principaux embranchements des fibres ; bords obtusément dentés et ciliés. — **Fleurs** solitaires aux aisselles des feuilles; aussi grandes que celles de la précédente ; celles à étamines présentant des lames linéaires près de 4 fois plus grandes que le tube courtement en cloche, tandis que les fleurs carpellées ont un tube à 2 renflements : 1 à la base, et l'autre, un peu plus gros, au sommet ; ce tube, couronné de lames moitié moins longues que celles des fleurs anthérées. — **Fruits** *pleins*, oblongs, vert-foncé, de 50 à 60 centimètres de long, souvent relevés de côtes étroites, plus gros à l'extrémité supérieure, qui renferme les graines, tandis que les 2 autres tiers ne sont formés que d'une chair ferme, orangée et sapide. — **Graines.....** = Patrie inconnue. Cette plante est certainement distincte de la *C. Potiron*, qui a ses fleurs un peu moins grandes, les lames de ses sépals plus courtes, etc., mais surtout par les fruits oblongs dans la *C. porte-manteau*, pleins dans leurs 2 tiers inférieurs, tandis que le supérieur est un peu plus renflé et plein (toujours vide dans le *C. Potiron*). Lorsque le développement de la *C. porte-manteau* se fait incomplètement, la partie qui est sans graine se raccourcit beaucoup.

Synon. — *C. hippopera*. Sering. dessins du Conserv. de Lyon. — Franç. *Courge porte-manteau, C. porte-manteau de Naples, C. pleine.*

4. C. melonée (ou musquée). — *C. moschata*. (Duch.)

Tige..... — **Feuilles** en cœur, anguleuses, molles et veloutées. — **Fleurs** en entonnoir, pâles en dehors. — **Sépals** allongés. — **Fruits** ovés ou sphériques-déprimés, à chair jaune ou orangée et musquée, de la nature de celle des Giromons, mais plus fine, d'un vert plus ou moins foncé à l'extérieur. = Cette espèce, que l'on présume originaire de la Martinique, se distingue aux poils mous et nombreux qui couvrent toutes ses parties vertes, et à la saveur musquée de sa chair. Elle a besoin d'une température élevée et prolongée pour mûrir. Il lui faut une bache dans sa jeunesse.

Synon. — *C. moschata*. Duch. dans dict. scienc. nat. 11, p. 234.

— *C. pepo moschata.* Lamk. dict. bot. 2, p. 152 (1786). — Franç. *Melonée, Citrouille melonée* (des Créoles, aux Antilles), *C. musquée.*

5. **C. Pâtisson. — C. Melopepo.** (Linn.)

Tige couchée, grimpante. — **Feuilles** en cœur, presque en forme de reins, à 5 lobes très-obtus, finement denticulés. — **Vrilles** peu développées. — **Tube commun** court, demi-sphérique dans les fleurs carpellées, très-évasé ; *lames lancéolées, longuement et linéairement acuminées.* — **Fruit** hémisphérique, court, bordé au-dessous de son sommet par la grosse cicatrice circulaire qu'a produit la chûte d'une partie du tube des sépals, et qui laisse saillir une portion des 3 ou 5 carpes qui le forment. Chair sèche, spongieuse, blanchâtre. — **Graines......** ⚌ Cette plante est certainement distincte des précédentes et des suivantes, dont les carpes ne paraissent jamais hors de l'orifice du tube ; celui-ci d'ailleurs est très-court et arqué de la base à la large cicatrice circulaire qu'on y remarque. Le fruit est en outre ordinairement panaché de couleurs souvent vives et tranchées, disposées en lignes longitudinales ; il varie beaucoup de grosseur et surtout de couleur, mais il se distingue toujours très-facilement au gros bourrelet circulaire que présente le tube des sépals, de l'orifice duquel s'élève plus ou moins le tiers environ de la longueur des carpes. Il se conserve longtemps. — Patrie inconnue.

Synon. — *C. Melopepo.* Linn. spec. 1435 (1764) ; Willd. spec. 4, p. 610 (1805) ; Mill. dict. jard. éd. franç. 2, p. 707 et 708, n° 4 (1785). — *Melopepo clypeiformis.* Bauh. pin. 312. — *Pepo maximus clypeatus.* Moris. hist, 1, sect. 1, t. 8. — *Cucurb. clypeiformis sive Siciliana.* C. Bauh. hist. 2, p. 224, fig. (1651). — Franç. *Bonnet d'électeur, Bonnet de prêtre, Pastisson, Pâtisson, Turban, Giraumon-Turban.* — Allem. *Turban Kürbis.* (V.V. cult.)

6. **C. Giraumon. — C. Pepo.** (Linn.)

Tige et **Rameaux** courts. — **Vrilles** nulles ou rudimentaires. — **Feuilles** en cœur, obtuses, à 5 lobes peu marqués et denticulés. — **Tube** des **Sépals** contracté au-dessus des carpes, qui s'y trouvent complètement renfermés. — **Fruits** arrondis ou oblongs, très-lisses, jaune pâle, souvent relevés de cornes obtuses très-prononcées, soit à la base du fruit, au milieu, ou près de son sommet, produites par la proéminence des carpes qui soulèvent le tube commun. Chair très-ferme. = Habite l'Orient.

Synon. — *C. Pepo.* Linn. spec. 1435 (1764). — *C. capitata Tabernæmontani sive clypeiformis*, et *C. clypeiformis cortice molli et ramosa.* J. Bauh. hist. 2, p. 225 (avec 2 bonnes figures). — Franç, *Giraumon, Citrouille iroquoise, Courge de saint Jean.* — Allem. *Garten Kürbis.*

7. **C. Cougourdette. — *C. ovifera*.** (Linn.)

Tige et **Rameaux** rampants. — **Feuilles** à 5 *lobes écartés*, profonds, à *sinus arrondis*, bordés de dents un peu inégales, *largement échancrées à leur base*, à *fibres pédalées*, assez rudes. — **Vrilles** filiformes. — Lames des **Sépals** linéaires-aiguës, tube en forme de poire, laineux dans sa jeunesse. — **Fruits** en forme de poire ou d'œuf, à peau très lisse, très-dure et luisante, de couleurs et panachures très-variées, parfois de deux couleurs bien tranchées, arrêtées circulairement. — **Graines** ovales-lenticulaires, à bourrelet assez marqué. = Habite Astracan. Cette espèce est assez tranchée par sa forme ordinairement en poire ou ovée, par la forme et la lobation de ses feuilles, ainsi que par l'écorce de son fruit qui acquiert une dureté remarquable.

Synon. — *Cucurbita ovifera.* Linn. mant. 126 ; Willd. spec. 4, p. 607 (1805). — *C. polymorpha pyxidaria.* Duch. d'après Lamk. dict. enc. 2, p. 154, var. B. — *C. pyriformis.* Lobel, hist. 367, fig. 2. — *Pepo pyriformis.* Moris. hist. sect. 1, t. 5, fig. 10. — Franç. *Cougourdette, Cucurbite poire, Fausse poire, Coloquinte lactée.* (V. V. cult.)

Variété **1**, **Cougourdette en poire** (*C. ovifera pyriformis*, Fruit en poire, à fond jaune, marqué de bandes panachées, vertes ; le plus souvent cette panachure couvre tout le fruit, d'autres fois elle n'en occupe que la partie supérieure (qui est la plus évasée), et enfin plus rarement on en trouve de blanches, à peine teintées de jaune, sans panachure. Leur grosseur varie aussi de 8 à 15 centimètres de hauteur.

Variété 2, **Cougourdette oblongue** (*C. ovifera oblonga*). Fruit oblong, en forme de bouteille, jaune-citron ou marqué d'une zone transversale verte, plus ou moins large, qui occupe souvent le sommet, et que parfois on rencontre vers le milieu, de 15 centimètres de long sur 4-5 de diamètre, dans sa partie la plus évasée.

Variété 3, **Cougourdette déprimée**. Fruit globuleux-déprimé (6 centimètres de hauteur sur 7 de diamètre), rayé de vert panaché sur jaune. Cette forme que je tiens du prof. GIRARDON ressemble tellement au fruit de la *C. orange*, que je penche plus que jamais à croire que ces deux espèces des auteurs ne doivent en constituer qu'une seule (V. V. C.).

8. **C. Orange. — *C. Aurantia*.** (Willd.)

Tige.... — **Feuilles** en cœur, à 3 lobes peu profonds, aiguement et finement dentés, le terminal saillant, triangulaire et mucroné. — **Fruits** globuleux ou un peu déprimés, de l'apparence et de la forme d'une orange, mais très-lisse ; chair jaunâtre, un peu amère. — **Graines....** = Patrie inconnue.

SYNON. — *Cucurb. aurantia*. Willd. spec. 4, p. 607 (1805). — *C. polymorpha colocintha*. Duch. selon Lamk. encycl. bot. 2, p. 154 (1786). — Franç. *Cucurbite orange.* †

Variété 1, **Orangine** (*C. aurantia orangina*, Sering.). Fruits globuleux ou un peu déprimés, à écorce très-dure d'abord, d'un vert foncé et passant ensuite au jaune-orangé. = SYNON. *Cucurb. Aurantia var. orangina*. Sering. dans A. P. de Cand. prodr. 3, p. 317 (1828). — Franç. *Orangine, Fausse-orange.*

Variété 2, **Orange coloquinelle** (*C. aurantia colocynthoïdes*, Sering.). Écorce du fruit mince. = SYNON. *Cucurb. aurantia colocynthoïdes*. Sering. dans A. P. de Cand. prodr. 3, p. 317 (1828). — Franç. *Coloquinelle.*

9. **C. verruqueuse. — *C. verrucosa*.** (Linn.)

Tige..... — **Feuilles** en cœur, à 5 lobes profonds ; lobe du milieu étroit à sa base. — **Fruits** arrondis-elliptiques, verru-

queux. — **Graines**..... = Patrie inconnue. Il est encore très-
probable que cette espèce devra être réunie aux deux précédentes.

Synon. — *Cucurb. verrucosa.* Linn. spec. 1435 (1764). —
C. polymorpha verrucosa. Duch. selon Lamk. encycl. bot. 2,
p. 155 (1805). — Franç. *Barbarine, Barbaresque, B. sauvage.* †

Espèces ou variétés mal connues.

10. Potiron d'Espagne (bon jard. 1845, p. 339). Fruits applatis, de moyenne grosseur, très-nombreux. Écorce lisse, très-
dure et ordinairement verte. Chair peu aqueuse, très-moëlleuse.
Propagée par M. Gondouin. Si les exemplaires séchés, cultivés
dès 1825, par feue Mme Lortet, et que nous tenons d'elle-même,
sous le nom de Courge d'Espagne, se rapportent bien à la même
plante, les tiges et les rameaux sont courts, dépourvus de
vrilles ; les feuilles réniformes, peu lobées, très-poilues, bordées de dents très-fines, nombreuses, et les 3 fibres principales
prolongées en autant de petites pointes.

11. Coucouzelle ou Courge d'Italie (bon jard. de 1845, p. 339).
Tige couchée, très-courte. Feuilles à 5 lobes allongés. Fleurs de
Cucurbite Potiron. Fruit mûr de 40 à 50 centimètres, sur 14 à
16 de diamètre, souvent rayé de bandes vertes. On le mange
lorsqu'il n'a encore que 10 à 14 centimètres sur 3-6 de diamètre ; plus âgé, il est moins bon que la *Cucurbite Potiron.* —
Ce pourrait bien être une variété de la *Cucurbite Courgeron ;*
du moins il en a les feuilles et la tige courte et probablement
non munies de vrilles.

12. Courge a la moelle. Tige.... Feuilles.... Fruit ovale, souvent à côtes, plein, long de 14-22 centimètres, d'un jaune
très-pâle. Chair douce, fondante, succulente (jusque près de sa
maturité), et ensuite fibreuse et coriace. — M. Mottard, qui l'a
cultivée à Saint-Jean-de-Maurienne (Savoie), la dit surtout
excellente et très-productive. Elle fournit de jeunes fruits mangeables jusqu'aux gelées. = Synon. *Courge de Valparaiso.*
Mme Adanson, maison de campagne, selon le bon jard. 1845,
p. 340.

13. Courge de Valparaiso (bon jard. non Mme Adanson, 1845, p. 340). Fruit cylindrique, oblong, vert taché de jaune. Chair excessivement sucrée. Mûrit mal dans les environs de Paris.

14. Courge crochue (bon jard. 1845, p. 340). Fort cultivée aux Etats-Unis, où elle est désignée sous le nom de *Crook-neck* (*cou tordu*). Fruit petit, jaune, un peu verruqueux, courbé presque à angle droit. Très-productive, mais ne doit être mangée que jeune.

15. Courge sucrière du Brésil (bon jard. 1845, p. 340). Se rapproche beaucoup de la *Courge à la moëlle* par la forme et le volume du fruit, mais celui-ci est plus gros et d'une teinte plus rousse. Chair blanche et excessivement sucrée, voisine par sa saveur de la *Courge de Valparaiso*. = Envoyée, en 1839, par M. Quetel, de Caen.

16. Courge sucrine (bon jard. 1845, p. 340). Fruit peu volumineux, de la forme et de la grosseur d'une *Calebasse allongée* (*Lagenaria vulgaris*), d'un vert pâle, parfois rayé de jaune ; l'intérieur plein (sans graines) dans plus de la moitié de leur longueur. Chair rouge-orangé, de bonne qualité. Est-ce la même que le n° 3 ?

17. Potiron Mala-moco. Fruit de forme arrondie à sa base et se terminant en pointe émoussée, à surface rose-clair. Chair jaune-foncé, ferme et sucrée. = Envoyé de Naples à M. Pepin, en 1842, et cultivé au jardin du Musée d'histoire naturelle de Paris. Sa qualité est excellente, il se conserve longtemps. Pepin, ann. flor. et pom. (1844), p. 170.

18. Citrouille a moelle (*Cucurbita succado*, allgem. gartenz. 1840). Se sème sur couche tiède ; elle vient très-bien ensuite à l'air libre. Les graines se mettent en place en mai pour avoir une récolte hâtive. Les premiers fruits peuvent se manger verts, c'est dans cet âge qu'ils sont préférables. Après les avoir pelés et vidés, on les fait bouillir dans l'eau salée, et ils sont accommodés ensuite à la sauce blanche. On les fait aussi griller pour les manger avec le thé. — Cette plante a aussi reçu le nom de *Moelle végétale*, les Anglais la nomment *Végetable marrow*. (Traduction de l'Allgemein Gartenzeitung 1840.)

19. **Courge blanche non coureuse.** C'est peut-être encore une variété de la *Cucurbite Courgeron.*

20. **C. sucrière.** Plante semblable aux autres espèces de ce genre. Feuilles de grandeur moyenne. Fruits ovales-oblongs, nombreux, couleur orangée, souvent relevés de côtes, de 15 à 20 centimètres de longueur sur 30 à 40 centimètres de circonférence. Chair d'un jaune blanchâtre, très-sucrée. Se conserve longtemps et peut être employée en entier en une seule fois pour un petit ménage. Pepin, ann. flor. et pom. (1844), p. 169. Introduite en France depuis 1839. — Ce n'est peut-être qu'une variété de la *Cucurbite Pâtisson* n° 5.

Courge non courante. — **Courge Potiron gros monstre.** — **Courge noire musquée.** — Ces 3 derniers noms sont cités par M. Mottard, comme préférables à plusieurs autres espèces ou variétés commestibles.

Genre 8. **Séchie** (1). — **Sechium.** (Linn.)

Tige.... — **Fleurs** anthérées et fleurs carpellées jaunes et sur la même plante; *celles à étamines munies de sépals unis et creusés de 10 fossettes près de l'orifice du tube.* — **Pétals** fortement adhérents aux sépals. — **Étamines** 4-5, unies en un seul faisceau? libres au sommet et divergentes; anthères en cœur et écartées. — **Fleurs carpellées** à sépals et pétals comme dans les fleurs anthérées; étamines 0; colonne des styles épaisse; stigmates 3-5, en tête. — **Fruit** obcordé, à 1 graine? ovée, comprimée.

Synon. — *Sechium.* Brown. Linn. gen. n° 1482; Juss. gen. 391 (1789).

Séchie comestible. — *Sechium edule.* (Swartz.)

Tige grimpante, cylindrique, striée, lisse. — **Feuilles** cordiformes, bilobées à leur base, anguleuses, acuminées, rudes; angles se recouvrant. — **Vrilles** à 4 ou 5 ramifications. —

____

(1) Prononcez *Sékie.*

Fleurs petites, jaunes; celles à anthères disposées en grappes, tandis que celles à **Carpels** sont solitaires et naissent des mêmes aisselles. — Lames des **Sépals** étroites, en alène. — **Fruits** à 5 angles, bossus au sommet, lisses ou portant des soies, d'un vert luisant. Chair blanche. — **Graines** vertes, longues d'environ 2 décimètres 1/2. = Plante fréquemment cultivée aux Antilles, où elle est nommée *Chayote*, *Chayotl* et *Chocho*. Ses fruits, diversement préparés, sont recherchés des Créoles.

Variété 1, **lisse** (*P. edule lævis*, Sering.). Fruit lisse, du volume d'un œuf de poule. — Nommé dans les Antilles, selon Spach (suit. buff. 6, p. 229 (1828), *Chayote français*.

Var. 2, **hérissée** (*S. edule setigerus*, Sering.). Fruit de 8-13 centimètres de long, plus ou moins hérissé de soies molles.

Genre 9. **Bryone.** — **Bryonia.** (Linn.)

Racine tubéreuse, blanchâtre. — **Tige** mince, grimpante. **Feuilles** à 5 lobes entiers ou bordées de larges dents inégales, à fibres pédalées. — **Fleurs** carpellées et fleurs anthérées sur le même individu ou sur deux, de petites dimensions, d'un jaune verdâtre, en grappes ombelliformes, pédicellées. — **Vrilles** non ramifiées. — **Sépals** unis en tube fortement étranglé au-dessus des carpes, et ensuite évasé et couronné par les 5 lames linéaires peu marquées. — **Pétals** adhérents au tube commun, et unis par leur base au-dessus de ce tube, à lames ovales lancéolées, étalées. — **Étamines** 5, unies 2 à 2, la 5e libre, à anthères flexueuses. — **Carpels** 3, surmontés de la colonne des styles, écartés avant de donner naissance aux 3 stigmates bifurqués et linéaires. — **Graines** ovoïdes, peu nombreuses, bordées d'un bourrelet funiculaire peu distinct.

Synon. — *Bryonia*. Linn. gen. n° 1480, en partie; Lamk. ill. tab. 796 (1793); Schk. handb. tab. 316; Gaertn. fruct. tab. 88 (1788); Endl. gen. p. 987 (1840).

Bryone dioïque. — *Bryonia dioica*. (Jacq.)

Feuilles à 5 lobes un peu émoussés et bordés de quelques
dents larges et inégales (lobes et dents aigus dans la *Br. blanche*),
garnies de tubercules marqués à la base de chaque poil. (peu
apparents dans la *Br. blanche*). — **Fleurs** disposées en grappes
ombellées, 3 à 4 ensemble ; celles à étamines longuement pédonculées et pédicellées. — **Fruits** du volume d'un noyau de
cerise, d'un rouge de cire à cacheter, renfermant un petit
nombre de graines ovoïdes grises, tachetées de noir. — On en
possède une variété à fruit jaune. = Racine fortement purgative.

Synon. — *B. dioïca*. Jacq. flor. austr. tab. 199 ; Smith, engl.
bot. tab. 439 ; Blackw. herb. t. 37. (V. V. et S. S.)

Genre 10. **Ecbalie. — Ecbalium.** (L. C. Rich.)

Plante annuelle, couverte de poils durs et coniques, se trai-
nant sur terre. — **Feuilles** dures, épaisses, glaucescentes. —
Vrilles nulles. — **Fleurs** anthérées et fleurs carpellées sur
le même individu ; les premières en grappes pédonculées, les
carpellées solitaires, ou géminées dans la même aisselle que les
premières, ou séparées. Tube des **Fleurs anthérées** court,
campanulé, très-évasé à son orifice, couronné par les lames
linéaires-oblongues appliquées. — **Pétals** adhérents au tube
commun, prolongé au-dessus de celui des sépals, à lames obovales, rayées de vert et distantes. — **Étamines** unies 2 à 2,
la 5e libre, à anthères flexueuses, non appendiculées à leur
sommet. — **Fleurs carpellées** dressées, à tube commun
elliptique, rétréci au-dessus des lames linéaires. Pétals obovales-
obtus, mucronés, rayés de vert. Colonne des styles très-courte,
terminée par 3 stigmates fourchus et très-papilleux. Filets des
étamines 5, rudimentaires, privés d'anthères. — **Fruit** elliptique, du volume d'un fort gland, hérissé de poils gros, coniques et imitant des aiguillons, se désarticulant nettement du
sommet du pédicelle courbé au sommet, et se vidant par la
base, sans que le tube commun se déchire, en lançant au loin

le liquide glaireux, nauséeux et âcre, ainsi que les graines qu'il contient. — **Graines** ovoïdes, jaunâtres, lisses, relevées d'un côté par le passage du funicule interne. == C'est avec raison que le savant L. C. RICHARD a créé un genre pour cette espèce, car elle ne peut être placée dans les genres *Momordica*, *Elaterium*, *Cucumis*, son mode de déhiscence, l'absence de vrilles, etc., l'en distinguent nécessairement.

Ecbalie officinale. — *Ecbalium officinale*. (L.C. Rich.)

Voir les caractères du genre, qui sont aussi ceux de la seule espèce connue. == Habite les contrées chaudes de l'Europe, surtout les bords de la Méditerranée. — A la maturité, le pédicelle se détache de la base du fruit, qui se contracte en même temps d'une extrémité vers l'autre, se vide brusquement par cette ouverture circulaire de la presque totalité du suc aqueux, amer, fétide et très-âcre qu'il contient, ainsi que de ses graines, qui jaillissent au loin. C'est un médicament très-actif et fort peu employé.

SYNON. — *Ecbalium officinale*. L. C. Rich. — *E. agreste*. Reich. flor. germ. excurs.; Spach, suit. buff. 6, p. 217 (1838). — *Cucumis agrestis*. Blakw. herb. tab. 108. — *Momordica elaterium*. Linn. spec.; Schrank. handb. tab. 313; Hayn. arzn. 8, tab. 45. —Franç. *Elaterium, Concombre sauvage, C. d'âne*.

Genre 11. Momordique. — Momordica. (LINN.)

Plantes annuelles, grimpantes, à tige filiforme. — **Feuilles** cordiformes, lobées, assez minces, finement ponctuées (à la loupe) lorsqu'elles sont sèches. — **Vrilles** *filiformes, non rameuses.* — **Fleurs** anthérées et fleurs carpellées sur le même individu, blanches ou jaunâtres, axillaires, solitaires, accompagnées d'une *bractée réniforme;* tube très-court, campanulé, terminé par 5 lames linéaires, aiguës et appliquées. — **Pétals** obovales, ondulés, unis inférieurement, étalés. — **Etamines** 5, unies 2 à 2, la 5ᵉ libre. Filet dilaté, non prolongé au-dessus des anthères flexueuses. — **Fleurs carpellées** portées sur des pédicelles allongés. — **Sépals** unis et formant un long tube en fuseau couvert de larges aspérités et étranglé au sommet, terminé par 5 lames courtes et linéaires. — **Pétals** obovales, étalés, *se recouvrant par leurs bords*. — **Étamines** 5? rudimentaires. — **Fruit** ovoïde ou oblong, pointu, couvert de *gros tubercules* très-inégaux et se *déchirant longitudinalement.*

— **Graines** ovales, obtuses, *entourées d'une arille rouge*, présentant un rebord très-épais et comme coupé. — **Cotyles** ovales-obtus ; les 2 feuilles qui les suivent sont réniformes, échancrées à la base et au sommet, et assez régulièrement dentées. — Quelques espèces sont remarquables par leur feuillage élégant et la singularité de leur fruit, qui se déchire et offre alors une belle couleur rouge.

Synon. — *Momordica.* Linn. gen. n° 1477, en excluant quelques espèces; Gaertn. fruct. 2, p. 48, tab. 88 ; Lamk. ill. tab. 794 (1793); Endl. gen. p. 937 (1840*).*

1. **M. Balsamine.** — *Momordica Balsamina.* (Linn.)

Tige très-mince, chauve. — **Feuilles** réniformes, minces, inodores? imitant celles de la *Vigne d'Autriche* ou *Cyota*, à lobes très-aigument dentés ; sinus très-larges, très-arrondis et ne se recouvrant pas. — **Fruits** ovoïdes, pointus, courtement pédicellés. — **Graines** ovales-comprimées, à racine saillante. — Habite l'Inde orientale, d'où elle a été transportée dans nos jardins d'Europe en 1568.

Synon. — *M. Balsamina.* Linn. spec. 1433 (1764); Lamk. enc. bot. 4, p. 237; ill. tab. 794, fig. 1 (1793); Blackw. herb. 6, tab. 539, *a-b.* (V. V. et S. C.)

2. **M. Charantie.** — *M. charantia.* (Linn.)

Tige 2-3 fois plus grosse que celle de la précédente, velue, ainsi que tout le reste de la plante. — **Feuilles** réniformes, fétides, à lobes obovales, se recouvrant un peu par leurs bords, à sinus arrondis, mais étroits, à peine garnis de quelques larges dents. — **Fruits** oblongs-en-fuseau, très-allongés. — **Graines**

ovales, comme carrées, mais à racine saillante. = Habite l'Inde,
d'où elle a été transportée dans nos jardins en 1710.

Synon. — *M. Charantia.* Linn. spec, 1433 (1764); Sims, bot.
mag. t. 2455; Rheed. mal. 8, p. 17, tab. 9. (V. V. et S. C.)

ORDRE 6. — FILETS PÉTALS.

fam. 18. GENTIANACÉES. — GENTIANACEÆ. (Lindl.)

Plantes ordinairement herbacées, vivaces ou plus
rarement annuelles, le plus souvent lisses et chauves,
amères, rarement gluantes. — **Tige** et **Rameaux** cylindriques ou anguleux. — **Feuilles** *opposées - croisées,*
simples, rarement trilobées, presque toujours sessiles, à
fibration pennée ou parfois parallèle, *entiers, sans stipules.* — **Fleurs** solitaires ou fasciculées, carpanthérées, complètes et régulières. — **Sépals** 5-4, *persistants,
unis plus ou moins haut,* bord à bord, parfois découpés.
— **Pétals** 5-4 , unis , *se fanant souvent sur place;*
lames le plus souvent semblables, alternes avec les sépals, *régulièrement bord sur bord* ou roulés en dedans,
souvent munies d'appendices à leur base. Tube en soucoupe ou en entonnoir. — **Étamines** 5-4, libres entre
elles, mais adhérentes aux pétals avec lesquels elles
alternent. — **Anthères** infléchies, *à loges parallèles et
ouvrant en long* et en dedans, quelquefois seulement par
le sommet, et rarement se fendant du côté des pétals,
dépassées quelquefois par la dorsale. — **Intermède** nul
ou entourant à peine la base des carpels. — **Fruit** formé
de 2 carpels presque toujours ablamellaires, et conséquemment formant un capitel à une loge. Styles unis.
Stigmates souvent libres. *Capitel ouvrant du sommet à
la base, par la désunion des 2 carpels* dont les bords

sont écartés l'un de l'autre, ou rarement unis au centre par fois chauves. — Graines plus ou moins nombreuses, petites, globuleuses ou comprimées, rarement ailées. Albumen charnu, épais, renfermant vers sa base un très-petit embryon. = Les GENTIANACÉES se trouvent dans toutes les parties du globe, surtout sur les parties montueuses et froides. Elles sont d'une culture difficile.

SYNON. — *Gentianacees*. Lindl. nat. syst. éd. 2, p. 496. — *Gentianées*. A. L. de Juss. gen. p. 141 ; Endl. gen. p. 599 (1839); Griesebach, observationes de gent. Berlin, 1836, et mss. dans Alph. de Candolle, prodr. p. 9, p. 38 (1845).

Tableau de la famille des GENTIANACÉES.

SOUS-FAM. 1. GENTIANÉES. — GENTIANEÆ.

Genre 1. **Gentiane. — Gentiana.**

§ 1. *Parties florales en nombre quinaire.*

*1. Pétals à peine unis à leur base.

1. G. jaune. — *G. lutea.*

*2. Pétals unis en un tube évasé.

2. **G.** saponaire. — *G. saponaria.*
3. **G.** pourpre. — *G. purpurea.*
4. **G.** Pneumonanthe. — *G. Pneumonanthe.*
5. **G.** asclépiade. — *G. asclepiadea.*
6. **G.** à courte tige. — *G. acaulis.*
7. **G.** printanière. — *G. verna.*

§ 2. *Parties florales en nombre quaternaire.*

8. G. croisette. — *G. cruciata.*

Genre 2. **Swertie. — Swertia.**

S. vivace. — *S. perennis.*

SOUS-FAM. 2. CHIRONIÉES. — CHIRONIEÆ.

Genre 3. **Chironie. — Chironia.**

1. Ch. quadrangulaire. — *Ch. tetragona.*
2. Ch. à longs pédicelles. — *Ch. peduncularis.*
3. Ch. à feuilles de lin. — *Ch. linoïdes.*

Genre 4. **Orphie. — Orphium.**

O. ligneuse. — *O. frutescens.*

sous-fam. 3. MÉNYANTHÉES. — MENYANTHEÆ.

Genre 5. **Ményanthe. — Ményanthes.**

M. Trèfle d'eau. — *M. trifolia.*

Genre 6. **Villarsie. — Villarsia.**

V. Parnassie. — *V. Parnassifoliata.*

Genre 7. **Limnanthème. — Limnanthemum.**

L. en bouclier. — *L. peltatum.*

sous-famille 1. GENTIANÉES. — GENTIANEÆ. (Endl.)

Feuilles opposées, entières, à fibres presque parallèles. Lames des Pétals régulièrement bord sur bord et tordues. Anthères ouvrant en long. Albumen concave, remplissant toute la graine.

Genre 1. **Gentiane. — Gentiana.** (Tourn.)

Plantes vivaces ou annuelles, ordinairement chauves et lisses. — **Feuilles** opposées. — **Fleurs** en cymes terminales ou latérales. — **Sépals** unis, 5-4, bord à bord, persistants. — **Pétals** unis plus ou moins haut, en forme d'entonnoir ou de vase, ou en roue, souvent munis d'appendices sur les bords, non adhérents aux sépals. — **Étamines** 5 ou 4, adhérentes au tube des pétals, d'égale longueur. — **Anthères** ouvrant en dehors, souvent rapprochées les unes des autres. — **Capitel** formé de 2 carpels ablamellaires unis dans toute leur longueur, excepté vers les stigmates, qui sont plus ou moins distincts et souvent arqués en dehors. Carpes se désunissant l'un de l'autre en entraînant chacun ses deux bords séminifères. ═ Ce beau genre, qui renferme de nombreuses espèces, a peu de représentants dans nos jardins : ce qu'on ne peut attribuer qu'à la difficulté que présente leur culture. La terre de tourbe et celle de bruyère leur conviennent.

Synon. — *Gentiana.* Tourn. inst. p. 80, tab. 40 (1719). Alph. de Cand. prodr. 9, p. 86 (1845). — Borkhausen a fait

un grand nombre de sections qu'il a élevées au rang de genre ;
nous n'avons pas à nous en occuper ici.

§ 1. *Parties florales en nombre quinaire.*

*1. Pétals à peine unis à leur base.

1. Gentiane jaune. — *Gentiana lutea*. (Linn.)

Plante vivace, s'élevant jusqu'à un mètre et plus, entièrement lisse et chauve, ferme et d'un vert jaune. — **Tige** cylindrique, raide. — **Feuilles** ovales, grandes, obtuses. — **Fleurs**
disposées en petites cymes lâches aux aisselles des feuilles et à
leur sommet. — **Sépals** très-grands, minces, unis très-haut,
foliacés, devenant membraneux à la maturité des fruits. ·
Pétals jaunes, à peine unis ; lames oblongues-linéaires, étalées,
terminées en pointe. — **Anthères** très-allongées. — **Stigmates**
écartés, un peu en crosse. — **Capitel** ovoïde, courtement pédicellé. — **Graines** plates, ailées. = Habite les prés des Basses-
Alpes. Difficile à cultiver dans les jardins. Réussirait probablement dans une terre un peu tourbeuse, mêlée de terreau et de
pierrailles, tenue fraîche. — Sa racine, très-longue et très-
grosse, fermentée et distillée, produit l'eau de Gentiane (Entzian
Wasser). C'est une véritable matière alcoolique dont font grand
usage les habitants des Alpes suisses, mais elle a une odeur pé-
nétrante qui est loin de plaire à tout le monde. On se sert, pour
la même préparation, d'autres grandes espèces à longues racines, telles que la *G. pourpre, ponctuée,* etc.

Synon. — *Gentiana lutea.* Linn. spec. p. 329 (1764). — *Gentiana.* Lamk. ill. pl. 109, fig. 1 (1791), et Alph. de Cand. propr. 9,
p. 86 (1845). — *Asterias lutea.* Borkhausen. — Franç. *Gentiane
jaune, Grande Gentiane.* (V. V. et S. S. et C.)

*2. Pétals unis très-haut en tube évasé (en cône renversé).

2. G. Saponaire. — *G. Saponaria*. (Linn.)

Tige ascendante, de 35 centimètres de hauteur. — **Feuilles**
ovales-lancéolées ou en ovale-renversé, à bords rudes, à 3 fibres
longitudinales. — **Fleurs** presque sessiles, disposées en cyme.

— **Sépals** unis en tube, lequel égale la longueur des lames. — **Pétals** bleus, unis très-haut en tube ayant la forme d'une massue, une fois plus longs que les sépals ; lames ovales, obtuses, fendues, infléchies. — **Anthères** rapprochées. — **Graines** entourées d'une aile étroite. = Habite l'Amérique boréale. Introduite en Europe en 1776. — Se cultive en terre de bruyère. Fleurit en août et septembre.

Synon. — *Gentiana Saponaria*. Linn. spec. p. 330 (1764), et Griseb. dans Alph. de Cand. prodr. 9, p. 113 (1845); bon jard. 1845, p. 169. — *G. Catesbæi*. Walt. flor. carol. p. 109 ; bot. mag. t. 1039. — *G. fimbriata*. Vahl. symb. 3, p. 46. — *G. rubricaulis*. Schm. — *Pneumonanthe Catesbæi*. Schm. — *Cultera Saponaria*. Rafin.

3. **G. pourpre.** — ***G. purpurea***. (Linn.)

Plante lisse et chauve, vivace. — **Tige** un peu couchée à sa base, de 15 à 40 centimètres de hauteur. — **Feuilles** ovales-oblongues, pointues, les inférieures pétiolées, relevées de 3 à 5 fibres longitudinales et assez finement réticulées, lisses sur les bords. — **Fleurs** grandes, en entonnoir, pourpres, — **Sépals** unis presque jusqu'au sommet, formant un tube membraneux, n'atteignant que le tiers de celui des pétals. — **Pétals** unis en tube jaunâtre, s'évasant graduellement ; lames circulaires assez étalées ; sinus tronqués. — **Étamines** rapprochées des carpels, en flèche. — **Stigmates** réfléchis, dépassant les étamines. = Habite les hautes montagnes de l'Europe. Même culture que les autres espèces.

Synon. — *Gentiana purpurea*. Linn. spec. 329 (1764); Griseb. dans Alph. de Cand. prodr. 9, p. 116 (1845); flor. dan. tab. 50. — *Cœlanthe purpurea*. Borkh. p. 23. (V. V. et S. S.)

4. **G. Pneumonanthe.** — ***G. Pneumonanthe***. (Linn.)

Tige dressée, de 20 à 35 centimètres, flexueuse. — **Feuilles** linéaires, obtuses, lisses sur les bords, qui sont roulés en dessous. — **Fleurs** terminales et axillaires, peu nombreuses. — **Sépals** 5, à lames linéaires, égalant le tube. — **Pétals** une fois plus longs que les sépals, unis presque jusqu'au sommet et

formant un tube en cone renversé, d'un beau bleu assez foncé ;
lames ovales, aiguës, mucronées ; appendices des sinus entiers
et triangulaires. — **Anthères** rapprochées. — **Graines** étroitement ailées. = Habite les prés tourbeux de l'Europe. Se cultive
dans la terre de tourbe tenue toujours humide.

SYNON. — *Gentiana pneumonanthe.* Linn. spec. 329 (1764). —
G. linearifolia. Lamk. flor. franç. éd. 2, vol. 2, p. 298 (1793). —
Pneumonanthe vulgaris. Schmidt. — *Ciminalis Pneumonanthe.*
Borkh. — Franç. *Gentiane d'automne*, *G. pneumonanthe.* (V. V.
et S. S et C.)

5. **G. asclépias.** — *G. asclepiadea.* (Linn.)

Tiges gazonnantes par la culture, dressées. — **Feuilles** ovales,
longuement acuminées, échancrées à leur base, rudes sur les
bords, et portant 5 fibres presque parallèles. — **Fleurs** disposées au sommet et à l'aisselle des feuilles-bractées, grandes et
belles. — **Sépals** courts, unis par leur base, à lames linéaires,
courtes. — **Pétals** unis en long; tube graduellement évasé et
d'un beau bleu, 3 fois plus grands que les sépals ; lames ovales,
aiguës, séparées dans les sinus par des appendices courts et
aigus. — **Anthères** rapprochées. — **Graines** ailées. = Habite
les Basses-Alpes. Réussit facilement dans des rocailles garnies
de terre de bruyère. Fleurit longtemps et est d'un bel effet.

SYNON. — *Gentiana asclepiadea.* Linn. spec. 329 (1764), et
Alph. de Cand. prodr. 9, p. 112 (1845); Jacq. flor. austr. tab.
328, bot. mag. tab. 1078. — *Pneumonanthe asclepiadea.* Schm.
— *P. plicata.* Schm. (forme à 1 fleur, tab. 2, fig. 1). — *Dasyste-
phana asclepiadea.* Borkh. — *Coilanthe asclepiadea.* Don. gen.
syst. gard. 4, p. 186. (V. V. S. S. et C.)

6. **G. à courte tige.** — *G. acaulis.* (Linn.)

Tiges courtes, gazonnantes, ne portant chacune qu'une
grande fleur aussi longue qu'elles. — **Feuilles** planes, lancéolées ou elliptiques, très-rapprochées les unes des autres, rudes
sur les bords. — **Sépals** unis, lames ovales-lancéolées, acuminées, aussi longues que le tube. — **Pétals** d'un beau bleu, unis
presque jusqu'au sommet en un grand tube graduellement

évasé, et couronné par 5 lames étalées, lancéolées, munies
entre leurs sinus d'appendices triangulaires et entiers. = Habite les prés alpins. Réussit très-bien en bordure dans la terre
de bruyère.

Synon. — *Gentiana acaulis*. Linn. spec. 329 (1764). Voir la
synonymie aux variétés.

Var. 1, **lancéolées-aiguës** (*G. acaulis angustifolia*). Feuilles
lancéolées-aiguës. Tige égalant la fleur ou plus longue qu'elle.
= Synon. *G. acaulis angustifolia*. Griseb. gent. p. 295, et dans
Alph. de Cand. prodr. 9, p. 116 (1845). — *G. excisa*. Presl. bot.
zeitung 2, part. 1, p. 263, d'après et avec Koch, syn. flor. germ.
éd. 2, p. 562 (1844). — *G. acaulis* et *G. angustifolia*. Vill. hist.
dauph. 2, p. 525 et 526 (1787). — *G. alpina magno flore*. J. Bauh.
hist. 3, p. 523, avec fig. (1651). — *Pneumonanthe angustifolia*.
Schm. p. 10. (V. V. S. et C.)

Var. 2, **obtuses** (*G. acaulis obtusifolia*, Sering.). Feuilles ovales,
larges, obtuses. Tige souvent plus courte que la fleur. = Synon.
Gentiana acaulis obtusifolia. Sering. herb. — *G. acaulis*, var. A.
Linn. spec. p. 330 (1764), et Griseb. dans Alph. de Cand. prod.
9, p. 115 (1845). — *G. acaulis*. Koch. syn. flor. germ. éd. 2,
p. 562 (1844). — *G. grandiflora*. Lamk. encycl. bot. 2, p. 637,
et probablement aussi *G. caulescens*. même ouvr. p. 638 (1786).
(V. V. et S. S.)

Var. 3, **alpine** (*G. acaulis alpina*). Feuilles ovales, petites,
entassées. Tige extrêmement courte, cachée dans la rosette de
feuilles. Fleurs presque moitié plus petites que dans les variétés
précédentes. = Synon. *Gentiana acaulis alpina*. Griseb. gent.
p. 296, et dans Alph. de Cand. prodr. 9, p. 116 (1845). —
G. alpina. Vill. hist. dauph. 2, p. 189, pl. X, fig. 3 (1787). —
G. excisa, var. B. Presl. bot. zeit. 2, part. 1, p. 268, avec Koch,
syn. flor. germ. éd. 2, p. 562 (1844). — *Hippion alpinum*. Schm.
p. 11. — *Ericula alpina*. Don. gard. 4, p. 189 (V. V. S.)

7. **G. printanière. — *G. verna*.** (Linn.)

Plante très-petite, gazonnante. — **Tige** anguleuse, munie
de 2 paires de **Feuilles** ovales, aiguës, et toutes les autres réunies en rosettes à la base, lisses sur leurs bords. — **Fleurs** soli-

taires à l'extrémité de chaque rameau, et ordinairement de la même longueur que lui à l'époque de la fleuraison, accompagnées de 2 à 4 feuilles imitant des bractées et entourant la base des sépals. — **Sépals** unis en un long tube relevé de 5 ailes étroites, dues à la saillie des dorsales ; lames lancéolées-aiguës, bordées d'une membrane blanchâtre. — **Pétals** unis en tube bleuâtre qui dépasse beaucoup les lames des sépals ; lames ovales, obtuses, très-étalées, d'un beau bleu, entières ou parfois légèrement festonnées, accompagnées dans chaque sinus de 2 replis pétaloïdes poilus, beaucoup plus courts qu'elles. — **Capitel** courtement pédicellé, terminé par la longue colonne des styles et par 2 stigmates renflés, mais peu distincts l'un de l'autre. — **Graines** oblongues, petites, non ailées. = Cette jolie petite espèce vivace des prés humides un peu élevés de l'Europe réussit en terre de bruyère et même dans la tourbe, sur laquelle elle croît naturellement. A placer en bordure ou en pot, dans les lieux ombragés. Elle diminue de hauteur à mesure qu'on s'élève sur les Alpes, où sa fleuraison est tout naturellement bien plus tardive. Sa tige grandit à mesure que le fruit mûrit.

SYNON. — *Gentiana verna*. Linn. spec. 331 (1764) ; Smith, engl. bot. t. 493 ; Griseb. dans Alph. de Cand. prodr. 9, p. 117 (1845). — *G. elongata*. Hœnh. dans Jacq. coll. 1, tab. 17, fig. 2. — *Hippion vernum*, *H. æstivum* et *H. elongatum*. Schmidt..... p. 10 et 11 (V. V. et S. S. et C.)

§ 2. *Organes floraux en nombre quaternaire.*

8. **G. croisette. — G. cruciata.** (Linn.)

Plante vivace, entièrement lisse et chauve, partant d'une souche souterraine quadrangulaire. — **Rameaux** presque étalés. — **Feuilles** ovales-lancéolées, rudes sur les bords, soudées 2 à 2 par leur base. — **Fleurs** en petit nombre, au sommet des rameaux. — **Sépals** 4, unis dans une grande partie de leur étendue en un tube, et dont les échancrures sont munies d'autant de petites dents linéaires. — **Pétals** beaucoup plus longs que les sépals, bleu-de-ciel ; tube en cône renversé ; lobes ovales-aigus. — **Anthères** dressées. — **Stigmates** courts, ovales, roulés. — Habite les prés secs calcaires de l'Europe, d'où on devrait chercher à la transporter dans nos jardins et sur nos pelouses sèches, qu'elle ornerait agréablement en automne.

SYNON. — *Gentiana cruciata.* Linn. spec. p. 334 (1764); Jacq. flor. austr. tab. 372; Griseb. d'après Alph. de Cand. prodr. 9 p. 118 (1845). — *Ericolla cruciata.* Borkh. p. 27. — *Hippion Cruciata.* Schm. (V. V. et S. S. et C.)

Genre 2. **Swertie. — Swertia.** (LINN.)

Plantes le plus souvent vivaces, lisses, chauves, d'un vert sombre. — **Feuilles** supérieures opposées, les inférieures en rosette et élargies à leur base. — **Fleurs** terminales en cyme. — **Sépals** 5, unis par leur base; lobes bord à bord. — **Pétals** 5, à peine unis par leur base, étalés, se fanant sur place; lames munies à leur base de deux excavations glanduleuses et froncées sur les bords. — **Étamines** 5, alternes avec les pétals, adhérentes à peine par leur base. — **Anthères** infléchies. — **Stigmates** réniformes, sessiles. — **Graines** comprimées, comme ailées.

SYNON. — *Swertia.* Linn. gen. n° 321; Jacq. flor. austr. tab. 243; Schk. handb. tab. 38; Gœrtn. fruct. 2, p. 160, tab. 114, fig. 7 (1791); Alph. de Cand. prodr. 9, p. 131 (1845).

Swertie vivace. — *Swertia perennis*. (Linn.)

Plante vivace, d'un vert teinté de violet. — Tige ascendante. — **Feuilles** inférieures, oblongues-elliptiques, longuement pétiolées; les supérieures opposées, ovales-oblongues, obtuses, lisses. — **Fleurs** en cyme, d'un bleu verdâtre, dressées. — **Sépals** lancéolés. — Lames des **Pétals** coriaces, elliptiques-oblongues, aiguës, munies de deux excavations circulaires, bordées de crêtes frangées. — **Stigmates** réniformes, canaliculés. — **Graines** ailées. = Habite les prés humides et élevés de l'Europe, dans la terre tourbeuse, au moyen de laquelle on peut la cultiver dans des lieux frais et ombragés de la plaine, en employant des vases doubles dont l'extérieur n'est pas percé et peut contenir constamment de l'eau.

Synon. — *Swertia perennis*. Linn. spec. p. 331 (1764); Jacq. flor. austr. 3, tab. 243; Alph. de Cand. prodr. 9, p. 132 (1845). — *Gentiana paniculata*. Lamk. flor. franç. éd. 2, n° 333, p. 290 (1793). (V. V. et S. C.)

sous-famille 2. CHIRONIÉES (1). — CHIRONIEÆ. (Griseb.)

Feuilles opposées, entières. Lames des pétals régulièrement bord sur bord. *Anthères ouvrant près du sommet seulement.*

Genre 1. **Chironie. — Chironia.** (Linn.)

Plantes herbacées ou demi-ligneuses, à rameaux alternes (par le non développement de l'un des deux). — **Feuilles** opposées, linéaires ou linéaires-lancéolées, à fibres principales parallèles. — **Fleurs** disposées en panicule souvent lâche, roses, élégantes. — **Sépals** 5, unis plus ou moins haut, à dorsale un peu saillante. — **Pétals** 5, unis en un tube court, se fanant sur place (mais lames étalées et tombant le plus souvent. — **Étamines** 5, alternes avec les pétals; filets courts; anthères droites ou à peine courbées, jaunes, s'ouvrant au sommet par deux trous. — **Capitel** incomplètement à 2 loges, ouvrant par le sommet. Exocarpe presque charnu; endocarpe membraneux, ouvrant par le décolement des 2 carpels. — **Graines** petites, réticulées, enfoncées dans les bords qui les portent. == Plantes souvent africaines, annuelles ou sous-arbrisseaux.

Synon. — *Chironia*. Linn. gen. n° 255 (en partie); E. Meyer, comm. afr. austr. fasc. 2, p. 177 ; Griseb. dans Alph. de Cand. prodr. 9, p. 39 (1845). — *Centaurium*. Tourn. inst. p. 122, pl. 48 (1719). — *Rœslinia*. Mœnch, meth. suppl. p. 211.

____

(1) Prononcez *Ki-ro-ni ées*.

1. Ch. quadrangulaire. — *Ch. tetragona*. (Linn. fil.)

Tige ligneuse. — **Feuilles** ovales, aiguës. — Tube des **sépals** à 5 ou 10 ailes; lames ovales, aiguës, d'abord un peu plus courtes que le tube des pétals, mais s'accroissant plus tard; lobes elliptiques-oblongs. — **Capitel** oblong, presque à 3 loges? = Habite la province orientale d'Albany, à la hauteur de 3 à 400 mètres.

Var. 1, **à larges feuilles** (*C. tetragona latifolia*, Griseb.) Feuilles larges. — Habite la province orientale d'Albany, à 3 ou 400 mètres au-dessus de la mer. — Griseb. dans Alph. de Cand. prodr. 9, p. 40 (1845); Thunb. trans. linn. soc. 7, tab. 12, f. 1.

Var. 2, **à feuilles courtes** (*C. tetragona brevifolia*, Griseb). Feuilles elliptiques ou elliptiques-lancéolées, courtes, aiguës aux extrémités; lames des sépals plus courtes que le tube. Tube des pétals égalant les lames obovales. — Habite les montagnes de Lawryspas, à la hauteur de 6 à 700 mètres. = *C. tetragona brevifolia*. Griseb. gent. p. 102, et dans Alph. de Cand. prodr. 9, p. 40 (1845). — *C. jasminoïdes*. Edw. bot. reg. tab. 197, et E. Mey. com. l. c.

Var. 3, **linearis** (*C. tetragona linearis*, E. Mey. comm. p. 179, en excluant la synonym. de Lamk. — Habite les montagnes de la province Uitenhagen, à la hauteur de 700 à 1,000 mètres. = *C. viscosa*. Zeyher.

2. Ch. à longs pédicelles. — *Ch. peduncularis*. (Lindl.)

Plante vivace, chauve, non gluante, haute de 1 mètre à 1,30, à suc laiteux. — **Tige** cylindrique, feuillée, fourchue. — **Feuilles** lancéolées-oblongues, pointues, glaucescentes, échancrées à leur base; ordinairement à 3 fibres parallèles qui se ramifient ensuite en un réseau assez régulier, un peu rudes sur les bords, longues de 4 à 5 centimètres. — **Fleurs** longuement pédicellées. — **Sépals** linéaires, très-aigus, unis par environ leur tiers inférieur; lames appliquées, presque aussi longues que le tube des pétals. — **Pétals** unis en tube cylindrique; lames oblongues, longuement acuminées, très-pointues, plus longues que le tube, rose-foncé, étalées. — **Étamines** dépassant le tube. Anthères oblongues-obtuses. Filets adhérents aux pétals presque jusqu'au haut du tube. — **Capitel** oblong, surmonté de la colonne des styles, aussi longue que les carpes, légèrement courbée au sommet et terminée par les stigmates unis et peu distincts, qui dépassent beaucoup les anthères. = Habite le littoral du cap de Bonne-Espérance. — Réussit dans un sol léger, mêlé de terre de bruyère. Arrosements modérés, surtout en hiver. Se reproduit de bouture.

Synon. — *Chironia peduncularis*. Lindl. bot. reg. pl. 1802 (novembre 1835); flor. jard. angl. 6, p. 122, pl. 33, fig. 4 (1835); Griseb. dans Alph. de Cand. prodr. 9, p. 39 (1845). — *C. latifolia*. E. Mey. comm. p. 178. — *C. trinervia*. ann. flor. et pom. p. 158. — *C. Barcleiana* des jard. (V. V. et S. S.)

3. **Ch. à feuilles de lin. — *C. linoïdes*.** (Linn.)

Tiges très-rameuses, cylindriques. — **Feuilles** linéaires, très-pointues, à bords lisses. — **Sépals** ovales-oblongs, aigus. — Tube des **Pétals** court, égalant environ les sépals; lames oblongues-spatulées. — **Capitel** ovale, presque à 2 loges. = Habite les bords de la mer, au cap de Bonne-Espérance.

Synon. — *Chironia linoïdes*. Linn. spec. 272 (1764), (V. V. et S. C.)

Var. 1, **à feuilles courtes** (*C. linoïdes brevifolia*, Griseb. dans Alph. de Cand. prodr. 9, p. 41 (1845). Feuilles courtes. — *C. linoïdes*. Curt. bot. mag. tab. 511. — *C. vulgaris*. Cham. dans linnæa 6, p. 343. — *C. uniflora*. Eckl.

Var. 2, **à feuilles longues** (*C. linoïdes longifolia*, Griseb.). Tige très-rameuse. Feuilles linéaires-lancéolées. — *C. linoïdes longifolia*. Griseb. l. c. et dans Alph. de Cand. prodr. 9, p. 41 (1845); Breyn. ceut. tab. 90. — *C. lychnoïdes*. Berg.

Var. 3, **Zeyheri** (Griseb. dans Alph. de Cand. prodr. 9, p. 41 (1845). Tige presque anguleuse. Feuilles presque charnues, moins pointues. Lames des sépals très-obtuses, foliacées, dépassant presque le tube des pétals.

Genre 4. **Orphie.** — **Orphium.** (E. Mey.)

Plante presque ligneuse, à rameaux alternes (quoique les feuilles linéaires soient opposées). — **Fleurs** roses, disposées en panicule. — **Sépals** unis presque jusqu'au sommet en tube campanulé, relevé de saillies aux dorsales. — **Pétals** unis en tube cylindrique, à lames étalées, très-larges, se recouvrant mutuellement et régulièrement bord sur bord, se fanant sur place. — **Étamines** 5, adhérentes à tout le tube. Anthères tordues, s'ouvrant par 2 fentes longitudinales? — **Intermède** ample, formant un anneau entre les sépals et les pétals. — **Capitel** incomplètement à 2 loges, terminé par 2 stigmates libres ou unis et dont les 2 carpes se désunissent à la maturité. — **Graines** très-nombreuses, fort petites, réticulées.

Synon. — *Orphium.* E. Mey. comm. plant. afriq. austr. t. 181. — *Chironia frutescens.* Linn. (voir l'espèce).

Orphie ligneuse. — ***Orphium frutescens.*** (E. Mey.)

Feuilles oblongues-spatulées, obtuses, rudes sur les bords, souvent velues. — **Fleurs** de la grandeur de celles du *Lin cultivé*, roses et à pétals se recouvrant par leurs bords. = Habite les bords de la mer, au cap de Bonne-Espérance. Introduite en Europe en 1756.

Synon. — *Orphium frutescens.* E. Mey. comm. p. 11, et Griseb. dans Alph. de Cand. prodr. 9, p. 43 (1845). — *Chironia frutescens.* Linn. spec. p. 273; Lamk. ill. gen. tab. 108, fig. 1; Curt. bot. mag. tab. 37. — *Chironia decussata.* Vent. hort. cels. tab. 31; bot. mag. tab. 707. — *Bœslinia frutescens.* Don. gard. 4, p. 203. (V. S. C.)

SOUS-FAMILLE 3. MÉNYANTHÉES. — MENYANTHEÆ. (Griseb.)

Plantes aquatiques. — Feuilles alternes engaînantes, simples ou composées? à fibres primaires palmées. Tube des pétals tombant après la fleuraison. Lames infléchies, ne se recouvrant pas les unes les autres. Albumen concave, plus petit que la graine. Exoderme ligneux.

Genre 5. **Ményanthe. — Menyanthes.** (Tourn.)

Tiges rampant dans la vase. — **Feuilles** alternes , à 3 lobes, ovales ; pétiole dilaté à sa base et entourant la tige. — **Fleurs** en grappe simple, dressées, élégantes, accompagnées d'autant de bractéoles. — **Sépals** 5, unis par leur base, persistants. — **Pétals** unis à peine dans leur moitié inférieure, épais et tombants (rarement nuls) ; lames garnies de poils comme charnus, et roulées en dedans dans leur jeunesse. — **Étamines** égales entre elles, adhérentes au tube des pétals. Anthères à loges parallèles, conservant toujours la même forme. — **Carpels** 2, unis par leur carpe et leur style. — **Stigmates** libres, en crête, planes, dentés. — **Capitel** à une loge, formé de 2 carpels ouvrant par désunion des deux carpels, et entouré à sa base de 5 glandes isolées. — **Graines** comprimées, hérissées sur leurs bords.

Synon. — *Menyanthes.* Tourn. inst. t. 15 (1719) ; Linn. gen. n° 202, en excluant quelques espèces ; Schk. handb. tab. 35 ; Gaertn. fil. fruct. 112, tab. 198, fig. 9 (1807) ; A. L. de Juss. gen. p. 143 (1789). — *Menonanthes.* Hall. helv. n. 633.

Ményanthe Trèfle-d'eau. — *Men. trifoliata.* (Linn.)

Feuilles trilobées ; lobes presque charnus, elliptiques, entiers, à fibres pennées. — **Fleurs** d'un blanc à peine teinté de rose. = Habite les lieux aquatiques d'une grande partie de l'Europe, de l'Asie centrale et de l'Amérique boréale.

Synon. — *Menyanthes trifoliata.* Linn. spec. p. 207 (1764) ; Smith, engl. bot. tab. 495 ; Bull. herb. tab. 131. — Franç. *Ményanthe Trèfle d'eau, Trèfle d'eau.*

Genre 6. **Villarsie. — Villarsia.** (Vent.)

Plantes des marais de la zone tempérée, à feuilles entières, alternes, les inférieures rassemblées, pétiolées. — **Sépals** unis en tube. — **Pétals** également soudés par leur base, charnus, tombants, *privés de glandes.* — **Étamines** 5, adhérentes au tube des pétals ; anthères dressées, ne changeant pas de forme après l'épanouissement. — **Capitel** entouré à sa base de 5 glandes, terminé par 3 stigmates. — **Graines** non ailées.

V. Parnassie. — V. Parnassifolia. (R. Brown.)

Tige fourchue, de 30 centimètres à 1 mètre, presque nue. — **Feuilles** à lame circulaire, charnue, souvent dentée, non anguleuse, échancrée à sa base, et 3 fois plus courte que le pétiole. — **Fleurs** disposées en cyme étalée. — **Pétals** jaunes, ciliés-frangés à leur base, non garnis sur la face supérieure de poils pétaloïdes. — **Fruit** dépassant les sépals. — **Graines** rudes. = Habite la Nouvelle-Hollande australe. Introduite en Europe en 1825.

Synon. — *Villarsia parnassifolia.* R. Brown. prodr. p. 457 (1810), et Griseb. dans Alph. de Cand. prodr. 9, p. 136 (1845). — *Swertia parnassifolia.* Labill. nov. holl. 1, p. 73, tab. 97. — *Menyanthes exaltata.* Sims, bot. mag. tab. 1029. — *Villarsia rotundifolia.* Jard. de Par. — *V. chilensis.* Lodd. bot. cab. tab. 1994 ?

Villarsia nymphoides. Voy. *Limnanthemum peltatum.*

Genre 7. **Limnanthème. — Limnanthemum.** (Gm.)

Plantes vivaces, flottant sur les eaux tranquilles, étalées, larges. — **Fleurs** nombreuses à l'aisselle des feuilles. — **Pédicelles** presque de la longueur des feuilles. — **Sépals** à peine nnis. — **Pétals** tombant après la fleuraison ; *lames*

frangées, munies de 5 glandes. — **Anthères** non déformées après la fleuraison. — **Capitel** oblong, accompagné à
sa base de 5 glandes. — **Graines** plates, à derme lisse ou
rabotteux. = Ce genre, établi sur la seule présence des
5 glandes des pétals, tandis que les *Villarsies* en sont privées,
me semble faiblement caractérisé.

Synon. — *Limnanthemum.* Gmel. act. petrop. 1769, p. 527;
Alph. de Cand. 9, p. 138 (1845). — Quelques espèces du genre
Villarsia, Linn. — *Waldschmidtia.* Wigg. hols. p. 40. —
Schweykerta. Gmel. bad. 1, p. 447.

L. faux Nymphæa. — *L. Nymphoïdes*. (Link.)

Plante gluante, lisse. — **Feuilles** presque opposées, circu-
laires-réniformes, lisses en dessus, glanduleuses inférieurement. — **Sépals** courts, oblongs, presque obtus. — **Pétals** unis
en tube; lames ovales, grandes, ciliées. — **Stigmates** 2, peu
distincts. — **Graines** ovales, très-comprimées, lisses et luisantes,
longuement ciliées. = Habite les eaux tranquilles de l'Europe
et de l'Asie centrale.

Synon. — *Limnanthemum nymphoïdes.* Link, port. 1, p. 344.
— *Limnanthemum peltatum.* Gmel. act. petrop. 1769, p. 527,
tab. 17, fig. 9. — *Menyanthes nymphoïdes.* Linn. spec. p. 207
(1764); Smith, engl. bot. tab. 217. — *M. nutans.* Lamk. flor.
franç. éd. 2, p. 262 (1795). — *Villarsia nymphoïdes.* Vent. choix
cels. n° 9 (1803).

FAM. 17. OROBANCHACÉES. — OROBANCHACEÆ. (Lindl.)

Plantes parasites, ordinairement vivaces, présentant
un renflement plus ou moins marqué par lequel elles
adhèrent aux racines des autres végétaux, et qui donne
souvent naissance latéralement à quelques racines
fibreuses engagées dans la terre. — **Tige** le plus souvent
comme charnue, cylindrique-conique, jamais verte, le
plus souvent non ramifiée, garnie d'**Écailles** lancéolées-

TOME 2.   36

aiguës, plus ou moins nombreuses, qui remplacent les Feuilles, sans en avoir la couleur, terminée par un épi de fleurs ordinairement jaunâtres. — **Fleurs** sessiles, carpanthérées, irrégulières, de couleurs ordinairement peu élégantes, naissant solitaires de l'aisselle d'autant de bractéoles dressées ou plus rarement étalées, au nombre de 1 à 3. — **Sépals** 4, unis plus ou moins haut, près de leur base ; le 5e ou supérieur manque, il serait entre les 2 pétals supérieurs ou aisselle de la fleur ; les 2 inférieurs sont ordinairement les plus courts. — **Pétals** 5, unis en 2 lèvres, dissemblables (2 supérieurs, 2 latéraux et l'inférieur), alternes avec les sépals (en supposant le supérieur existant), irrégulièrement bord sur bord (les 2 pétals supérieurs plus extérieurs) ; tube campanulé oblong, terminé par des lames obtuses, étalées, entières ou denticulées, se rompant circulairement à la base avec les étamines, mais se fanant sur place sans tomber — **Etamines** 4, dont 2 entre les 2 lèvres, et 2 autres entre les 3 pétals inférieurs ; la 5e, qui serait entre les 2 pétals supérieurs, manque. Filets longuement cylindriques-coniques, adhérents plus ou moins haut au tube des pétals, déjetés le plus souvent vers la lèvre inférieure. — **Anthères** à deux loges oblongues-pointues, presque placées côte à côte ; dorsale? prolongée en pointe. — **Carpels** 2 (1 supérieur et l'autre inférieur), unis par leurs styles et leurs carpes ablamellaires, entourés à leur base par un corps glanduleux, charnu, exsudant un liquide mielleux. Colonne des styles souvent arquée et parfois renflée au sommet. Stigmates globuleux, déjetés en bas, un peu écartés, formés chacun de deux demi-sphères, appartenant à deux carpes différents. — Graines nombreuses, très-petites, réticulées, portées sur les 4 bords carpellaires, situées latéralement à la fleur. Albumen volumineux, renfermant dans son centre un très-petit embryon presque globuleux.

Ces plantes singulières nuisent d'autant plus qu'elles sont implantées sur des végétaux annuels, que les graines germent près des racines, prolongent leurs suçoirs jusqu'à la partie ligneuse, et se nourrissent à leurs dépends, tandis que d'autres fibres plongent dans la terre. Le *Trèfle des prés* surtout en souffre d'une manière très-évidente, et on ne peut la faire disparaître qu'en détruisant par le labour la plante qui l'a nourrie. Quant au dommage que causent celles qui croissent sur les racines des arbres, il est moins appréciable, s'y trouvant toujours en petite quantité, en proportion de la force de ces grands végétaux.

Cette famille a beaucoup de rapports, par l'apparence extérieure de ses fleurs, avec celles des PERSONACÉES : même union de pétals, même disposition et même nombre d'étamines, mais elles s'en distinguent surtout par l'absence de feuilles, tous les organes appendiculaires de la tige étant réduits à des écailles jamais vertes, demi-membraneuses et à teinte obscure et sans éclat; l'organisation des carpes, est aussi complètement distincte, puisque les deux bords du même carpe sont écartés l'un de l'autre, et sont unis avec ceux du carpe voisin. Toutes les espèces d'ailleurs sont parasites sur des plantes dicotylées.

Le pasteur VAUCHER a pensé que chaque *Orobanche* pourrait n'être parasite que sur une seule espèce, mais des observations ultérieures prouvent que la même espèce se trouve sur des plantes de genres et même de familles différents. Les espèces d'*Orobanches* sont si voisines les unes des autres qu'il est très-difficile de les caractériser. Nous n'indiquerons que quelques unes de celles qu'il nous importe de connaître, croissant sur des plantes usuelles.

Autant le botaniste aime à voir propager les plantes, autant l'agriculteur cherche à faire disparaître celles qui diminuent ses récoltes en *Trèfle, Luzerne, Chanvre, Tabac, etc.* Cependant on ne connaît pas encore le moyen de détruire les *Orobanches* sans perdre les plantes sur lesquelles elles croissent. On pourrait cependant creuser autour des plants de *Tabac* et en extirper la parasite. Quant au *Trèfle*, ce moyen est impraticable. Il faut faucher le *Trèfle* avant la floraison de l'*Orobanche*, labourer profondément le sol, et y semer de suite, en récolte dérobée, des plantes sur lesquelles on n'a pas vu croître cette parasite; et comme elle se montre à la fin de juin ou en juillet, on peut encore faire croître du *Maïs-fourrage*, des *Raves*, des *Carottes*, du *Sarrasin*. On doit continuer ainsi pendant plusieurs années la culture de l'une des espèces sur lesquelles on n'a pas remarqué qu'elle pût s'établir. Si on n'a pu détruire la plante une fois établie, OElbroeck (1) a indiqué les moyens de s'en préserver. Il conseille d'abord de labourer le sol à 40 centimètres de profondeur, en recommandant surtout de mettre au fond la terre qui se trouvait à la surface. Il pense que le premier moyen diminue la chance de germination de leurs graines. En

(1) Prononcez *Eul-breuk.*

second lieu, il a pu parvenir à débarrasser la graine à semer que l'on tient à propager de celle de l'*Orobanche*, visible seulement à la loupe, et qui se colle à celle du *Trèfle* ou des autres plantes. Pour s'en assurer, il méla des graines d'*Orobanche* à celle du *Trèfle des prés* ; il divisa ce mélange en deux parties égales. L'une fut semée sans aucune préparation préalable, dans un sol profondément labouré et dans lequel on n'avait pas aperçu d'*Orobanche* depuis dix ans. Les deux espèces de graines germèrent et se développèrent. L'autre portion du mélange fut lavée dans un mélange d'eau et de cendres de bois, dans lequel elles furent bien frottées. On les mit ensuite sur un tamis et elles furent lavées à plusieurs reprises au moyen de l'eau, puis saupoudrées de cendres pour les sécher et les rendre propres au semis. Elles furent semées près de celles qui n'avaient subi aucun lavage. Il ne s'y développa aucune *Orobanche*. La même expérience a été répétée et toujours avec un égal succès. Il est probable que les divers modes de chaulage employés pour détruire la poussière de carie adhérente aux froments produiraient le même effet. Cet agronome recommande d'employer, pour les terrains que l'on veut mettre en Trèfle, du fumier de vache, ou des balayures des rues, ou de la terre mélangée de fumier de porc, et, l'année qui suit le semis, de jeter sur le Trèfle une bonne quantité de cendres. Il ajoute que plus le *Trèfle* sera sain et serré, plus le sol sera humide, moins il croîtra d'*Orobanche*. Il se pourrait aussi que les racines malades du *Trèfle* favorisassent la végétation de cette parasite. (Voir, pour plus de développement, 2 articles sur l'*Orobanche*, dans ann. soc. agric. Lyon, 1, p. 428, 1838.

SYNON. — *Orobanchacées*. Lindl. introd. bot. éd. 2, p. 287. — *Orobancheæ*. L. C. Rich. dans Pers. ench. 2, p. 180 (1806); A. L. de Juss. ann. mus. 12, 443; C. A. Meyer, dans Ledebour, flor. all. 2, p. 450; Bartling, ord. nat. p. 173; Endl. gen. p. 725 (1839); Vauch. mon. orob, 1827, et hist. physiol. 3, p. 549 (1841). — *Quelques genres de la famille des Pédiculaires*, A. L. de Juss. gen. p. 99 (1789). — *Rhinanthacées*, ordr. 2, Lamk. et A. P. de Cand. flor. franç. 3, p. 488 (1805).

Genre 1. **Orobanche. — Orobanche.**

Tiges naissant sur des racines de plantes herbacées. — **Feuilles** nulles, remplacées par des écailles demi-membraneuses, aiguës. — **Sépals** 4, ou rarement 5, les latéraux et les inférieurs à peine unis 2 à 2 par leur base. — **Pétals** 5, unis en 2 lèvres, la supérieure étalée, persistants ; tube cylindroïde souvent arqué. — **Stigmates** distincts, le plus souvent hémisphérique. — **Glandes** de l'intermède entourant la base du capitel et lui adhérant. — **Graines** ovoïdes, réticulées.

*Tableau des espèces d'*OROBANCHES.

Sous-genre 1. OSPROLÉON. Bractéole unique sous chaque fleur.
    1. O. pruineuse. — *O. pruinosa.*
    2. O. du Trèfle. — *O. minor.*
    3. O. de la Luzerne. — *O. medicaginis.*

Sous-genre 2. TRIONYCHON. Bractéoles 3 sous chaque fleur.
    4. O. vagabonde. — *O. comosa.*
    5. O. rameuse. — *O. ramosa.*

Sous-genre 1. **Osproléon** (Vallr. sched. crit. p. 307, 1822). Bractéole unique sous chaque fleur. Sépals 4, unis 2 à 2, le 5ᵉ manque. Orifice du tube des pétals et anthères non poilus. Intermède glanduleux entourant la base du capitels.

1. O. pruineuse (1). — *O. pruinosa*. (Lapeyr.)

Tige creuse, poilue et glutineuse, roussâtre, glaucescente, légèrement teintée de violet, atteignant 32-35 centimètres, — — **Ecailles** lancéolées, rares. — **Bractéole** unique. — **Fleurs** en épi, assez serrées, grandes, belles, d'un blanc à peine lavé de violet, d'un diamètre presque égal à la longueur du tube. — **Sépals** lancéolés-linéaires, à peine unis, aussi longs que le tube des pétals. — Lames des **Pétals** très-ouvertes, grandes, ondulées, minces, fibrées en violet et finement dentées; l'inférieure plus grande que les autres. Lèvre inférieure présentant 2 renflements prononcés. — **Etamines** blanchâtres, poilues à la base des filets, à peine adhérentes au tube des pétals. — **Intermède** d'un beau jaune, donnant un peu de suc mielleux près de la base des filets. — **Stigmates** violet-clair, presque glanduleux, ainsi que le reste des carpels. — **Graines** noires et brillantes. = Habite les contrées méridionales, sur la *Fève de marais*, qu'elle épuise beaucoup. On l'a observée également sur les *Lupius (Lupius albus)*.

Synon. — *Orobanche pruinosa*. Lapeyr. suppl. p. 87. — *O. de la fève*. Vauch. mon. orob. p. 51, pl. 5 (1827).

2. O. du Trèfle. — *O. minor*. (Sutt.)

Tige renflée inférieurement, violâtre. — **Ecailles** peu nombreuses. — **Bractéoles** lancéolées, aiguës, poilues, violâtres. — **Fleurs** d'un jaune un peu pourpré, distantes, de grandeur médiocre. — **Sépals** à plusieurs fibres, ovales, longuement acuminés, égalant le tube des pétals. — Tube des **Pétals** un peu arqué; lames arrondies, presque égales, obscurément denticulées. — **Etamines** adhérentes à la moitié inférieure du tube des pétals, à peine garnies de quelques poils à la base des filets. — **Intermède** peu marqué et sécrétant, près de la base des filets, un liquide mielleux. = Habite sur les secondes coupes du *Trèfle des prés*, dans les terrains secs, et en si grande quantité qu'elle donne au champ un aspect bleuâtre (voir après

(1) Couvert d'une poussière cireuse, comme sur les Prunes, le Raisin, etc.

les caractères du genre comment on peut l'empêcher de se développer), commune dans les environs de Lyon, dans les terrains secs (Mont-Cindre).

Synon. — *Orobanche minor*. Sutton (1), act. soc. linn. 4, p. 178. — *O. du Trèfle des prés*. Vauch. mon. orob. p. 47, pl. 4 (1827). (V. V. et S. S.)

3. O. de la Luzerne. — *O. Medicaginis*. (Duby.)

Tige haute de 21-27 centimètres, jaune-pâle, couverte de poils glanduleux, à peine renflée sous terre, et garnie inférieurement d'écailles noirâtres. — **Bractéole** presque aussi longue que la fleur, qui est d'un jaune pâle et de moyenne grandeur. — **Sépals** à plusieurs fibres, unis par leur tiers inférieur, étroits, aigus. — Tube des **Pétals** rétréci à son orifice; lames obtuses, non ondulées, presque égales et un peu infléchies. — **Étamines** à filets minces, chauves. Anthères hérissées, terminées par une petite pointe. — **Intermède** de la base du capitel orangé. — **Stigmates** obtus, réfléchis, jaunes et ensuite d'un rouge vineux. = Habite sur la *Luzerne cultivée* et la *L. en faulx*, et peut-être sur le *Caillet*. — Mai et juin.

Synon. — *Orobanche medicaginis*. Duby, bot. gall. 1, p. 349 (1828); Schultz, ann. regensb. 3, p. 505, selon Koch. — *O. de la Luzerne cultivée*. Vauch. mon. orob. p. 45, pl. 2 (1827). — *O. rubens*. Wallr, orob. 46, d'après et avec Koch, syn. flor. germ. éd. 2, p. 615 (1844), qui cite aussi *O. Buekii*, Dietr. flor. preuss. t. 145.

Sous-genre 2. **Trionychon** (Wallr. sched. crit. p. 314, 1822). Bractéoles 3 sous chaque fleur, l'inférieure plus longue. Sépals 4, bien distincts, et le 5ᵉ (supérieur) souvent rudimentaire. Orifice du tube des pétals relevé de bosses oblongues, velu. Anthères poilues. Intermède manquant à la base du capitel.

4. O. vagabonde. — *O. comosa*. (Wallr.)

Tige indivise, ou peu rameuse par sa partie inférieure, peu

----

(1) Prononcez *Sout-tonn*.

renflée à sa base et flexueuse, munie de poils glanduleux, roussâtres, à peine teintés de bleu. — **Écailles** oblongues, linéaires, aiguës. — **Bractéoles** 3, linéaires, aiguës. — **Sépals** 4, et parfois on aperçoit le 5ᵉ à l'aisselle de la fleur. — **Pétals** unis en un long tube légèrement courbé, jaunâtres dans le bas et un peu dilaté par les jeunes fruits, à lames bleu-de-ciel, les 2 supérieures obtuses et légèrement ondulées, le moyen des inférieurs un peu plus prolongé, portant à leur base deux bosselures poilues, oblongues, blanchâtres. — **Étamines** 4, presque d'égale longueur; filets dilatés à leur base; anthères terminées chacune par une pointe acérée. — **Stigmates** très-rapprochés. = Habite sur un grand nombre de plantes : la *Verveine Mélindre!* la *Xyménésie enséloïde!* la *Carotte!* le *Topinambour!* le *Chanvre! l'Armoise commune!* le *Tabac!*

Synon. — *Orobanche comosa* (1). Wallr. sched. crit. p. 314 (1822). — *O. vagabande.* Vauch. mon. orob. p. 66, pl. XV (1827); Sering. dans ann. soc. d'agr. Lyon, p. 425 (1838). — *O. de l'Armoise vulgaire.* Vauch. l. c. p. 65, pl. XIV (1827).

5. **O. rameuse.** — *O. ramosa.* (Linn.)

Tige presque succulente, le plus souvent rameuse, jaunâtre, garnie d'un petit nombre d'écailles. — **Bractéoles** 3, bleuâtres. — **Fleurs** lâches, petites, bleuâtres ou légèrement pourprées. — **Sépals** 4, linéaires, aigus, unis par leur base. — **Pétals** unis en tube courbé; lames circulaires, étalées, entières, presque égales, les supérieures cependant plus larges. — **Étamines** veloutées; anthères presque obtuses. — **Stigmates** peu marqués, échancrés. — **Graines......** = Habite sur le *Chanvre*, où elle fleurit en juin et juillet. Koch (syn. flor. germ. éd. 2, vol. 2, p. 920 (1844) l'indique comme croissant aussi sur le *Tabac*, la *Morelle noire*, et, ce qui est bien plus extraordinaire, sur le *Maïs*, premier exemple, s'il était bien prouvé, d'un *Orobranche* croissant sur une Monocotylée. Ses graines, semées par le pasteur Vaucher, sur plusieurs autres plantes que sur le *Chanvre*,

---

(2) Cette espèce a reçu cette dénomination à cause des deux touffes oblongues de poils qui garnissent l'orifice du tube des pétals.

n'ont jamais produit d'*Orobanche*. Les plantes de *Chanvre* qui en sont atteintes se développent très-imparfaitement. — Ce fut en 1821 que Vaucher étudia la germination des graines de l'*O. rameuse* (mon. orob. p. 8). Ses graines furent jetées sur le *Chanvre* au moment où il germait. Bientôt les *Orobanches* parurent en abondance ; leurs jeunes plantes perçaient à peine la terre, tandis que d'autres étaient en fleur. Alors le savant observateur genevois arracha quelques individus : quelques-uns d'entre eux avaient déjà leur tubercule formé, d'autres ne présentaient encore qu'un enlacement de racines, et plusieurs n'étaient que des points à peine visibles à l'œil ; mais toutes, sans exception, adhéraient aux racines du *Chanvre*. La forme des graines en germination est un ovoïde irrégulier, son derme est assez épais et fort consistant ; il présente un réseau très-marqué. L'intérieur est une substance blanchâtre, un peu cornée, qui a l'apparence d'un *albumen*, mais on n'y reconnaît rien qui ressemble à un embryon. Si l'on met la graine sur de la terre humide, elle ne germe pas ; mais lorsqu'elle est en contact avec les racines du *Chanvre*, elle s'y fixe par son extrémité pointue, et elle enfonce les filets de racines qu'on voit germer dans l'eau. En même temps la substance intérieure grossit et se débarrasse par la partie supérieure de son réseau, qui ne peut plus la contenir et qui la recouvre comme un capuchon. La graine nue se présente alors sous une forme sphéroïdale ; elle émet bientôt des fibrilles radicales sur toute sa surface. Plus tard paraissent de petites élévations tronquées qui s'allongent et deviennent de véritables tiges d'*Orobanches*, avec leurs écailles et leurs fleurs.

Synon. — *Orobanche ramosa*. Linn. spec. 882 (1764). — *O. du Chanvre*. Vauch. mon. orob. p. 67, pl. XVI (1827).

Genre 2. **Lathrée. — Lathræa.** (Linn.)

Tiges naissant sur des racines de plantes ligneuses. — **Feuilles** nulles, et à leur place des écailles charnues, obtuses. — **Sépals** en tube assez régulier, comme campanulé, couronné par 4 lames (au lieu de 5), probablement par l'union des 2 inférieures. — **Pétals** 5, unis en 2 lèvres, tube dilaté à son orifice ; la supérieure voûtée, se rompant circulairement à sa base. — **Etamines** 4, inégales. Stigmate épais, tronqué. — **Glande de l'Intermède** isolée du capitel. — **Graines** globuleuses.

Synon.— *Lathræa.* Linn. gen. n° 743. — *Clandestina.* Lamk. flor. franç. éd. 2, vol. 2, p. 329 (1793).

Espèces du genre Lathrée.

1. L. écailleuse. — *Lathræa squamaria.*
2. L. clandestine. — *L. clandestina.*

1. **Lathrée écailleuse. — *Lathræa squamaria*** (Linn.)

Plante blanche, légèrement rosée, noircissant par la dessiccation. Parasite sur les racines des *Noyers*, des *Hêtres*, etc., dans les lieux frais, garnis de mousse, où elle présente un grand empâtement blanchâtre, d'où sortent plusieurs souches recouvertes d'**écailles** charnues, arrondies, opposées. De ces écailles naissent de véritables racines fort ramifiées, et qui pénètrent par leur extrémité tuberculeuse à travers l'écorce, jusque dans l'aubier, où elles s'implantent et donnent chaque année des tiges qui sortent des mêmes points de l'écorce, et portent souvent à leur aisselle des bourgeons d'où naissent des rameaux blanchâtres qui portent des **Fleurs** pendantes, de même couleur, d'abord sur 4 rangs, et se tournant ensuite toutes du même côté, sans avoir reçu l'action de la lumière. Ecailles des tiges ou des rameaux portant vers leur base, à la face externe, des rangées d'ouvertures stomatiques. Leur fructification s'opère avant l'épanouissement floral. — **Etamines** poilues, — **Pollen** blanchâtre. — **Stigmate** manifestement bilobé, couvert de papilles. — **Graines** grosses, globuleuses à embryon droit, très-petit, renfermé dans un gros albumen. Racine demi-ovoïde, d'après Gaertner, fruct. Pl. LII (1788).

Synon. — *Lathræa squamaria.* Linn. spec. 844 (1764). — *Clandestina penduliflora.* Lamk. flor. franç. éd. 2, vol. 2, p. 329 (1772); flor. dan. tab. 136. — *Squammaria Orobanche.* Scop. flor.

carn. n° 760, p. 438. — *Anblatum*. Adans. fam. 2, p. 207 (1753).
(V. V. et S. S.)

2. L. clandestine. — *L. clandestina*. (Linn.)

Parasite. — **Tige** très-courte, portant de grosses écailles
irrégulières et presque soudées. — **Pédicelles** de la longueur
du tube des sépals, qui sont unis jusqu'aux trois quarts. —
Fleurs bleuâtres, grandes et dressées, presque cachées dans la
mousse. — **Pétals** unis en tube cylindrique-en-cloche, évasé
au point de départ. Lèvre supérieure formant une grande et
large voûte sous laquelle sont logés les organes plus intérieurs;
lèvre inférieure à 3 lames obtuses semblables. — **Etamines**
adhérent très-haut avec le tube. — **Capitel** ouvrant seulement
aux dorsales. — **Graines** sphériques-ovoïdes. = Habite les
lieux frais de l'Europe méridionale.

Synon. — *Lathræa clandestina*. Linn. spec. 843 (1764). —
Clandestina rectiflora. Lamk. flor. franç. éd. 2, vol. 2, p. 828
(1793); ill. pl. 551, fig. 1 (1793).

FIN DU TOME SECOND.

TABLE DES NOMS FRANÇAIS

DES

FAMILLES, DES GENRES ET DES ESPÈCES.

TABLE ALPHABÉTIQUE DES NOMS LATINS

DES

FAMILLES, DES GENRES ET DES ESPÈCES.

FIN DES TABLES DU TOME SECOND.

BIBLIOTHÈQUE ROYALE

ERRATA.

Page   5, ligne 25, supprimez *ou en arrière*.
—   67, — 19, au lieu de 2, lisez II.
—   99, — 27, avant Tamaricacées, ajoutez *Ordre 3. Filets-sépals*.
— 101, — 24, après P, ajoutez Pétal.
— 108, — 11, n° 15, lisez *bleue-ailée*, au lieu de bleue à grappe.
— id., — 12, n. 16, lisez *bleue à grappe*, au lieu de ailée bleue.
— 161, — en tête, ajoutez *Ordre 4. Filets carpo-sépals*.
— 176, — 32, lisez *Siphocalyx*, et non Siphocaliw.
— 200, — 23, au lieu de petite, lisez *naine*.
— 204, — 28, au lieu de à crochet, lisez *courbée*, le premier de ces noms
            étant déjà appliqué à une autre espèce.
— 209, — 28, lisez *à aiguillons recourbés*, au lieu de recourbée, nom
            déjà appliqué à une autre espèce.
— 225, — 12, lisez *tissue*, au lieu de tissu.
— 227, — 15, lisez *à crochet*, au lieu de crochue.
— 237, — 4, lisez *stipitée*, au lieu de stipité.
— 238, — 23, lisez *très-chevelue*, au lieu de très-chevelu.
— 241, — 4, lisez *tétracanthe*, au lieu de à 4 aiguillons.
— 266, — 8, à la fin de la ligne, ajoutez (*Mill*).
— 284, — 4, *Wendland* et *Wendlandii*.
— 306, — 14, lisez *marginé*, au lieu de bordé, ce nom étant donné déjà
            à une autre espèce.
— 313, — 8, lisez *ailes tranchantes*, au lieu de tranchant.
— 333, — 14, lisez *réfléchi*, au lieu de renversé, nom déjà donné à une
            autre espèce.
— 339, — 22, lisez *infléch.*, au lieu de spiralé.
— 341, — 9, lisez *appliqué*, au lieu de recourbé, déjà employé.
— 343, — 8, lisez *Tillandsiæ*, au lieu de Tillandria.
— 346, — 20, lisez *Oponties*, au lieu de Oponthies.
— 377, — 26, lisez *élevé*, au lieu de grand, déjà employé.
— 378, — 11, lisez *presque laineux*, au lieu de laineux.
— 397, — 10, lisez *lanugineur*, au lieu de laineux.
— 404, — 33, lisez *paille*, au lieu de jaunâtre.
— 447, — 17, lisez *moyenne*, au lieu de intermédiaire.
— 455, — 30, lisez *haute*, au lieu de élevée.
— 479, — 8, ajoutez, en commençant la ligne, 1.
— id., — 21, ajoutez, en commençant la ligne, 2.
— 481, — avant Cucurbitacées, ajoutez *Ordre 5. Filets pétalo-carpo-sépals*.
— 518, — lisez page 518, au lieu de 418.
— 525, — 5, lisez *dipsaceus*, au lieu de diplaceus.
— 529, — 17, lisez *Bénincase*, au lieu de Benincase.
— 531, — 20, lisez *Sous-fam.* 2, au lieu de 1.

www.ingramcontent.com/pod-product-compliance
Lightning Source LLC
LaVergne TN
LVHW021920170726
843501LV00001BA/99